Beiträge zur Musikinformatik

Daniel Hensel

Beiträge zur Musikinformatik

Modus, Klang- und Zeitgestaltung in Lassus- und Palestrina-Motetten

 J.B. METZLER

Daniel Hensel
Halle, Deutschland

OnlinePlus Material zu diesem Buch finden Sie auf
http://www.springer.com/978-3-658-18273-1

ISBN 978-3-658-18272-4   ISBN 978-3-658-18273-1 (eBook)
DOI 10.1007/978-3-658-18273-1

Die Deutsche Nationalbibliothek verzeichnet diese Publikation in der Deutschen Nationalbibliografie; detaillierte bibliografische Daten sind im Internet über http://dnb.d-nb.de abrufbar.

J.B. Metzler
© Springer Fachmedien Wiesbaden GmbH 2017
Das Werk einschließlich aller seiner Teile ist urheberrechtlich geschützt. Jede Verwertung, die nicht ausdrücklich vom Urheberrechtsgesetz zugelassen ist, bedarf der vorherigen Zustimmung des Verlags. Das gilt insbesondere für Vervielfältigungen, Bearbeitungen, Übersetzungen, Mikroverfilmungen und die Einspeicherung und Verarbeitung in elektronischen Systemen.
Die Wiedergabe von Gebrauchsnamen, Handelsnamen, Warenbezeichnungen usw. in diesem Werk berechtigt auch ohne besondere Kennzeichnung nicht zu der Annahme, dass solche Namen im Sinne der Warenzeichen- und Markenschutz-Gesetzgebung als frei zu betrachten wären und daher von jedermann benutzt werden dürften.
Der Verlag, die Autoren und die Herausgeber gehen davon aus, dass die Angaben und Informationen in diesem Werk zum Zeitpunkt der Veröffentlichung vollständig und korrekt sind. Weder der Verlag noch die Autoren oder die Herausgeber übernehmen, ausdrücklich oder implizit, Gewähr für den Inhalt des Werkes, etwaige Fehler oder Äußerungen. Der Verlag bleibt im Hinblick auf geografische Zuordnungen und Gebietsbezeichnungen in veröffentlichten Karten und Institutionsadressen neutral.

Gedruckt auf säurefreiem und chlorfrei gebleichtem Papier

J.B. Metzler ist Teil von Springer Nature
Die eingetragene Gesellschaft ist Springer Fachmedien Wiesbaden GmbH
Die Anschrift der Gesellschaft ist: Abraham-Lincoln-Str. 46, 65189 Wiesbaden, Germany

– Meiner lieben Mutter zum 60. –
– Meiner lieben Frau zum 40. –

Danksagungen

Ich danke meinen Eltern Roselinde und Reinhard Hensel, dass sie mir mit der Betreuung meiner Kinder Anna-Maximiliane, Johann-David und Rosemarie-Helene den nötigen Freiraum und die nötige Ruhe verschaffen, um mich den Studien widmen zu können. Vor allen Dingen hätte ich das Verfahren ohne die Hilfe meiner Mutter nicht schaffen können, als meine Frau in der 3. Schwangerschaft schwer erkrankte. Dann möchte ich Herrn Ingo Jache danken, der mit mir nächtelang unermüdlich an der technischen Realisierung der Software *PALESTRiNIZER* gearbeitet hat. Deshalb sei auch seiner Frau, Annette Jache, dafür gedankt, dass sie ihren Mann so häufig des Nachts entbehrte, da wir als Väter kleiner Kinder die Probleme nur dann diskutieren und lösen konnten, wenn unsere Kinder schliefen, was diese naturgemäß nicht immer taten. Sodann danke ich vor allem Herrn Prof. Dr. Wolfgang Auhagen für die Möglichkeit, dieses Habilitationsprojekt an der Martin-Luther-Universität zu Halle-Wittenberg durchgeführt haben zu können und für seine Beratung in beruflichen, organisatorischen, technischen und analytischen Fragen. Das Projekt wurde von musikwissenschaftlicher und musiktheoretischer Seite her von einigen Instituten und Lehrenden im Vorfeld stark kritisiert und torpediert. Deshalb danke ich der Martin-Luther-Universität-Halle-Wittenberg als Ganzes, mir die Freiheit des Fragens und Forschens auch mit unkonventionellen Mitteln ermöglicht zu haben! Herrn Prof. Dr. Peter Ackermann sei für die Überlassung seines Aufsatzes und damit des Themas „Modus und Akkord" gedankt, ohne welchen es diese Studie nicht gegeben hätte! Und ich danke ihm für seine Beratung in modalen Fragen und Fragen zur Musik Palestrinas im Allgemeinen. Ich danke meinem ehemaligen Gehörbildungslehrer AD Hermann Beyer für die Beratung in stimmtechnischen Fragen. Herrn Prof. Dr. Georg Maas, Herrn Prof. Dr. Wolfgang Auhagen sowie Herrn Prof. Dr. Wolfgang Hirschmann danke ich zusätzlich für ihre Unterstützung während der schweren Erkrankung meiner Frau und später auch noch meines Vaters. Herrn Prof. Dr. Bernd Enders sei für seine Tätigkeit als Drittgutachter gedankt! Es sei dem Springer-Verlag und Frau Dr. Miriam List für die Unterstützung zur Inverlagnahme aufrichtig gedankt!
Ich danke meiner Frau Dorota Ewa Hensel, dass Sie mir die Kraft gibt, meine mannigfaltigen Projekte stemmen zu können. Vor allen Dingen danke ich meiner ehe-

maligen Deutsch-Leistungskurs-Tutorin, Frau Hildegard Schlaugk, sowie meinem ehemaligen Erdkundelehrer, Herrn Arno Schlaugk, für die Bereitschaft, nach meiner Magisterarbeit und der Dissertation, nun auch die Habilitationsschrift Korrektur zu lesen!

Inhaltsverzeichnis

1   **Einleitung** 1

2   **Voraussetzungen und Methodik der Studie** 25
    1   Musiktheorie in der Renaissance 25
        1.1   Lehren 25
            1.1.1   Stimmungslehre 25
            1.1.2   Das griechische Tonsystem 26
            1.1.3   Über das Drei-Hexachordsystem 28
            1.1.4   Stimmungslehre des Guido von Arezzo 32
            1.1.5   Probleme der pythagoräischen Stimmung 37
            1.1.6   Arons Ton- und Intervall-Lehre 43
                    Arons diatonisches Geschlecht 43
                    Das chromatische Geschlecht 54
                    Das enharmonische Geschlecht 59
            1.1.7   Die zunehmende Bedeutung der Terz 63
            1.1.8   Reine und Mitteltönige Stimmungen und
                    mögliche Auswirkungen auf die Intonation ... 69
        1.2   Die acht Modi und Kriterien der Bestimmung 78
        1.3   Der Dreiklangsbegriff und der Affektgehalt der Modi ... 98
        1.4   Klangbildungen 111
        1.5   Arons Tauola del contraponto 112

3   **Die Software Palestrinizer** 115
    2   Funktionsweise 117
        2.1   Der MIDI-Standard 117
        2.2   Die Programmiersprache Java, benutzt zur Erstellung
            der Analysesoftware 120
            2.2.1   Jache/Hensel: Das MIDI-Raster des
                    PALESTRINIZER 121
            2.2.2   Benutzung zur Analyse 123
        2.3   Problematisierung der Methode 133

		2.3.1	Mittelwertbildung 135
	2.4	Blockdiagramme 137
		2.4.1	Klangdichte 139
		2.4.2	Pausendichte und Satzdichte 140

4 Analysen 143
   3   Orlando di Lasso 143
               3.0.1   Verwendete Motetten 144
       3.1   Analysen vierstimmiger Motetten ohne die Prophetiae . . . 145
               3.1.1   1.Modus transpositus 145
                              Mittelwerte 145
                              Klangfolgen 153
               3.1.2   2.Modus transpositus 160
                              Mittelwerte 161
                              Klangfolgen 168
                              Blockdiagramme 171
               3.1.3   3. Modus naturalis 177
                              Mittelwerte 177
                              Klangfolgen 182
               3.1.4   4. Modus naturalis 183
                              Mittelwerte 183
                              Klangfolgen 188
                              Blockdiagramme 189
               3.1.5   5. Modus naturalis 197
                              Mittelwerte 197
                              Klangfolgen 203
               3.1.6   6. Modus transpositus quintus 204
                              Mittelwerte 204
                              Klangfolgen 210
                              Blockdiagramme 211
               3.1.7   7. Modus naturalis 219
                              Mittelwerte 219
                              Klangfolgen 224
               3.1.8   8. Modus naturalis 226
                              Mittelwerte 226
                              Klangfolgen 232
                              Blockdiagramme 234
                              1. Fazit 246
       3.2   Aggregierung aus vierstimmig mit Prophetiae, fünf-
              und sechsstimmig 247
               3.2.1   Verwendete Motetten 247
               3.2.2   1.Modus naturalis 250
                              Mittelwerte 250
                              Klangfolgen 258
                              Grundtonfortschreitungen 259

	Blockdiagramme 260
3.2.3	1.Modus transpositus 265
	Mittelwerte 265
	Klangfolgen 270
	Grundtonfortschreitungen 272
	Blockdiagramme 273
3.2.4	2.Modus naturalis 276
	Mittelwerte 276
	Klangfolgen 280
	Grundtonfortschreitungen 280
	Blockdiagramme 282
3.2.5	2.Modus transpositus 284
	Mittelwerte 284
	Klangfolgen 288
	Grundtonfortschreitungen 291
	Blockdiagramme 292
3.2.6	3.Modus naturalis 294
	Mittelwerte 294
	Klangfolgen 298
	Grundtonfortschreitungen 300
	Blockdiagramme 301
3.2.7	3.Modus transpositus 304
	Mittelwerte 304
	Klangfolgen 307
	Grundtonfortschreitungen 308
	Blockdiagramme 309
3.2.8	4.Modus naturalis 312
	Mittelwerte 312
	Klangfolgen 316
	Grundtonfortschreitungen 317
	Blockdiagramme 318
3.2.9	4.Modus transpositus 320
	Mittelwerte 320
	Klangfolgen 323
	Grundtonfortschreitungen 324
	Blockdiagramme 325
3.2.10	5.Modus naturalis 327
	Mittelwerte 327
	Klangfolgen 331
	Grundtonfortschreitungen 332
	Blockdiagramme 333
3.2.11	6.Modus naturalis 336
	Mittelwerte 336
	Klangfolgen 339
	Grundtonfortschreitungen 341

			Blockdiagramme 341
		3.2.12	6.Modus transpositus quintus 344
			Mittelwerte 344
			Klangfolgen 348
			Grundtonfortschreitungen 350
			Blockdiagramme 350
		3.2.13	7.Modus naturalis 353
			Mittelwerte 353
			Klangfolgen 357
			Grundtonfortschreitungen 359
			Blockdiagramme 360
		3.2.14	8.Modus naturalis 362
			Mittelwerte 362
			Klangfolgen 367
			Grundtonfortschreitungen 368
			Blockdiagramme 368
		3.2.15	Zusammenfassung 371
4	Giovanni Pierluigi da Palestrina 375		
		4.0.1	Verwendete Motetten 375
		4.0.2	1.Modus transpositus 380
			Mittelwerte 380
			Klangfolgen 386
			Grundtonfortschreitungen 388
			Blockdiagramme 389
		4.0.3	2.Modus naturalis 394
			Mittelwerte 394
			Klangfolgen 398
			Grundtonfortschreitungen 400
			Blockdiagramme 401
		4.0.4	2.Modus transpositus 405
			Mittelwerte 405
			Klangfolgen 411
			Grundtonfortschreitungen 412
			Blockdiagramme 412
		4.0.5	3.Modus naturalis 417
			Mittelwerte 417
			Klangfolgen 422
			Grundtonfortschreitungen 423
			Blockdiagramme 424
		4.0.6	4.Modus naturalis 428
			Mittelwerte 428
			Klangfolgen 433
			Grundtonfortschreitungen 434
			Blockdiagramme 434
		4.0.7	4.Modus transpositus 438

		Mittelwerte	438
		Klangfolgen	443
		Grundtonfortschreitungen	444
		Blockdiagramme	445
	4.0.8	5.Modus naturalis	448
		Mittelwerte	448
		Klangfolgen	453
		Grundtonfortschreitungen	455
		Blockdiagramme	456
	4.0.9	6.Modus naturalis	458
		Mittelwerte	458
		Klangfolgen	463
		Grundtonfortschreitungen	463
		Blockdiagramme	464
	4.0.10	6.Modus transpositus quintus	467
		Mittelwerte	467
		Klangfolgen	472
		Grundtonfortschreitungen	473
		Blockdiagramme	474
	4.0.11	7.Modus naturalis	478
		Mittelwerte	478
		Klangfolgen	483
		Grundtonfortschreitungen	485
		Blockdiagramme	486
	4.0.12	8.Modus naturalis	489
		Mittelwerte	489
		Klangfolgen	494
		Grundtonfortschreitungen	495
		Blockdiagramme	496
	4.0.13	Zusammenfassung	499
4.1		Vergleich Lasso und Palestrina	503
		Mittelwerte	503
		Blockdiagramme	506
	4.1.1	Mittelwert des 16. Jahrhunderts?	516
		Mittelwerte	516
4.2		Und wieder Stimmungsfragen	519
		3er-Klangfolgen	521
		3er-Grundtonfortschreitungen	522
		4er-Klangfolgen	522
		4er-Grundtonfortschreitungen	523
		5er-Klangfolgen	524
		5er-Grundtonfortschreitungen	526
		Fazit	528
4.3		Schlussbetrachtung	528

5	Quellen	531
	Werkverzeichnis.	531
	Literaturverzeichnis.	537

Bildnachweis.

Abbildung 1.1.: Pietro Aron, *Dimostratione del genere diatonico*, in: *Toscanello in Musica, libro secondo*, Venedig 1523. Quelle und Eigentümerin: Bayerische Staatsbibliothek.

Abbildung 1.2.: Pietro Aron, *Dimostratione del genere chromatico*, in: *Toscanello in Musica, libro secondo*, Venedig 1523. Quelle und Eigentümerin: Bayerische Staatsbibliothek.

Abbildung 1.3.: Pietro Aron, *Dimostratione del genere enarmonico*, in: *Toscanello in Musica, libro secondo*, Venedig 1523. Quelle und Eigentümerin: Bayerische Staatsbibliothek.

Abbildung 1.4.: Pietro Aron, *Tauola del contraponto*, in: *Toscanello in Musica libro secondo*, Venedig 1523. Quelle und Eigentümerin: Bayerische Staatsbibliothek.

Kapitel 1
Einleitung

Grundlage dieses Buches bildet die Habilitationsschrift in systematischer Musikwissenschaft „Modus, Klang- und Zeitgestaltung in Motetten Orlando di Lassos und Giovanni Pierluigi da Palestrinas", die als vollgültige Habilitationsleistung angenommen wurde und am 4.5.2016 zur Ernennung des Autors zum Privat-Dozenten an der Martin-Luther-Universität zu Halle-Wittenberg führte. Die dafür durchgeführte Studie basiert auf dem Aufsatz „Modus und Akkord", Klangliche Strukturen in der Spätzeit des modalen Systems von Peter Ackermann.[1]

Die statistische, computergestützte Musik-Analyse ist in Deutschland eine noch immer unterrepräsentierte Disziplin, die allerdings bis in die 60er Jahre des letzten Jahrhunderts zurückreicht. Die von Ingo Jache und mir nach einer Idee von Peter Ackermann entwickelte Musikanalyse-Software PALESTRiNIZER wurde zur statistischen Erfassung des Verhältnisses von Modus und den auf dem Modus gegründeten Klängen entwickelt. Es stellte sich jedoch alsbald heraus, dass das Potential der Software in der Visualisierung und knappen Darstellung komplexer Sachverhalte überaus groß ist. Dazu später mehr. Zum Charakter des Buches: Eine gewisse Protokollierung der Vorgänge wurde durch das neue Analyse-Verfahren nötig, das hier im Buch vorgestellt wird, weshalb die Analysen einen ausgiebigen Platz einnehmen. Desweiteren ist der „Lehrbuchcharakter" vor allem des Stimmungskapitels beabsichtigt, da das Buch auch für Studenten les- und fruchtbar sein soll.

Peter Ackermann[2] untersuchte Ende der 90er Jahre mit einem eigens entworfenen Programm das Verhältnis von Modus und Akkord. Dabei entwickelte er ein Programm, das die in sogenannten Klar-Notennamen eingegebene Partitur durch ein vordefiniertes Raster – nach dem Vorbild der *Tauola del contraponto* des Pietro Aron angelegt, entnommen seiner „Toscanello in Musica"[3] – laufen lässt. Dabei wurden sechs Madrigale verwendet. Das Programm qualifizierte die gefundenen Klänge nach dissonant und konsonant ab und zeichnete die Akkordform auf. Die

---

[1] Peter Ackermann, Modus und Akkord - Klangliche Strukturen in der Spätzeit des modalen Systems, in: Musiktheorie, Heft 3, Laaber 1996, S.197-210.

[2] Peter Ackermann, ebd.

[3] Pietro Aron, tauola del contraponto, in: Toscanello in musica, Libro secondo, Venedig 1539.

eigentliche Problematik unserer beider Studien ist, dass wann immer man in den alten Quellen über die Modi liest, man nichts über die Klänge vernimmt und umgekehrt, worauf auch Bernhard Meier in seinen beiden Büchern hinweist.[4] Diesen computergestützten Ansatz wollte Peter Ackermann immer wieder vertiefen, doch fand er nicht mehr die Zeit dazu.

In meinem Habilitationsprojekt habe ich diesen Ansatz meines ehemaligen Doktorvaters auf dessen Anregung hin aufgenommen und vertieft. Hierbei wurde der Rahmen auf 253 Motetten Orlando di Lassos und Palestrinas erweitert, eine eigene neue Software wurde hierfür entwickelt, die zwar die Grundidee des Ackermannschen Rasters aufgreift, aber weit darüber hinausgeht und sich auch von einigen Besonderheiten des verloren gegangenen Programmes Ackermanns unterscheidet: der PALESTRiNIZER benutzt MIDI-Dateien statt selbst vorgefertigter Klar-Notennamen, warum wird später erläutert. Insbesondere aber wurden Ideen der Informationstheorie und der Statistik implementiert, dabei immer mit dem Anspruch, die Ergebnisse für einen Musiker interpretierbar zu machen. Hierin unterscheiden sich Ackermanns und mein Verfahren von sämtlichen computergestützten oder automatisierten Verfahren seit den 1960er Jahren! Die Expertise in Palestrina-Fragen war mir durch Peter Ackermann sicher. Da unsere musikanalytischen Ansätze verwandt sind und wir beide in Java entwickeln, gab es einen regen geistigen Austausch, auch mit neu edierten Palestrina-Dateien half mir Peter Ackermann aus. Als Betreuer der Habilitation brachte Wolfgang Auhagen von der Martin-Luther Universität zu Halle-Wittenberg jedoch ebenfalls sehr wertvolle Anregungen, einerseits um die statistische Auswertung zu verfeinern und andererseits den Anschluss an die Tradition der „exaktwissenschaftlichen Musikanalyse"[5] und der Musikinformatik sowie mathematischen Musiktheorie nach Guerrino Mazzola[6] zu suchen und eine Brücke zwischen den leider immer noch getrennten Disziplinen historische und systematische Musikwissenschaft und der mittlerweile von der Wissenschaft aber auch von der Komposition abgespaltenen Musiktheorie zu schlagen. Da automatisierte Verfahren an der MLU vor allen Dingen in der Sprachwissenschaft durchgeführt werden, befand sich mein Vorhaben dort auch in bester Gesellschaft. Die Parametrisierung von Abstractae wie Musik und Sprache ist ein schwieriges Unterfangen, deren Schwierigkeiten sich interessanterweise decken, wie die Disputation der Habilitation ergab. Wolfgang Auhagen empfahl zudem, einen professionellen Softwareentwickler als *technisches Korrektiv* mit an Board zu nehmen, so kam es, dass mein Schulfreund Ingo Jache, Softwareentwickler mit musikalischen Interessen und ich, Musikwissenschaftler und elektroakustischer Komponist, gemeinsam

---

[4] Bernhard Meier, Die Tonarten der klassischen Vokalpolyphonie, Utrecht 1974 und derselbe, Alte Tonarten, dargestellt an der Instrumentalmusik des 16. und 17. Jahrhunderts, Bärenreiter Studienbücher Musik, Band 3, hrg., von Silke Leopold und Jutta Schmoll-Barthel, 1. Auflage 1992, 4. Auflage 2005, Kassel, Bärenreiter 2005.

[5] Wilhelm Fucks und Josef Lauter, Exaktwissenschaftliche Musikanalyse, Forschungsberichte des Landes Nordrhein-Westfalen, hrsg. im Auftrage des Ministerpräsidenten Dr. Franz Meyers von Staatssekretär Dr. h.c. Dr. E.h.Leo Brandt, Köln und Opladen, Westdeutscher Verlag 1965

[6] Guerino Mazzola, Elemente der Musikinformatik, Basel, Boston Berlin 2006; derselbe, Geometrie der Töne, Elemente der mathematischen Musiktheorie, Basel, Boston Berlin 1990.

die neue Software entwickelten. Die Recherche vorangegangener automatisierter Analyseverfahren ergab, dass (meine Habilitation eingeschlossen und Ackermanns Aufsatz außer Acht gelassen) in 50 Jahren nur sechs nennenswerte automatisierte Analyseprojekte in diesem Umfang in Deutschland durchgeführt wurden! Vier von ihnen beschäftigten sich aber ausschließlich mit einstimmigen Melodien! Darunter zu nennen sind:

1. Bielitz, Mathias: Zu Neumenschrift und Modalrhythmik, zur Choralüberlieferung und Wort und Ton im Choral, Heidelberg 2008 (Manuskript).
2. Fucks, Wilhelm und Lauter, Josef: Exaktwissenschaftliche Musikanalyse, Forschungsberichte des Landes Nordrhein-Westfalen, hrsg. im Auftrage des Ministerpräsidenten Dr. Franz Meyers von Staatssekretär Dr. h.c. Dr. E.h. Leo Brandt, Köln und Opladen, Westdeutscher Verlag 1965.
3. Hensel, Daniel: Modus, Klang und Zeitgestaltung in Motetten Orlando di Lassos und Giovanni Pierluigi da Palestrinas, Habilitationsschrift, MLU-Halle, Manuskript 2016.
4. Kluge, Reiner: Faktorenanalytische Typenbestimmung an Volksliedmelodien, Beiträge zur musikwissenschaftlichen Forschung in der DDR, Band 6, hrsg. vom Zentralinstitut für Musikforschung im Verband der Komponisten und Musikwissenschaftler der DDR, Leipzig, VEB Deutscher Verlag für Musik Leipzig 1974.
5. Steinbeck, Wolfram: Struktur und Ähnlichkeit, Methoden automatisierter Melodienanalyse, Kieler Schriften zur Musikwissenschaft XXV, Kassel, Bärenreiter 1982.
6. Werbeck, Walter: Studien zur deutschen Tonartenlehre in der ersten Hälfte des 16. Jahrhunderts, Kassel, Basel, London, New York, Bärenreiter 1989.

Aus dieser Zusammenstellung wurde ersichtlich, wie zwingend notwendig eine automatisierte Analyse polyphoner Musik nottat und wie dringend die Musikwissenschaft sich diesen Verfahren öffnen musste. Dabei wurde strikt historisch verfahren: die Definition der acht traditionellen Modi nach den alten Quellen und das Raster der Software nach dem Vorbild der *Tauola del contraponto* des Pietro Aron. Sein Buch erlebte mehrere Neuauflagen im 16. Jahrhundert und erfreute sich regerer Verbreitung als die Werke Zarlinos, da Aron ein Praktiker war. Da die Darstellungen vornehmlich aus rein melodischen Phänomenen bestehen und in dieser Studie das klangliche Moment erforscht werden sollte, wurde nach zeitgenössischen Hinweisen auf Möglichkeiten der Zusammenklänge gesucht, die bei Aron vorhanden waren. Auch war der gesamte Traktat als Abbild der Ausbildung eines Komponisten der Renaissance von enormer Wichtigkeit zur historischen Rechtfertigung der durchgeführten Studie. Diese beschäftigte sich ausschließlich mit Motetten und Offertorien, da der kompositorische Standard untersucht werden sollte. Diese Studie soll zudem Grenzen und Möglichkeiten der Computergestützten Musikanalyse oder Musikinformatik aufzeigen. In einem geplanten Lehrbuch möchte der Autor aufzeigen, wie musikalische Fragestellungen in Code gefasst werden können, ein Beispiel hierfür ist der Pseudo-Code auf den Seiten 122-123.

Untersucht werden sollte das Verhältnis von „Modus" als einem tonalen Phänomen der Einstimmigkeit und der auf „den Modi gegründeten Mehrstimmigkeit"[7] im ausgehenden 16. Jahrhundert. Denn letztere beruht auf einer „tonalen Denkweise, die den Kirchentonarten im strengen Verständnis treu bleibt, insofern ein Modus allein im horizontalen Verlauf der jeweiligen Einzelstimme, allen voran in Tenor und Cantus als den modal vorrangigen Stimmen, sich ausprägt."[8]
Doch bereits hier stolpern wir schon über den 1. wissenschaftlichen Dissens. Denn die Annahme, dass es einen Modus überhaupt gab und gibt, ist nicht unumstritten. Dabei beschäftigen uns zunächst folgende Fragen:

1. Was ist ein Modus im späten 16. Jh?
2. Gibt es die Modi überhaupt noch? Ein Dissens.
3. Gibt es satztechnische Spezifika bei den einzelnen Modi?

Ad 1:
Der Meier-Schüler Wolfgang Budday machte dem Autor der vorliegenden Studie bewusst, dass das Wort *Tonart* nichts anderes als eine *Eindeutschung* des Wortes Modus ist. Der Modus ist im Denken des späten 16. Jahrhunderts die Grundlage allen Komponierens. Ohne die Kenntnis der Modi kann im Denken der damaligen Zeit, auch bei satztechnisch richtiger Handhabung der Kon- und Dissonanzen, keine sinnvolle Musik entstehen. Bernhard Meier verweist hierbei in seinem Buch „Die Tonarten der klassischen Vokalpolyphonie"[9] auf diese Aussage Pietro Pontios, des Schülers Cyprian de Rores:

„[...] wer komponiert, ohne die Modi zu kennen, der schwankt und irrt – auch wenn er es versteht, die Kon- und Dissonanzen richtig zu gebrauchen – doch ziel- und haltlos hin und her gleich einem Blinden ohne Führer, und am Ende findet er sich ganz vom Wege abgekommen."[10]

Die italienische Tradition nimmt nur acht Modi an, die auch die Grundlage für die weiteren Untersuchungen bildeten. Denn es gab traditionell zunächst nur acht Kirchentöne, und nahezu alle Musik war im kirchlichen Kontext beheimatet. Gerade wenn ein gregorianischer Choral im jeweiligen Modus verwendet wird, ist die Glareansche Erweiterung auf 12 Modi hinfällig und ist für Kirchenkomponisten im 16. Jahrhundert unerheblich. Erst mit der falsch verstandenen Wiederbelebung des antiken Dramas durch die Oper macht die Wiederbelebung der – nun aber auch falsch gedeuteten – antiken Modi Sinn. Kateryna Schöning wies jüngst nach, dass auch in der Instrumentalmusik des 16. Jahrhunderts das System mit acht Modi bis ca. 1600 gültig blieb.[11]

---

[7] Vgl. Ackermann, Modus und Akkord, S.197.
[8] Ebd.
[9] Bernhard Meier, Die Tonarten der klassischen Vokalpolyphonie, Utrecht 1974, S.409.
[10] Meier, ebd.
[11] Vgl. Kateryna Schöning, Modusanwendung in der Instrumentalmusik des 16. Jahrhunderts, in: Die Musikforschung, hrg. von Arnold Jacobshagen, Rebecca Grotjahn und Klaus Pietschmann, 67. Jahrgang, Heft 2, Kassel, Kassel 2014, S.152.

Bernhard Meier stellt im genannten Buch anhand der alten Quellen klar, dass der Tenor den Modus bestimmt und diese Bestimmung durch ein Ambitusschema, in dem die jeweils für den Modus typischen Stimmumfänge angegeben sind, nachvollziehbar ist. Tenor und Sopran, wie Bass und Alt, bilden Stimmenpaare, deren Bewegungsräume sichere Rückschlüsse über den verwendeten modalen Hintergrund zulassen. Wichtig ist also der Ambitus, in dem sich die jeweilige Stimme bewegt. Ein Beispiel für den 1. Modus im nichttransponierten System: bewegt sich der Tenor im Rahmen $c\text{-}d'$ $(e'\text{-}f')$ und schließt mit der Finalis d, so ist von einem authentischen Modus auszugehen, denn die Finalis wird maximal um eine große Sekunde unterschritten und der Ambitus geht über die oktavversetzte Finalis nur sehr selten über eine kleine Terz hinaus, eher um eine große Sekunde. Die Repercussa ist in diesem Falle a.[12] Der Bass wiederum müsste nach der jetzigen Disposition für den 2. Modus einen Ambitus von $(G)\text{-}A\text{-}a\text{-}(h\text{-}c')$ umschreiben. Ist der Tenor authentisch, so auch der Sopran, der Bass muss plagal sein. Ist der Tenor plagal, so muss der Bass authentisch sein. Der dem Stück zugrundeliegende Modus ist dann der vom Tenor beschriebene. Nicht außer Acht dürfen hierbei die Tonstufen gelassen werden, auf denen kadenziert wird oder die überhaupt an sich häufig vorkommen. Für alle diese drei zentralen Kriterien wie „Kadenzen eines Modus"[13], „Ambitusschema"[14] und „Tenorprinzip"[15] weist Meier eine Fülle zeitgenössischer Quellen nach und bereitete sogar einer neuen musiktheoretischen Disziplin den Boden, nämlich der historisch orientierten Musiktheorie: Theorie anhand der alten Quellen, mit der Terminologie der alten Quellen, ein Verständnis von Musiktheorie einer Zeit aus dem Selbstverständnis der Zeit, ohne den allumfassenden theoretischen Überbau des 19. Jahrhunderts.

Diesem Verständnis Meiers folgt diese Studie. Denn sie will untersuchen, inwiefern das Phänomen *Klang*, für das die zeitgenössische Theorie keine Beschreibung findet, vom jeweiligen *Modus* bedingt ist. Und hierfür legte Meier wiederum Kriterien aus den zeitgenössischen Quellen an.

Meier sagt zu Beginn seines Buches „Die Tonarten der klassischen Vokalpolyphonie", dass die Modi durch die Entwicklung der Dur-Moll-tonalen Musik der darauffolgenden Jahrhunderte und dem resultierenden „Traditionsgut"[16] in der Sicht überdeckt seien.[17] Diese nun nach den alten Quellen darzustellen, komme einer Art musikalischer Archäologie gleich und müsse von der Wurzel her einsetzen.[18] Meier bringt einen hypothetischen Vergleich, nachdem ein solches Unterfangen demjenigen gleiche, „nach mehr als zwei Jahrhunderten dodekaphonischer Alleinherrschaft erstmals wieder zu eruieren, was die Tongeschlechter Dur und Moll einst gewesen seien."[19] Ein solches Projekt müsse die Ordnungsschemata von Dur und Moll

---

[12] Vgl. Meier, ebd., S.30.
[13] Meier, ebd., S.87.
[14] Meier, ebd., S.54.
[15] Ebd.
[16] Meier, Die Tonarten, S.14.
[17] Vgl. ebd.
[18] Vgl. Meier, ebd.
[19] Meier, ebd.

per se zum Vorschein bringen, bevor es auf die Entwicklungen der Tongeschlechter einginge, die diese „in der Zeit von Bach bis Reger"[20] durchgemacht hätten.[21] So müsse auch die „Darstellung der Tonarten des 16. Jahrhunderts"[22] zuallererst einen „prinzipiellen Überblick vermitteln."[23] Deshalb betrachtet Meier seine Darstellung auch als *Grundriss* und sagt:

> „[...] und dieser Zielsetzung gemäß beschränkt sie sich in folgender dreifacher Hinsicht. Sie wird erstens – vornehmlich dem ‚Sein' der Modi gelten, wie es sich, als Typisches und Allgemeingültiges, in der Zeit ‚klassischer Vokalpolyphonie' im engeren Sinne, also etwa in den Jahrzehnten von 1540 bis 1600, darstellt. (Doch soll gelegentliches überschreiten dieser Grenzen niemals ausgeschlossen sein.) Unsere Darstellung wird ferner den traditionellen acht Tonarten gelten, deren Grund-Bestimmungen auch durch die Zwölftonartenlehre Glareans und seiner Nachfolger nicht angetastet worden sind. Und endlich wird unsere Darstellung sich beschränken auf Werke in der Stimmendisposition ‚a voce piena', d.h. in jener Anordnung der Stimmen, die sich schon rein zahlenmäßig als die häufigste und hierdurch sozusagen als Normal-Disposition der klassischen Vokalpolyphonie erkennen läßt."[24]

In seinem genannten Buch berichtet Meier weiter, dass die Lehre des 16. Jahrhunderts auf den Zusammenhang zwischen Text, Affekt und Modus hinweise.[25] Das zu komponierende Stück muss eine Einheit zwischen diesen drei Ebenen herstellen, indem der Komponist einem dem Affekt des Textes adäquaten Modus wählt.[26] Auch in diesem Aspekt zeigt sich, dass Komposition schon immer die Kunst der Herstellung von Zusammenhängen in der Einheit von kompositorischem Material und der dem Ausdruck Raum gebenden formalen Gestaltung war: eine Einheit von Material, Form und Affekt. Der Affekt wird in der Musik des 16. Jahrhunderts bereits vom Modus her vorbestimmt![27] Die Moduslehre war nach Meiers Ansicht im 16. Jahrhundert von elementarer Bedeutung für den angehenden Komponisten. Im weiteren Verlauf dieser Studie wird noch erläutert werden, dass der geübte Komponist auch den Affekt des Modus verändern kann. Wie wir sehen, ist der Modus aber viel mehr als eine bloße Leiter, er ist das Rückgrat der vokalpolyphonen Komposition!

> „Die Moduslehre – so bemerkt etwa Gallus Dreßler, ein Komponist, der in den Niederlanden seine Ausbildung erfahren hat – überliefert dem, der Musik schaffen will, die wichtigsten Grundlagen seines Könnens: sie lehrt ihn die konkreten ‚Fundamente' der Erfindung von Motiven und der Anordnung von Kadenzen. Und die zuvor erlangte Kenntnis der modalen Regeln muß als erste sich bewähren, soll die schöpferische Kraft im Werke zur Erscheinung kommen: den passenden Modus zu wählen, bildet nämlich – immer wieder hören wir dies – das erste Geschäft des Komponisten, wenn er einen Text in Musik setzt; und den einmal gewählten Modus sorgsam zu beachten, ist sodann oberstes Gebot, gegen das leichtfertig zu verstoßen den gerechten Tadel derer, die sich auf Musik verstehen, finden wird."[28]

---

[20] Ebd.
[21] Vgl. ebd.
[22] Ebd.
[23] Ebd.
[24] Ebd.
[25] Meier, Die Tonarten, S.9.
[26] Vgl. Meier, ebd.
[27] Vgl. Meier, ebd., S.369-387.
[28] Meier, ebd., S.19.

Ad 2:
Die Existenz eines Modus wurde von mehreren Wissenschaftlern in Frage gestellt, so dass die Modusbestimmung mehrstimmiger Musik aus der Zeit der Vokalpolyphonie seit gut 40 Jahren einer mitunter heftig geführten Diskussion unterliegt. Diese Kontroverse beinhaltete und beinhaltet noch heute das Problem, ob sich ein Modus überhaupt einwandfrei einem Musikstück zuordnen lässt oder ob ein Modus als einstimmiges Phänomen überhaupt geeignet ist, einem mehrstimmigen Musikwerk eine *Tonart* zuzuordnen, zudem ob man authentische und plagale Modi in mehrstimmiger Musik eigentlich unterscheiden kann oder nicht; ob der Modus Voraussetzung zur Komposition war oder ob nicht einfach freie Kompositionen von den Theoretikern nach eigenen theoretischen Konstrukten modal bestimmt wurden.[29]

Aber die Kritik an der Annahme der Existenz eines Modus war nicht einheitlich, denn hier stehen sich die Annahme eines authentisch-plagalen Gesamtmodus[30] durch Carl Dahlhaus, der die Unabhängigkeit von authentischen und plagalen Tonarten negiert und beide Geschlechter als zusammengehörig betrachtet sowie die Negation des Modus per se durch Harold Powers und Jochen Brieger, der bewussten historisch geprägten und durch Quellen gestützten Bejahung der Modi durch Bernhard Meier gegenüber.

Ging Carl Dahlhaus von einem „authentisch-plagalen Gesamtmodus"[31] aus, in dem der authentische und der plagale Modus aufgrund ihres Zusammenklanges nicht getrennt werden können, wies Bernhard Meier in seinem 1974 erschienenen Buch „Die Tonarten der klassischen Vokalpolyphonie" anhand zeitgenössischer Quellen nach, dass von einem authentisch-plagalen Gesamtmodus keine Rede sein könne und dass Dahlhaus die Aussagen Zarlinos und Arons fehlinterpretiert habe.[32]

> „Betrachten wir nämlich, wie sich das Problem der alten Tonarten den ‚Vätern' der Musiktheorie – in aller Morgenfrische gleichsam – stellt, so erkennen wir alsbald, daß alle Problematik hier durchaus nicht einem Mangel oder einer mangelhaften Kenntnis einschlägiger Zeugnisse entspringt. Die Problematik entzündet sich vielmehr an der Deutung dieser Zeugnisse. Ebenso ‚wiederentdeckt' wie die alten Musikwerke selbst, erscheinen nun auch ihre musiktheoretischen Kommentare konfrontiert, mit der Gedankenwelt einer gewandelten Zeit."[33]

In der Folge kam es zur Auseinandersetzung zwischen Dahlhaus und Meier um den Sinn der Modusbestimmung.

In seiner Quellenstudie „Zur Modusbestimmung deutscher Autoren in der Zeit von 1550-1650"[34] geht Siegfried Gissel auf die Kontroverse zwischen Dahlhaus und Meier ein und schreibt, dass Dahlhaus in dem Aufsatz „Zur Tonartenlehre des

---

[29] Vgl. Harold Powers, Is Mode Real? Pietro Aron, the Octenary System, and Polyphony, in: Basler Jahrbuch für historische Musikpraxis 16, Winterthur 1992, S.9-52.
[30] Siehe auch Carl Dahlhaus, Untersuchungen über die Entstehung der harmonischen Tonalität, Kassel 1988, S.185.
[31] Carl Dahlhaus, Zur Tonartenlehre des 16. Jahrhunderts, in: Mf 29 (1976), S.300
[32] Vgl. Bernhard Meier, Die Tonarten, S.49-60.; siehe auch Walter Werbeck, Studien zur deutschen Tonartenlehre in der ersten Hälfte des 16. Jahrhunderts, Kassel 1989, S.12f.
[33] Meier, Die Tonarten, S.10.
[34] Siegfried Gissel, Zur Modusbestimmung deutscher Autoren, in: Mf: 39, Kassel 1986, S.201-217.

16. Jahrhunderts"[35] „seinen Begriff des ‚authentisch-plagalen Gesamtmodus' für die Tonarten der mehrstimmigen Kompositionen der damaligen Zeit"[36] verteidigte. Gissel verweist auf Dahlhaus' Aussage, dass die „Praxis eine Hierarchie der Stimmen kaum kannte"[37] und man deshalb von einem „authentisch-plagalen Gesamtmodus" sprechen dürfe, „der die authentische Variante zusammen mit der plagalen (die eine im Tenor und Sopran, die andere im Bass und Alt) in sich"[38] begreife. Dabei will der Autor nicht verhehlen, dass sogar einige Aspekte der Dahlhausschen Aussagen etwas für sich haben: In der Mehrstimmigkeit ist – für uns heute als Hörer – tatsächlich eine Unterscheidung in authentische und plagale Modi schwer möglich. Deshalb haben wir in der Aggregierung der Werkanalysen auch Analysen mit Modusgruppen, also der Re-Gruppe, der Mi-Gruppe, der Fa- und der Sol-Gruppe, jeweils transponiert und untransponiert durchgeführt. Dahlhaus fragt auch nicht, ob sie, die Unterscheidung, „möglich, sondern ob sie sinnvoll"[39] sei.

Dahlhaus hält das Tenorprinzip im 16. Jahrhundert für antiquiert, es sei „in der Theorie ein toter Traditionsbestand"[40]. Diese Aussage ist höchst fragwürdig. Denn, das Tenorprinzip sei „auch dann"[41] ein „toter Traditionsbestand (··· wenn manche Komponisten an ihm festhielten: der Gedanke drang nicht ins Phänomen, sondern blieb überschüssige Intention)."[42] Das kommt einer Unmündigkeitserklärung der Komponisten für die eigenen musiktheoretischen Fragestellungen vor der Komposition gleich. Es sei darauf hingewiesen, dass Palestrina, wie oben erwähnt, modale Techniken wie „die Verbindung eines authentischen mit seinem zugehörigen plagalen Modus oder umgekehrt (Mixtio tonorum), bzw. die Vermischung eines Modus mit einem ihm fremden (Commixtio tonorum)"[43] explizit musikalisch-strukturell motiviert komponiert, wie sowohl Peter Ackermann als auch Bernhard Meier[44] eindeutig nachgewiesen haben.

Die Komponisten agierten demnach keineswegs unmündig ob toter Traditionen, und die Moduslehre war nachweislich Bestandteil ihrer Ausbildung, wie Meier einleuchtend darlegte.[45] Machen wir einen Sprung ins 18. Jahrhundert, so sehen wir, dass der italienische Generalbass noch immer die Grundlage für das Denken Mozarts bildete, wie Wolfgang Budday dargelegt hat, aber der Rameausche Fundamentalbass hier und da Einfluss auf Mozarts Wahrnehmung nahm, wenn auch nur in bescheidenem Maße. Und gehen wir ins 19. Jahrhundert, so sehen wir, dass der Komponist Anton Bruckner, obgleich seine fortgeschrittene Harmonik heute zwar mit

---

[35] Vgl. Carl Dahlhaus, Zur Tonartenlehre, S.300.
[36] Gissel, Zur Modusbestimmung, S.201
[37] Dahlhaus, Zur Tonartenlehre; zitiert nach Gissel, S.201.
[38] Dahlhaus, ebd.
[39] Ebd.
[40] Ebd.
[41] Ebd.
[42] Carl Dahlhaus, Zur Tonartenlehre, S.300.
[43] Ackermann, Studien zur Gattungsgeschichte, S.56.
[44] Vgl. Bernhard Meier, Die Tonarten, S.269ff.
[45] Vgl. Meier, Tonarten, S.19.

modernen Terminologien wie der Gárdonyi-Nordhoffschen unter Umständen besser zu erklären wäre, als Komponist aber nachweislich im Sechterschen Fundamentalbass gedacht und komponiert hat, auch wenn Sechters Lehre um 1880 sicher nicht mehr aktuell war! Dahlhaus' Aussage von den „Relikten des Alten neben Beobachtungen des Neuen"[46] ist eine Selbstverständlichkeit, die sich durch die gesamte Musikgeschichte zieht. Es soll jedoch nicht verschwiegen werden, dass im 16. Jahrhundert ein Umbruch stattzufinden scheint, der das harmonische Gewicht vom Tenor auf den Bass zu legen beginnt. Über diesen Bruch im nächsten Abschnitt mehr. Man sollte sich aber auch fragen, ob dieser Eindruck des aufkommenden Dur- und Moll-Empfindens oft nicht den modernen Hörgewohnheiten geschuldet ist. Ziel der Studie war es, durch die Analysen auch diese Fragen zu klären, bzw. wenigstens auf sie einzugehen. Siegfried Gissel greift in seinem Aufsatz wie in seinen neu erschienenen Büchern[47] die Richtung Meiers auf und stellt ebenfalls die unzweifelhafte Möglichkeit, ja Bedingung der Differenzierung zwischen authentischen und plagalen Modi dar. Hierbei stützt er sich vornehmlich auf Quellen deutscher Theoretiker des 16. und 17. Jahrhunderts. Gehen wir zu einer modernen Moduskritik über. Es gibt gerade in jüngster Zeit wieder Zweifel an der Eindeutigkeit der Meierschen Kriterien:

Jochen Brieger sagt in seinem Aufsatz „Alternative Kriterien der Modusbestimmung"[48], dass Bernhard Meiers Versuch der Modusbestimmung anhand der „drei zentralen Kriterien"[49] „Ambitus, Kadenzstufen und Tenorprinzip"[50] „oftmals in der Praxis"[51] scheitere. Er stellt sich tatsächlich die Frage, ob das modale System nicht nur eine „theoretische Konstruktion"[52] darstelle „oder ob es auch für den eigentlichen Kompositionsprozess"[53] von Bedeutung war. Brieger bezieht sich dabei auf Harold Powers[54], für den ein Modus „als solcher gar nicht existiere, sondern lediglich durch einen oder mehrere ‚tonal types' [...] repräsentiert werde."[55] Brieger stellt dar, dass nach der Ansicht Powers ein Komponist sich nur über die „Schlüsselung, Tonsystem und den Grundton des Schlussklangs"[56] vor der Komposition im klaren habe sein müssen.[57] Nach dieser Systematik könne dann ein „Modus durch mehrere ‚tonal types' repräsentiert werden oder ein ‚tonal type' mehrere Modi repräsentie-

---

[46] Dahlhaus, Zur Tonartenbestimmung, ebd.
[47] Siegfried Gissel, Die Tonarten in der Vokalmusik des 16. und 17. Jahrhunderts, Band I und Band II, Wilhelmshaven 2007 und 2009.
[48] Jochen Brieger, Alternative Kriterien der Modusbestimmung, in: ZGMTH 3/1 (2006), Hildesheim u.a.: Olms, S.15.
[49] Brieger, ebd., S.15.
[50] Ebd.
[51] Ebd.
[52] Ebd., S.16.
[53] Ebd.
[54] Brieger, ebda.; Verweis auf: Harold Powers, Is Mode Real?, Pietro Aron, the Octenary System, and Polyphony, S.9-52.
[55] Ebd.
[56] Brieger, ebd., S.16
[57] Vgl. ebd.

ren."[58] Allerdings kommt Brieger, der diesem System wegen seines angeblichen Realitätsbezuges eher geneigt ist denn dem System Meiers zu dem Schluss, dass das Konzept Powers „wenig über die modale Binnenstruktur einer Komposition"[59] aussage. Recht hat Brieger damit, dass der Modus per se eine Sache der Melodik ist, was auch nicht bestritten wird, nicht einmal von Meier selbst. Dabei verweist Brieger aber auch auf die modale Herkunft der verwendeten Antiphone.[60] Brieger widerspricht sich insofern selbst, dass er einerseits den modalen Hintergrund wie Powers als irreal ansieht, andererseits aber auf den modalen Ursprung der Soggetti hinweist und in seinem Buch „Untersuchungen Zur Struktur Der Erstsoggetti in Den Motetten Giovanni Pierluigi da Palestrinas" bei Heinrich Rahe gerade die Vernachlässigung des von Meiers und Ackermanns nachgewiesenen Zusammenhangs zwischen Modus und Melodiebildung kritisiert.[61] Eine Kombination aus traditioneller Modusforschung und Powerschen „tonal types" scheint dem Autor der vorliegenden Studie fragwürdig zu sein. Beides geht nicht zusammen. Peter Berquist muss selbst nach ausführlichem Lob der „tonal types" zugeben, dass Lasso am Acht-Modus-System festhielt, und widmet der modalen Ordnung Lassoscher Publikationen einen Aufsatz, in dem er versucht, Meiers Ansatz von den Quellen her kommend sowie Hermelinks und Powers Ansatz zusammenzubringen. Es muss der Fairness halber gesagt werden, dass die Amerikaner in ihrer Kritik an Meier zurückhaltend sind und ihn als herausragend anerkennen, aber seine Kritik an Hermelink ignorieren.[62] Der Ansatz bleibt fragwürdig, weil auch Bergquist an der erwiesenermaßen irrigen Chiavetten-Transposition[63] festhält.

An anderer Stelle nimmt Powers sogar Stellung zu Bernhard Meier. Er gesteht ihm zu, dass Komponisten den modalen Kontrast von authentisch und plagal mit dem Kontrast von hoher zu tiefer Schlüsselung darstellten, ist aber der Meinung, dass dies, bloß weil einige Stücke von dem Komponisten in dieser Hinsicht intendiert waren, nicht zwangsläufig auf alle Stücke anzuwenden sei, auch würden bei Lasso und Palestrina, wie Bergquist nachgewiesen habe, die eine Tonalität verwendet, ohne dass diese einen Modus repräsentiere.

> „When modal ordering was intended, as is also not infrequently the case, the modal contrast of authentic versus plagal was marked with the contrasted combinations of high cleffing versus low cleffing, and/or *cantus durus* vs *cantus mollis*, as Bernhard Meier conclusively proved.[64] Where I differ from Meier is in the assumption he derived from his discovery: that

---

[58] Brieger, ebd.

[59] Ebd.

[60] Brieger, ebd., S.17ff.

[61] Jochen Brieger, Untersuchungen zur Struktur der Erstsoggetti in den Motetten Giovanni Pierluigi da Palestrinas. Abhandlungen zur Musikgeschichte 21, Göttingen 2010, S.19.

[62] Vgl. Peter Bergquist, Modal ordering within Lassos's Publications, in: Orlando di Lasso studies, Cambridge 1999, S.204.

[63] Vgl. Ebd. S.205.

[64] Verweis auf: Bernhard Meier, Bemerkungen zu Lechners Motectiae Sacrae von 1575, in: AfMw 14(1957). Powers schreibt in der Fußnote 8, dass Meier diese Entdeckung dann weiter ausgearbeitet habe, was im Buch *Die Tonarten der klassischen Vokalpolyphonie* im Jahre 1975 kulminierte und dem weitere Aufsätze in dieser Richtung folgten. Er führt eine Replik des Buches durch Jessie Ann Owens an, die in: *Rivista italiana di musicologia* 14, (1979), S.448-57 erschien.

because *some* pieces were intended by their composers to *represent* authentic and plagal church modes, *all* pieces must have been *concieved* and composed in one or another of the church modes. We know from Professor Bergquist's Lasso-Symposion paper that there was one important Lasso tonality that was normally not used to represent a mode, and if it was, it was used in such a way as to call special attention to it's anomalous place in an otherwise regular pattern of modality/tonality relationships; yet the same tonality was used twice by Palestrina to represent mode."[65]

Schwer nachzuvollziehen ist auch hier, dass Powers sich wieder auf den eindeutig widerlegten Hermelink bezieht. Dass die Bestimmung des modalen Hintergrundes nicht immer eindeutig ist, wird nicht in Abrede gestellt, doch ob Powers' Ansichten hierfür eindeutigere Ergebnisse liefern, darf alleine schon wegen ihrer historischen Nichtbegründbarkeit bezweifelt werden. Ebenso muss dem Ansinnen widersprochen werden, eine Tonalität könne unabhängig eines Modus in der Zeit existieren, dazu mehr weiter unten. Freilich ist die Bestimmung eines Modus nicht immer einfach. Sogar die alten Theoretiker hatten ihre liebe Müh' und Not, den dritten und vierten Modus auseinanderzuhalten.[66] Über die Problematik der Modusbestimmung sagt Peter Ackermann:

„Problematisch wird die Zuordnung zu einem bestimmten Modus jedoch, wenn das Zusammenspiel von melodischem Verlauf, Kadenzplan und Schlußton keine eindeutige tonartliche Entscheidung ermöglicht, wenn also Melodik und Kadenzgeschehen in sich mehrdeutig sind oder der Schluß sich in den Gesamtprozeß nicht als Nebenfinalis fügen läßt, deren Kriterium eine tonartimmanente Relation zur eigentlichen Finalis ist. Besonders schwierig – und dies zeigt sich bereits bei den Theoretikern des späten 16. Jahrhunderts[67] – ist bekanntlich die Zuordnung von Kompositionen zum 3. oder 4. Modus."[68]

Uneins ist Bergquist mit Bernhard Meiers Darstellung, einige Stücke dem siebten Modus zuzuordnen, da Bergquist die Stücke in einer A-Tonalität sieht; zudem ist er uneins mit Dahlhaus' Überlegung, dass ein Schlussklang nicht notwendigerweise mit der Finalis des Stückes übereinstimmen muss. Das hat aber gerade Meier nachgewiesen, wie wir noch lesen werden, denn nicht der Schlussklang bestimmt den Modus.[69] Bergquists Ansinnen einer eigenen Tonalität unabhängig des Modus basiert entweder auf einer schlichten Unkenntnis oder einer bewussten Negation der Bestimmungskriterien.

Powers beginnt dann wiederum in seinem Aufsatz bereits zu Beginn die Trennung zwischen Modalität und Tonalität in Frage zu stellen, er bleibt in sich nicht widerspruchsfrei.[70] Ein Problem seiner Ausführungen ist zudem, dass er sich auf

---

[65] Harold Powers, Anomalous Modalities, in: Orlando di Lasso in der Musikgeschichte, Bericht über das Symposon der Bayerischen Akademie der Künste, München, 4.-6. Juli 1994, hrg. von Bernhold Schmid in: Bayerische Akademie der Wissenschaften, philosophisch-historische Klasse, Abhandlungen, Neue Folge, Heft 111, München 1996, S.223f.

[66] Vgl. s.u.

[67] Ackermann verweist auf Bernhard Meier, S.147ff. und S.211ff.)

[68] Peter Ackermann, Studien zur Gattungsgeschichte und Typologie der römischen Motette im Zeitalter Palestrinas, Paderborn 2002, S.91.

[69] Vgl. Peter Bergquist, Lasso's Compositions in „A minor", in: Orlando di Lasso in der Musikgeschichte, Bericht über das Symposon der Bayerischen Akademie der Künste, München, 4.-6. Juli 1994, hrg. von Bernhold Schmid in: Bayerische Akademie der Wissenschaften, philosophisch-historische Klasse, Abhandlungen, Neue Folge, Heft 111, München 1996, S.15.

[70] Vgl. Harold Powers, Harold Powers, Is Mode Real? Pietro Aron, the Octenary System, and Polyphony, S.9.

den von Meier widerlegten Hermelink[71] und die sogenannte *Chiavette*[72] stützt. Er bringt das Beispiel eines Werkes aus dem 16. Jahrhundert, das mit g_2, c_2, c_3 und F_3 geschlüsselt sei und mit einem C-Dur-Akkord[73] in Grundstellung schliesse. Lassos Schüler Lechner hätte solch ein Stück dem 6. Modus (was allerdings nur bei dem Phänomen des quintaufwärts-transponierten 6. Modus zuträfe) und Pietro Aron den 7. Modus zugeschrieben (ausser Acht lassend, dass das C-Dur dann eher für den 8. Modus spräche). Hierbei lässt Powers den Ambitus der Stimmen, deren Finales und Repercussae ganz ausser Acht und ignoriert die Kadenzen innerhalb des Modus. Peter Ackermann weist auf Pietro Arons Aussage hin, dass dieser in der „zweiten Hälfte des ersten Kapitels seines *Trattato della natura et cognitione di tutti gli tuoni di canto figurato*"[74] sich bemüht, „in breiter Ausführlichkeit deutlich zu machen, daß nicht der Schlußton einer Komposition, sondern deren – vor allem melodische – Verlaufsform insgesamt (*‚forma'* im Sinne von Ambitus und Intervallgattungen) das vorrangige Kriterium für die Bestimmung des Modus abgibt."[75] Für Powers sind die Modi letztlich einfach nur theoretische Konstrukte.

> „A ‚mode', in the musical culture and discourse of Renaissance Europe, was first and foremost a theoretical construct, a member of a closed and symmetrical system of musical categories. As I have tried to show in the studies cited in note 7 above, a composition in a given tonal type was often used to represent a mode with whose theoretical requirements its tonal type was compatible. But to say something *represents* something else, or that something is compatible with something else, is not at all to say that something *is* something else."[76]

Sehr problematisch an dieser Ausführung ist, dass Powers' tatsächlich davon ausgeht, dass sein „tonal type" existiert und dieser benutzt worden sei, den Modus zu repräsentieren. Dazu hätte er natürlich kompatibel sein müssen. Das sei aber nicht damit gleichzusetzen, dass ein „tonal type" ein Modus sei. Was ist nun also hier das Konstrukt? Power's „tonal type" oder der Modus, der von ihm repräsentiert werden soll? Wenn also ein Modus repräsentiert werden soll, warum wird dann nicht gleich nach dem modalen Hintergrund gesucht? Powers meint, dass sein „tonal type" und der Modus nicht identisch seien. Er versucht dann zu erläutern, warum seine „tonal types" mit den Modi verwechselt würden. Er nimmt die „tonal types" als tatsächlich existent an und meint, die Komponisten hätten sich ihrer ja immerhin Ende des 16. Jahrhunderts mehr und mehr in bewusster und geordneter Weise bedient, um Bestandteile des modalen Systems darzustellen. Dies sei ursprünglich eine Reaktion auf das von Humanisten und Musiktheoretikern gezollte Interesse an der Idee des modalen Affekts gewesen, den man als notwendiges oder als begehrenswertes

---

[71] Powers, ebd. S.11.

[72] Auch Thomas Daniel widerspricht der Hermelinkschen Chiavetten-Definition. Siehe Thomas Daniel, Kontrapunkt, 1. Auflage, Köln 1997, S.23.

[73] Die Schreibweise der Akkorde wie C-Dur wird deshalb unkonventionell für die gesamte Forschungsarbeit gewählt, um dem Eindruck entgegenzuwirken, dass man tatsächlich historisch in diesen Kategorien gedacht haben möge.

[74] Ackermann, Studien zur Gattungsgeschichte und Typologie der römischen Motette im Zeitalter Palestrinas, Paderborn 2002, S.90.

[75] Ackermann, ebd.

[76] Powers, Is Mode real?, S.14

Eigentum der Musik verstanden habe.[77] Der „tonal type funktioniert nach Powers folgendermaßen:
Das Tonsystem wird nach dem transponierten und untransponierten System unterschieden. Die Schlüsselung wird nach hohen und tiefen Schlüsseln unterschieden, was bereits das Problem mit sich bringt, dass Powers und Hermelink von der terztransponierenden Chiavette ausgehen, wie oben beschrieben. So wird dann z.b. von *D*-Tonalitäten im *cantus durus* gesprochen oder von *G*-Tonalitäten im *cantus mollis*. Das Problem hierbei ist nur, dass er unter anderem die beiden oben genannten Tonalitäten als Repräsentationen des 2. Modus betrachtet. Das kann mit dem traditionellen System nicht zusammengehen. Der zweite Modus ist im untransponierten System keine D-Tonalität, er hat zwar die Finalis *d*, es ergeben sich doch aber durch den veränderten Ambitus ganz andere Klangmöglichkeiten, und der 2. Modus im transponierten System hat die Finalis *g* und b-Vorzeichnung. Beide als Tonalitäten desselben Modus zu betrachten, scheint gewagt. *D*-Tonalitäten als Zusammenfassung von erstem und zweitem Modus im untransponierten System wäre immerhin begründbar, doch das beschreibt Powers gerade nicht.[78] Powers, Bergquist und Hermelink gehen mit ihrem Darstellungssystem weitaus unkritischer um als Meier, Gissel oder Ackermann mit dem traditionellen, die eben auch auf die Deutungsprobleme hinweisen. Einem System jedoch, das bereits auf einer falschen Grundannahme aufgebaut ist wie der Chiavetten-Frage, will der Autor der vorliegenden Studie nicht folgen. Dabei wird die Schlüsselung per se gar nicht in Frage gestellt und später auch noch angeführt werden.

Die weiteren Darstellungen stützen ungewollt eher Meiers Ansatz, dass nämlich die alten Theoretiker den modalen Affekt zur Voraussetzung des musikalischen Affektes machten:

> „In the second place, musical theorists did more than merely propound modal affect as a basis for musical effect; in several notable cases they borrowed, adapted, or modified notions about monophonic modality from medieval traditions and humanistic researches, in serious attempts to account for the pitch relationships and structures of polyphony in purely technical terms. For such purposes, modal theory was the only exisiting sophisticated theory to which they could turn."[79]

Also aus Ermangelung einer besser entwickelten zeitgenössischen Theorie mussten die Theoretiker auf die mittelalterliche Modalität zurückgreifen. Im Umkehrschluss kann man das aber auch so deuten, dass eben jene Modalität die Voraussetzung der Kompositionslehre war!

Doch auch Powers Ausführungen über die Verwechslungen seiner „tonal types" mit den Modi stützen Meier, denn Powers sagt selbst, dass alle das modale System als selbstverständlich annahmen. Selbst wenn sich Powers „tonal types" nachweisen ließen, wären sie im historischen Diskurs unerheblich, denn die Komponisten haben danach nicht gedacht und komponiert.

> „Finally – or better, originally – the ultimate raw material both of monophonic modal theory and of polyphonic compositional practise was the same: it was the conceptual system of

---

[77] Vgl. ebd., S.14.
[78] Vgl. Powers, Anomalous Modalities, S.227.
[79] Powers, Is Mode real?, S14.

pitch relationships to which all musicians were brought up und which all took for granted, a system that was not only pre-compositional but also pre-theoretical."[80]

Er geht dann im weiteren Verlauf auf die Tradition der Moduslehre ein, wird aber nicht müde zu betonen, dass die Traktate für die Komponisten keine Rolle gespielt hätten, denn diese zeigten nur auf, wie die Dinge gesehen werden sollten, nicht wie sie gesehen wurden.[81]

Letztlich sind die „tonal types" nichts anderes als Hermelinks „Dispositiones modorum", auf die zu gegebener Zeit noch eingegangen werden wird.

Walter Werbeck interpretiert Powers' Äußerungen dahingehend, dass dieser „also nicht, wie Dahlhaus Meiers Darstellung der mehrstimmigen Moduslehre als einer Doktrin, welche nach wie vor authentische von plagalen Modi trennt"[82], kritisierte, „sondern nur den Rang, den Meier dieser Lehre einräumte."[83] Es muss hierbei jedoch erwähnt werden, dass Werbeck Powers mehrfach zitiert, sich allerdings in seinen Studien nicht vollständig mit Powers neuartigem Konzept auseinandergesetzt zu haben scheint. Dort, wo Werbeck die „tonal types" erwähnt (es gibt, wenn der Autor der vorliegenden Studie richtig gezählt hat, 34 Registereinträge zu Powers in seinem Buch) findet sich nicht einmal ein kritischer Kommentar oder eine Erläuterung.[84] Just nach Abgabe der Habilitationsschrift wurde der Autor auf Frans Wersings Buch The Language of the Modesäufmerksam gemacht. Wenngleich das Buch eine zunächst begrüßenswerte Aufarbeitung der Modus-Lehre darstellt, geht es mit Powers zu Nachsichtig um, indem es die offenkundigen Mängel und Irrungen der „tonal types" oder „Dispositiones modorum" nicht freilegt und sie unreflektiert akzeptiert. Damit aber war das Buch per se für die Studie nicht von großer Bedeutung.[85]

Nach dem Studium Powers' wurde dem Autor der vorliegenden Studie, der als Komponist bereits in jungen Jahren erstklassigen Kontrapunktunterricht bei Gerhard Schedl genoss, zudem klar, dass man nach dem Verständnis der „tonal types" nicht sinnvoll komponieren kann, zu viele Fragen bleiben offen. Mit Briegers Ansatz der Antiphonen-Übernahme kann sich der Autor eher identifizieren, denn hier haben wir, egal wie man sie dann modal benennen mag, immerhin eine modale Vorlage. Es wurde auch nie behauptet, dass ein Modus stur durchgehalten wird, es ist oft sogar das Gegenteil der Fall. In der Dur- und Moll-tonalen Musik wird die Ausgangstonart ja auch nicht stur durchgehalten und durch Modulationen verlassen, ohne dass man die Existenz der Grundtonart c-Moll in Beethovens V. Sinfonie in Frage stellen und als Kopfkonstrukt geißeln wollte. Vielmehr erscheinen im Studium von Powers' Aufsatz die „tonal types" und nicht die alte Moduslehre als ein solches, und zwar

---

[80] Ebd., S.14f.
[81] Vgl. ebd., S.18.
[82] Walter Werbeck, Studien, S.14.
[83] Werbeck, ebd.
[84] Vgl. Werbeck, ebd., S.9, S.13, S.14
[85] Frans Wersing, The Language of the Modes: Studies in the History of Polyphonic Modality (Criticism and Analysis of Early Music), New York und London, 2001.

gerade dann, wenn wir uns die Situation in dem von Powers zu Beginn geschmähten Konzept des modalen Kontrapunktunterrichtes ansehen:

Jeppessen, der die *Artenlehre* eines Johann Joseph Fux *ausbaute*, welcher sie wiederum von Zarlino entlehnte, usw., lässt den Schüler jene *Arten* in den verschiedenen Modi üben. Das geschieht derart, dass zunächst im zweistimmigen Satz eine Stimme einen Cantus firmus, einen obligaten Gesang, erhält und die andere Stimme gemäß strenger Stimmführungsregeln im Verhältnis 1:1 (Ganze gegen Ganze, hier sind nur Konsonanzen möglich, es muss mit einer vollkommenen Konsonanz begonnen und geschlossen werden), 2:1 (Halbe gegen Ganze, Dissonanzen nur auf schwacher Taktzeit als Durchgang möglich), 4:1 (Viertel gegen Ganze, zweites und viertes Viertel dürfen im Durchgang dissonieren) und als Dissonanzen durch Überbindungen komponiert ist. Die Überbindungen haben den Hintergrund, dass in einer Stimme die Dissonanz zuvor als übergebundene Note auf schwacher Taktzeit Konsonanz war, dann auf starker Taktzeit dissoniert und sich auf der schwachen Taktzeit wieder in eine (unvollkommene) Konsonanz auflöst, um den Schüler eine korrekte Dissonanzbehandlung zu lehren. Aus diesen Bindungen heraus leitet sich später die Bezeichnung *Gebundener Styl* im 18. Jahrhundert her, was schlicht bedeutet, dass die Dissonanzen nach alter Sitte vorbereitet und aufgelöst werden. Die Krönung der Artenlehre bildet dann der freie Satz, auch *floridus* = blühend genannt. Anschließend werden die Arten dann mit etwas mehr Freiheiten drei-, vier- und vielstimmig exerziert. Das Problem ist allerdings, dass der freie Satz, egal in welcher Stimmenzahl, ohne Kenntnisse der modalen Affekte und die Komposition ohne die Berücksichtigung des Textes in der thematischen Erfindung keinen Sinn macht. Nur durch die Bewusstmachung von Modus, Klausel und Kadenz ist eine Stilkopie der Musik des 16. Jahrhunderts möglich. Um aber die Musik exakt zu kopieren, müsste man das eigene kompositorische Ich, das Musik aus einigen Jahrhunderten kennengelernt hat, ausschalten, was unmöglich ist. Die historisch orientiere Kontrapunktlehre betrachtet korrekterweise den Akkord ebenfalls als eine Art Zufallsprodukt. Jedenfalls drang nicht ins Bewusstsein, dass ein Dur-Akkord und ein Sextakkord auf den gleichen Grundton zurückgeführt werden können, auch wenn es bewusst homophone Kompositionen gibt. Doch zu dieser Technik später mehr. Damit taugt sie, die historische Kontrapunktlehre, aber nicht für die Erforschung der sich ereignenden Klänge! Die *Artenlehre* scheint dem Autor allerdings, darin konträr zu Thomas Daniel, das bessere pädagogische Konzept – mehr als ein solches ist diese ohnehin nicht – zu sein, um die Vielzahl an Stimmführungs-Regeln dieser Musik als Schüler lernen und sich dann in jener Sprache ausdrücken zu können. Es ist zudem ein Konzept, nach welchem über die Jahrhunderte hinweg Komponisten wie Haydn und Beethoven ausgebildet wurden! Die Artenlehre funktioniert allerdings nicht ohne die Modi.

Daniels[86] Kritik an der Artenlehre als blutleerer Trockenübung[87], dargestellt an Zarlinos Beispiel aus dessen 40. Kapitel der *Istitutioni*, ein zweistimmiges Beispiel übertitelt mit *Essempio secondo nell' accuto* und untertitelt mit SOGGETTO *del*

---

[86] Vgl. Daniel, Kontrapunkt, S.19.
[87] Vgl. ebd.

Terzo modo, ist ungerechtfertigt. Denn es geht ja in der Tat hier darum, wie Daniel richtig erkennt, einen vertikal tadellosen Satz zu üben. Man soll einfach nur die Regeln des Zusammenklangs erlernen. Mehr wollte Zarlino an dieser Stelle nicht. Es geht hier nicht um die große Kunst. Kontrapunktlehre als Übung und Komposition sind strikt von einander getrennt. Zuerst kommt die Beherrschung des Handwerks. Dieses wird aber nicht alleine aus dem Erlernen melodischer und vertikaler Regeln gebildet. Zarlino war zudem nicht einfach „nur" ein Theoretiker, sondern auch Komponist und immerhin Schüler des Komponisten Adrian Willaert. Wie zuvor geschildert, bestimmt aber der Modus auch den Affekt des Werkes. Diesem Aspekt wird in den Kontrapunktlehren der jüngeren Zeit kaum Aufmerksamkeit geschenkt, dabei ist eine Stilübung in der Vokalpolyphonie ohne Text und ohne den ihm passenden Modus geradezu sinnlos, wie wir oben lesen konnten.

Die modernen Kontrapunktlehren von Knud Jeppessen, Thomas Daniel und Thomas Krämer schweigen dann aber gerade über das Verhältnis zwischen Modus und den auf ihm gegründeten Klängen und erwähnen die Affektenlehre mit keinem einzigen Wort! Dies macht sie für die wissenschaftliche Untersuchungen unbrauchbar. Krämer geht Jeppessens und Fuxens Weg über die Artenlehre, die bei ihm mit allzu viel Freiheiten benutzt wird, was den im alten Sinne kontrapunktisch streng geschulten Leser sehr verwirrt, vor allen Dingen, wenn er sich die Mühe macht, die Arten nach Krämer durchzuarbeiten. Erschwert wird das Studium vor allen Dingen auch dadurch, dass er tatsächliche cantus firmi in Dur- und Moll-Tonarten verwendet, wo er auf Stilsicherheit im Stile Palestrinas und Lassos hinarbeiten will. Thomas Daniel negiert, wie bereits geschildert, die pädagogisch sinnvolle Artenlehre, um direkt zur Stilkopie zu kommen, und beschreibt zwar gewissenhaft alle erdenklichen melodischen und harmonischen Phänomene, geht auch auf die verschiedenen Kadenzstufen in den Modi ein, jedoch erfahren wir nichts über die semantische Bedeutung der Modi und ihr Verhältnis zum Text. Das Verhältnis zwischen Modus und Klanglichkeit spielt ebenfalls keine große Rolle, wenn man von der Beschreibung der unterschiedlichen Kadenzierungen und den Stufen, auf denen geschlossen werden kann, absieht; aber immerhin findet sich bei ihm die am breitesten dargelegte Beschäftigung mit den alten Modi und der alten Notation! Bei Jeppessen finden sich in seinem Buch über den „Palestrinastil und die Dissonanz" nahezu ausschließlich Beschreibungen melodischer Phänomene, in seiner Kontrapunktlehre spricht er dagegen sehr oberflächlich von den Zusammenklängen. Alle gewähren der Moduslehre insgesamt nur wenig Raum und gehen nicht über die skalare Beschreibung hinaus. Dabei bildete sie den Grundstock der kompositorischen Ausbildung vor allen anderen Elementen! Die zeitgenössischen Theoretiker wiederum sagen so gut wie nichts zu den Zusammenklängen und: Das Verhältnis zum Modus und der kompositorischen Zeitgestaltung liegt vollkommen außerhalb aller Beschreibungshorizonte, weshalb wir speziell hierfür modernere Analysemethoden brauchen.

Die Belege Bernhard Meiers, Siegfried Gissels und Peter Ackermanns für die Annahme eines Modus sind historisch stichhaltig, wurden schlüssig erbracht und zeigen, dass die Kenntnis der Modi eine unmittelbare Voraussetzung für das Komponieren in der Zeit der Vokalpolyphonie darstellen, weshalb deren Kriterien zur modalen Bestimmung zur Erstellung der für diese Studie programmierten Analyse-Software herangezogen wurden. Der Autor der vorliegenden Studie konnte auch nicht dem Weg Siegfried Hermelinks[88] folgen. Denn nach dem Studium Meiers erschien ihm die Annahme eines H-Dorisch[89] oder Fis-Phrygisch äußerst fragwürdig. Da bereits die modale Zuordnung Hermelinks von Meier widerlegt wurde, kann der Autor der vorliegenden Studie auch nicht Hermelinks Zuordnung von Tonart und Schlüsselung folgen. Meier widerlegt Hermelinks Schlüsselungskonzept, das dieser in den Dispositiones darlegt[90], indem er auf die zeitgenössische Auflistung von Tonart und Schlüsselung durch Valerio Bona da Brescia *Regole del Contraponto et Compositione*, Casale (1590) und Orazio Tigrini, *Compendio*, Buch III, Kapitel 28-31 (Venedig 1588) hinweist, die Hermelinks Konzept im reinen optischen Vergleich als fehlerhaft herausstellen.[91] Dadurch, dass Hermelink die Modi falsch benennt, ist sein Konzept des In-Beziehung-Setzens von Tonart und Schlüsselung ohnehin hinfällig; sein Ansatz ist leider historisch nicht ausreichend begründbar. Auch die Chiavetten-Technik mit Terztransposition, wie Hermelink sie vorschlägt, ist nicht haltbar.[92] Denn Meier sagt, dass sich bei psalmodischen Kompositionen der Schluss aus der Bindung aus dem Psalmton oder wenigstens „aus dem Prinzip des Alternierens mehrstimmig vertonter und choralisch einstimmiger Psalmverse" ergäbe.[93] Er bezieht sich hierbei auf die von Zarlino in den Istitutioni, lib. IV, cap. 15 genannte *Psalmodie* und Kompositionen in den drei Cantica „*Benedictus Dominus Deus Israel, Magnificat* und *Nunc dimittis*".[94] Dem Psalm oder Canticum gehe immer die Antiphon voraus und schliesse „auch stets das Ganze ab."[95] Weshalb es nicht angehe, „die mehrstimmigen Teile einer für die Liturgie bestimmten Psalm- oder Canticum-Komposition zu isolieren und sie einzig nach dem Schlußton dieser mehrstimmig vertonten Verse modal zu bestimmen: so etwa ein *Magnificat tertii toni*, ein *Magnificat quinti toni* und ein *Magnificat septimi toni* alles als ‚aeolisch'."[96] Meier kommt zu dem Schluss, dass wenn „dies dennoch sowohl bei Dahlhaus (Untersuchungen, 190) wie bei Hermelink (Dispositiones, 161f.)"[97] geschehe, es nur von einer beklagenswerten „Unkenntnis jener liturgischen Praxis"[98] zeuge, „der Werke solcher Art überhaupt erst ihr Dasein verdanken."[99]

---

[88] Siegfried Hermelink, Dispositiones modorum, Die Tonarten in der Musik Palestrinas und seiner Zeitgenossen, Tutzing 1960.
[89] Vgl. Meier, Die Tonarten, S.137, S.427 und Hermelink, Dispositiones, S.105
[90] Vgl. Hermelink, Dispositiones, S.67-72.
[91] Vgl. Meier, Tonarten, S.72-74.
[92] Vgl. Daniel, Kontrapunkt, S.23. u. Hermelink, Dispositiones, S.41ff.
[93] Meier, Die Tonarten, S.444, Anmerkung 18.
[94] Meier, ebd., S.444, Anmerkung 18.
[95] Ebd.
[96] Ebd.
[97] Ebd.
[98] Ebd.
[99] Ebd.

Hermelink bezeichnet auf der von Meier zitierten Seite seines Buches die Magnificat-Kompositionen mit A-Aeolisch und noch weitaus abwegiger mit Fis-Aeolisch.[100] Die Kritik ist berechtigt: wie erwähnt war sämtliche geistliche Musik zunächst liturgisch determiniert. Liturgische Praktiken bestimmten selbstverständlich auch die musikalische Form. Wer dies ignoriert, hängt noch immer einer romantischen Vorstellung „der Generation E.T.A. Hoffmanns"[101] von der in Wirklichkeit zweckgebundenen Musik Palestrinas als einer absoluten Musik[102] an. Wenngleich diese Sichtweise insofern berechtigt ist, als dass Palestrina Techniken wie die *Mixtio tonorum* oder die *Commixtio tonorum* nicht zur Wortausdeutung sondern aus musikalisch-strukturellen Gründen einsetzt, wie Peter Ackermann schlüssig nachgewiesen hat.[103] Viele Schlussfolgerungen Hermelinks und Dahlhaus' scheinen aus Unwissenheit der kirchlichen Gegebenheiten entstanden zu sein, hierdurch verlieren Hermelink und Dahlhaus leider auch den Blick über größere und vom Komponisten gedachte Zusammenhänge. Der Komponist liefert und ja bereits die Modusbestimmung wie z.b. Ockeghem mit Titeln seiner Messen wie *Missa Quinti toni* oder *Missa Mi-Mi*. Wenn also der Komponist sich dieser liturgischen Praxis und seiner verwendeten Modi selbst im klaren war, mit welchem Recht ignoriert dann der Musikwissenschaftler dessen schriftlich festgehaltenen Vorstellungen? Einschränkend gilt für die Gattung der Motette, dass eine eindeutige Bestimmung des liturgischen Gebrauchs nicht möglich ist. Laut Ackermann komme sie nicht als mehrstimmiger Ersatz liturgischer Teile in Betracht, weil das gesamte Repertoire ein Übergewicht an „Offiziumsliturgie"[104] aufweise. Nach der Quellenlage seien diese in der Messe an hohen Festtagen *all 'Offertorio* gesungen worden[105] und hätten „an anderen Orten mit stiller liturgischer Handlung, bei der Evelation, wie auch am Ende der Messe eingesetzt werden"[106] können.

In seinem Buch „Alte Tonarten, dargestellt an der Instrumentalmusik des 16. und 17. Jahrhunderts" geht Meier (wie zuvor gegen Dahlhaus) mit einer großen Anzahl historisch fundierter Fakten direkt auf Hermelinks und Powers' Ansatz, die alten theoretischen Quellen in Frage zu stellen und den Modus als nicht existent zu betrachten, ein und kommt zu dem Schluss:

> „Der Meinung Hermelinks und Powers' zufolge wäre also eine ganze musikgeschichtliche Epoche – und zwar im Hinblick auf fundamentales „Requisitum' der Komposition – einer Selbsttäuschung erlegen. Durch ihre Ablehnung der von den Quellen überlieferten Tonartbezeichnungen stimmen denn auch Hermelink und Powers mit den Vertretern bloßer ‚On-dit-Traditionen' letztlich überein. Zwischen den Zeugnissen der Quellen und den

---

[100] Vgl. Hermelink, Dispositiones, S.161f.

[101] Peter Ackermann, Studien zur Gattungsgeschichte und Typologie der römischen Motette im Zeitalter Palestrinas, Paderborn 2002, S.13

[102] Vgl. Peter Ackermann, Studien zur Gattungsgeschichte, S.13.

[103] Vgl. Ackermann, ebd., S.72.

[104] Ackermann, ebd., S.36.

[105] Vgl. Ackermann, ebd.

[106] Ackermann, ebd., S.37.

Aussagen moderner Autoren bezüglich der Modi klafft also ein Widerspruch, wie er sich schroffer kaum denken läßt."[107]

Der Nachweis der wesentlichen Kriterien der Modusbestimmung wurde von Meier nachvollziehbar geleistet, so dass sie in dieser Studie verwendet werden. Im nächsten Abschnitt sollen diese kurz aufgelistet sowie die Theorie des Tonsystems, der Intervalle und der Modi nach der Theorie Pietro Arons vorgestellt werden.

Ad 3:
Von den musiktheoretischen Lehrwerken neuerer Zeit werden satztechnische Spezifika unterstellt. Als bekanntestes Beispiel dafür dient die phrygische Kadenz, mit Ganzton-Schritt aufwärts in der Oberstimme und Halbton-Schritt abwärts in der Unterstimme. Auch Unterstellungen aus der Funktionstheorie wie *Dorische Sext* und *Lydische Quart* sind jedermann geläufig. In wiefern diese aber der tatsächlichen kompositorischen Realität im 16. Jahrhundert entsprechen, soll auch Gegenstand der Untersuchung sein.

Zielsetzung:
Es geht in der Studie, wie Peter Ackermann einst formulierte, um die „Erforschung möglicher immanenter Gesetzmäßigkeiten des Klanglichen – auch wenn die zeitgenössische kompositorische Theorie hierüber schweigt[...]."[108]

Dass jene Quellen dazu schweigen, bestätigt auch Bernhard Meier. Er sagt zudem, dass jede harmonikale Grundannahme uns den Zugang zum wahren Verständnis der Werke geradezu verbaue:

> „In ihrem ‚Inhalt' sind die Modi jedoch von unseren Tonarten wesentlich verschieden: sie sind keine Systeme von Dreiklangsbeziehungen, sondern sie fußen auf Gebilden melodischer Art. Dies spiegelt sich aufs deutlichste in den Ausführungen, die die Musiklehre der Renaissance den Modi einerseits und andererseits den Konsonanzen widmet: wo von den Modi gesprochen wird, hören wir nichts von Klängen und Klangfolgen; wo von diesen die Rede ist, vernehmen wir nichts von den Modi. Der für die Musik des 18. und 19. Jahrhunderts grundlegende Satz, daß die Harmonie der Melodie vorausgehe, hat also für die Zeit, die uns beschäftigt, keine Gültigkeit; ja er verbaut uns von vornherein jeden Zugang zu einem wahrhaft sachgemäßen Verständnis der ‚alten Tonarten'."[109]

Kateryna Schöning schrieb jüngst über das akkordische Moment in der Modusanwendung in der Instrumentamusik des 16. Jahrhunderts:

> „Inwieweit wir daher die Moduslehre in Bezug auf die akkordisch-passagenartigen Abschnitte oder Stücke analytisch zulassen können, lässt sich aus dem alten Schrifttum nur schwer entnehmen. Mit Sicherheit lässt sich jedenfalls feststellen, dass die akkordisch-passagenartigen Sätze eine gesonderte Position im Musikdenken des 16. Jahrhunderts eingenommen haben. Die Überlegungen zu ihrer kompositorischen Ausformung anhand der Modi gehen auf die 1530er Jahre zurück und zeigen insgesamt nur wenige Kriterien."[110]

---

[107] Bernhard Meier, Alte Tonarten, dargestellt an der Instrumentalmusik des 16. und 17. Jahrhunderts, 4. Auflage, Kassel 2005, S.13f.
[108] Ackermann, Modus und Akkord, S.197.
[109] Meier, Alte Tonarten, S.14.
[110] Kateryna Schöning, Modusanwendung in der Instrumentalmusik des 16. Jahrhunderts, S.138.

Wie man den Schilderungen Ackermanns, Meiers und Schönings entnehmen kann, ist gerade der Zusammenhang zwischen dem Klanglichen und dem Modalen ein wissenschaftliches und theoretisches Desiderat. Beide Themenfelder werden auch vom später ausführlich behandelten Pietro Aron gesondert behandelt. Diese Studie will daher diesen Zusammenhang empirisch untersuchen und darüber hinaus erforschen, ob es unter der kompositorischen Oberfläche nicht zudem Dinge gibt, die den Zeitgenossen nicht bekannt, bzw. nicht bewusst waren, später aber im Generalbasszeitalter zum musikalisch-harmonischen Gemeingut wurden. Eine häufig vorkommende Verbindung des späten 16. Jahrhunderts wie die Fortschreitung der Klänge F/A/C zu Fis/A/D, die der linearen Fortschreitung der Töne F zu Fis und C zu D geschuldet ist, kommt 120 Jahre später als kompositorisches Standard-Phänomen vor, dem die Funktionstheorie im ausgehenden 19. Jahrhundert schließlich den Namen Wechseldominante gab. Um das Aufspüren dieser Phänomene unter der Oberfläche, die später harmonisch zum Gemeingut werden, sollte es unter anderem gehen. Somit hat der Forschungsansatz auch die Aufgabe, der Musiktheorie neue Erkenntnisse im Hinblick auf die Entstehung des Phänomens *Harmonik* zu liefern, denn durch die Klangfolgenanalyse, die mittels der noch später dargestellten Software umgesetzt wurde, war es möglich, Klangfolgen über mehrere Werke hinweg herauszufiltern und zu überprüfen, ob Wendungen nur für einen Komponisten oder für einen Modus typisch sind. Unser Verfahren, Merkmale mittels eines DNA-Nachweises per Blockdiagramm in der zeitlichen Verteilung kenntlich zu machen, ermöglichte zudem zu untersuchen, wie beide Komponisten mit dem Parameter Zeit umgehen.

Zunächst schien aber eine Auseinandersetzung mit der allgemeinen Musik-Theorie des 16. Jahrhunderts notwendig, das wiederum von einer expliziten Darstellung der Stimmungslehren der Zeit nicht getrennt werden kann. Hierfür wurde u.a. Pietro Arons „*Toscanello in Musica*" aus dem Jahre 1523 herangezogen. Das dort vermittelte Gedankengut konnte aufgrund der Popularität, belegt durch zahlreiche Neuausgaben, als allgemeingültig für die theoretisch-kompositorische Geisteswelt eines Komponisten im ausgehenden 16. Jahrhundert angenommen werden; der Vorteil gegenüber den Schriften Zarlinos lag vor allem darin, dass Aron vergleichsweise oberflächlich schreibt.

Die Auseinandersetzung mit Aron brachte aber auch eine Auseinandersetzung mit den Stimmsystemen und Stimmtheorien der Renaissance mit sich, ohne die ein tieferes Verständnis der Ton- und Intervall-Lehre, vor allem aber ein tiefer schürfendes Verständnis der Klangentstehung und harmonischen Entwicklung wohl nicht möglich ist. Arons Tafel zum Kontrapunkt (Abb. 1.5) wiederum, eine Intervallsummen-Tafel zur Darstellung der klanglichen Möglichkeiten, bildete die Grundlage für das Raster der zur Analyse der Klänge entwickelten Software. Sie ist ein Indiz dafür, dass der Tenor die wichtigste Stimme war und zuerst komponiert wurde. Altus und Bassus waren Stimmen, die nach der Konzeption von Tenor und Cantus entstanden. Wenn wir uns vergegenwärtigen, dass bei höherstimmigen Werken nach dem Tenor zunächst die Gegenstimmen komponiert wurden, ist klar, dass bei Werken wie der Marcellus-Messe Palestrinas für den Bass schlichtweg nicht mehr genügend Töne übrig bleiben können und der Bass deshalb oft springen muss. Diese Darstellung bedeutet nicht, dass stimmenweise sukzessive komponiert wurde! Der Akkord ist hier aber ein additives Phänomen. Auch der Kantionalsatz ist satztechnisch ein contrapunctus simplex, Note gegen Note. Aber die Gewichtung beim Entwurf liegt beim Tenor, wie man der Tafel entnehmen kann. Daraus folgt letztlich kein System einer Fortschreitung in Akkorden: Der Akkord ist zu jener Zeit zwar nicht unbedingt ein Zufallsprodukt, doch hat er nicht die Bedeutung per se späterer Zeiten. Gerade aber die Tendenzen dieser Klänge aufzuspüren, weil sie später die wesentlichen Bausteine der Dur-Moll-tonalen Musik sein werden, ist eine Aufgabe dieser materialorientierten Studie. Auch wenn Klänge in Verbindung mit Texten entstehen, gibt es keine Systematik in der Verwendung bestimmter harmonischer Wendungen und bestimmten Textinhalten, was später in den Analysen verdeutlicht werden soll. Eine solche Systematik würde ja gerade das Denken in Harmonik implizieren, weil man nur systematisch verwenden kann, was man als Komponist handwerklich-begrifflich erfasst. Davon sind wir aber in jener Epoche noch ein Stück weit entfernt. Es geht nicht darum, Dur- und Moll-Wendungen den Komponisten als System zu unterstellen, sondern sie nur als Addition von unterschiedlichen Melodien herauszufiltern, um zu sehen, welche Grundlagen für spätere Zeiten hier geschaffen werden.

Es wurden deshalb für diese Studie mittels einer selbst erstellten Software Motetten von Palestrina und Lasso in ihrer Klanglichkeit und im Verhältnis zu ihrem modalen Hintergrund statistisch erfasst. Palestrina und Lasso werden als die bedeutendsten Komponisten des 16. Jahrhunderts stellvertretend für alle anderen herangezogen. Freilich könnten Bach und Händel den Hochbarock ebenfalls nicht erschöpfend darstellen, vieles bliebe auch hier unberücksichtigt. Doch machen wir am Personalstil der beiden Komponisten das fest, was uns als Sprache ihrer Zeit gilt. Lasso als der universellste Komponist des 16. Jahrhunderts und Palestrina als Meister, dessen Stil aufgrund seiner Ausgewogenheit in allen Bereichen klassisch geworden ist, gelten als die musikalischen Repräsentanten des 16. Jahrhunderts schlechthin. Vergleichende Analysen der Musik der beiden Meister und statistische Untersuchungen nach gemeinsamen oder unterscheidenden Merkmalen sucht man vergebens.

Das Wort Statistik erweckt in der historischen Musikwissenschaft oft bestenfalls Schulterzucken, schlimmstenfalls heftige Ablehnung. Dabei muss gesagt werden, dass die statistische Erfassung Muster melodischer oder harmonischer Verläufe freilegen kann, die uns mit blossem Auge selbstverständlich scheinen, wodurch wir sie wahrscheinlich übersehen hätten. Deshalb war der Weg Ackermanns seinerzeit berechtigt, die Musik mittels eines Computerprogramms zu analysieren.

Peter Ackermann verwendete in seiner Studie im Jahr 1996 hierfür Madrigalkompositionen. Denn in den Madrigalkompositionen Ende des 16. Jahrhunderts sei „das modale System ungebrochen gültig"[111] gewesen, wie Bernhard Meiers Forschungen zeigten[112], und in ihr hätte sich aber zudem der „fortgeschrittene Stand des Komponierens der Zeit am ehesten wohl ausgeprägt."[113] Es sei nochmal daran erinnert, dass diese Studie einen anderen Weg geht und sich auf Motetten Palestrinas

---

[111] Peter Ackermann, Modus und Akkord, S.199.
[112] Vgl. Ebd., S.199.
[113] Ebd.

und Lassos sowie auf die Offertorien Palestrinas konzentriert. Denn die Analysen sollten an Werken stattfinden, die sozusagen den kompositorischen Standard bilden. Jedoch muss einschränkend gesagt werden, dass die Trennlinie zwischen Motette und Madrigal nicht immer scharf gezogen werden kann, wie z.b. bei den Prophetiae Lassos. Palestrina und Lasso wurden hierfür stellvertretend für die anderen Komponisten jener Zeit herangezogen. Allerdings wurden im Laufe der Untersuchungen auch Komponisten wie Josquin und sogar Johann Sebastian Bach zu Testzwecken mit einbezogen, da einerseits der Autor zunächst den Analyseergebnissen zu Beginn misstraute und deshalb zur Validierung des Computerprogrammes Musik der Zeit vor und nach Palestrina untersuchte, andererseits auf die Idee kam, durch die Hinzunahme von Komponisten der Zeit vor und nach Palestrinas einen Ausblick auf die ungeheuren Möglichkeiten der Analysesoftware zu gewähren, um Untersuchungen der Entwicklung der Tonalität mittels der Software für die Zukunft zu ermöglichen. In der Studie selbst werden jedoch nur Lasso und Palestrina analysiert. Es wurde durch das Computerprogramm möglich, beliebige Merkmale in ihrer zeitlichen Ausprägung sichtbar zu machen und das über viele Werke hinweg! Im Vorfeld der Studie kam es von Seiten dem Autor bekannter Musiktheoretiker, als er die ersten Ergebnisse präsentierte, zu teils heftiger Kritik. Es wurde argumentiert, der Autor ginge vor „wie ein moderner Chemiker, der Harmonien verschiedenster Epochen pulverisiert – ohne stilistisch-ästhetische Berücksichtigung–, um sie dann in Wasser aufgelöst einer Spektraluntersuchung zu unterziehen, die zu dem Ergebnis komme, dass sie aus Dreiklangsmolekülen bestehen."[114] Darauf muss Folgendes entgegnet werden:

Da natürlich in unserer westlichen Musik nahezu alle Musik diatonischen Ursprungs ist, wird man zwangsläufig auf „Dreiklangsmoleküle" stoßen. Aber ist nicht die Entwicklung einer neuen Analysemethode ein wichtiger Schritt per se, durch den vielleicht andere Schritte gegangen werden können? Ist es nicht notwendig, einen bekannten Aspekt einmal von anderen Seiten her zu beleuchten? Ist es nicht notwendig, neue Analyseverfahren zu entwickeln? Es ist wohlfeil, den Computer in sämtlichen Bereichen des alltäglichen Lebens zuzulassen, ihn aber zu Analysezwecken in der Musikwissenschaft zu verteufeln, weil man das *Heiligtum* der Musik durch die Analyse entweihen könnte. Wer so denkt, bewegt sich bestenfalls im Fahrwasser einer musikästhetischen Geisteshaltung des 19. Jahrhunderts. Ob brauchbare Ergebnisse erzielt worden sind, kann man erst hinterher beurteilen. Eine Fragestellung sollte man aber nicht im Keime zu ersticken versuchen. Dem Autor wurde von gleicher Seite vorgeworfen, nicht genügend auf die horizontalen Folgen der Dreiklänge einzugehen und diese ästhetisch zu berücksichtigen.

Hierzu sei gesagt, dass das Denken in horizontalen Folgen in jener Epoche, selbst wenn wir es anders hören und wahrnehmen, einfach unhistorisch ist, da eine harmonische Folge als solche nicht komponiert wurde. Wir sprechen hier von einem Intervalladditions-Satz, der auf melodischen Fortschreitungen in allen Stimmen beruht. Eine ästhetische Wertung schien dem Autor zumal unangebracht. Denn ästhetische Wertungen sagen oft mehr über den Wertenden als über das zu Wertende

---

[114] Ein Kritiker, der aus Datenschutzgründen vom Autor nicht genannt wird.

aus, und wer ist man schon, dass man nach fünfhundert Jahren kritisieren darf, was Jahrhunderte unbeschadet überdauerte? Harmonische Wendungen können zur Textausdeutung dienen, denn die Musik der Vokalpolyphonie ist freilich textbedingt. Der Autor ist jedoch der Auffassung, dass es in dieser Arbeit um eine abstrahierte Aufstellung des Materials gehen soll, das uns später in gewandelter Form auch ohne Textbasierung wieder begegnet. Um den Textbezug jedoch nicht ganz außen vor zu lassen, haben wir in den Sequenzanalysen die Möglichkeit geschaffen, Wendungen in ihrem Vorkommen sichtbar zu machen, so dass man nachsehen kann, ob und in welchen Textbezügen sich eine Wendung ereignet, dabei kann die Zusammensetzung der Wendung von der stimmlichen Verteilung her unterschiedlich sein. Es soll aber auch herausgearbeitet werden, dass wir eben von einer Systematik von Klang und Text noch weit entfernt sind. Der Autor ist sich bewusst, dass Harmonik zu jener Zeit aus einer Addition mehrerer Linien besteht und der Tenor im Verständnis der Komponisten die wichtigste Stimme ist. Um aber eben nach Bausteinen zu suchen, die in späteren Zeiten offen zutage treten, muss ein historisch falsches Harmonie-Verständnis rückwirkend angewendet werden. Dazu später mehr. So war es die Intention, einerseits den nötigen historischen Respekt walten zu lassen, was bedeutet, die Intentionen der damaligen Komponisten aus ihrer Zeit heraus (auch die theoretischen) zu verstehen und andererseits, sich ihrer Musik mit einem Blick, wie ihn nur die Maschine bieten kann, zu nähern.

Zunächst sollten Werke in allen vorkommenden Modi erfasst und systematisch daraufhin untersucht werden, wie sich Modus und Klang im vier- und fünfstimmigen Satz verhalten, doch schnell hat sich herausgestellt, dass der Rahmen auf die sechsstimmigen Sätze erweitert werden musste, weil hier eine Fülle an Material vorhanden war, das wegen seiner musikalischen Schönheit nicht aussen vor bleiben durfte!

Kapitel 2
Voraussetzungen und Methodik der Studie

„Die Beschreibung der allgemeinsten Satzform ist die Beschreibung des einen und einzigen allgemeinen Urzeichens der Logik."

– Ludwig Wittgenstein, Tractatus logico-philosophicus, 5.472 –

1 Musiktheorie in der Renaissance

1.1 Lehren

Die Moduslehre soll kurz skizziert werden, da die Historie des Tonsystems in dieser systematischen Untersuchung zum tieferen Verständnis nicht unterschlagen werden darf. Eine Bewusstmachung dessen, was die Modi einst waren und aus welcher Geisteswelt sie historisch stammen, schien überdies notwendig, um Kriterien zu finden, die Modi auch zuverlässig bestimmen zu können. Deshalb wird die theoretische Geisteswelt in einer Art erläuternden Abrisses, der keinen Anspruch auf Vollständigkeit erhebt, dargestellt.

1.1.1 Stimmungslehre

Die Stimmungslehre nahm in den Darstellungen der Traktate der alten Theoretiker immer eine Vorzugsstellung ein.[115] Diese Stellung wird ihr aber in den modernen Kontrapunktlehren wie auch in anderen Studien zur Musik der Renaissance nicht zuteil. Bonnie J. Blackburn beispielsweise erwähnt die Stimmungslehre in ihrem sehr umfangreichen Buch „Composition, Printing and Performance" nur dezent.[116] Zu-

---

[115] Vgl. Mark Lindley, Stimmung und Temperatur, in: Geschichte der Musiktheorie, Band 6, Darmstadt 1987, S.111.

[116] Vgl. Bonnie J. Blackburn, Composition, Printing and Performance: Studies in Renaissance Music, Aldershot, Burlington USA, Singapur, Sidney 2000, S.75.

allererst wurde bei den Alten die Stimmung beschrieben, dann erst folgten Ton- und Intervall-Lehre. Noch Johann Josef Fux folgt dieser alten Lehre in seinem Kontrapunktlehrwerk *Gradus ad parnassum*, auch lehrt dieser noch die Intervalle mit ihren alten griechischen Namen! Dieses alte Wissen war noch der Grundstock der Ausbildung Haydns und Beethovens! Wir werden einen kleinen Umweg gehen und zunächst ein pädagogisch gängiges Tonsystem wählen, das wir durch die Stimmungslehre näher beleuchten werden. Auch werden wir einen kleinen – aber keineswegs vollständigen – Blick auf die Entwicklung der Stimmsysteme von Guido von Arezzo bis Zarlino werfen. Diese Seitenblicke sollen unser Verständnis der Tonhöhensysteme vertiefen. Für eine tiefergehende Beschäftigung mit Stimmfragen sei auf die Schriften Wolfgang Auhagens, Marc Lindleys, Franz Josef Rattes und Klaus Langs verwiesen.

1.1.2 Das griechische Tonsystem

Den Vorstellungen der Renaissance Theoretiker kann nur dann gefolgt werden, wenn man sich über die griechischen Tonnamen im klaren ist. Ratte schreibt:

> „Charakteristisch für das griechische Tonsystem war das Tetrachord. Mehrere Tetrachorde, die entweder durch Diazeuxis (Ganztonabstand) voneinander getrennt oder durch Synaphe (Primabstand) miteinander verbunden waren, ergänzten sich zu einer Skala. Man unterschied zwischen den festen [···] und den beweglichen Tonstufen [···], denn die Grenztöne des Quartintervalls (4:3) blieben immer unverändert, während die dazwischenliegenden Tonschritte je nach Tongeschlecht (diatonisch, chromatisch, enharmonisch) variabel waren. [···] Am Ende der Entwicklung, die vor allem durch die Pythagoreer vorangetrieben wurde, stand ein aus vier Tetrachorden zusammengesetztes zweioktaviges System [···], dessen Gerüst von den vier Grenztönen gebildet wurde [···]"[117]

Die Aufstellung Rattes wird uns in ähnlicher Form bei Pietro Aron wieder begegnen. Sie ist deshalb für unsere Zwecke brauchbarer als die Aufstellungen Annemarie Neubeckers. Es folgt die Darstellung Rattes:[118]

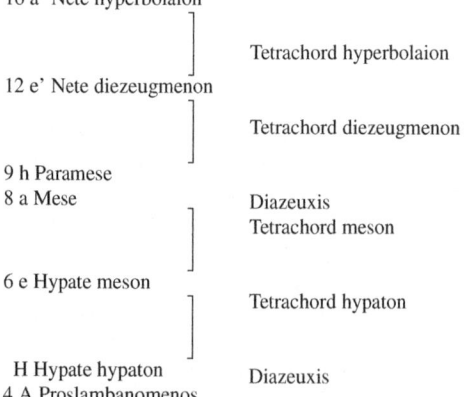

[117] Franz Josef Ratte, Die Temperatur der Clavierinstrumente, Kassel 1991, S.5.
[118] Ebd.

1. MUSIKTHEORIE IN DER RENAISSANCE

Ratte schreibt, dass die Griechen den mittleren Ton *Mese* nannten.[119] *Paramese* bedeutet demnach „Ton bei der Mese"[120]. Diese beiden Töne waren durch einen Ganzton im Verhältnis $\frac{9}{8}$ getrennt.[121] Ratte schreibt weiter:

> „Über der Paramese baute sich das Tetrachord diezeugmenon (,der getrennten') auf, darüber das Tetrachord hyperbolaion (,der höchsten'). Unterhalb der Mese lag das Tetrachord meson (,der mittleren'), darunter das Tetrachord hypaton (,der tiefsten'). Die Doppeloktave wurde unten durch den Proslambanomenos (,der Hinzugenommene') im Ganztonabstand (9:8) ergänzt."[122]

Er erläutert zum Abschluss, dass, um die Tonbeziehungen zu verdeutlichen, die heutigen Tonbuchstaben mit den griechischen kombiniert wurden (was wir später in der Form auch bei Pietro Aron vorfinden können) und die Mese von ihm willkürlich auf das a" festgelegt wurde. Der weiteren Darstellung Rattes, in der er die anderen Ton-Geschlechter darstellt, folgen wir einstweilen nicht. Wir werden dazu später kommen.

Werden die beweglichen Tonstufen eingeführt, ergibt sich ein zweioktaviges System, das *systema teleion*. Es soll angemerkt werden, dass *beweglich* bedeutet, dass z.B. der Ton Lichanos hypaton im enharmonischen Geschlecht einem *c*, im chromatischen Geschlecht einem *des* entsprechen kann. Wir beschränken uns auf das diatonische[123] System.

a'	Nete hyperbolaion	
g'	Paranete hyperbolaion	Tetrachord hyperbolaion
f'	Trite hyperbolaion	
e'	Nete diezeugmenon	
d'	Paranete diezeugmenon	Tetrachord diezeugmenon
c'	Trite diezeugmenon	
h	Paramese	
a	Mese	Diazeuxis
g	Lichanos meson	
f	Parhypate meson	Tetrachord meson
e	Hypate meson	
d	Lichanos hypaton	
c	Parhypate hypaton	Tetrachord hypaton
H	Hypate	
A	Proslambanomenos	Diazeuxis

> „Der Ton unter der Nete wurde ‚Paranete' (,Ton bei der Nete') genannt, der darunterliegende Ton ‚Trite' (,der dritte'), der Ton unter der Mese ‚Lichanos' (,Zeigefingerton'), der darunterliegende ‚Parhypate' (,Ton bei der Hypate'). Das aus diesen vier Tetrachorden und dem Proslambanomenos sich ergebende zweioktavige System trug die Bezeichnung [···] (,das nicht modulierende vollständige System)'."[124]

Nun sind wir dank Ratte mit den griechischen Tonnamen vertraut gemacht worden, so dass diese uns bei Pietro Aron nicht mehr überraschen sollten.

---

[119] Vgl. Ratte, ebd., S.6.
[120] Ebd.
[121] Vgl. ebd.
[122] Ebd.
[123] Vgl. Ratte, ebd., S.11.
[124] Ratte, ebd., S.10.

1.1.3 Über das Drei-Hexachordsystem

Als nächster bedeutender Ansatzpunkt wurde das Drei-Hexachord-System ins Auge gefasst, das heute im Tonsatzunterricht allenfalls bei der Darstellung des Kantionalsatzes zur Sprache kommt. Kritik an Bernhard Meiers Darstellung der alten Tonarten kann nur in der oberflächlichen Darstellung der mittelalterlichen Tonlehre getätigt werden, die in seinem Mammutwerk ausgesprochen zu kurz kommt. Deshalb scheint es nötig, jene Tonlehre mit den Augen des 16. Jahrhunderts zu rekapitulieren, wofür der besagte Pietro Aron stellvertretend herangezogen wurde. Aron hat desweiteren eine eigene Stimmung entwickelt, die er auch schriftlich fixiert hat, die aber viele Spielräume zur Stimmung bietet. Er gehört nicht zu denen, die alles voll-systematisch exakt-mathematisch notieren und lässt dem Stimmer anhand von Anhaltspunkten eine gewisse Freiheit. Von der Tonlehre kann die Stimmungslehre nicht getrennt werden, was ebenfalls bei Meier so gut wie gar nicht angesprochen wird. Eine Bewusstmachung der verschiedenen Stimmungen wäre auch für jeden Tonsatz- und Gehörbildungsunterricht unerlässlich.[125] Wir werden die Herleitung der Töne anhand der pythagoräischen Stimmung kurz skizzieren. Das erste Buch der Aronschen *Il Toscanello in Musica* ist eine lesenswerte Abhandlung über Notation und Notenwerte der schwarz-weißen Mensuralnotation.

Aron stellt sodann im zweiten Buch wie alle Theoretiker der Renaissance zuerst den Tonvorrat der alten Griechen dar. Seine Darstellung deckt sich mit der Guidonischen Hexachordlehre. Er geht dabei vom Ganzton aus und schreitet mit kleinem und großem Halbton sowie weiteren der alten pythagoräischen Schritte, wie dem Ditonus, fort und zeigt Herleitung und Kombinationsmöglichkeiten auf. Was es mit diesen Schritten auf sich hat, werden wir bald sehen.

Judith Debbeler schreibt, dass das „System ineinandergreifender *Hexachorde* („Sechstonfolgen')[126] eng „mit der durch die pythagoräische Monochordteilung gebildeten diatonischen Skala verbunden"[127] gewesen sei. Das System sei seinerzeit „von Guido von Arezzo nur als eine pädagogische Hilfe zur Einstudierung von Gesängen konzipiert"[128] gewesen, habe in der nachfolgenden Zeit „immer mehr den Charakter eines Tonsystems" erhalten und könne „als das eigentliche tonsystematische Fundament der spätmittelalterlichen Musik angesehen werden."[129]

Guido baute diese Hexachorde auf den Stufen Γ (unser G), C und F auf und nahm als Grundlage seines Tonsystems die Folgen Γ-A-B-C-D-E-F-G-a-b-♮-c-d-e-f-g-aa-♭♭-♮♮-cc-dd an. Jede dieser Sechston-Folgen hat exakt die gleiche Abfolge von Ganz- und Halbtonschritten[130], und jedem dieser Schritte wurde ein Tonbuchstabe zuge-

---

[125] Der Autor hatte Glück, dass sein Gehörbildungslehrer Hermann Beyer an der Hochschule für Musik Würzburg auf Stimmungssysteme stetig Bezug nahm, wenngleich er als Student noch wenig folgen konnte. Anm.d.Verf.
[126] Judith Debbeler, Harmonie und Perspektive. Die Entstehung des neuzeitlichen abendländischen Kunstmusiksystems, München 2007, S.204.
[127] Ebd.
[128] Ebd.
[129] Ebd.
[130] Vgl. Debbeler, ebd.

1. MUSIKTHEORIE IN DER RENAISSANCE

wiesen, so dass ein ut-re-mi-fa-sol-la[131] von Γ aus das Gleiche ist wie von C und F. Damit der Hexachord über F beim Ton h ebenfalls ein fa hat – das sich durch die Umgrenzung von einem Halbtonschritt abwärts und einem Ganztonschritt aufwärts auszeichnet – musste der Ton h zu b erniedrigt werden, dazu später mehr.[132]

Das Drei-Hexachord-System, in dem der Tonvorrat in drei sechstönige cantus unterteilt wird, und zwar dem transponierten hexachordum molle (mollis = weich) oder späterem cantus mollis, dem untransponierten hexachordum naturale oder späteren cantus naturalis sowie dem quintaufwärts transponierten hexachordum durum (durus = hart) oder cantus durus war zur Palestrina-Zeit noch im theoretischen Gebrauch, wie z.B. die *Dimostratione del genere diatonico* (Abbildung 1.1) aus dem Libro Secondo, Cap.XI, des *Toscanello in Musica* des Pietro Aron aus dem Jahre 1523 mit ihren Nachdrucken von 1529, 1539 und 1562 beweist. Wolfgang Auhagen schreibt, dass in jenen Begriffen des Drei-Hexachord-Systems die Assoziation von „b-Vorzeichnung = weich, sanft und ihr Gegensatz: Kreuzvorzeichnung = hart, gespannt"[133] „ihren Ursprung haben"[134] dürften. Blättern wir zur Abbildung 1.1.

Mit diesem Tonvorrat will Aron eigentlich die sieben Species vorstellen, auf die in der Studie jedoch später eingegangen werden wird. Dem Autor fiel zuallererst die hexachordale sowie die pythagoräische Intervallstruktur ins Auge, im nächsten Abschnitt soll darauf kurz eingegangen werden.

Aron stellt die Verwendungsmöglichkeiten der Töne dar. Die Tafel ist eine versinnbildlichte Intervall-Lehre nach dem pythagoräischen System, also nach antiker Vorstellung. Im antiken Griechenland wurden drei Geschlechter unterschieden: das diatonische, das chromatische und das enharmonische Geschlecht. Auch diese Geschlechter hatten eine eigene Bedeutung: so galt das diatonische als „männlich und herb"[135], das chromatische galt als weich und süß und das enharmonische als das schönste und erhabenste Geschlecht.[136] In dieser Reihenfolge bespricht auch Pietro Aron[137] die Tongeschlechter.

Vom griechischen Philosophen *Iamblichos* wurden den jeweiligen „Tonweisen"[138] seelische Affekte zugewiesen.[139] So ist auch die Zuordnung eines Affekts zu einem Modus nicht mehr als abwegig zu betrachten. Wolfgang Auhagen schreibt, dass die alten Tonarten sogar moralisierend diskutiert wurden:

---

[131] Vgl. ebd.

[132] Vgl. ebd.

[133] Wolfgang Auhagen, Studien zur Tonartencharakteristik in theoretischen Schriften und Kompositionen vom späten 17. bis zum Beginn des 20. Jahrhunderts, Frankfurt am Main 1983, S.5.

[134] Ebd.

[135] Aresteides Quintilianus, in: Hans Engel, Diatonik-Chromatik-Enharmonik, MGG, Band 3, Kassel 1986, S.410.

[136] Vgl. Aristoxenos, in: Hans Engel, ebd.

[137] Unsere Darstellung, diese Skalen aufwärts strebend darzustellen, ist konträr zur altgriechischen Darstellung. Hier wurden die Geschlechter und Skalen in abwärts strebender Richtung dargestellt. Vgl. Annemarie J. Neubecker, Altgriechische Musik: eine Einführung, Darmstadt 1994, S.100.

[138] Walter Vetter, Temperatur und Stimmung, in: MGG Bd. 10, Kassel 1986, S.1790.

[139] Vgl. Walter Vetter, ebd.

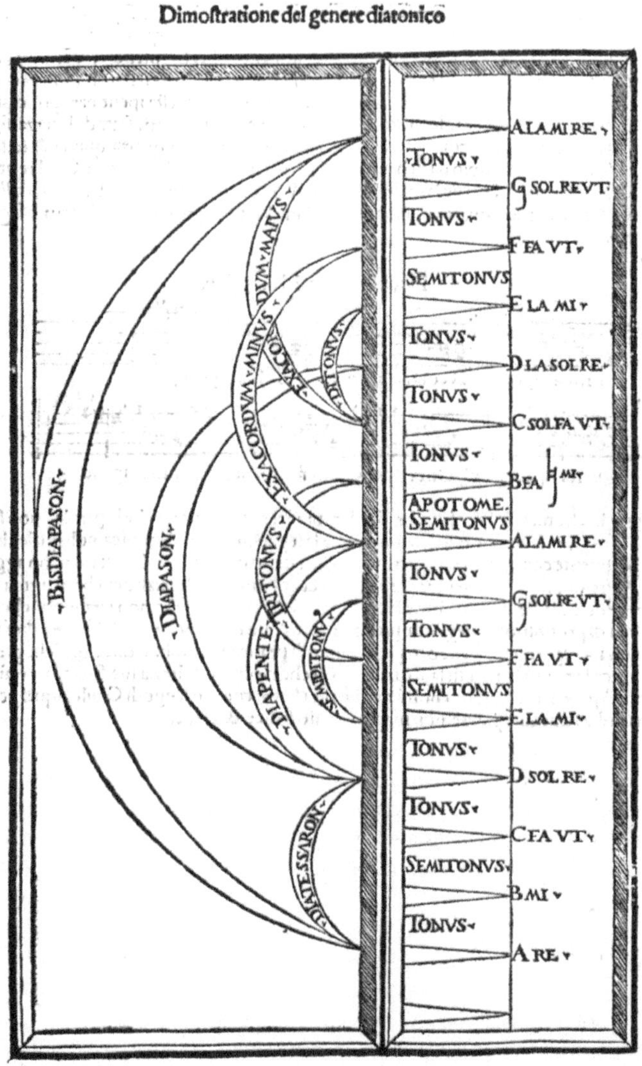

Abb. 1
Pietro Aron, *Toscanello in Musica*, Mit freundlicher Genehmigung der Bayerischen Staatsbibliothek

„Mit der Ausbildung einer Ästhetik, welche die real erklingende Musik, nicht die Sphärenharmonie zum Gegenstand hat, werden den griechischen Tonarten Ausdrucksqualitäten zugesprochen, die einem Wertmaßstab unterliegen, so z.B. von Aristoteles: Der Tugend förderlich und somit zur Erziehung geeignet sei das Dorische mit seinem männlichen Charakter. Das Phrygische hingegen sei orgiastisch und pathetisch, daher verwerflich. Das Lydische diene zugleich zu zierlichem Schmuck und zur Erziehung."[140]

So lässt sich, wie wir sehen, tatsächlich schon aus der Geisteswelt der mittelmeerischen Antike die Modus- und Affektcharakteristik begründen. Auch Zarlino geht in seinen *Istitutioni* auf die Vorstellungen antiker Autoren ein, indem er die Intervalle anhand des Monochordes bespricht und auch auf Boethius Bezug nimmt. Seine interessanten Ausführungen hierzu[141] wie auch seine umfassenden Äußerungen zur Stimmungslehre würden aber den Rahmen des Kapitels sprengen. Wir werden uns auf die später folgende Darstellung seiner mitteltönigen Stimmungen beschränken müssen.

Ratte schreibt, dass die antike und mittelalterliche Musiktheorie untrennbar mit dem Namen des Pythagoras verknüpft sei.[142] Einerseits seien die Pythagoräer die ersten gewesen, die sich mit denen später im Mittelalter zum Quadrivum erhobenen mathematischen Wissenschaften Arithmetik, Geometrie, Harmonik und Astronomie beschäftigten, andererseits setze hier auch die Verknüpfung zwischen der Religion und der Wissenschaft ein.[143] Die mathematische „Erforschung der Planetenbewegungen war nämlich gleichzeitig auch Theologie."[144] Denn nach dem antiken Glauben habe man die Gestirne für Götter gehalten, „die das Schicksal der Menschen entscheidend beeinflußten".[145] Und die Mathematik diente der Astronomie als Hilfswissenschaft, die wiederum der Astrologie zu Dienste stand.[146] Ratte verweist auf den Grundsatz der Pythagoräer: „Alles ist Zahl".[147] Er verweist auf den alten MGG-Artikel von Walter Vetter, in dem dieser anhand eines Philolaos-Zitats festhielt, dass die Grundthese ihre „beste Stütze in ihrer mathematischen Erkenntnis über die Abhängigkeit der Tonhöhe von der Saitenlänge und über die Beziehung der reinen Intervalle zu den ganzzahligen Verhältnissen"[148] gefunden habe. Und hier habe die Musik ihre hervorragende Bedeutung unter den vier „Mathemata", den vier mathematischen Disziplinen, gewonnen.[149] „Über die Beschäftigung mit der Mu-

---

[140] Wolfgang Auhagen, Studien zur Tonartencharakteristik in theoretischen Schriften und Kompositionen vom späten 17. bis zum Beginn des 20. Jahrhunderts, Frankfurt am Main 1983, S.3.

[141] Vgl. Gioseffo Zarlino, Istitutioni harmoniche, Venedig 1573, S.130ff.

[142] Vgl. Ratte, Die Temperatur der Clavierinstrumente, S.12.

[143] Vgl. Ratte, ebd., S.12.

[144] Ebd., S.13.

[145] Ebd.

[146] Vgl. Ratte, ebd. S.12-13.

[147] Ebd., S.13.

[148] Walter Vetter, Pythagoras, MGG 10 (1962), Sp.1790; zitiert nach Ratte S.13

[149] Vgl. Ebd.

sik"[150] hätten die Pythagoräer „am ehesten einen Zugang zum Überirdischen"[151] erhofft.

> „Nach ihrer Überzeugung, die im Mittelalter noch weit verbreitet und darüber hinaus noch bei Johannes Kepler (1571-1630) zu finden ist, ist die Musik göttlichen Ursprungs. Musik ist nur das ‚unvollkommene den Menschen zugängliche Abbild der dem menschlichen Ohr unzugänglichen Sphärenharmonie', jener unhörbaren Klänge, die den Planeten und somit der Gottheit zugeordnet wurden. Der Begriff ‚Musik', der im modernen Sprachgebrauch mehr den klanglich wahrnehmbaren Bereich im Sinne der Tonkunst bezeichnet, ist in Antike und Mittelalter mehr im Sinne von ‚musica scientia' (Musik als Wissenschaft) zu verstehen und wurde als eine mathematische Disziplin aufgefaßt. Im Mittelpunkt dieser Musik als Wissenschaft stand die Erforschung der Gesetzmäßigkeiten von Zahlenverhältnissen und musikalischen Intervallen."[152]

Daher beginnen alle Renaissance-Theoretiker ihre Traktate mit der Stimmung des Monochordes, weil so der Aufbau der Töne und Intervalle sowohl praktisch als auch theoretisch überhaupt erst fassbar wird. Deshalb widmen wir uns gleich der Stimmungslehre des Guido von Arezzo.

1.1.4 Stimmungslehre des Guido von Arezzo

Nach Mark Lindley gehörte zur Stimmtheorie „immer auch die Deutung der zeitgenössischen Stimmpraktiken."[153] Er schreibt über das Monochord:

> „Bekanntlich war das Monochord beispielhaft für die antike griechische Mathematik der Zahlenverhältnisse und damit auch der Überlieferung der mystischen oder quasi-mystischen pythagoräischen Anschauung, wonach sich dieselben Zahlenverhältnisse überall offenbarten – nicht nur in den Saitenlängen beim Monochord, sondern auch in den Gewichten bei Hämmern, die auf denselben Amboß schlagen, nicht nur in der Architektur, sondern auch in der Kosmologie."[154]

Lindley verweist auf Boethius, der die Musik (neben der Arithmetik, den „Vielheiten per se"[155]) wegen ihrer Verhältnisse den „zählbaren Größen"[156] zusammen mit den „kontinuierlichen Größen" der Geometrie und der Astronomie dem Quadrivium zuordnete.[157] Von Boethius[158] sind mehrere Monochordteilungen überliefert, die hier nicht dargestellt werden. Ratte schreibt, dass Boethius schlicht Werke griechischer Autoren ins Lateinische übertrug und sich auch in seinem Werk „Über

---

[150] Ebd.
[151] Ebd.
[152] Ratte, ebd. S.14.
[153] Mark Lindley, Stimmung und Temperatur, S.111.
[154] Mark Lindley, ebd., S.111f.
[155] Lindley, ebd. Fußnote 4.
[156] Lindley, ebd.
[157] Vgl. ebd.
[158] Siehe auch hierzu: Frank Hentschel, Sinnlichkeit und Vernunft in der mittelalterlichen Musiktheorie, Stuttgart 2000, S.70-75.

1. MUSIKTHEORIE IN DER RENAISSANCE 33

die Musik" „über weite Strecken auf die bloße Übertragung der griechischen Vorlage der ‚Harmonik' des Ptolemaios"[159] beschränke. Boethius habe aber „antikes Tonsystem, Tongeschlechter, Tonberechnungen und die gesamte spekulative pythagoreische Musiktheorie dem Mittelalter überliefert."[160] Nach Lindley wurde der Begriff des Monochordes in den Traktaten des 15. und 16. Jahrhunderts oft auch für das Cembalo und das Clavichord gebraucht. Kommen wir zum prominentesten Vertreter der Monochord-Stimmlehre: Guido von Arezzo. Das uns bekannte Tonsystem entwickelte sich im 10. Jahrhundert und gehe auf Odo von St. Maur zurück.[161] Ratte weist darauf hin, dass die zuvor nur zur Markierung der Teilpunkte am Monochord verwendeten Buchstaben „(z.B.A-P)" bei Odo auch als Notenschrift zu verstehen sind.[162] Dieser „orientiert sich im Umfang noch am zweioktavigen Systema teleion der Griechen"[163][164], „allerdings erweitert er das System um einen Ganzton nach unten, den er mit Γ bezeichnet. Auch die Notation A-G für die untere Oktave läßt das teilweise Festhalten an den Tonbuchstaben des Boetius erkennen."[165]

„Γ A B C D E F G a b♭ ♮ c d e f g $\overset{a}{a}$

= G A H c d e f g a b h c' d' e' f' g' a'."[166]

Ratte weist darauf hin, dass die Doppelstufe ♭♮ „in der mittleren Oktave"[167] „der Trite synemmenon und der Paramese des griechischen Systems"[168] entspricht. Dieses Tonsystem wurde von Guido von Arezzo übernommen.[169] Durch seinen *Micrologus de disciplina artis musicae* fand es weite Verbreitung.[170] Guido fügte noch die Töne $\overset{\flat}{\flat}$, $\overset{\natural}{\natural}$, $\overset{c}{c}$ und $\overset{d}{d}$ hinzu. Guido gibt im *Micrologus*, anders als Aron in seiner *Toscanello*, exakt nachvollziehbare Anweisungen, das Monochord zu stimmen. Das Monochord hat, wie sein Name schon sagt, nicht mehr als eine Saite und einen Resonanzkörper. Mittels eines beweglichen (gewöhnlich unter der Saite angebrachten) Holzstegs teilt man die Saiten ab und verlängert oder verkürzt sie dadurch, um die Tonhöhe zu wechseln. Das ist ein sogenanntes Aristeidisches System, benannt nach dem Theoretiker aus dem 3. Jahrhundert: Christus Aresteides Quintilianus. Die erste Anweisung Guidos ist, die Saite am Beginn mit Γ zu markieren und dann in neun

---

[159] Ratte, Die Temperatur, S.64.

[160] Ebd., S.65.

[161] Vgl. Ratte, Die Temperatur, S.79. Mittlerweile ist Odo zu Pseudo-Odo geworden, die Existenz ist umstritten. Anm.d.Verf.

[162] Vgl. ebd.

[163] Ebd.

[164] Das systema teleion entsteht, wenn die beweglichen Tonstufen der anderen Geschlechter in die Tetrachord-Ordnungen eingesetzt werden. Vgl. Ratte, S.10.

[165] Ebd.

[166] Ratte, ebd., S.80.

[167] Ebd.

[168] Ebd.

[169] Vgl. ebd.

[170] Vgl. ebd.

34 KAPITEL 2. VORAUSSETZUNGEN UND METHODIK DER STUDIE

gleiche Teile zu teilen.[171] Das Ende des 1. Schrittes – also Teilungspunktes – wird mit A markiert.[172] Damit hätten auch alle Alten begonnen.[173]

„Γ itaque inprimis affixa ab ea usque ad finem subiectum chordae spatium per novem partire et in termino primae nonae partis. A. litteram pone, in qua omnes antiqui fecere principium."[174]

Dieser Logik zufolge beträgt das Γ $\frac{9}{9}$ und das A $\frac{8}{9}$.
Dann wird die Saite ab dem A nochmals in neun Teile unterteilt. Der nächste Neuntelschritt nach dem A wird dann mit B bezeichnet.

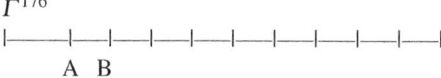

Guido schreibt, dass man danach zum Γ zurückkehren und die Saite in vier gleiche Teile aufteilen soll. Das erste Viertel endet dann mit einem C.

„Post haec ad .Γ. revertens ad finem usque metire per IIII, et in primae partis termino invenies .C."[177]

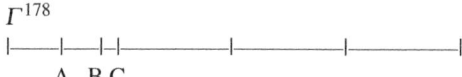

Von diesen drei Tönen aus wird der Rest in reinen Quarten gestimmt[179]: D von A aus, e von B (H) aus und F von C aus. Von F aus wird dann das b-rotundum gestimmt.[180] Die anderen Töne könnten leicht gefunden werden: von B aus, auf halbem Wege zum Ende der Saite hin, kann ein anderes b (h) hinzugefügt werden. Auf die gleiche Weise erhält man die Oktavierungen von C, D, E, F und G als c, d, e, f und g.[181] Guido betont, dass das nur eine Methode sei, das Monochord zu stimmen, die aber, einmal erlernt, kaum mehr vergessen werden könne.

---

[171] Vgl. Guidonis Aretini, De Dispositione earum in monochordo, Capitulum III, in: Micrologus, 1026, hrg. von Jos. Smits van Waesberghe, Corpus Scriptorum de Musica 4, American Institute of Musicology 1955, S.96; Vgl. Klaus Lang, Auf Wohlklangswellen durch der Töne Meer, Temperaturen und Stimmungen zwischen dem 11. und 19. Jahrhundert, Graz 1999, S.35.

[172] Vgl. Guidonis Aretini, Micrologus, 1955, S.97.

[173] Vgl. ebd.

[174] Ebd, S.96f.

[175] Vgl. Klaus Lang, Auf Wohlklangswellen, S.36.

[176] Vgl. ebd.

[177] Guido von Arezzo, Micrologus, S.97.

[178] Vgl. Lang, Auf Wohlklangswellen, S.36.

[179] Vgl. ebd.

[180] Vgl. Guidonis Aretini, Micrologus, S.98.

[181] Vgl. ebd.

"De multiplicibus diversisque monochordi divisionibus unam apposui, ut cum de multis ad unam intenderetur, sine scrupulo caperetur. Praesertim cum sit tantae utilitatis, ut et facile intelligatur et intellecta vix obliviscatur."[182]

Die zweite Methode Guidos ist schon schwieriger zu erlernen.[183] Der Schüler soll die Saite von Γ aus wieder in neun gleiche Teile unterteilen.[184] Der erste Schritt, bzw. das achte Neuntel ist wieder das A, der nächste Schritt wird ausgelassen und das dritte Segment endet mit D.[185] Der nächste Schritt wird wieder ausgelassen, der fünfte Schritt endet mit a, der sechste mit d, der siebente mit $\frac{a}{a}$ und die anderen bleiben unbenannt.[186] Wenn man nun die Saite von A aus wieder in neun gleiche Teile teilt, wird am Ende des ersten Schrittes ein B zu finden sein, der zweite bleibt wieder unbenannt, der dritte endet bei E, der vierte bleibt unbenannt, der fünfte endet bei $\natural$ oder b-quadratum (also b-mi), der sechste bei e, der siebente bei $\frac{\natural}{\natural}$ (also wieder einem b-mi, unserem h).[187]

Nun wird wie im ersten Beispiel die Saite von Γ aus wieder in vier gleiche Teile aufgeteilt. Der erste Schritt endet mit C, der zweite Schritt endet mit G, der dritte Schritt ist nun g; der vierte Schritt endet mit dem Ende der Saite.[188]

Guido teilt die Saite von C aus wieder in vier gleiche Teile, wodurch am Ende des ersten Schritts das F, dann c, dann $\frac{c}{c}$ entstehen. Der vierte Schritt endet wieder mit dem Ende der Saite. Nun wird die Saite noch einmal ab F in vier gleiche Teile geteilt. Am Ende des ersten Schrittes entsteht das b-rotundum und am Ende des zweiten das f, beim dritten ein c.

Jetzt wird die Saite wieder ab dem b-rotundum-Abschnitt bis zum Ende der Saite in vier gleiche Teile geteilt. Hierdurch entsteht beim zweiten Teilungspunkt das $\frac{\flat}{\flat}$, der Rest wird ausgelassen.[189] Von $\frac{a}{a}$ aus entsteht bei der Vierteilung am ersten Teilungspunkt $\frac{d}{d}$, der Rest wird wieder ausgelassen.

Dementsprechend gilt für $\Gamma = \frac{9}{9}$, $A = \frac{8}{9}$, $D = \frac{6}{9}$ oder $\frac{2}{3}$, $a = \frac{4}{9}$, $d = \frac{3}{9}$ oder $\frac{1}{3}$ und $\frac{a}{a} = \frac{2}{9}$.[190] Durch die Neunteilung von A aus (acht Neuntel der ganzen Saite) gilt für B $\frac{8}{9} \cdot \frac{8}{9} = \frac{64}{81}$.[191] Für E gilt beim dritten Teilungspunkt $\frac{6}{9} \cdot \frac{8}{9} = \frac{48}{81}$ oder $\frac{16}{27}$ und für das $\natural$ im fünften Teilungspunkt $\frac{4}{9} \cdot \frac{8}{9} = \frac{32}{81}$, das e hat demnach $\frac{3}{9} \cdot \frac{8}{9} = \frac{24}{81}$ oder $\frac{8}{27}$ und

---

[182] Guidonis Aretini, Micrologus, 1955, S.98.
[183] Vgl. ebd., S.98.ff.
[184] Vgl. ebd.
[185] Vgl. ebd.
[186] Vgl. ebd.
[187] Vgl. ebd., S.100.
[188] Vgl. ebd.
[189] Vgl. ebd.
[190] Vgl. Lang, Auf Wohlklangswellen, S.37; vgl. Guido von Arezzo, Micrologus Guidonis, De Disciplina Artis Musicae, das ist kurze Abhandlung Guido's über die Regeln der musikalischen Kunst übersetzt und erklärt von Mich. Hermesdorf, Trier 1876, S.24, Fußnote 1.
[191] Vgl. Arezzo, Hermsdorf, S.25; Langs Darstellung ist für die optische Ansicht empfohlen aber auch verwirrend, da man bei ihm immer nur schlecht zwischen b als b-quadratum und b als b-rotundum unterschieden kann. Mit Großbuchstaben schreibt er B mit Kleinbuchstaben allerdings auch h.

schließlich $\natural \atop \natural$ mit $\frac{2}{9} \cdot \frac{8}{9} = \frac{16}{81}$.[192] Bei der Vierteilung aus Γ heraus entsteht mit dem Verhältnis $\frac{3}{4}$ das C, mit $\frac{2}{4}$ oder $\frac{1}{2}$ die Oktave G, und mit $\frac{1}{4}$ erhält man beim dritten Teilungspunkt das g. Die Vierteilung von C aus (nun drei Viertel der ganzen Saite) bringt beim ersten Teilungspunkt $\frac{3}{4} \cdot \frac{3}{4} = \frac{9}{16}$, bei F $\frac{2}{4} \cdot \frac{3}{4} = \frac{6}{16}$ oder $\frac{3}{8}$ sowie die Oktave c mit $\frac{1}{4} \cdot \frac{3}{4} = \frac{3}{16}$.[193] Ab dem Ton F „(= $\frac{9}{16}$ der ganzen Saite)"[194] entsteht beim ersten Teilungspunkt in der Vierteilung „die Quarte ♭". Sie ergibt sich aus $\frac{3}{4} \cdot \frac{9}{16} = \frac{27}{64}$, die Oktave f aus $\frac{2}{4} \cdot \frac{9}{16} = \frac{18}{64} oder \frac{9}{32}$.[195]

Als Rechenregeln können wir festhalten, dass eine Addition zweier Intervalle mathematisch das Produkt aus der Multiplikation beider ist, ganz so, wie die Differenz zweier Intervalle durch die Division der beiden Intervalle entsteht.[196]

Daher gilt für „das Verhältnis der Oktave"[197] von $\frac{1}{2}$ – als Addition von Quinte ($\frac{2}{3}$) plus Quarte ($\frac{3}{4}$) – folgende Rechnung: $\frac{2}{3} \cdot \frac{3}{4} = \frac{1}{2}$.[198]

Mark Lindley verweist darauf, dass uns heute die Teilungen in Brüche zwar banal erscheint, diese für die Zeitgenossen aber nicht so banal zu lesen waren. Denn es wurde jene von Boethius in dessen *Institutio arithmetica* vorgestellte „ausgefeilte Terminologie"[199] verwendet, die „bis weit über die Renaissance hinaus überlebte."[200]

Gehen wir in Guidos Teilung weiter. Teilen wir nun die Saite ab ♭, das sind „$\frac{27}{64}$ der ganzen Saite"[201], so ergibt die „Viertheilung im 2. Theilungspunkte (= $\frac{2}{4}$ von $\frac{27}{64} = \frac{54}{256}$ oder $\frac{27}{128}$) die Octav $\natural \atop \flat$."[202]

„Von $a \atop a$ aus (= $\frac{2}{9}$ der ganzen Saite) gibt die Viertheilung im ersten Theilungspunkte (=$\frac{3}{4}$ von $\frac{2}{9} = \frac{6}{36}$ oder $\frac{1}{6}$ die Quart $d \atop d$."[203]

Hier die Zusammenfassung. Was einem sofort auffallen muss, ist die Verdopplung der Brüche in der Oktavierung, so wie sich ja auch in Wirklichkeit die Frequenz in der Oktavierung verdoppelt!

---

[192] Vgl. ebd.
[193] Vgl. ebd.
[194] Ebd.
[195] Vgl. ebd.
[196] Vgl. Lindley, Stimmung und Temperatur, S.114.
[197] Ebd.
[198] Vgl. ebd.; die Rechnung ist die Mark Lindleys.
[199] Lindley, ebd., S.114
[200] Lindley, ebd.
[201] Arezzo, Hermsdorf, S.25., Fußnote
[202] Arezzo, ebd.
[203] Ebd.

1. MUSIKTHEORIE IN DER RENAISSANCE

Die Renaissance-Theoretiker entdecken durch die Beschäftigung mit den antiken Schriften und der Musik der Griechen das chromatische und enharmonische Geschlecht.[204] Hiermit wird die Grundlage der Chromatisierung des Tonvorrats geschaffen, ohne die z.b. die Werke Gesualdos nicht möglich gewesen wären.

1.1.5 Probleme der pythagoräischen Stimmung

Vor allen Dingen begegnen uns chromatische Töne als Akzidenztöne, die, wir wir noch sehen werden, oft dafür gebraucht werden, um entweder eine clausula cantizans als Leitton und oder einen einen Terz-Quint-Klang mit großer Terz zu generieren. Nach Klaus Lang kann ab dem 15. Jahrhundert die Existenz der chromatischen Töne auf den Obertasten in Orgelkompositionen vorausgesetzt werden. Deshalb gehen wir kurz auf diesen chromatischen Tonvorrat, der aus der Zeit um 100 Jahre vor Palestrina stammt, und die dazugehörige Stimmung, kurz ein. Es stehen folgende Töne zur Verfügung:

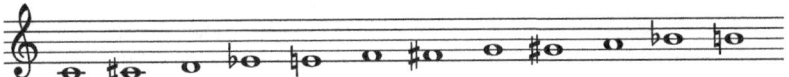

Wir haben es hier mit einem strengen pythagoräischen System zu tun. Klaus Lang gibt folgende Auflistung der Intervalle:

„*Oktaven*: Alle Oktaven sind rein: 2/1 = 1200c

Quinten:

Es gibt 11 reine Quinten (3/2 ≅702c) und eine zu kleine Quinte (Wolfsquinte) (262144 : 177147 = 678.5c)."[205]

Die 702 Cent ergeben sich wie folgt:
$$\log_2(\tfrac{3}{2}) \cdot 1200 = 701,95 \text{ Cent}$$
Er schreibt weiter, dass wir bei einer Folge von dreizehn aufeinanderfolgenden Quinten, sprich von *c* bis *his*, also *c-d-a-e-h-fis-cis-gis-dis-ais-eis-his*, das his nicht mehr dem c entspricht, sondern eben um das sogenannte „pythagoräische Komma" höher ist „als die siebente Oktave des Ausgangstones."[206] Das pythagoräische Komma wird aufgrund seiner Quintschichtungs-Herkunft auch „Quintkomma" genannt. Schauen wir uns diese unhistorische systematische Darstellung an. Lang bringt sie in einer Abfolge von Quinten und Quarten, was besser lesbar ist, aber das Quinten-Schema nicht so deutlich darstellt.

---

[204] Vgl. Ratte, Die Temperatur, S.143f.
[205] Lang, Auf Wohlklangswellen, S.39.
[206] Ebd.

Wir sehen eine Quintenbreite von 12 und kommen leider, wie erwähnt, nicht beim gleichen Ton *c* heraus, auch nicht in enharmonischer Verwechslung. Vielleicht wird so auch die Bedeutung des enharmonischen Geschlechts, das an späterer Stelle erläutert werden soll, klarer. Klaus Lang stellt dabei folgende Rechnungen auf:

„$\left(\frac{3}{2}\right)^{12} : \left(\frac{2}{1}\right)^7 = \frac{531441}{4096} : \frac{128}{1} = 531441 : 524288$"[207]

Wir erinnern uns, dass das Verhältnis von 3/2 der reinen Quinte 702 Cent entspricht.

„$(702c \cdot 12)-(1200 \cdot 7) = 8424c-8400c \approx 23,5c$"[208]

Damit der Quintenzirkel, der eigentlich laut Lang eher „Quintenspirale"[209] oder „offene Quintenreihe"[210] genannt werden müsste (weil ein Zirkel ja die Möglichkeit des kreisförmigen Schließens suggeriert)[211], geschlossen werden kann, muss er um den Betrag von 23,5c verkleinert werden. Die sogenannte Wolfsquinte[212] könne als zu kleine Quinte theoretisch „an jeder Stelle des Quintenzirkels liegen"[213], doch für gewöhnlich kam sie anfangs zwischen E♭ und G♯ und später zwischen H und F♯ vor.[214] Lang stellt auch die anderen Intervalle in ihrer Größe eingehend dar, so gibt es 11 „reine Quarten (4:3=498c) und eine zu große Quarte (521.5c)"[215]. Die 11 reinen Quarten errechnen sich aus:

$$\log_2\left(\frac{4}{3}\right) \cdot 1200 = 498,04 \text{ Cent}$$

---

[207] Ebd.
[208] Ebd.
[209] Ebd.
[210] Ebd.
[211] Vgl. Lang, ebd.
[212] Der Begriff Wolfsquinte im pythagoräischen System ist historisch falsch, zumindest nicht ganz korrekt. Er wird dennoch für die zu kleine Quinte im pythagoräischen und die zu große Restquinte in der 1/4-Komma-Stimmung verwendet, immer unter der Bewusstmachung, dass er im pythagoräischen System ebenso historisch falsch ist wie der Begriff des C-Dur-Akkords in der Vokalpolyphonie. Der Begriff kam erst mit Michael Praetorius in dessen *Syntagma Musicum* auf. Er sprach von einem ‚Wulff'. Vgl. Wolfgang Auhagen, Stimmung und Temperatur, MGG, Zweite, neubearbeitete Ausgabe, hrg. von Ludwig Finscher, Sachteil 8, Kassel 1998, S.1836. Die Restquinte wird in der 1/4-Komma-Stimmung dadurch zu groß, dass die anderen Quinten sämtlich verkleinert werden, dazu später mehr.
[213] Ebd.
[214] Vgl. Lang, ebd.
[215] Ebd.

1. MUSIKTHEORIE IN DER RENAISSANCE

In diesem System haben wir „zwei Arten von Ganztönen, nämlich 10 diatonisch große Ganztöne (9/8 = 204c) und zwei enharmonisch-chromatisch kleine Ganztöne (=180c)."[216]
Ersterer ist „die Differenz zwischen Quinte und Quarte."[217]

„$\frac{3}{2} : \frac{4}{3} = 9 : 8$"[218]

„702c-498c = 204c."[219]

Der zweite, also der kleine, „ist die Differenz zwischen kleiner (fast reiner) großer Terz und großem Ganzton. (Er ist also nur um ca. 2c kleiner als der ‚natürlich-harmonische' kleine Ganzton 10:9."[220]

„$\frac{8192}{6561} : \frac{9}{8} = 65536:59049$"[221]

Das ergibt mit der bekannten Rechnung:
$\log_2(\frac{65536}{59049}) \cdot 1200 = 180,44$ Cent
Oder per:

„384c-204c=180c"[222]

Auf die kleinen Sekunden werden wir noch bei der Darstellung von Arons Tonvorrat näher eingehen. Es soll zum Schluß noch das Problem der großen Terzen angesprochen werden.

Wichtig für das Verständnis der Tonalität-Entwicklung ist die Problematik der Terzen in einem pythagoräisch gestimmten chromatischen Tonvorrat:

Acht der Terzen im Verhältnis $\frac{81}{64}$ sind mit 408 Cent viel zu groß und damit unerträglich, vier davon sind mit 384 Cent ($\frac{8192}{6561}$) nahezu rein.[223] Die mit 408 Cent zu großen und deshalb schwer genießbaren großen Terzen könnten der Grund schlechthin sein, dass Quinte und Oktave als vollkommene Konsonanzen aufgefasst wurden, ebenso dürften die Werte der pythagoräischen kleinen Terz dafür verantwortlich sein, dass unser heutiger Moll-Dreiklang als nicht schlussfähig und wenig angenehm empfunden wurde.

Die Terzen im Verhältnis $\frac{8192}{6561}$ entstehen dadurch, dass bei einer steigenden Folge von acht Quinten „der neunte Ton vier Oktaven und eine fast reine kleine Sext höher ist als der Ausgangston."[224]

Lang gibt folgende Rechnung an:

„$(\frac{3}{2})^8 = \frac{6561}{256} = \frac{16}{1} \cdot \frac{6561}{4096} = 1.60181$ $\left(zum\ Vergleich: \frac{8}{5} = 1.6\right)$
702c · 8 = 5616c = 4800c + 816c[225]"

---

[216] Ebd., S.40.
[217] Ebd.
[218] Ebd.
[219] Ebd.
[220] Lang, ebd.
[221] Ebd.
[222] Ebd.
[223] Vgl. Lang, ebd.
[224] Ebd.
[225] Ebd.

40 KAPITEL 2. VORAUSSETZUNGEN UND METHODIK DER STUDIE

Schauen wir uns die obere Tafel mit der steigenden Quintenfolge an, so stellen wir fest, dass dieses Verhältnis auf das Kontra-C und das *gis2* zutrifft.[226]

Die andere Herangehensmöglichkeit gibt Lang mit der Transposition des Ausgangstones um fünf Oktaven aufwärts an. Der neunte Ton ist dann mit 384 Cent „also eine fast reine große Terz (386c) tiefer" „als der Ausgangston."[227]

$$\left(\frac{2}{1}\right)^5 : \left(\frac{3}{2}\right)^8 = \frac{32}{1} : \frac{6561}{256} = \frac{8192}{6561} = (= 1.24859) \left(\frac{5}{4} = 1.25\right)$$

$(1200c \cdot 5) - (702c \cdot 8) = 6000c - 5616c = 384c$"[228]

Wolfgang Auhagen sieht die Herkunft dieser fast reinen großen Terz anders, und sie ist auch so leichter herzuleiten:

> „Statt durch vierfache Oberquint-Progression läßt sich ein Terzintervall auch durch achtfache Unterquint-Progression und anschließende Oktavtransposition erzielen. Dieses Intervall C-Fes hat die Proportion 8192/6561 und weicht um 32805/32768 (1,95C) von der reinen großen Terz ab. Der Unterschied, zugleich Restintervall zwischen Quint- und Terzkomma, wird als *Schisma* bezeichnet."[229]

Die Rechnung lautet dann:
$\frac{5}{4} : \frac{8192}{6561} = 386{,}31$ Cent $- 384{,}36$ Cent $= 1{,}95$ Cent.

Jan Nordmark und Sten Ternström stellen dar, dass in den Stimmungs-Systemen die Oktave identisch ist, die Quarten und Quinten nur wenig divergieren, aber die Terzen stark voneinander abweichen.[230] Die einzigen Intervalle, die im pythagoräischen System als konsonant betrachtet wurden, waren die Quinten und Quarten[231], die mit einfachen Rechenoperationen mit den Zahlen 1 bis 4, „die Tetraktys"[232], erstellt werden konnten. Diese Teilungen hätten allerdings mehr auf philosophischen, denn auf akustischen Erwägungen beruht.[233] „Ausschließlich durch diese Zahlen wurden die *consonantiae* begriffen."[234]

Mark Lindley erläutert, dass nahezu „alle europäischen Theoretiker vor dem Ende des 15. Jahrhunderts"[235] die große Terz als die Summe (also mathematisch das

---

[226] Vgl. ebd.

[227] Ebd.

[228] Ebd.

[229] Wolfgang Auhagen, Stimmung und Temperatur, MGG, ebd., S.1833.

[230] Vgl. Jan Nordmark und Sten Ternström, Intonation preferences for major thirds with non-beating ensemble sounds, in: Quarterly Progress and Status Report des Department for Speech, Music and Hearing, TMH-QPSR, Band 37, Nr.1, Stockholm 1996, S.57.

[231] Dass die Quarte indes in den Kontrapunktlehren als Dissonanz betrachtet wird, ist noch kein Hinweis für den Wechsel des Stimmungssystems, weil noch vor Aufkommen der reinen Stimmung die Quarte von Tinctoris 1477 als Dissonanz aufgefasst wurde. Zudem blieben bis zu den mitteltönigen Stimmungen die Quarten immer rein und werden später nur um zwei Cent größer. Anm.d.Verf.

[232] Frank Hentschel, Sinnlichkeit und Vernunft, Stuttgart 2000, S.69.

[233] Jan Nordmark und Sten Ternström, Intonation preferences for major thirds with non-beating ensemble sounds, in: Quarterly Progress and Status Report des Department for Speech, Music and Hearing, S.57.

[234] Frank Hentschel, Sinnlichkeit und Vernunft, S.69.

[235] Lindley, Stimmung und Temperatur, S.116.

1. MUSIKTHEORIE IN DER RENAISSANCE 41

Produkt) zweier Ganztöne im Verhältnis von $\frac{8}{9}$ betrachteten, also $\frac{64}{81}$, weshalb sie auch Ditonus genannt wurde.[236]. Erst „als man das Verhältnis 4:5 für eine untemperierte große Terz als passender als 64:81 erkannte"[237], habe „eine adäquate Theorie der temperierten Stimmung"[238] entwickelt werden können.[239]

Nun wissen wir, warum die Terz als nicht konsonant betrachtet wurde: Sie galt als ein Typus des Ganztons!

Nordmark und Ternström schreiben, dass die zunehmende Verwendung der Terz in Schlusskadenzen des 16. Jahrhunderts in der pythagoräischen Stimmung schwer mit ihrem Status als Dissonanz im pythagoräischen System zu vereinbaren war.[240] Die Lösung des Problems sei mit Zarlinos Ausweitung der Basiszahlen der Intervall-Teilungen erfolgt, nach der dann die Regel galt, je einfacher das numerische Verhältnis, desto größer der Konsonanzgrad. Intervalle und Ratios, die die Zahl 7 enthielten, waren nun definitiv dissonant.[241] Im pythagoräischen System sei das Verhältnis der Terz komplexer als das der großen Sekunde gewesen, obwohl es keinen Zweifel daran geben konnte, dass die Terz konsonanter war.[242] So sei es auch kaum verwunderlich, dass das System der reinen Stimmung dem pythagoräischen als überlegen betrachtet wurde. Diese Sicht sei durch die Entdeckung der Obtertonreihe in den komplexen Tönen der Musikinstrumente verstärkt worden, denn diese enthalten Obertöne in den Verhältnissen 5:4.[243]

> „The series contains overtones in the ratio 5:4, and a musical chord consisting of a pure third and a pure fifth was considered to be the ‚chord of the nature.'Theories of harmony from Rameau to Schenker are mostly based on the presumed naturalness of the major chord, and implicitly on the system of pure tuning."[244]

Reine Terzen entstehen vor allem im Verhältnis zu den Akzidentien. Um aber auch von den Akzidenztönen unabhängig wohlklingende Großterzen zu bekommen, musste man sich, zumal auf Tasteninstrumenten, einige Gedanken zur Aufteilung des syntonischen Kommas machen, was zu den mitteltönigen Stimmungssystemen führte.

Lindley zufolge kam es um 1495 zu „hitzigen Auseinandersetzungen"[245], als das Verhältnis von 4:5 der großen Terz von einigen Theoretikern als passender erachtet wurde. So hätten deshalb einige Theoretiker versucht, „das syntonische Komma (wie es heute heißt), d.h. die Differenz zwischen pythagoräischer und reiner großer Terz, mit dem Verhältnis 80:81 = (64:81/4:5) zu besprechen"[246]. Lindley sagt wei-

---

[236] Vgl. Lang, Auf Wohlklangswellen, S.40.
[237] Lindley, Stimmung und Temperatur, S.116.
[238] Ebd.
[239] Vgl. ebd.
[240] Vgl. Nordmark und Ternström, Intonation preferences for major thirds with non-beating ensemble sounds, Stockholm 1996, S.57.
[241] Vgl. ebd.
[242] Vgl. ebd.
[243] Vgl. ebd.
[244] Ebd.
[245] Lindley, Stimmung und Temperatur, S.123.
[246] Ebd.

ter, dass die Theoretiker ebenfalls dieses wie das pythagoräische Komma, das weiter unten bei der Erklärung der Apotome erörtert werden wird, als unteilbar ansahen, was wiederum die „Entwicklung der quantitativen Lehre von der temperierten Stimmung"[247] gehemmt habe.

Er zieht aus der Stimmungslehre der Renaissance folgendes Fazit und schreibt den Theoretikern folgende Einsichten zu, und zwar dass:

„–jedes Intervall in zwei oder mehr gleichgroße Teile teilbar ist;

–konsonante Intervalle temperiert werden können und der Betrag in Bruchteilen eines Komma berechnet werden kann;

4:5 (und nicht 64:81) das eigentliche Verhältnis für die nichttemperierte große Terz ist;

– ein diatonischer Halbton auch andere Verhältnisse haben kann als 243:256, ja daß er sogar (wie unbestreitbar in der Tastenstimmung der Zeit) größer sein kann als die Hälfte eines Ganztons."[248]

Sehen wir uns die Herleitung des syntonischen Kommas systematisch an: Wolfgang Auhagen schreibt, wenn „von C ausgehend nacheinander 4 schwebungsfreie Quinten eingestimmt"[249] werden „und der erreichte Ton E zweifach transponiert"[250] wird, „so ergibt sich ein Terzintervall, das größer ist als die schwebungsfreie große Terz. Der Unterschied 81/80 (21,5C) wird als *Terzkomma, didymisches* Komma oder *syntonisches Komma* bezeichnet."[251][252] Die Rechnung lautet:

„$(3/2)^4 : (2/1)^2 \neq 5/4$"[253]

Lang nennt den Zeitabschnitt zwischen Ende des 15. und Ende des 16. Jahrhunderts die „theoriefreie Zeit"[254] und Arons *Toscanello*, mit einer eher empirisch gesuchten Stimmung, scheint ihm da ungewollt Recht zu geben.

Nun kann man einwenden, dass die Stimmungslehre doch mit der Vokalpolyphonie nicht viel zu tun habe, da die Stimme an sich ja stimmungsunabhängig ist. Sie ist ja ein flexibles „Instrument". Der Autor ist sich aber sicher, dass auch im *a cappella*-Bereich die Stimmungslehre von Bedeutung ist, denn wir haben es hier mit ständigen Intonationsfragen zu tun und wenn es nach der pythagoräischen Stimmung z.B. unterschiedlich große Halb- und Ganztöne und unterschiedliche Terzen gab, kann dies nicht ohne Auswirkungen auf die Musizierpraxis und damit letztlich auch auf die Komposition geblieben sein. Es ist denkbar, dass die vermehrte

---

[247] Ebd.

[248] Ebd.

[249] Wolfgang Auhagen, Stimmung und Temperatur, MGG, Kassel 1998, S.1832.

[250] Ebd.

[251] Ebd.

[252] Nach Ratte war Didymos „der erste, der innerhalb des Tetrachords im diatonischen Geschlecht die übergroße pythagoreische Terz (408 C') durch die ‚reine' Terz mit dem superpartikulären Verhältnis 5:4 (386 C') ersetzte. Der Halbton 16:15 (= 112 C') ergab sich für ihn wieder als Restintervall zwischen Quarte (4:3 = 498 C') und Terz (5:4 = 386 C'). Durch arithmetische Teilung der Terz 5:4 erhielt er die beiden verschiedenen Ganztöne 9:8 und 10:9."; Ratte, Die Temperatur S.36.

[253] Ebd.

[254] Lang, Auf Wohlklangswellen, S.52.

Komposition mit imperfekten Intervallen Ende des 16. Jahrhunderts mit der breiteren Verwendung reiner und mitteltöniger Stimmungen zusammenhängt. Für uns ist zudem wichtig zu begreifen, dass ein Stimmungssystem harmonische Fortschreitungsmöglichkeiten bestimmt, da nicht alle Klänge erträglich sind. Ebenso werden wir sehen, dass der Modus durch seine Lage in der menschlichen Stimme bereits Beschränkungen mit sich bringt. Denkbar ist aber durchaus, dass durch die neuen Stimmungssysteme ein verändertes klangliches Denken einsetzte, das die kompositorische Phantasie in andere Bahnen lenkte.

Wie Lindley an einem Orgel-Stück (Nr.242 aus dem Buxheimer Orgelbuch) zeigt, hat der Komponist dort um 1460/70 mit der Komposition der reinen großen Terz und den „heulenden Terzen"[255] gearbeitet. Wenn wir diese Musik auf heutigen Instrumenten in der gleichstufigen Stimmung wiedergeben, berauben wir sie eines kompositorischen Mittels! Sicherlich gelten für Tasteninstrumente andere kompositorische und stimmungstechnische Regeln als für die Vokalpolyphonie, dennoch sollte der Aspekt der durch neue Stimmungen ermöglichten Klangformen immer mitbedacht werden. Ein C-Dur-Dreiklang mit pythagoräischer großer Terz und reiner Quinte ist eben schwer erträglich. Es wird niemand leugnen, dass vor allem durch die Werckmeister-Stimmungen Bachs chromatische Modulationspraxis ermöglicht wurde. Die *Alten* haben es uns demnach vorgemacht: sie brachten die Stimmungslehre immer vor der Tonlehre! Und noch Arnold Schoenberg machte die Obertonreihe zur Grundlage seiner Kon- und Dissonanzordnung. Paul Hindemith ging in dieser Richtung sogar noch weiter, indem er expliziter auf die Stimmungsprobleme hinwies und seine Kon- und Dissonanzlehre unter Einbeziehung der akustischen Kombinationstöne aufbaut. Bei den Klangfolgen-Analysen am Ende der vorliegenden Studie wird zur Interpretation deshalb auch ein Augenmerk darauf geworfen werden müssen, ob gewisse Klangfolgen aufgrund von Stimmungsfragen überhaupt erfolgen oder nicht erfolgen können. Auch werden wir in den Mittelwertanalysen überprüfen, ob sich der Tonvorrat der pythagoräisch-chromatischen Stimmung mit den verwendeten Tönen bei Lasso und Palestrina deckt.

1.1.6 Arons Ton- und Intervall-Lehre.

Arons Ton- und Intervall-Lehre wird vor allem deshalb ausführlicher dargestellt, um sich in die musiktheoretische Geisteswelt eines Renaissance-Komponisten vertiefen zu können. Auch sollen die Zusammenhänge zwischen Stimmung, Tonsystem, Modus und Klangbildung dargestellt werden.

Arons diatonisches Geschlecht

Die oben gezeigten Teilungen Guidos werden uns gleich in anderer Form noch einmal begegnen. Verbleiben wir vorerst in der pythagoräischen Stimmung. Schauen

---

[255] Lindley, Stimmung und Temperatur, S.128.

wir uns nun noch einmal Arons diatonische Tafel (Abb.1.1) an, so sehen wir verblüffende Gemeinsamkeiten des Tonvorrats. Nach dem Vorbild der Alten zeigt er die Bidiapason, also zwei Oktaven, Diapason, die Oktave, Diapente, die Quinte, Diatessaron, die Quarte, Tritonus, also drei Ganztöne, Ditonus, die große Terz, die aber als Aufeinanderfolge zweier Ganztöne eigentlich größer ist als die reine große Terz, Semiditonus, die eigentlich pythagoräische kleine Terz, sowie Tonus, der Ganzton und Semitonus, der Halbton. Besonders muss noch auf die Apotome hingewiesen werden, die es nur in pythagoräischer Stimmung gibt. Aron sagt, dass sie nichts anderes sei als ein großer Semitonus, also ein großer Halbton.[256] Sie unterscheidet sich vom ebenfalls nicht natürlichen Halbton zwischen e und f dadurch, dass sie als künstliche Versetzung nach pythagoräischer Vorstellung als Differenz zwischen Ganzton und pythagoräischem Halbton (Limma oder auch Leimma) betrachtet wird. Wie errechnet man sie? Guido hat uns bereits oben mit seiner Stimmungslehre sämtliche Zahlenverhältnisse offenbart.[257] Dieses System errechnet sich nun so:

Wir sehen an unserem obigen Notenbeispiel, dass
$\flat = \frac{27}{64}$
der Saite sind und
$\natural = \frac{32}{81}$.
Daraus ergibt sich für den apotomen Halbton
$\frac{27}{64} \cdot \frac{32}{81} = \frac{2187}{2048}$.

Im Zeitalter Arons wurde – wie oben bereits dargestellt – anhand von Saitenlängen gerechnet, nicht anhand von Frequenzen oder mittels der von Alexander John Ellis entwickelten Messung von Tonhöhendistanzen, bei der er die Oktave in 1200 Mikrointervalle, die Cents, teilte.[258] Wenn wir die Cent-Werte ermitteln, so gilt für die Berechnung der Apotome in Cent:
$\log_2(\frac{2187}{2048}) \cdot 1200 = 113,685$ Cent

Das ist die Apotome: also aufgerundet 114 Cent. Nehmen wir im Vergleich dazu die gleichstufige Stimmung, so hat jeder Halbton durch die $\sqrt[12]{2}$ genau 100 Cent. Wir sehen also, dass der apotome Halbton wesentlich grösser ist. Wir haben aber auch noch einen weiteren kleinere Halbton, die Limma oder Leimma. Diese errechnet sich aus der Differenz von B zu C:
$\frac{64}{81} \cdot \frac{3}{4} = \frac{256}{243}$

Das ist der pythagoräische Halbton. Man kann ihn aber auch so errechnen, dass man die reine Quarte bildet, also $\frac{4}{3}$ und davon die pythagoräische große Terz als $\frac{9}{8} \cdot \frac{9}{8}$ mit $\frac{81}{64}$ abzieht. Das Ergebnis ist ebenfalls wieder $\frac{256}{243}$. Der pythagoräische Halbton hat also das Verhältnis von $\frac{256}{243}$. Das entspricht nach der Rechnung:
$\log_2(\frac{256}{243}) \cdot 1200 = 90,22$ Cent.

Er ist also viel kleiner als die Apotome und auch kleiner als unser heutiger Halbton, weil der gleichstufige Halbton genau 100 Cent besitzt. Der kleinste Wert jedoch

---

[256] Vgl. Pietro Aron, *Che cosa sia tuono*, in: *Toscanello in Musica*, Venedig 1539, libro secondo, Cap.I.

[257] An dieser Stelle sei besonders meinem ehemaligen Lehrer in Gehörbildung, Herrn Hermann Beyer, für seine mathematischen Erläuterungen der Stimmungssysteme gedankt.

[258] Vgl. Lang, Auf Wohlklangswellen durch der Töne Meer, S.19.

1. MUSIKTHEORIE IN DER RENAISSANCE 45

ist die Apotome noch nicht! Als kleinster möglicher Wert wurde die Differenz aus Apotome und Limma betrachtet. Das bedeutet eigentlich das pythagoräische Komma, um das eine Quinte, wie im Abschnitt über die Probleme der pythagoräischen Stimmung dargestellt, verkleinert werden muss, um den Quinten-Zirkel schließen zu können. Das Komma ist sozusagen das Atom der pythagoräischen Stimmung. Es ist im Sinne der alten Theoretiker der Betrag, „um den die Apotome größer ist als das Limma."[259]

$$\frac{2187}{2048} : \frac{256}{243} = 531441 : 524288$$

$$\log_2(\frac{531441}{524288}) \cdot 1200 = 23,46 \text{ Cent}.$$

In Guidos System haben wir nur reine Quinten im Verhältnis von drittem zu zweitem Oberton.
So gilt für Γ-D:
$1 : \frac{2}{3} = \frac{3}{2}$
Für A-E:
$\frac{8}{9} : \frac{16}{27} = \frac{3}{2}$
Für C-G:
$\frac{3}{4} : \frac{1}{2} = \frac{3}{2}$
Usw.
Der Ganzton, Tonus genannt, steht im Verhältnis von $\frac{8}{9}$. Die Aufeinanderfolge zweier Toni ergibt die große Terz. Schauen wir uns nun das Verhältnis der pythagoriäischen großen Terz nach Guidos Darstellung an, so ergibt sich von Γ nach B für diese:
$1 : \frac{64}{81} = \frac{81}{64}$
Betrachten wir nun einmal die Cent-Werte dieser großen Terz und vergleichen sie mit der gleichstufig temperierten:

$$\log_2(\frac{81}{64}) \cdot 1200 = 407,82 \text{ Cent}$$

Im Vergleich dazu hat die gleichstufige große Terz: $\sqrt[3]{2} : 1 = 400$ C. Wie zuvor erwähnt, versuchte noch im 20. Jahrhundert der deutsche Komponist Paul Hindemith in seiner *Unterweisung im Tonsatz*, den Tonvorrat unter Zuhilfenahme der Obertonreihe sowie der Stimmungslehre zu ermitteln und stellte sich damit in die Tradition der alten Theoretiker. Er nahm dabei die Obertonreihe zur Grundlage und ein C mit 64 Schwingungen pro Sekunde als Maßstab. Das c hat, da die Oktave doppelt so schnell schwingt, 128 Schwingungen und das c' 256. Da das e' der fünfte Oberton ist, errechnet es sich schlicht als 64*5=320. In der Naturtonreihe hat das e' somit 320 Schwingungen und das E 80 Schwingungen pro Sekunde (das e hat 160 und e' schwingt doppelt so schnell, weshalb 320/4 gelten), gegenüber den 81 Hz des E in Hindemiths Aufstellung nach reinen Quinten, unserer pythagoräischen Stimmung. Es ist also exakt das Verhältnis 80/81 des syntonischen Kommas. Im Tonvorrat der nach sechs reinen aufeinanderfolgenden Quinten gestimmten siebentönigen pythagoräischen Leiter hat dieses e' dann allerdings 324 Hertz, ist also „um 4 Schwingun-

---

[259] Lindley, Stimmung und Temperatur, S.123.

46 KAPITEL 2. VORAUSSETZUNGEN UND METHODIK DER STUDIE

gen höher als der fünfte Oberton des C (e^1)."[260] Hindemith kommt zu dem Schluss der Unbrauchbarkeit der pythagoräischen großen Terz und gibt eine knappe historische Erklärung der Einbeziehung der reinen großen Terz in die Stimmungslehre, die zitiert werden soll, weil sie uns zum Verständnis dienen kann.

> „Diese bei einem wichtigen Intervall wie die große Terz sehr auffällige Abweichung von der Naturreinheit (das syntonische Komma) macht die pythagoräische Tonleiter für die mehrstimmige Musik unbrauchbar. Setzt man immerzu neue Quinten an [···], so gerät man ins Uferlose: Nach dem zwölften Quintenschritt wird ein Ton erreicht, der ebenfalls um ein Komma höher ist als die Oktave des Ausgangstones. [···] Die nächsthöhere Oktave müßte sich auf diesem (allerdings abwärts transponierten) zu hohen Tone aufbauen, mit jeder neuen Oktave käme ein noch höherer Grundton zum Vorschein; der Anschluß an den ursprünglichen Ausgangston wäre verloren. Mit unreinen Quinten, wenn die Abweichung sehr klein bleibt, wird das Ohr zur Not fertig, wie die gleichschwebend temperierte Tonleiter zeigt; unreine Oktaven läßt es sich dagegen nicht gefallen. Um die Nachteile dieser Rechnung mit reinen Quinten zu vermeiden, ist man dazu übergegangen, das Obertonverhältnis 4:5 mit einzubeziehen, womit gesagt ist, daß nicht mehr allein Quinten über- oder untereinandergesetzt werden sollen, sondern daß alle Tonleitertöne durch das beliebige Übereinanderlegen von reinen Quinten und großen Terzen erreicht werden."[261]

Gehen wir in den Intervallen weiter und sehen wir uns einmal die pythagoräische kleine Terz an, z.B. *E-G*:
$$\frac{16}{27} \cdot \frac{1}{2} = \frac{32}{27}$$
Das ergibt: 294,13 Cent. Unsere heutige gleichstufige kleine Terz hat im Vergleich 300 Cent. Sie ist also für heutige Ohren zu tief. In reinen Quinten aufgefasst, sehen wir folgende Schichtung: *B,-F-c-g-d-a-e-h*. Wir haben nun einen Heptachord, der aus sechs übereinander geschichteten Quinten besteht. Die Quintenbreite ist also sechs. Daraus kann man zwei Tetrachorde bilden: *f-g-a-b* und *g-a-h-c*. Beiden Tetrachorden ist die exakt gleiche Folge von zwei Ganztonschritten und einem Halbtonschritt eigen. Gehen wir nun zu den Tönen in Arons diatonischer Tafel (Abb.1.1) und deren Verwendung über:

Der erste ist *Tonus A*. Er kann einerseits als ein *La* fungieren, das heisst, im cantus naturalis oder hexachordum naturale als sechste Stufe, als ein *Mi* im Cantus mollis als dritte Stufe oder als ein *Re* im cantus durus als zweite Stufe. Aron weist bei den Halbtonschritten, hier Semitonus genannt, darauf hin, dass das *A* mit *B* als Obernote ein *La* ist, das *B* also ein *Fa* sein muss. Das h kommt hier nach Aron nur als ein *Mi* vor, also nur im cantus durus. Steigt die Skala von *C* als *Fa* nach *A* als *Re* herab, so wird das *B* als *Mi* verwendet und nicht das *H*. Nach dieser Darstellung kann die Regel Jeppessens bestätigt werden, dass bei einer Skalenbewegung aufwärts von *A* nach *C* der Ton *H* und abwärts oder als obere Wechsel- oder Drehnote über dem Ton *A* das *B* gebraucht wird. Das deckt sich mit der alten Regel *una nota la, semper est canendum fa*. Eine Note über *La* ist immer als ein *Fa* zu singen, dadurch wird der Tritonus im Kontext zum *f* vermieden. Schaut man sich die Aufteilung dieser Töne anhand der von Aron geforderten zwei Oktaven an, so ergibt sich folgendes Bild, das noch immer die innere Herkunft von Guido von Arezzos *Micrologus* nicht

---

[260] Paul Hindemith, Unterweisung im Tonsatz, Theoretischer Teil, Mainz 1937, S.48f.
[261] Ebd.

verleugnen kann, und Zarlino verweist in seiner Darstellung auch auf Guido.[262] Zuallererst nur die Skalen und Solmisationssilben ohne Intervall-Lehre:

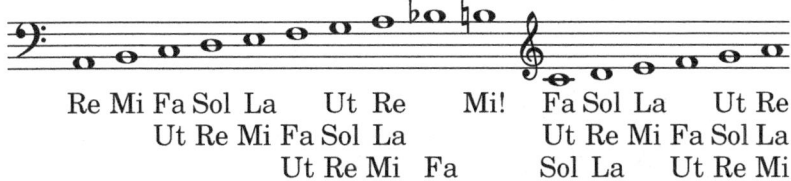

Re Mi Fa Sol La   Ut Re   Mi!   Fa Sol La   Ut Re
    Ut Re Mi Fa Sol La   Ut Re Mi Fa Sol La
       Ut Re Mi   Fa   Sol La   Ut Re Mi

Dieses Notenbeispiel erinnert stark an die Zusammenfassung Meiers, die er auf S.31 seines besagten Buches „Die Tonarten der klassischen Vokalpolyphonie"darstellt. Zur Verwendung der Töne *b* und *h*, als *b*-molle und *b*-durum oder *b*-Mi und *b*-Fa sagt Meier, dass diese „zwar nicht unmittelbar nacheinander – als chromatischer Halbton – erscheinen"[263] dürfen, sie aber „im Verlauf der Melodie wechselweise"[264] eintreten, wie zuvor beschrieben. Erwähnenswert ist Meiers Erläuterung, dass der Wechsel von *b* und *h* „häufig im 1. und 2., im 4. und 8., gelegentlich vorkommend auch im 7. Modus"[265] die Tonart nicht verändern. „Im 5. Modus"[266] stünde „b-molle sogar gleichberechtigt neben h, im 6."[267] Modus überwiege „es bei weitem, so daß um 1500 diese beiden Modi selbst in der Choral-Lehre oft mit der generellen Vorzeichnung von b erscheinen."[268] Gerade jene b-Vorzeichnung, ohne dass es sich um ein transponiertes System handelt, verwirrt Anfänger in der Modusbestimmung häufig. Nun noch einmal die Skala mit der Ganz- und Halbtonmarkierung sowie der Markierung der Apotome:

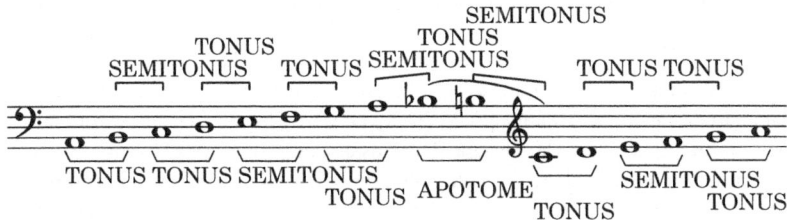

Im Folgenden sehen wir Arons Intervall-Lehre. Interessant ist der Verweis auf kleine und große Sexte, aber die Auslassung der Septime. Dies ist eine weitere Bestätigung des Hexachord-Denkens. Wie wir allerdings noch sehen werden, stellt Aron die Hexachorde nach dem großen und dem kleinen Hexachord gemäß seiner

---

[262] Gioseffo Zarlino, Istitutioni Harmoniche, 1573, S.121.
[263] Meier, Die Tonarten, S.31.
[264] Ebd.
[265] Ebd.
[266] Ebd.
[267] Ebd.
[268] Ebd.

48 KAPITEL 2. VORAUSSETZUNGEN UND METHODIK DER STUDIE

Tafel zum diatonischen Geschlecht dar. In seinem Buch zeigt Aron zudem die skalaren Ausfüllungen der Intervalle systematisch vom Halbton bis zum großen Hexachord. Diese werden wir allerdings nicht komplett darstellen, da das zu weit führen würde.

```
                        DIAPENTE
BIDIAPASON   DIATESSARON            SEMIDITONUS

       TRITONUS           EXACORDIUM MINUS

       DITONUS            EXACORDIUM MAIUS
```

Wir sehen, wie überlegen die historische Darstellung der getrennten Darstellung nach Noten und Intervallen mit Notenlinien heute ist! Eine Intervallvorstellung werden wir uns aber genauer anschauen, und zwar die des Tritonus.

Pietro Aron sagt, dass der Name des Tritonus für sich selbst spräche, denn er sei zusammengesetzt aus drei Toni, die natürlicherweise von parhypate meson (*F fa ut*) nach paramese (*b fa* ♮ *mi*) entstehen, in dieser Art fa sol re mi.[269] Ganz ähnlich würde er zwischen trite hyperboleon (*f fa ut*) *acuto* und dem zweiten *b fa* ♮ *mi* gefunden.[270] Nun bringt er die Erklärung des b-molle: da der Tritonus hart und rau klingt, sei es notwendig, dass er durch eine Figur oder ein Zeichen dem folgenden ♭ abgemildert und versüßt wird, sofern der Gesang nicht über den besagten Ort b fa ♮ mi hinausgehe.[271] Dies gelte sowohl in auf- als auch in absteigender Richtung.[272] Wenn man aber zum Ausgangspunkt zurückkehre, sollte das Zeichen sofort entfernt, bzw. aufgelöst werden. Der besagte Tritonus erscheine natürlich und akzidentiell an sieben Orten auf der Hand[273], von denen die zwei oben erwähnten natürlich sind. Das erste Akzidenz komme zwischen der Note hypate hypaton (♮ mi) nach hypate meson vor (*E la mi grave*), wenn diesem hypate hypaton das Zeichen von b-molle, ♭, mit dem die Note mi zur Silbe fa verwandelt wird, vorangestellt wird. Folgerichtig wird auf diese Art auch die Note mi des *E la mi* oder hypate meson in die Note fa verwandelt werden.

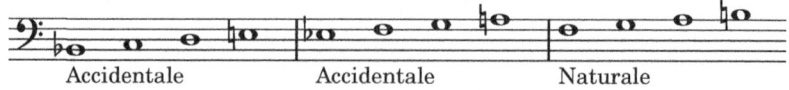

Accidentale   Accidentale   Naturale

---

[269] Vgl. Pietro Aron, *Toscanello in Musica*, Del Tritono, Cap. V.

[270] Vgl. Aron ebd.

[271] Vgl. ebd.

[272] Vgl. ebd.

[273] Ein Beweis für die weitere Lehre und Verwendung der guidonischen Hand im 16. Jahrhundert! Anm.d.Verf.

1. MUSIKTHEORIE IN DER RENAISSANCE 49

Sage man fa in hypate meson (*E* la mi *grave*) und schreite zur Note mese (*a* la mi re) fort, so müsse diese mese mit dem Zeichen des b-molle versehen werden.[274] Das gleiche gelte wieder von trite synemmenon (*b* fa *acute*) nach nete diezeugmenon (das zweite *e* la mi), in dem die Note in ein fa verwandelt wird, ebenso von nete diezeugmenon nach nete hyperboleon (*a* la mi re *superacute* sowie bei letzten Figur in folgendem Notenbeispiel von *b* fa nach *e* la. Der Tritonus habe die Proportion $\frac{729}{512}$.

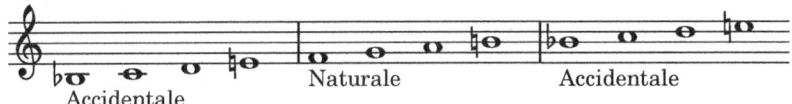

Aron will eigentlich mit seiner weiter oben gezeigten Tafel, die in seinem Buch erst nach der Darstellung der Intervallgattungen kommt, den diatonischen Tonvorrat vorstellen und das in Tetrachorden. Er sagt, dass bei der diatonischen Konsonanz wichtig sei, dass im diatonischen Geschlecht jeder Tetrachord in Halbton, Ganzton, Ganzton und Ganzton fortschreitet, wie in den Silben mi-fa-sol-la. Er nimmt dann aber nicht so genau, wo der Halbtonschritt kommt, denn er zeigt drei verschiedene Modelle. Scheinbar kommt es ihm mehr auf das Verhältnis dreier Ganztöne und einem Halbton an.

> „*Hauendo manifestamente mostrato ne la precedente figura ciascuna consonanza diatonica, e necessario sapere che nel genere diatonico ciascuno de gli tetrachordi di esso genere procedono per semitunono minoretuono, & tuono, come in queste syllabe mi fa sol la, ilqual tetrachordo hara principio in hypate hypaton, & la fine in hypate meson, che altro non significano che ♮ mi & E la mi. Onde in questo genere diatonico il tetrachordo sempre e formato di tre interuallo, come di sopra e manifesto.*[275]"

Dieser Tetrachord beginnt bei hypate hypaton, also dem ♮ mi oder *H* und endet bei hypate meson, dem *E* als la oder mi. Im diatonischen Geschlecht wird der Tetrachord immer von den oben gezeigten drei Intervallen geformt. Schauen wir uns noch einmal Arons Tetrachordfolgen an. Das erste Tetrachord-Modell mit Halbton und zwei Ganztonfolgen:[276]

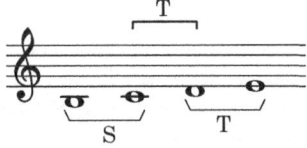

Das zweite Tetrachordmodell, T-T-S:

---

[274] Vgl. ebd.
[275] Pietro Aron, *Dimostratione del genere diatonico*, in: *Toscanello in Musica*, lib. Secondo, Vendig *1539*.
[276] Cave: S = Semitonus und T = Tone.

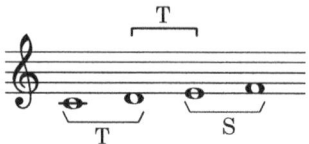

Und das dritte Tetrachordmodell mit T-S-T:

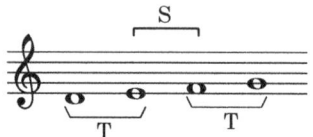

Aron weist daraufhin, dass es keine weiteren Tetrachorde mehr gibt und sich diese drei Modelle im weiteren Prozess wiederholen. Er erläutert das Vorkommen der Tetrachorde an den von ihm bereits zuvor dargestellten Species, dass z.B. das erste Tetrachordmodell in der zweiten Specie vorkommt, und zwar als mi-fa-sol-la. Desweiteren stellt er die Quinte in ihren skalaren Möglichkeiten, also als Diapente, von Dia = durchgehen und Pente = Fünf[277] sowie die pythagoräische Stimmung dar und verweist auf Boethius' *Musica, IV. Buch, Kapitel III*, in dem er vier Verwendungsmöglichkeiten der Quinte vorstellt, die ein Musiker verwenden könne.[278]

In diesem Buch habe Boethius die drei species der Diatessaron, die vier der Diapente und die sieben species der Diapason behandelt. Nach Aron haben diese skalaren Intervallausfüllungen oder Intervallgattungen den Namen *species* von Boethius erhalten.[279] Er macht deutlich, dass es eine Frage des ersten Halbtonschrittes ist, die die Varietät der Specie bestimme, dass also die Specie durch die Abfolge der Schritte bestimmt ist. Dabei verweist er zuvor noch auf das in Quinten gestimmte System. Die Diapente als Ausfüllung von drei Ganztönen und einem Halbton müsse als Sesqualtera (Quinte) in ihren Extremen drei Sesquioctaven, das heisst Ganztöne im Verhältnis $\frac{9}{8}$ und einen Halbton im Verhältnis $\frac{256}{243}$, beinhalten.[280] Diese Variationen der Species erwüchsen, weil in einem Falle der Semitonus, der anders als die anderen Intervalle ist, einmal auf das zweite Intervall, hier auf das erste, dort auf das vierte und nun auf das dritte falle.[281] Aron stellt dies pädagogisch wie auch Zarlino am Beispiel des Monochords dar. Diejenige Species, die zuerst auf dem Monochord dargestellt werden könne, sei dann auch die erste genannt, usw. Auf diesem Wege werden von Aron die vier unterschiedlichen Species der Diapente oder Sesqualtera aus den Variationen abgeleitet.[282] Es folgt Arons Vorstellung der Hexachorde nach Exacordum Maius und Exacordum Minus.

---

[277] Aron, *DEL DIA PENTE*, ebd., Kapitel 7.

[278] Ebd.

[279] Vgl. Aron, ebd.

[280] Ebd.

[281] Vgl. ebd.

[282] Vgl. Ebd.

1. MUSIKTHEORIE IN DER RENAISSANCE

Den großen Hexachord betrachtet er als eine Zusammensetzung aus vier Toni und einem kleinen Semitonus.[283] Daraus ergibt sich die große Sexte. Im diatonischen Geschlecht kann man nach Aron neun natürliche und drei akzidentielle finden. Von der Ordnung her blieben drei übrig. Je nachdem wie man sie bestimme, werde man entweder die Folgen ut re mi fa sol la, re mi fa sol re mi oder fa sol re mi fa sol finden. Danach beginnt die Wiederholung der Hexachorde nach Aron. Es sei klar, dass es von Γ, also dem G, nach E la mi *grave* wie con C fa ut nach a la mir re *acuta* in Name und Komposition das Gleiche, wie es auch von G sol re ut *grave* nach e la mi *acuta* und von c sol fa ut nach [284] dem zweiten a la mi re wahr sei.[285]

Aron macht darauf aufmerksam, dass wenn der Semitonus verändert würde, sich konsequenterweise alle Silben ändern müssten, da der Semitonus als drittes Intervall im ersten Hexachord, als zweites im zweiten und als viertes im dritten Hexachord erscheint, wie die folgende Darstellung zeigt.[286] Aron schreibt, dass der Hexachord im Verhältnis $\frac{27}{16}$ steht. Hier der große Hexachord nach Arons Darstellung:

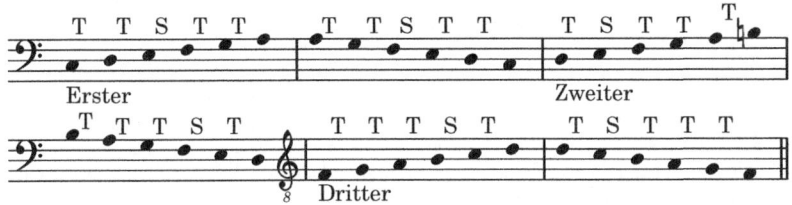

Der kleine Hexachord:

Verlassen wir Arons Intention der Darstellung und ordnen seinen Tonvorrat selbst nach Hexachorden[287], so sieht die Sache folgendermaßen aus[288]:

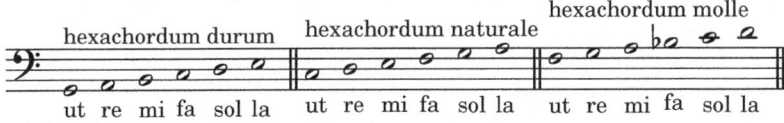

---

[283] Aron, *Del Hexachorde maggiore*, ebd. Cap. VIII.
[284] Vgl. ebd.
[285] Vgl. ebd.
[286] Vgl. ebd.
[287] Wenn wir die Hexachorde isoliert von den Tetrachorden und den Modi betrachten, folgen wir eigentlich der alten Lehre, in der alle diese Phänomene ebenfalls getrennt dargestellt wurden. Vgl. MGG Bd. 06, Kassel 1986, S.352.
[288] Und nun wird auch klar, warum der *hexachordum durum* so heisst, weil er nämlich statt des *b*-molle das *b*-durum enthält. Anm.d.Verf.

Nun, nachdem wir uns mit der Herleitung der Töne beschäftigt haben, muss noch auf die Systematik ihrer Verwendung eingegangen werden. Wir haben zwar bereits oben die Verwendungsmöglichkeiten in der Tafel Arons dargestellt bekommen, aber die Systematik der Hexachorde und ihrer Solmisationssilben soll noch einmal nach Meier dargelegt werden. Meier schreibt:

> „Ein und derselbe Ton kann, [···], mehreren Hexachorden zugehören; die Tonsilben bezeichnen also keine Tonhöhen sondern Ton*qualitäten*, im besonderen die Lage von Ganz- und Halbtönen, letztere stets zwischen *mi* und *fa*. Mit Hilfe der Hexachordsilben ist es also möglich, die für die Charakterisierungen der Modi so wichtigen Gattungen (*species*) der Quinte und Quarte eindeutig zu bezeichnen, ohne sich zugleich an bestimmte Tonhöhen zu binden."[289]

Erwähnenswert scheint hierbei die *mutatio*. Sie findet dann statt, wenn die Melodie den Ambitus des Hexachordes übersteigt; je nach Richtung muss dann in den nächst gelegenen Hexachord, ob höher oder tiefer, übergegangen werden.[290] Dieses Übergehen nennt man „mutieren"[291]. In welchen der Hexachorde übergegangen wird, muss aus der Vorzeichnung heraus entschieden werden.[292] Lesen wir Meiers Beispiel:

> „Steigt z.B. eine Melodie aus dem Quint-Tonraum d - f - a weiter auf in den Quart Tonraum a - h - c' -d', so muss aus der Quinten-species *re-la* des Hexachordum naturale in die Quarten-species *re-sol* des Hexachordum durum übergegangen werden; folgt auf die Quintengattung d - f - a, = *re-la* des Hexachordum naturale, aber eine Melodiebewegung innerhalb des Quart-Tonraums a - b - c' - d', so muß vom Hexachordum naturale in das nächsthöhere Hexachordum molle, und zwar in die Quarten-species *mi-la*, mutiert werden. Aus der Verschiedenheit der Quarten-species resultiert jeweils eine andere Tonart."[293]

Diese Darstellung der eigentlich mittelalterlichen Tonlehre ist z.B. notwendig, um bei der Übertragung der Originalwerke die Akzidentien richtig setzen zu können. Als Faustregel sollte gelten, dass sie aus der Sicht des Sängers, dort, wo es für ihn anhand seiner Stimme und der Umgebungssituation ersichtlich ist, gesetzt werden. Pragmatische Lösungen sollten hier immer vor theoretischen stehen! Nach dem Kapitel über die Dur- und Mollwirkungen wird noch klarer werden, wo Akzidentien gesetzt werden können und wo nicht.

Nach Darstellung des diatonischen Tonvorrates nach antiker Tradition zeigt Aron den chromatischen Tonvorrat auf (Abbildung 1.2). Diesen dürfen wir uns allerdings nicht im Sinne der chromatischen Skala vorstellen! Vorweggenommen werden soll noch einmal das diatonische Geschlecht im antiken Sinne, dargestellt anhand der dorischen Tonleiter des Didymos.

Wolfgang Auhagen schreibt, dass es „bereits in der antiken Musiktheorie"[294] „Überlegungen gegeben"[295] hat, „die Terz 5/4 in das Stimmungssystem anstelle des

---

[289] Bernhard Meier, Alte Tonarten, S.178.
[290] Vgl. Bernhard Meier, ebd.
[291] Vgl. ebd.
[292] Vgl. ebd.
[293] Ebd.
[294] Wolfgang Auhagen, Stimmung und Temperatur, S.1833.
[295] Ebd.

Ditonus 81/64 einzubeziehen."²⁹⁶ Sehen wir uns diese dorische Skala des Didymos einmal nach der Darstellung Auhagens an²⁹⁷:

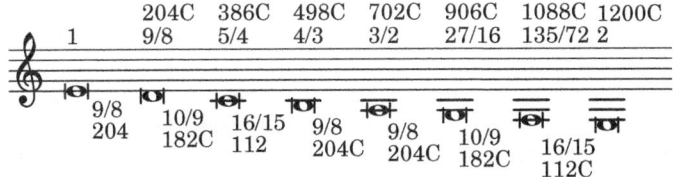

Wir sehen einen großen (9:8) und einen kleinen Ganzton (10:9). Zerlegen wir diese, kommen wir zu zwei chromatischen Halbtönen, die „in der didymischen Skala nicht enthalten sind"²⁹⁸

Der große Halbton wird auch großes Chroma genannt. Ratte leitet es als die Folge von Terz plus drei Quinten, minus zwei Oktaven her (z.b. von *e* aus entspräche das *e+gis+dis'+ais+eis* - zwei Oktaven = Schritt *e/eis*). Das große Chroma wird folgendermaßen berechnet:

„$\frac{9}{8} \cdot \frac{16}{15} = \frac{135}{128}$ (92,2 C')"²⁹⁹

Das kleine Chroma wird aus zwei Großterzen minus einer reinen Quinte gewonnen (von *d* aus entspräche das der Folge *d+fis+ais+dis*):

„$\frac{10}{9} \cdot \frac{16}{15} = \frac{25}{24}$ (70,C')

Der Unterschied zwischen dem großen und kleinen Chroma beträgt ebenfalls ein syntonisches Komma:

$\frac{135}{128} : \frac{25}{24} = \frac{81}{80}$

92,2-70,7 = 21,5 Cent."³⁰⁰

Wir lernen nun ein weiteres Schisma kennen, das Diaschisma, das entsteht, wenn man den diatonischen Halbton (16:15) vom großen Chroma (135:128) abzieht.

„$\frac{16}{15} : \frac{135}{128} = \frac{2048}{2025}$

11,7 - 92,2 = 19,5 Cent.

Das Diaschisma ist um ein Schisma kleiner als das syntonische Komma:

$\frac{81}{80} : \frac{2048}{2025} = \frac{32805}{32768}$

21,5 - 19,5 = 2 Cent."³⁰¹

Nun haben wir fast sämtliche Kommata und Schismen kennengelernt. Die beiden *Diesen* werden wir später kennenlernen. Wolfgang Auhagen schreibt über die Erweiterung der Diatonik zur Chromatik:

---

[296] Ebd.
[297] Vgl. Wolfgang Auhagen, Stimmung und Temperatur, S.1844.
[298] Ratte, Die Temperatur, S.58.
[299] Ebd.
[300] Ebd.
[301] Ebd.

„Wird die diatonische Skala zur Chromatik erweitert, ist eine Entscheidung erforderlich, in welchem Verwandtschaftsverhältnis die einzelnen Töne zum Ausgangston stehen sollen."[302]

Auf das chromatische und enharmonische Geschlecht ausführlich einzugehen, würde zu weit führen, jedoch ist es wichtig, den Unterschied zum diatonischen Geschlecht zu verstehen, weil ansonsten auch aufführungstechnisch Werke wie Lassos Prophetiae, die auch Gegenstand der Untersuchung sind, nicht korrekt wiedergegeben werden können. Dieses Werk ist deutlich vom chromatischen Geschlecht geprägt. Es ist wichtig, dass mit großem und kleinem Halbton intoniert wird. Vicentino beklagte seinerzeit die schlechte Intonation der Sänger[303], was wiederum ein Indiz für ein pythagoräisches Intonieren sein könnte und „empfahl ihnen häufiges Training mit (Tasten)-Instrumenten."[304]

Das chromatische Geschlecht

Das *genere cromatico* war „ab der Mitte des 16. Jahrhunderts bei vielen modernen Komponisten (u.a. RORE, MARENZIO, LASSO und schließlich GESUALDO) hoch im Kurs."[305] Sehen wir uns deshalb Arons Herleitung an, um zu verstehen, was es mit der Chromatik eigentlich in einem diatonischen System, wie es ja die Modi sind, auf sich hat. Aron schreibt dazu, dass das chromatische Geschlecht eine Verwandlung der Tetrachorde sei, die durch variierte Zwischentöne bewirkt würde. Anders als im diatonischen Geschlecht schreite das chromatische in einem kleinen Semitonus (*semituono minore*), einem großen (*semituono maggiore*) und noch drei weiteren Semitönen fort.[306]

Von den letzteren ist einer groß oder die Apotome und zwei sind klein, was zusammen einen Semiditonus ergibt.[307] Er verweist darauf, dass dieses Geschlecht nach dem griechischen Wort für „Farbe", *chroma*, benannt sei. Aron kommt zu dem Schluss:

„[...] di qui potemo dire il chromatico uariato dal diatonico di colore, cioe compositione."[308]

Für ihn unterscheidet sich die Chromatik von der Diatonik in der Farbe. Das sei die Komposition per se. Anders ausgedrückt: Für einen schöpferischen kompositorischen Akt ist zu dieser Zeit die Verwendung des chromatischen Geschlechts unerlässlich!

Wenn also nach Aron der Ton des diatonischen Geschlechts in zwei ungleiche Semitöne geteilt würde, einen großen und einen kleinen, dann sei der dritte in der

---

[302] Wolfgang Auhagen, Stimmung und Temperatur, S.1833.

[303] Vgl. Manfred Cordes, Nicola Vicentinos Enharmonik, Musik mit 31 Tönen, Graz 2007, S.22.

[304] Manfred Cordes, Nicola Vicentinos Enharmonik, ebd.

[305] Manfred Cordes, ebd., S.13.

[306] Vgl. Aron, Cap. XI: *Del Genere Chromatico*, in: *Toscanello in Musica*, Venedig 1539.

[307] Vgl. Ebd.

[308] Ebd.

1. MUSIKTHEORIE IN DER RENAISSANCE

Chromatik gebrauchte Semitonus in der Mitte zwischen der Apotome und dem kleinen Semitonus.[309] So sei in diesem Geschlecht jeder Tetrachord eine Zusammensetzung aus vier Tönen, die aber nicht die gleichen Intervalle haben wie im zuvor gezeigten diatonischen Geschlecht.[310] Das diatonische Geschlecht schreite in Semitonus, Tonus und Tonus mit den Noten mi-fa-so-la fort und das chromatische mit kleinem Semitonus, großem Semitonus und Trihemitonus (*trihemituono*), ohne dass die Extreme von einem von beiden verändert werden.[311] Diese Darstellung des Trihemitonus ist verwirrend. Jeans-Jaques Rosseau sagt z.b. zweihundert Jahre später, dass die alten Griechen so die kleine Terz benannt hätten.

„Ces't le nom que donnoient les Grecs à l'intervalle que nous appellons tierce mineure; ils l'appelloient aussi quelquefois *Hémiditon*."[312]

Wie berechnet sich dieser Trihemitonus? Er steht eigentlich für die Aufeinanderfolge dreier Semitöne, wodurch sich eine pythagoräische kleine Terz mit der ratio $\frac{32}{27}$ ergibt, die wir oben hergeleitet haben.

Folglich entstünde in der Folge von hypate hypaton (♮ mi-grave) nach parhypate hypaton (*C* fa ut) in der Chromatik der kleine Semitonus wie im diatonischen Geschlecht.[313] Aber von parhypate hypaton (*C* fa ut) nach lichanos hypaton (*D* sol re) ist in der Chromatik ein großer Semitonus und von lichanos hypaton nach hypate meson (*E* la mi) ein Semiditonus[314] oder Trihemitonus. Annemarie Neubecker spricht von einem „Anderhalbtonintervall"[315].

Diese Darstellungen Arons waren nicht anhand der Tafel nachvollziehbar. Er erklärt zudem nicht, welchen seiner drei Tetrachorde er eigentlich meint. Die Darstellungen des chromatischen Geschlechts im antiken Griechenland sind sehr vielfältig und sehr kompliziert. Es sei hier auf den Aufsatz „Ptolemy Harmonics"[316] von Jon Solomon verwiesen. Die sehr interessanten Darstellungen würden hier indes zu weit führen. Bei der Recherche stieß der Autor der vorliegenden Studie auch auf das alte Handbuch der Notationskunde von Johannes Wolf.[317]

Johannes Wolf zeigt auf, dass die Grenztöne eines Tetrachords fix und der zweite und dritte Ton veränderlich sind. Er stellt das diatonische Geschlecht so dar, wobei | für die Tetrachordgrenze steht.

„A | H c d e
    e f g a | h c' d' e'

---

[309] Vgl. ebd.

[310] Vgl. ebd.

[311] Vgl. ebd.

[312] Jeans-Jaques Rosseau, Dictionnaire de Musique, in: Collection complete des oeuvres de J. J. Rousseau, Genf 1782, S.330.

[313] Vgl. ebd.

[314] Vgl. ebd.

[315] Annemarie J. Neubecker, Altgriechische Musik: eine Einführung, Darmstadt 1994, S.100.

[316] Jon Solomon, Ptolemy Harmonics, Translation and Commentary by Jon Solomon, Leiden, Boston und Köln 2000.

[317] Johannes Wolf, Handbuch der Notationskunde, I. Teil: Tonschriften des Altertums und des Mittelalters, Choral- und Mensuralnotation, Leipzig 1913, S.12ff.

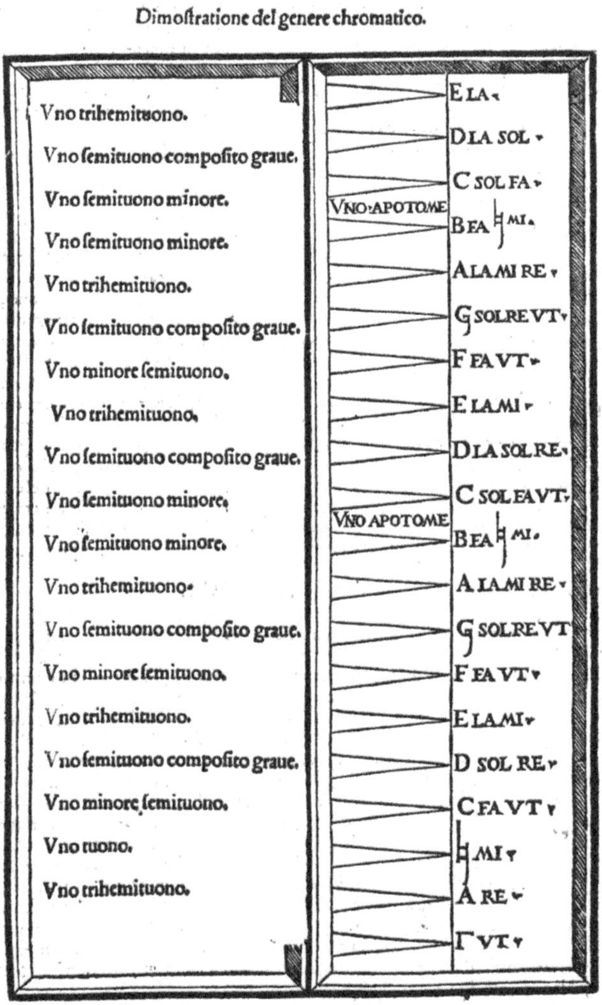

Dimoſtratione del genere chromatico.

Vno trihemituono.	E LA
Vno semituono compoſito graue.	D LA SOL
Vno semituono minore.	C SOL FA
	VNO APOTOME
Vno semituono minore.	B FA ♮ MI
Vno trihemituono.	A LA MI RE
Vno semituono compoſito graue.	G SOL RE VT
Vno minore semituono.	F FA VT
Vno trihemituono.	E LA MI
Vno semituono compoſito graue.	D LA SOL RE
Vno semituono minore.	C SOL FA VT
	VNO APOTOME
Vno semituono minore.	B FA ♮ MI
Vno trihemituono.	A LA MI RE
Vno semituono compoſito graue.	G SOL RE VT
Vno minore semituono.	F FA VT
Vno trihemituono.	E LA MI
Vno semituono compoſito graue.	D SOL RE
Vno minore semituono.	C FA VT
Vno tuono.	♮ MI
Vno trihemituono.	A RE
	Γ VT

Abb. 2
Pietro Aron, *Toscanello in Musica*, Mit freundlicher Genehmigung der Bayerischen Staatsbibliothek

1. MUSIKTHEORIE IN DER RENAISSANCE 57

a b c' d' | e' f' g' a'"³¹⁸

Da nun die Grenztöne des Tetrachordmodells gleich bleiben und nur der zweite und dritte Ton ausgetauscht werden, ergibt sich für das chromatische Geschlecht:

„A | H c cis e
e f fis a | h c' cis' e'
a b h' d' | e' f' fis' a'"³¹⁹

Arons Tafel jedoch ist mit diesem Modell nicht in Einklang zu bringen. Dafür aber seine Aussage:

„[···] *il diatonico genere procedere per semituono tuono, & tuono con queste note mi fa sol la, & il chromatico genere per semituono minore, & semituono maggiore &trihemituono, nun rimouendo gli estremi de l'uno & de l'altro* [···]"³²⁰

Nehmen wir nun mi und la als Fixtöne an, so ergibt sich die Folge von *b-mi = h-c-cis-e* und von *e-mi =e-f-fis-a* und Wolfs Darstellung trifft auch hier zu. Annemarie Neubecker zeigt den abwärtsverlaufenden Tetrachord zum chromatischen Geschlecht folgendermaßen:³²¹

Arons Darstellung in dessen Tafel (Abb.1.2) ist indes nicht eindeutig genug. Das chromatische Geschlecht hat also folgenden Vorrat:

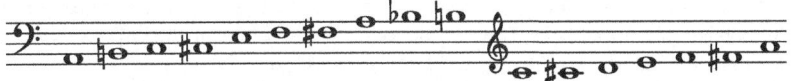

Sind die beiden unteren Schritte zusammen kleiner als der obere Schritt des Tetrachordes, spricht man von einem *Pyknon*.³²² Arons Tafel und ihre Schrittfolgen stimmen leider nicht mit seinen eigenen Aussagen überein, so dass die Tafel unbrauchbar ist. Es soll ein Blick auf die Vorstellungen Vicentinos geworfen werden, die er in seiner *L'Antica Musica Ridotta Alla Moderna*, im Jahre 1555 veröffentlicht hat. Nicht, dass diese einen praktischen Bezug oder gar praktische Bedeutung für die Kunst Palestrinas oder Lassos gehabt hätten, doch um die Geisteswelt der Theorie des 16. Jahrhunderts unter Berufung auf die griechische Antike besser zu verstehen, sollte hierauf kurz eingegangen werden. Schließlich spiegelt sich darin „der Geist der ausgehenden Renaissance, der geprägt ist vom Streben der Künstler

---

[318] Wolf, Handbuch der Notationskunde, S.12.
[319] Wolf, ebd.
[320] Pietro Aron, *Del Genere Chromatico, Cap XI*, in: *Toscanello in Musica*.
[321] Annemarie J. Neubecker, Altgriechische Musik: eine Einführung, Darmstadt 1994, S.100.
[322] Ratte, S.8.

und Rezipienten nach Exklusivität und Raffinement, nach geheimen Formeln und gesteigerten sinnlichen Reizen."[323]

Vicentino betrachtet die Geschlechter vom Tetrachord aus, dessen Quartrahmen er als *Quarta Composta* bezeichnet. Die Teilung des Tetrachordes ist nach ihm im diatonischen Geschlecht:

Tono incomposto, Tono incomposto, Semitono minore.[324]

Also zwei *unzusammengesetzte* Ganztonfolgen und ein kleiner Halbton. Die Vorstellung des kleinen Halbtons deutet wieder auf ein zunächst pythagoräisches System hin. Im chromatischen Geschlecht jedoch teilt Vicentino den Tetrachord in:

Triemitono incomposto, Semitono, Semitono.[325]

„Das chromatische Geschlecht ist süßer als das diatonische und es schreitet zu seiner Quarte durch andere Stufen, da die Diatonik durch Tonus, Tonus und Semitonus – alle unzusammengesetzt – und die Chromatik durch einen Trihemitonus, Semitonus und Semitonus fortschreitet. Wenngleich der Trihemiton aus der Distanz eines Tonus und eines halben zusammengesetzt ist, und das ist seine ganze Entfernung, ist der erwähnte Schritt des Trihemitonus unzusammengesetzt. Der verbleibende zweite Ton ist ein Schritt namens Semitonus, der dritte Schritt ist derselbe Semitonus wie in der Diatonik."[326]

Interessant sind zudem Vicentinos Darstellungen der chromatischen Hand mit aufsteigenden großen Halbtönen, *Dimostratione della mano Cromatica con li semitoni maggiori ascendi*, die weit über Arons Darstellungen hinausgehen und uns bereits den Chromatizismus eines Gesualdo erahnen lassen. Eine ausführliche Darstellung seines chromatischen und enharmonischen Systems würde indes zu weit führen. Jedenfalls sind chromatische Töne im diatonischen Geschlecht für ihn Anleihen aus den beiden anderen Geschlechtern. Hier frei übersetzt:

„Boethius sagt, dass Chromatik nichts anderes meint, als die diatonische Ordnung zu verändern. Als erstes haben wir die Quarte, die das diatonische Geschlecht enthält, indem sie durch einen Tonus, Tonus und einen Semitonus fortschreitet; nun haben wir die Quarte in den Fortschreitungen durch zwei Semitönen und dem Schritt einer kleinen Terz. Boethius nennt es nicht nur wegen der unterschiedlichen Proportionen, sondern auch wegen der veränderten Schritte, umgewandelt von einem Geschlecht in das andere."[327]

---

[323] Manfred Cordes, Niccola Vicentinos Enharmonik, Graz 2007, S.11.

[324] Nicola Vicentino, *Diuisono del genere Diatonico*, in: *L'Antica Musica Ridotta Alla Moderna, Capitolo V.*, Rom 1555.

[325] Ebd.

[326] Nicola Vicentino, *Del Genere Cromatico*, in: *L'Antica Musica Ridotta Alla Moderna, Capitolo Capitolo VI.*: „*Il Cromatico Genere è più dolce del Diatonico, & camina alla sua quarta per diuersi gradi da quello, perche il Diattonico procede per tono, tono, & semitono tutti incomposti, & il Cromatico per uni triemitono, semitono, et semitono, ilqual triemitono è composto della distanza di un tono e mezzo, & tutta questa distanza, ò grado è detto triemitono incomposto, il rimanente del secondo tono è un grado chiamato semitono, il terzo grado è il medesimo semitono del Diattonico.*"

[327] Nicola Vicentino, *Dichiaratione della prattica del Genere Cromatico con l'essemio*, in: *L'Antica Musica Ridotta Alla Moderna, Capitolo Capitolo VII*. Es heißt dort: „*··· Boetio dice, che*

1. MUSIKTHEORIE IN DER RENAISSANCE 59

Abschließend lohnt ein Blick auf die Darstellung Manfred Cordes zum *triemitono incomposto*[328]:

Kleine Terz	Halbton	Halbton
triemitono incomposto	*semitono*	*semitono*
$\frac{9}{8} * \sqrt{\left(\frac{9}{8}\right)}$	$\sqrt{\left(\frac{9}{8}\right)}$	$\frac{256}{243}$
un tono e mezzo	Rest zur pythag. Terz	wie oben [pythag. Halbton][329]

Nach alter griechischer Tradition kommt Aron auch auf das enharmonische Geschlecht zu sprechen (Abbildung 1.3). Vicentino geht auch hier weit über Aron hinaus, er spricht davon, dass dieses Geschlecht noch viel süßer und lieblicher sei als die beiden anderen.[330]

Das enharmonische Geschlecht

Aron verweist auf Aristoxenos, dass Olympos der Entdecker des enharmonischen Geschlechts sei und dass vor ihm keine anderen Geschlechter als das diatonische und chromatische existiert hätten.[331] Als Olympos die Diatonik ausübte, habe er oftmals die Melodie des diatonischen parhypate nach paramese, dann nach mese transportiert.[332] Über die Diatonik hinausgehend habe er die Schönheit und Annehmlichkeit der Modulationen ausgehend von diesem Gesang bemerkt und sich über die konstante *Vereinigung der Vernunft* gewundert, die die Griechen System nannten.[333] Olympos habe sich dazu bekannt und dieses Geschlecht in der dorischen Tonart aufgebaut. Weder habe dieses Geschlecht die Noten berührt oder beeinflusst, die Teil des diatonischen oder chromatischen Geschlechts sind, noch die der Harmonie. Das seien die ersten Erscheinungen der Enharmonik gewesen, wie es von Plutarch in seiner Musik bestätigt wurde.[334] Enharmonik[335] bedeute *passend* und *schön*, da sie – in Übereinstimmung zum besagten Autor – unter den anderen

---

Cromatico, non significa altro, si non quando ri trouerai l'ordine Diatonico esser mosso, & tramutato; onde prima la quarta che conteneua esso Genere, & caminaua per tono, tono, & semitono, hora si muoue per due semitoni, & un grado ti terza minore, & non lo dice Cromatico solamente per le differenze delle proportioni, ma anchora per cagione delli gradi tramutati d'un'ordine di gradi, tramutati in alro ordine ···"

[328] Die Tafel ist zu finden in: Manfred Cordes, Niccola Vicentino, S.18.

[329] Cordes verweist hier auf die vorangegangene Tafel des diatonischen Geschlechts. Anm.d.Verf.

[330] Vgl. Vicentino in Manfred Cordes, Nicola Vicentino, S.18.

[331] Pietro Aron, Del Genere enarmonico, in: *Toscanello in Musica*, lib. secondo, Cap.XII, Venedig 1529.

[332] Vgl. Pietro Aron, ebd.

[333] Vgl. ebd.

[334] Ebd.

[335] Es muss noch einmal betont werden, dass es hier nicht um die explizite Darstellung der altgriechischen Genera geht, sondern um die falsch-verstandene Darstellung griechischer Genera in der Renaissance. Anm.d.Verf.

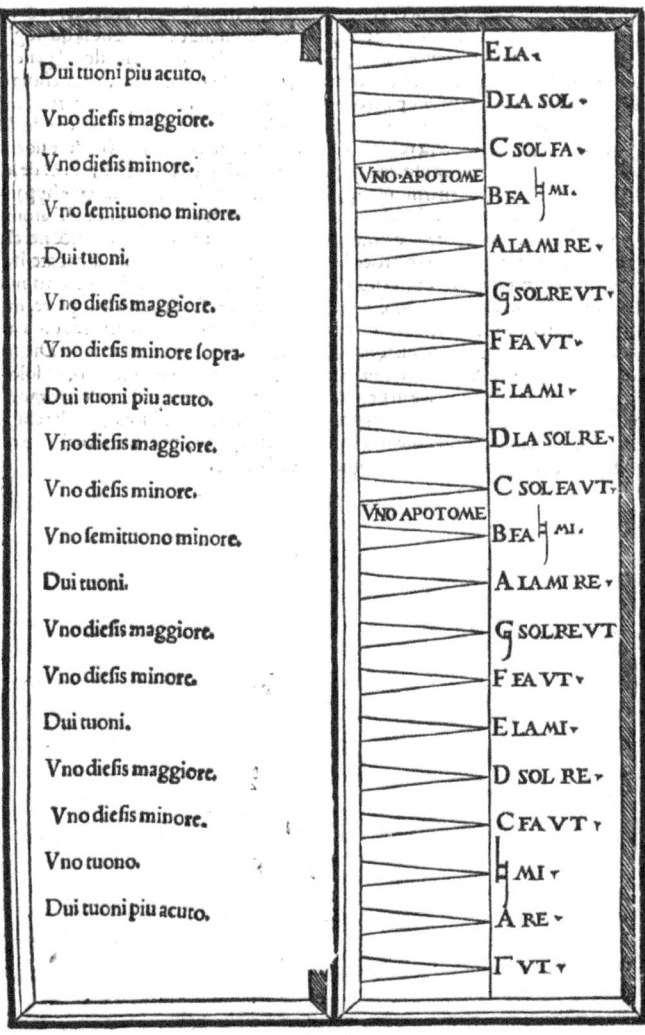

Abb. 3
Pietro Aron, *Toscanello in Musica*, Mit freundlicher Genehmigung der Bayerischen Staatsbibliothek

1. MUSIKTHEORIE IN DER RENAISSANCE 61

Genera in sich selbst die Struktur des Handelns und des Temperaments der Stimme trage. Dieses hätten die Griechen *Hermosmenos* der Intervalle, des Tonsystems und der Veränderungen dieses Systems genannt.[336] Das Wort Hermosmenos steht in der griechischen Musik für das, was musikalisch entsprechend den Gesetzen der Musik klingt.[337] Dieses enharmonische Geschlecht, ohne die Extreme zu verändern, die hypate hypaton und hypate meson sind, unterscheide sich erkennbar vom diatonischen oder chromatischen.[338] Obwohl die Distanz von hypate hypaton (also von ♮ nach parhypate hypaton *C*) im diatonischen wie im chromatischen Geschlecht ein kleiner Semitonus ist, schreitet im enharmonischen Geschlecht diese Folge mit einer Diesis fort.[339]

Sie ist für uns von der akustischen Diesis, die als Verhältnis oder auch als Quotient von einer Oktave und drei großen Terzen als kleine Diesis, und als Quotient von vier kleinen Terzen und der Oktave als große definiert ist, zu unterscheiden.[340] Ratte schreibt, dass bereits Archytas „die Unmöglichkeit bewiesen[341] hätte, dass ein überteiliges Intervall wie die Oktave niemals in zwei oder vier[342] „gleichgroße Tonschritte mit ganzzahligen Verhältnissen"[343] geteilt werden könne.

Die Diesis meint seit Aristoxenos „die weniger als einen kleinen Sekundschritt umfassenden Intervalle."[344] Da wir es bei Aron mit einem strengen pythagoräischen System zu tun haben, meint er wohl, ähnlich wie der Cantor Marchettus von Padua aus dem frühen 14. Jahrhundert, eine Mehrteilung des pythagoräischen Ganztones (9:8). Marchettus teilte diesen in fünf Diesen.[345] Aron erwähnt keine genauen Teilungen. Nimmt man die Diesis als Abtrennung dreier pythagoräischer großer Terzen von der Oktave an, so ergibt sich bei der Rechnung:

$$\frac{1}{1} \cdot \frac{81}{64} \cdot \frac{6561}{4096} \cdot \frac{1}{2} = \frac{531441}{524288}.$$

Die Diesis wäre damit von der Größe des pythagoräischen Kommas. Dieser Ton müsste also zwischen dem *h* und dem *c* liegen.

Vom zweiten zum dritten Intervall sei es der gleiche Schritt, wobei aber in der Diatonik hier ein Tonus folge und in der Chromatik ein großer Semitonus. Von lichanos hypaton nach hypate meson, der dritten und vierten Note, sei im enharmonischen Geschlecht nur die Distanz des Ditonus, im diatonischen ein Tonus und in der Chromatik ein Semiditonus.[346] Von diesen drei Geschlechtern hätten die Alten zwei vernachlässigt, das chromatische und das enharmonische, und nur die Diatonik

---

[336] Vgl. Aron, ebd.
[337] Vgl. Andrew Barker, Greek Musical Writing: Volume I, The Musician and His Art, New York 2004, S.137, Fußnote 46.
[338] Vgl. Aron, ebd.
[339] Vgl. ebd.
[340] Vgl. Meyers Taschenlexikon Musik, hrg. von Hans Heinrich Eggebrecht, Mannheim 1984, S.239.; Vgl. Wolfgang Auhagen, Stimmung und Temperatur, S.1833.; Vgl. Ratte, S.62.
[341] Ratte, Die Temperatur, S.62.
[342] Vgl. Ratte, ebd., S.62.
[343] Ebd.
[344] Meyers Taschenlexikon Musik, hrg. von Hans Heinrich Eggebrecht, Mannheim 1984, S.239.
[345] Vgl. Lindley, Stimmung und Temperatur, S.120.
[346] Vgl. Aron, ebd.

wurde häufig benutzt. Jene hat kein kleineres Intervall als einen kleinen Semitonus. Da aber in der Enharmonik die Diesis das kleinste Intervall ist und weil es so klein sei, könne es nicht so einfach ausgeführt und begriffen werden. Deshalb sei dieses Geschlecht wegen seiner Schwierigkeit nicht in Gebrauch und würde wie das chromatische vernachässigt.

Sehen wir uns Arons Tafel (Abb.1.3.) an, so haben wir erneut Schwierigkeiten, die Schritte korrekt nachzuvollziehen, da die Schrittfolgen, die er im Text darlegt, mit den festgelegten Grenzen der Tafel für Verwirrung sorgen.

Und so übergehen auch wir die differenzierteren Anschluss-Formen wie Synaphe und Diazeuxis. Erwähnenswert ist vielleicht noch, dass die Griechen Zusammenstellungen mehrerer Intervalle *System* nannten und ein solches auch schon bereits aus zwei Vierteltönen gebildet werden konnte, wie Neubecker schreibt. Das war das genannte Pyknon, bestehend aus drei Tönen.[347] Es umfasst in der Chromatik eine kleine Terz mit zwei Halbtönen, in der Enharmonik jedoch eine große Terz und zwei Vierteltöne. Wir lernen anhand der Darstellungen Wolfs, wie sowohl das Tetrachord-Denken von den Renaissance-Theoretikern als auch die Namen der Tonarten übernommen wurden, wobei diese anderen Tonstufen zugeordnet waren. Es sei an dieser Stelle auch auf die Oktavengattungen in Neubeckers Buch verwiesen;[348] doch nun zurück zu Pietro Aron.

Dieser wurde statt Zarlino vor allem deshalb vorgestellt, weil er ein reiner Praktiker war und weniger versucht, die antike Theorie in ihrer ganzen Breite wiederzubeleben und zu erklären oder auf sämtliche Probleme der Stimmungstheorien einzugehen.[349] Zudem wurde Zarlino, der Venezianer war, in Rom kaum rezipiert. Wollte man im Palestrina-Kontext einen Theoretiker heranziehen, der Palestrina zudem namentlich erwähnt, hätte man sich Pietro Pontio widmen müssen, allerdings sollten ja auch die Stimmungsfragen erläutert werden. Aron steht für einen neuen Theoretiker-Typus, der sich mehr der musikalischen Praxis verpflichtet fühlt, weniger der theoretischen Spekulation.[350] Jedoch hat Aron keine musikalischen Beispiele zum enharmonischen Geschlecht verfasst, Nicola Vicentino jedoch sehr wohl, aber leider sind gerade die Werke in jenem Geschlecht, „hergeleitet aus der skalaren Definition der Tetrachorde und Oktavspezies – in VICENTINOS Werk nun für die Mehrstimmigkeit, also für die *moderna prattica* eingerichtet"[351], nicht erhalten. Wir wissen darüber nur aus Briefen und Kritiken.[352] Nach dem Studium des Buchs von Manfred Cordes kann man erkennen, dass tatsächlich auch andere Komponisten aktiv versuchten, sich dieses Geschlecht in der Mehrstimmigkeit nutzbar zu machen und auch eine eigene Notation hierzu suchten. Vicentino teilt, wie gesagt, den Ganz-

---

[347] Vgl. Neubecker, ebd., S.101.

[348] Neubecker, ebd., S.105.

[349] Vgl. MGG Bd.01, Aron, Kassel 1986, S.665.

[350] Vgl. Ratte, Die Temperatur, S.140f.

[351] Cordes, Vicentino, S.15.

[352] Vgl. Ebd, S.14.ff.

1. MUSIKTHEORIE IN DER RENAISSANCE 63

ton in fünf Diesen. Werfen wir auch hier zum Abschluss einen Blick auf Cordes' Darlegungen[353]:

Große Terz	Diesis	Diesis
dittono incomposto	Hälfte d. kl. Halbt.	Hälfte d. kl. Halbt.
$\frac{81}{64}$	$\sqrt{\left(\frac{256}{243}\right)}$	$\sqrt{\left(\frac{256}{243}\right)}$
pythagoräische Terz ($\frac{9}{8}$)		

Wir haben bisher ein strenges pythagoräisches Stimmsystem kennengelernt, dessen Hauptcharakteristiken nach Lang folgende sind: reine Quinten, die zu kleine Wolfsquinte[354] (entweder zwischen E♭ und ♭ oder zwischen H und Fis), „die zu großen großen Terzen und die kleinen diatonischen Halbtöne [sic!] d.h. die scharfen Leittöne."[355]

1.1.7 Die zunehmende Bedeutung der Terz

Lang bemerkt richtigerweise, dass die pythagoräische Stimmung vor allem für eine Musik geeignet ist, „die Terzen und Sexten als Dissonanz einstuft und nicht mit chromatischer Transposition rechnet, kurz gesagt für die Musik des Mittelalters."[356] Doch muss, wie der Autor der vorliegenden Studie erachtet, vielmehr die Frage gestellt werden, ob nicht gerade WEGEN der Stimmung die imperfekten Konsonanzen unvollkommen, geradezu dissonant waren und mit chromatischen Transpositionen kein Staat zu machen war. Lang bemerkt zur Eignung der Stimmung für die Musizierpraxis, dass sie trotz ihrer immanenten Nachteile für die Musizierpraxis und Vokalmusik sogar sehr geeignet ist. Denn verschiedene Wissenschaftler hätten festgestellt, dass „Sänger und Instrumentalisten – natürlich mit Ausnahme von Tasteninstrumentspielern – für gewöhnlich im Vergleich zur gleichstufigen Temperatur Leittöne zu scharf, Ganztöne zu groß, kleine Terzen zu klein und große Terzen zu groß intonieren (vgl. Fricke (1968), Nickerson (1949), Lottermoser/Meyer (1960), bei Ratte S.125f)."[357] Das decke sich mit der Aussage des Girolamo Meis aus dem 16. Jahrhundert[358], „dass Sänger ohne Instrumente pythagoräisch intonieren würden."[359] Ratte bezieht sich selbst wieder auf Fricke, Nickerson und Lottermoser/Meyer und macht auf den Widerspruch zwischen den Forschungs-Ergebnissen, die für die pythagoräische Intonation sprechen und den Forderungen der moder-

---

[353] Ebd.S.18.
[354] Es sei nochmals darauf hingewiesen, dass der Begriff Wolfsquinte im pythagoräischen System historisch falsch, zumindest nicht ganz korrekt ist. Anm.d.Verf.
[355] Lang, Auf Wohlklangswellen, S.48.
[356] Lang, ebd., S.48.
[357] Lang, ebd.
[358] Vgl. Lang, ebd.
[359] Ebd.; Siehe auch Nordmark und Ternström, Intonation preferences for major thirds, Stockholm 1996, S.58.

nen Lehrbücher für Chorleitung, die eine reine Intonation fordern, aufmerksam. Die heutige Intonationspraxis habe wohl „tonpsychologische Ursachen"[360] und gebe „der Neigung nach, aufwärtsstrebende Leittöne bei einstimmiger Musik zu verschärfen. Im mehrstimmigen Satz widerspricht dies jedoch der Forderung nach reiner Intonation [···]."[361] Er macht dafür – „neben der weit verbreiteten Unkenntnis über die Grundprinzipien unseres Tonsystems – die gleichstufige Temperatur, nach der die Ohren der Musiker heute ‚geeicht' sind[362], für diese falschen und widersprüchlichen Aussagen mitverantwortlich."[363] Deshalb werden wir fragen müssen, ob wir die Intonationspraxis nicht kompositorisch dingfest machen können.

Waren bis ins 15. Jahrhundert Stimmpraxis und Stimmtheorie eine unzerstörbare Einheit, so entwickelten sie sich im 16. Jahrhundert auseinander. Theoretiker blieben den alten pythagoräisch orientierten Systemen treu, die praktischen Musiker und Instrumentenbauer (allen voran die Orgelbauer, denn Stimmpraxis wurde nun anhand der Stimmung der Orgelpfeifen gelehrt) jedoch versuchten, „neue Stimmungen und Techniken dieser Stimmungen auf Tasteninstrumenten"[364] zu realisieren. Ratte bezeichnet dies als Neuorientierung in der Musiktheorie.[365]

Lang sieht als Auslösungsfaktor dieser Entwicklung die veränderte Rolle der Terz.[366] Auch hier sollte aber zumindest die wechselseitige Beeinflussung bedacht werden, nicht die ausschließliche, d.h. durch temperierte Stimmsysteme ermöglichte vermehrte Verwendung der Terz. Sie führte jedoch zu veränderten Stimmsystemen. Lang sagt auch, dass wahrscheinlich die bereits „im pythagoräisch-chromatischen System enthaltenen, fast reinen Terzen"[367] sowie „die Beschäftigung mit der antiken Theorie der natürlich-harmonischen Stimmung des Ptolemaios"[368] einen wesentlichen Einfluss auf die Entstehung der reinen Stimmungen hatte. Auhagen schreibt, dass mit der „Einbeziehung des Terzintervalls 5/4"[369] „die Einheitlichkeit der Intervallberechnung, die das pythagoreische System kennzeichnet, gestört"[370] wird.[371] Ratte schreibt:

> „Pythagoreisches Tonsystem und pythagoreische Stimmung am Tasteninstrument bildeten im Mittelalter eine ‚bruchlose Einheit', die Stimmung war die genaue Entsprechung des zugrunde liegenden Tonsystems."[372]

---

[360] Ratte, Die Temperatur, S.126.

[361] Ratte, Die Temperatur, S.126f.

[362] Ratte macht deutlich, dass das Fach Gehörbildung von gleichstufig temperierten Klavieren aus gelehrt wird. Ratte, ebd., S.127, Fußnote 5.

[363] Ebd., S.127.

[364] Lang, Auf Wohlklangswellen, S.52.

[365] Vgl. Ratte, Die Temperatur, S.140.

[366] Vgl. Lang, S.52.

[367] Lang, ebd.

[368] Ebd.

[369] Wolfgang Auhagen, Stimmung und Temperatur, S.1833.

[370] Ebd.

[371] Verweis auf Fricke 1968, Abb. 6, S.48.

[372] Ratte, Die Temperatur, S.149; Verweis auf Carl Dahlhaus, Untersuchungen über die Entstehung der harmonischen Tonalität, Kassel 1968, S.170f.

1. MUSIKTHEORIE IN DER RENAISSANCE

Die vermehrte Terzverwendung mit ihren neuen Stimmungen führt uns stimmpraktisch in ein Dilemma, da es nicht möglich ist, in einem „zwölftönigen chromatischen System"[373] „reine Terzen und reine Quinten gleichzeitig zu verwenden."[374][375] So gibt es nach Lang drei Möglichkeiten der Temperierung von Terz und Quinte:

> „1. Man verzichtet auf die Reinheit eines der beiden Intervalle (z.B. pythagoräische Stimmung).
>
> 2. Man unterteilt die Oktave in mehr als zwölf Stufen.
>
> 3. Man schließt einen Kompromiss und verstimmt bewusst sowohl die Terzen als auch die Quinten, das heißt man verwendet eine temperierte Stimmung."[376]

Dies führt laut Lang in der Renaissance auf Tasteninstrumenten oft zu doppelten oder Obertasten, da bei reinen Terzen stimmtechnisch ein Unterschied zwischen einem *dis* und einem *es* besteht.[377] Die reine Terz hat 386.5 Cent. In der reinen Stimmung Lodovico Foglianos z.B. hat das *es* 315.5 Cent, das *g* 702 Cent, so dass der große Terzschritt 386.5 Cent hat. Sein *dis* hat allerdings 204 Cent, so dass das Intervall *dis-g* mit 498 Cent für uns bereits eine um zwei Cent zu kleine Quarte wäre. Diesen Unterschied haben wir auf unseren heutigen Instrumenten nicht mehr. So führte der Weg von der pythagoräischen über die reinen zu den mitteltönigen Stimmungen. Lang sagt, da „fast alle Musiktheoretiker aus der pythagoräischen Tradition kamen"[378], könne „man den historischen Prozess des Zunehmens der Wichtigkeit der reinen Terzen im 15. Jahrhundert nicht aus musiktheoretischen Werken, sondern nur aus Zeugnissen über die Praxis der Musiker und der Instrumentenbauer ablesen."[379]

Wolfgang Auhagen sieht gemeinsame Merkmale der frühen Stimmsysteme:

> „1. eine kleine Anzahl schwebungsfreier oder annähernd schwebungsfreier Dur- und Mollakkorde; 2. eine große Anzahl von Dur- und Mollakkorden mit reiner Quinte und pythagoreischer Terz bzw. um das Schisma verkleinerter (vergrößerter) pythagoreischer Terz; 3. ein Dur- und ein Mollakkord mit terzkommaverminderter Quinte bzw. um das Schisma erweiterter terzkommaverminderter Quinte. Präferenzen werden also bezüglich der Reinheit der C-Dur nahe verwandten Tonarten gesetzt, zugunsten derer die entfernteren Tonarten deutlich schwebend gestimmt werden. Insbesondere die terzkommaverminderte Quinte schränkt die Klangqualität der entsprechenden Akkorde stark ein[···]."[380]

Lindley sagt zu Arons vorgestellter Stimmung, dass dieser zwar bereits 1516 angedeutet habe, dass „die Temperierung die Wolfsquinte abschaffe"[381], jedoch ließe

---

[373] Lang, Auf Wohlklangswellen, S.52.
[374] Ebd.
[375] Vgl. Ratte, S.149.
[376] Lang, S.52.
[377] Vgl. Ebd.
[378] Lang, S.53.
[379] Ebd.
[380] Auhagen, Stimmung und Temperatur, S.1834.
[381] Lindley, Stimmung und Temperatur, S.138.

der Zusammenhang bezweifeln, ob Aron dabei tatsächlich an eine gleichschwebende Temperatur gedacht habe.[382] „Die fragliche Quinte war H-Fis."[383] Aron habe bemerkt, dass man „das Intervall verbessern könne"[384], indem man „H zu B erniedrigt oder F zu Fis erhöht."[385]

Dies habe Aron zu dem Schluss kommen lassen, dass der „Halbton die Quinte entweder oben oder unten vervollkommnet."[386] Und weiter:

> „Und doch, da der große Halbton, der allein die (Quinte) vervollkommnet, notwendigerweise einen Ort haben darf (d.h. im oberen oder unteren Teil des Ganztons= und da dieser (Ort), wie jedermann sagt, der höhere ist, läßt sich (doch) ersehen, wie und in welchem Verhältnis es geschieht, daß die (Quinte) selbst durch einen Halbton vervollkommnet wird, der im unteren Teil des Ganztons plaziert [sic!]wird."[387]

Dabei habe Aron wohl ganz im Sinne der pythagoräischen Stimmung gedacht und sei anscheinend überrascht gewesen:

> „daß H-Fis, statt mißtönend zu klingen (wie zu erwarten, hätte man diese Stimmung noch bis in seine Zeit verwendet), ebenso gut klang wie das Intervall B-F und die diatonischen Quinten. Er bot zwei einander widersprechende Erklärungen an für dieses Paradox: a),Das Komma ist ··· jedenfalls der kleinste Teil des Ganztons, der möglich ist, (d.h. ein Neuntel ··· Deshalb ist es auf dem Clavichord und ähnlichen Instrumenten zulässig, daß dieses Komma im kleinen Halbton fehlt.···. (Das) verursacht keinerlei Dissonanz'; und b) ,Der andere Grund ist, daß die Töne auf dem Clavichord und auf anderen solchen Instrumenten so temperiert sind durch Fachleute in dieser Kunst, daß sie weder die Terzen noch die Quinten oder Sexten verzerren, und sie nehmen nur ein ganz geringes Etwas weg ··· und beleidigen in keiner Weise das Gehör.' Man sollte nicht glauben, daß ein Theoretiker, der die erste Erklärung bieten konnte, unter den verschiedenen Möglichkeiten der anderen noch zu wählen haben sollte."[388]

Wir halten fest, dass Aron zum Wohlklang der Quinte H-Fis anbot, ein Neuntel des kleinen Halbtons auszulassen, wodurch eine erträglichere Wolfsquinte zustande kommt. Das würde dann bedeuten, sofern der Autor der vorliegenden Studie das richtig gerechnet hat, dass gemäß der Rechnung $\frac{256}{243} - \frac{1}{9} = \frac{229}{243}$ der Halbton in diesem Falle 102,73 Cent betragen müsste. Er wäre damit sogar größer als unser gleichstufiger Halbton mit 100 Cent, kleiner als die Apotome mit 114 Cent aber größer als die Limma mit 90 Cent.

Später habe Aron den „Wolf eindeutig auf das Intervall Gis-Es"[389] verlegt, aber mit der Vermengung von „pythagoreischer Theorie und mitteltöniger Praxis neuerliche Verwirrung"[390] gestiftet, „mit der Annahme, die Differenz zwischen den diatonischen und den chromatischen Halbtönen auf zeitgenössischen Tasteninstrumenten

---

[382] Vgl. ebd.

[383] Ebd.

[384] Ebd.

[385] Ebd.

[386] Ebd.

[387] Pietro Aron, Libri tres de insititutione harmonica, Bologna 1516, fol.42v-43, zitiert nach Mark Lindley, Stimmung und Temperatur, S.138f.

[388] Lindley, Stimmung und Temperatur, S.139.

[389] Lindley, ebd.

[390] Ebd.

1. MUSIKTHEORIE IN DER RENAISSANCE 67

sei das pythagoreische Komma."[391] Aron habe zuvor das Komma als unbedeutende Größe betrachtet, im Jahre 1545 will er es aber sogar hören können.

„Daß es hörbar ist, erkennt man leicht bei den Teilungen des Ganztons auf der Orgel. Wenn man das gründlich untersucht hat, wird man finden, daß (das Intervall) zwischen dem tiefen C und der nächsten Halbtontaste einer größerer Teil (des Ganztons) ist als zwischen dieser Halbtontaste und der nächsten weißen (d.h. D) ⋯ und diese größere Quantität ergibt sich aus nichts anderem als aus der Größe des Kommas."[392]

Mark Lindley beschreibt, wie Aron in Bezug auf sein Stimmungssystem unbestimmt blieb. Aron habe „auf pragmatische Weise"[393] keine klaren Aussagen getätigt, wo die Wolfsquinte platziert werden sollte oder wie z.b. die Qualität der großen Terzen beschaffen sein sollte.[394]

„Er schrieb vor, vielleicht um der Einfachheit willen, daß man von C ausgehend (‚in welcher Stimmung ihnen recht ist') das E ‚klangvoll und rein, d.h. verbunden mit ihrem (größt) möglichen Ausmaß' stimmen sollte; dann aber, nachdem er erklärt hatte, daß jede diatonische Quinte ‚ein wenig knapp' gestimmt werde, nannte er die gesamte Stimmung ‚die Temperierung und die reine und gute Stimmung, wobei durch das Temperieren die Terzen und Sexten gestutzt oder eben vermindert bleiben.' Für Cis empfahl er lediglich: ‚man schlägt das tiefe A an, stimmt es (d.h. Cis) dann, auch mit E, der Quinte, so daß es in der Mitte bleibt und eine große (Terz) (bildet) mit A und eine kleine mit E'.[395] Und Fis solle ähnlich in Bezug auf das D und A gestimmt werden. Diese Unbestimmtheit entspricht dem Umstand, daß Aron niemals über den Pythagoreismus seiner Jugend hinausgeht und der entsprechenden Einstellung (1516), die Temperierung sei ‚ein Geheimmittel aus der tiefsten Kunst: wieweit davon Gebrauch zu machen sei, mögen die beurteilen, die in dieser Kunst erfahren sind.'[396]"[397]

Sehen wir uns Arons Stimmpraxis an. Der Ausgangston ist rot markiert. Für die farbliche Darstellung sei auf das PDF verwiesen. Als erstes stimmen wir c und c' rein.[398]

Die Terz c' und e' stimmen wir ebenfalls rein.[399]

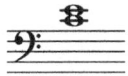

---

[391] Ebd.
[392] Pietro Aron, Lucidario in musica, Venedig 1545, fol.36v-37, zitiert nach Mark Lindley, Stimmung und Temperatur, S.139f.
[393] Lindley, S.139.
[394] Vgl. ebd.
[395] Verweis auf Aron, Toscanello de la musica, Venedig 1523, Buch 2, Kap.41.
[396] Aron Libri tres, de institutione harmonica, Bologna 1516, fol.43; zitiert nach Mark Lindley, Stimmung und Temperatur, S.140.
[397] Mark Lindley, Stimmung und Temperatur, S.140.
[398] Vgl. Lang, S.56.
[399] Vgl. ebd.

Es folgen die Quinten *c-g* und *g-d'*, die etwas kleiner gestimmt werden sollen:

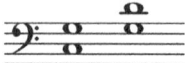

Nun muss das *a* derart gestimmt werden, dass es zum *e'* wie zum *d* hin die gleiche Entfernung hat. Aufgrund dieser Vorgabe wird sowohl die Quinte *d-a* als auch *a-e'* gleichermaßen kleiner als die oben gestimmte reine Quinte *c-g*.[400]

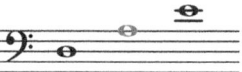

Dann sollen die Quinten *e'*-♮, *c'-f*, die Quarte *f*-♭ und die Quinte ♭-e♭"[401] „minimal zu klein gestimmt werden."[402]

Das *cis* ist (wie oben) nicht genau definiert, soll als große Terz zu *A* und als kleine zu *e* gestimmt werden, *fis* und *gis* sollen zu ihrer jeweiligen großen Unterterz und kleinen Oberterz analog gestimmt werden.

Ratte schreibt, dass Aron einerseits erklärt, dass alle Quinten nicht rein, sondern etwas zu tief sind und nichts über die Einstimmung des Halbtons zwischen *g* und *a* verrate.[403] Er weist auch auf Lindleys Kritik an der Interpretation der Aronschen Stimmung als Muster für die 1/4-Komma-Stimmung hin und kommt zu dem Schluss, dass es Aron weniger um reine oder schwebungsfreie, als vielmehr um „brauchbare" große Terzen ging und begründet dies mit verschiedenen Lesarten der Wörter „sonore & giusta"[404] sowie dem später verwendeten „giusta & buono"[405] im Aronschen Originaltext.[406] Da Arons Stimmkapitel nicht die Einsichten verspricht, die wir zum Verständnis der mitteltönigen Stimmung benötigen, wenden wir uns Lodovico Fogliano zu. Hierbei kommen wir auch auf die Frage zu sprechen, ob die neuen Stimmungen Auswirkungen auf die Intonation gehabt haben könnten.

---

[400] Vgl. ebd.
[401] Vgl. ebd., S.57.
[402] Ebd.
[403] Vgl. Ratte, S.187.
[404] Ratte, S.188.
[405] Ebd.
[406] Vgl. ebd.

1.1.8 Reine und Mitteltönige Stimmungen und mögliche Auswirkungen auf die Intonation.

Es sei zugleich angemerkt, dass die oben gestellte Frage anhand der Quellen nicht eindeutig beantwortet werden kann, wir können uns aber über die Stimmungssysteme einerseits und den späteren harmonischen Analysen andererseits einer Beantwortung der Frage vorsichtig annähern.

Lindley schreibt, dass der Theoretiker Lodovico Fogliano in seiner *Musica theorica* aus dem Jahre 1529 „4:5 als Verhältnis der untemperierten großen Terz"[407] bestätigt habe und stellte dar, wie man dieses in zwei Halbtöne gleicher Größe durch die „Halbierung des Kommas 80:81"[408] teilen könne.[409] Lang sieht in Foglianos System eine radikale Abkehr vom Pythagoräismus der vergangenen Systeme, zumal Fogliano empirisch nach dem Gehör und nicht theoretisch vorgehe.[410] Allerdings entstünden in Foglianos System Probleme:

> „[···]mit vom Reinheitsideal abweichenden Terzen und Quinten. Stimmt man zum Beispiel die Terz B - D rein ein, wird die Terz D - F♯ um das syntonische Komma zu groß. Fogliano löste dieses Problem durch die Einführung von Doppelstufen für die Töne D und B. Da Tasteninstrumente in der Praxis über solche Doppeltasten nicht verfügten, meinte er, dass die Spieler das Komma mit Hilfe des Gehörs teilen würden, zeigte aber auch eine geometrische Methode, um ein Intervall in zwei gleiche Teile zu teilen, nämlich die Konstruktion einer mittleren Proportionalen[···]"[411]

Fogliano weise darauf hin, dass die Instrumentalisten nichts „über das Komma wüßten"[412], denn das sei Sache des Theoretikers.[413] Er erläutere, wie die Imperfektionen von den ausübenden Musikern empirisch gefunden würden:

> „[···] indem sie die Stimmung der Saiten so lange korrigierten, bis alle Konsonanzen, an denen der einzustimmende Ton beteiligt sei, in gleichem Maße an der Imperfektion teilhätten und nicht ein Intervall seinem reinen Wert so nahe käme, daß ein anderes dadurch für das Ohr unerträglich werde."[414]

Zöge man ausschließlich diese Äußerung Foglianos in Betracht, wären demnach die Stimmungssysteme für Sänger bedeutungslos, wenn sie nicht mit einer Orgel musizierten. Fogliano erklärt nach Ratte, dass die „musici speculativi"[415], wie er (Fogliano) die Theoretiker nennt, die „participatio"[416] deshalb „von ihren Betrachtungen ausschließen, weil sie sich nur arithmetischer Mittel bedienen, mit deren Hil-

---

[407] Lindley, S.140.
[408] Ebd.
[409] Vgl. ebd.
[410] Vgl. Lang, S.77.
[411] Ebd., S.77f.
[412] Ratte, S.190.
[413] Vgl. Ratte, ebd.
[414] Ebd.
[415] Ebd.
[416] Ebd.

fe es nicht möglich ist, ein superpartikuläres Intervall (etwa das syntonische Komma 81:80) in zwei gleiche Teile zu teilen."[417]

Da diese Stimmung 1529 veröffentlicht wurde und die Arons bereits 1523, ist es denkbar, dass Palestrina mit jener als erstes in Kontakt gekommen sein könnte, weshalb sie hier ausführlicher dargestellt werden, als z.B. das Stimmungssystem Vicentinos.

Lindley erläutert, dass Fogliano die Erstellung der 1/4-Komma mitteltönigen Stimmung nicht möglich gewesen wäre, wenn nicht im Jahre 1482 eine lateinische Übersetzung der *Elemente* des Euklid erschienen wäre[418], denn mittels dieses Lehrbuchs ließ sich eine Methode ableiten, die Mitte einer Saite zu finden.[419]

Wir sehen uns gleich die reine Stimmung nach Fogliano an. In dieser Darstellung wurden die Tabellen 12 und 13 Klaus Langs kombiniert und in Notenform gebracht. Über den Noten stehen die Monochord-Teilungsverhältnisse, unter den Noten die Centwerte:

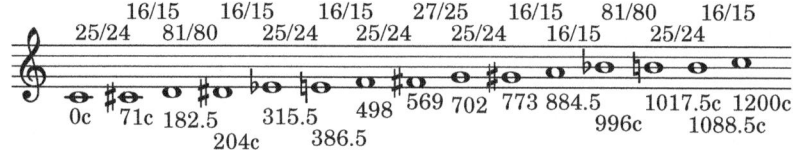

Es fällt sofort auf, dass wir hier zwei differierend große Ganztöne vorfinden: einen im Verhältnis 9:8 mit 204 Cent und einen im Verhältnis 10:9 mit 182 Cent, daneben gibt es vier Halbtöne mit unterschiedlichen Größen, den Halbton 25:24 mit 71 Cent, 135/128 mit 92 Cent, 16/15 mit 112 Cent sowie 27:25 mit 133 Cent.[420] Enharmonische Umdeutungen waren nicht möglich, für einen Halbton musste nach Lang entweder ein ♯ oder ein ♭ gewählt werden, das heißt, bei einer Folge *c-d-es* oder *c-d-dis* musste man die entsprechende Taste bei doppelten Obertasten wählen.[421] Kompliziert wird es bei der Folge der letzten drei Töne *b♭–b♮* und *H*. Von *b♭* nach *H* findet sich der Schritt mit den erwähnten 92 Cent als:

$\frac{25}{24} \cdot \frac{81}{80} = \frac{2025}{1920} = \frac{135}{128}$.

Lindley weist auf den Zusammenhang zwischen den reinen Stimmungen, die durch reine Terzen und reine Quinten charakterisiert sind, und den mittelönigen Stimmungen hin. Wie man im zweiten Fall sieht, ist zwischen Ut und Mi eine reine Terz, alle anderen Töne sind temperiert.

Lang erachtet Zarlino als den wichtigsten Theoretiker der reinen Stimmung, die dieser in seiner *Istitutioni harmoniche* darstellte. Zarlino habe anders als Fogliano versucht, „ein in sich geschlossenes Theoriesystem"[422] zu errichten und den empirischen Ansatzes Foglianos zu verlassen. Im Prinzip sei nach Zarlinos Meinung die

---

[417] Ratte, S.190f.
[418] Vgl. Lindley, Stimmung und Temperatur, S.141.
[419] Vgl. ebd.
[420] Vgl. Lang, ebd., S.78.
[421] Vgl. ebd.
[422] Ebd., S.79.

1. MUSIKTHEORIE IN DER RENAISSANCE

natürliche reine Stimmung nur von der menschlichen Stimme realisierbar, da nur sie dazu fähig sei, „die Mängel der ptolemäischen Stimmung durch flexible Intonation auszugleichen."[423] Dies wird bereits vom Autor der vorliegenden Studie als erstes mögliches Indiz zur reinen Intonation in Chorwerken der Vokalpolyphonie gedeutet. Es wäre immerhin auch denkbar, dass die Orgelbauer durch Erfahrungen mit Sängern zur reinen Stimmung angeregt wurden.

Bereits in seinen *Istitutioni* von 1558 und 1573 habe Zarlino das *Gravicembalo* beschrieben, in dem er die Oktave in neunzehn Teile aufteilt, um die oben beschriebenen drei griechischen Genera ausführen zu können.[424] Lang bedauert, dass von diesem Instrument keine exakten Stimmanweisungen erhalten geblieben sind.[425] In den *Sopplimenti musicali* habe Zarlino eine Stimmung für ein Tasteninstrument mit 16 Stufen pro Oktave beschrieben. Bereits zeitgenössische Theoretiker wie Giovanni Battista Benedetti hätten den gravierenden Mangel dieses theoretischen Systems für die Intonation von Vokalmusik erkannt, da das reine Intonieren sämtlicher Quinten und Terzen zur Folge habe, dass „die Gesamtstimmung eines Stückes ständigen Schwankungen um das syntonische Komma oder dessen Vielfachen unterworfen ist."[426]

> „Singt man zum Beispiel die einfache Wendung d-moll, F-Dur, C-Dur, g-moll, d-moll in reiner Stimmung, so wird der letzte Akkord um 21.5 cents, also das syntonische Komma [sic!] höher sein als der erste. Wird diese Stelle wiederholt, ist das resultierende d-moll um stolze 43 cents höher als der Ausgangsakkord. ··· Singt man die Akkordfolge im Krebs, so fällt die Stimmung entsprechend. Dieses Problem tritt immer dann auf, wenn eine reine große Terz von vier Quint- oder Quartschritten in die Gegenrichtung gefolgt wird. Der Grund dafür liegt darin, dass, wie es die Definition des syntonischen Kommas besagt, vier Quinten um 21.5c größer sind als eine reine Terz. "[427]

Es wird interessant sein, in den Computeranalysen zu prüfen, ob sich dieser Zusammenhang in den Stücken finden läßt, z.B. in der Auslassung dieser Akkordfolgen im Sinne der in diesem Zusammenhang historisch falschen Stufentheorie in Moll als I-III-VII-IV-I als *d-F-C-g-d*, die freilich in dieser Zeit Klangfolgen aus additiv zusammengesetzten Intervall-Schichtungen wären.

Vicentino stellte im 5. Buch seiner 1555 erschienenen *L'antica musica ridotta alla moderna prattica* eine temperierte Stimmung vor, ohne dabei den Weg über Vorschriften zur Stimmung des Monochords zu geben[428]. Dabei übernimmt er vom Theoretiker Marchettus die Faustregel, „daß der Ganzton aus 5 Diesen besteht."[429] Diese Stimmung war für sein „nachmals berühmt"[430] gewordenes vieltöniges Archicembalo gedacht, das 36 Tasten pro Oktave enthielt, wobei Vicentino in seinen

---

[423] Ebd.
[424] Ebd.
[425] Vgl. ebd.
[426] Ebd, S.80.
[427] Ebd.
[428] Vgl. Mark Lindley, Stimmung und Temperatur, S.151.
[429] Ebd.
[430] Ebd.

ersten beiden Stimmungen nur 31 Tasten benutzte, „da er die letzte der sechs Reihen des Instruments beiseite ließ."[431]

> „Anders als Marchettus jedoch teilte er den ‚natürlichen' (d.h. diatonischen) Halbton in drei Diesen, so daß seine Oktave also 31 Diesen enthielt: 25 für fünf Ganztöne der diatonischen Skala plus 6 für die beiden Halbtöne. Auch setzte er das Komma einem 1/10 Ganzton gleich."[432]

Zum Abschluss der Ausführungen zur Stimmpraxis im 16. Jahrhundert kommen wir auf die beiden mitteltönigen Stimmungen, und zwar 1/4-Komma und der 2/7-Komma mitteltönigen Stimmung Zarlinos zu sprechen.

Was ist nun aber der augenfällige Unterschied zwischen der pythagoräischen und der mitteltönigen Stimmung? Schauen wir uns einmal die Darstellung mittels Solmisationssilben Lindleys an. Hier die pythagoräische Stimmung:

„Mi

|1| |1|

Ut I 0 I Sol I 0 I Re I 0 I La I 0 I Mi"[433]

Und hier eine Stimmung, in der die Quinten und kleine Terzen alle um $\frac{1}{4}$ gekürzt sind, um das syntonische Komma, das heißt die Differenz des pythagoräischen Ditonus und der reinen Terz $\left(\frac{9}{8} \cdot \frac{9}{8}\right) : \frac{5}{4} = \frac{81}{80} = 21{,}51$ Cent auf alle Töne zu verteilen:

„Mi

|0| |$\frac{1}{4}$|

Ut I $\frac{1}{4}$ I Sol I $\frac{1}{4}$ I Re I $\frac{1}{4}$ I La I $\frac{1}{4}$ I Mi"[434]

Lindley schreibt, dass Zarlino Fogliano kritisierte, da mit Foglianos Methode zwei Quinten verschiedener Größe

Die 2/7 Komma Stimmung, die Zarlino in den *Istitutioni* von 1558 vorgestellt hat, ist die erste mitteltönige Stimmung. Sie ist aber nicht so bekannt wie die 1/4-Komma-Stimmung. Zarlino schreibt zur Temperierung:

> „Das wird so gemacht, daß jede Quinte um 2/7 Komma kleiner und unrein ist. ··· Die große Terz wird um 1/7 Komma verkleinert. ··· Aber die Teile der großen Terz, (nämlich) der große und der kleine Ganzton, werden auf folgende Weise verändert: dem ersteren wird 4/7 Komma abgezogen und der letztere wird um 3/7 vergrößert."[435]

Das ist die 2/7-Komma mitteltönige Stimmung. Lang meint, dass alle mitteltönige Stimmungen nach reinen Terzen streben und „im Unterschied zur zu kleinen pythagoräischen Wolfsquinte"[436] eine zu große Wolfsquinte zwischen G♯ und E♭ haben.

Sie sieht nach Lindleys Darstellung folgendermaßen aus:

---

[431] Ebd.
[432] Ebd.
[433] Mark Lindley, Stimmung und Temperatur, S.125.
[434] Lindley, ebd.
[435] Zarlino, Istitutioni harmoniche, Venedig 1558, S.126; zitiert nach Lindley, S.158.
[436] Lang, S.64.

1. MUSIKTHEORIE IN DER RENAISSANCE

„Mi $|\frac{1}{7}|$ $|\frac{1}{7}|$
Ut $|\frac{2}{7}|$ Sol $|\frac{2}{7}|$ Re $|\frac{2}{7}|$ La $|\frac{2}{7}|$ Mi"[437]

Der Begriff der Schwebung soll noch kurz erläutert werden: Spielen wir z.b. einen Ton mit 440Hz und einen mit 444Hz gleichzeitig, so können wir diesen Schritt von nur vier Hertz anhand einer veränderten Tonhöhe nicht wahrnehmen. Wir spüren lediglich ein Schwingen, eine periodisch schwankende Lautstärke, die man Schwebung nennt und die sich in diesem Falle viermal pro Sekunde ereignen würde, wobei wir dann aber einen Ton von 442Hz wahrnehmen würden.[438]

Die 2/7-Komma Temperatur mit gerundeten Cent-Zahlen, erstellt nach der Tabelle Klaus Langs[439]:

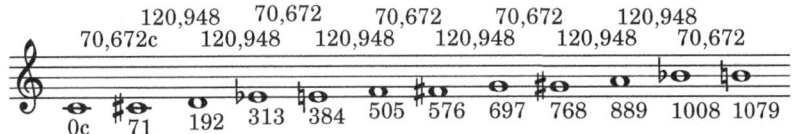

Aus Langs Tabelle ist ersichtlich, dass wir zwei unterschiedlich große Halbtöne haben: einen mit runden 71 Cent und einen mit rund 121 Cent, zwei verschiedene Ganztöne, mit 192 Cent und 242 Cent, zwei verschiedene kleine Terzen mit 313 und 262 Cent, zwei verschieden große Terzen mit 383 und 434 Cent, sowie zwei verschieden große Quinten, die Quinte mit 696 Cent und die zu große Wolfsquinte mit 746 Cent, was sich aus der Addition von kleiner Terz als 312 und großer Terz mit 434 Cent herleiten lässt. Lang sieht sie als eine der wichtigsten Temperaturen im 16. und 17. Jahrhundert an und erklärt dies aus der Häufigkeit, mit der diese Stimmung in anderen Traktaten zitiert wird.[440] Er gibt folgende Schwebungsrelation an:

„Dur: 3T = 2t; 5Q = 4t
Moll: Q = T = t"[441]

Das heißt, dass in Dur die große Terz dreimal pro Sekunde, die kleine Terz zweimal, die Quinte fünfmal und die Quarte viermal schwebt. In Moll-Akkorden jedoch schweben „Quinte, die große und die kleine Terz gleich schnell."[442]

Zarlino stellte in seinen *Dimostrationi harmoniche* von 1571 drei Stimmungen vor[443]: die 1/4-Komma, die 2/7-Komma und auch noch eine 1/3- (syntonisches) Komma mitteltönige Stimmung mit reinen großen Sexten vor, bei der „die Quinten und großen Terzen um 1/3 Komma kleiner als rein temperiert"[444] wurden.

---

[437] Lindley, S.125.
[438] Vgl. Lang, S.21.
[439] Vgl. Lang, S.66.
[440] Vgl. ebd.
[441] Lang, ebd., S.69.
[442] Lang, S.22.
[443] Vgl. Lang, S.66.
[444] Lindley., S.162.

Die 1/3-Komma Stimmung:[445]

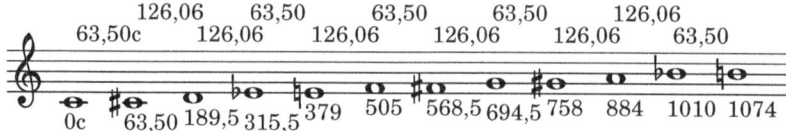

Es gelten folgende Schwebungen: Dur-Akkorde haben drei Schwebungen bei der großen Terz und fünf bei der Quinte. In Moll schweben die Quinte und die große Terz zusammen mit der Quarte zweimal.[446]

„Dur: 3T = 5Q
Moll: 2Q = T = q"[447]

Zum Schluss wenden wir uns noch der 1/4-Komma mitteltönigen Stimmung, die immer noch von vielen als die alleingültige mitteltönige Stimmung angesehen wird, zu.

Zarlino wies daraufhin, dass jene Temperatur „sehr wohlklingend und leicht zu machen"[448] sei.

„Diesen Charakteristika verdankt diese Stimmung, die manchmal als die mitteltönige Stimmung schlechthin bezeichnet wird, wohl ihre große Beliebtheit und Verbreitung im 16. und 17. Jahrhundert. Alle Quinten und kleinen Terzen werden um 1/4-Komma verkleinert, wodurch die acht wichtigsten großen Terzen rein bleiben, die übrigen vier allerdings viel zu groß werden (427c). Im weiteren Verlauf der ‚Dimostrationi harmoniche' widmet sich Zarlino ausschließlich der 1/4-Komma Temperatur, gibt Erläuterungen zu jedem einzelnen Intervall derselben [···]"[449]

Hieraus folgt die Problematik, sich zwischen den Tönen als ♯ oder ♭ zu entscheiden, was auch Folgen für die Komposition hat, da man nicht nach Belieben Dreiklänge errichten kann wie in unserer gleichstufigen Temperatur. Ein Dur-Klang über *e*, bei dem man aber nur ein eingestimmtes *as* vorfindet, kann dann z.B. nicht verwendet werden.

Auf die beliebte Möglichkeit von doppelten Obertasten wurde bereits hingewiesen, die zur 19-Teilung der Oktave führt. Sehen wir uns noch die Cent-Zahlen der 1/4-Komma Stimmung an:

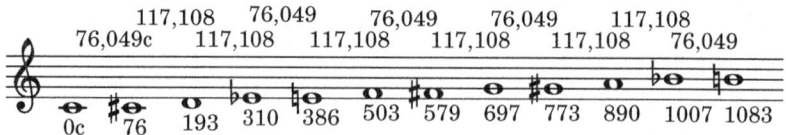

Hier gilt die Schwebungsrelation:

---

[445] Vgl. Lang, S.67.
[446] Vgl. Lang, S.75.
[447] Ebd., S.75.
[448] Ebd., S.67.
[449] Ebd.

1. MUSIKTHEORIE IN DER RENAISSANCE 75

„Dur: 5Q = 2t
Moll: 2Q= t=q"[450]

In der 1/4-Komma-Temperatur „bleiben mit 696,5 C'"[451] die Quinten „um 5,5 C' unter ihrem reinen Wert".[452] „Der durch zwei Quintschritte erzeugte Ganzton (193 C') ist um 1/2 seines Kommas kleiner als der pythagoreische (204 C'), liegt also genau in der Mitte zwischen dem großen (204 C') und kleinen (182 C') Ganzton des Quint-Terz-Systems."[453] Wegen dieser Mitteltönigkeit des Ganztones erhielt diese Temperatur „in England die Bezeichnung ‚Meantone Temperament', die erst gegen Ende des 19. Jahrhunderts von G. Adler als ‚mitteltönige Temperatur' in den deutschen Sprachgebrauch übernommen wurde."[454]

Zarlino entwickelte zudem eine gleichschwebende Temperatur, die aber für unseren behandelten Zeitraum weniger wichtig ist, da man davon ausgehen kann, dass sie keinerlei Einfluss auf die Musik Palestrinas und Lassos gehabt hat. Kein Musiker wäre im 16. und 17. Jahrhundert bereit gewesen, den Preis für diese Stimmung, in der das pythagoräische Komma „gleichmäßig auf alle zwölf Quinten verteilt"[455] wird, so dass man zwölf gleich große Stufen erhält, zu bezahlen. Denn der Preis hätte darin bestanden, dass „Terzen und Sexten größtenteil intermittierend schweben"[456] und große Terzen „ziemlich stark"[457] verschärft sind.[458] Vicentino widmete gar den Bund-Instrumenten, die gleichstufig gestimmt waren, ein eigenes Kapitel, das deren Mängel behandelte.[459] Vicentino sagt in seinem 66. Kapitel:

„Von ihrer Erfindung bis heute wurden die Violen d'arco und Lauten immer mit einer Skaleneinteilung in gleiche Halbtöne gespielt".[460]

Das ist frei übersetzt, es heisst im Original:

„*A'll inuentione delle uiole d'arco, et del liuto fin hora sempre s'ha sonato con la di diuisone de i semitoni pari, et hoggi si suona in infinitissimi luoghi* ..."[461]

Theoretiker des 18. Jahrhunderts argumentierten gegen diese Stimmung, da dadurch die Tonarten ihrer Charakteristik beraubt würden, was sich alleine durch die Cent-Werte bestätigen lässt. Lindley schreibt zu Zarlinos gleichschwebender Stimmung:

---

[450] Lang, ebd., S.70.
[451] Ratte, S.150.
[452] Ebd.
[453] Ebd.
[454] Ratte, S.151.
[455] Lang, S.86.
[456] Lindley, S.126.
[457] Lang, S.87.
[458] Vgl. Lang, ebd.
[459] Vgl. ebd., S.88.
[460] Ebd.; Lang gibt zudem das 65. statt dem 66. Kapitel an.
[461] Nicola Vicentino, *Dichiaratione Sopra li difetti del Liuto, e delle viole d'arco, et altri stromete co simili diuisoni. Capitolo LXVI.*, in: *L'antica musica ridotta alla moderna*, S.147.

> „Zarlino gab in den *Sopplimenti musicali* geometrische Methoden an für eine theoretisch anspruchsvollere (wenn auch akustisch weniger glückliche Form der gleichschwebenden Stimmung. Die in Abb. 20 dargestellte Methode sei, wie er behauptet, von Girolamo Roselli, dem Abt von S. Martino in Sizilien, sehr gelobt worden.[462] Dieser habe ihm einen handschriftlichen Traktat über die Musica sferica gegeben, in welchem prophezeit worden sei: Wenn alle Instrumente gleichermaßen gleichschwebend gestimmt würden, ‚können Sänger, Spieler und Komponisten ⋯ üblicherweise zu spielen oder singen beginnen ⋯ ut re mi fa sol la auf jeder beliebigen der 12 Stufen und ⋯ Sphärenmusik machen' und alle Instrumente können ‚vereinigt werden, und Orgeln würden weder zu hoch noch zu tief gestimmt sein.'[463]"[464]

Wichtiger als die Darstellung dieser Stimmung und eigentlicher Grund des Zitates ist ein aufführungspraktischer Hinweis, der sich in der Diskussion um Zarlinos Stimmungen ereignete: Nach Mark Lindley sind Zarlinos *Sopplimenti musicali* aus dem Jahre 1588 „eine Erwiderung auf einige recht scharfe Ausstellungen an seiner Theorie der vokalen Intonation seitens seines früheren Schülers Vincenzo Galilei."[465] Denn diesem „waren Zweifel an der Lehre Zarlinos gekommen."[466] Zarlino hatte in seinen *Istitutioni* zur vokalen Stimmung behauptet, dass untemperierte Intervalle „besser und angenehmer, und nicht nur angenehmer, sonder auch eher erwünscht"[467] seien, weshalb sich in der Vokalmusik „natürlicherweise um die (Intervalle)"[468] bemüht würde, „die in ihrer endgültigen Form produziert werden."[469] Begreiflicherweise hatte „die Gesangsstimme"[470] „natürlicherweise die Flexibilität, die Höhe der einzelnen Töne (und vermutlich auch der ganzen Musik zu verändern)."[471] Von den von Zarlino so benannten „künstlichen Instrumenten"[472] würde auf die Stimmen ein Anpassungszwang ausgeübt.[473] Das ist selbstverständlich, da man ansonsten nicht mit ihnen gemeinsam musizieren kann.

> „Aber sie stimmen und vereinigen diese beiden Dinge vollkommen miteinander, ganz wie sie wünschen, doch so, daß, wenn sie sich voneinander trennen, die Stimmen zu ihrer Vollkommenheit zurückkehren und die Instrumente in ihrer vorigen Quantität und Qualität bleiben."[474]

Die Zweifel Galileis wurden, wie Lindley berichtet, durch Girolamo Mei ausgelöst, der der Auffassung war („mehr Meinung als Urteil"[475]), dass „die Sänger

---

[462] Verweis auf *Sopplimenti*, S.158.
[463] Verweis auf *Sopplimenti*, S.212.
[464] Lindley, S.175.
[465] Lindley, S.174.
[466] Ebd.
[467] Zarlino, Isitutioni harmoniche, S.135, zitiert nach Lindley, S.160.
[468] Ebd.
[469] Ebd.
[470] Ebd.
[471] Ebd.
[472] Ebd.
[473] Vgl. ebd.
[474] Zarlino, Isitutioni harmoniche, S.135, zitiert nach Lindley, S.160.
[475] Palisca, Letters, S.140; zitiert nach Lindley S.174.

1. MUSIKTHEORIE IN DER RENAISSANCE 77

in pythagoreischer Stimmung singen; Mei hatte Galilei angeregt, der Sache durch Hören und Vergleichen (mit Hilfe der Laute) auf den Grund zu gehen."[476]

In den besagten *Sopplimenti* kam Zarlino auf die Aussagen seiner Theorie zur vokalen Intonation zurück und unterschied[477] nun „zwischen der ‚künstlichen syntonischen Stimmung', die der Aufstellung des Ptolemäus entspreche, und einer von den Sängern benutzten flexiblen ‚natürlichen syntonischen Stimmung' ohne die offenkundigen Mängel der ersteren"[478]. Lindley führt dazu aus, dass Zarlino hier falsch verstanden wurde, da zahlreiche Autoren Zarlinos Darstellung der *Costitutione di Tolomeo* für die Darstellung der „natürlichen Skala[479]"[480] hielten.

Die Frage ist nun, wie wir die Aussagen Zarlinos deuten können. Sind sie ein Beleg dafür, dass die mitteltönigen Stimmungen um 1588 in den Chorgesang Einzug hielten? Sind sie Beschreibungen aus der Beobachtung heraus oder theoretische Spekulationen? Wären das empirische Feststellungen, so müsste untersucht werden, ob sich tatsächlich ein Einfluss der mitteltönigen Stimmungen auf die harmonische Gestaltung nachweisen lässt. Dies wird mit der Software in einer Art Ausschluss-Verfahren getätigt werden, durch das wir anhand der aufgelisteten Klangfolgen sehen können, welche Folgen nicht vorkommen, die in mitteltöniger Stimmung problematisch wären.

Wie wir aber bereits durch alle angeführten Beispiele annehmen dürfen, kann eine harmonische Entwicklung in unserem heutigen Dur-Moll-tonalen Sinne überhaupt erst durch das Temperieren ermöglicht werden!

Fazit:

1. Die pythagoräische Stimmung war im 16. Jahrhundert für den Chorgesang weiterhin gültig und entsprach nach Ansicht der Theoretiker sogar eher den natürlichen Gegebenheiten der menschlichen Stimme.
2. Es kann an dieser Stelle nicht abschließend geklärt werden, ob in den Chören die theoretischen Stimmungssysteme der Renaissance auch in der Praxis breite Verwendung fanden. Dies muss allerdings zwangsläufig Folgen für den harmonischen Verlauf der Werke haben, denn wir haben an dem Beispiele Langs anhand der reinen Stimmung gesehen, dass gewisse Klang-Folgen in gewissen Stimmungen problematisch sein können. Ob diese Frage, die primär Tastenmusik und nicht die Musik der Vokalpolyphonie betrifft, und die nicht die eigentliche Kernfrage dieser Studie war, mittels der Computeranalyse ebenfalls gelöst werden kann, wird zu sehen sein.
3. Stimmungsprobleme haben sowohl Theoretiker als auch Komponisten beschäftigt. Die verwendeten Systeme im 16. Jahrhundert waren die pythagoräische Stimmung sowie reine und später mitteltönigen Stimmungen. Dabei ging es immer um die Problematik der Teilung der Ganztöne, des korrekten Verhältnisses

---

[476] Lindley, S.174.
[477] Vgl. Gioseffo Zarlino, *Sopplimenti musicali, Quarto Libro*, Venedig 1588, S.115-117.
[478] Lindley, S.177.
[479] Hier Abb.1.4
[480] Lindley, S.177.

der großen Terz sowie um die Frage, ob die Kommata pragmatisch nach dem Gehör oder nach theoretisch abgefassten mathematischen Modellen verteilt werden sollen.
4. Der Tonlehre geht die Stimmungslehre voraus. Sämtliche Theoretiker – bis auf wenige Ausnahmen – arbeiten dabei mit Monochordanweisungen.
5. Die Theoretiker der Renaissance handeln bei der praktischen Anweisung, das Monochord zu stimmen, auch die drei alten griechischen Genera ab, so dass die Auffassung Vicentinos berechtigt erscheint, dass chromatische und enharmonische Alterationen[481] *Anleihen* aus diesen alten Ton-Geschlechtern sind. Diese kann man wiederum ohne die Stimmungsproblematik, wenn man in der heutigen gleichstufig-temperierten Stimmung denkt, nicht verstehen.
6. Die Herleitung der Töne in der pythagoräischen chromatischen Stimmung ergibt einen Tonvorrat ohne die Töne *des, dis, fes, ges, as, ais* und kein *ces*.

1.2 Die acht Modi und Kriterien der Bestimmung

In seinem Buch „Alte Tonarten"[482] stellt Meier das Wesen der Modi folgendermaßen vor: er beginnt mit dem Begriff der „finis"[483] und erläutert, dass der gregorianische Choral auf diesen vier Tönen enden kann, weshalb sie „finales"[484] genannt werden.

> „In der Notierung des Chorals erscheinen sie gewöhnlich als die Töne d, e, f und g. Wichtiger als diese Ton*höhe* ist jedoch, besonders für mehrstimmige Musik, ihre Tonqualität, ausgedrückt durch die Solmisationssilben *re, mi fa* und *sol*. Mit Hilfe dieser Silben ist sogleich die Lage der Ganz- und Halbtöne im nächsten Umkreis der Finalis bestimmt, unabhängig davon, mit welchem Tonbuchstaben die Finalis bezeichnet sein mag."[485]

Meier stellt in seinem älteren Buch *Die Tonarten der klassischen Vokalpolyphonie*[486] die Entwicklung der Modi anhand der Unterscheidung zwischen dem kirchlich-abendländischen und dem pseudoklassischen System dar.

Das kirchlich-abendländische System legt sein Augenmerk auf die melodischen Erscheinungsformen der Modi in den alten Chorälen, die besonders durch Psalmformeln um den Reperkussions- oder zum besseren Verständnis Rezitationston herum kreisen. Jeder Modus hat eine ihm eigene Repercussio, die besonders oft wiederholt wird.[487] Davon ausgehend ist es verständlich, wie Meier ausführt, dass der abgrenzbare Tonraum der acht Modi durch „Archetypen melodischer Verläufe"[488]

---

[481] Gleichsam unseren heutigen *Anleihe*-Begriffen aus dem Tonsatzunterricht. Anm.d.Verf.
[482] Bernhard Meier, Alte Tonarten, dargestellt an der Instrumentalmusik des 16. und 17. Jahrhunderts, Kassel 2005, S.15.
[483] Ebd.
[484] Ebd.
[485] Ebd.
[486] Bernhard Meier, Die Tonarten der klassischen Vokalpolyphonie, Utrecht 1974, S.39.ff.
[487] Vgl. Meier, Die Tonarten, S.39.
[488] Meier, Die Tonarten, S.28.

1. MUSIKTHEORIE IN DER RENAISSANCE

entstünde. Sie „existieren zwar nirgends an sich; wirksam aber sind sie als gleichsam physiognomische Grundzüge eines Modus in allen seinen Melodien."[489] In der Gestalt von Merkformeln, die „den ‚Intonationsformeln' des byzantinischen Kirchengesangs"[490] nahestünden, würden sie vorgeführt. Jene Merkmelodien wurden „in der Musiklehre des 16. Jahrhunderts"[491] als Regeln „über die ‚cognitio'" formuliert, die auf dreierlei Art vorkomme:

1. cognitio penes principium: im plagalen Modus einer Melodie steigt diese rasch von der Finalis zur Unterquarte, der authentische Modus werde durch einen rasch aufsteigenden Verlauf von der Finalis zur Oberquinte beschrieben, wenngleich dies „nicht immer von absoluter Gewißheit"[492] sei.
2. cognitio penes medium: hier sei der Modus auf zweierlei Art zu erkennen, durch den Ambitus und den Repercussionston.
3. cognitio penes finem: Diese ergebe sich „aus der Qualität des Schlußtones, ausgedrückt durch seine Solmisationssilbe (re, mi, fa oder sol)."[493]

Die Repercussionen wurden über spezielle melodische Memorierformeln erlernt. Das kirchlich-abendländische System hat sich zur Bestimmung der Modi letztlich als unverzichtbar erwiesen. Die Darstellung ist in Anlehnung an die Zusammenfassung Meiers erstellt worden, dabei wurde statt dem System unterschiedlicher Notenköpfe eine farbige Darstellung gewählt:

Die schwarzen Noten zeigen den Ambitus, die roten Noten zeigen die jeweilige Finalis des Modus, die grünen Noten zeigen die Repercussae und die blauen Noten zeigen die Ambitus-Grenzbereiche, also die Extreme an:[494]

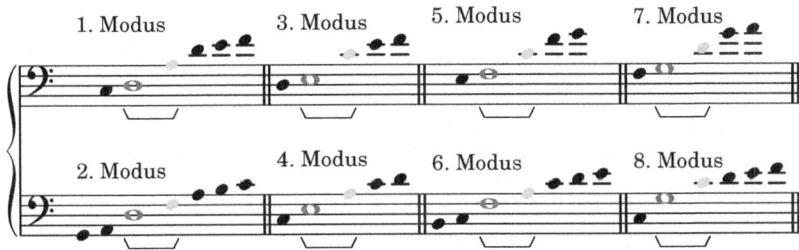

Die pseudoklassische Darstellung der Modi hat sich laut Meier sehr schnell in Italien in Richtung Norden verbreitet, ist aber eine mittelalterlich-neuzeitliche Konstruktion.[495]

---

[489] Ebd.
[490] Ebd.
[491] Ebd.
[492] Ebd., S.29.
[493] Ebd.
[494] Vgl. Meier, Die Tonarten, S.30.
[495] Meier, Die Tonarten, S.33.

80 KAPITEL 2. VORAUSSETZUNGEN UND METHODIK DER STUDIE

„Diese Bestimmung und Darstellung der Modi hat zunächst in Italien seit Marchetus von Padua (Anfang des 14. Jahrhunderts) die Oberhand gewonnen. Größere Verbreitung nördlich der Alpen fand sie seit dem frühen 16. Jahrhundert, zunächst durch die Rezeption der Practica Musicae des Franchinus Gafurius (1496), im besonderen aber durch Glarean, der – außer seiner Lehre von der Zwölfzahl der Modi – auch ihre skalare Bestimmung mit dem ganzen Pathos eines humanistischen ‚Reformators' (dies verstanden im ursprünglichen Sinne des Wortes als Zurückführung zur reinen, ungetrübten Quelle) vertreten und verfochten hat. Auf Grund dieser hier nur eben angedeuteten Entwicklung ist die skalare Definition und Darstellung der Modi heute so bekannt und allgemein verbreitet, daß leicht der Anschein zu entstehen vermag, sie sei auch die ursprüngliche."[496]

Werbeck schreibt allerdings über die Verbreitung im deutschen Sprachraum:

„Während die italienischen Quellen in der ersten Hälfte des 16. Jahrhunderts sich eher in die pseudoklassische Tradition einfügen lassen, dominiert im deutschen Sprachraum die kirchlich-abendländische Moduslehre."[497]

Das pseudoklassische System betrachtet die Modi zunächst als skalare Oktavgattungen, *species diapason*.[498] Wir erinnern uns, das Wort *diapason* ist der ursprüngliche Name für das Intervall der Oktave, und Aron stellt in seinem Werk das Durchlaufen der Oktave in Halb- und Ganztonschritten dar.

Meier betont, dass die pseudoklassische Darstellung wesentliche Merkmale der melodischen Eigenarten der Modi im Melodieverlauf außer Acht lässt, wie z.B. die „typischen Melodiewendungen, welche das kirchlich-abendländische System mit seiner Lehre von den Repercussionen begrifflich"[499] fasse. Damit werde aber ein Merkmal vernachlässigt, das einerseits in den plagalen Melodien „viel deutlicher zutage tritt"[500] und andererseits auf den „strukturellen Zusammenhang von Psalmformel und choralischer Melodik eines jeden Modus schlechthin"[501] verwies. Im nächsten Notenbeispiel sind die sieben *species* enthalten, wie sie bei Aron in seiner *Toscanello in musica* dargestellt sind.[502]

„Vornehmlich der Autorität Glareans hat dieser skalaren Interpretation der Modi in der musikgeschichtlichen Literatur des 19. Jahrhunderts eine geradezu ausschließliche Geltung verschafft. Betonen wir demgegenüber um so nachdrücklicher: Es handelt sich bei der »pseudoklassischen« Definition und Darstellung der Modi um eine »mittelalterliche und neuzeitliche Konstruktion«. Die ausschließlich skalare Definition der Modi wird gerade jenen Grundzügen und Merkmalen, die wir zuvor erwähnten, nicht gerecht: »übertrieben« wird etwa die Bedeutung des jeweiligen Oktav-Ambitus, der im 4. Modus so gut wie niemals durchmessen wird und auch für die übrigen Modi nur eine »Kann«, nicht eine »Muß«-Vorschrift darstellt; unerwähnt bleibt in der »pseudoklassischen« Definition der Modi andererseits die Bedeutung formelhafter Melodiewendungen für einzelne Tonarten [...]; und endlich führt die »pseudoklassische« Definition Darstellung der Modi uns deren

---

[496] Meier, ebd.
[497] Walter Werbeck, Studien zur deutschen Tonartenlehre in der ersten Hälfte des 16. Jahrhunderts, Kassel 1989, S.6.
[498] Vgl.Meier, ebd., S.32.
[499] Meier, ebd., S.34.
[500] Ebd.
[501] Ebd.
[502] Siehe auch Meier, Die Tonarten, S.32.

Tonmaterial in einer »Reinheit« vor Augen, wie sie nicht einmal der gregorianische Choral, geschweige denn die mehrstimmige Musik der Renaissance zeigt."[503]

Aron markiert zunächst den Tetrachord und zeigt dann noch einmal die Quintenspecies, wobei er den gemeinsamen Ton verdoppelt und die Verdoppelung durch einen Taktstrich trennt. Er zeigt zudem über jeden Schritt an, ob es sich um einen Tonus oder einen Semitonus handelt. Da wir aber bereits auf die Unterschiede in den Tetrachorden eingegangen sind, begnügen wir uns der Übersichtlichkeit halber mit einer bloßen Darstellung der Halbtonschritte. Sobald die Tetrachorde einmal durchlaufen wurden, wird die Abfolge in Quinten- plus Quartenspecies geändert, so dass klar wird, dass man es mit einer Wiederholung des Tetrachord-Modells zu tun hat.

Jetzt sollte auch deutlich werden, warum eingangs die pythagoräische Stimmung ausführlicher dargestellt wurde, denn die Tetrachorde werden durch Quintenschichtung gewonnen. Es folgt die bearbeitete *dimostratione del diapason*. Erst nach der Darstellung der Diapason bringt Aron die Tafel zur Diatonik, die wir vorgezogen haben, um zielgerichteter auf die Modi hinzuarbeiten. Nach Judith Debbeler konnte das vom Mittelalter aus der Antike übernommene Tetrachordsystem [504] „zwischen dem Hexachordsystem und der Oktaveinteilung der Diatonik"[505] vermitteln. Sie sagt zudem, dass die zunehmende Bedeutung der Tetrachorde die „Durchsetzung der diatonischen Oktavskala gegenüber der Auffassung der festen Tonsilben der Hexachorde begünstigt haben, so dass das mittelalterliche System schließlich entbehrlich wurde."[506] Hier die Demonstration der Oktave.

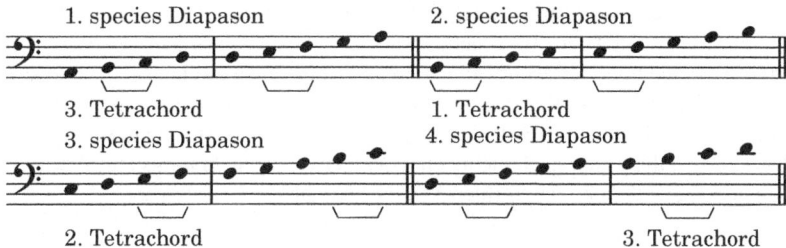

---

[503] Bernhard Meier, Alte Tonarten, dargestellt an der Instrumentalmusik des 16. und 17. Jahrhunderts, Kassel 2005, S.19

[504] Vgl. Judith Debbeler, Harmonie und Perspektive. Die Entstehung des neuzeitlichen abendländischen Kunstmusiksystems, München 2007, S.204f.

[505] Ebd.

[506] Debbeler, Harmonie und Perspektive, S.205.

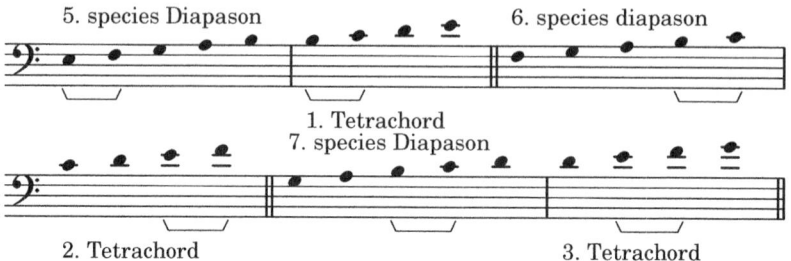

Diese werden anhand der verteilten Halbtonschritte, bzw. der Reihenfolge der Tetrachorde unterschieden. Betrachten wir eine Auflistung der Halbtonschritte, so wird deutlich, dass jede dieser *species* eine ihr eigene, charakteristische Schrittfolge innehat:

1. species Diapason: Halbtonschritt zwischen 2. und 3. sowie 5. und 6. Ton.
2. species Diapason: Halbtonschritt zwischen 1. und 2. sowie 4. und 5. Ton.
3. species Diapason: Halbtonschritt zwischen 3. und 4. sowie 7. und 8. Ton.
4. species Diapason: Halbtonschritt zwischen 2. und 3. sowie 6. und 7. Ton.
5. species Diapason: Halbtonschritt zwischen 1. und 2. sowie 5. und 6. Ton.
6. species Diapason: Halbtonschritt zwischen 4. und 5. sowie 7. und 8. Ton.
7. species Diapason: Halbtonschritt zwischen 3. und 4. sowie 6. und 7. Ton.

Aus sieben Oktavgattungen werden also acht Modi abgleitet.[507] Authenti werden als zusammengesetzt aus Quinte plus Quarte und Plagales als Quarte plus Quinte angesehen. „Jedem Moduspaar ist eine bestimmte Quinten-species, ausgehend von der Finalis als deren tiefstem Tone, gemeinsam."[508] Man kann es auch so sehen: in den Plagales kommt der Tetrachord zuerst, in den Authenti an zweiter Stelle. Die jeweilige Finalis ist rot, die Repercussa wurde von Meier in einer anderen Darstellung in seinem Buch zuvor gezeigt, sie wurde hier ergänzt und ist grün gekennzeichnet. Diese Darstellung sagt noch nichts über den verwendeten Ambitus aus. Auch diese Darstellung ist dem besagten Buch Meiers entlehnt[509]:

---

[507] Vgl. Meier, Die Tonarten der klassischen Vokalpolyphonie, S.33.
[508] Meier, ebd., S.32.
[509] Vgl. Meier, ebd., S.33.

1. MUSIKTHEORIE IN DER RENAISSANCE

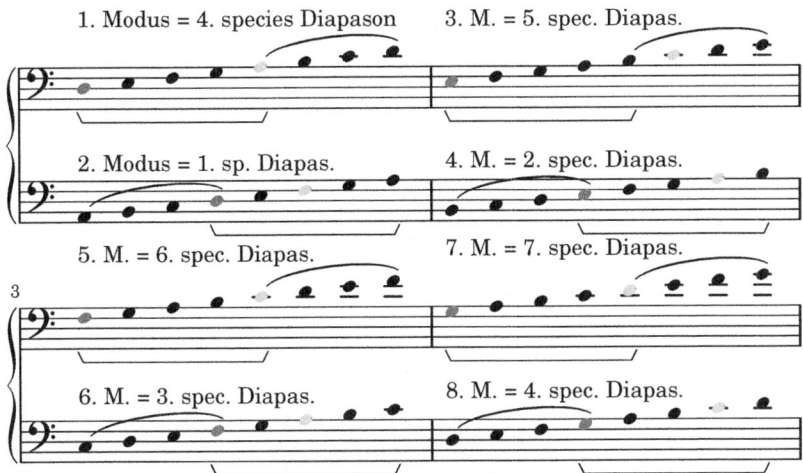

Dies sind die Ambitus-Schemata der acht Modi nach Meier:[510]

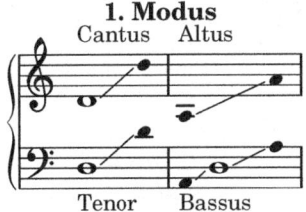

Es sind die Stimmumfänge bei der Disposition *a voce piena*, wie sie Bernhard Meier systematisch aufgelistet hat. Der 2. Modus kommt fast nur in der transponierten Lage, entweder im quintabwärts transponierten System oder in der Transposition einer Oktave aufwärts vor, da er in der Originallage zu tief wäre.[511] Hier der 3. Modus:

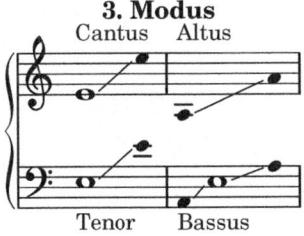

4. Modus:

---

[510] Bernhard Meier, Die Tonarten der klassischen Vokalpolyphonie, S.70-72.
[511] Vgl. Bernhard Meier, Die Tonarten der Vokalpolyphonie, S.70.

4. Modus

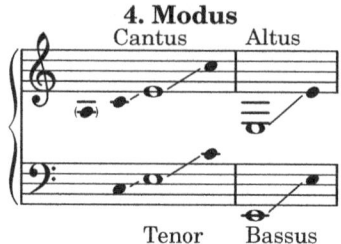

Hier der 5. Modus, der im nicht transponierten System nach traditioneller Art mit b vorgezeichnet erscheint:

5. Modus
(traditioneller Art)

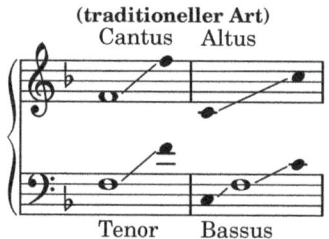

Der 6. Modus:

6. Modus
(traditionelle Art)

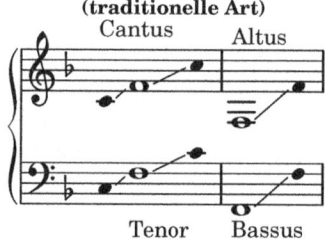

Der 7. Modus:

7. Modus

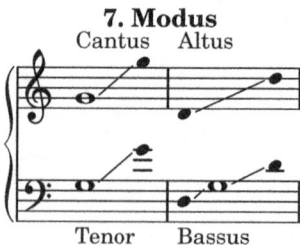

Der 8. Modus:

1. MUSIKTHEORIE IN DER RENAISSANCE

8. Modus

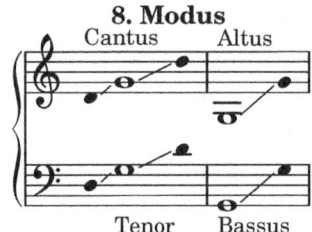

Meier erläutert, dass die Theorie des 16. Jahrhunderts den wesentlichen Unterschied der Modi in der mehrstimmigen Musik zu denen im alten Choral in der Möglichkeit der Transposition sieht, dass aber in der Praxis nur die angeführten Beispiele eine Rolle spielen.[512] Zunächst folgen die Beispiele „per b-molle":

1. Modus transpositus
('per b-molle')

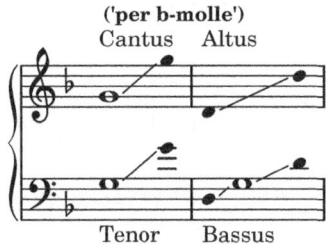

2. Modus transpositus „per b-molle":

2. Modus transpositus
('per b-molle')

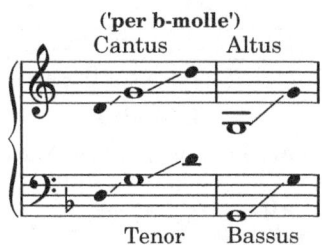

---

[512] Vgl. Meier, Die Tonarten, S.71.

4. Modus transpositus, „per b-molle":

4. Modus transpositus
('per b-molle')

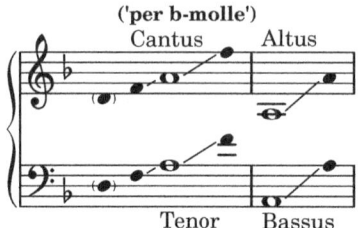

Der 3. Modus transpositus „per b-molle" wird bei Meier nicht aufgeführt, denn der Stimmumfang wäre für den Sopran von a'-a" nach diesem Schema deutlich zu hoch. In der Software ist er aber voreinstellbar. Denn bei einigen Lasso-Motetten war es fraglich, ob sie nicht doch in einem transponierten 3. Modus stehen.

Es werden weitere transponierte Modi vorgestellt. Das ist der 2. Modus in Oktavtransposition, Meier weist auf die Finalis d' im Tenor und die Finalis d" im Sopran hin[513]:

2. Modus in Oktavtransposition

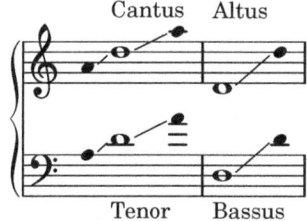

6. Modus
traditioneller Art, um eine Quinte aufwärts transponiert

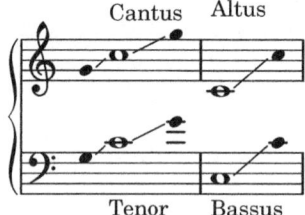

---

[513] Vgl. Meier, ebd., S.72

Nun die Schlüsselkombinationen:

1. Modus per ♮-quadro:

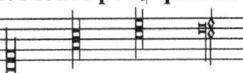

Die nächste Schlüsselung ist laut Meier in der Praxis nicht gebräuchlich:[514]

2. Modus per ♮-quadro:

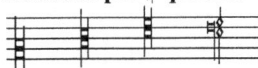

1. Modus per ♭-molle:

2. Modus per ♭-molle:

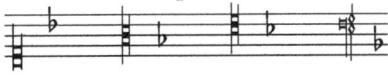

3. Modus:

4. Modus:

5. Modus:

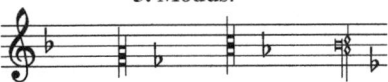

---

[514] Vgl. Meier, ebd., S.73.

6. Modus:

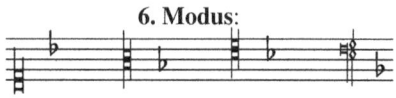

7. Modus:
oder

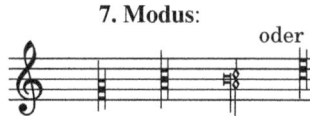

Der 8. Modus hat in der Regel die gleiche Schlüsselung wie der 7.

2. Modus in Oktavtransposition und 6. Modus quintaufwärts:
oder

Und hier noch die Kadenzen, die in einem Modus nach Gallus Dreßler möglich sind und im 9. Kapitel seiner *Praecepta musicae poeticae* abgehandelt werden.[515]

In der Geisteswelt des 16. Jahrhunderts gab es drei Rangfolgen modaler Kadenzen: die gebräuchlichen „principales", die weniger gebräuchlichen „minus principales" sowie die *fremden* oder ungebräuchlichen „peregrinae".[516]

Betrachten wir zum Abschluss die Zusammenfassung der Ausführungen Gallus Dreßlers nach Bernhard Meier an:

„1.) *Modus*: Species d-a, a-d'; Finalis: d; Repercussio: d-a;
clauslae principales: d, a
minus principales: f, e
peregrinae: alle übrigen [...]
2.) *Modus*: Species A-d, d-a; Finalis: d; Repercussio: d-f;
Gewöhnlich erscheint der 2. Modus aber um eine Quarte aufwärts transponiert (Finalis: g-re). Die Angabe der Kadenzen bezieht sich auf diese transponierte Lage.
clausulae principales: g, b, d und d'
minus principales: a-mi
3.) *Modus*: Species e-h, h-e'; Finalis: e; Repercussio: e-c';
clausulae principales: g, a
4.) *Modus*: Species H-e, e-h; Finalis: e; Repercussio: e-a;
clausulae principales: e, a
minus principales: g, c

---

[515] Vgl. Meier, Die Tonarten, S.94.
[516] Vgl. Meier, ebd.

5.) *Modus*: Species f-c', c'-f'; Finalis: f; Repercussio: f-c';
clausulae principales: f, dazu ‚sol in C inferiori et superiori' (c = und c')
minus principales: a
6.) *Modus*: c-f, f-c'; Finalis: f; Repercussio: f-a;
clausulae principales: f, a, c, letzteres ‚inferiori vel superiori loco' (= c und c')
7.) *Modus*: Species g-d', d'-g; Finalis: g; Repercussio: g-d';
clausulae principales: g, dazu ‚sol in D superiori et inferiori'(=d' und d)
minus principales: c'
8.) *Modus*: Species d-g, g-d'; Finalis: g; Repercussio: g-c';
clausulae principales: g, d und d', c'
minus principales werden keine genannt."[517]

Sehen wir uns zusätzlich die für die italienische Musik vielleicht noch gültigeren Darstellungen Arons zur Kadenzbildung an, die er in seiner *Trattato della natura et cognitione di tutti gli tuoni di canto figurato non da altrui piu scritti* aus dem Jahre 1525 vorgestellt hat, und die zur Modusbestimmung vor der Analyse durch die Computersoftware mit herangezogen wurden. Arons Werk verwendet freilich noch acht Modi, die Erweiterungen des Glarean waren noch nicht entwickelt. Die Übersetzung des Kapitels erscheint dem Autor notwendig, da Arons Texte nie ins Deutsche übertragen wurden, aber einen wichtigen Einblick in die Geisteswelt und das musiktheoretische Darstellungssystem eines Renaissance-Theoretikers erlauben.

Kadenzen im ersten und zweiten Tone. Kapitel IX.

Der erste Ton hat vier Orte für die Kadenz, nämlich Lichanos hypaton, Parhypate meson Lichanos meson, das sind D sol re F fa ut G sol re ut und A la mi re. Und so werden sie immer mehr in den oberen Oktaven ohne großen Zweifel in ihrem Gesang dargeboten. Der zweite Ton hat sechs Kadenzen, nämlich Parhypate hypaton, Lichanos hypaton, Parhypate meson, Lichanos meson, Mese ut und einmal Proflanbanomenos. Das sind C fa ut, D sol re, F fa ut, G sol re ut, A la mi re und A re, günstige Orte für den zweiten Ton.[518]

Kadenzen im dritten und vierten Tone. Kapitel X.

Der dritte Ton hat ebenfalls sechs Kadenzen, nämlich Hypate meson Parhypate meson, Lichanos meson, Mese, Paramese und Trite diezeugmenon. Das sind E la mi, F fa ut, G sol re ut, A la mi re, ♮ mi *acuto* und C sol fa ut. Und der vierte Ton hat desgleichen sechs Kadenzen, nämlich Parhypate hypaton, Lichanos hypaton, Hypate meson, Parhypate meson, Lichanos meson und Mese, das sind C fa ut, D sol re, E la mi, F fa ut, G sol re ut und

---

[517] Meier, ebd., S.95f.
[518] Pietro Aron, *Cadenze del primo et secondo Tuono, Cap. IX.* in: *Trattato della natura et cognitione di tutti gli tuoni di canto figurato non da altrui piu scritti*, Venedig 1525. Es heißt dort: „*El primo tuono hara quatro ordinate cadenze cioe Lichanos hypaton Parhypate meson Lichanos mesin et Mese, detti D sol re F fa ut G sol re ut et A la mi re. Et cosi sempre intéderai anchora nelle ottaue di sopra lequali senza altra dubitatione negli tuoi cócenti cosi offeruerai. El secondo tuono hara sei cadéze cioe Parhypate hypaton Lichanos hypaton. Parhypate meson Lichanos meson Mese alcuna uolta Proflanbanomenos, detti C fa ut D sol re F fa ut G sol re ut A la mi re et A re, cóuenienti luoghi al, tuon secondo.*"

A la mir re, diese sind geeignet für den vierten Tone.[519]

Kadenzen im fünften und sechsten Tone. Kapitel XI.

Der fünfte Ton hat allein drei Kadenzen, nämlich Parhypate meson, Mese ut Trite diezeugmenon heissen, das sind F fa ut, A la mi re et C sol fa ut. Aber der sechste hat seiner fünf, nämlich Parhypate hypaton, Lichanos hypaton, Parhypate meson, Mese und Trite diezeugmenon. Das sind C fa ut, D sol re, F fa ut, A la mi re und C sol fa ut, diese Orte sind nicht unstimmig im sechsten Tone.[520]

Kadenzen im siebten und achten Tone. Kapitel XII.

Der siebente Ton hat fünf Kadenzen, nämlich Lichanos meson, Mese, Paramese, Trite diezeugmenon und Paranete diezeugmenon, das sind G sol re ut, A la mi re, ♮ mi *acuto*, C sol fa ut und D la sol re. Der achte Ton hat bloß vier Kadenzen, nämlich Lichanos hypaton, Parhypate meson, Lichanos meson und Trite diezeugmenon, das sind D sol re, F fa ut, G sol re ut und C sol fa ut. Eine günstige Ordnung für den achten Tone und desgleichen sind bei allen anderen oben genannten Modus und (Kadenz-)Ordnungen notwendig.[521]"

Aron bringt im folgenden eine eigene Zusammenfassung der regulären Kadenzierungsmöglichkeiten:

Kadenzen für den ersten Tone.
D *acuto*, F *acuto*, G *acuto* und in A *sopracuto*
Kadenzen für den zweiten Tone.
C *acuto*, D *acuto*, F *acuto*, G *acuto*, A *sopracuto* und in A *acuto*.
Kadenzen für den dritten Tone.
E *acuto*, F *acuto*, G *acuto*, A *sopracuto* ♮ *sopracuto* und C *sopracuto*.
Kadenzen für den vierten Tone.
C *acuto*, D *acuto*, E *acuto*, F *acuto*, G *acuto* und in A *sopracuto*.
Kadenzen für den fünften Tone.
F *acuto*, A *sopracuto*, C *sopracuto*.
Kadenzen für den sechsten Tone.

---

[519] Pietro Aron, *Cadenze del terzo et quarto tuono, Cap. X.* in: *Trattato*, ebd. „*El terzo tuono medisimamente hara sei cadenze cioe Hypate meson Parhypate meson Lichanos meson Mese Paramese et Trite diezeugmenon, detti E la mi Fa fa ut G sol re ut A la mi re ♮ mi acuto et C sol fa ut. El quarto similmente sei cadenze cioe Parhypate hypaton Lichanos hypató Hypate meson Parhypate meson Lichanos meson et Mese, detti C fa ut D sol re E la mir F fa ut G sol re et A la mi re, atte al quarto tuono.*"

[520] Pietro Aron, *Cadenze del quinto et sesto tuono, Cap. XI.* in: *Trattato*, ebd. „*El quinto tuono tre sole cadenze hara cioe Parhypate meson Mese et Trite diezeugmenon, detti F fa ut A la mi re et C sol fa ut. Ma el suo sesto cinque ne hara, cioe Parhypate hypaton Lichanos hypaton Parhypate meson Mese et Trite, diezeugmenon, detti C fa ut D sol re F fa ut A la mir re et C sol fa ut, luoghi non discrepáti al sesto tuono.*"

[521] Pietro Aron, *Cadenze del settimo et ottavo tuono, Cap. XII.* in: *Trattato*, ebd. „*El settimo tuono hara cinque cadenze cioe Lichanos meson Mese Paramese Trite diezeugmenon et Paranete diezeugmenon, detti G sol re ut A la mi re ♮ mi acuto C sol fa ut et D la sol re. er Lottauo tuono solamente ha quattro cadenze cioe Lichanos hypaton Parhypate meson Lichanos meson et Trite diezeugmenó, detti D sol re F fa ut G sol re ut et C sol fa ut, ordine cóueniente al tuono ottauo, et similmente a tutti gli altri di sopra detti tale modo et ordine sara necessario.*

1. MUSIKTHEORIE IN DER RENAISSANCE 91

C *acuto*, D *acuto*, F *acuto*, A *sopracuto* und in C *sopracuto*.
Kadenzen für den siebten Tone.
G *acuto*, A *sopracuto*, ♮ *sopracuto*, C *sopracuto* und in D *sopracuto*.
Kadenzen für den achten Tone.
D *acuto*, F *acuto*, G *acuto* und in C *sopracuto*.

Unregelmäßige Ordnungen im ersten Tone. Kapitel XIII.

Der erste Ton hat die Gestalt der Diapente und der ersten Diatessaron, das sind re la und re sol, so ist es von Nöten, dass der Komponist sich mit den Fortschreitungen und den Harmonien derartiger species und über ihre Gestalten bekannt macht, durch die doch der Gang dankbar und wohlklingend ist. Aber wenn darin mit anderen Tönen fortgeschritten wird, so entstehen immer diese Dystonien, [522] und werden dergleichen in gegenteiligen Kadenzen entgegengebracht, diese sind Hypate meson, Paramese und Trite diezeugmenon, die sich E la mi, ♮ mi *acuto* und C sol fa ut nennen.[523]

Unterschiedliche Ordnung im zweiten Tone. Kapitel XIIII.

Die Gestalt des zweiten Tones wird aus der ersten Diapente und dergleichen Diatessaron erzeugt, nämlich re la und sol re. Es sind daher die Harmonien einiger species nicht bei ihm nicht übereinstimmend, fühlen den distonaten und nicht überinstimmenden Gesang. Also wenn die Kadenzen verschieden sind, sind sie es von denen des ersten Tones, nämlich Hyapte meson, Paramese und Trite diezeugmenon. [524]

Gestalten des ersten und zweiten Tones.

Diskrepante Ordnung im dritten Tone. Kapitel XV.

Die Komposition des dritten Modus kommt aus der zweiten specie der Diapente und Diatessaron, diese werden mi und mi la gerufen. Deshalb, falls man nicht mit seiner natürlichen und genauen Ordnung in Harmonie fortschreiten kann, hat der Gesang keine übereinstimmende Rede, hat er einen dystonaten Prozess. Auf diese Weise werden die folgenden Kadenzen nicht angemessen sein, nämlich Parhypate hypaton und Lichanos hypaton, die C fa

---

[522] Fehlerhafte Spannungszustände, Anm.d.Verf.
[523] Pietro Aron, *Ordine irregulare al primo tuono, Cap. XIII*. in: *Trattato*, ebd. „*Essendo el primo tuono formato del Diapente et Diatessaron primi, detti re la et re sol, e necessario che el compositore aduertica di prcedere mel concento con simili spetie ouera forma, per laquale si sentiranno andamenti grati et consonanti. Ma se con altro modo on questo tuono poederai, nascera sempre la distonara uia, et similmente se le contrarie cadenze offeruerai lequali sono Hypate meson Paramese et Trite diezeugmenon, chiamate E la mi ♮ mi acuto et C sol fa ut.*"
[524] Pietro Aron, *Ordine diverso al secondo tuono, Cap. XIIII*. in: *Trattato*, ebd. „*La forma del secondo tuono é generata dal Diapente similmente et Diatessaron primi cioe re la et sol re. Essendo adunque nel concento detto alcune spetie non conuenienti a lui, si sentira el canto distonato, et non conforme. Cosi se le cadenze contrarie saranno, lequali sono le sopra dette del primo tuono cioe Hypate meson Paramese et Trite diezeugmenon.*"

ut und D sol re gerufen werden.⁵²⁵

Entgegengesetzte Ordnung im vierten Tone. Kapitel XVI.

Der vierte Ton ist ähnlich und zusammengesetzt aus der zweiten Diapente und zweiten Diatessaron, das sind mi mi und la mi. Derjenige, dessen Gestalt verändert ist, macht eine unähnliche und dystonate Harmonie und noch viel mehr, wenn die Kadenzen im Gegenteil folgen, nämlich Paramese, Trite diezeugmenon und Paranete diezeugmenon, das sind ♮ mi *acuto* und C sol fa ut und D la sol re.⁵²⁶

Gestalten des dritten und vierten Tones.

Unähnliche Ordnung des fünften und vierten Tones. Kapitel XVII.

Die übereinstimmende Form des fünften Tones macht sich deutlich sichtbar durch die Anwesenheit der Silben der dritten Diapente und Diatessaron, nämlich durch fa fa und fa. Er ist abwechslungsreich in der Harmonie zusammengesetzt und wird lieblich leicht in seiner natürlichen Fortschreitung, unähnlich und dystonat wiederum in folgenden Kadenzen, nämlich Parhypate hypaton, Lichanos Hypaton, Hypate meson, Paramese und Paranete diezeugmenon, die C fa ut, D sol re, E la mi, G sol re ut, ♮ mi *acuto* und D la sol re.⁵²⁷

Dissonante Ordnung des sechsten Tones. Kapitel XVIII.

Der sechste Ton ist aus der gleichen oben dargestellten specie zusammengesetzt, nämlich fa und fa ut, von der regelrechten Fortschreitung sich verändernd, die im fünften der gegebene Zustand war und umso mehr, wenn folgende Kadenzen verwendet werden, nämlich Hypate meson, Lichanos meson, Paramese und Paranete diezeugmenon, das sind E la mi, G sol re

---

[525] Pietro Aron, *Ordine discrepante al terzo tuono, Cap. XV.* in: *Trattato*, ebd. „*La compositione del terzo tuono nasce dal Diapente et Diatessaron spetie seconde, chiamate mi mi et mi la. Pettanto se nel concento nó si procedera col suo ordine naturale et proprio, el canto nó hara cóueniente discorso, ma distonato processo. Cosi anchora se le cadenze non saranno al proposito come le seguéti cioe Parhypate hypaton et Lichanos hypaton, chiamati C fa ut et D sol re.*"

[526] Pietro Aron, *Ordine contrario al quarto tuono, Cap. XVI.* in: *Trattato*, ebd. „*El quarto tuono similmente é cóposto dal Diapente et Diatessaron secódi, detti mi mi et la mi alquale mutando la sua forma, rendera harmonia dissimile et distonata, Et molto piu se le cadenze saranno contrarie come segulta cioe Paramese Trite diezeugmenon er Paranete diezeugmenon, detti ♮ mi acuto C sol fa ut et D la sol re.*"

[527] Pietro Aron, *Ordine dissimile al quinto tuono, Cap. XVII.* in: *Trattato*, ebd. „*La forma conueniente al quinto tuono chiaro si uede per le presenti syllabe cioe fa fa et ut fa terzo Diapéte et Diatessaron, Laquale cópositione essendo nel concento uaria, el cáro facilmente sara dissimile et distonato dal suo processo naturale, Et questo anchora si userai le sequéti cadéze cioe Parhypate hypatos Lichanos hypaton Hypate me son Lichanos meson Paramese et Paranete diezeugmenon, chiamati C fa ut D sol re E la mi G sol re ut ♮ mi acuto et D la sol re.*"

ut, ♮ mi *acuto* und D la sol re.[528]

Gestalten des fünften und sechsten Tones.

Nicht übereinstimmende Ordnung des siebten Tones. Kapitel XVIIII.

Die Zusammensetzung des siebten Tones wird aus der vierten Diapente, das sind ut sol und der ersten Diatessaron gegeben, das sind re sol, was sowohl die Gestalt als auch die Fortschreitung mit mehreren Dystonationen verändern muss.[529]

Unziemliche Ordnung des achten Tones. Kapitel XX.

Die specie des achten Tones, die tatsächlich mit der Gestalt aus der oben angeführten siebten übereinstimmt, nämlich ut sol und sol re, kann weder den Gesang fortführen noch aus den nicht überinstimmenden oben angeführten hergeleitet werden, umso mehr, wenn die Kadenzen Parhypate hypaton, Hypate meson, Mese Paramese und Paranete diezeugmenon, die C fa ut, E la mi, A la mi re, ♮ mi *acuto* und D la sol re gerufen werden, dies sind Gebote und Anweisungen für Dich damit Du den wahren Modus und seine gegenteiligen Gestalten in allen Tönen erkennen wirst.[530]

Gestalten des siebten und achten Tones.

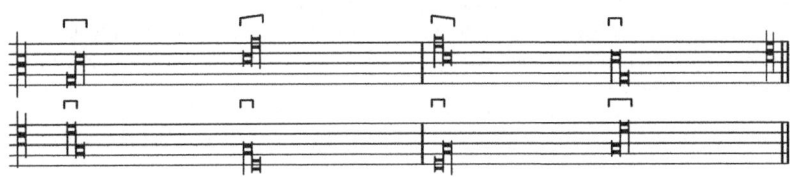

---

[528] Pietro Aron, *Ordine dissonante al sesto tuono*, Cap. XVIII. in: *Trattato*, ebd. „*El sesto tuono da le medesime sopra dette spetie é composto cioe fa fa et fa ut et uariádo el processo ordinario, opera quello che nel qnto é stato detto, Et maggiomente se le seguenti cadenze userai cioe Hypate meson Lichanos meson Paramese et Paranete diezeugmenó, detti E la mi G sol re ut ♮ mi acuto et D la sol re.*"

[529] Pietro Aron, *Ordine non conueniente al settimo tuono*, Cap. XVIIII. in: *Trattato*, ebd. „*La cópositione del settimo tuono nasce dal quarto Diapente detto ut sol et dal Diatessaron primo detto re sol, Laqual forma essendo uariata bisogna che sia el processo có alcune distonationi. Et anchora offeruádo le cadéze cótrarie lequali seguitádo si uedono, cioe Lichanos hypató Hypate mesó et Parhypate mesó, detti D sol re E la mi et F fa ut.*"

[530] Pietro Aron, *Ordine disconvenevole al tuono ottavo*, Cap. XX. in: *Trattato*, ebd. „*Le spetie oueramente forma del tuono ottauo é quella che si cóuiene al settimo superiore detto, cioe ut sol re sol re, laquale nó essendo nel canto cótinuata ne nascerano gli incóuenienti di sopra detti. Et táto piu se le cadenze saráno Parhypate hypaton Hypate meson Mese Paramese et nel Paranete diezeugmenon, chiamati C fa ut E la mi A la mi re ♮ mi acuto et D la sol re, gliquali precetti et demostrationi a te saranno cogniti al ucro modo et cótraria forma a tutti gli tuoni.*"

94 KAPITEL 2. VORAUSSETZUNGEN UND METHODIK DER STUDIE

Halten wir die Kadenzen nach Aron noch einmal fest:
Unter den nicht regulären unterscheidet er zwischen *irregulare, diverso, discrepante, contrario, dissimile, dissonante, non conveniente und disconvenevole*, also *irregulär, unterschiedlich, diskrepant, gegensätzlich* oder *entgegengesetzt, unähnlich, dissonant, nicht übereinstimmend und unziemlich*. In der folgenden Tabelle stehen die Töne wie bei Claude V. Palisca in ihrer modernen Oktavlage[531]:

Kadenzen nach Aron	regulär	andere Formen
1. Modus	d, f, g, a,	*irregulare* e, ♮ und c'
2. Modus	A, c, d, f, g, a	*diverso* e, ♮ und c'
3. Modus	e, f, g, a, ♮ und c'	*discrepante* c und d
4. Modus	c, d, e, f, g und a	*contrario* ♮, c' und d'
5. Modus	f, a, c'	*dissimile* d, e, g, ♮ und d'
6. Modus	c, d, f, a und c'	*dissonante* e, g, ♮ und d'
7. Modus	g, a, ♮, c' und d'	*non conveniente* d, e, f
8. Modus	d, f, g und c'	*disconvenevole* c, e, a, ♮ und d'

Die regulären Ordnungen Arons sind zur Modusbestimmung sehr hilfreich. Zarlino zeichnet ein anderes Bild, bezieht allerdings auch die Glareanschen Erweiterungen mit ein. Ebenfalls divergieren die Darstellungen:

So kann nach Zarlino im 1. Modus im Gegensatz zu Aron auch auf dem d' kadenziert werden. Im 2. Modus lässt er gar nur die Töne a, f, d und A zu. Vergleicht man die drei Darstellungen miteinander, so ergeben sich uneinheitliche Definitionen, die wiederum einigen Spielraum in der Interpretation zulassen.

Im Zweifelsfall hat sich der Autor der vorliegenden Studie immer für das Ambitusschema entschieden. Sehen wir uns einen Vergleich zwischen Aron, Zarlino und Dreßler an:[532]

---

[531] Den Darstellungen Claude V. Paliscas in: Gioseffo Zarlino, On the Modes, Part Four of *Le Istitutioni Harmoniche*, 1558, translated by Vered Cohen, Edited with an Introduction by Claude V. Palisca, New Haven and London 1983, S. xiv, kann nicht vollkommen gefolgt werden, so schreibt er für die *discordanten* Ordnungen im ersten Modus c' und e' und lässt das ♮ außer Acht, obwohl Aron für den 1. und 2. Modus die gleichen irregulären Töne angibt, wie wir oben gesehen haben.

[532] Auch hier ist Paliscas Ausgabe problematisch, er unterscheidet einfach nie zwischen ♮ und ♭, also zwischen b und h, so dass auch hier wie im Falle Arons auf Zarlinos Originaltext zurückgegriffen wurde. Zarlino stellt den siebten Modus allerdings als neunten und den achten als zehnten vor, das liegt daran, dass er durch die Glareanschen Erweiterungen das Ionische als 1. Modus annimmt.

1. MUSIKTHEORIE IN DER RENAISSANCE 95

Modus	Aron	Zarlino	Dreßler
1. Modus	d, f, g, a,	d, f, a und d'	d, a
2. Modus	A, c, d, f, g, a	a, f, d und A	g, ♭, d und d'
3. Modus	e, f, g, a, ♮ und c'	e, g, ♮ und e'	g, a
4. Modus	c, d, e, f, g und a	♮, g, e, ♮	e, a
5. Modus	f, a, c'	f, a, c und f'	f, dazu c und c'
6. Modus	c, d, f, a und c'	c', a, f und c	f, a, c, dazu c und c'
7. Modus	g, a, ♮, c' und d'	g, ♮, d' und g'	g, dazu d' und d
8. Modus	d, f, g und c'	d', ♮, g und d	g, d und d', c'

Wie ersichtlich, divergieren in diesem Punkt die Meinungen der Autoren sehr, so dass man sich entweder einen Mittelweg suchen oder für einen Autor im zeitgenössischen Kontext entscheiden muss.

Sehen wir uns die Intonationsformeln zur Psalmvertonung nach Arons *Toscanello* an[533], da diese uns oft bei der Bestimmung eines Modus wichtige Aufschlüsse bieten können:[534]

Diese Formeln können ebenfalls behilflich sein, den Modus einer Psalmkomposition oder eines Magnificats zu bestimmen.

Zum Schluss des Kapitels sei noch gesagt, dass das pseudoklassische System als vermeintlich wiederentdeckte Antike[535] die melodischen Eigenarten der Modi außer Acht lässt. Die von Meier beschriebenen Intervallgattungen liegen allerdings seiner Darstellungen nach den Imitationsmotiven häufig zugrunde, so wie auch das

---

[533] Aron, *Intonatione di tutti gli tuoni*, in: *Modi di comporre psalmi et magnificat. Cap. XVIII*, in: *Toscanello in musica*.
[534] Es ist derzeit in Lilypond technisch nicht möglich bei einer Brevis-Longa-Ligatur den Hals rechts aufwärts anzuzeigen, wie es bei Aron im vierten Modus bei den letzten beiden Noten im Original steht.
[535] Vgl. Meier, Die Tonarten, S.35.

pseudoklassische System die Begriffe zum Moduswechsel vermittele, weshalb es für uns von Bedeutung ist.[536]

Für die Software PALESTRINIZER war die Definition des quarttransponierten 1. und 2. Modus sowie des oktavtransponierten 2. Modus irrelevant, da die Software nach Oktavlagen nicht differenzieren kann. Deshalb gilt für die quarttransponierten Modi die gleiche Zuweisung wie für den 1. und 2. Modus transpositus und für den oktavtransponierten zweiten Modus die gleiche wie für den untransponierten. Dies scheint vertretbar, wie auch Dahlhaus Recht gegeben werden muss, ob diese Differenzierungen überhaupt noch Sinn ergeben, wenn es um die Erforschung des Klanglichen geht.

Da die Darstellungen vornehmlich aus rein melodischen Phänomenen bestehen und in dieser Studie das klangliche Moment erforscht werden soll, wurde noch nach zeitgenössischen Hinweisen auf Möglichkeiten der Zusammenklänge gesucht, die bei Aron ebenfalls vorhanden waren. Seine Tafel über den Kontrapunkt, die *tauola del contraponto*[537], wurde zum Vorbild unseres Grids (Raster) im Palestrinizer (Abbildung 1.5), die wir uns aber in einem gesonderten Abschnitt ansehen werden.

Um die Tonstufen, über denen die Klänge entstehen, in den Analysen bestimmen zu können, wurden die noch heute benutzten Solmisationssilben wie bei Gárdonyi und Nordhoff[538], die aber nicht explizit wie Bernhard Meier zwischen dem *kirchlich-abendländischen* und dem *pseudoklassischen System* unterscheiden, verwendet. Die Solmisationssilben sind, wie wir sehen konnten, aus dem kirchlich-abendländischen System historisch begründbar.[539] Es ergab sich für uns in den Werken insgesamt folgender Tonvorrat, der aber um die Töne *es* im cantus durus und *as* im cantus mollis ergänzt wurde, denn Gárdonyi und Nordhoff erwähnen das mi-♭ nicht. Sie betrachten den Tonvorrat als 11-Stufigkeit, dabei ist es eine 12-Stufigkeit.

Die 12-Stufigkeit der Vokalpolyphonie

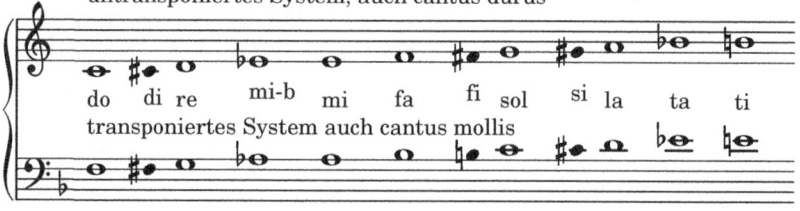

---

[536] Vgl. ebd.

[537] Pietro Aron, tauola del contraponto, in: Toscanello in musica, Libro secondo, Venedig 1539.

[538] Vgl. Gárdonyi und Nordhoff, Harmonik, S.78, 74 und 75.

[539] Die Darstellung entspricht bis auf den Ton *sol* mit der Darstellung Gárdonyis und Nordhoffs in deren Harmonik auf S.75 überein.

1. MUSIKTHEORIE IN DER RENAISSANCE

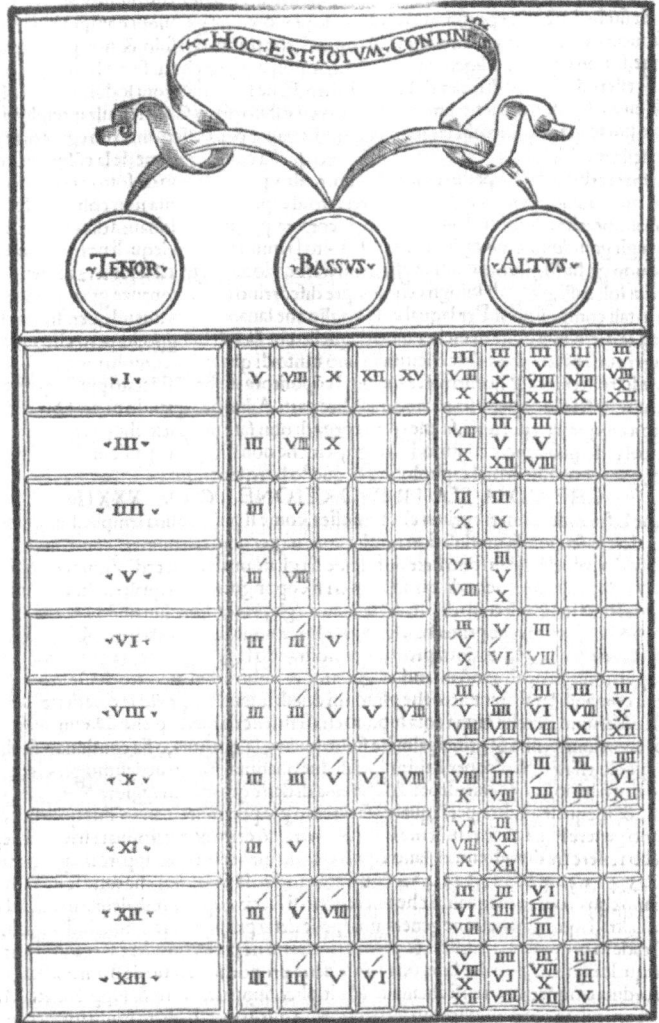

Abb. 4
Pietro Aron, *Toscanello in Musica*, Mit freundlicher Genehmigung der Bayerischen Staatsbibliothek

Diese Silben wurden zur Bestimmung der Stufe verwendet, auf der die Klänge vom Bass aus gesehen entstehen.[540] Dies ist also der lagenunabhängige Tonvorrat, der in den Kompositionen des 16. Jahrhunderts anzutreffen ist. Es war ursprünglich geplant, Arons und Zarlinos ♮ mi zu benutzen. Da dies technisch in der Software jedoch nicht möglich war, wurde die oben angezeigte Terminologie gewählt. Zwischen ♮ mi und ♭ fa zu unterscheiden, hätte die Übersichtlichkeit beeinträchtigt, deshalb entschied sich der Verfasser dieser Studie für ta und ti als Silben für die Stufen *b-h*. Denkbar gewesen wäre auch *b*-mi oder *b*-fa, was aber jedesmal vier Zeichen benötigt hätte und somit auf Kosten der Lesbarkeit im Raster gegangen wäre.

1.3 Der Dreiklangsbegriff und der Affektgehalt der Modi

Da diese Untersuchung auf die Analyse der Klanglichkeit der Musik Ende des 16. Jahrhunderts ausgelegt ist, ist es wichtig, sich die wesentlichen Unterschiede des modalen Klangempfindens zum späteren Dur-Moll-Empfinden ein letztes Mal in Erinnerung zu rufen. Da wir aber in einer Epoche angelangt sind, die sozusagen die Geburtsstätte dieses Keimes der Empfindung sein könnte, gilt es, sich mit der Entstehung, der Vorgeschichte der Dur-Moll-Tonalität vor dem modalen Hintergrund auseinanderzusetzen. Bevor wir auf die Klangbildungen an sich eingehen, seien zunächst die musiktheoretischen Grundlagen des 16. Jahrhunderts anhand eines Aufsatzes von Bernhard Meier kurz skizziert.

In seinem Aufsatz „AUF DER GRENZE VON MODALEM UND DUR-MOLL-TONALEM SYSTEM" beschreibt Bernhard Meier das allmähliche Aufkommen von Dur- und Moll-Klängen und geht auf die Entstehung des „Dreiklangsbegriffes"[541] ein. Zugleich betont er unzweideutig, dass diese Entwicklung vor dem „Hintergrund"[542] des „etablierten"[543] Systems der tonartlichen „Ordnung sowohl der vokalen als auch der instrumentalen Musik"[544] gesehen werden müsse, nämlich „vor dem System der *Modi*."[545] Hierbei bekräftigt er (was die Kritik Briegers wieder haltlos macht), dass die Modi, „unterteilt in Authenti und Plagales und wesensgleich für ‚beide Arten von Musik' (Choral und Mehrstimmigkeit), stets als Gebilde *melodischer Art*"[546] definiert erscheinen und dass diese dabei „nicht nur als rein-musikalische Regulative, sondern auch als Träger *bestimmter Affekte*"[547] dienen. Meier sagt auch, dass diese Charakterisierungen nicht auf die anwesenden Dur- und Moll-Klänge zurückzuführen sind, sondern auf den „Charakter des Modus, als

---

[540] Die Bass-Orientierung wurde deshalb gewählt, weil untersucht werden soll, ob sich sozusagen der Generalbass hinter den Kulissen ankündigt. Anm.d.Verf.

[541] Bernhard Meier, AUF DER GRENZE VON MODALEM UND DUR-MOLL-TONALEM SYSTEM, in: Basler Jahrbuch für historische Musikpraxis 16, Winterthur 1992, S.53.

[542] Ebd.

[543] Vgl.ebd.

[544] Ebd.

[545] Ebd.

[546] Ebd.

[547] Ebd., S.54.

1. MUSIKTHEORIE IN DER RENAISSANCE

eines authentischen oder eines plagalen, also auf Unterschieden der Melodiebewegung."[548] Auch hier betont Meier wieder, dass die Modi ein melodisches Phänomen sind.

„Unter diesem Gesichtspunkt betrachtet, erscheint es durchaus ‚logisch', daß – etwas vereinfacht ausgedrückt – die Authenti die Affektlage ‚heiter bis mittel', die Plagales hingegen die Affektlage ‚mittel bis traurig' auszudrücken vermögen. So klingen etwa viele Huldigungsmotetten des 16. Jahrhunderts, scheinbar im Widerspruch zum Text, für uns ‚mollartig'; tatsächlich stehen sie aber im 1. Modus, einer von alters her als gravitätisch-feierlich geltenden Tonart."[549]

Meier erklärt im weiteren Verlauf, dass viele Werke, die uns als ein F-Dur erscheinen, die aber traurige Texte haben, eigentlich im 6. Modus nach traditioneller Zählung stehen. Diese Tonart werde auch für „die Lamentationen der Karwochen-Liturgie verwendet."[550] Er gibt als Beispiel eines traurigen Liedes, das uns heute in F-Dur zu stehen scheint, aber mit traurigem Text tatsächlich im 6. Modus steht, Heinrich Isaacs *Innsbruck, ich muss Dich lassen* an. Auch für den Lassos-Schüler Leonhard Lechner seien die „Affekt-Charaktere der Modi weithin noch von Belang"[551] gewesen. Meier erläutert, dass die Lasso-Bicinien aus didaktischem Zweck heraus entstanden waren und als komponierter „Zyklus der traditionellen Modi 1-8"[552] mit dem „Affekt des Textes und des Modus"[553] jeweils weitgehend übereinstimmen.

Johanna Japs schränkt allerdings ein, dass die Aussagen der Theoretiker „von stark widersprüchlichem Charakter"[554] seien, dass aber Palestrina der Natur eines Modus „eine Bedeutung"[555] beigemessen habe. Meier weist in seinem Buch „Die Tonarten der klassischen Vokalpolyphonie" darauf hin, dass die Diskussion um den Affektgehalt der Modi bereits im 16. Jahrhundert kontrovers geführt wurde.[556] Auch seien Zweifel laut geworden, ob der Modus per se beim Hörer Affekte erregen könne.[557] Meier weist in diesem Buch zuvor schlüssig nach, wie die Modi im Verhältnis zu Wort-Ausdeutungen, die er „Wort-Bereiche"[558] nennt, verwendet werden.

Grundsätzlich gelten „die Authenti als heiter, kriegerisch oder auch würdevoll; die Plagales hingegen als traurig, flehentlich oder lieblich."[559] Die Authenti repräsentieren also „mehr die ‚positiven', die Plagales mehr die ‚negativen' Affektlagen, wobei in ‚mittleren' Bereichen Überschneidungen stets möglich sind: so z.B., wenn

---

[548] Ebd., S.54.
[549] Ebd.
[550] Ebd.
[551] Ebd.
[552] Meier, Auf der Grenze, ebd.
[553] Ebd.
[554] Johanna Japs, Die Madrigale von Giovanni Pierluigi da Palestrina, Augsburg 2007, 266.
[555] Ebd.
[556] Vgl. Meier, Die Tonarten, S.369.
[557] Vgl. ebd.
[558] Meier, ebd., S.340.
[559] Meier, Die Tonarten, S.370.

der 1. Modus als gravitätisch ernst, der 8. Modus als heiter – wohlgemerkt jedoch: ohne ‚lascivia' – angesehen wird."[560]
Johanna Japs hat in ihrer Untersuchung über die Madrigale Palestrinas versucht, eine Aufstellung der widersprüchlichen Modi-Charaktere zu geben, die sich allerdings nur auf die Madrigale beschränkten. Da sie sich auch auf Meier bezieht, wird nun versucht, eine Zusammenfassung der Meierschen und Japsschen Forschungsergebnisse darzustellen:

1. Modus: „gravitätisch ernst,"[561] Ruhm[562], Herrschaft[563], Huldigung[564], nach Johanna Japs „Ambivalenter Charakter"[565], einerseits in der Transposition auf gere „als Ausdruck von Sehnsucht und Hoffnung"[566] verwendet, andererseits zwischen Realität und Imagination."[567]
2. Modus: Untransponiert „Schönheit, Helligkeit"[568] und „positive(r) Erwartung"[569], transponiert nach b-molle auch „Bedeutungshorizont von zugefügtem Leid oder Schaden"[570]. Laut Meier benennen die Theoretiker ihn zunächst als „traurig", wenn dieser jedoch in Werken mit heiterem Charakter benutzt werde, so bringe Vecchi in den *Mostra delli Tuoni* folgendes Bild: „Ein jeder wisse, daß die schwarze Farbe an sich ‚düster und traurig' sei; erscheine die schwarze Farbe jedoch mit Schmuck und Stickerei verziert, dann biete auch sie einen ‚heiteren und frohen Anblick'."[571]
3. Modus: beim 3. Modus ist die Situation eindeutiger: er steht ganz klar für die Inhalte von „Tod, Trauer, Klage und Schmerz, sowohl in Grundgestalt als auch in der Transposition"[572]. Als 3. Modus ist er per se Symbol der Trinität. Laut Meier erscheint er auch dort, wo „Mariae Heiligkeit, Demut, Lieblichkeit und Keuschheit gerühmt werden."[573]
4. Modus: Dieser unterscheidet sich nur wenig von seinem authentischen Bruder. Er wird laut Meier gerne für Miserere-Vertonungen gewählt. Laut Japs verwendet Palestrina ihn für Texte „mit einem Grundtenor von Dunkelheit, Nacht, Schmerz und Tränen."[574]

---

[560] Meier, ebd.
[561] Meier, ebd.
[562] Vgl. Meier, S.380.
[563] Vgl. Meier, ebd.
[564] Ebd.
[565] Vgl. Japs, Die Madrigale, S.266.
[566] Japs, ebd.
[567] Japs, ebd.
[568] Japs, ebd.
[569] Japs, ebd.
[570] Japs, ebd.
[571] Meier, ebd., S.372.
[572] Japs, Die Madrigale, S.267.
[573] Meier, ebd., S.376.
[574] Japs, ebd.

5. Modus: Laut Japs lässt dieser in den Madrigalen Palestrinas keine übergeordnete Bedeutung zu. Aber Meier zufolge steht er für Lobpreis und wird mit Texten in Verbindung gebracht, die Begriffe wie Triumph und Krönung enthalten. Er sagt aber auch, dass ihm keine eindeutigen, einheitlichen Affekte zugeschrieben werden können, da er eine Ausdrucksskala von „schmerzlicher Erregung" bis zu „Hoffnung", „Jubel", „Huldigung" und „Lob" aufweist.[575]
6. Modus: Nach Meier steht er für Bedrängnis, Schmerz, Abschied, Tod, Hoffnung aus Verzweiflung heraus[576], laut Japs werde er zwar von Theoretikern als „*triste* oder *deprecativo*" bezeichnet, Palestrina verwende ihn in den Madrigalen allerdings „bei Textvorlagen mit eindeutig positiver Stimmung"[577].
7. Modus: Traditionell heiter und „ausgelassen"[578], in „Huldigungswerken seltener als der 1. und der 5. Modus"[579], theoretisch könnte er auch für Inhalte wie „Schmähung" oder „Empörung" oder das „Schelten" benutzt werden.[580] Japs schreibt, dass Palestrina ihn für Texbedeutungen wie „Freude", „Glück" und auch „Ergebenheit" in seinen Madrigalen verwende.[581]
8. Modus: Auch dieser Modus gilt als „heiter". Palestrina setzt nach Japs diesen Modus in seinen Madrigalen nur selten ein. Die Beschreibungen der Theoretiker reichten allerdings von „fröhlich" bis „lieblich", „sanft" und „süß". Von einer gezielten Verwendung könne aufgrund des geringen Repertoires in den Madrigalen bei Palestrina keine Rede sein.[582]

Peter Ackermann ordnet die Modi in seinem Buch „Studien zur Gattungsgeschichte und Typologie der römischen Motette im Zeitalter Palestrinas" anhand der Textinhalte und der verwendeten Modi von Madrigalen und Offertorien folgendermaßen:

1. Modus, 1. Modus (4tr.)[583], 2. Modus, 2. Modus (4tr.), 2. Modus (8tr.), 4. Modus (4tr.), 5. Modus und 7. Modus: „Bittgesänge – Anrufungen Gottes, Jesu Christi oder der Heiligen mit der Bitte um Schutz, um Gottes Segen, um das Seelenheil, um Sündenvergebung"[584]

2. Modus (4tr.), 3. Modus und 7. Modus: „Trauer, Schmerz, Klage".[585].

Ackermann verweist darauf, dass der 7. Modus ja eigentlich als heiterer Modus gilt, weshalb sein Vorkommen in diesem Zusammenhang umso erstaunlicher ist.[586]

---

[575] Vgl. Meier, ebd., S.377.
[576] Vgl. Ebd., S.378.
[577] Japs, ebd.
[578] Meier, ebd., S.381
[579] Ebd.
[580] Vgl.Meier, ebd.
[581] Vgl. Japs. ebd., S.268.
[582] Vgl. Japs, ebd.
[583] Das bedeutet, um eine Quarte aufwärts transponiert.
[584] Peter Ackermann, Studien zur Gattungsgeschichte, S.247.
[585] Vgl. Ackermann, ebd., S.249.
[586] Vgl. ebd.

102 KAPITEL 2. VORAUSSETZUNGEN UND METHODIK DER STUDIE

Ebenso verwende Palestrina jene Affektinhalte betont erst in seinen späteren Motettenbüchern.[587]

6. Modus und 6. Modus(5tr.): „Sehnsucht nach Gott und dem Erlöser".[588]

„Motetten über Texte aus diesem Bedeutungsfeld, das gleichfalls quantitativ von geringerer Bedeutung ist, stehen vornehmlich im plagalen Modus der Finalis f."[589]

1. Modus (4tr.), 2. Modus (4tr.), 3. Modus (4tr.): Gottvertrauen.[590]
4. Modus (4tr.) und 4. Modus (8tr.): „Gott der Allmächtige; Christus als König".[591]

„Die Allmacht Gottes sowie das Königtum Christi sind als zentrale Aussagen in einigen der Offertorien Palestrinas den ansonsten recht selten anzutreffenden Transpositionen des 4. Modus per quartam und octavam vorbehalten."[592]

2. Modus (4tr.): „Verheißung des ewigen Lebens".[593]

„Der quarttransponierte 2. Modus, eine – wie sich bereits zeigte – auf vielfältigen Bedeutungsebenen eingesetzte Tonart, ist auch in diesem Bereich dominierend vertreten."[594]

1. Modus (4tr.), 2. Modus (8tr.), 6. Modus, 6. Modus (5tr.), 7. Modus und 8. Modus: „Heilsverkündigung; das Kommen des Erlösers; die frohe Botschaft".[595]

Ackermann weist auf die „recht unspezifische Verteilung auf traditionell sehr unterschiedlich interpretierte Tonarten"[596] hin. Es ist berechtigt zu fragen, ob bei einer solchen Verteilung die modale Affektzuordnung überhaupt noch zutrifft, was wieder für Dahlhaus spräche.

1. Modus, 1. Modus (4tr.), 2. Modus (8tr.), 3. Modus, 5. Modus, 6. Modus, 7. Modus und 8. Modus: „Lobpreis und Dank".[597]

Hier scheint zunächst die Fülle zu überraschen und modale Affektcharakteristik sogar abwegig zu sein. Jedoch macht Ackermann auf ein charakteristisches Merkmal aufmerksam:

„Lob und Dank finden in noch größerer modaler Vielfalt ihren Ausdruck. Auf nahezu alle Modi verteilt, bleibt als einziges charakteristisches Merkmal festzuhalten, daß – aller Zahlensymbolik zum Trotz – vorzugsweise im 5. Modus das Lob der Dreifaltigkeit besungen wird."[598]

---

[587] Vgl. ebd.
[588] Ebd.
[589] Ackermann, Studien, S.249.
[590] Vgl. Ackermann, Studien, S.250.
[591] Vgl. ebd.
[592] Ebd.
[593] Ebd., S.251.
[594] Ebd.
[595] Ebd.
[596] Ebd.
[597] Ebd., S.252.
[598] Ebd., S.252.

1. MUSIKTHEORIE IN DER RENAISSANCE 103

2. Modus (4tr.), 2. Modus (8tr.), 5. Modus, 7. Modus, 8. Modus: „Texte hymnischen, lobpreisenden Charakters zu einem Heiligenfest".[599]
Hier bleibt nur festzuhalten, dass diese Motetten in den traditionell „eher freudigen Affekten zugeordneten hochtransponierten hypodorischen Tonarten (Quarte, bzw. Oktave) sowie in den Modi 5, 7 und 8)"[600] stehen.
2. Modus (8tr.), 3. Modus, 5. Modus und 7. Modus: „Zeugnis ablegen für den Glauben; Bekenntnis zum Neuen Bund; Martyrium"[601]
Ackermann weist auf die starke Bevorzugung des 7. Modus zu diesen Inhalten in den Werken Palestrinas hin.[602] Wie ist diese Bedeutungsvielfalt zu erklären?
Vecchi betont, dass jeder Modus im Affekt verändert werden kann.[603] Mittel, um den Modus im Ausdruck zu verändern, sind laut Meier die eingangs dargestellten Dur- und Moll-Klänge sowie „die Verwendung betont rascher oder langsamer Bewegung."[604] Somit verwundert es nicht, dass Modi, die andere Affektgehalte besitzen, für die Darstellung anderer Affektgehalte durch außermodale Mittel *zurechtgebogen* werden können.

Der nächste zitierte Abschnitt zeigt in aller Deutlichkeit, dass der Vorwurf, der Modus sei eine starre und theoretische Konstruktion, nicht zu halten ist, da der Affektcharakter wandelbar ist:

> „Es geht also nicht an, die Affekt-Charakterisierungen der Modi ‚en bloc' ins Reich der Fabel zu verweisen. Ebensowenig aber dürfen wir diese Charakterisierungen für etwas Starres, schlechthin Unveränderliches halten. Schon Johannes Tinctoris, dann auch Glarean (um von Späteren einstweilen noch zu schweigen) weisen vielmehr darauf hin, daß der geschickte Komponist den Affektcharakter eines jeden Modus verändern könne."[605]

Wie erwähnt ist die gezielte Verwendung von Dur- und Mollwirkungen – neben rhythmischen Veränderungen – ein probates Mittel, um Einzelwortausdeutungen zu komponieren.

In der Mitte des 15. Jahrhunderts wurde die Terz zwar noch als imperfekte Konsonanz betrachtet, aber nach und nach immer häufiger verwendet. Die späteren Kontrapunktlehren besagen noch in der Artenlehre des zweistimmigen Satzes, dass diese nicht schlussfähig ist und mit einer vollkommenen Konsonanz, also Prime, Quinte oder Oktave, geschlossen werden muss. Auch im 16. Jahrhundert ist die kleine Terz nicht schlussfähig! Es kann nur mit einem Akkord mit großer Terz geschlossen werden. Meier schreibt hierzu:

> „Spezielle Hinweise auf den unterschiedlichen Charakter der *großen* und der *kleinen Terz* – verstanden jeweils im Zusammenklang – finden wir erstmals bei Pietro Aron. In seinem Werk *De institutione harmonica* (Bologna 1516), lib. II, cap.30 und 48, finden sich zwei Kadenz-Beispiele, jeweils mit Ziel- und Schlußklang *re* (= d bzw. a). Die Terz bzw. Dezime

---

[599] Ebd., S.254.
[600] Ebd.
[601] Ebd., S.255.
[602] Vgl. Ackermann, ebd., S.255.
[603] Vgl. Meier, Die Tonarten der klassischen Vokalpolyphonie, S.372.
[604] Meier, ebd.
[605] Meier, Auf der Grenze, S.54.

über diesen Schlußtönen wird aber akzidentiell erhöht, und zwar ‚um des besseren Klanges willen' (‚causa melioris consonantiae')."[606]

Was noch 1533 als Empfehlung geäußert wurde, wird 22 Jahre später dann gefordert. So schreibe Nicola Vicentino im „Vierten Buch, Kapitel 16, seiner *Antica musica ridotta alla moderna prattica* (Rom 1555)"[607], „daß bei einer Brevis-Zäsur sich über dem tiefsten Ton niemals ‚una consonanza minore' befinden dürfe, außer wenn ein ‚trauriger Text' dies rechtfertige."[608][609]

Vicentino bezieht das eigentlich genauer auf die Mitte der Komposition:

„Hora nel mezzo della compositione il Copositore non si dè fermare con una breue, che habbia una consonanza minore.[610]

In diesen Vorschriften liegen die Wurzeln des „Dur-Moll-Empfindens."[611] Aber Dur und Moll werden nicht als Verbindungen von Klängen geregelt, sondern als isolierte Erscheinungen zur Textausdeutung.

Meier erklärt anhand weiterer historischer Schriften, wie die grosse Terz allmählich als Wohlklang wahrgenommen wird. Ob das an veränderten Stimmgewohnheiten oder Stimmtheorien liegt, erwähnt er jedoch nicht. Stefano Vanneo berichte 1533, „daß die kleine Terz – im Satz Note gegen Note – für ‚wenig angenehm, vielmehr etwas hart' (‚parum suavis, immo duriuscula') gehalten werde."[612]

Hart klingt die kleine pythagoräische Terz, so dass diese wahrscheinlich Vanneos Hörgewohnheiten zugrunde liegt.

In seinem Buch „Die Tonarten der klassischen Vokalpolyphonie" verweist Bernhard Meier auf Zarlino, der den *heiteren* und *traurigen* Charakter von Terz-Quint-Klängen mit großer und kleiner Terz in Zusammenhang mit der Tonartenlehre bringt, und zwar „derart: daß die Modi mit großer Terz oberhalb ihrer Finalis als heiter, die Modi mit kleiner Terz über der Finalis als traurig gekennzeichnet erscheinen."[613] Dieser führe es aber nicht konsequent durch und bleibe letztlich beim „altüberlieferten"[614] Gedankengut. Dabei sei bezeichnend:

„[...] daß er dem von ihm wie zuvor bereits Vicentino konstatierten Phänomen der ‚heiteren' Terz-Quint-Klänge mit großer und der ‚traurigen' Terz-Quint-Klänge mit kleiner Terz nun auch eine mathematische Begründung zu geben sucht, indem er erstgenannte Klänge als gemäß der ‚harmonischen Proportion' gebildet ansieht, letztere Klänge hingegen als gebildet nach nur ‚arithmetischer Proportion.'."[615]

---

[606] Meier, Auf der Grenze, S.55.

[607] Meier, AUF DER GRENZE, ebd.

[608] Ebd.

[609] Hier darf auch wieder gefragt werden, in wiefern das Stabilitätsverständnis nicht auch von den Stimmungen der Zeit herrührte. Anm.d.Verf.

[610] Vicentino, *Del modo che si hà da tenere nel mezzo, d'ogni forte die compositione*, in: *L'antica musica ridotta alla moderna prattica*, Cap. XVI, Rom 1555, S.79.

[611] Vgl. Meier, AUF DER GRENZE, S.55.

[612] Meier, ebd., S.55.

[613] Meier, Die Tonarten, S.390.

[614] Meier, ebd.

[615] Meier, ebd.

1. MUSIKTHEORIE IN DER RENAISSANCE

Nach Meier gibt Vicentino auch ein „beredtes Zeugnis"[616] zur Entstehung des „*Dreiklangsbegriffs*"[617], wenn er bemerke, „daß die Terz und die Quint die ‚principali consonanze' seien und daß schon das Fehlen der einen von ihnen die Komposition ‚fad' mache."[618] Und in der Tat lassen sich zur Palestrina-Zeit keine Stücke mehr finden, die nicht über die Terz als Mittel des Wohl- oder besser Vollklangs verfügen. Der klangliche Reichtum der Musik Palestrinas wäre ohne Terzen, ihre Umkehrungen und ihren Verdopplungen nicht denkbar. Es wird von Meier betont, auch wenn die Deutschen Schneegaß und Lippius den Dreiklang als Trias und Symbol der heiligen Dreifaltigkeit deuten, man nie vergessen dürfe:

„[...] daß gerade Schneegaß im Hinblick auf die *Ungleichwertigkeit der Stimmen* – genauer: den Vorrang des Tenors und Soprans als der ‚herrschenden', die Funktion des Bassus und Altus aber in tonartlicher Hinsicht nur ‚dienender' Stimmen – unüberbietbar deutlich betont. [...] Tonarten- und Klanglehre sind also auch bei Schneegaß und Lippius noch etwas prinzipiell Verschiedenes."[619]

Meier[620] weist darauf hin, dass „‚Dur'- und ‚Moll'-Wirkungen" dem 16. Jahrhundert zwar wohl bekannt sind und auch schon im Werk Josquins erscheinen, aber weit davon entfernt, ein System zu bilden und damit die Komposition formal zu bestimmen.[621] Er nennt sie „*episodische Veränderungen* eines sozusagen ‚an sich Gültigen'."[622] Moll- und Dur-Klangwirkungen seien „‚Anomalien', die gleich vielen anderen der *Einzelwortausdeutung* dienen."[623] Den Übergang vom Modusorientierten System zu einem Harmonik-orientierten beschreibt er als einen Prozess, der fast eineinhalb Jahrhunderte in Anspruch nahm.[624] Gerade dort würden wir Dur- und Moll-Klangwirkungen antreffen, wo das imitatorische Moment zugunsten eines homophoneren im Satz „*nota contra notam*"[625] aufgegeben wird. Es sei aber auch

---

[616] Meier, AUF DER GRENZE, S.56.

[617] Ebd.

[618] Ebd.

[619] Meier, ebd., S.56.

[620] Gárdonyi und Nordhoff versuchten, in ihrem Kantionalsatz-Kapitel Kriterien für die Unterscheidung eines Diskant-Baß-Satzes in Abgrenzung zum älteren Diskant-Tenor-Satz zu entwickeln. Denn es passt in das pädagogische Konzept eines Tonsatzunterrichtes, der die Entwicklung ausgehend von einer Dreiklang-Harmonik (die diese in historischer Kenntnis als sachlich falsch anerkennen, aber für den Kantionalsatz aufgrund des beschriebenen Konzeptes annehmen) zu einer Fünfklang-Harmonik lehren soll. Das ist insofern berechtigt, als sich das Kantional in Richtung einer Basston-orientierten Harmonik entwickelt und sachlich falsch, da es von den alten Modi und ihrer von Schneegaß oben formulierten *Ungleichwertigkeit der Stimmen* bestimmt ist und den von den Modi bestimmten Affektgehalt berücksichtigt, den weder Gárdonyi und Nordhoff, noch Jeppessen, noch Thomas Daniel überhaupt erwähnen, der aber für die Anfertigung einer Stilkopie enorm wichtig ist, da man sonst zum falschen semantischen Gehalt, gerade wenn es um Kopien mit Textvertonungen geht, den falschen Modus wählt. Zumindest sollte man sich des Affektgehalts bewusst sein. Vgl. Zsolt Gárdonyi und Hubert Nordhoff, Harmonik, überarbeitete, erweiterte Neuausgabe, Wolffenbüttel 2002, S.83.

[621] Vgl. Meier, ebd., S.57.

[622] Ebd.

[623] Ebd.

[624] Vgl. ebd.

[625] Ebd.

darauf hingewiesen, dass homophone Elemente eben rhetorische Figuren darstellen, bei der dann die Figur an sich einen semantischen Wert besitzt, nicht die darin verwendete Klangfortschreitung! Zurück zu Meier.

Zeitgenossen Lassos wie Gallus Dreßler hätten die Neuartigkeit des Stils sofort erkannt, die sich vor allem in einem Verzicht der Durchimitation und einer Zunahme des Klanglichen und der Verwendung der Vorhaltsdissonanz äußerte.[626] Das bestätigt Peter Ackermann auch bei Palestrina.[627]

Meier verweist auf die Lasso-Motette *Beatis paupere spiritu*, die nachfolgend als Notenbeispiel dargestellt ist: sie steht im quinttransponierten 2. Modus. Gehen wir davon aus, dass der Tenor den Modus bestimmt, so sehen wir neben der überdeutlichen Betonung der Finales *g* sodann in T.23 die deutliche Unterschreitung der Finalis zum *d*, wie sie für den plagalen 2. Modus üblich ist. Als erste große Kadenz erfolgt nach Meier eine „Kadenz dritten Ranges"[628], „die überdies verfrüht und nur hier im Verlauf des ganzen Werkes eintritt."[629] Wir erinnern uns: nach Meiers Darstellung hat der Quart aufwärts transponierte zweite Modus als clausulae principales: *g, b, d* und *d', a-mi* als minus principales. Meier meint damit die Kadenz in T.14. Diese Kadenz, die stimmlich zu hoch – man beachte nur einmal den Altus in T.13 – liegt und den Ambitus des Cantus und Tenor bis zur Oberseptime (in T.12) fasst, diene dazu, das „Himmelreich"[630] zu symbolisieren. Die Oberterz-Kadenz auf *b*, „die als einzige schon ‚von Natur aus' eine *große Terz* über ihrem Schlußton besitzt"[631], wird in dieser Motette von Lasso „für den Schluß der Textabschnitte ‚quoniam ipsi consolabuntur' – in unserem Notenbeispiel Takt 37 –und ‚Gaudete et exultate'", in der secunda pars,[632] „reserviert."[633] Dadurch gewinne diese Kadenz einen höheren Rang als den einer einfachen modalen Kadenz, da ihr „Dur-Charakter" kompositorisch ausgenutzt würde.[634] Es gibt weitere interessante Augenblicke: bereits zu Beginn erleben wir in der ausgeflogenen Kadenz mit dem Eintritt des Bass als großer Unterterz in T.8. eine transzendentale Wirkung des Klanges mit großer Terz, als unser heutiges Es-Dur. Dieser Einsatz der ta-Stufe und das Ausfliehen der Kadenz auf dem Wort *spiritu*, das dann vom Altus mit einem *es'* aufgegriffen wird, zeigt schon von Beginn an die bewusste Gestaltung mit den Werkzeugen des für uns heutigen Dur-Akkordes.

Sehen wir uns einmal die Moll- und Dur-Wirkung in T.35 an, die einen Klang-Wechsel zwischen unserem g-Moll und Es-Dur/B-Dur gestaltet, so fällt auf, dass jene Wirkungen homorhythmisch komponiert sein müssen, um die klangliche Wirkung in den Vordergrund stellen zu können. In einem polyphonen Stil, der aus der

---

[626] Vgl. Meier, AUF DER GRENZE, S.58.

[627] Vgl. Peter Ackermann, Studien zur Gattungsgeschichte, S.226.

[628] Meier, AUF DER GRENZE, S.60,

[629] Meier, ebd., S.60.

[630] Meier, ebd.

[631] Meier, ebd.

[632] Meier, ebd.

[633] Ebd.

[634] Vgl. Meier, ebd.

1. MUSIKTHEORIE IN DER RENAISSANCE

rhythmisch selbständigen melodischen Gestalten besteht, die sich zu einem Klanggewebe aufgrund ihrer Intervallabstände addieren, erweckt das bewusste homophone Gestalten im Satz „Note gegen Note" erhöhte Aufmerksamkeit und lässt alleine deshalb schon erahnen, dass es zur Textausdeutung dient. Diese aus dem Contrapunctus simplex abgeleitete Kompositionspraxis steht sodann der bekannten imitatorischen gegenüber. Peter Ackermann schreibt über solche homophonen Klangverbindungen, dass sie selbst ein Aspekt der Polyphonie seien![635] Denn sie nehmen die „Komplexität des imitativen Geflechts in die Einfachheit des synchronen Gleichklangs"[636] zurück, „ohne die tonale und kontrapunktische Autonomie der einzelnen Stimmen aufzugeben. Insofern sind Homophonie und Imitation Funktionen der Polyphonie und als Kontrastmittel wesentlich aufeinander bezogen."[637] Dabei können homophone Abschnitte auch mit imitativischen verbunden sein oder gar eine Wechselchörigkeit vorgaukeln, die aufführungstechnisch gar nicht exisitiert. Für uns ist es nur wichtig zu wissen, dass eben jene Dur-Moll-Wirkungen mit homophonen Techniken einhergehen – was in der Natur der Sache liegt – und ein Mittel zur Textausdeutung darstellen. Dabei dürfen wir aber nicht davon ausgehen, dass klangliche Fortschreitungen einer Systematik unterliegen, wie es sie im späteren Generalbasszeitalter gegeben hat. Solche Dur-und Moll-Wirkungen können wir auch in anderen Takten betrachten, wie z.B. in Takt 76 und 77 mit Es-Dur und B-Dur mit dem Text *Deum* aber der Verwendung des Mollklanges bei mit der Folge c-Moll, g-Moll, D-Dur auf *vide-* und dem Abschluss der Silbe *bunt* mit einem Durklang auf G!

Auf der folgenden Seite kann die Partitur zu *Beatis* eingesehen werden.

---

[635] Vgl. Peter Ackermann, Studien zur Gattungsgeschichte, S.124.
[636] Ebd.
[637] Ebd.

Beatis paupere spiritu

Orlando di Lasso

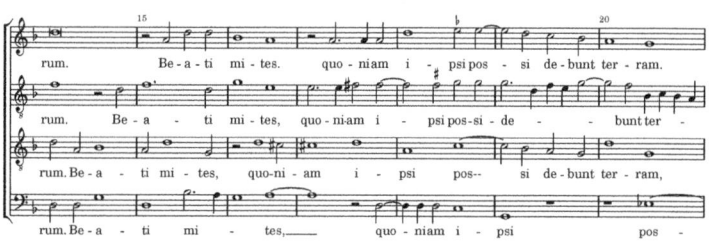

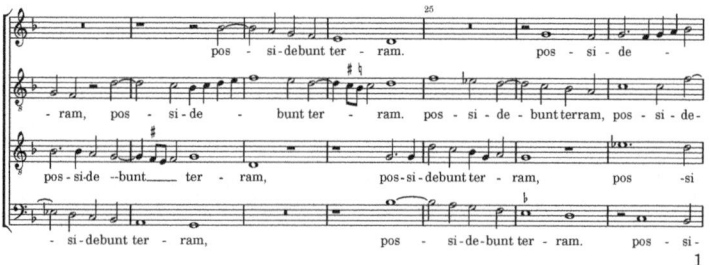

1. MUSIKTHEORIE IN DER RENAISSANCE 109

Meier führt in seinem besagten Aufsatz noch weitere Beispiele zu Dur-Moll-Wirkungen an, die hier nicht ausführlich dargestellt werden. Er belegt, dass zwar für den Lehrer Lasso in seinen Bicinien die Affekt-Charakteristik von Bedeutung war, dieser aber in den freien Kompositionen andere Wege zur Textausdeutung ging, da „die große Zahl der Einzelwortausdeutungen"[638] die „Affektdarstellung durch die Tonart, mehr oder weniger zumindest überflüssig gemacht"[639] hätten. Aber als „musikalische Regulative"[640], das heisst für den Kompositionsprozess schlechthin, seien „die Modi nach wie vor gültig"[641] geblieben.

1.4 Klangbildungen

Peter Ackermann schreibt über Klangbildungen, dass die „Dissonanz wesentlich zur klanglichen Differenzierung"[642] beitrage, „denn die Möglichkeiten, aus konsonierenden Intervallen Klänge zu bauen"[643] seien „äußerst beschränkt."[644] „Sie"[645] erschöpften „sich mit der Errichtung von Terz und Quinte, beziehungsweise von Terz und Sexte über einem Baßton."[646] Daraus ergäben „sich sechs Klangstrukturen: Terz-Quint-Klänge mit kleiner oder großer Terz"[647], was unserem Dur- oder Moll-Akkord entspricht (von Roland Eberlein mit 47 = Durterzquintakkord sowie mit 37 = Mollterzquintakkord bezeichnet[648]), „Terz-Sext-Klänge mit kleiner Terz und kleiner Sexte"[649], also dem Dur-Terz-Sext-Akkord, „kleiner Terz und großer Sexte"[650], also dem verminderten Sextakkord, „und schließlich großer Terz und großer Sexte"[651], dem Moll-Terz-Sext-Akkord, „sowie großer Terz und kleiner Sexte"[652], dem übermäßigen Dreiklang. Der Autor entschied sich, wie bereits erwähnt, der historisch-sachlich falschen[653], aber musikalisch besser lesbaren Nomenklatur den Vorzug zu geben: wir sprechen in den kommenden Analysen von Dur- und Moll-Grundstellungen, von Sextakkorden und Dominantseptakkorden. Wenn diese

---

[638] Meier, ebd., S.59.
[639] Ebd.
[640] Ebd.
[641] Ebd.
[642] Ackermann, Studien zur Gattungsgeschichte, S.226.
[643] Ackermann, ebd., S.226.
[644] Ebd.
[645] Ebd.
[646] Ebd.
[647] Ackermann, Studien zur Gattungsgeschichte, S.226.
[648] Vgl. Die Entstehung der tonalen Klangsyntax, Frankfurt am Main 1994, S.20.
[649] Ackermann, Studien zur Gattungsgeschichte, S.226.
[650] Ebd.
[651] Ebd.
[652] Ebd.
[653] Vgl. Gárdonyi, Harmonik, S.26.

Nomenklaturen in den Analysen gebraucht werden, so wird immer davon ausgegangen, dass der Leser sich bewusst macht, dass wir es hier mit Intervalladditionen und nicht mit vordefinierten Klangverbindungen zu tun haben. Wenn der Autor also vom Dur-Sextakkord spricht, so meint er eigentlich den Klang mit kleiner Terz und kleiner Sexte vom Basston aus, der als Intervalladdition aber eigentlich eine kleine Terz plus eine reine Quarte darstellt!

Mittels der Software werden wir herausfiltern können, welche Klangbildungen sich überhaupt ereignen. Dazu mussten allerdings zuvor fest definierte Klänge einprogrammiert werden, wie sie der Autor anhand der angeführten Nomenklaturen dargelegt hat. Dies führt uns, bevor wir auf die Software zu sprechen kommen, noch einmal zu Arons Tafel über den Kontrapunkt.

1.5 Arons Tauola del contraponto

Diese Tafel (Abb. 1.5) ist gut lesbar und hochästhetisch, so dass eine Übertragung nicht notwendig ist. Sie ist aber zunächst inhaltlich verwirrend:

Es ist nicht ersichtlich, ob die Töne über oder unter dem Tenor zu lesen sind, auch schreibt er nicht, ob sie überhaupt auf den Tenor bezogen werden sollen, wie man es bei der Tenorfixierung des 15. und 16. Jahrhunderts annehmen würde. Sehen wir uns einmal die Zahlen an. Im Tenor steht z.B. eine römische Eins (I). Gehen wir davon aus, dass diese für ein re steht, dann wäre die V im Bassus, wenn re = d ist, wenn man die tiefere Lage des Basses in Betracht zieht, ein so = G in der Unterquinte. Gehen wir zum Altus und schauen uns diese Spalte an, so würden wir nach dieser Logik, wenn wir es als Addition zum Tenor betrachteten, ein f = fa für diese III annehmen. Das ergäbe allerdings einen absolut irrigen Klang, und zwar G-d-f. Das kann natürlich nicht sein. Die Tafel zeigt Additionen zueinander an, und zwar folgendermaßen: bilden Tenor und Bass eine Quinte, mit dem Tenor als dem tieferen Ton, so kann entweder die Ober-Terz zum Tenor dazutreten oder die Oktave des Tenors oder aber die Dezime. Also der Bass wird AUF den Tenor addiert, der Altus ebenfalls. Bilden Tenor und Bass eine Oktave, so kann zu dieser Oktave auf den Tenor eine Terz, eine Quinte, eine Dezime oder eine Duodezime addiert werden, also beide addieren sich doch auf den Tenor. Jetzt kommt allerdings die Ausnahme, die Peter Berquist in seiner – sprachlich sehr, sehr vergröberten Übersetzung – aufgefallen ist:[654]

Stehen die kursiven Linien über der Zahl im Bass, so zeigen sie Intervalle über dem Tenor an. Stehen diese Linien unter den Zahlen im Altus, zeigen sie Intervalle UNTER dem Bass an!

Wir haben hier also die Kombinationsmöglichkeiten sämtlicher Intervalle zueinander, die im Satz Note gegen Note möglich sind, von Aron dargeboten bekommen. Dabei geht er im Tenor durchgängig von der Prime bis zur Tredezime. Im Bassus sind Terz, Quinte, Sexte, Oktave, Dezime, Duodezime und Quintdezime und im

---

[654] Pietro Aron, „Toscanello in music", *Toscanello in Musica*, Venedig 1523, translated by Peter Bergquist, Colorado Springs, S.41.

1. MUSIKTHEORIE IN DER RENAISSANCE

Altus Terz, Quarte, Quinte, Sexte, Oktave, Dezime und Duodezime möglich. Hier muss auch dem letzten Verfechter der Funktionstheorie klar werden, dass es in der Renaissance nur einen Intervalladditions-Satz und eben keine Harmonik in unserem modernen Grundton- oder Dreiklang-orientierten Sinne gab. Diese Intervalladditionen waren das Vorbild für unser Grid, das aber – der Einfachheit wegen – additiv von Stimme zu Stimme aufgebaut ist. Wir sehen, dass der Tenor die Stimme war, um die herum komponiert wurde. Auch sehen wir den Beleg, dass Akkorde einfach Zusammensetzungen aus diesen Intervallen sind. Und eines muss nochmals erwähnt werden: Kon-, Dissonanz- und Klanglehre wurde eben abstrakt, das heißt ohne Textbezüge gelehrt, auch wenn später in der komponierten Wirklichkeit Textbezüge durch rhetorische Figuren hergestellt werden! Deshalb gilt auch für diese Untersuchung, dass zunächst das Material unter die Lupe genommen werden muss, und wenn harmonische Ereignisse zwar in gleichen Fortschreitungen konzipiert, aber metrisch an unterschiedlichen Stellen wie auch in unterschiedlicher stimmlicher Disposition komponiert sind, so ist das Auge des Computers zuverlässiger als das des Menschen.

Zusammenfassend soll noch einmal die Wertung der Intervallqualitäten im Zusammenklang dargestellt werden:

Vollkommene (perfekte) Konsonanzen: reine Prime, reine Quinte, reine Oktave. Imperfekte Konsonanzen: kl. und gr. Terz und kl. und gr. Sexte. Dissonanzen: reine Quarte, Tritonus, kl. und gr. Sekunde und Septime.

Alle verminderten und übermäßigen Intervalle gelten als dissonant im Zusammenklang. Das kann heute nicht mehr verstanden werden, wenn man sich nicht den Unterschied bewusst macht, den ein vermindertes Intervall wie z.B. die verminderte Quarte *dis*-G im pythagoräischen System in Cent-Zahlen gegenüber der großen Terz hat. Nehmen wir ein pythagoräisches System mit der eingestimmten Wolfsquinte zwischen G♯ und E♭, so müsste das *dis* überhaupt erst eingestimmt werden. Nehmen wir das Gis mit 816 Cent und ziehen eine reine Quinte mit 702 Cent ab, bekommen wir mit 114 Cent die Apotome. Rechnen wir diese Apotome zum Centwert von D = 204 Cent dazu, dann gilt für die verminderte Quarte: 702-318 = 384 Cent. Diese unterscheidet sich dann von der pythagoräischen großen Terz *Es*-G mit 408 Cent um 24 Cent. Es ist folglich ein ganz anderes Intervall. Die Dissonanzgraduierung kann nicht nur rein zahlensymbolisch begründet, sondern muss auch von der empirisch-klanglichen Stimmungslehre beeinflusst sein.

Kapitel 3
Die Software Palestrinizer

Eine Computersoftware wurde entworfen, die das Stück in ein selbstgewähltes Raster unterteilt, sei es ein Semifusa-, Fusa-, Semiminima-, Minima- oder Semibrevis-Raster. Da zu Anfang vornehmlich Musik von Palestrina analysiert werden sollte, kombinierten wir seinen Namen mit dem englischen *to analyze*, so wurde daraus der *Palestrinizer*. Das Programm analysiert die zuvor eingegebenen Partituren anhand des MIDIstroms, also anhand des klingenden Noten-Ereignisses, und wertet den Intervallaufbau der Klänge aus, qualifiziert diese nach konsonanten oder dissonanten Klängen und vergleicht schließlich die verschiedenen Analysen untereinander. Hieraus lassen sich dann Rückschlüsse über das Verhältnis von „Modus und Klang", aber auch der Zeitgestaltung ziehen, denn wie eingangs erwähnt: Klang geschieht in der Zeit!

Zunächst einmal mussten wir, der Softwareentwickler Ingo Jache und der Autor der Studie, den „Stand" Peter Ackermanns in unserem Programm erreichen. Unsere Software ist zwar eine moderne Java-Software, die auf allen Plattformen lauffähig ist, aber Ackermanns Programm bestimmte ein hohes Niveau, das zunächst nicht so leicht zu erreichen war. Ackermanns Programm funktionierte folgendermaßen:

- Die Werke wurden stimmenweise eingegeben.[655]
- Das Programm legte „vertikale Schnitte"[656] durch die Partitur an. Die Komposition wurde in eine Folge einzelner vertikaler Klänge zerlegt.
- Das Programm bestimmte „Dauer, Ambitus und Fundament-Ton für jeden einzelnen Klang"[657] und qualifizierte „ihn nach den Kategorien"[658] konsonant und dissonant.[659]
- „Auf dieser Grundlage erfolgten alle weiteren Berechnungen"[660]:

---

[655] Vgl. Ackermann, Modus und Akkord, S.198.
[656] Ackermann, ebd.
[657] Ebd.
[658] Ebd.
[659] Vgl. ebd.
[660] Ebd.

> „[...]insbesondere die Typologisierung der Klänge, Häufigkeiten ihres Auftretens, Verteilung auf einzelne Fundament-Töne und die Ermittlung von Mustern klanglicher Fortschreitungen. Mit dieser Methode wird der ausgearbeitete Contrapunctus diminutus – unter experimentellem Aspekt – in einen kleingliedrigen Contrapunctus simplex zerlegt, in eine dichte Abfolge künstlich isolierter Klänge, die auf diese Weise den Blick auf ein engmaschiges klangliches Geflecht freigibt. Durch diese experimentelle Untersuchungsprämisse, jeden einzelnen Intervallkomplex – und sei er nur von der Dauer einer Semiminima – in die Betrachtung miteinzubeziehen und einer statistischen Auswertung zu unterwerfen, unterscheidet sich die hier vorgenommene Studie von ähnlichen Unternehmungen, wie sie mit Sicht auf die Entstehung der harmonischen Tonalität von Carl Dahlhaus[661], als Spezialuntersuchung der Klangstruktur in Messen und Motetten Lassos von Horst-Willi Groß[662] und unter historisch weit ausgreifendem Aspekt in jüngster Zeit von Roland Eberlein vorgenommen wurden."[663]

So haben auch wir unser mögliches Raster von der Dauer einer Brevis bis zur Dauer einer Semiminima voreinstellbar gestaltet, um uns dem Ansatz Ackermanns anschließen zu können. Ackermann ging aber sogar noch weiter: er ermittelte die *Klangdichte*, um zu untersuchen, in welchen Lagen Klangereignisse stattfinden. Das ist ein Verfahren, das wir ebenfalls umgesetzt haben und das später näher beschrieben werden wird.

Diese Studie stützt sich vor allen Dingen auf die Analyse von Motetten. Ackermann schreibt zur Motette:

> „So sehr die Motette jedoch eingebunden war in zeremonielle Aufgaben, so wenig prägte letztlich solche Funktionalität ihre musikalische Form, die in künstlerischer Autonomie sich entwickelte und im liturgischen Dienst zugleich ein Kunstwerk konstituierte."[664]

Da sie sich als autonomes Kunstwerk entwickelte, ist sie für uns von besonderem Interesse.

Ein interessanter Unterschied in der Bestimmung der Modi in Motetten Palestrinas und Lassos zeigte sich sogleich: es war oft viel einfacher, Modi bei Lasso eindeutig zu bestimmen; bei Palestrinas Offertorien hingegen war es oft weitaus schwerer, auch herrschte bei Palestrina oft mehr modale Unordnung.[665] Nicht berücksichtigt werden konnte in den Analysen der eigentliche Moduswechsel, hier hätte man Abschnitte extrahieren müssen, was den Aufwand erheblich gesteigert und im großen Zusammenhang zu nicht wesentlich differenzierteren Werten geführt hätte.

Dem klanglichen Aspekt im Verhältnis zum verwendeten Modus dieser Kunstwerke wollen wir uns in den Analysen widmen.

---

[661] Carl Dahlhaus, Untersuchungen über die Entstehung der harmonischen Tonalität, Kassel 1968; Ackermann, Modus, S.198.

[662] Horst-Willi Groß, Klangliche Struktur und Klangverhältnis in Messen und lateinischen Motetten Orlando di Lassos, Frankfurter Beiträge zur Musikwissenschaft, Band 7, Frankfurt am Main 1977; Ackermann, Modus, S.198

[663] Roland Eberlein, Die Entstehung der tonalen Klangsyntax, Frankfurt am Main 1994; Ackermann, Modus, S.198.

[664] Ackermann, Studien zur Gattungsgeschichte, S.43.

[665] Vgl. Ackermann, ebd., S.58.

2. FUNKTIONSWEISE

Um zu verstehen, wie die Analyseprozesse von statten gingen, sei die Funktions- und Arbeitsweise der Software PALESTRINIZER kurz skizziert.

2 Funktionsweise

Der PALESTRINIZER geht ähnlich wie das Ackermannsche Originalprogramm vor, dabei kann man entweder eine einzelne Datei oder aber gleich ein ganzes Verzeichnis analysieren. Wir benötigen hierfür aber MIDI-Dateien. Was es mit diesen wiederum auf sich hat, soll rasch skizziert werden.

2.1 Der MIDI-Standard

Der Abschnitt stützt sich auf die Darstellungen zeitgenössischer Komponisten elektronischer Musik, und zwar Curtis Roads und Johannes Kreidler, da die Darstellungen weniger technisch und für Musiker deshalb besser nachvollziehbar sind.

MIDI steht für *Musical Instrument Digital Interface*. Das sogenannte MIDI-Protokoll wurde als Spezifikation entwickelt, um Informationen von einem (midifähigen) Instrument zu einem anderen (midifähigen) zu schicken, bzw. um als Sprache zu fungieren, die Partituren von Computern an Synthesizer übermitteln zu können.[666] MIDI war dazu entworfen, in Echtzeit Musikinstrumente kontrollieren zu können.[667]

> „The MIDI specification stipulates a hardware interconnection scheme and a method for data communications (IMA 1983; Loy 1985c; Moog 1986). It also specifies a grammar for encoding musical performance information."[668]

Interessanter als die Übermittlung an Instrumente war für uns die Spezifikation des Protokolls zur Erfassung musikalischer Sinneinheiten. Die MIDI-Information enthält die Start- und Stopzeit der musikalischen Note, ihre Tonhöhe und ihre Amplitude.[669] Neben dieser Information wird eine Synchronisationsinformation, wie das Ticken einer Uhr, übertragen, die verschiedene MIDI-Instrumente miteinander synchronisieren soll.[670] Jede Note bekommt eine MIDI-Nummer. Dabei gibt es für unsere Noten eine Umrechnung zur MIDI-Nummer=m mittels der Frequenz = f. Es gilt das gleichstufig temperierte System.

---

[666] Vgl. Curtis Roads, The Computer Music Tutorial, S.977.
[667] Siehe auch Guerino Mazzola, Elemente der Musikinformatik, ausgearbeitet von Roland Bärtschi unter Mitarbeit von Stefan Göller, Basel 2006, S.57-63.
[668] Curtis Roads, The Computer Music Tutorial, S.977.
[669] Vgl. Ebd.
[670] Ebd.

$$f = 440 * 2^{(m-69)/12} \text{''}^{671}$$

Der deutsche Komponist Johannes Kreidler kritisiert in seiner Erläuterung des MIDI-Standards:

„Das MIDI-Protokoll stellt keine Klänge dar, sondern besteht aus Befehlen zur Ansteuerung des Patches oder anderer Instrumente. Dazu werden Befehle übermittelt, wie z.B. ‚Note-on' (‚Schalte Ton an'), ‚Velocity' (‚Anschlagsstärke') und ‚Note-off' (‚Schalte Ton aus'). Neben diesen elementaren Befehlen stellt MIDI weitere, teilweise sehr spezielle Befehle zur Verfügung, die beispielsweise dazu verwendet werden, andere Klänge zu laden oder geladene Klänge mittels Steuerdaten, wie sie von Schaltern, Knöpfen oder Drehreglern erzeugt werden können, zu beeinflussen.

Jeder normierte MIDI-Befehl (mit Ausnahme systemexklusiver Daten, kurz SysEx genannt) trägt neben seiner Befehlskennung und den Befehlsdaten auch eine Kanalnummer. Die Kanalnummer ist 4 Bits groß, es lassen sich dadurch 2^4, also 16 Kanäle ansteuern. Je nach Software sind die Kanäle 0 bis 15 oder 1 bis 16 durchnummeriert, wobei die Nummerierung von 1 bis 16 üblicher ist.

Da MIDI ein serielles Protokoll und die Datenrate der MIDI-Schnittstellen für heutige Verhältnisse recht gering ist, ergeben sich beim Abspielen vieler Noten häufig Timing-Probleme, vor allem beim Einsatz von Sequenzer-Programmen. Schon das Anschlagen eines Akkords mit mehreren Noten kann zu hörbaren Verzögerungen führen, denn MIDI kann die Noten nie zeitgleich durch die Leitung schicken, sondern nur nacheinander."[672]

Der für die technische Realisierung des PALESTRINIZERS verantwortliche Softwareentwickler Ingo Jache entgegnete beim Lesen von Kreidlers Kritik, dass unsere in der Palestrinizer-Software verwendeten MIDI-Dateien hingegen gleichzeitige Ereignisse codieren und das auch ganz exakt. Es fallen die drei Tastenanschläge eines Akkords auch auf den exakt gleichen Zeitpunkt.

1. „Diese Timing-Probleme treten für uns gar nicht erst auf, weil wir nur „Offline" verarbeiten. Echtzeit-Effekte haben wir nicht verwendet.
2. Dieses übermäßig vereinfachte Modell (nur Tastenanschläge) ist für uns ein Vorteil, eben WEIL es eine Datenreduktion ist: Wir schauen uns nur an, wann welcher (komponierte!) Ton erklingt."[673]

Klang wird indes nicht als MIDI-Information übertragen, die Auswahl des Klanges ist Sache des Empfängers.

Roads schreibt, dass die Computersteuerung von Synthesizern schon Jahre vor dem MIDI-Standard ihre Anfänge nahm.[674] Jedoch waren dies Hybridsysteme: digitale Kontrolle über analoge Synthesizer. Das funktionierte laut Roads u.a. so, dass ein Computer einen Datenstrom produzierte, der Kontrollfunktionen wie Amplitude und *pitch envelopes* enthielt, die wiederum von einem Demultiplexer, der das

---

[671] Johannes Kreidler, Programmierung Elektronischer Musik in PD, Kapitel 3.1.1.4.3, http://www.pd-tutorial.com/german/ch03.html#chapt3.1; abgerufen am 30.08.13.

[672] Johannes Kreidler, Programmierung elektronischer Musik, Kapitel 4.3.1.2; http://www.pd-tutorial.com/german/ch04s03.html; abgerufen am 30.08.13.

[673] Ingo Jache in einer Email an den Verfasser.

[674] Vgl. Roads, Computer Music Tutorial, S.973.

2. FUNKTIONSWEISE

Signal von digitalen Hochgeschwindigkeits-Datenströmen in mehrere langsamere Datenströme aufteilte, zum Digital-Audio-Wandler (DAC) geschickt wurden.[675] Der DAC konvertierte dieses Signal in Spannungen, die an die Kontroll-Eingänge der Synthesizer Module wie Oszillatoren, Filter und Verstärker weitergegeben wurden.[676] Die ersten Hybridsynthesizer waren das GROOVE System, das von Max Matthews und F. R. Moore an den Bell Telephone Laboratories in den frühen 70er Jahren des 20. Jahrhunderts entwickelt wurde.[677] Ein weiteres Pioniersystem war HYBRID, entwickelt an den Universitäten von Illinois und der University of California, San Diego USA von Edward Kobrin im Jahre 1977. In beiden Fällen war die Schnittstellen-Hardware selbst gebaut und die Softwareprotokolle für jedes System gesondert spezifiziert.[678] Eine Kompatibiliät gab es dadurch ebensowenig auf der Geräte- wie auf der Programmebene. In den späten 70er Jahren wurde es dann möglich, preiswerte Mikroprozessoren zur Ansteuerung von Synthesizern zu verwenden, und in der Folge wurden durch Mikroprozessoren kontrollierte Hybride und digitale Synthesizers vermarktet, die aber wiederum untereinander inkompatibel waren.[679] Es habe einfach keinen Standard gegeben, um zwei unterschiedliche Instrumente miteinander synchronisieren zu können.[680] Aus diesem Streben heraus ist das MIDI-Protokoll entstanden. Amerikanische und japanische Hersteller von Synthesizern hatten zunächst informelle Kontakte gesucht, namhaft die Firmen Sequential Circuits, Oberheim und die Roland Corporation, was zu einer intensivierten Kommunikation zwischen den Firmen und schließlich zu einer Spezifikation einer digitalen Musikschnittstelle führte, die 1983 von David Smith für die Sequential Circuits Company entwickelt worden war.[681] 1983 wurde die 1.0 MIDI-Spezifikation vom besagten japanisch-amerikanischen Konsortium veröffentlicht.[682] Sie wurde seither einige Male geändert.[683] Hybrid-Synthesizer gibt es noch immer, doch ist das Steuerungsprotokoll seit 1983 MIDI.[684] Ein klassischer Musiker weiß zunächst mit MIDI nichts anzufangen, da die Möglichkeiten eher für die Rock-Pop-Musik entwickelt wurden. Dabei gibt es aber durchaus Gebrauchsmöglichkeiten für die zeitgenössische Musik, so kann ein Komponist z.B. eine algorithmische Komposition von mehreren MIDI-Keyboards ausführen lassen, etc.

Mittlerweile gibt es auch Möglichkeiten, über die benannten 16-Kanäle hinauszugehen, in dem zwei separate Sechzehnkanal MIDI-Leitungen benutzt oder in Software eingebunden werden.

---

[675] Vgl. Roads, ebd.
[676] Vgl. ebd.
[677] Ebd.
[678] Vgl. ebd.
[679] Vgl. ebd.
[680] Ebd.
[681] Vgl. Roads, ebd., S.974.
[682] Vgl. ebd.
[683] Vgl. ebd.
[684] Vgl. Roads, ebd., S.975.

Nun sollte klar sein, warum MIDI so große Vorteile bietet: die Noten liegen bereits im temperierten System codiert als Zahl vor, und über die Delta-Zeit haben wir eine Zeitinformation, die wir nutzen können, z.B. durch Aufsummierung!

Unser Computerprogramm wurde in Java programmiert. Da diese Sprache den meisten Musikern unbekannt sein dürfte, soll auch sie kurz vorgestellt werden.

2.2 Die Programmiersprache Java, benutzt zur Erstellung der Analysesoftware

Die Programmiersprache Java hat sich zu einer festen Größe in der Computerwelt entwickelt. Das liegt daran, dass die Software die Ausführbarkeit auf nahezu sämtlichen Plattformen ermöglicht. Programme werden nicht auf der Basis des gegebenen Betriebssystems ausgeführt, sondern auf Basis einer eigenen Java-Umgebung. Man muss sich das so vorstellen, als würde sich ein Kind auf jeden Spielplatz seinen eigenen Sandkasten mitbringen, in dem es unterschiedliche Spiele spielt, oder der Pianist zum Konzertsaal seinen eigenen Flügel, auf dem er unterschiedliche Stücke spielt, die dann unsere Java-Programme wären.

Diese Programmiersprache wurde in den 90er Jahren des letzten Jahrhunderts von der Firma Sun Microsystems im Silicon Valley entwickelt. Sie sollte einfach in der Sprachstruktur, dabei objektorientiert und robust sein. Sie entlehnt den Klassenbaum der Sprache Smalltalk, von der auch Objective C herstammt, hat jedoch im Gegensatz zu Smalltalk primitive Datentypen wie die integer-Variable. Die Syntax ist stark an der Sprache C++ orientiert. Insgesamt ist Java jedoch viel leichter im Umfang, was aber andere Probleme mit sich bringen kann.[685]

Im Jahre 2010 wurde die Firma Sun von der Firma Oracle übernommen, die seitdem Java vertreibt. Java ist seit langem freie Software, das JDK steht unter der GNU General Public License und ist jedermann zugänglich.

Die Sprache wurde von uns wegen der Vorteile der freien Verfügbarkeit und der Offenheit für jedermann als Sprache gewählt. Es soll jedermann auf jedem System möglich sein, die Software zu benutzen.

Da für den PALESTRINIZER die objektorientierte Programmierung keine so große Rolle spielte, wird darauf hier nicht näher eingegangen.

---

[685] Zur Zeit der Drucklegung dieses Buches besteht der Wunsch des Autors, eine neue Version der Software in Common Lisp zu erstellen, da komplexere Probleme damit verarbeitet werden könnten, als Java es mit seinem begrenzten Sprachumfang zugunsten eines robusteren Codes leisten kann, dafür müsste dann aber auch der MIDI-Parser in Lisp neugeschrieben werden. Dies soll eventuell Gegenstand eines weiteren Buches werden.

2. FUNKTIONSWEISE

2.2.1 Jache/Hensel: Das MIDI-Raster des PALESTRINIZER

Um Musikstücke in großer Zahl maschinell verarbeiten und untersuchen zu können, mussten zunächst geeignete Datenstrukturen gewählt werden. An die programminterne Darstellung eines Musikstücks bestehen dabei eine Reihe von Anforderungen:

1. Es muss so einfach wie möglich sein, alle zu einem Zeitpunkt erklingenden Töne prozedural, also verfahrensmäßig, zu ermitteln. Vorgänger- und Nachfolger-Töne sollen in gleicher Weise gut verfügbar sein.
2. Es muss so einfach wie möglich sein, ein gesamtes Musikstück sequenziell, also in der Folge, zu verarbeiten.
3. Da bei einem Forschungsprojekt wie diesem zu Beginn noch unklar ist, welche Zwischenergebnisse bei einer Analyse relevant werden können, sollten die Datenstrukturen zudem einfach zu erweitern sein.
4. Es lag daher nahe, für die interne Darstellung ein zweidimensionales Feld zu verwenden, das man sich am besten wie ein Raster oder eine Tabelle vorstellt:

    a. Auf der einen Achse wird die Zeit in äquidistante Abschnitte unterteilt. Anstelle absoluter Zeitmaße ist es für den Musikwissenschaftler aber zweckmäßiger, die Zeitabschnitte in Notenwerten auszudrücken.

    b. Auf der anderen Achse wird für jede Stimme ein Abschnitt vorgesehen. Das sich daraus ergebende Musikraster kann in jeder Zelle die Information „Stille" oder „Tonname" annehmen. Jeder Zeitabschnitt erhält zudem klangliche Einordnungen der aktiven Stimmen als zusätzliche Information.

5. Es ist wichtig zu verstehen, dass die beschriebene Datenstruktur einige bewusst gewählte Einschränkungen enthält: Ein zweidimensionales Raster kann nur deshalb ausreichend sein, da ausschließlich Vokalmusik untersucht werden soll. Vokalmusik impliziert, dass nur in sich *monophone* Stimmen vorkommen können. Musikalisch gesehen bedeutet das, dass jede Stimme eines musikalischen Satzes einer menschlichen Stimme entspricht. Instrumentalmusik hingegen enthält naturgemäß auch polyphone Stimmen – so kann z.B. in einem Klavierstück in einer beliebigen Hand die Stimmenzahl plötzlich viel- oder einstimmig sein – die bei gleichem Ansatz ein dreidimensionales Feld erforderlich machen. Überdies lässt die Verwendung von Tonnamen nur eine Analyse des komponierten Klanges als Satzbild zu, nicht jedoch der wirklichen klanglichen Wirkung im akustischen Sinne.
6. In einem zweiten Schritt wurde eine Verarbeitungskette entwickelt, um Musikstücke in die programminterne Darstellung zu überführen. Als Zwischenformat kommt hierbei das MIDI-Dateiformat zum Einsatz. MIDI-Dateien kodieren eine Auswahl musikrelevanter Ereignisse (wie z.B. „Note an" oder „Note aus") als Steuerkommandos in einem Datenstrom, wobei der Zeitpunkt eines Ereignisses relativ zum Zeitpunkt des vorausgehenden Ereignisses beschrieben wird.
7. Während das MIDI-Format für den oben beschriebenen Zweck auch einige Nachteile mit sich bringt (Stromkodierung, bzw. serieller Datenverkehr, Schwerpunkt auf Tasteninstrumenten), überwiegen jedoch die Vorteile:

8. Das Dateiformat ist denkbar einfach zu verarbeiten. Ein MIDI-Parser (Zerteiler zur Analyse, to parse = analysieren) ist sehr einfach zu implementieren, also umzusetzen. Zudem enthält die Klassenbibliothek der Programmiersprache Java bereits einen vollständigen MIDI-Parser.
9. Es existiert eine sehr breite Unterstützung für das MIDI-Dateiformat in beinahe allen Musikprogrammen. Alle nennenswerten Notensatzprogramme unterstützen MIDI als Ausgabeformat.
10. Eine MIDI-Datei enthält keinerlei Informationen, die aus unserer Sicht als „Ballast" gelten müssen (z.b. Layout-Angaben). Lediglich die Information, wann welcher Ton in welcher Stimme erklingt, wird kodiert. Es besteht somit hinsichtlich des Informationsgehaltes bei MIDI von vornherein eine hohe Deckungsgleichheit mit den oben beschriebenen Datenstrukturen. Zudem werden in der programminternen Darstellungen einige MIDI-Konventionen übernommen:
    a. Jeder MIDI-Kanal entspricht einer Stimme.
    b. Tonnamen werden in MIDI als natürliche Zahlen kodiert (z.b. 36 für „C"). „Stille" wird programmintern mit „-1" dargestellt.
11. Die Überführung einer MIDI-Datei in das programminterne Format ist nun, auch durch die Hilfe des Javaeigenen MIDI-Parsers, leicht zu bewerkstelligen. Die Konvertierungs-Prozedur „readFromFile" in MIDIFileReader.java empfängt als die beiden wichtigsten Parameter den Dateinamen der MIDI-Datei sowie die Granularität des Musikrasters als Divisor („4" bedeutet z.b. eine Aufteilung in Viertelnoten-Abschnitten). Es folgen einige Initialisierungsschritte:
    a. Es werden nur MIDI-Dateien mit Pulse-Per-Quarter-Zeitkodierung (= Zeitangaben sind Notenwerte) akzeptiert.
    b. Berechnung der benötigten Kapazität und Speicherreservierung des Musikrasters: „Gesamtdauer des MIDI-Stückes" * 4 / „Granularität"
    c. In MIDI-Dateien kommen oftmals Steuerkanäle vor, die keinerlei Noten enthalten. Diese müssen zunächst heraus sortiert werden.
12. Der Java-eigene MIDI-Parser nimmt in einem Schritt der Vorverarbeitung bereits das Auftrennen der gesamten Sequenz in einzelne Stimmen (in Java: Tracks) vor. Die MIDI-Ereignisse der einzelnen Stimmen liegen in der richtigen Reihenfolge vor, lassen sich per Index aus einem Feld abfragen und besitzen bereits absolute Wertangaben zu Zeitpunkt und Dauer.
13. Es werden darauf alle MIDI-Ereignisse stimmenweise ausgewertet, wobei nur auf „Ton An" und „Ton Aus" geachtet wird. Wird ein Ereignis als „Ton an" oder „Ton aus" erkannt, wird an den entsprechenden Stellen im Musikraster der Tonname des Ereignisses oder „Stille" vermerkt. Die Kodierung als Strom und einige Eigenheiten des MIDI-Standards erfordern bei der Implementierung (Umsetzung) ein bestimmtes Vorgehen, das hier im Pseudocode verdeutlicht werden kann:

wiederhole für jede Stimme in Liste_der_Stimmen_mit_Musik

2. FUNKTIONSWEISE

aktueller_ton = „Stille" // zuletzt festgestellter ton

lese_position = 0; // welche raster-position entspricht dem zeitpunkt des aktuellen ereignisses

schreib_position = 0; // an welcher stelle wurde zuletzt im musikraster geschrieben

wiederhole für jedes Ereignis in Stimme. Liste_der_Ereignisse

    Ereigniszeit in Rasterzeit umrechnen

    wenn (lese_position > schreib_position) dann

        Raster ab schreib_position auffüllen bis lese_position mit Wert aktueller_ton

        schreib_position = lese_position

    wenn_ende

    wenn (Ereignis bedeutet „Ton An") dann

        aktueller_ton = Ereignis.ton

    sonst

        aktueller_ton = „Stille"

    wenn_ende

wiederhole_ende

Raster ab schreib_position bis Ende auffüllen mit Wert aktueller_ton

wiederhole_ende

2.2.2 Benutzung zur Analyse

Am Anfang der Benutzung steht die Installation einer Java Runtime Environment. Diese kann man hier herunterladen:

        http://www.java.com/de/download/

Sie wird mit dem Befehl java.jar aufgerufen. Um den Palestrinizer zu starten, navigiert man in das Verzeichnis, in dem sich die Java-Dateien befinden, und man schreibt in der Shell: java.jar palestrinizer.jar

Nehmen wir nun die Analyse einer einzelnen Datei an:

1. Man gibt eine Partitur in einem Notensatzprogramm ein und erstellt eine mehrspurige MIDI-Datei eines zu analysierenden Stückes.
2. Diese Datei muss zur späteren Analyse im Dateinamen eine Zuordnung des Modus enthalten, dabei gibt es folgende Möglichkeiten: M1 = 1. Modus, M1T = 1. Modus im transponierten System, M2, M2T, für den oktavtransponierten zweiten Modus wurde keine eigene Bezeichnung eingeführt, weiters M3, M3T, M4, M4T, M5, MT5. Eine Ausnahme gibt es nun beim 6. Modus, denn hier kommt traditionell ein um eine Quinte aufwärts transponierter Modus vor. In diesem Falle lautet die Bezeichnung M6T5! Mit M7, M7t, M8 und M8T wird das System beschlossen.
3. Der PALESTRINIZER benötigt nun nach dem voreingestellten Modus auch noch die Stimmenbezeichnung: ursprünglich wurde hierfür die traditionelle mit Sextus, Bassus, Quintus, Tenor, Altus und Cantus gewählt. Doch wir stießen auf das Problem, dass wir einerseits bei den Auswertungen die Stimmkreuzungen nur zwischen Sextus und Quintus sowie der jeweiligen Stimme angezeigt bekamen, konnten aber nicht erfahren, ob es sich beim Sextus insgesamt dann um einen zweiten Bass, etc. gehandelt hat. Es war geplant, nach einem Rekursiv-Suchsystem eine Reihenfolge SBQTAC in 2. Bass, 1. Bass, 2. Tenor, usw. umzuwandeln. Doch wir entschieden uns, die Arbeits-Mühen auf andere analytische Fragen zu richten und die Stimmen Sextus und Quintus per Hand der jeweiligen Stimmlage zuzuordnen.

   Ein Dateiname konnte dann z.B. so aussehen:

   Dateipfad_DATEINAME_M4T_BATS.mid

4. Der Befehl zur Analyse einer einfachen Datei heißt schlicht: *process*.
5. Man stellt in der Shell mit -g2, -g4, -g8, -g16 die Rastergröße ein. Das heißt z.B. bei -g16 die Grösse einer Sechzehntelnote. Dabei gleicht unser Raster = Grid einem Sieb, durch das alles hindurchrieselt, was nicht vorgegebenen Kriterien entspricht.
6. Mittels des Befehls -*fxml* oder -*fplaintext* wird in der Shell festgelegt, ob eine Datenbankdatei, die dann eine .palestrinizer-Datei werden wird oder eine Textdatei angefertigt werden soll.
7. Mit dem Befehl -o wird die Ausgabe festgelegt. Schreibt man z.B. einfach nur -*oausgabe.txt*, so wird eine entsprechende Datei im Palestrinizer-Verzeichnis abgelegt. Es empfiehlt sich, auch hier den Dateipfad einzugeben.
8. Die Software rastert sodann die MIDI-Datei durch und gibt eine Liste aus. Beim Rastern geschieht nun folgendes: jeder Klang wird zunächst nach den Kriterien dissonant und konsonant erfasst, statistisch verwertet und nach den Dissonanzkriterien abqualifiziert. Wird z.B. in einem Zusammenklang die große Sekunde entdeckt, wird der gesamte Klang, bildlich gesprochen, sofort in eine digitale Kiste namens „dissonante Klänge" gesteckt. Die zweite Umkehrung des Dur-

oder Molldreiklanges gilt als dissonant, da im Verhältnis zum Bass eine Quarte entsteht.[686] Terzlose Klänge fallen in die Kategorie *UNDETERMINED*, also unbestimmt. Die Klänge werden im weiteren Verlauf sortiert und der Solmisationsstufe zugewiesen, auf der sie – vom Bass aus gedacht – entstehen. Das heißt, entsteht ein Dur-Akkord im 5. Modus auf der 1. Stufe, so entsteht er auf der fa-Stufe.[687]

Alle beteiligten Töne werden anhand der Stimme, in der sie erscheinen, vermerkt. Alle Ereignisse werden statistisch verarbeitet. Die Klangdichte, also der Ambitus geteilt durch die Anzahl der Stimmen, wird ebenso festgehalten, wie auch Stimmkreuzungen festgeschrieben werden. Am Schluss wird alles in einer Liste gespeichert, sofern man sich die Anzeige nicht nur im Terminal ausgeben lässt. Diese Liste enthält, z.B. bei der 5stimmigen Lasso-Motette Non vos me elegistis, im 5. Modus so viele Informationen, dass diese hier nicht komplett abgedruckt werden können, da die Liste im PDF-Ausdruck 83 Seiten umfasst. Es ist ein rein bildschirmorientiertes System. Dabei wird mit der Klangdichte die Klangqualität beschrieben. Die Prozentangaben dienen der Beschreibung. Sehen wir uns zunächst Lassos Notenbeispiel an:

---

[686] Aufgrund der Tatsache, dass die Quarte in der Renaissance eine andere Bedeutung hat als z.B. im 18. Jahrhundert, sie ist im Verhältnis zum Bass dissonant, sind wir dazu übergegangen, für Epochen wie Barock und Klassik eine jeweils eigene Version des PALESTRINIZERS zu entwickeln, um dem veränderten Dissonanzempfinden der jeweiligen Epochen Rechnung tragen zu können. Anm.d.Verf.

[687] Dieses bassbezogene Denken ist zwar historisch nicht korrekt, um aber sozusagen den Übergang der Vokalpolyphonie in das Generalbasszeitalter zu erforschen, ist es notwendig, da im alten italienischen Generalbass die Bassnote ausschlaggebend für den Klang oder Akkord war und nicht der Grundton! Anm.d.Verf.

NON VOS ME ELEGISTIS

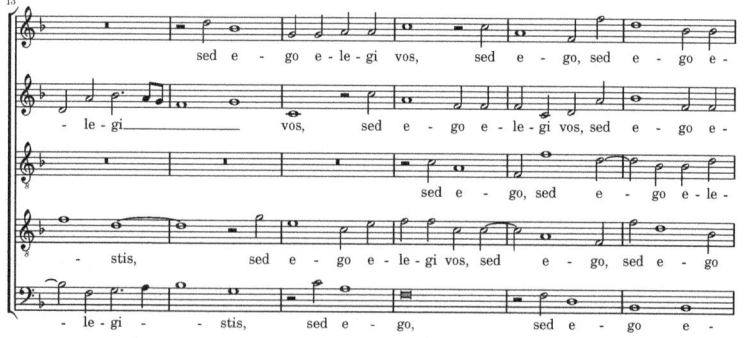

Und hier ein Beispiel für die Grid-Ansicht:

2. FUNKTIONSWEISE 127

```
0:  --- --- --- --- c4| d: 0,00  | | SINGLENOTE step: do 5
1:  --- --- --- --- c4| d: 0,00  | | SINGLENOTE step: do 5
2:  --- --- --- --- c4| d: 0,00  | | SINGLENOTE step: do 5
3:  --- --- --- --- c4| d: 0,00  | | SINGLENOTE step: do 5
4:  --- --- --- --- c4| d: 0,00  | | SINGLENOTE step: do 5
5:  --- --- --- --- c4| d: 0,00  | | SINGLENOTE step: do 5
6:  --- --- --- --- c4| d: 0,00  | | SINGLENOTE step: do 5
7:  --- --- --- --- c4| d: 0,00  | | SINGLENOTE step: do 5
8:  --- --- --- --- c4| d: 0,00  | | SINGLENOTE step: do 5
9:  --- --- --- --- c4| d: 0,00  | | SINGLENOTE step: do 5
10: --- --- --- --- c4| d: 0,00  | | SINGLENOTE step: do 5
11: --- --- --- --- c4| d: 0,00  | | SINGLENOTE step: do 5
12: --- --- --- --- c4| d: 0,00  | | SINGLENOTE step: do 5
13: --- --- --- --- c4| d: 0,00  | | SINGLENOTE step: do 5
14: --- --- --- --- c4| d: 0,00  | | SINGLENOTE step: do 5
15: --- --- --- --- c4| d: 0,00  | | SINGLENOTE step: do 5
16: --- --- --- --- c4| d: 0,00  | | SINGLENOTE step: do 5
17: --- --- --- --- c4| d: 0,00  | | SINGLENOTE step: do 5
18: --- --- --- --- c4| d: 0,00  | | SINGLENOTE step: do 5
19: --- --- --- --- c4| d: 0,00  | | SINGLENOTE step: do 5
20: --- --- --- --- c4| d: 0,00  | | SINGLENOTE step: do 5
21: --- --- --- --- c4| d: 0,00  | | SINGLENOTE step: do 5
22: --- --- --- --- c4| d: 0,00  | | SINGLENOTE step: do 5
23: --- --- --- --- c4| d: 0,00  | | SINGLENOTE step: do 5
24: --- --- --- --- c4| d: 0,00  | | SINGLENOTE step: do 5
25: --- --- --- --- c4| d: 0,00  | | SINGLENOTE step: do 5
26: --- --- --- --- c4| d: 0,00  | | SINGLENOTE step: do 5
27: --- --- --- --- c4| d: 0,00  | | SINGLENOTE step: do 5
28: --- --- --- --- c4| d: 0,00  | | SINGLENOTE step: do 5
29: --- --- --- --- c4| d: 0,00  | | SINGLENOTE step: do 5
30: --- --- --- --- c4| d: 0,00  | | SINGLENOTE step: do 5
31: --- --- --- --- c4| d: 0,00  | | SINGLENOTE step: do 5
32: --- --- --- f3 a3| d: 1,43  |  3+ (4)|  3+ CONSONANT step: fa 1
33: --- --- --- f3 a3| d: 1,43  |  3+ (4)|  3+ CONSONANT step: fa 1
34: --- --- --- f3 a3| d: 1,43  |  3+ (4)|  3+ CONSONANT step: fa 1
35: --- --- --- f3 a3| d: 1,43  |  3+ (4)|  3+ CONSONANT step: fa 1
36: --- --- --- f3 a3| d: 1,43  |  3+ (4)|  3+ CONSONANT step: fa 1
37: --- --- --- f3 a3| d: 1,43  |  3+ (4)|  3+ CONSONANT step: fa 1
38: --- --- --- f3 a3| d: 1,43  |  3+ (4)|  3+ CONSONANT step: fa 1
39: --- --- --- f3 a3| d: 1,43  |  3+ (4)|  3+ CONSONANT step: fa 1
40: --- --- --- f3 a3| d: 1,43  |  3+ (4)|  3+ CONSONANT step: fa 1
41: --- --- --- f3 a3| d: 1,43  |  3+ (4)|  3+ CONSONANT step: fa 1
42: --- --- --- f3 a3| d: 1,43  |  3+ (4)|  3+ CONSONANT step: fa 1
43: --- --- --- f3 a3| d: 1,43  |  3+ (4)|  3+ CONSONANT step: fa 1
44: --- --- --- f3 a3| d: 1,43  |  3+ (4)|  3+ CONSONANT step: fa 1
45: --- --- --- f3 a3| d: 1,43  |  3+ (4)|  3+ CONSONANT step: fa 1
46: --- --- --- f3 a3| d: 1,43  |  3+ (4)|  3+ CONSONANT step: fa 1
47: --- --- --- f3 a3| d: 1,43  |  3+ (4)|  3+ CONSONANT step: fa 1
48: --- --- --- f3 c4| d: 1,37  |  5p (7)|  5p CONSONANT step: fa 1
49: --- --- --- f3 c4| d: 1,37  |  5p (7)|  5p CONSONANT step: fa 1
50: --- --- --- f3 c4| d: 1,37  |  5p (7)|  5p CONSONANT step: fa 1
51: --- --- --- f3 c4| d: 1,37  |  5p (7)|  5p CONSONANT step: fa 1
52: --- --- --- f3 c4| d: 1,37  |  5p (7)|  5p CONSONANT step: fa 1
53: --- --- --- f3 c4| d: 1,37  |  5p (7)|  5p CONSONANT step: fa 1
54: --- --- --- f3 c4| d: 1,37  |  5p (7)|  5p CONSONANT step: fa 1
55: --- --- --- f3 c4| d: 1,37  |  5p (7)|  5p CONSONANT step: fa 1
56: --- --- --- f3 c4| d: 1,37  |  5p (7)|  5p CONSONANT step: fa 1
57: --- --- --- f3 c4| d: 1,37  |  5p (7)|  5p CONSONANT step: fa 1
58: --- --- --- f3 c4| d: 1,37  |  5p (7)|  5p CONSONANT step: fa 1
59: --- --- --- f3 c4| d: 1,37  |  5p (7)|  5p CONSONANT step: fa 1
60: --- --- --- f3 c4| d: 1,37  |  5p (7)|  5p CONSONANT step: fa 1
61: --- --- --- f3 c4| d: 1,37  |  5p (7)|  5p CONSONANT step: fa 1
62: --- --- --- f3 c4| d: 1,37  |  5p (7)|  5p CONSONANT step: fa 1
63: --- --- --- f3 c4| d: 1,37  |  5p (7)|  5p CONSONANT step: fa 1
```

KAPITEL 3. DIE SOFTWARE PALESTRINIZER

In der Grid-Ansicht sieht man nun jeden sich ereignenden Klang in der jeweiligen Raster-Größe und sieht auch sofort die Klangqualifizierung, sowie den Dichtegrad des Klanges.

Beginn bei 0: Bass, zweiter Tenor, 1. Tenor und Alt pausieren, der Cantus beginnt mit einem c". Die Dichte d ist gleich 0, da nur eine Stimme beteiligt ist. Das wird auch mit Ausdruck SINGLENOTE festgehalten. Da wir einen untransponierten 5. Modus voreingestellt haben, ist dieses c = *do* und damit die fünfte Stufe. Gehen wir zur Zeile 32, so sehen wir, dass im Altus ein f' hinzukommt und der Cantus auf ein a' hinabsteigt. Der Dichtegrad beträgt nun 1,43, das Intervall wird mit 3+ für uns musikalisch benannt, es bedeutet für den Computer aber vier Halbtonschritte (die 4 in Klammern), diese große Terz ist konsonant, der Zweiklang wird der 1. Stufe auf *fa* zugewiesen.

```
cons-/dissonances                evts     %evt    %ttl |   blks   mindur   maxdur   avgdur
------------------------------------------------------------------------------------------
CONSONANT                      2128,00    87,50   85,22 |  67,00     2,00   264,00    31,76
DISSONANT                       304,00    12,50   12,17 |  62,00     2,00     8,00     4,90

dissonant sounds                 evts     %evt    %ttl |   blks   mindur   maxdur   avgdur
------------------------------------------------------------------------------------------
UNDETERMINED                    290,00    95,39   11,61 |  59,00     2,00     8,00     4,92
SINGLEINTERVALL                   8,00     2,63    0,32 |   2,00     4,00     4,00     4,00
DIMINISHED, 2. INVERSION          4,00     1,32    0,16 |   1,00     4,00     4,00     4,00
THIRDLESSCHORD 5/7                2,00     0,66    0,08 |   1,00     2,00     2,00     2,00

consonant sounds                 evts     %evt    %ttl |   blks   mindur   maxdur   avgdur
------------------------------------------------------------------------------------------
MAJOR                          1124,00    52,82   45,01 |  61,00     2,00    96,00    18,43
MINOR                           628,00    29,51   25,15 |  47,00     4,00    56,00    13,36
SINGLEINTERVALL                 160,00     7,52    6,41 |  10,00     4,00    32,00    16,00
MAJOR, 1. INVERSION             100,00     4,70    4,00 |  11,00     4,00    16,00     9,09
FIFTHLESSCHORD 12/4              28,00     1,32    1,12 |   4,00     4,00     8,00     7,00
MINOR, 1. INVERSION              28,00     1,32    1,12 |   5,00     4,00     8,00     5,60
FIFTHLESSCHORD 12/3              16,00     0,75    0,64 |   3,00     4,00     8,00     5,33
FIFTHLESSCHORD 3/12               8,00     0,38    0,32 |   1,00     8,00     8,00     8,00
FIFTHLESSCHORD 12/12              8,00     0,38    0,32 |   1,00     8,00     8,00     8,00
FIFTHLESSCHORD 3/9                8,00     0,38    0,32 |   1,00     8,00     8,00     8,00
THIRDLESSCHORD 12/7               8,00     0,38    0,32 |   2,00     4,00     4,00     4,00
FIFTHLESSCHORD 9/3                4,00     0,19    0,16 |   1,00     4,00     4,00     4,00
THIRDLESSCHORD 7/5                4,00     0,19    0,16 |   1,00     4,00     4,00     4,00
FIFTHLESSCHORD 8/4                4,00     0,19    0,16 |   1,00     4,00     4,00     4,00
```

Anschließend sieht man eine zusammenfassende Übersicht der Analyse, die jeweils in eine .txt-Datei oder in eine .palestrinizer-Datei gespeichert wird. Der Übersichtlichkeit halber wurde hier eine Ansicht ohne die Standardabweichungen gewählt. Die Zusammenfassung enthält als ersten Punkt die Kon- und Dissonanzen, das Feld *evts* ist gleich Anzahl der Ereignisse, bzw. Spalten im Grid, unserem Raster. So bedeutet z.B. die erste Zahl bei *evts* 2128 MIDI-Anschläge (also 2128 Sechzehntelnoten) von konsonanten Klängen, was prozentual an MIDI-Ereignissen als Anteil dieses Merkmals gegenüber den übrigen Merkmalen der Statistik (% *evts*) 87,50% und auf das ganze Stück besehen 85,22%(% *ttl*) ausmacht. Die Spalte *blks* bedeutet die Anzahl zusammenhängender Ereignisse: 67 Ereignisse waren in dieser Lasso-Motette zusammenhängend konsonant, davon waren konsonante Blöcke mit dem kürzesten Block mindestens zwei Sechzehntel, mit dem längsten Block maximal 264 Sechzehntel lang und die Durchschnittsdauer des konsonanten Blocks *avgdur* betrug 31 Sechzehntel.[688]

---

[688] Es muss klar sein, dass das ein errechneter Durchschnittswert ist und nicht etwa eine tatsächliche Notendauer. Ein Block ist die Anzahl zusammenhängender Ereignisse, würde eine andere

2. FUNKTIONSWEISE

Dissonant waren 304 Ereignisse oder Sechzehntel, die prozentual 12,50% und auf das gesamte Werk 12,17% ausmachen, zusammenhängend waren es 62 Blöcke mit einer minimalen Dauer von zwei Sechzehnteln und einer maximalen von acht Sechzehnteln. Die Durchschnittsdauer betrug vier Sechzehntel.

Nun zur Aufschlüsselung nach dissonanten Klängen: Unbestimmte Klänge, also weder bekannte Quartsextakkorde oder Septakkordformen, die voreingestellt wurden, sind mit 95,39% die häufigsten. Dazu gehören selbstverständlich alle Durchgangs- oder Wechselnoten-Erscheinungen. Im gesamten Stück machen sie aber nur 11,61% aus! Es waren 59 solcher Blöcke, die mit der Durchschnittsdauer fast jener der Dissonanzen insgesamt entsprechen. Wie man sehen kann, ist die Zahl 8 die Maximaldauer: zwei Viertelnoten! Das dissonante Einzelintervall steht an zweiter Stelle, kommt achtmal vor und teilt sich mit dem verminderten Dreiklang als Quart-Sextakkord die Maximaldauer. An letzter Stelle steht der terzlose Dreiklang in seiner dissonanten Form, nämlich mit der Quarte im Verhältnis zum Bass. Bei diesem Klang wird nicht der Halbtonschritt-Schreibweise Eberleins gefolgt, sondern eher der Intervalladdition Arons, kombiniert mit Eberleins Halbtonschritt-Schema. Dieses wird allerdings nicht auf den Basston bezogen, sondern 5/7 bedeutet Quarte plus Quinte.

Machen wir einen Sprung zu den konsonanten Klängen, so sehen wir die klare Vormachtstellung des Durakkordes in der Grundstellung! Dieser schlägt mit 1124 *evts* zu Buche und macht auf das ganze Stück besehen 45,01% aus. 61 Blöcke werden durch ihn gebildet, die eine Maximaldauer von sechs ganzen Noten erreichen und eine Durchschnittsdauer von 17 Sechzehnteln haben. Dem Durakkord in der Grundstellung folgen hierarchisch der Mollakkord, das konsonante Einzelintervall, die 1. Umkehrung in Dur, dann unbestimmte Klänge, wie Oktavklänge, der Dur-Sextakkord und ein quintloser konsonanter Klang. Viele Musiktheoretiker wird bestimmt die Nomenklatur mit Septakkord und Sextakkord stören. Der Autor entschied sich für sie, weil diese Gebilde hinter der Oberfläche gesucht werden sollten, weil es in der vorliegenden Studie auch um die Erforschung der Entwicklung der Tonalität geht.

Das historische Bewusstsein dafür, dass jene Bezeichnungen in der Zeit nicht verwendet wurden, wird stillschweigend vorausgesetzt. Es gibt allerdings eine Ausnahme: bei den quintlosen Akkordformen, das heisst einem in Intervalladdition gerechneten Terz-Sext-Klang (wie d-f-d') oder einem Terz-Oktav-Klang (wie d-f-f') haben wir die Bezeichnungen in Halbtonschritten gewählt, wie auch zuvor oben bereits am Beispiel der terzlosen Klänge geschildert. Hierdurch ergeben sich für die unvollständigen Dreiklänge im modernen Tonsatzverständnis Gebilde wie 3/12, 4/12, 12/3, 12/4, 3/9, 4/8, 9/3 und 8/4. Es war wichtig, diese Terzklänge, die keinen vollständigen Dreiklang bilden, ebenfalls systematisch zu erfassen, da diese Formen immer wieder auftauchen. Die Formen, die durch Intervalloktavierungen entstehen, haben wir der Systematik halber immer nach dem Auftreten des ersten Intervalles mit einsortiert. Wir unterscheiden nicht zwischen c-e-c' und c-e-c'-e'! Um auch

---

Rastergröße, z.B. in Achteln eingestellt, so ergäben sich für die Blockzahl immer noch 67, aber für die Minimaldauer 1 und die Maximimaldauer 132, die Durchschnittsdauer läge bei 15. Da zwei Sechzehntel ein Achtel sind, wären auch die evts-Zahlen halbiert.

KAPITEL 3. DIE SOFTWARE PALESTRINIZER

einem weiteren Aspekt Eberleins folgen zu können, nämlich dem der vertikalen Klangfolge, haben wir einen Suchalgorithmus implementiert, der unser Raster nach sich wiederholenden Klangfolgen durchsucht. Dieser ist vor allen Dingen bei den Aggregierungen interessant, da man auf diese Weise sich wiederholende Klangfolgen über mehrere Werke hinweg verfolgen kann. Dieses Denken ist zwar unhistorisch, aber der Umschwung zum Generalbass ereignete sich bekanntlich in der Zeit um 1600, und nichts entsteht aus sich heraus!

Nach der Unterscheidung zwischen konsonanten und dissonanten Akkorden erstellen wir eine Liste mit allen Klängen. Wie man sieht, überwiegen die grundständigen Akkorde in Dur- und Moll in der Hierarchie der Stufen 1, 5, 6, 4, 2 und 3 das Klanggeschehen. Anhand dieser Aufschlüsselung gingen wir auch mit den Einzelstimmen vor, wobei wir zwischen den verwendeten Tönen samt Oktavtransposition und oktavbereinigten, absoluten Tonhöhen unterschieden. Die Präferenz liegt deutlich auf der Finalis f und der Repercussa c. Allerdings könnte man mehr als 31,05% der Finalis in der Bass-Stimme erwarten. Auf das ganze Stück besehen kann man durchaus sagen, dass ein Viertel der Bass-Noten f's sind.

BASSUS	evts	%evt	%ttl	blks	mindur	maxdur	avgdur
f2	616,00	31,05	24,67	31,00	4,00	48,00	19,87
c2	296,00	14,92	11,85	14,00	8,00	96,00	21,14
d2	244,00	12,30	9,77	17,00	8,00	32,00	14,35
g2	216,00	10,89	8,65	17,00	4,00	32,00	12,71
a#1	160,00	8,06	6,41	8,00	16,00	32,00	20,00
a2	144,00	7,26	5,77	14,00	4,00	16,00	10,29
a#2	108,00	5,44	4,33	11,00	4,00	16,00	9,82
c3	72,00	3,63	2,88	8,00	4,00	16,00	9,00
e2	64,00	3,23	2,56	7,00	4,00	16,00	9,14
d3	32,00	1,61	1,28	3,00	8,00	16,00	10,67
d#2	16,00	0,81	0,64	1,00	16,00	16,00	16,00
a1	16,00	0,81	0,64	1,00	16,00	16,00	16,00
BASSUS pitches only	evts	%evt	%ttl	blks	mindur	maxdur	avgdur
f	616,00	31,05	24,67	31,00	4,00	48,00	19,87
c	368,00	18,55	14,74	21,00	4,00	96,00	17,52
d	276,00	13,91	11,05	20,00	8,00	32,00	13,80
a#	268,00	13,51	10,73	19,00	4,00	32,00	14,11
g	216,00	10,89	8,65	17,00	4,00	32,00	12,71
a	160,00	8,06	6,41	15,00	4,00	16,00	10,67
e	64,00	3,23	2,56	7,00	4,00	16,00	9,14
d#	16,00	0,81	0,64	1,00	16,00	16,00	16,00

Damit würde der Bass tatsächlich häufiger die Finalis singen als die anderen Stimmen. Nun kann argumentiert werden, dass das ein banaler Befund sei. Gerade in der kommenden, an Dur- und Moll-Klängen orientierten Musik des Generalbass-Zeitalters und des Kantionalsatzes orientiert sich der Bass selbstverständlich an den Grundtönen. Aber schaut man sich die Häufigkeitsverteilung der Note b an, die hier in MIDI-Sprache a# heisst, so sieht man, dass dieses in der nicht oktavbereinigten Spalte nur an fünfter und in der oktavbereinigten an vierter Stelle liegt.

Die weiteren Listen in dieser Studie wurden, um nicht ähnlich verschwenderisch mit dem Platz umzugehen, in LaTeX-Tabellenform gebracht. Dies erforderte zwar mehr Mühe als das bloße Importieren der PDF-Dateien, war allerdings weitaus ästhetischer. In den weiteren Analysen werden nicht mehr alle Parameter vorgetragen, sondern nur die häufigsten, die dies rechtfertigen. Sehen wir uns noch kurz die anderen Töne in den beteiligten Stimmen an.

2. FUNKTIONSWEISE 131

TENOR2	evts	%evt	%ttl	blks	mindur	maxdur	avgdur
c3	552,00	27,71	22,11	31,00	4,00	48,00	17,81
d3	320,00	16,06	12,82	22,00	4,00	32,00	14,55
f3	256,00	12,85	10,25	20,00	4,00	48,00	12,80
a2	236,00	11,85	9,45	17,00	4,00	32,00	13,88
g2	196,00	9,84	7,85	11,00	4,00	64,00	17,82
f2	148,00	7,43	5,93	4,00	4,00	128,00	37,00
a#2	148,00	7,43	5,93	14,00	4,00	16,00	10,57
e3	80,00	4,02	3,20	12,00	4,00	16,00	6,67
g3	52,00	2,61	2,08	6,00	4,00	16,00	8,67
a3	4,00	0,20	0,16	1,00	4,00	4,00	4,00

TENOR2 pitches only	evts	%evt	%ttl	blks	mindur	maxdur	avgdur
c	552,00	27,71	22,11	31,00	4,00	48,00	17,81
f	404,00	20,28	16,18	22,00	4,00	128,00	18,36
d	320,00	16,06	12,82	22,00	4,00	32,00	14,55
g	248,00	12,45	9,93	17,00	4,00	64,00	14,59
a	240,00	12,05	9,61	18,00	4,00	32,00	13,33
a#	148,00	7,43	5,93	14,00	4,00	16,00	10,57
e	80,00	4,02	3,20	12,00	4,00	16,00	6,67

TENOR	evts	%evt	%ttl	blks	mindur	maxdur	avgdur
c3	540,00	27,16	21,63	26,00	4,00	96,00	20,77
d3	332,00	16,70	13,30	27,00	4,00	32,00	12,30
f3	316,00	15,90	12,66	19,00	4,00	40,00	16,63
a#2	164,00	8,25	6,57	14,00	4,00	32,00	11,71
a2	156,00	7,85	6,25	12,00	4,00	32,00	13,00
g3	152,00	7,65	6,09	9,00	4,00	48,00	16,89
g2	136,00	6,84	5,45	9,00	4,00	32,00	15,11
e3	100,00	5,03	4,00	12,00	4,00	16,00	8,33
f2	48,00	2,41	1,92	4,00	8,00	16,00	12,00
d#3	40,00	2,01	1,60	3,00	8,00	16,00	13,33
a3	4,00	0,20	0,16	1,00	4,00	4,00	4,00

TENOR pitches only	evts	%evt	%ttl	blks	mindur	maxdur	avgdur
c	540,00	27,16	21,63	26,00	4,00	96,00	20,77
f	364,00	18,31	14,58	22,00	4,00	40,00	16,55
d	332,00	16,70	13,30	27,00	4,00	32,00	12,30
g	288,00	14,49	11,53	17,00	4,00	48,00	16,94
a#	164,00	8,25	6,57	14,00	4,00	32,00	11,71
a	160,00	8,05	6,41	13,00	4,00	32,00	12,31
e	100,00	5,03	4,00	12,00	4,00	16,00	8,33
d#	40,00	2,01	1,60	3,00	8,00	16,00	13,33

ALTUS	evts	%evt	%ttl	blks	mindur	maxdur	avgdur
f3	764,00	32,59	30,60	31,00	4,00	192,00	24,65
a3	530,00	22,61	21,23	22,00	2,00	80,00	24,09
g3	326,00	13,91	13,06	24,00	2,00	64,00	13,58
e3	190,00	8,11	7,61	14,00	2,00	80,00	13,57
a#3	160,00	6,83	6,41	12,00	4,00	16,00	13,33
c4	160,00	6,83	6,41	9,00	8,00	32,00	17,78
d3	130,00	5,55	5,21	15,00	2,00	24,00	8,67
c3	72,00	3,07	2,88	7,00	4,00	16,00	10,29
a2	8,00	0,34	0,32	1,00	8,00	8,00	8,00
d#3	4,00	0,17	0,16	1,00	4,00	4,00	4,00

ALTUS pitches only	evts	%evt	%ttl	blks	mindur	maxdur	avgdur
f	764,00	32,59	30,60	31,00	4,00	192,00	24,65
a	538,00	22,95	21,55	22,00	2,00	80,00	24,45
g	326,00	13,91	13,06	24,00	2,00	64,00	13,58
c	232,00	9,90	9,29	15,00	4,00	32,00	15,47
e	190,00	8,11	7,61	14,00	2,00	80,00	13,57
a#	160,00	6,83	6,41	12,00	4,00	16,00	13,33
d	130,00	5,55	5,21	15,00	2,00	24,00	8,67
d#	4,00	0,17	0,16	1,00	4,00	4,00	4,00

KAPITEL 3. DIE SOFTWARE PALESTRINIZER

Zum Schluss bekommen wir eine Angabe der Stimmkreuzungen[689], die uns auch Aufschluss über die unterschiedliche kompositorische polyphone Gestaltung der Komponisten geben.

```
SOPRAN                    evts    %evt    %ttl |   blks  mindur  maxdur  avgdur
----------------------------------------------------------------------------
c4                       508,00   23,01   20,34 |  27,00    4,00   40,00   18,81
a3                       384,00   17,39   15,38 |  18,00    4,00   64,00   21,33
d4                       314,00   14,22   12,58 |  23,00    2,00   32,00   13,65
f4                       260,00   11,78   10,41 |  17,00    8,00   32,00   15,29
a#3                      236,00   10,69    9,45 |  15,00    4,00   32,00   15,73
g3                       180,00    8,15    7,21 |   8,00    4,00   80,00   22,50
e4                       174,00    7,88    6,97 |  16,00    2,00   32,00   10,88
g4                       128,00    5,80    5,13 |   6,00    8,00   32,00   21,33
f3                        24,00    1,09    0,96 |   2,00    8,00   16,00   12,00

SOPRAN pitches only       evts    %evt    %ttl |   blks  mindur  maxdur  avgdur
----------------------------------------------------------------------------
c                        508,00   23,01   20,34 |  27,00    4,00   40,00   18,81
a                        384,00   17,39   15,38 |  18,00    4,00   64,00   21,33
d                        314,00   14,22   12,58 |  23,00    2,00   32,00   13,65
g                        308,00   13,95   12,33 |  12,00    4,00   80,00   25,67
f                        284,00   12,86   11,37 |  18,00    8,00   32,00   15,78
a#                       236,00   10,69    9,45 |  15,00    4,00   32,00   15,73
e                        174,00    7,88    6,97 |  16,00    2,00   32,00   10,88

crossings                 evts    %evt    %ttl |   blks  mindur  maxdur  avgdur
----------------------------------------------------------------------------
TENOR                    608,00   73,79    4,87 |  20,00    4,00   64,00   30,40
ALTUS                    144,00   17,48    1,15 |  11,00    8,00   24,00   13,09
SOPRAN                    72,00    8,74    0,58 |   5,00    8,00   32,00   14,40
```

Die Klangfolgenanalyse sieht folgendermaßen aus: Der Befehl lautet *sequences*. Es wird wieder die Granularität eingestellt, dazu mit -w = „window" die Breite, also die Länge der Klangfolgen, ob drei oder vier, usw., dann geben wir mit -l = „limi" das Limit an, um die Anzahl der maximalen Ergebnisse zu begrenzen und schreiben mit -o „outputfilename" wie bei den anderen Unterkommandos die Ergebnisse in einer Datei.

```
2 occurences for:
5 do MAJOR CONSONANT
1 fa MAJOR CONSONANT
4 ta MAJOR CONSONANT
1 fa MAJOR CONSONANT

/Users/danielhensel/Dropbox/Palestrinizer2.0/
Lassus_Non_vos_me_elegistis_M5_BTTAS.midi:1808
/Users/danielhensel/Dropbox/Palestrinizer2.0/
Lassus_Non_vos_me_elegistis_M5_BTTAS.midi:2288

2 occurences for:
6 re MINOR CONSONANT
1 fa MAJOR CONSONANT
5 do MINOR CONSONANT
2 so MINOR CONSONANT

/Users/danielhensel/Dropbox/Palestrinizer2.0/
Lassus_Non_vos_me_elegistis_M5_BTTAS.midi:840
/Users/danielhensel/Dropbox/Palestrinizer2.0/
Lassus_Non_vos_me_elegistis_M5_BTTAS.midi:896
```

Wir sehen nun, dass die Klangfolgen bei vier Akkorden von Dur-Grundstellung auf *c*-do über der 5. Stufe auf Dur-Grundstellung, gebildet auf *f*-fa über der 1.

---

[689] Für die Stimmkreuzung muss angemerkt werden, dass wir aus technischen Gründen immer nur die Kreuzung zur nächst tieferen Stimme im Grid markieren können, deshalb muss hier eine gewisse Unschärfe in Kauf genommen werden.

Stufe, zu einem Dur-Grundstellung auf *b*-ta über der 4. Stufe und einem Dur-Grundstellung auf *f* als Folge immerhin zweimal vorkommt. Die uns später allzu geläufigen Folgen von F-Dur zu d-Moll kommen ebenso zweimal vor. Würde man nun statt einer Vier-Akkorden-Folge eine Drei-Akkorden-Folge nehmen, wären die *occurences* noch größer. Die Sequenz-Datei zeigt zudem an, an welchen Stellen im Grid die Folgen sich ereignen, wie beim 1808. Sechzehntel. Cave: damit das Vorkommen im Grid und im Sequenztext übereinstimmt, muss für beide die gleiche Rastergröße -gx gewählt werden!

Zum Abschluss der sich immer mehr verfeinernden Analyse wird ein Blockdiagramm dargereicht, um eine Häufigkeitsverteilung der Merkmale betrachten zu können. Das funktioniert aber nur sinnvoll, wenn mehrere Werke gemeinsam betrachtet werden.

Nun haben wir schon einige Daten erhalten, was machen wir aber, wenn wir hunderte Dateien miteinander vergleichen möchten?

Ingo Jache brachte als Informatiker die Idee der Aggregierung ins Spiel, und dafür benötigten wir ein Datenbankformat, das maschinenlesbar sein musste: so wurden xml-Dateien zu .palestrinizer-Dateien, da das xml-Format die Weiterverarbeitung durch die Maschine ermöglicht. Hier konnten wir nun einerseits mit dem Befehl *batchprocess* mehrere Dateien stapelweise rekursiv durch alle Verzeichnisse verarbeiten, ohne diese jedesmal einzeln verarbeiten zu müssen. Andererseits konnten wir mit dem Befehl *aggregate* die verarbeiteten .palestrinizer-Dateien aufsummieren und bekamen so Minimal-, Maximal-, sowie Durchschnittswerte für ganze Datensätze, wie zuvor bei einem einzelnen Stück. Mittels des Befehls *difference* war es möglich, zwei Dateien miteinander zu vergleichen, indem man die Werte von Datei 1 mit denen von Datei 2 subtrahierte. So war es dann z.B. auch möglich, ein Lasso-Stück mit allen anderen zu vergleichen, da dieser Befehl auch durch alle Unterverzeichnisse hindurch verwendet werden konnte. Es stellte sich allerdings heraus, dass die Interpretation dieser *difference*-Daten zu komplex war, wo man sich zuvor Einfachheit erhoffte.

Musik als Zeitkunst ist dominiert vom Problem der Zeitgestaltung. Und das Phänomen Klang geschieht jeweils zu einer bestimmten Zeit für die Dauer eines bestimmten Zeitabschnittes. Dieses Problem, das eigentlich zum Diskussionsgegenstand der Neuen Musik gehört, existierte aber selbstverständlich auch schon zur Zeit Palestrinas. Zeitgestaltung, Abschnittsgestaltung, ein eventueller „harmonischer Rhythmus", der durch die Intervall-Additionen der selbständigen Stimmen entstehen könnte, mussten also in irgendeiner Form ebenfalls analytisch untersucht werden, wozu die Blockdiagramme bestens geeignet waren.

2.3 Problematisierung der Methode

Ein Ziel der Methode war, die Analyseergebnisse für Musiker ohne mathematische oder physikalische Vorbildung lesbar zu halten und die größtmögliche Einfachheit in der Darstellung und Formulierung der Sachverhalte anzustreben.

Einerseits ist dem Autor der Studie eine Konkurrenz mit physikalischen Instituten nicht möglich, andererseits musste aber eine Fülle von Daten gebändigt werden. Die Studie sieht sich daher in einer Art „abgegrenzter variierter Tradition" der Studie von Fucks und Lauter. Wie jenen war es uns ebenso ein Anliegen, die Dinge nach „begrifflicher Formulierbarkeit und Zustimmungszwang" hin zu untersuchen und „nicht nach dem Sinn des Naturgeschehens" zu fragen. Darin unterscheidet sich die vorliegende Studie auch wiederum von der Arbeit Eberleins, der von vorne herein nach dem „Warum" in der Entstehung klanglicher Phänomene fragt.[690] Wichtig war für uns die Sortierung der Klänge getrennt nach konsonanten und dissonanten Klängen und die jeweilige Solmisations-Stufe, auf der die Klänge entstehen. Anders als Eberlein war die Fortschreitung der Klänge nach der Bass-Fortschreitung für uns zuallererst kein Kriterium, da diese Betrachtungsweise der Musik der Renaissance und dem Wesen der Vokalpolyphonie fremd ist. Die Chiffrierung der Klänge nach Eberlein im Sinne aufeinanderfolgender Halbtonschritte, das heisst, für einen Dur-Dreiklang 47 (4=große Terz und 7=reine Quint) ergab sich für die MIDI-Analyse ganz von selbst: ein Klanggeschehen ist dem Computer nicht anders begreiflich zu machen. Eberlein strebt hier eine sprachliche Neutralisierung von in der Musiktheorie unzählig beschriebenen Phänomenen an. Wir suchten jedoch gerade nach diesen Phänomenen im Hintergrund der Musik der Renaissance. Zudem ist der Autor der Ansicht, dass jene Chiffrierung für den Musiker äußerst aufwendig zu lesen ist, so dass er sich dafür entschied, die traditionellen Akkordbezeichnungen zu verwenden. Eberlein lässt auch die Oktavversetzung unberücksichtigt, die wir in unserem Verfahren allerdings berücksichtigen wollten, um ein genaueres Bild zu erhalten, da wir Klänge auch auf das Vorkommen in der engen oder weiten Lage unterschieden. Um eine internationale Verwendung der Software zu gewährleisten, wurden die Akkorde ohnehin in englisch abgefasst.

Es stellte sich schnell heraus, dass eine Differenzierung der Komponisten nur anhand der aggregierten Zahlenwerte nicht zielführend war, da durch Aggregation vieles an Information verloren geht. Folglich haben wir ein Bildgebungsverfahren eingeführt, das wie eine Radierung Dinge hervorhebt, die besonders häufig vorkommen, weil sie dann mehrfach überschrieben werden. Eine Parallele zur Tonhöhen-Matrize von Fucks und Lauter wird damit bewusst hergestellt. Im Vergleich ist unser Verfahren viel einfacher. Zunächst wurde das Verfahren durch Linienzeichnungen bemüht, die allerdings keine oder nur wenige Interpretationsmöglichkeiten gaben, weil sie rasch zu unübersichtlich wurden. Deshalb sind wir dann zu den sich überzeichnenden Blockdiagrammen übergegangen, die eine Clusteranalyse per se darstellen. Unser statistisches Verfahren war zunächst denkbar einfach, da immer nur Minimal-, Maximal- und Durchschnittswerte gebildet wurden. Hiermit unterscheidet sich der Ansatz dieser Studie auch sehr vom Ansatz Rainer Kluges, der mittels der Faktorenanalyse Merkmal-Zusammenhänge in Volksliedmelodien herauszufiltern versuchte. Es ist eine bemerkenswerte Studie aus den 70er Jahren des letzten Jahrhunderts, die mit den technischen Möglichkeiten der damaligen Zeit einer Mammut-Aufgabe glich. Einschränkend zur Klugeschen Studie muss aus heuti-

---

[690] Vgl. Roland Eberlein, Die Entstehung der tonalen Klangsyntax, S.8.

ger Sicht allerdings gesagt werden, dass Kluge so viele Merkmale vorgibt, dass die Frage berechtigt sein muss, wozu überhaupt noch die Faktorenanalyse zur Merkmalsfindung bemüht wird.[691]

Zudem scheint eine „exaktwissenschaftliche Musikanalyse" aus heutiger Sicht ohnehin nicht möglich: Jede Grundannahme, jeder in der Software verwendeter Parameter, jedes vorausgewählte Merkmal für eine Faktorenanalyse bleibt letztlich immer bis zu einem gewissen Grade in der Auswahl subjektiv! Zu viele Interpretationsmöglichkeiten und Doppeldeutigkeiten sind im musikalischen Material gegeben (z.B. Verdopplungen in Akkorden, Grundton- oder Basston-Harmonik?, taktbasierte oder minutenbasierte Abschnittszählungen?, Quarte in der Renaissance im Verhältnis zum Bass dissonant, aber eigentlich eine Konsonanz), die für die Programmierung der Software Entscheidungen des Musikers erforderten, denn die Musik ist das Produkt des menschlichen Geistes; ihre innere Ordnung ist keine, die zwangsläufig auf Naturgesetzen beruht.

Um wissenschaftliche Objektivität zu gewährleisten, hat sich der Autor daher bemüht, Grundannahmen – so weit es ging, denn es musste sie selbstverständlich geben – zu Beginn außen vor zu lassen und danach zu sehen, welche Schlussfolgerungen per se die Computeranalyse bietet. Erst hinterher wurden die Grundannahmen wieder mit einbezogen. Auch hierin war das Verfahren wieder dem Fucks' und Lauters näher, da es analysierte, ohne nach dem Sinn der musikalischen Geschehnisse zu fragen. Damit unterschied sich der Ansatz aber auch wieder von dem Eberleins, war im Geiste jedoch Kluge näher, welcher der Meinung war, dass automatisierte Verfahren „den Forscher von unschöpferischer Routinearbeit"[692] entlasten „und seine Kraft und Aufmerksamkeit für die eigentlich entscheidenden Stadien seiner Untersuchung" freisetzen sollen.[693] Ganz so frei von „unschöpferischer Routinearbeit"[694] ging es leider auch bei diesem Forschungsansatz nicht vonstatten.

2.3.1 Mittelwertbildung

Zunächst erfolgte die Analyse über die oben angezeigte Bildung von Mittelwerten. Diese hatten zwar einige Aussagekraft, waren aber zum Vergleichen nicht in der Form geeignet, wie man es erwartet hätte.

Annahmen des Ansatzes:

Dem Forschungsansatz lag die Annahme zugrunde, dass die Musik Palestrinas bei aller Verschmelzung der Stimmen dissonanter sei als die Lassos. Denn die kon-

---

[691] Reiner Kluge, Faktorenanalytische Typenbestimmung an Volksliedmelodien, Beiträge zur musikwissenschaftlichen Forschung in der DDR, Band 6, hrsg. vom Zentralinstitut für Musikforschung im Verband der Komponisten und Musikwissenschaftler der DDR, Leipzig 1974, S.20 u.Anhang D.

[692] Kluge, Faktorenanalytische Typenbestimmung, S.8.

[693] Kluge, ebd.

[694] Ebd.

ventionelle Analyse der Musik beider Komponisten ließ vermuten, dass die Musik Lassos[695] nicht deshalb härter klingt, weil sie mehr Dissonanzen verwendet, sondern weil Lasso eine größere Neigung zu Sprüngen und zu mehr Bewegung hat und den Ambitus weiter fasst als Palestrina.

Problematik der Materialanalyse:

Wir haben nur die Möglichkeit konventionelles Dreiklangs-Material zu untersuchen. Die Ergebnisse waren zunächst ernüchternd: Palestrina und Lasso (wenn man dessen Prophetiae sibyllarum außen vor lässt) unterschieden sich statistisch kaum in der Dissonanzenverwendung. Es war immer ein ungefähres Verhältnis von 85% Konsonanzen zu 15% Dissonanzen. Nun ließe sich argumentieren, dass, wenn man z.b. eine Wand aus der Wiener Karlskirche, gebaut von Fischer von Erlach, mit der Konstruktion einer Wand eines Baus von Adolf Loos verglich, bei beiden ebenfalls herauskommen könnte: 85% Marmor und 15% Mörtel. Bei einem Bau z.B. eines Apple Stores würde man hingegen den Marmor nur noch auf dem Fußboden finden, der Rest des Materials wäre Eisen, Zement und vor allem viel Glas, aber immerhin wären sämtliche Materialien in einem anderen Mischungsverhältnis zueinander vorhanden.

Das Bild will nur verdeutlichen, dass gewisse Grundprinzipien stilübergreifend hinweg gelten, sich dann aber sogar sprunghaft ändern können und Materialverwendung per se aber kein Stilkriterium sein muss!

Das heißt für uns: Lasso und Palestrina könnten einen solch objektivierten geschlossenen Stil schreiben, in dem 85% an „Konsonarität" einfach stilbildend ist.

Zum Vergleich: Im Bach-Choral „Nun ruhen alle Wälder" BWV 244/44 konnten nach unserer älteren noch groben Methodik 55% Konsonanzen und 45% Dissonanzen ermittelt werden, soviel wie in keinem einzigen Stück der beiden vorher genannten Komponisten. Jedoch fand sich exakt das gleiche Spannungsverhältnis im Kyrie aus Schuberts As-Dur Messe, ohne dass man sagen könnte, das sei ein barockes Stück! Der Schumann-Chor „Die alte gute Zeit" op.55 Nr.4 zeigte ein Verhältnis von 62 zu 38%. Im Chorlied „Der Rekrut", Op.75, Nr.4 war das Verhältnis allerdings fast ein „klassisches" mit 78 zu 22%. Hat dieses Lied dadurch bereits eine Nähe zur Vokalpolyphonie? Natürlich nicht!

Die statistische Ermittlung von Konsonanz und Dissonanz sagt also nur wenig über den Stil aus, wie auch die Analyse des Baumaterials eines Gebäudes nicht viel über den Stil aussagen muss. Sicherlich gibt es Feinheiten in der Zusammensetzung des Mörtels beispielsweise, doch das Bild will nur zeigen, dass man, wann immer mit statistischen Methoden gearbeitet wir, Vorsicht walten lassen muss und die Ergebnisse nicht überbewerten darf, bloß weil sie ein Computer errechnet hat. Die Mittelwertbildung alleine war demnach zu allgemein. Gerade in diesem Punkt zeigt Wolfram Steinbeck die Grenzen der Statistik bei musikalischen Analysen bereits in seinem Vorwort auf. Er sagt richtig, dass die Computeranalysen dort von Vorteil

---

[695] Der Autor entschied sich der Einheitlichkeit halber für die Namensform Orlando di Lasso. Anm. d. Verf.

sind, wo es um die Verarbeitung großer Datenmengen geht, dass aber die Statistik Grenzen hat, wenn es darum geht, die Originalität einer Komposition zu begründen:

> „So ist es z.B. ganz sicher eine trügerische Annahme zu glauben, mit Methoden der elektronischen Datenverarbeitung, und das heißt auch: mit statistischen Verfahren in diesem Anwendungsbereich, sei etwa der Kunstcharakter, das Kunstmäßige, das ästhetisch Hervorragende, Individuelle und Besondere einer Komposition zu erfassen. Indem nämlich statistische Verfahren auf die Erfassung und Beurteilung von Massenerscheinungen sowie auf die mit ihnen verbundenen Gesetzmäßigkeiten abzielen, kann gerade nicht das Einmalige, Originale, das insbesondere seit der Ästhetik des 19. Jahrhunderts zum Wesen eines Kunstwerks gehört, aufgedeckt und numerisch greifbar gemacht werden, sondern allein die den beteiligten Elementen gemeinsamen, allgemeinen konstitutiven Eigenschaften, Verteilungen von wiederkehrenden Komponenten, daraus ableitbare Zusammenhänge etc."[696]

Der PALESTRINIZER ist aber durchaus in der Lage, die Originalität des Komponisten und seines Werkes zu erfassen, denn durch die Blockdiagramme sind Merkmale in ihrer zeitlichen Ausprägung erfassbar. Unsere Mittelwertanalyse wiederum ist nicht unähnlich der Wolfram Steinbecks, die Standardabweichung[697] haben wir in den Toplisten ebenfalls aufgenommen. Sie ist ein wichtiges Korrektiv, da sie uns die Streuung der Werte anzeigt, denn z.B. ein Dur-Akkord muss nicht in jedem der beteiligten Stücke gleich oft vorkommen, er kann in einem Stück mehr, in dem anderen weniger auftreten.

> „Insbesondere die Standardabweichung ist also ein Maß, mit dem die mittlere Abweichung von Werten von ihrem Mittelwert erfaßt werden kann."[698]

Wir haben, wie zuvor erwähnt, noch eine eigene Möglichkeit geschaffen, sich der übergreifenden Unterschiede zu nähern, und zwar über das besagte difference-Modul. Die Aussagekraft dieser Daten bleibt dabei aber umstritten, die Interpretation der Zahlenkolonnen ist mühsam.

Deshalb musste eine detailliertere Analysemethode her, die uns zur Faktorenanalyse und zur Clusteranalyse brachte, bei uns umgesetzt in unseren Blockdiagrammen. Denn die Faktorenanalyse sucht nach Merkmal-Zusammenhängen, die für die Erstellung des Blockdiagrammes vorher festgelegt werden. So ist es möglich, Merkmale wie unsere Intervalle, Dreiklang-Umkehrungen, Vierklänge oder einzelne Töne zu suchen.

2.4 Blockdiagramme

Das Blockdiagramm selbst wiederum ist eine visualisierte Clusteranalyse, denn hier sieht man die Verteilung des voreingestellten Merkmals in der Zeit. Die Blockdiagramme bieten eine Übersicht der Merkmale, die nicht zu erwarten war. Hier wird es erstmals möglich, Komponisten mit gleichen Merkmalen in der gleichen Gattung

---

[696] Wolfram Steinbeck, Struktur und Ähnlichkeit, Methoden automatisierter Melodienanalyse, Kassel 1982, S.2.

[697] Vgl. Wolfram Steinbeck, Struktur und Ähnlichkeit, ebd., S.83.

[698] Vgl. Steinbeck, ebd., S.84.

miteinander zu vergleichen. Alle Stücke, egal welcher Länge, werden zeitlich auf die selbe Strecke gebracht, um verglichen werden zu können. Es kann ein einzelnes Werk analysiert werden, interessanter ist aber die Stapelverarbeitung vieler Werke. Die Granularität des Diagrammes kann von sehr fein bis sehr grob gewählt, und es könnten eventuell auch kompositorische Vorlieben der Komponisten eher unterscheidbar werden. Ab einer Werkzahl von mindestens fünf kann das Verfahren seine vollen Stärken ausspielen. Wichtig ist, auf die sich geradeso überzeichnenden Balken zu achten, denn je mehr Überzeichnungen stattfinden, umso wesenhafter ist das Merkmal.

Die Software analysiert, wo in der Zeit das zuvor benannte Merkmal auftritt. Tritt ein Merkmal häufiger auf, wird der entsprechende Bereich mehrfach überschrieben, wodurch er dunkler wird. Bei einem einzelnen Stück sieht man zwar das Merkmal, doch erscheint alles grau, bei vielen Stücken erscheinen Abschnitte, die mehrmals überschrieben wurden dann in dunkleren Graustufen bis hin zu einem deutlichen Schwarz. Wir können mit -w die Fenstergröße festlegen, mit h die y-Achse und mit l die x-Achse. Dabei haben wir die Merkmale der Dissonanzgrade *dissonancs-grade*, der Stimmkreuzungen *crossings*, der Klangdichte *density* sowie der Pausendichte oder Satzdichte *sentencedensity*. Ein fertiges Kommando hierzu sieht z.B. so aus:

java -jar palestrinizer.jar soundchart -g16 -mdensity -w1000 -h400 -l30 -oAusgabe.png -r „Verzeichnis der MIDI-Dateien/*.midi".

Das Verfahren sollte bei geringer Werkauswahl immer mit der Erstellung einzelner Balkendiagramme der jeweiligen Werke verglichen werden. Eines wird sich zum Glück trotz aller modernen Verfahren nie erledigen: der Blick in die Partitur!

Wie gestaltete sich technisch die Implementierung der Blockdiagramme? Am einfachsten läßt sich die Erstellung der Diagramme erklären, wenn man die Schichtung mehrere Stücke übereinander zunächst nicht betrachtet, sondern nur die Erstellung eines Diagrammes für ein einzelnes Stück beschreibt. Ein Blockdiagramm stellt das Vorkommen eines bestimmten, klanglichen Merkmals eines Stückes in der Zeit, besser in einem Zeitraum, dar. Dabei wird das zu untersuchende Musikstück gleichmäßig in n Blöcke unterteilt und pro Block der Anteil des gewünschten Klangmerkmals ermittelt. Als kleinste Zeiteinheit wird hier der gleiche Parameter "Granularität" verwendet, der auch bei den Analyseschritten zum Einsatz kommt. Nehmen wir an, für die Granularität ist der Wert 4 (also Viertelnoten) gewählt, dann sei d die Dauer des Stückes gemessen in Viertelnoten. Soll nun ein Blockdiagramm mit n Blöcken erstellt werden, ist die Blockgröße bestimmt durch:

$\frac{d}{n}$ (als Beispiel: d = 200 Viertelnoten, n = 20 Blöcke. Die Blockgröße beträgt $\frac{200}{20} = 10$Viertelnoten). Nicht ganzzahlige Ergebnisse werden abgerundet, die Blöcke überlappen nicht. Jeder Block wird nun einzeln auf das gewünschte Klangmerkmal hin untersucht, und zwar wieder in den Schritten der gewählten Granularität. Jedes Vorkommen wird gezählt, das Gesamtergebnis der Zählung pro Block wird durch die Größe des untersuchten Blocks geteilt. Es entstehen somit n Werte, die im Bereich >= 0 und <= 1 liegen und damit den Anteil des Merkmals bezogen auf den Block darstellen. Das Diagramm kann nun gezeichnet werden. Von der Mittellinie ausgehend wird pro Block aus ästhetischen Gründen ein Balken nach oben und unten hin gezeichnet, so dass ein Wert 1 den höchstmöglichen Balken anzeigt.

2. FUNKTIONSWEISE 139

Die Skala ist linear. Das Zeichnen nach oben wie nach unten hilft, zwei oder mehr Blockdiagramme optisch zu unterscheiden. Dadurch dass nutzerseitig die Anzahl der Blöcke bestimmt werden, liefern alle untersuchten Stücke die gleiche Anzahl an Werten. So wird es möglich, dass Stücke auch unterschiedlicher Dauer untersucht werden können. Dies ist vorteilhaft, da die Stücke einer Gattung einen ähnlichen zeitlichen Verlauf aufweisen, obwohl sie unterschiedlich lang sind. Bei der Erstellung der Blockdiagramme über mehrere Stücke hinweg, werden alle Stücke einzeln untersucht und auf der Diagrammfläche übereinander gezeichnet. Die Helligkeitswerte der einzelnen Balken werden aufaddiert, und zwar in der Art, dass Helligkeitswerte zwischen weiss (Merkmal kommt gar nicht vor) und schwarz (Merkmal kommt immer vor) entstehen. In der Übereinanderschichtung entstehen Helligkeitsverläufe, die Hinweise auf Muster und Ähnlichkeiten der Stücke zueinander liefern. So zeigen z.b. kurze Gradienten über den gesamten Helligkeitsbereich an, dass alle untersuchten Stücke zur gleichen (relativen) Zeit in etwa das gleiche Merkmal aufweisen. Das Verfahren bringt natürlich auch einige Nachteile mit sich: Die Vergleichbarkeit von Stücken, die eine sehr unterschiedliche Dauer haben ist bei diesem Verfahren nicht gegeben! Die Wahl der Blockgröße ist willkürlich. Ändert man die Blockgröße für die Analyse einer Reihe von Stücken, kann man sie mit den anderen nicht mehr vergleichen, weil sich andere Merkmalshäufigkeiten in der Darstellung ausprägen. Man muss eine Darstellungsgröße als Kompromiss für alle beteiligten Stücke wählen. Die Information, welches Stück Anteil an einer bestimmten Ausprägung im Blockdiagramm besitzt, ist ebenso nicht verfügbar. Dies ist aber kein Problem, da der Autor der Studie stichprobenartig aufzeigt, welches Stück für besondere Extreme verantwortlich ist!

2.4.1 Klangdichte

Ein wesentliches Merkmal für die Blockdiagramme war die bereits erwähnte Klangdichte. Für diese ist der Parameter -mdensity zuständig.

Dieses Merkmal haben wir gemäß der Ackermannschen Vorgabe gewählt, da es ermöglichte zu sehen, wie sich Klänge im Klangraum verteilen. Ackermann schreibt hierzu:

> „Bei der typologischen Betrachtung der Klänge kam dem Aspekt der Klangdichte, in Gestalt von weiter und enger Intervallkonstellation, prägende Kraft zu. Aber nicht nur im einzelnen Gebilde, mehr noch im sukzessiven kompositorischen Verlauf wirken sich die Fluktuationen zwischen kompakten und locker gefügten Klangstrukturen auf die individuelle Werkgestalt entscheidend aus. Um dies zu beschreiben, mußte zunächst nach der Möglichkeit einer rechnerischen Bestimmung von ‚Klangdichte' gesucht werden. D.h. konkret, der Zusammenhang zwischen der Tonanzahl eines Klangs und seinem Ambitus war zu bestimmen. Auf experimentellem Weg als praktikabel hat sich erwiesen, den Ambitus, gerechnet in Halbtönen, durch die Anzahl der klangbildenden Töne minus eins zu dividieren. Je kleiner der Quotient, um so höher ist der Dichtegrad."[699]

---

[699] Peter Ackermann, Modus und Akkord, S.208.

Das Klangdichte-Ermittlungsverfahren wurde nach diesem Vorbild umgesetzt. Doch anders als damals sind wir nun in der Lage, mittels der Software ganze Werkgruppen nach ihrer Klangdichte zu untersuchen und können nicht nur die „individuelle Werkgestalt"[700], sondern ganze Werkgruppengestalten betrachten, entweder nach Modi getrennt oder auch in der Totalansicht!

Um die Blockdiagramme optisch plastischer zu gestalten, haben wir das Verfahren in der Ansicht umgekehrt: eigentlich müsste es beim kleinsten Quotienten am dichtesten sein, da wir es derart realisiert haben, dass beim kleinsten Quotienten der Ausschlag im Diagramm am größten ist. So sieht man, dass das bereits behandelte Stück (Non vos) sehr dicht anfängt, die Dichte mit dem Hinzutreten der anderen Stimmen schlagartig abnimmt. Kurz vor 48 auf der Zeitachse baut sich diese wieder sukzessive auf, gerade zu wellenförmig, zwei Balken nach 144 erreicht sie den höchsten Grad, um erneut schlagartig abzufallen und in Wellen auszulaufen.

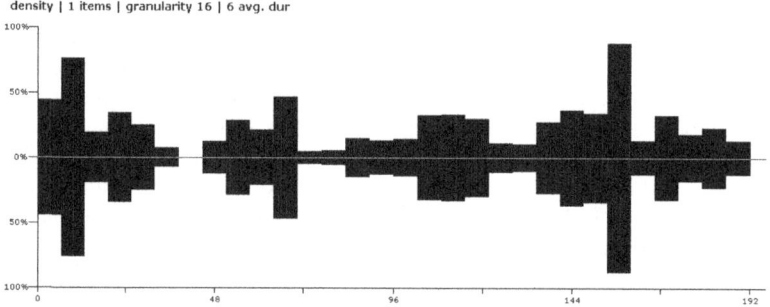

2.4.2 Pausendichte und Satzdichte

Ein weiteres Merkmal, das Gegenstand der Untersuchung wurde, war die Pausendichte. Diese sollte ein Negativbild darstellen, also das, was nicht klingt! Diese dient uns zur Beschreibung des Auf- und Abbaus von Klang! Der Parameter hierzu ist: -msentencedensity.

Die Pausendichte ist nicht zu trennen von der Satzdichte, sie ist im Prinzip nichts anderes als die durchschnittliche Satzdichte des gesamten Werkes.[701] Denn nach den Ausführungen Peter Ackermanns, der sich in seiner Habilschrift auf die Ansicht Vicentinos bezieht, dass der vierstimmige Satz als das Ideal einer „durchhörbaren, Wortverständlichkeit ermöglichenden Klangstruktur" betrachtet werden könne,[702] kommt ein weiterer Aspekt dazu, nämlich die „Kompaktheit des Satzes, die durchschnittliche Stimmigkeit im kompositorischen Ablauf."[703]

---

[700] Ebd.

[701] Vgl. Ackermann, Studien zur Gattungsgeschichte, S.234.

[702] Vgl. Ackermann, Studien zur Gattungsgeschichte, ebd.

[703] Ebd.

2. FUNKTIONSWEISE 141

„Denn, so führt Vicentino aus, im mehr als vierstimmigen Satz besteht unter anderem die zwingende Notwendigkeit zum geplanten Pausieren, um sich dem satztechnischen und klanglichen Idealtypus anzunähern.

Eine durchschnittliche Satzdichte – die nach Vicentino in enger Beziehung zur Sprachverständlichkeit steht – wäre also zu bestimmen als der Anteil der Pausen an der gesamten Komposition. In der Vierstimmigkeit ist dieser Anteil zweifellos am geringsten."[704]

Fassen wir Ackermanns Ausführungen zu den Pausenanteilen zusammen, bekommen wir folgendes Bild:

Vierstimmige Motetten
Josquin, *Victimae paschali laudes, prima pars*: 11%
Josquin, *Victimae paschali laudes, secunda pars*: 25%
Martini, *O sacrum convivium*: 9%
Palestrina, *Adoramus te Christe*: 7%

Nach Ackermann sei die Tendenz zur Vollstimmigkeit im vierstimmigen Satz mit hoher Satzdichte evident. Dieses „Werden" wollten wir mit den Blockdiagrammen untersuchen.

Fünfstimmige Motetten
Die fünfstimmigen Motetten haben laut Ackermann einen Pausenanteil zu 20 bis 23% Pausen.[705] Die Motette *Adorna thalamum* von Dragoni sei unter den fünfstimmigen Motetten mit einem Anteil von 29 % Pausen eine Ausnahme, dieses Verhältnis treffe eher auf die sechsstimmigen Motetten zu. Zustande kommt dieser Anteil durch einige dreistimmige Phasen in jenem Werk.[706]

Sechsstimmige Motetten
Die Sechsstimmigkeit ermöglicht als Vielstimmigkeit den Einsatz der Wechselchörigkeit, wodurch sich verschiedene Klanggruppen abwechseln können.[707] Nach Ackermann ergibt sich ein durchschnittlicher Pausenanteil von 23 und 30%.
Josquin: *Sic Deus dilexit mundum*: 23%
Josquin: *Christus mortus est*: 15%

Siebenstimmige Motetten
Die siebenstimmigen Motetten haben laut Ackermann die geringste Satzdichte, also den höchsten Pausenanteil:
Palestrina: *Tu es petrus*: 30%
Palestrina: *Virgo prudentissima, prima pars*: 36%
Palestrina: *Virgo prudentissima, secunda pars*: 33%

---

[704] Ebd.
[705] Vgl. Ackermann, ebd., S.235.
[706] Vgl. ebd.
[707] Vgl. ebd.

„Die intendierte Vierstimmigkeit in den fünf- und mehrstimmigen Werken ist jedoch nur ein rechnerischer Durchschnittswert und insofern idealtypisch zu verstehen. Im Verlauf einer Motette unterliegt die Satzdichte wesentlich subtileren Regulativen."[708]

Wir haben versucht, die Pausenanteile mit den Blockdiagrammen zu erfassen. Ackermanns Schilderungen, dass Gleichförmigkeit in den Dichteverläufen vermieden wird, deckt sich wiederum mit der künstlerischen Forderung nach Varietas auf der rhythmischen Ebene, die ein wesentliches Stilmerkmal der Musik der Vokalpolyphonie ist. So haben wir die rhythmische Abwechslung nicht nur zwischen den jeweiligen Stimmen, sondern auch formal in den Klanggruppenverläufen zu erwarten. Die Analyse der Blockdiagramme wird zeigen, dass sich nahezu alle Parameter in den Werken wellenförmig verhalten.

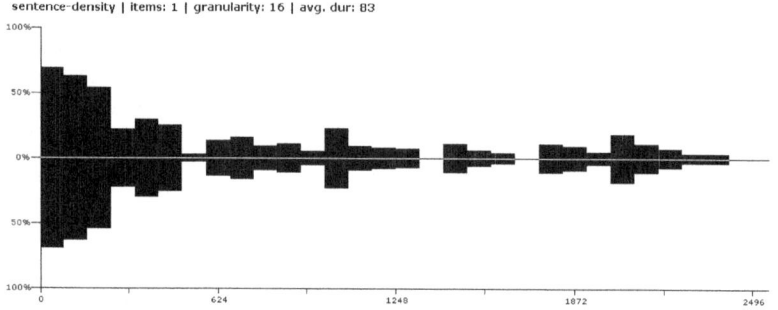

Hier sieht man durch die Menge der Pausen eine hohe Pausendichte, die automatisch eine niedrige Satzdichte bedeutet. Es singt ja am Anfang nur eine Stimme. Diese Pausendichte baut sich bis kurz vor 624 auf der x-Achse dann sukzessive ab und bleibt in schlüsselförmigen Kleinstwellen konstant niedrig, was bedeutet, dass die Satzdichte konstant hoch bleibt, mit Maximalsatzdichten nach 1248 und nach 1560. Wir sehen nach den Maximaldichten Auflockerungen und wieder Steigerungen der Satzdichte dem Ende entgegen. Die Blockdiagramme funktionieren dabei folgendermaßen: je größer der Balken, umso weniger Stimmen sind beteiligt und um so höher ist der Pausenanteil.

---

[708] Ebd.

Kapitel 4
Analysen

Es muss betont werden, dass bei der Auswahl der Musikwerke die Quellenkritik nicht im Vordergrund stand, sondern effizient zu MIDI-Material zu gelangen. Damit die Ergebnisse aber verifizierbar sind, wurde das Ausgangsmaterial auf seine Zuverlässigkeit geprüft. Dies sei nur deshalb erwähnt, weil manch einem die Materialauswahl zumindest unorthodox vorkommen könnte.

3 Orlando di Lasso

Für die Analysen wurden die meisten verwendeten Motetten vollkommen neu eingegeben. Hierzu wurde der Druck des Magnum Opus Musicum, der von Ferdinand de Lassus und Rudolph de Lassus in München 1604 herausgegeben wurde, benutzt. Um Zeit zu sparen wurde zudem auf erhältliche Lilypond-Dateien auf der Seite Choral-Wiki zurückgegriffen. Alle Werke wurden mit der alten Haberl-Ausgabe verglichen, die dem Autor wegen der Akzidentien-Frage besser geeignet zu sein scheint. Das Gleiche gilt auch für die später benutzten Palestrina-Offertorien.

Die Motetten wurden nach Modus-Gruppen geordnet:
1. In den re-Gruppen wurde zwischen dem 1. und 2. Modus differenziert und zwischen transponiert und untransponiert.
2. In der Schluss-Aggregierung werden diese Differenzierungen unbedeutend und die Gruppe zusammengefasst.
3. Genauso wurde mit der mi-, fa und sol-Gruppe verfahren.

Grundlage zur Verifikation der Modusbestimmung für die Analyse bildete das sogenannte Nürnberger Motettenbuch. Es ist „das erste in Deutschland gedruckte Buch fünfstimmiger Motetten Lassos: Sacrae Cantiones quinque Vocum ···, Nürnberg 1562 (Boetticher 1562 δ)"[709] und ist nach der „Reihenfolge der Finalis re (Nr.1-10), mi (Nr.11-14), fa (Nr.15-20) und sol (Nr.21-25.) angeordnet."[710]

---
[709] Meier, Die Tonarten, S.65.
[710] Ebd.

Auch diese Motetten wurden aus dem oben angeführten Druck des Magnus opum musicum eingegeben, es wird auch dessen Nummerierung verwendet.

3.0.1 Verwendete Motetten

Zunächst werden wir die 4stimmigen Motetten mit der Software analysieren, dabei wie oben besprochen einmal mit und einmal ohne die *Prophetiae Sibyllarum*. Anschließend werden wir die 4stimmigen zusammen mit den 5- und 6stimmigen Motetten in der Software aggregieren. Warum das für die statistischen Verfahren von Vorteil ist, wird bei der Betrachtung der Barcharts sichtbar werden. In der Re-Gruppe der 4stimmigen Motetten ohne die Prophetiae befanden sich folgende Werke:

1.Modus transpositus:
Christe Dei soboles, secunda pars, MOM 139
Exsultate justi in Domino, MOM 92
Intende voci orationis, MOM 99
Peccantem me quotidie, MOM 90

2.Modus transpositus:
Beati pauperes spiritu, beide partes
Christe Dei soboles, prima pars, MOM 139
Iniquos odio habui, beide partes, MOM 93
Sperent in te omnes, MOM 87

Mi-Gruppe:
3.Modus naturale:
Leuabo oculos meos, MOM 105
Miserere mei Domine, MOM 106
Domine ad adjuvandum me, MOM 107
Exaudi Domine, MOM 108
Ne reminiscaris Domine, MOM 64

4.Modus naturale:
Adorna thalamum, MOM 57
Proba me Deus, MOM 109

Fa-Gruppe:
5.Modus:
Benedictus es Domine, MOM 119
Domine fac mecum, MOM 118

6.Modus transpositus quintus:
Domine labia mea aperies, MOM 120

3. ORLANDO DI LASSO

Populum humilem, MOM 121

Sol-Gruppe:
7.Modus naturale:
Confortamini et jam nolite, MOM 135
Domine in auxilium meum, MOM 137

8.Modus naturale:
Domine Deus salitatis meae, MOM 136
Perfice gressus meos, MOM 133

Sehen wir uns nun die Werte der vierstimmigen Motetten ohne die Prophetiae (denn sie sind sehr speziell und verschieben die Werte deutlich, so dass die Hinzunahme der höherstimmigen Motetten gerechtfertigt erscheint) und dann die Aggregierung aus allen Motetten an. Am Anfang werden die Daten ausführlicher dargestellt. Da man aber irgendwann einen Grad von Datenfülle erreicht, der es dem Leser unmöglich macht, folgen zu können, wird auf die Textdateien auf der beiliegenden CD verwiesen, auch um Platz im Fließtext zu sparen. Die Auswertungen der Software sind in englischer Sprache, um der Software eine internationale Anwendung zu ermöglichen, bis auf den Terminus UNDETERMINED werden die Begriffe in dieser Arbeit ins Deutsche übersetzt.

3.1 Analysen vierstimmiger Motetten ohne die Prophetiae

3.1.1 1.Modus transpositus

Mittelwerte

4st_1.modus_tr_avg.txt

Sehen wir uns zuerst den Konsonanzen-Anteil an. Im weiteren Verlauf werden dann nur noch die auffälligen Werte in Tabellenform gebracht. Allen diesen Tabellen liegt ein Sechzehntel-Raster zugrunde. Die Abkürzung „sd" steht für die Standardabweichung des jeweiligen Merkmals.

Konsonanzen	
evts	1412,50
sd	401,13
%evt	85,33
sd	8,51
%ttl	83,85
sd	7,84
blks	54,75
sd	30,31
mindur	14
maxdur	315
avgdur	84,36
avgdur_sd	110,11

Dissonanzen	
evts	269
sd	167,40
%evt	14,67
sd	8,51
%ttl	14,47
sd	7,84
blks	53,25
sd	31,15
mindur	3
maxdur	16,50
avgdur	4,75
avgdur_sd	0,64

Man kann deutlich erkennen, dass, obwohl die Konsonanzgehalte stark überwiegen, die zusammenhängenden Ereignisse als Block nicht so sehr divergieren. Diese unterscheiden sich allerdings dann stark in der Durchschnittsdauer. So ist die Durchschnittsdauer der Konsonanzen mit 84,36 fast deckungsgleich mit dem prozentualen Konsonanzenanteil. Die hohe Standardabweichung in den Konsonanzen könnte ein Hinweis auf die Heterogenität der Durchschnittsdauern der Konsonanzen sein. Die evts-Standardabweichung steht zwischen den Konsonanzen und Dissonanzen im Verhältnis $\frac{3,52}{1,77}$. Die Konsonanzen sind also heterogener zusammengesetzt als die Dissonanzen. Sehen wir uns die dissonanten Klänge in der Reihenfolge ihres Auftretens an. Auffällig ist, dass die Standardabweichungen der %evt und %ttl identisch zu denen der Konsonanzen sind. Dissonanzen machen in diesem Stil nicht einmal ein Viertel des Werkes aus! Die Standardabweichungen der zusammenhängenden Ereignisse sind vergleichbar.

Dissonante Klänge	evts	%evt	%ttl	blks	mindur	maxdur	avgdur
UNDETERMINED	235	89,83	12,54	47	2,50	16	4,69
Einzelintervall	11	2,82	0,47	2,50	1,50	3	2,11
Moll-Quartsextakkord	7,50	2,64	0,54	1,75	2,50	3,50	2,92
Halbverm.-Terzquartakkord	5	1,68	0,33	1,50	2,50	3	2,75
Dominantseptakkord	3	0,75	0,13	0,75	2	2	2,00

Die unbestimmten Dissonanzen – UNDETERMINED[711] – sind überdeutlich stark vertreten und haben sowohl die höchste Blockausbildung als zusammenhängendes Ereignis, als auch die längste Durchschnittsdauer unter den Dissonanzen. Im Verhältnis zu diesen sind die anderen dissonanten Formen im Sechzehntel-Raster nahezu verschwindend gering vertreten.[712] Die UNDETERMINED haben

---

[711] Dissonanz-Schichtungen, die weder ein verminderter Klang, noch ein Septakkord, noch ein dissonantes Einzelintervall oder dergleichen sind, die aber im Raster durch mindestens ein dissonantes Intervall auffallen.

[712] Klären wir noch die Bezeichnung Halbvermindert-2.Umkehrung. Dies ist keine in der Form komponierte Erscheinung. Wir verwenden hier ein Sechzehntel-Raster, so dass dieser Akkord für die kurze Dauer einer Sechzehntel heraus im Zusammenklang entstehen kann. Es heißt nicht, Lasso hätte hier etwa Wagner vorweggenommen! Auch die Form des Dominantsepakkordes ist eine Form, die sich ereignet. Anm.d.Verf.

3. ORLANDO DI LASSO

eine Standardabweichung der evts von 149,70, nehmen wir aber die anderen Werte der Standardabweichung unter die Lupe, %evts-sd und %ttl-sd, so beobachten wir mit 6,66 und 7,32 keine sehr hohen Abweichungen und damit keine so große Heterogenität. Die hohe Blockzahl der UNDETERMINED von 47 geht mit einer hohen Standardabweichung von 27,72 einher. Wir es sich zeigt, weisen die unbestimmten Dissonanzen gegenüber den anderen Formen eine mehr als fünfmal so hohe Maximaldauer von 16 Sechzehnteln auf. Dabei sticht ins Auge, dass sowohl der Moll-Quartsextakkord als auch der halbverminderte Terzquartakkord (in seinem Erscheinen) die gleichen Maximal-Dauern haben. Das Einzelintervall kommt bei 11 evts auf eine Standardabweichung von 16,82, ebenso bei %evt mit 2,82 wird die Zahl von der Abweichung übertroffen: sie beträgt hier 4,37. Die Einzelintervalle sind also vielzählig. Die höchste Abweichung in den Durchschnittsdauern finden wir beim Moll-Quartsextakkord, dort steht der avgdur von 2,92 eine avgdur-sd von 3,29 gegenüber. Die Standardabweichungen der %ttl sind allerdings bei allen anderen Werten sehr gering.

Konsonante Klänge	evts	%evt	%ttl	blks	mindur	maxdur	avgdur
Dur	689,50	52,15	45,25	40,75	10,00	98,00	33,07
Moll	345,50	23,30	18,92	36,00	4,00	39,00	11,01
Einzelintervall	119,00	6,93	5,58	6,75	6,50	34,00	13,94
Moll-Sextakkord	75,00	5,64	4,49	11,25	2,00	10,00	4,99
Dur-Sextakkord	73,50	5,07	4,10	10,50	4,50	10,00	7,98
12/3	24,00	1,61	1,28	3,75	4,00	6,00	4,97
12/4	23,50	1,45	1,17	2,75	2,50	12,00	5,67

Dur bedeutet Dur-Grundstellung, bzw. Grundton = Basston[713] und macht auf das ganze Werk besehen immerhin fast die Hälfte der Klänge aus. Wir sehen sowohl eine hohe Blockzahl, als auch hohe Dauernzahlen. Die Standardabweichung für die evts-sd ist mit 196,67 sehr hoch, wie auch für %evt-sd und %ttl-sd mit 21,30 und 23,49. Die Standardabweichung der Blocks liegt bei vergleichsweise hohen 19,23 sowie die avgdur-sd bei 37,26. Die Dur-Akkorde sind also sowohl in der Streuung wie in den Dauern heterogen, bzw. die Häufigkeiten der Dur-Akkorde sowie die Dauern können in den Werken sehr unterschiedlich sein. Was das zu bedeuten hat, wird anhand der Aufschlüsselung der einzelnen Klänge klar werden. Demgegenüber hat der Moll-Akkord weniger als die Hälfte an Prozentwerten, die Blockzahl ist nur unwesentlich geringer, die Dauernzahlen sind jedoch sehr geschrumpft. Die Standardabweichung evts-sd ist allerdings im Verhältnis höher, sie beträgt 176,37. Die Verteilung wird damit fast beliebig: sie schwankt von 169,13 bis 521,87! Die blks-sd ist vergleichbar, die Abweichung bei der avgdur ist aber geringer, sie liegt bei 3,34. Der Moll-Dreiklang kommt in der Grundstellung also seltener vor und dauert auch weniger lange an als das Dur, ist aber heterogener im Vorkommen, und wenn er kommt, dann immer mit vergleichbaren Längen. An dritter Stelle kommt das konsonante

---

[713] Im historischen Sinne wäre dies allerdings eine Intervalladdition aus großer und kleiner Terz, im Sinne des Generalbasses der Terz-Quint-Klang über dem Basston. Wir werden für die unvollständigen Akkorde Intervalladditions-Namen wie Terz-Sext gebrauchen, was nicht verwechselt werden darf mit Terz-Sextakkord.

Einzelintervall, das weniger als ein Drittel der Mollklänge ausmacht und nur noch $\frac{1}{6}$ der Blockzahl aufweist. Dafür ist seine Minimaldauer etwas länger als die des Moll, die Maximaldauer nur unwesentlich kürzer, wenn man die höhere Durchschnittsdauer in Betracht zieht. Es hat aber im Verhältnis die höchste Standardabweichung, und zwar evts-sd 117,04. Es ist klar, dass Einzelintervalle in ihrem Erscheinen vielfältiger sind, da es mehr Kombinationsmöglichkeiten gibt. Dabei ist blks-sd mit 6,98, wie auch die avgdur-sd mit 8,12 recht hoch. Die beiden Sextakkorde in Moll- und Dur, die interessanterweise nun in der umgekehrten Reihenfolge stehen, sind in ihren Werten sehr ähnlich, nur die Minimaldauer sowie die Durchschnittsdauer unterscheiden sich deutlich. Die Sextakkord-Formen machen nur $\frac{1}{10}$ der grundständigen Formen aus. Jedenfalls in den für die Analyse herangezogenen Werken. Sie haben auch recht hohe Abweichungen.[714] Den Schwebe-Charakter erreicht die Musik Lassos jedenfalls nicht durch eine häufige Sextakkord-Verwendung. Auffällig ist die hohe Maximaldauer des im modernen Verständnis unvollständigen Dur-Dreiklanges 12/4, von 12. Hier überwiegt die Abweichung wieder die evts, und zwar beträgt die evts-sd 24,26. Das bedeutet eine sehr hohe Streuung des Klanges über die Werke hinweg. Man sieht aber anhand der Darstellung dieser quintlosen Akkorde, dass Lasso zu einer Klanglichkeit mit für uns heute vollständigen Dreiklängen zielt. Wie die Auflistung aller Klänge zeigt, sehen wir, dass der Dur-Dreiklang über der *b*-fa-Stufe, der 3. Stufe im 1. transponierten Modus mit 202 Ereignissen, %evts 13,44 und %ttl 11,60 der häufigste ist. Die Standardabweichung von 77,01 zeigt uns, dass dieses B-Dur in einem Stück mehr, in anderen weniger oder umgekehrt vorkommen kann. Wir haben am Beispiel der Lasso-Motette *Beati pauperes spiritu* die Bedeutung des B-Dur demonstriert bekommen. Wir betrachten die Klänge nicht im Sinne der Stufentheorie, sondern als über den Basston des Modus gebildet. Die Betrachtungsweise ist zwar historisch ebenfalls nicht korrekt, doch immerhin im Sinne des Generalbasses näher dran.

Klangformen	evts	%evt	%ttl	blks	mindur	maxdur	avgdur
Dur, 3. Stufe *b*-fa	202,50	13,44	11,60	18,00	4,50	31,00	12,89
Moll, 5. Stufe *d*-la	135,50	8,40	7,05	16,75	4,50	26,00	8,68
Moll, 1. Stufe *g*-re	129,50	8,22	6,94	13,75	4,00	21,00	9,98
Moll, 7. Stufe *f*-do	106,50	7,54	6,59	11,50	4,50	18,00	9,98
Dur, 4. Stufe *c*-so	98,00	7,35	6,76	8,50	6,00	22,00	11,05
Dur, 5. Stufe *d*-la	94,50	7,49	6,95	6,00	5,50	30,00	13,26
Dur, 1. Stufe *g*-re	65,00	5,56	5,13	4,00	9,00	24,00	15,06
Dur, 6. Stufe *es*-ta	61,50	4,24	3,63	6,50	6,50	22,00	11,49
Dur, 2. Stufe *a*-mi	51,50	3,96	3,71	4,00	6,50	14,00	9,23
Moll, 4. Stufe *c*-so	48,00	3,53	3,08	4,75	7,00	15,00	10,71
Prime, 2. Stufe *a*-mi	33,00	1,71	1,46	5,25	4,50	8,00	5,53
Moll-Sextakkord, 3. Stufe *b*-fa	31,50	2,23	1,86	4,75	2,50	6,00	5,03

---

[714] Es sei nochmals darauf verwiesen, dass die Werte auf der beiliegenden CD nachgesehen werden können. Es würde einfach zu unübersichtlich werden, alle Werte hier in die Tabellen aufzunehmen. Anm.d.Verf.

Diese Bedeutung erhärtet sich nun auch über die Mittelwertbildung. Wir können also Meier durch die Zahlen bestätigen, wie z.B. die Anzahl der Blöcke mit 18, blks-sd 9,19. mit der Minimaldauer von 4,50, der Maximaldauer von 31, der Durchschnittsdauer von 12,89 und avgdur-sd von 4,12. Die Präferenz der grundständigen Akkorde ist voll ausgeprägt. Ersichtlich wird die Bedeutung der 5. Stufe als zweithäufigste Stufe, aber mit einem Moll-Klang, keinem Dur-Klang! Hier ist zudem die evts-sd mit 88,57 recht hoch. Die %evts und %ttl-sd liegen bei 4,37 und 3,43. Recht hoch fallen auch die blks-sd mit 9,73 aus. Die avgdur-sd ist mit 2,41 unauffällig. Erst an dritter Stelle folgt für den ersten transponierten Modus die 1. Stufe als *g*-re. Es ist möglich, je nach Gewichtung Häufigkeits-Gruppen zu attestieren: betrachten wir die evts, so könnten wir die Häufigkeit über 200, über 100 und unter 100 als jeweilige Gruppe definieren. Betrachten wir %ttl, so besteht die Möglichkeit, nach dem Muster >10, <10, >5 und <5 die Klang-Gruppen oder anhand der Blockzahl zu ordnen. Je nachdem, welches Merkmal herangezogen wird, kommen wir zu unterschiedlichen Gruppierungen. Orientieren wir uns einfach an den Ereignissen über und unter der Hundertermarke, so haben wir eine Gruppe, die aus dem Dur-Akkord über der 3. Stufe gebildet wird, denn diese ist >200 sowie eine Gruppe, die vom Moll-Akkord über der 5. Stufe bis zum Moll-Akkord über der 7. Stufe reicht (>100), als auch eine Gruppe, (<100) die vom Dur-Akkord über der 4. Stufe bis zum Moll-Sextakkord über der 3. Stufe reicht. Die spätere Tonika ist nicht der häufigste Klang!

Der Moll-Akkord über der Finalis kommt, wie wir sehen können, erst an dritter Stelle vor. Gegenüber dem Dur-Akkord über der 3. Stufe, sind die Vorkommens-Werte fast halbiert, die Anzahl der Blöcke beträgt hier 13,75 bei nahezu gleicher Minimaldauer, aber deutlich schwächerer Maximaldauer von nur 21 und der Durchschnittsdauer von 9,98. Die Standardabweichungen sind mit denen des d-Moll vergleichbar. Nehmen wir zum Beispiel den Dur-Akkord auf der *g*-re-Stufe, so sehen wir, dass dieser die höchste Durchschnittsdauer mit 15,06 innehat, die avgdur-sd beträgt hier 4,84. Dies ist daher begründet, dass Werke im 1. transponierten Modus meistens auf G-Dur enden und dort die Klangdauer per se am längsten ist, wodurch sich das, über ganze Werkgruppen hinweg auch auf die Durchschnittsdauer auswirken muss. Man sieht aber anhand der Werte, evts mit 65 (aber evts-sd 53,24), %evts 5,56 und %ttl 5,13, mit ihren Abweichungen von 5,08 und 5,05, dass dieser Klang nicht in dem Umfang verwendet wird, wie z.B. das d-Moll mit 135,50 evts. Dabei ist sein Vorkommen heterogen. Was nicht verschwiegen werden sollte, ist, dass auf allen Stufen des Modus Klänge aufgebaut werden. Bei den grundständigen Akkorden im modernen Sinne kommt es auf der 1., 5. und 4. Stufe zu Variantenbildungen mit gleicher Quinte, das Geschlecht wechselt demnach. Unter den einzelnen Tönen ist das *a*-mi am häufigsten vertreten und unter den Sextakkorden ist es der Moll-Sextakkord über der 3. Stufe *b*-fa, also der g-Moll-Sextakkord.

Kommen wir zu den am meisten verwendeten Tönen und sehen sie uns oktavbereinigt an, so liegt ein klares Gewicht auf Finalis und Repercussa. Die nicht oktavbereinigte Liste kann uns indes wieder Aufschluss über den tatsächlich zugrundeliegenden Modus gewähren. Um historisch im modalen Rahmen korrekt zu bleiben, betrachten wir zuerst den Tenor, und zwar nicht oktavbereinigt: Hier liegt ein Ambitus von d bis $g1$ vor, der sich allerdings aus der Aggregierung heraus ergibt, wodurch das Bild unscharf wird. Denn diese Werte müssten dann alleine wegen des Ambitus auf den 2. transponierten Modus hinweisen. Nicht oktavbereinigt liegen das $d1$ und das $f1$ mit 335,50 und 231,50 evts an erster und zweiter Stelle. An dritter Stelle steht das $c1$ mit 178,50 evts. Oktavbereinigt sieht die Sache dann anders aus:

Tenor, nur Tonhöhen	evts	%evt	%ttl	blks	mindur	maxdur	avgdur
d	335,50	19,19	18,01	24,50	6,50	44,00	15,05
g	304,00	18,75	17,71	19,75	4,50	58,00	16,63
f	260,00	13,53	12,53	18,50	4,00	28,00	12,05
c	178,50	12,45	11,87	16,00	6,50	28,00	12,14
a	175,00	13,16	12,71	12,25	5,50	37,00	16,85
b	158,50	11,34	10,86	13,25	5,50	38,00	14,17
e	94,00	5,13	4,80	11,25	7,50	18,00	10,70
es	44,00	2,61	2,45	3,00	6,00	16,00	11,32
fis	19,00	1,34	1,29	1,75	5,00	10,00	7,83
h	18,50	1,46	1,42	1,50	10,50	12,50	11,83
gis	8,00	0,72	0,70	0,50	4,00	4,00	4,00
cis	6,50	0,32	0,30	1,00	2,50	4,00	3,25

Hier steht der Ton d, also die Repercussa, klar an erster Stelle, die gute 20% der Töne ausmacht. Die Streuungen der Töne sind insgesamt sehr hoch. Das ist insofern verständlich, da nicht in allen Stücken exakt alle Töne auch in den gleichen Lagen gleich oft vorkommen. Deshalb wird die Standardabweichung nur bei Auffälligkeiten herangezogen. Die Finalis steht an zweiter Stelle und unterscheidet sich prozentual nur geringfügig, hat jedoch die höchste Maximaldauer. Die Gründe hierfür wurden bereits bei der Erläuterung des Dur-Akkordes über der Finalis erläutert. Hervorzuheben sind hier die Plätze drei und vier, da dort die Töne von den Werten her einen deutlichen Einbruch erleben. Die höchste Durchschnittsdauer hat jedoch der Ton a. Er hat aber auch eine hohe avgdur-sd von 12,05. Die letzten drei Töne in der Tabelle halbieren ihre %ttl nahezu. Sehr auffällig ist die avgdur-sd von e: bei einer avgdur von 10,70 erleben wir eine avgdur-sd von 10,44! Das ist eine extreme Streuung der Durchschnittsdauer.

Da Tonalität, wie wir sie durch die Jahrhunderte danach heute verstehen, vom Außenstimmensatz geprägt ist, sehen wir uns zunächst die Außenstimmen an:

Bassus, nur Tonhöhen	evts	%evt	%ttl	blks	mindur	maxdur	avgdur
d	313,00	21,20	18,37	20,50	4,50	38,00	15,47
g	277,50	18,51	16,13	19,75	5,50	40,00	14,85
b	258,50	17,00	14,64	19,00	4,50	35,00	15,24
c	200,00	14,28	12,69	17,00	4,50	28,00	12,52
a	147,00	9,63	8,51	14,50	6,00	20,00	12,48
f	134,00	9,36	8,16	11,75	4,00	20,00	11,56
es	99,00	6,83	5,80	6,25	10,00	24,00	16,53

3. ORLANDO DI LASSO 151

e	27,00	2,15	1,97	4,25	4,00	9,00	6,57
cis	6,00	0,37	0,29	0,50	2,00	4,00	3,00
fis	6,00	0,46	0,44	0,50	6,00	6,00	6,00
h	4,00	0,22	0,18	0,50	4,00	4,00	4,00

Die ersten beiden Töne teilt der Bassus mit dem Tenor. Der dritte Ton unterscheidet sich bereits, denn hier steht das *b*, und die Bevorzugung der Stufen in dieser Reihenfolge könnte bei aller Vorsicht ein erster Hinweis auf die entstehende funktionelle Tonalität sein! Auffällig ist der große „Werte-Einbruch", den es im Bassus bereits nach dem vierten Ton, dem *c*, gibt. Dabei muss beachtet werden, dass sich die Akzidenztöne unterscheiden: Im Bassus kommen die Töne *b, es, cis, fis* und *h* vor, im Tenor jedoch zusätzlich das *gis*, das sich in der Motette *Christe dei soboles, secuna pars* bei Takt 24 auf der Silbe a von *amare* befindet. Zudem beobachten wir, dass das *es* die höchste Durchschnittsdauer besitzt. Die Standardabweichungen der Durchschnittsdauern sind nicht so extrem wie im Tenor. Gehen wir zum Cantus weiter.[715]

In ihm liegt ebenfalls das *d* an erster Stelle. Seine evts-sd liegt bei 263,70. Wir erleben demnach eine starke Streuung. Zum Vergleich liegt die evts-sd des *g* bei 37,61.

Cantus, nur Tonhöhen	evts	%evt	%ttl	blks	mindur	maxdur	avgdur
d	343,50	21,02	18,23	20,25	6,50	48,00	17,95
g	225,50	16,65	14,87	15,50	5,50	46,00	16,85
a	199,00	13,66	11,82	15,50	4,50	33,00	13,30
b	194,50	12,72	10,96	14,00	10,50	44,00	18,21
f	159,00	10,75	9,57	13,75	3,50	28,00	12,56
c	135,50	7,97	6,86	13,50	4,50	21,00	9,89
e	102,50	7,80	7,19	10,25	4,50	20,00	10,23
fis	52,50	4,57	4,30	3,00	8,50	20,00	12,84
es	24,00	1,50	1,29	2,00	8,00	12,00	9,50
h	24,00	1,74	1,58	1,25	14,00	18,00	16,00
cis	22,00	1,64	1,50	1,75	8,00	12,00	10,00

Es sollte noch die relativ hohe Durchschnittsdauer des Akzidenztones *h* mit avgdur 16,00 erwähnt werden, was freilich auf Bildungen des Dur-Akkordes über der Finalis zurückzuführen ist. Dieses hat mit 11,31 die höchste avgdur-sd.

Wenden wir uns dem Altus zu:

---

[715] Das Wort Sopran wird gleichberechtigt neben dem historisch richtigeren Cantus verwendet.

Altus, nur Tonhöhen	evts	%evt	%ttl	blks	mindur	maxdur	avgdur
d	307,50	21,59	20,80	19,25	3,00	50,00	17,63
a	251,50	13,91	13,02	21,75	4,00	33,00	11,81
f	242,50	14,90	14,17	19,50	4,50	44,00	15,15
g	225,50	12,34	11,62	20,50	4,00	26,00	11,68
b	201,00	10,16	9,43	16,25	4,00	22,00	9,85
c	121,00	8,17	7,84	10,50	4,50	28,00	11,96
e	102,00	6,97	6,69	11,25	6,00	24,00	13,08
es	64,00	4,49	4,35	4,25	6,00	18,00	11,33
h	50,00	3,99	3,84	2,50	8,00	26,00	15,67
fis	25,00	1,50	1,44	1,50	5,00	18,00	10,67
cis	20,00	1,81	1,76	1,00	4,00	8,00	5,00
gis	2,00	0,18	0,18	0,25	2,00	2,00	2,00

Auffällig ist hier, dass das *gis* in der Anzahl der Ereignisse auf Platz fünf steht. Kein Akzidenzton war in den anderen Stimmen derart häufig vertreten![716] Die Streuung des *gis* ist zudem extrem, die evts-sd beträgt 3,46. Auch die Streuungen der anderen Akzidenztöne übertreffen die evts, ihre Verteilung ist also beliebig. Es ist anzumerken, dass der Altus die einzige Stimme ist, in welcher die Finalis nicht an zweiter Stelle steht. Hier ist es nämlich das *a* (das weiter gestreut ist als das *d*).

Halten wir fest: Alle Stimmen bevorzugen die Repercussa *d*. Die Finalis steht in allen anderen Stimmen – bis auf den Altus – an zweiter Stelle. Akzidenztöne spielen prozentual nur eine stark untergeordnete Rolle, so dass sie es nicht auf die ersten sieben Plätze schaffen.

Für die Mehrheit der Akzidenztöne zeichnete sich die recht chromatisch komponierte Motette *Christe dei soboles, secunda pars* verantwortlich.

Sehen wir uns die Stimmkreuzungen[717] an, so kommen wir zu dem Schluss, dass die meisten Kreuzungen im Altus und Tenor stattfinden. Es sind immerhin fast 84%evt, auf das ganze Stück besehen, machen die Kreuzungen allerdings nur 2,41% aus. Es folgen die Stimmkreuzungen des Tenor zum Bass und des Soprans zum Alt, die, auf das gesamte Musikstück betrachtet, nur noch einen verschwindend geringen prozentualen Anteil ausmachen. Die Kreuzungen des Altus haben eine evts-sd von 145,64. Deutlicher ist die Standardabweichung der anderen Stimmen, Tenor und Cantus übertreffen mit den evts-sd mit 29,58 und 31,69 ihre evts. Sie sind also extrem gestreut. Die Streuungen sind auch für die anderen Werte hoch.

---

[716] Nun sollte auch klar werden, warum es so wichtig ist, das Augenmerk nicht nur auf die Klänge, sondern auch auf jeden einzelnen Ton zu legen. Damit kann auch der Bogen zur Renaissance erneut gespannt werden: die Tonlehre kommt vor der Klanglehre. Anm.d.Verf.

[717] Es ist darauf hinzuweisen, dass für die Stimmkreuzung aus technischen Gründen immer nur die Kreuzung zur nächst tieferen Stimme im Grid markieren kann, weshalb hier eine gewisse Unschärfe in Kauf genommen werden muss. Letztlich entschied hier nicht der Stimmenumfang, den die jeweilige Stimme besitzt, sondern deren Anordnung in Partiturform. Ein Modul, das einen vorgegebenen Stimmenumfang analysiert und Abweichungen davon misst, ist geplant, hat sich aber bislang mit den anderen Verfahrensweisen der Software nicht vereinbaren lassen. Anm.d.Verf.

3. ORLANDO DI LASSO 153

Stimmkreuzungen	evts	%evt	%ttl	blks	mindur	maxdur	avgdur
Altus	173,50	83,06	2,41	9,25	9,50	39,00	17,39
Tenor	27,00	9,04	0,34	1,50	6,00	19,00	11,33
Cantus	26,00	7,90	0,33	2,00	8,00	12,00	9,33

Klangfolgen

Schauen wir uns nun noch die Aufeinanderfolge der Klänge an. Der Dateiname ist:

4st_1.modus_tr_sequences.txt

Es wurden Dreier-Folgen gesucht, um eventuelle Folgenschemata erkennen zu können. Die vertikale Aufeinanderfolge lesen wir anhand der Tabelle von oben nach unten.

| Häufigkeit | 4mal |

Modus-Stufe	Solmisationssilbe	Klang	Sonanzform
5	*d*-la	Moll	konsonant
5	*d*-la	Dur-Sextakkord	konsonant
6	*es*-ta	Dur	konsonant

Diese Folge ist recht häufig vorhanden, sie bedeutet einen Dur-Akkord über der 5. Stufe *d*-la, dem ein Dur-Sextakkord über der gleichen Stufe folgt und in einen Dur-Akkord über der 5. Stufe mündet. Das bedeutet in deutscher Absolutbezeichnung d-6B-Es. Am meisten kommt diese Wendung in der Lasso-Motette *Exsultate justi in Domino* vor, und zwar bei 1120, 1952 und 1984, das heißt beim 1120. Sechzehntel, usw. Einmal ereignet sich diese Folge in der Motette *Peccantem me quotidie*, dort bei 1432. Hier in einem Auszug T.36 der Motette *Exsultate justi*, Textstelle *psalite ei*:

Metrisch vollkommen anders komponiert sind die Textstellen *et omnia opera ejus in* in T.62 und 63, unseren Stellen 1952 und 1984. Zunächst T.62:

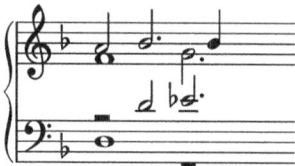

Sowie die 1984er Stelle, Takt 63:

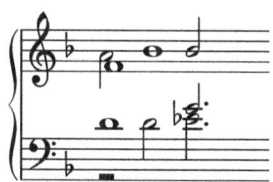

Und nun die Stelle aus der Motette *Peccantem me quotidie*, Textstelle *Miserere mei*, T.47:

Wirft man einen Blick in die Noten, so fällt in T.46 auf, wie lange Lasso hier auf dem für uns vermeintlichen d-Moll verharrt, um dann auf der Vier des Taktes 47 für die Dauer einer halben Note den B-Dur-Sextakkord zu *streifen*, um auf der Eins des T.48 das Es-Dur zu erreichen.

Die Lage ist auch gänzlich anders als in den vorangegangenen Beispielen, so sehen wir die Verdoppelung der Quinte und einen Sext-Abstand zwischen Tenor und Altus. Als Intervallschichtung von unten nach oben wäre dieses Es-Dur folgendermaßen „instrumentiert": 5-6-3. Nach einem zeitgenössischen Tenor-bezogenen Bezifferungsmodell wäre dies wohl 5̲-6̄-8̄, dabei deutet die unterstrichene 5 eine Quinte abwärts zum Tenor an, alle anderen Intervalle verstehen sich dann als Addition jeweils zum Tenor, so wie wir es auch ähnlich in der Aron-Tabelle haben sehen können. Instrumentierungen der Klänge wollen wir mittels der Klangdichte in den Blockdiagrammen abstrahiert erfassen. Diese Wendungen kommen hier auf Textstellen vor, die unterschiedliche Affektinhalte besitzen, einerseits *singt es gut*, andererseits ist von den Mühen im Glauben und vom Sündigen, wie auch vom Sich-Erbarmen die Rede. Nur vom Text her kann man jedenfalls bei den angeführten Häufigkeiten nicht auf die harmonische Wendung schließen!

Aber nicht nur Akkorde[718], auch Intervallverbindungen kommen mehrmals vor:

---

[718] Viel zu wenig beachtet wird in der Forschung der Umstand, dass die neue rhythmische Orientierung in der Musik des 16. Jahrhunderts mit deutlich weniger komplizierten metrischen Ver-

3. ORLANDO DI LASSO 155

|Häufigkeit|4mal|

Modus-Stufe	Solmisationssilbe	Klang	Sonanzform
3	b-fa	3+	konsonant
4	c-so	3+	konsonant
3	b-fa	5r	konsonant

Es gab vier exakt gleiche Dreier-Klang-Folgen für die große Terz auf b-fa, der 3. Stufe, also b-d nach der großen Terz auf c-so, der 4. Stufe, also c-e und der reinen Quinte auf b-fa, also b-f. Die Vorkommnisse waren im Grid, Rastergröße -g16, bei: 380 (das 380ste Sechzehntel), 412, 524 sowie 556, und zwar in der Motette *Exsultate justi in Domino*. Wirft man einen Blick in die Noten, so sieht man, dass sich diese Wendung zwischen Bass und Tenor in T.12 auf der Silbe *Do-* von *Domino* ereignet und später von Cantus und Altus wiederholt wird. Es ist allerdings nur eine Fortschreitung in Vierteln.

Die nächste Folge erscheint dreimal. Sie bedeutet Dur über der 3. Stufe b-fa, dann Moll-Sextakkord über der 3. Stufe b-fa (das bedeutet b-d-g') sowie Moll-Sextakkord über der 4. Stufe auf c-so (c-e-a'). Das heißt B-6g und 6a in deutscher Absolut-Bezeichnung, und zwar in der Motette *Exsultate justi in Domino* bei 1096 sowie der Motette *Intende voci* bei 536 und 688.

|Häufigkeit|3mal|

Modus-Stufe	Solmisationssilbe	Klang	Sonanzform
3	b-fa	Dur	konsonant
3	b-fa	Moll-Sextakkord	konsonant
4	c-so	Moll-Sextakkord	konsonant

In der Motette *Exsultate justi* stellt es sich in T.35 auf der Textstelle *bene psalite* folgendermaßen dar[719]:

---

hältnissen als z.B. noch bei Ockeghem ein mehr am fließenden Klingen orientiertes Komponieren ermöglichten, das sich in ausgeprägten harmonischen Fortschreitungen manifestieren kann. Anm.d.Verf.

[719] In den Notenbeispielen werden vorangegangene Noten oder Pausen, die der Fortschreitung vorausgehen, einfach versteckt, sofern die metrische Position nicht dadurch vollkommen beeinträchtigt wird, auf Textunterlegungen wurde verzichtet. Zwar ist die Wortbedeutung von der Klangwahl nicht zu trennen, allerdings sollte hier nur eine klangliche Zusammenfassung dargestellt werden.

Und in der Motette *Intende voci* in T.19 auf der Textstelle *quoniam ad te* so:

Sowie in T.22 ebenfalls auf der Textstelle *quoniam*:

Mit den Notenbeispielen zur Klangfortschreitung sollte bisher eigentlich demonstriert werden, dass die Software in der Lage ist, die Verbindungen unabhängig der metrischen Setzung zu erkennen. Dies ist der Vorteil des fertigen Grid: wir suchen nur noch nach sich wiederholenden Zeichenketten, Strings.

Eine weitere Verbindung aus grundständigen Akkorden, sozusagen ein doppelter Quintfall oder eine doppeldominantische Wendung nach modernem Verständnis:

Häufigkeit	3mal

Modus-Stufe	Solmisationssilbe	Klang	Sonanzform
4	*c*-so	Dur	konsonant
7	*f*-do	Dur	konsonant
3	*b*-fa	Dur	konsonant

Das heißt C-F-B in deutscher Absolutbezeichnung. Diese Folge ereignet sich in der Motette *Christe Dei soboles, secunda pars*, bei 120, 768 und 960, gleich zu Beginn, Textstelle *daque mihi* in T.4 sowie T.22, Textstelle *petto* und T.28. Obwohl die Verbindung recht einfach ist, sehen wir uns die unterschiedlichen Instrumentierungen an. In der ersten Fassung werden wir davon überrascht, dass der Cantus das *a* nicht ins *b* führt, stattdessen springt dieses ins *f* und der Altus springt vom *f* ins *d*, dafür nimmt Lasso aber die verdeckte Quinte zwischen Cantus und Tenor sowie auch die verdeckte Oktave zwischen Tenor und Bassus in Kauf. Klanglich wird ihm auf *mihi* das Intervall der kleinen Sekunde *f-e* im Cantus wichtiger gewesen sein, um anschließend das Insistieren auf dem für den Cantus tiefen *d* zu ermöglichen. Alles in allem wird hier sowohl die Lage als auch die Stimmführung der Textausdeutung untergeordnet.

3. ORLANDO DI LASSO 157

Eine Intervallverbindung von einer kleinen und zwei großen Terzen tritt in der Motette *Exsultate* bei 376, 520 und 1432 dreimal auf:

| Häufigkeit | 3mal |

Modus-Stufe	Solmisationssilbe	Klang	Sonanzform
2	*a*-mi	3−	konsonant
3	*b*-fa	3+	konsonant
4	*c*-so	3+	konsonant

Das heißt, es folgen *a/c* auf *b/d'* auf *c'/e'*. Diese Folge bleibt wieder der *Exsultate*-Motette vorbehalten, ist dort aber weit verteilt, nämlich auf 376, 520 und 1432. Hieran erkennt man, dass Jeppessens Regel, dass zwei große Terzen nicht parallel geführt werden sollten, weil ihr Rahmen einen Tritonus bildet, bei Lasso jedenfalls jeglicher Grundlage entbehrt. Sie darf aber, weil sie in einem Komplex paralleler Terzen in Vierteln als Melisma über der Silbe *Do-(mino)* liegt, nicht überbewertet werden. Eine ebenfalls dreimal auftretende Folge stellt der Moll-Sextakkord über der 3. Stufe *b*-fa zum Moll-Sextakkord über der 4. Stufe *c*-so und Moll-Grundstellung über der 5. Stufe *d*-la dar. Sie ereignet sich in *Exsultate* bei 1104, bei *Intende voci* bei 552 sowie 696. Diese Folge wird allerdings deshalb gefunden, weil wir nach Dreier-Folgen suchen. Wir waren bereits bei der Stelle 1120, zusammen genommen ergäbe das eine Vierer-Folge. Die Software berücksichtigt jede Klangfortschreitung, die sich nach den gegebenen Kriterien wiederholt.

| Häufigkeit | 3mal |

Modus-Stufe	Solmisationssilbe	Klang	Sonanzform
3	*b*-fa	Moll-Sextakkord	konsonant
4	*c*-so	Moll-Sextakkord	konsonant
5	*d*-la	Moll	konsonant

Das bedeutet also 6g-6a-d in deutscher Absolutbezeichnung. Sehen wir uns jeweils ein Notenbeispiel aus den benannten Motetten an. Zunächst aus der Motette *Exultate justi*, Zeit 1104, Takt 35 Textstelle *bene psalite*, Textzusammenhang *bene psalite ei*.

Und nun die Motette *Intende voci*, wie beim obigen Beispiel erneut in T.22 auf der Textstelle *quoniam*, Textzusammenhang *quoniam ad te*:

Wir werden uns, sobald mehrere Werke pro Modus vorliegen, die Benennung der Werke und der Zeit allerdings ersparen, wie auch die Anführung von Notenbeispielen. Wir sehen bereits, dass die gleichen Wendungen in unterschiedlichen Textaussagen verwendet werden können. Eine gänzlich andere Folge, die sich durch die Verwendung zweier Quintfälle auszeichnet, kommt folgendermaßen dreimal vor.

| Häufigkeit | 3mal |

Modus-Stufe	Solmisationssilbe	Klang	Sonanzform
1	*g*-re	Dur	konsonant
4	*c*-so	Dur	konsonant
7	*f*-do	Dur	konsonant

Dur-Grundstellung auf der 1. Stufe *g*-re auf die 4. Stufe *c*-so mit Dur-Grundstellung in weiter Lage auf die 7. Stufe *f*-do mit Dur-Grundstellung ebenfalls dreimal vor. Das heisst G-Dur, C-Dur (weit) auf F-Dur. Dieses tritt auf in der Motette *Christe dei soboles*, in der *Secunda Pars*, bei 232, 752 und 944. Hier das Beispiel, Takt 8, Textstelle *coeli*. Ob nun der zweifache Quintfall mit dem Ausdruck des Himmels in Verbindung steht, darf bezweifelt werden. Wichtiger wird hier die homorhythmische Figur und die aufwärtsstrebende Richtung der vier Singstimmen sein. Das harmonische Quintfallmodell spielt dabei keine Rolle! Deshalb werden wir die Textzusammenhänge nicht weiter verfolgen, sondern untersuchen das Verhältnis von Modus und Klang, nicht das von Text und Klang! Es ist offenkundig, dass gleiche Wendungen mit anderen Textinhalten kompatibel sind, denn das Material ist schlichtweg zu begrenzt, als dass sich bestimmte Wendungen nur zu bestimmten Textinhalten verwenden ließen. Hier stehen dem Renaissance-Komponisten andere Mittel zur Verfügung, wie z.B. rhetorische Figuren.

3. ORLANDO DI LASSO

Ebenfalls dreimal kommt die folgende Verbindung im 1. transponierten Modus vor, und zwar wieder in *Exsultate justi*, Zeit 1136, 1960 und 1992. Es ist wieder von *bene psalite* wie auch von *et omnia* die Rede.

| Häufigkeit | 3mal |

Modus-Stufe	Solmisationssilbe	Klang	Sonanzform
5	*d*-la	Dur-Sextakkord	konsonant
6	*es*-ta	Dur	konsonant
6	*es*-ta	Moll-Sextakkord	konsonant

Sehen wir uns T.36-37 der besagten Motette noch einmal an, um zu sehen, wie diese Verbindung sich dort ereignet:

Nun gelangen wir zur letzten Klangverbindung der Liste. Für die künftigen Modi werden wir uns nicht mehr alle Verbindungen ansehen können, um den Rahmen nicht zu sprengen, auch werden Notenbeispiele nur noch für die besonders auffälligen Verbindungen herangezogen werden.

| Häufigkeit | 3mal |

Modus-Stufe	Solmisationssilbe	Klang	Sonanzform
6	*e*-ti	Dur	konsonant
2	*a*-mi	Dur	konsonant
5	*d*-la	Dur	konsonant

Wir entdecken also wieder zwei Quintfälle, und zwar in der Motette *Christe dei soboles, secunda pars*, T.11, Textstelle *Tua semper*:

Und jeweils gleich instrumentiert, die Textstellen *amare* in den Takten 24 und 30:

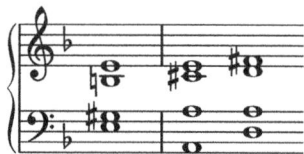

Es liegt auf der Hand, dass diese Dur-Wirkung zur Textausdeutung dient. Allerdings sehen wir auch, dass die Textstellen semantisch vollkommen unterschiedlich sind. Die Komposition mit den Akzidentien scheint wichtiger als der doppelte Quintfall. Unterstellen wir Vicentinos Ansicht, dass chromatische Töne im diatonischen Geschlecht Anleihen aus dem chromatischen Geschlecht sind, das als warm und süß empfunden wird, dann wären diese mit Kreuzen versehenen Töne per se wichtiger und damit wieder eine rhetorische Figur. Diese würde dann sowohl zum Kontext des *Tua semper* wie auch des *amare* passen. Denn sollte Liebe und Hingabe, auch an Gott, nicht warm und süßlich sein? Der Nachweis, dass das Sequenz-Prüfverfahren funktioniert, wurde mit den angeführten Notenbeispielen jedenfalls erbracht. Und da wir hier eine harmonische Figur wie den doppelten Quintfall sehen, sollte nun auch klar sein, dass wir gerade jenen später so selbstverständlichen Bausteinen auf der Spur sind. Die Blockdiagramme sehen wir uns im direkten Vergleich mit dem 2. Modus an. Kommen wir zum 2. transponierten Modus.

3.1.2 2.Modus transpositus

4st_2.modus_tr_avg.txt

3. ORLANDO DI LASSO

Mittelwerte

Konsonanzen	
evts	1477,33
sd	465,38
%evt	86,93
sd	5,60
%ttl	85,52
sd	4,73
blks	47,17
sd	23,26
mindur	2,33
maxdur	223,33
avgdur	45,63
avgdur-sd	39,35

Dissonanzen	
evts	228,00
sd	114,09
%evt	13,07
sd	5,60
%ttl	12,91
sd	5,56
blks	45,67
sd	23,87
mindur	2,33
maxdur	12,00
avgdur	5,10
avgdur-sd	0,76

Was zunächst auffällt, ist die Höhe der Durchschnittsdauer, denn jene ist bei den Konsonanzen im authentischen Modus fast doppelt so groß, hier ist allerdings die Streuung höher, wie die avgdur-sd beweist. Die Standardabweichungen von %evts und %ttl sind geringer als im 1. Modus. Bei den Dissonanzen jedoch liegen die Werte des 1. und 2. Modus fast gleichauf. Die Rangfolge der dissonanten Klänge ist ebenfalls verändert. Weiterhin ist für die Ausprägung des 2. Modus die verringerte Minimaldauer der Konsonanzen bezeichnend: Hier stehen 14 Sechzehntel des 1. Modus gegen zwei Sechzehntel im 2. Modus. Die Ausbildung zusammenhängender Ereignisse ist im 2. Modus etwas niedriger. Kommen wir zur Aufschlüsselung der Dissonanzen:

Dissonante Klänge	evts	%evt	%ttl	blks	mindur	maxdur	avgdur
UNDETERMINED	197,00	84,68	10,97	41,50	2,33	10,67	4,98
Moll-Quartsextakkord	9,33	3,13	0,57	1,17	4,00	4,00	4,00
Dur-Quartsextakkord	5,00	2,04	0,31	1,00	2,33	2,67	2,50
Halbverm.-Terzquartakkord	5,00	5,64	0,35	1,33	1,67	2,00	1,83
Einzelintervall	5,00	2,09	0,35	1,33	0,67	2,00	1,17

An erster Stelle liegen wieder die unbestimmten Dissonanzen. Wie im ersten Modus ist das Übergewicht dieser Klänge kaum zu übersehen, wie sie auch 41,5 stark gestreute blks ausbilden. Sie sind extremer gestreut als im 1. Modus. Die Standardabweichungen %evts-sd und %ttl-sd betragen 8,66 und 4,51. Die avgdur-sd liegt allerdings bei 0,63. Die sich nach dem Raster ergebenden Dissonanzen sind folglich relativ gleich verteilt. An zweiter Stelle jedoch ist nicht das Einzelintervall (wie im ersten transponierten Modus), sondern die 2. Umkehrung des Moll-Akkordes, also der Moll-Quart-Sextakkord, der gegenüber dem 1. Modus eine fast doppelt so große avgdur besitzt. Und an dritter Stelle findet sich der Dur-Quart-Sextakkord, wo im 1. Modus der Moll-Quart-Sextakkord stand.

An vierter Stelle steht hier der halbverminderte Septakkord als Terz-Quartakkord. Wie zuvor gilt auch bei diesem Phänomen, dass es sich nur für die Maxmimal-Dauer einer Achtelnote „ereignet", im ersten Modus immerhin für die Dauer von drei Sechzehnteln. Wir sehen für die Ausprägung des 2. Modus bereits eine andere Verteilung der dissonanten Klänge mit veränderten Werten. Die konsonanten Klänge:

Konsonante Klänge	evts	%evt	%ttl	blks	mindur	maxdur	avgdur
Dur	757,67	51,09	44,32	43,83	2,33	106,67	23,02
Moll	403,33	27,26	22,96	38,33	3,33	34,67	11,86
Dur-Sextakkord	99,33	6,87	5,77	13,50	4,67	15,33	7,38
Moll-Sextakkord	56,00	3,94	3,35	8,67	3,00	10,00	5,96
Einzelintervall	55,67	4,03	3,37	5,33	5,33	15,33	9,41
12/4	32,33	1,87	1,60	4,33	5,33	9,00	7,22
12/3	24,67	1,54	1,31	3,50	4,00	8,00	5,70

An erster Stelle findet sich wie im 1. Modus der Dur-Akkord in der Grundstellung. Die Standardabweichungen sind im Gegensatz zu jenen des 1. Modus geringer. Stellen wir hier die Modi gegenüber:

1. Modus, transp.	
Dur-Akkord	Abw.
evts-sd	196,67
%evts-sd	21,30
%ttl-sd	23,49
%blks-sd	19,23
avgdur-sd	37,26

2. Modus, transp.	
Dur-Akkord	Abw.
evts-sd	319,43
%evts-sd	17,11
%ttl-sd	17,37
%blks-sd	22,64
avgdur-sd	20,28

Der Unterschied zwischen den Modi wird sofort erkennbar. Insgesamt sind die Konsonanzen prozentual weniger gestreut, die Ausnahme bilden hier die evts-sd. Es sind aber auch mehr evts als im 1. Modus vorhanden. An zweiter Stelle steht ähnlich wie im 1. Modus der Moll-Akkord in der Grundstellung, der insgesamt vergleichbare Standardabweichungen hat. Seine Streuung ist in zwei Parametern (%ttl-sd und avgdur-sd) größer, in einem gleich (%evts-sd) und in einem (%blks-sd) kleiner.

1. Modus, transp.	
Moll-Akkord	Abw.
evts-sd	176,37
%evts-sd	8,27
%ttl-sd	5,88
%blks-sd	19,22
avgdur-sd	3,34

2. Modus, transp.	
Moll-Akkord	Abw.
evts-sd	170,16
%evts-sd	8,27
%ttl-sd	6,13
%blks-sd	16,48
avgdur-sd	4,06

Nun wird aber noch ein signifikanter Unterschied bemerkbar: Anstelle des Einzelintervalls im 1. Modus kommt in der Klangreihenfolge die 1. Umkehrung des Dur-Akkordes, also der Sextakkord. Ersichtlich ist hierbei, dass er im 2. Modus etwas häufiger vorkommt, dauert dafür aber geringfügig kürzer an. Seine Standardabweichungen sind in der Häufigkeit höher; seine Durchschnittsdauer ist im 2. Modus allerdings weniger gestreut! Hier steht der Wert der avgdur-sd = 2,89 des 1.Modus dem Wert von 0,66 im zweiten Modus gegenüber. Der Moll-Sextakkord liegt an vierter Stelle und steht mit %ttl 3,35 deutlich hinter den %ttl 5,77 des Dur-Sextakkords an. Es folgt das konsonante Einzelintervall, das hier an fünfter Stelle ist, wo es im 1. Modus an dritter Stelle war. Auch hier sind die quintlosen Klänge nicht sehr zahlreich vorhanden, die Reihenfolge ist dafür vertauscht. Der 2. Modus präferiert die große Terz (und nicht die kleine) über die Oktave. Die Dauernwerte unterscheiden sich allerdings von denen der quintlosen Klänge im 1. Modus deutlich: so hat der 12/3-Klang im 1. Modus eine maxdur von 6, im 2. Modus jedoch eine von 8, beim 12/4-Klang steht im 1. Modus eine maxdur von 12 einer von 9 im 2. Modus gegenüber. Vollkommen unterschiedlich sind sie aber in der Blockausbildung und der mindur, weil sich hier beim 12/4-Klang eine Blockzahl von 4,33 und eine mindur von 5,33 im 2. Modus, sowie eine Blockzahl von 2,75 und eine mindur von 2,50 im 1. Modus gegenüberstehen. Wir können nun bereits im Mittelwert-Bereich den authentischen vom plagalen Modus immer mehr unterscheiden und sehen dies besonders deutlich an der Auflistung der einzelnen Klänge:

Kommt im authentischen Modus der Dur-Akkord auf der *b*-fa-Stufe am häufigsten vor, so verhält sich das im plagalen zwar genauso, jedoch haben wir einen signifikanten Unterschied an Platz zwei: Hier steht im plagalen Modus der Dur-Akkord auf der do-Stufe, der dritten Stufe, also auf *f* an zweiter Stelle und eben nicht der Moll-Akkord auf *d*-la, auf der fünften Stufe! Steht dieser im authentischen Modus auf Platz zwei, so steht er nun auf Platz vier, obwohl diese die erste Stufe im 2. transponierten Modus ist. Das G-Dur ist ebenso wie im 1. Modus der am längsten ausgehaltene Klang (hier hat es eine avgdur von 20,06). Aufschlussreich ist es, die beiden Modi mit der Länge der Klänge zu vergleichen:

1. Modus, transp.	avgdur
G-Dur, 1. Stufe	15,06
D-Dur, 5. Stufe	13,26
B-Dur, 3. Stufe	12,89
Ton *g*, 1. Stufe	12,00
Es-Dur, 6. Stufe	11,49
C-Dur, 4. Stufe	11,05
c-Moll, 4. Stufe	10,71
Ton *d*, 5. Stufe	9,00

2. Modus, transp.	avgdur
G-Dur, 4. Stufe	20,06
B-Dur, 6. Stufe	12,18
D-Dur, 1. Stufe	12,11
c-Moll, 7. Stufe	11,71
C-Dur, 5. Stufe	10,51
A-Dur, 5. Stufe	10,45
Ton *g*, 4. Stufe	4,89
Ton *b*, 6. Stufe	5,33

Auffallend ist vor allem, wie sehr die Werte der Repercussa und der Finalis voneinander divergieren. Das Es-Dur kommt im zweiten Modus ebenfalls vor, hat aber eine kürzere avgdur von 9,32.

Wie man sieht, unterscheiden sich der authentische und der plagale Modus durchaus in der Dauer der Durchschnittslängen der Klänge voneinander. Differenzieren wir nun die Klänge nach ihrer Häufigkeit, so ergibt sich für die häufigsten Klänge im 2. Modus folgende Reihenfolge:

Klangformen	evts	%evt	%ttl	blks	mindur	maxdur	avgdur
Dur b-fa, 6. Stufe	188,33	11,94	10,55	16,50	3,67	37,33	12,18
Dur f-do, 3. Stufe	148,33	9,33	8,19	16,50	4,67	17,33	9,10
Dur g-re, 4. Stufe	143,00	8,94	7,77	15,67	5,67	20,00	9,77
Moll d-la, 1. Stufe	124,00	7,90	6,86	14,83	4,33	16,00	8,29
Dur g-re, 4. Stufe	99,33	7,34	6,57	5,33	10,00	40,67	20,06
Dur d-la, 1. Stufe	92,33	6,13	5,53	8,17	3,33	24,00	12,11
Dur c-so, 7. Stufe	85,00	5,32	4,79	7,33	5,00	19,33	10,51
Moll c-so, 7. Stufe	73,33	5,14	4,47	6,83	7,33	19,33	11,71
Dur es-ta, 2. Stufe	73,00	4,50	3,99	6,50	4,00	24,00	9,32
Moll a-mi, 5. Stufe	56,33	3,79	3,34	7,33	4,67	17,33	8,60
Dur a-mi, 5. Stufe	44,67	2,91	2,63	4,00	6,33	16,00	10,45
Dur-Sextakkord, a-mi, 5. Stufe	35,33	2,34	2,04	4,83	4,00	10,67	6,09
Dur-Sextakkord, d-la, 1. Stufe	28,00	1,79	1,56	4,00	4,67	6,67	6,01
Moll-Sextakkord, b-fa, 6. Stufe	19,67	1,38	1,22	3,33	3,33	6,67	4,30
Moll-Sextakkord, es-ta, 2. Stufe	17,67	1,13	0,99	2,83	3,00	6,00	4,98

Der Dur-Klang über der 5. Stufe kommt erst an elfter Stelle. Unter den Sextakkordformen entdecken wir den F-Dur-Sextakkord, den B-Dur-Sextakkord, den g-Moll-Sextakkord sowie den c-Moll-Sextakkord. Interessant ist, dass das B-Dur hier wesentlich eine höhere Streuung als im 1. Modus aufweist. Stellen wir die Abweichungswerte des B-Dur einmal gegenüber, so werden die Unterschiede deutlicher. Der 1. Modus transpositus hat eine niedrigere um den Wert 12,68 niedrigere evts-sd, eine um 1,7% niedrigere %evts-sd sowie eine um 1,99% niedrigere %ttl-sd, dafür allerdings eine um den Wert 0,99 höhere blks-sd sowie eine um den Wert 0,36 höhere avgdur-sd.

1. Modus, transp.	
B-Dur-Akkord	Abw.
evts-sd	77,81
%evts-sd	1,66
%ttl-sd	0,96
blks-sd	9,19
avgdur-sd	4,12

2. Modus, transp.	
B-Dur-Akkord	Abw.
evts-sd	90,49
%evts-sd	3,36
%ttl-sd	2,95
blks-sd	8,20
avgdur-sd	3,76

Kommen wir zu den einzelnen Tönen, die sich naturgemäß sehr unterscheiden. Als erstes fällt auf, dass die prozentuale Streuung insgesamt mit Ausnahme des Altus und Tenors geringer als im 1. Modus ist. Die Töne sind in diesen Stimmen also prozentual gleichmäßiger verteilt.

Schauen wir uns die nicht oktavbereinigten Töne im Bassus an, so ergibt sich eine umgekehrte Reihenfolge der Häufigkeit der verwendeten Töne: waren im 1. Modus die MIDI-Noten d2-g2-a#2-f2 in der Rangfolge der Häufigkeit ihres Auftretens, so sind es im zweiten Modus die MIDI-Noten d2-g2-f2-c2.

Vergleichen wir die Standardabweichung des oktavbereinigten d's, so stellen wir folgende Unterschiede fest: im 1. Modus beträgt die %evts-sd = 6,59, im 2. Modus 3,19, also die gute Hälfte!

3. ORLANDO DI LASSO

Bassus, nur Tonhöhen	evts	%evt	%ttl	blks	mindur	maxdur	avgdur
d	298,67	19,18	17,16	21,67	4,00	29,33	14,57
g	296,00	19,47	17,45	20,17	5,33	46,67	15,26
b	246,33	15,79	13,89	15,50	5,00	41,33	16,17
c	183,33	11,79	10,55	15,33	6,67	33,33	12,39
f	183,00	11,34	10,07	16,00	5,00	25,33	11,86
a	157,67	10,56	9,34	12,67	6,67	29,33	13,24
es	108,00	6,54	5,87	6,67	8,00	24,00	12,97
e	43,00	3,06	2,75	5,67	4,67	14,67	7,67
as	13,33	1,11	1,04	0,33	5,33	8,00	6,67
fis	8,00	0,51	0,47	1,00	2,67	2,67	2,67
h	6,67	0,55	0,51	0,33	6,67	6,67	6,67
cis	1,33	0,10	0,09	0,17	1,33	1,33	1,33

Hier liegen in beiden Modi die Töne *d-g-b-c* vorne. Sie unterscheiden sich aber auf Platz fünf: steht dort im 1. Modus der Ton *a*, so ist es im 2. Modus der Ton *f*. Die Töne *c* und *f* haben fast die gleiche evts-Zahl von 183. Es gibt aber weitere Merkmale, die die Aufmerksamkeit auf sich lenken: Besonders deutlich fällt die klare Präferenz des Tones *es* vor dem *e* auf, das nur noch die gute Hälfte ausmacht. Zudem erweckt die Verwendung des *as* unsere Neugierde, das nur im zweiten Modus und nur im Bassus vorkommt und zwar in der Lasso-Motette „Christe dei soboles". Differenzen finden wir vor allem wieder bei den Durchschnittslängen: im 1. Modus hat der Ton *es* im Bass die höchste avgdur von 16,53 (avgdur-sd = 2,53), im 2. Modus ist es das *b* mit avgdur 16,17 (avgdur-sd = 2,66). Noch deutlicher sind die Abweichungen im Tenor, der ja auch den Modus definiert: nicht oktavbereinigt unterscheidet er sich in der Reihenfolge der Töne vollkommen; statt *d-g-f-c-a-b* finden wir *c-a-d-b-g* vor. Die Standardabweichungen sind insgesamt bei den Häufigkeiten höher als im 1. Modus. So beträgt die evts-sd des Tones auf Platz vier, also *c-fa* im 1. Modus 35,37, im 2. Modus die des *b-mi* aber 139,46.[720] Vergleichen wir Ton mit Ton, wird der Unterschied der Modi bewusster: im 1. Modus hat das *c* 178,50 = evts und evts-sd = 35,37, im 2. evts = 300,33 und evts-sd = 139,39. Die Werte sprechen für sich und sind Beweis genug, dass man nicht ohne weiteres von einem authentisch-plagalen Gesamtmodus reden kann.

Tenor, nur Tonhöhen	evts	%evt	%ttl	blks	mindur	maxdur	avgdur
c	300,33	17,74	16,69	23,83	4,00	32,00	12,65
a	294,67	17,10	16,12	25,00	3,33	37,33	12,50
d	294,67	18,65	17,43	20,17	4,00	39,33	15,18
b	258,67	15,20	14,33	21,00	4,00	36,00	11,84
g	175,33	10,30	9,68	16,33	3,00	26,67	11,00
f	100,00	7,42	6,85	7,17	8,67	34,67	15,12
h	96,33	6,98	6,62	5,00	5,33	40,00	17,87

---

[720] Siehe Datei. Anm.d.Verf.

es	57,33	3,41	3,21	3,50	7,33	20,00	13,45
cis	20,67	1,49	1,36	2,67	2,00	8,00	4,30
cis	18,33	1,31	1,23	1,67	7,67	13,33	10,67
fis	7,67	0,40	0,38	1,33	3,00	4,00	3,40

Wir sehen gegenüber dem Bassus die Akzidentien mit höheren prozentualen Werten vertreten. Beim Vergleich von authentischem und plagalem Modus entdecken wir signifikante Unterschiede: Finden sich im 1. Modus die Töne in der Häufigkeit ihres Auftretens in der Reihenfolge *d-g-f-c-a-b*, sind es im 2. Modus die Töne *c-a-d-b-g*. Sehen wir uns nun aber oktavbereinigt den längsten Ton an, so ist es im 1. Modus das *a* mit avgdur: 16,85 und im 2. das *h* mit 17,87. Das *h* verwundert zunächst in der Tat, weil es akzidentiell erhöht werden muss. Denkt man aber über die Verwendungsmöglichkeiten nach, ist die Durchschnittslänge nicht mehr verwunderlich, da es die große Terz zur Finalis *g* bildet, so dass es bei Dur-Dreiklangsbildungen über der 4. Stufe *g-re* vor allem bei Schlussbildungen Verwendung findet. Im weiteren Verlauf wird zu klären sein, wie sich das in der Aggregierung weiterer Motetten verhält.

Gehen wir zum Altus: nicht oktavbereinigt steht die Rangfolge des 1. Modus in MIDI-Noten d3-f3-g3-a3-a#3 gegenüber d3-f3-e3-g3-c3. Vergleicht man die avgdur, kommt man zu dem Ergebnis, dass im 1. Modus der Ton mit der größten Durchschnittsdauer des Altus das MIDI-h2 ist, und zwar mit einer avgdur von 18,67 (avgdur-sd = 11,78) und im 2. Modus aber das MIDI-d#3 mit einer avgdur von 17,41 (avgdur-sd = 9,06). Der durchschnittlich längste Ton im Alt im 2. Modus ist also dem ersten Vernehmen nach etwas geringer gestreut als im 1. Modus. Oktavbereinigt aber steht im Altus im 1. Modus ganz klar das *d* mit einer avgdur von 17,63 (avgdur-sd = 6,83) an erster Stelle, im 2. Modus aber das *es* mit avgdur 17,41 (avgdur-sd = 9,06)! Die Streuung der Durchschnittsdauer ist also im 2. Modus bei diesem Ton höher! Die Rangfolgen stehen sich mit *d-f-a-g-b* für den ersten und *d-f-e-g-c* für den zweiten Modus gegenüber. Der Ton *d* hat mit einem guten Viertel aller Noten des Altus den maximalen Anteil, dabei mit 56 auch die höchste Maximaldauer. Der Ton *es* macht durch eine Minimaldauer von 12 auf sich aufmerksam, die größte im Altus! Wir bemerken auch, dass die Standardabweichung immer auf den jeweiligen Parameter bezogen ist. Da sich bereits für die Stimmen unterschiedliche Werte für die Tonhäufigkeiten herausbilden, sind die Abweichungen notwendigerweise verschieden.

Altus, nur Tonhöhen	evts	%evt	%ttl	blks	mindur	maxdur	avgdur
d	426,00	25,43	24,21	27,17	3,33	56,00	16,30
f	374,33	21,24	20,15	22,50	3,67	50,00	16,76
e	209,67	13,46	12,82	18,00	4,33	37,33	12,60
g	205,00	13,50	12,72	12,33	6,67	52,67	18,06
c	128,33	7,40	7,07	12,17	5,00	29,33	10,55
es	102,00	6,43	6,15	5,17	12,00	29,33	17,41

3. ORLANDO DI LASSO

a	69,00	4,44	4,17	6,50	5,00	17,33	10,49
b	68,00	4,39	4,11	6,17	4,67	17,33	9,15
fis	33,67	2,50	2,38	2,00	9,67	17,33	13,22
cis	15,67	0,71	0,68	1,67	2,00	9,33	4,35
h	11,67	0,51	0,49	1,17	3,33	5,67	4,50

Der Altus wurde in der Tabelle vollständig abgebildet, um zu zeigen, dass nach dem *fis* die Töne *cis* und *h* keine nennenswerte Rolle mehr spielen.

Gehen wir zum Sopran oder Cantus: nicht oktavbereinigt sprechen die Reihenfolgen von MIDI-d4-a3-a#3-g3-c4 gegenüber MIDI-g3-a3-a#3-d4-f3 für sich. Sehen wir uns die Töne oktavbereinigt an, so stehen sich *d-g-a-b-f* im 1. und *g-a-d-b-f* im 2. Modus gegenüber. Im 1. Modus ist mit avgdur 18,21 (avgdur-sd = 8,29) der Ton *b* der längste, im 2. Modus ist es mit avgdur 17,46 (avgdur-sd = 7,74) der Ton *f*. Wie oben beim Bass geschildert, kommt auch nur hier im 2. Modus im Sopran, begründet durch die besagte Motette, der Ton *as* vor.

Cantus, nur Tonhöhen	evts	%evt	%ttl	blks	mindur	maxdur	avgdur
g	315,00	19,57	17,48	19,83	3,67	60,67	15,68
a	285,00	19,30	17,21	22,83	4,33	34,67	13,71
d	223,33	14,85	13,17	13,50	5,67	42,67	17,48
b	212,00	13,09	11,62	15,67	4,33	42,00	13,19
f	157,00	9,30	8,30	10,00	6,00	46,00	17,46
c	135,00	9,35	8,22	11,17	4,33	28,00	11,72
fis	64,33	3,99	3,58	5,33	3,00	20,00	10,70
e	48,33	2,65	2,36	4,83	3,67	19,00	7,68
h	33,00	2,59	2,33	2,00	9,00	16,00	13,33
as	29,33	2,51	2,29	1,00	2,67	8,00	4,89
es	24,00	1,64	1,46	1,67	10,67	13,33	12,00
cis	17,00	1,17	1,05	1,67	6,33	9,33	8,33

Es ist überraschend zu sehen, dass das *f* die zweithöchste Maximaldauer besitzt. Insgesamt erscheint die prozentuale Verteilung der Töne ausgeglichener als im Altus. Erklären kann man sich dies schlicht daraus, dass der Cantus als eine Extremstimme erhöhter Aufmerksamkeit auch in einem polyphonen Satz unterliegt und insgesamt mehr beteiligt wird als eine Mittellagen-Stimme.

Der Cantus hat im 1. Modus deutlich geringere Standardabweichungen. Nehmen wir einmal die avgdur-sd des häufigsten Tones, so hat im 1. Modus das *d* eine avgdur-sd von 2,95. Dieser steht eine im Wert von 7,16 für das *g* im 2. Modus gegenüber.

Zu den Stimmkreuzungen: auch diese unterscheiden sich deutlich!

Stimmkreuzungen	evts	%evt	%ttl	blks	mindur	maxdur	avgdur
Altus	103,33	58,48	1,63	7,67	7,33	22,67	14,12
Cantus	28,67	22,93	0,47	2,67	8,67	14,67	11,56
Tenor	28,67	18,59	0,41	2,83	5,33	10,67	7,86

Gehen wir von unserem System der Kreuzung zur nächst tiefer liegenden Stimme aus, so hatten wir mit 173 Events und einem %evt mit 83,06 und %ttl mit 2,41 die meisten Kreuzungen vom Altus zum Tenor hin. Die anderen Stimmen (Tenor und Sopran) waren mit nur %evt 9,04 und %evt 7,90 vertreten. Im zweiten Modus ist das nun gemischter oder ausgewogener, auch sind die Standardabweichungen geringer. Es gibt aber insgesamt weniger Kreuzungen. So finden sich mit 103,33 Events und %evt 58,48 und %ttl 1,63 Kreuzungen vom Altus zum Tenor hin, dann aber Kreuzungen vom Sopran zum Altus sowie Kreuzungen vom Tenor zum Bass, die die gleiche evts-Zahl anzeigen.

An dieser Stelle können wir – bei aller Vorsicht – bereits einige Unterschiede in der Behandlung der Modi anhand der Reihenfolge der verwendeten Töne, anhand der Akkord-Qualität im Sinne unserer heutigen Umkehrung und der verwendeten Stufe sowie der Durchschnittsdauer der verwendeten Klänge und auch der Qualität sowie Anteiligkeit der Stimmkreuzungen erkennen. Es scheint sich schon abzuzeichnen, dass es sinnvoll ist, authentische und plagale Modi schon alleine wegen der klanglichen Unterschiede weiter zu unterscheiden und eben nicht vom *authentisch-plagalen Gesamtmodus* im Dahlhausschen Verständnis oder den *tonal types* auszugehen.

Klangfolgen

Sehen wir uns nun die vertikalen Klangfolgen an. Diese bergen durchaus Überraschungen, denn wir bekommen noch häufiger auftretende Folgen als im 1. Modus. Wie repräsentativ diese im einzelnen sind, kann erst im Vergleich mit den anderen Werken, auch denen Palestrinas, ermessen werden.

Häufigkeit	6mal

Modus-Stufe	Solmisationssilbe	Klang	Sonanzform
7	*c*-so	Dur	konsonant
3	*f*-do	Dur	konsonant
6	*b*-fa	Dur	konsonant

Diese Folge tritt in der Motette *Beati pacifici* bei 136 (Textstelle *quoniam* T.5), in der Motette *Beatis paupere spiritu* bei 1264 (Textstelle *(e)suriunt* T. 40, 2. Hälfte), 1928 (Textstelle *quoniam* T.60 2. Hälfte) und 2600 (Textzusammenhang *ipsi deum* T.82) sowie in der Motette *Christe dei soboles, prima pars* bei 352 (Textstelle *cuius ab*, T.12) und 704 (Textzusammenhang *(a)ram te ni(hil)*, T. 23) in der Rastergröße

3. ORLANDO DI LASSO 169

-g16 sechsmal auf und besteht aus zwei Quintfällen. Die kommende Folge kommt fünfmal vor und besteht aus zwei Terzfällen.

| Häufigkeit | 5mal |

Modus-Stufe	Solmisationssilbe	Klang	Sonanzform
1	d-la	Moll	konsonant
6	b-fa	Dur	konsonant
4	g-re	Moll	konsonant

Diese Wendung kommt in der Motette *Beati pacifici (Beatis pauperes, 2. pars)* bei 384 (Textzusammenhang (persecutionem) pati(untur) T.13), in der prima pars bei 448, in der Motette *Declinate (Iniquos odio habui, 2.pars)* bei 344 (Textstelle *maligni* T. 11) sowie in *Iniquos odio habui, 1. pars* bei 760 (Textzusammenhang *(susce)ptor me(us)*) und 1384 (Textzusammenhang *tuum supersper(avi)*). Sehen wir uns diese einmal in Notenform an, wie sie in *Beati pacifici* in T.13 vorkommt, um eine zweimalig geflohene Kadenz vorzubereiten.

Die nächsten Folgen kommen viermal vor, und zwar in *Beati pacifici* bei 768 (Textstelle *(ips)orum es* T.25) und 992 (Textstelle *(male)dixerint vobis*), in *Beatis paupere spiritu* bei 2288 (Textzusammenhang *quoniam ipsi Deum* sowie in *Sperent in te omnes* bei 960.

| Häufigkeit | 4mal |

Modus-Stufe	Solmisationssilbe	Klang	Sonanzform
1	d-la	Moll	konsonant
6	b-fa	Dur	konsonant
3	f-do	Dur	konsonant

Hier ein Beispiel aus der Motette *Sperent in te omnes*, T.31, Textzusammenhang *orationes pauperum*.

Es ergeben sich ganz unterschiedliche Textinhalte zu gleichen klanglichen Lösungen, so dass auf weitere Textanführungen verzichtet wird. Die rhetorische Figur ist im Textzusammenhang – wie bereits dargelegt – wichtiger. Ebenfalls viermal kommt diese Folge vor, die nun zum ersten Mal in den Folgen des 2. Modus einen Sextakkord miteinbezieht, sie lautet a-6F-g in der Absolutbezeichnung, und zwar in *Beati pacifici* bei 1512, *Beatis paupere spiritu* bei 2360, *Declinate* bei 126 sowie bei *Sperent in te omnes* bei 2016.

| Häufigkeit | 4mal |

Modus-Stufe	Solmisationssilbe	Klang	Sonanzform
5	*a*-mi	Moll	konsonant
5	*a*-mi	Dur-Sextakkord	konsonant
4	*g*-re	Moll	konsonant

Hier ein Beispiel aus *Declinate*, T.4:

Die nächste Folge kommt dreimal vor, und zwar in *Beatis paupere* bei 2608, in *Iniquos* bei 368 und 448.

| Häufigkeit | 3mal |

Modus-Stufe	Solmisationssilbe	Klang	Sonanzform
3	*f*-do	Dur	konsonant
6	*b*-fa	Dur	konsonant
4	*g*-re	Moll	konsonant

Ebenfalls dreimal erscheint die Folge *f*-do mit Dur-Grundstellung auf die 2. Stufe *e*-ti mit einem Dur-Sextakkord zur 3. Stufe *f*-do mit Dur-Grundstellung, also F-6C-F, und zwar in *Beati pacifici* bei 328, 1312 und 1360. Für uns heute ist das eine dominantische Verbindung. Die Folge tritt relativ zu Beginn und in fortgeschrittenerem Zeitverlauf auf, das F-Dur ist allerdings hier ein Klang über der 3. Stufe.[721]

---

[721] Ein Problem entstand bei der Klangfolgen-Analyse: so fand die Maschine zweimal die Folge c-Moll zu Es-Dur in der weiten Lage und sodann den halbverminderten Terz-Quartakkord auf *a*. Das kann natürlich keine gültige Klangfolge sein! Dies ergab sich daher, dass Lasso in der Motette *Christe dei soboles* die Folge derart komponiert, dass sich im Tenor ein Durchgang vom *b* zum *g* ereignet, so dass das *a* für uns heute als ein Viertel-Durchgang von großer Sexte (vom Grundton aus gerechnet) zur Akkordquinte klingt, oder im Sinne des Generalbasses als Durchgang von übermäßiger Quarte zur Akkordterz des c-Moll-Sextakkordes. Nehmen wir eine Folge von vier Klängen an, so ergibt sich zweimal: c-Moll/Es-Dur (weite Lage)/6c-Moll4-3 (weite Lage)/D-Dur.

3. ORLANDO DI LASSO 171

Häufigkeit	3mal

Modus-Stufe	Solmisationssilbe	Klang	Sonanzform
3	f-do	Dur	konsonant
2	e-ti	Dur-Sextakkord	konsonant
3	f-do	Moll	konsonant

Es kommen noch einige andere Verbindungen dreimal vor. Man kann aber feststellen, dass grundständige Verbindungen den 2. Modus bisher dominieren, im 1. Modus hatten wir durchaus mehr Sextakkordverbindungen in den Fortschreitungen. Wir sollten uns nun aber der Dissonanzenverteilung in der Zeit widmen.

Blockdiagramme

Für den Gebrauch von Dissonanzen wurden „digitale Schulnoten" verteilt, als der Autor der vorliegenden Studie sich frug, ob es nicht sinnvoll sein könnte, Dissonanzen zu graduieren; es wird eine Markierung in % auf der x- und im zeitlichen Verlauf auf der y-Achse erstellt. Das Verfahren, Dissonanzen wie Arnold Schönberg danach zu beurteilen, wie an welcher Stelle sie in der Obertonreihe vorkommen, ist natürlich historisch für die Epoche der Vokalpolyphonie falsch, bietet sich aber in einer übergreifenden systematischen Erfassung der Graduierungen an. Berücksichtigt man allerdings die eingangs dargelegten Stimmungstheorien und dabei vor allem die pythagoräische, die von der reinen Quinte 3:2 der Obertonreihe determiniert ist, erscheint dieses Graduierungsverfahren gar nicht mehr so abwegig. Auch das Gehör wurde zur Bestimmung der Dissonanzgrade bemüht (dem Autor scheint aus seiner kompositorischen Erfahrung heraus eine große Septime dissonanter zu sein als eine kleine Sekunde). So bekommt die große Septime in diesem Verfahren folglich die Note 6, die kleine Sekunde die Note 5, die große Sekunde nicht die Note 4, denn der Tritonus schien eine dissonantere Bedeutung zu haben (die musikalische Erziehung hört mit). Deshalb bekommt dieser die Note 4, die große Sekunde die Note 3, die kleine Septime die Note 2 und die reine Quarte die Note 1. Betrachten wir nun nach diesen Kriterien den Modus mit seiner Dissonanzgrad-Verteilung, so bekommen wir folgendes Blockdiagramm des 1. Modus:

Dies sind Fälle, die man immer wieder von Hand überprüfen muss, denn man kann auch nicht per se alle Klangfortschreitungen in Vierteln ignorieren. Die Computer-Analyse ist kein Selbstzweck, sondern ist ein technisches Hilfsmittel und soll uns auf Probleme oder Ereignisse aufmerksam machen. Da Klangverbindungen in großen Zeiteinheiten zu jener Zeit immer Verbindungen von konsonanten zu konsonanten Klängen sind, muss man beim bloßen Erscheinen solcher dissonanter Klangformen misstrauisch werden. So entschieden wir uns, für jene Fälle eine Regel einzuführen: Bei der Klangfolge wird der dissonante Ton, egal ob im modernen Sinne Vorhalt, Wechselnote oder Durchgang, ignoriert und der konsonante Auflösungston betrachtet.

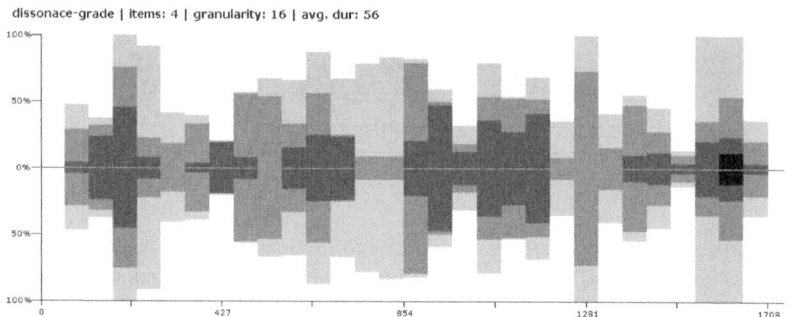

Die Verteilung ist aufschlussreich für die Ausprägung des modalen Hintergrundes. Es gibt vor 1708 einen schwarzen Bereich, in dem bei allen Werken die Dissonarität übereinstimmt. Alle anderen Werke haben jedoch eine eigene Gestaltungsweise; so sieht man bei dem hellgrauen Werk, dass es bei 213 eine 100%ige Dissonarität aufweist, die dann rasch abgebaut wird. Verblüffend ist, dass alle Werke hier ersten dissonanten Höhepunkt haben, wie auch bei 1060. Die extremste, charakteristische Erscheinung finden wir – neben dem offensichtlich dunkeln Bereich kurz vor Schluss – in der Minimalüberlagerung einen Balken nach 427.

Immerhin zwei Werke haben bei 1281 einen weiteren dissonanten Höhepunkt, wie auch die vergleichsweise lange Dissonanzenstrecke vor Schluss des hellgrauen Stückes überrascht. Nehmen wir uns des dunkleren Durchschnitts an, so sehen wir durchaus Gemeinsamkeiten der Dissonanzenverteilung, weil sie nämlich nicht einförmig, sondern mitunter eruptiv ist.

Die Varietas, die wir als rhythmisches Postulat in der Zeit der Vokalpolyphonie vorfinden, gilt auf den ersten Blick scheinbar auch für die Dissonanzenverteilungen im Raum.

Der zweite Modus unterscheidet sich deutlich, was nicht zwei weiteren Werken anzulasten ist, die in die Analyse mit hineinkamen. Wir sehen beim hellgrauen Stück eine Verteilung der 100%-Spitzen über das ganze Werk hinweg bis kurz vor Schluss, die dann vor 1728 noch von einem weiteren Werk geteilt wird! Die Dissonanzenverteilung erscheint hier insgesamt kontinuierlicher, auch wenn das hellgraue Werk die extremen Spitzen bietet, die im 1. Modus nicht sechsmal vorhanden sind. Der 1. Modus scheint allerdings insgesamt dissonanter zu sein als der 2. Modus, hier der 2.:

3. ORLANDO DI LASSO 173

dissonace-grade | items: 6 | granularity: 16 | avg. dur: 57

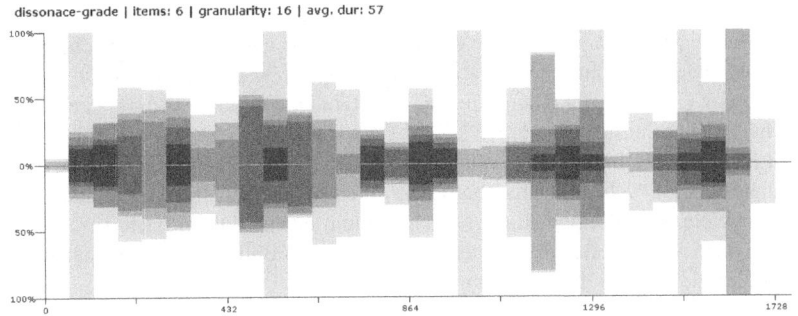

Wir sehen viele typische Verteilungen, die von mehreren Werken geteilt werden, aber auch ein Werk, das aus der Reihe tanzt. Eine der wohl am wesenhaftesten Verteilungen befindet sich in dem Block, der unmittelbar vor der 100%-Spitze, die sich einen Balken vor 1080 ereignet, kommt. Wir sehen gegenüber dem 1. Modus auch viel mehr an sich fein überlagernden Ereignissen. Die plastische Darstellung sollte schon für sich sprechen. Wir können für die y-Achse nur Annäherungswerte benennen. Auch bei der x-Achse müssen wir mit Annäherungswerten verbal arbeiten. Einmal sehen wir ohnehin einen von uns künstlich geschaffenen Zeitverlauf, da alle Werke auf die gleiche Zeit gestreckt oder gestaucht werden müssen, andererseits wollten wir unübersichtliches Zahlengewirr vermeiden und die Graphiken auch für mathematisch und statistisch unerfahrene Benutzer so benutzerfreundlich, aber auch so aussagekräftig wie möglich machen. Sehen wir uns das Merkmal der Klangdichte des 1. Modus an:

density | items: 4 | granularity: 16 | avg. dur: 56

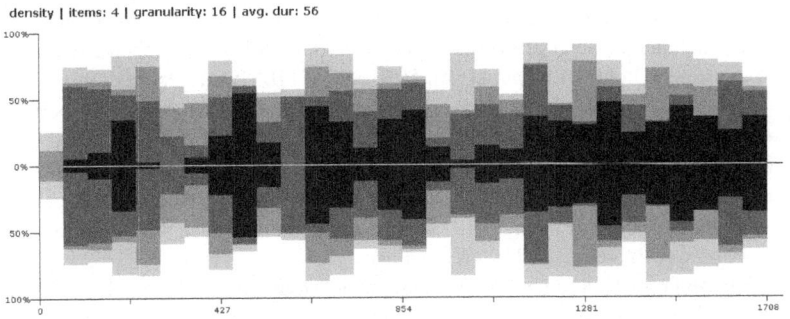

Was lässt sich sehen? Wir sehen, dass ein Stück, das hellgraue, dichter ist als alle anderen, den dissonanten Höhepunkt sieht man bei 1281. Auch sehen wir mitunter gegenläufige Bewegungen. Betrachten wir alle Werke zusammen, so sehen wir eine wellenförmige Bewegung. Gehen wir von den Gemeinsamkeiten aus, die durch die geschwärzten Bereiche sichtbar werden, sehen wir eine sich zu Beginn kurz steigernde Dichte, die abrupt abfällt, bei den verbleibenden Stücken baut sie sich jedoch langsamer ab. Einen ersten Dichte-Höhepunkt finden wir für alle Werke im Schnitt einen Balken nach 427, wohingegen drei der Werke genau bei 427 bereits eine 80%ige Dichte aufweisen. Wir sehen ein symmetrisches Muster bei ca. 640 auf der x-Achse. Ziemlich in der Mitte erleben alle Werke eine „atmende" Dichte. Die Varietas, die ein rhythmisches Postulat in der Zeit der Vokalpolyphonie ist, finden wir auch im Gebrauch der Klang-Dichte! Ungefähr einen Balken vor 1067 geht eine durchgehende minimal kumulative Dichte-Entwicklung los, die im Schnitt besehen nicht über ca. 45% hinausgeht, wenngleich es hier Ausschläge anderer Werke gibt, die nahezu bei 80% liegen. Charakteristika durch fein überschneidende Balken finden wir viele, so bei einem Balken nach Beginn, einem Balken nach 427, einem Balken nach 854, einem Balken nach 1281 und einem Balken vor 1708. Sehen wir uns im Vergleich dazu die Verteilung im 2. Modus an:

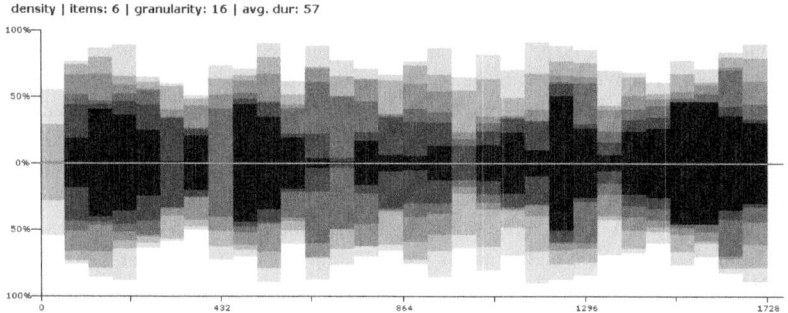

Dieser scheint durchgehend dichter zu sein, wenn man auch die hellgrauen Elemente betrachtet. Im schwarzen Bereich jedoch sehen wir eine vollkommen andere Verteilung. Es fehlen die Symmetrien, die Verteilung erscheint chaotischer als im 1. Modus. Die hellgrauen Stellen gaben in der Klang-Dichte gegen Ende nach, im 2. Modus nehmen diese gegen Ende zu. Im Durchschnitt jedoch erleben wir wie im 1. Modus einen Dichte-Höhepunkt von 50% bei ca. 1100, wenngleich er im 1. Modus bei ca. 1300 lag. Wir lesen auch eine gering höhere Durchschnittsdauer beim 2. Modus, so dass sich die Verhältnisse wieder angleichen.

Wir haben aber viel mehr Charakteristika, die nicht alle aufgeführt werden brauchen, weil sie optisch bereits für sich sprechen. Es sollen Beispiele herausgegriffen werden: der Block direkt nach dem 1. Balken, der 1. Balken nach 432, bei 1080, die Balken ab zwei Balken nach 1296 (ca. 1400).

Schon rein optisch können wir also bereits die Modi unterscheiden. Schauen wir uns noch die Pausen-Dichte des 1. Modus an:

3. ORLANDO DI LASSO

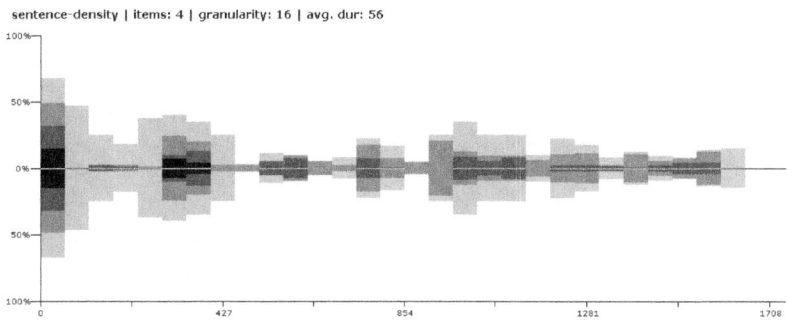

Wie man sehen kann, ist die Pausendichte zu Beginn sehr hoch und flacht dann ab, da mehr Stimmen beteiligt werden. Auch hier sehen wir wieder kleinere Wellenbewegungen. Augenfällig ist, dass wir an zwei Stellen in den Werken eine fast 50%ige Pausendichte haben, einmal bei zwei Balken nach 213,5, dann zwei Balken nach 854. Gehen wir zum 2. Modus:

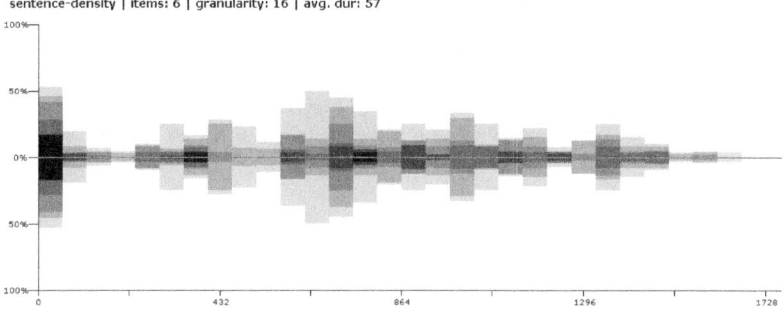

Wie bei den anderen Verteilungen sehen wir auch hier eine ganz andere Verteilung. Die Pausendichte ist zu Beginn zwar ähnlich, doch fehlt der große Block vor 427, der hier erst bei ca. 600, einen Balken vor 648, erfolgt und sich dann langsam schlüsselförmig abbaut. Die Pausendichte wird gegen Ende weitaus geringer als im 1. Modus, die Satzdichte scheint dort also höher zu sein, was nicht nur der Tatsache geschuldet sein kann, dass hier zwei Werke zusätzlich analysiert wurden. Selbst wenn im Schnitt Satz- und Pausendichte gleich sind, so sind die Verteilungen in der Zeit gänzlich anders. Einen besonders geschwärzten Bereich teilen beide bei ca. 280-300, also zwei Balken nach Beginn. Als nächstes betrachten wir die Stimmkreuzungen des 1. Modus:

176   KAPITEL 4. ANALYSEN

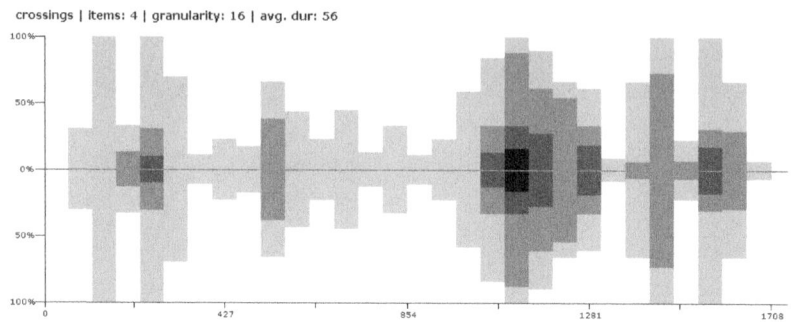

Das sind vielleicht die augenscheinlichsten Unterschiede. Wir sehen, dass im 1. Modus die Kreuzungen zur nächst tiefer gelegenen Stimme vor allen Dingen gegen Ausgang der Werke zunehmen. Es gibt einen Kreuzungskulminationspunkt bei ca. 1080 auf der x-Achse und mehrere Kreuzungen gegen Ende.

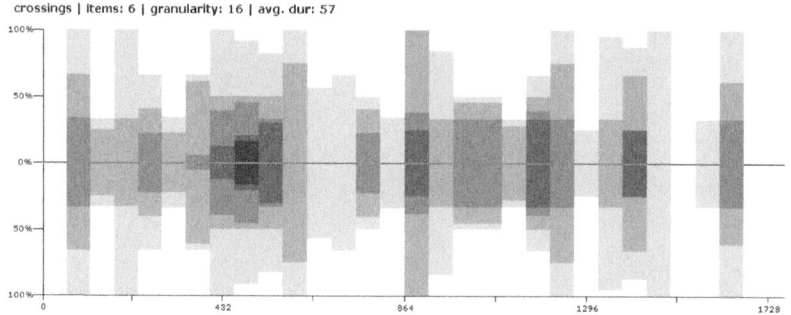

Die Stimmkreuzungen im 2. Modus sind völlig anders verteilt. Der Kulminationspunkt ist bei ca. 480, einen Balken nach 432, jedenfalls kurz nach dem ersten Viertel. Auffällig ist auch die starke Betonung der Mitte in den Kreuzungen. Insgesamt sind sie Kreuzungen gleichmäßiger über die Werke verteilt als im ersten Modus. Charakteristika sind bei den Kreuzungen hier nicht so konzentriert wie in den anderen Merkmalen zu finden, bei gleichen Tendenzen gibt es stärkere Abweichungen. Charakteristisch für den 2. Modus ist allerdings der sich abzeichnende rechteckige Balken-Block nach Beginn, der das gleiche Niveau bis zum 1. Balken vor 432 hält, einen weiteren solchen Block finden wir ab dem 1. Balken nach 864 bis kurz vor 1296.

Gehen wir nun zu den Modi 3 und 4 über. Hier ist anzumerken, dass für den 3. Modus mehr Werke in MIDI-Form zur Verfügung standen als für den 4. Modus. Die Ergebnisse sind also nicht derart repräsentativ wie zuvor, was sich aber bei den vielstimmigen Werken ändern wird. Strittig bleibt, ob man nicht auch die Motette *Proba me Deus* dem 3. Modus zuordnen könnte. Die von Bergquist in *a-minor*[722],

---

[722] Bergquist, The Modality of Orlando di Lasso's compositions in *A Minor*, München 1996, S.11.

3. ORLANDO DI LASSO 177

betrachtete Motette *Lauda anima mea* steht jedoch im 2. untransponierten Modus und konnte weder für den 3 noch für den 4. herangezogen werden. Jedoch erlauben auch diese Analysen bereits, die Modi von einander zu unterscheiden. Unter Hinzufügung der Prophetiae werden sich die Verhältnisse wieder angleichen.

3.1.3 3. Modus naturalis

Mittelwerte

4st_3.modus_nat_avg.txt

Konsonanzen	
evts	1080,40
sd	395,10
%evt	83,36
sd	5,51
%ttl	78,30
sd	4,77
blks	78,80
sd	35,03
mindur	1,80
maxdur	126,40
avgdur	17,06
avgdur-sd	8,65

Dissonanzen	
evts	239,20
sd	130,61
%evt	16,64
sd	5,51
%ttl	16,08
sd	5,90
blks	57,00
sd	25,12
mindur	1,80
maxdur	16,00
avgdur	3,95
avgdur-sd	1,42

Diese Gehalte unterscheiden sich von den beiden erst genannten Modi, sie sind etwas dissonanter. Die höchste Standardabweichung der evtsvts in den Konsonanzen hatte bisher der 2. Modus. Die Durchschnittsdauern der Konsonanzen sind allerdings noch einmal verkürzt. Der avgdur von 84,36 (avgdur-sd = 110,11) für den 1. Modus steht 45,63 (avgdur-sd = 39,35) für den 2. und 17,06 (avgdur-sd = 8,65) für den 3 gegenüber. Im 1. Modus ist also die Durchschnittsdauer beliebig verteilt, im 2. weniger beliebig und im 3. schon etwas gezielter. Ein anderes Bild entsteht aber in der Auflistung der dissonanten Klänge: sie ist dem zweiten Modus ähnlicher als dem ersten. Man hätte für den phrygischen Modus noch höhere Dissonanzenanteile erwartet, sie sind aber um ca. 2-4% höher als in den anderen beiden Modi. Vielleicht ist aber nach dem Verständnis der Alten der Modus per se mit seiner typischen Klausel dissonanter als die anderen Modi, weshalb auf ein klanglich konsonantes Gestalten Wert gelegt werden musste. Die Klanganteile auf den ersten drei Plätzen unter den konsonanten Klängen sind ausgewogener als im 1. Modus und haben mehr mit dem 2. Modus gemein.

Dissonante Klänge	evts	%evt	%ttl	blks	mindur	maxdur	avgdur
UNDETERMINED	196,40	82,38	13,32	50,60	1,80	11,80	3,65
Moll-Quartsextakkord	11,20	4,19	0,71	1,60	4,80	5,60	5,20
Dur-Quartsextakkord	10,00	3,29	0,58	1,80	2,80	4,40	3,80
Dominantseptakkord	5,20	2,29	0,33	1,80	1,80	2,20	2,12
Einzelintervall	4,80	3,06	0,33	2,00	1,40	1,80	1,60

Die Majorität der Dissonanzen machen wieder die UNDETERMINED aus. Die evts-sd beträgt hier 105,44, %evt-sd = 4,95 und %ttl-sd = 5,06. In der Häufigkeit ist die Streuung recht hoch, in den prozentualen Anteilen jedoch geringer. Sie ist auf alle Fälle geringer als in den beiden vorherigen Modi. Sodann folgt an zweiter Stelle der Moll-Quartsextakkord, seine Verteilung ist fast beliebig, doch immer noch ist die Standardabweichung geringer als in den vorherigen Modi, und an dritter Stelle steht der Dur-Quartsextakkord. Gegenüber dem 1. Modus kommt auch an vierter Stelle nicht die Form des halbverminderten Terzquartakkordes, die ohnehin nur kurz in Erscheinung tritt, sondern die Gestalt des Dominantseptakkordes, dessen Häufigkeit in den evts von 5,20 von der evts-sd = 6,52 übertroffen wird. Es lässt sich aber auch ersehen, dass das Einzelintervall sowie die Form unseres halbverminderten Terz-Quartakkordes nicht allzu häufig vorkommt. Alle anderen Formen wie Septakkordumkehrungen und verminderte Klänge kommen prozentual nur in äußerst geringem Maße vor, wie z.B. der Dominant-Sekundakkord, der an 7. Stelle käme. Es sind also Klänge, die durchaus unter der Oberfläche schlummern. Sie wurden zudem, allerdings in anderer Reihenfolge, auch in den anderen Modi gefunden. Kommen wir zu den Konsonanzen.

Konsonante Klänge	evts	%evt	%ttl	blks	mindur	maxdur	avgdur
Dur	507,60	46,22	36,42	55,40	1,80	58,00	9,62
Moll	281,40	26,17	20,51	45,80	1,80	24,40	6,30
Dur-Sextakkord	117,40	10,28	8,08	19,60	2,60	12,80	5,87
Einzelintervall	76,20	7,90	6,00	16,00	3,00	22,80	8,03
Moll-Sextakkord	45,20	3,97	3,11	9,00	2,20	8,60	4,87
12/4	11,40	1,22	0,95	3,00	1,40	3,80	2,61

An erster Stelle steht im 3. untransponierten Modus also der Dur-Dreiklang. Seine Streuung ist mit evts-sd = 199,10, %evt-sd = 10,74 und %ttl-sd = 9,44 geringer als in den beiden vorangegangenen Modi. Erst dann kommt der Moll-Dreiklang, was verwundert, weil der Moll-Dreiklang im Phrygischen eigentlich dominieren müsste, denn ein Durdreiklang findet sich natürlicherweise nur auf den Stufen fa-sol-re, die im mi-Modus eigentlich seltener gebraucht werden sollten, hier spielen aber die Akzidentien mit hinein, da das A-Dur als Terz-Quintklang über *a*-la und D-Dur als Terz-Quintklang über *d*-re mittels Akzidenz *cis* und *fis* entsteht. Der Moll-Akkord ist ebenfalls geringer gestreut. Es sieht so aus, als seien die Werke im 3. Modus homogener, charakteristischer komponiert. An dritter Stelle steht der Dur-Sextakkord, und an vierter Stelle stehen die konsonanten Einzelintervalle. Auffällig ist, dass diese die zweithöchste avgdur haben. Der Moll-Sextakkord kommt erst nach den Einzelintervallen auf Platz fünf. Auf Platz sechs liegt der Klang 12/4, gefolgt von 12/3 und 4/12, die aber insgesamt keine großen Anteile mehr haben. Erwähnenswert ist vielleicht noch, dass der Klang 12/3 mit 5,83 eine höhere avgdur als der 12/4-Klang hat, mit avgdur-sd = 2,28 aber eine etwas geringere Standardabweichung. Diese beträgt beim 12/4-Klang mit einer avgdur von 2,61 dann als avgdur-sd 2,67!

Die Liste mit allen vorhandenen Klängen ist ebenso aufschlussreich. Hier steht die sechste Stufe, *c*-do mit dem Dur-Akkord auf Platz eins, dies ist der Dreiklang über der Repercussa. Die Standardabweichungen betragen evts-sd = 65,85, %evt-sd = 4,14 und %ttl-sd = 3,38. Ab den %evt-sd sind die Werte viel höher als die

3. ORLANDO DI LASSO

Abweichungswerte des häufigsten Klanges der vorangegangenen Modi. Ab dem Klang auf Platz zwei sind die Werte jedoch wieder vergleichbar. An jener Stelle findet sich der Moll-Akkord über a-la, der 4. Stufe, also das A-Moll. An dritter Stelle steht das G-Dur, also die 3. Stufe. Die höchste avgdur mit 16,80 hat allerdings der Dur-Klang über a-la, der 4. Stufe, also das A-Dur. Seine Standardabweichung ist aber extrem: evts-sd = 29,33, also mehr als die evts, %evts= 3,21, %ttl-sd = 2,71, die avgdur-sd beträgt 16,47; sie ist also fast so hoch wie die Durchschnittsdauer. Das A-Dur ist also sehr gestreut, geradezu beliebig verteilt. Wie erwähnt, hatten selbst die Zeitgenossen Probleme, den 3. und 4. Modus exakt zu bestimmen, und im 4. Modus würde man wahrscheinlich die Länge des A-Dur eher erwarten. Die Rangfolge lautet: C-Dur, a-Moll, G-Dur, E-Dur, F-Dur, d-Moll, e-Moll, 6C und die Prime e. Das e-Moll kommt also erst auf Platz sieben!

Alle Klänge	evts	%evt	%ttl	blks	mindur	maxdur	avgdur
Dur, c-do, 6. Stufe	164,40	14,00	11,77	19,80	2,60	25,40	8,83
Moll, a-la, 4. Stufe	144,40	12,63	10,70	21,80	2,20	18,00	6,65
Dur, g-so, 3. Stufe	97,40	7,81	6,57	14,80	2,20	14,20	6,49
Dur, e-mi, 1. Stufe	97,20	8,38	7,10	8,60	1,80	44,40	13,56
Dur, f-fa, 2. Stufe	94,80	8,21	6,92	13,20	2,60	16,60	6,85
Moll, d-re, 7. Stufe	72,20	5,99	5,06	12,80	2,20	11,80	5,85
Moll, e-mi, 1. Stufe	63,40	5,47	4,59	13,20	2,20	8,60	4,74
Dur-Sextakkord, e-mi, 1. Stufe	48,40	3,90	3,27	8,40	3,00	7,20	5,52
Prime, e-mi, 1. Stufe	31,40	2,65	2,22	6,60	3,80	8,60	5,81
Dur, a-la, 4. Stufe	27,20	2,55	2,17	1,00	14,40	19,20	16,80
Dur-Sextakkord, a-la, 4. Stufe	27,20	2,30	1,94	5,40	3,40	7,00	4,85
Moll-Sextakkord, f-fa, 2. Stufe	27,00	2,16	1,81	4,40	2,60	8,60	5,73
Dur, d-re, 7. Stufe	26,60	2,24	1,90	3,80	3,00	13,40	6,87
Dur-Sextakkord, h-ti, 5. Stufe	26,00	2,19	1,83	4,60	4,20	8,60	6,13
Prime, a-la, 4. Stufe	16,40	1,53	1,29	3,20	9,00	10,20	9,61

Kommen wir zu den Tönen im Tenor:

Tenor, nur Tonhöhen	evts	%evt	%ttl	blks	mindur	maxdur	avgdur
c	269,00	22,04	19,32	27,00	2,20	26,20	9,98
a	237,80	19,73	17,35	25,80	2,20	31,60	9,23
h	206,20	16,81	14,38	26,00	2,20	33,40	7,78
g	170,20	12,60	11,35	14,20	2,60	35,00	11,25
e	131,80	11,29	9,97	11,80	3,40	30,20	12,60
d	107,60	9,30	7,91	12,40	3,40	19,80	9,23
gis	36,40	3,78	3,19	3,60	15,00	23,60	18,04
f	30,80	2,59	2,23	4,60	3,00	7,80	5,48
fis	10,40	0,59	0,54	1,40	0,80	4,80	2,68
cis	10,20	1,04	0,97	0,40	10,20	10,20	10,20
b	4,00	0,22	0,20	0,40	0,80	3,20	2,00

Der am meisten verwendete Ton ist das c, also die Repercussa. Wie bei den Klängen, so beobachten wir auch hier eine höhere Streuung, ab dem zweiten Ton aber wieder mit den vorangegangenen Modi vergleichbare Werte. Dieses c-do hat mit 26,20 aber nicht die höchste maxdur, sondern diese besitzt der Ton g-sol mit 35! Erst an fünfter Stelle kommt das e-mi. Der Ton mit der längsten avgdur ist der Ton gis. Da das gis die Großterz zum e bildet, ist die hohe avgdur diesem Umstand geschuldet, da ein Mollklang nicht schlussfähig ist. Die Übersicht der Akzidentien ist ebenfalls interessant: wir sehen gis, fis, cis und b, das der Motette *Ne reminiscaris Domine* geschuldet ist. Die Standardabweichungen der Akzidentien überragen die jeweiligen Mittelwerte oft fast um das Doppelte. Nehmen wir einmal das b, bei dem die Abweichungen am extremsten sind, so bekommen wir die Werte evts-sd = 8,00, %evts-sd = 0,44, %ttl-sd = 0,40, blks-sd = 0,80 und avgdur-sd = 4,00. Das war bisher nur in dem 1. Modus vergleichbar, aber nicht so extrem. Ein Hinweis auf ein Unterscheidungsmerkmal zwischen authentischen und plagalen Modi konnte durch Vergleiche der Listen nicht erhärtet werden. Diese extremen Abweichungen in den Akzidentien des Tenors sind zwar ein Merkmal des 3. Modus in den ausgewählten vierstimmigen Motetten, das auch durch Aggregierung mit anderen vielstimmigen Werken erhalten blieb, aber nach der Aggregierung mit Ausnahme des 1. Modus von den anderen geteilt wird. Sehen wir uns den Bassus an:

Bassus, nur Tonhöhen	evts	%evt	%ttl	blks	mindur	maxdur	avgdur
e	260,80	23,38	19,04	24,00	2,60	44,40	10,96
a	214,00	19,20	16,17	17,00	4,20	31,60	13,18
c	191,60	15,95	13,72	18,00	3,40	28,60	10,52
d	164,00	13,34	11,16	17,20	3,80	27,00	9,02
f	150,40	12,71	10,85	15,20	3,00	22,20	9,57
g	144,20	11,63	9,66	12,60	3,40	26,20	10,92
h	32,20	2,58	2,17	5,60	3,80	11,00	5,93
gis	6,40	0,46	0,41	0,60	4,80	4,80	4,80
cis	6,40	0,46	0,41	0,40	6,40	6,40	6,40
fis	1,20	0,29	0,17	0,40	0,60	0,60	0,60

Der Bass bemüht oktavbereinigt folgende Töne: das e-mi hat den größten Anteil. Die blks betragen 24 (blks-sd = 4,20), und die maxdur ist mit 44 (avgdur-sd = 3,25) auch die größte. Hier ist die Standardabweichung niedriger als im 1. Modus. Der häufigste Ton, die Finalis, ist also gleichmäßiger verteilt. Die Werte für das e-mi lauten: evts-sd = 91,54, %evt-sd = 4,44 und %ttl-sd = 0,60! Im 1. Modus stellte die Repercussa den häufigsten Ton dar und hatte Werte wie %ttl-sd = 5,28. An zweiter Stelle kommt das a-la , dieses hat mit 12,80 die höchste avgdur (avgdur-sd = 5,67). Ab hier steigen auch die Standardabweichungen wieder an. Die evts-sd liegt bei 85,44, die %evt-sd ist gleich 5,50 und die %ttl-sd liegt bei 5,76. An dritter Stelle kommt das c-do, die Anzahl der Blöcke übersteigt die des a-la um einen. Das a-la hat eine höhere mindur als das mi oder das do. An vierter Stelle liegt das d-re, nach den Tönen f und g kommt es zu einem Einbruch: von 144 evts des g fallen die Werte auf 32 evts für das h ab und noch weiter zu den Tönen gis und cis, die prozentual beide nur noch %ttl 0,41 ausmachen. Allerdings haben wir unterschiedliche Minimaldauern: das *cis* hat mit mindur 6,40 die höchste Minimaldauer der Akzidentien, die auch gleichzeitig seine Maximaldauer ist. Es hat zudem die höchste Blockzahl sowie die höchste Maximaldauer. Das *fis* ist der Motette *Domine, exaudi orationem meam* geschuldet. Wenn man nun denkt, dass das *e* im Sopran der häufigste Ton sei, so hat man sich geirrt. Denn das *a*-la ist oktavbereinigt der häufigste Ton.

Cantus, nur Tonhöhen	evts	%evt	%ttl	blks	mindur	maxdur	avgdur
a	265,40	22,32	19,21	23,00	2,60	47,60	12,08
g	231,20	19,59	16,87	22,80	2,20	30,20	10,67
c	192,60	15,64	13,58	17,60	4,60	24,60	11,00
e	160,00	14,44	12,34	14,60	1,80	51,60	11,54
h	122,00	9,94	8,47	15,60	2,60	21,40	7,95
f	76,00	6,03	5,35	11,00	1,80	11,80	6,21
d	66,00	5,07	4,38	8,60	3,80	14,20	7,53
gis	65,40	4,80	4,21	5,00	2,20	36,60	12,56
fis	17,00	1,53	1,28	4,00	1,80	7,00	4,32
cis	6,40	0,63	0,59	0,20	6,40	6,40	6,40

An zweiter Stelle ist das *g*, an dritter das *c* und an vierter ist das *e*. Dramatische Abfälle wie im Bass erleben wir in den Zahlen nicht. Interessant ist wieder die höchste Durchschnittsdauer: diese hat mit 12,56 das *gis* inne (avgdur-sd = 5,25), was zunächst dafür sprechen würde, dass es als Ton im Schluss-Akkord fungiert. Die Akzidentien stellen insgesamt die letzten drei Töne der Tabelle dar. Das *cis* fällt von den Standardabweichungen her vollkommen aus dem Rahmen: evts-sd = 12,80, %evt-sd = 1,26, %ttl-sd = 1,18, blks-sd = 0,40 sowie avgdur-sd = 12,80.

Sehen wir uns den Alt an, so hat das *e*-mit die klare Präferenz. Es folgen die Töne in der Reihenfolge *d*, *c* und *g*. Der Altus ist die einzige Stimme, in der kein *gis* vorkommt, so wie der Tenor die einzige Stimme war, in der ein *b* vorkam.

Altus, nur Tonhöhen	evts	%evt	%ttl	blks	mindur	maxdur	avgdur
e	399,00	31,76	27,97	30,60	1,80	57,20	13,86
d	205,40	15,36	13,78	23,20	1,80	23,80	8,45
c	175,20	14,96	13,35	21,00	1,80	18,80	8,35
g	145,00	11,62	10,19	11,40	4,60	31,00	12,77
h	103,80	9,17	8,06	13,40	1,80	27,60	7,85
a	96,00	7,73	6,84	12,80	1,80	16,60	7,28
f	91,00	7,17	6,20	12,40	3,00	13,40	7,13
cis	13,20	0,91	0,85	1,00	6,80	9,60	8,10
fis	12,00	1,31	1,17	1,40	0,60	7,40	2,76

Hervorzuheben sind die vollkommen beliebigen Verteilungen des *cis* und des *fis*. Die Werte der Standardabweichung betragen hier für das *cis*: evts-sd = 16,18, %evt-sd = 1,16, %ttl-sd = 1,09, blks-sd = 1,55 sowie avgdur-sd = 12,40 und für *fis* evts-sd

= 21,13, %evt-sd = 2,03, %ttl-sd = 1,93, blks-sd = 1,96 sowie avgdur-sd = 4,18.
Kommen wir zu den Stimmkreuzungen.

Die Stimmkreuzungen finden fast nur zwischen Altus und dem Tenor statt, machen aber auf das ganze Stück gesehen nur 2,65% aus, haben aber eine sehr große Maximaldauer. An zweiter Stelle kommen die Kreuzungen von Cantus zum Altus und an dritter Stelle die des Tenors zum Bass. Sie haben nur die Dauer einer Viertel! Diese Kreuzungen sind vergleichbar mit denen des 2. Modus. Am meisten unterscheiden sich die Modi 2 und 3 in den Stimmkreuzungen vom 1. Die Standardabweichungen sind wesentlich geringer als die des 1. Modus. Die Ausnahme bildet hier die avgdur-sd des Altus mit 6,43, die fast doppelt so hoch ist wie die des 1. Modus.

Stimmkreuzungen	evts	%evt	%ttl	blks	mindur	maxdur	avgdur
Altus	154,40	78,69	2,91	12,80	5,80	36,60	14,13
Cantus	40,80	17,28	0,57	3,20	5,60	12,80	7,54
Tenor	11,20	4,02	0,20	1,20	4,80	6,40	5,33

Klangfolgen

4st_3.modus_nat_sequences.txt

Kommen wir zu den Klangfolgen. Hier sehen wir die Pendelbewegungen in der Mehrzahl.

Häufigkeit	5mal

Modus-Stufe	Solmisationssilbe	Klang	Sonanzform
6	c-do	Dur	konsonant
5	h-ti	Dur-Sextakkord	konsonant
6	c-do	Dur	konsonant

Dies ist also eine Folge C-6G-C, oder VI-III6-VI. Sie kommt in der Motette *Leuabo oculos meus* bei 744, 864, 1328, 1560 und 1720 vor. Das ist also eine sehr häufig vorkommende Pendelbewegung, die als einzige fünfmal auftaucht.

Häufigkeit	4mal

Modus-Stufe	Solmisationssilbe	Klang	Sonanzform
4	a-la	Moll	konsonant
4	a-la	Dur-Sextakkord	konsonant
4	a-la	Moll	konsonant

3. ORLANDO DI LASSO

Das bedeutet also a-6F-a. Sie ist immer noch recht häufig. Hatten wir vorher ein von den Grundtönen aus gesehenes Oberquintpendel, haben wir hier ein Unterterzpendel. Auch im nächsten Beispiel wirkt ein Sextakkord mit:

| Häufigkeit | 4mal |

Modus-Stufe	Solmisationssilbe	Klang	Sonanzform
1	*e*-mi	Dur-Sextakkord	konsonant
1	*e*-mi	Moll	konsonant
6	*c*-do	Dur	konsonant

Das bedeutet 6C-e-C. Die Wendung kommt in der Motette *Miserere mei* bei 304 und in der Motette *Ne reminiscaris* bei 1544, 1616 und 1708 vor.

| Häufigkeit | 4mal |

Modus-Stufe	Solmisationssilbe	Klang	Sonanzform
2	*f*-fa	Dur	konsonant
1	*e*-mi	Dur-Sextakkord	konsonant
2	*f*-fa	Dur	konsonant

Wir sehen die Folge F-6C-F. Sie ereignet sich in *Domine ad adjuvandum* bei 376 sowie in *Leuabo oculos* bei 792, als auch in *Ne reminiscaris* bei 1504 und 1808. Bisher waren die meisten Dreier-Folgen im modernen Sinne Pendel, und zwar aufsteigend und absteigend, vom Grundton aus besehen. Nun kommen dreimalig auftretende Folgen:

| Häufigkeit | 3mal |

Modus-Stufe	Solmisationssilbe	Klang	Sonanzform
1	*e*-mi	Dur	konsonant
4	*a*-la	a	konsonant
3	*gis*-si	Dur-Sextakkord	konsonant

Diese Folge lautet E-a-6E und ereignet sich in *Ne reminiscaris* bei 1360, 1416 und 1448. Alle anderen Folgen kommen ebenfalls dreimal vor. Wir werden uns in der Studie immer an den häufigsten Folgen orientieren.

3.1.4 4. Modus naturalis

Mittelwerte

4st_4.modus_nat_avg.txt

Konsonanzen	
evts	1698,00
sd	202,00
%evt	84,13
sd	3,18
%ttl	83,60
sd	3,04
blks	67,50
sd	6,50
mindur	2,00
maxdur	250,00
avgdur	25,69
avgdur-sd	5,47

Dissonanzen	
evts	314,00
sd	38,00
%evt	15,87
sd	3,19
%ttl	15,78
sd	3,19
blks	66,50
sd	6,50
mindur	2,00
maxdur	16,00
avgdur	4,71
avgdur-sd	0,11

Der 4. Modus will etwas konsonanter scheinen als der dritte, jedenfalls nach der vorliegenden Werkauswahl. Die Standardabweichungen sind weitaus geringer als im 3. Modus. Zum Vergleich: die blks-sd der Konsonanzen beträgt im 3. Modus 35,03, die der Dissonanzen 25,12! Auch im klanglichen Bereich gibt es Unterschiede.

Dissonante Klänge	evts	%evt	%ttl	blks	mindur	maxdur	avgdur
UNDETERMINED	238,00	76,22	11,91	56,00	2,00	16,00	4,26
Einzelintervall	21,00	6,98	1,03	5,00	3,00	6,00	4,17
Moll-Quart-Sextakkord	18,00	5,74	0,91	2,50	6,00	8,00	7,34
Dur-Quart-Sextakkord	10,00	2,84	0,54	1,50	2,00	4,00	3,34

Die Reihenfolge der dissonanten Klänge unterscheidet sich sehr: So sind an erster Stelle wie im 3. Modus zwar die UNDETERMINED, doch liegt auf Platz zwei bereits das dissonante Einzelintervall, dann erst kommen der Moll- und der Dur-Quartsextakkord. Der Moll-Quartsextakkord hat wie im 3. Modus die höchste avgdur, die nun um 2,14 erhöht ist. Bleiben wir bei den UNDETERMINED: die %ttl-sd beträgt 1,88 gegenüber den 5,06 des 3. Modus. Wir sehen auch eine geringere avgdur-sd, diese veranschlagt im 4. Modus 0,05, im 3. Modus jedoch 1,30. Einschränkend müssen wir bedenken, dass wir für den 4. Modus hier weniger Werke zur Verfügung haben. In der Aggregierung stehen für diesen Wert allerdings 0,60 für 4. Modus im 3. Modus 1,05 gegenüber. Damit haben wir ein wesentliches Unterscheidungsmerkmal festgestellt! Die ersten beiden Plätze der Klangreihenfolgen, also UNDETERMINED und Moll-Quartsextakkord, bleiben zudem in beiden Modi in der Aggregierung gleich!

Kommen wir zu den Konsonanzen: der Dur-Akkord steht wie im 3. Modus an erster Stelle. Die Standardabweichung unterscheidet sich extrem, so haben wir für die %ttl-sd = 9,44 im 3. Modus, aber 0,09 für den 4. Modus. In den Aggregierungen sehen wir für die %ttl-sd beim Dur-Akkord im 3. Modus 14,37 sowie 10,74. Sie unterscheidet sich nicht mehr so dramatisch, ist aber dennoch geringer, so dass wir auch hier ein Unterscheidungskriterium gefunden haben. Der Dur-Akkord hat im vierten Modus die höhere Blockzahl sowie eine größere Maximaldauer und auch hier geringere Standardabweichungen. Der Dur-Akkord ist also in Häufigkeit und Länge im 4. Modus gleichmäßiger verteilt.

3. ORLANDO DI LASSO 185

Konsonante Klänge	evts	%evt	%ttl	blks	mindur	maxdur	avgdur
Dur	702,00	41,51	34,66	63,50	2,00	72,00	11,22
Moll	389,00	22,65	19,00	47,00	2,00	28,00	8,19
Dur-Sextakkord	228,00	13,70	11,39	33,50	3,00	10,00	6,89
Einzelintervall	221,00	12,40	10,53	12,50	3,00	66,00	16,54
Moll-Sextakkord	103,00	6,18	5,14	16,00	3,00	8,00	6,52
12/3	15,00	0,95	0,77	2,50	5,00	8,00	6,75
12/4	10,00	0,61	0,51	2,00	5,00	8,00	6,00

Der Moll-Akkord liegt ebenfalls an zweiter Stelle und hat eine höhere avgdur, auch ist die Blockzahl wieder etwas höher als im dritten. Auf Platz drei finden wir wieder den Dur-Sextakkord und danach das Einzelintervall, das mit 66,00 die höchste maxdur, mit 16,54 die höchste avgdur, aber mit 5,73 auch die höchste avgdur-sd der konsonanten Klänge besitzt. In der Reihenfolge ähneln sich die beiden Modi zwar deutlich, aber in der maxdur und Standardabweichung des Einzelintervalls unterscheiden sie sich sehr. Das Einzelintervall hat im 3. Modus eine Maxdur von 22,80, eine avgdur von 8,03 und eine avgdur-sd von 6,09. In der Aggregierung kehrt sich dieser Umstand aber um. Wir sehen dann eine avgdur-sd im 3 Modus von 12,50 und im 4. Modus von 6,58. Zurück zu unserer Liste. Ebenso wie im 3. Modus finden wir auf Platz fünf den Moll-Sextakkord. Dieser kommt im vierten Modus noch auf immerhin %ttl 5,14, im 3. Modus auf %ttl 3,11. Nun beginnen die Unterschiede. Die anderen Klangformen machen wie im 3. Modus nur noch Prozentstellen von 0,77 abwärts aus, jedoch unterscheiden sich die Reihenfolgen. 12/4, 12/3, 4/12 und 3/12 des dritten Modus stehen 12/3, 12/4, 3/9 und 8/4 im vierten Modus gegenüber.

Alle Klänge	evts	%evt	%ttl	blks	mindur	maxdur	avgdur
Dur, c-do, 2. Stufe	235,00	13,51	11,81	21,00	3,00	32,00	11,34
Dur, g-so, 6. Stufe	166,00	9,34	8,20	22,50	3,00	20,00	7,66
Dur, e-mi, 4. Stufe	147,00	8,06	7,12	11,50	2,00	56,00	14,04
Moll, a-la, 7. Stufe	138,00	7,46	6,60	19,50	4,00	16,00	6,77
Moll, e-mi, 4. Stufe	131,00	7,59	6,62	18,50	3,00	12,00	7,08
Moll, d-re, 3. Stufe	120,00	6,54	5,78	13,50	2,00	20,00	8,72
Dur-Sextakkord, e-mi, 4. Stufe	110,00	6,28	5,50	16,50	3,00	8,00	6,66
Dur, f-fa, 5. Stufe	108,00	6,13	5,37	13,50	4,00	24,00	8,29
Prime, e-mi, 4. Stufe	58,00	3,14	2,78	4,50	8,00	20,00	12,34
Dur-Sextakkord, a-la, 7. Stufe	58,00	3,30	2,89	10,00	4,00	8,00	6,00
Moll-Sextakkord, f-fa, 5. Stufe	49,00	2,70	2,38	7,00	3,00	8,00	6,96
Prime, f-fa, 5. Stufe	48,00	2,73	2,39	4,50	8,00	14,00	10,80
Prime, c-do, 2. Stufe	40,00	2,18	1,92	4,50	6,00	14,00	8,67
Dur-Sextakkord, h-ti, 1. Stufe	40,00	2,27	1,98	5,50	6,00	8,00	7,34
Dur, d-re, 3. Stufe	36,00	1,94	1,71	5,00	2,00	10,00	6,86
Prime, f-fa, 7. Stufe	33,00	1,75	1,56	5,00	3,00	10,00	6,38
Moll-Sextakkord, c-do, 2. Stufe	24,00	1,46	1,26	4,00	4,00	6,00	5,34
Prime, h-ti, 1. Stufe	22,00	1,12	1,01	4,00	2,00	4,00	2,75

Der Akkord, der in der Klangübersicht klar dominiert, ist der Dur-Akkord über c-do, der 2. Stufe. Das C-Dur macht immerhin auf das ganze Werk besehen 11,81% aus. Vergleichen wir die Standardabweichungen zwischen 3. und 4. Modus, so hat das C-Dur im 4. Modus zunächst eine weitaus geringere.

3. Modus	
C-Dur-Akkord	
evts-sd	65,85
%evt-sd	4,14
%ttl-sd	3,38
blks-sd	6,91
avgdur-sd	3,92

4. Modus	
C-Dur-Akkord	
evts-sd	29,00
%evt-sd	3,06
%ttl-sd	2,42
blks-sd	4,00
avgdur-sd	0,78

In der Aggregierung wird dieser Unterschied jedoch nivelliert und beide Modi gleichen sich wieder einander an, so dass die Problematik der Unterscheidung auf dieser Basis zumindest wieder aufgehoben wird. Denn auch die Klangreihenfolge gleicht sich einander an. Zurück zu den vierstimmigen Motetten:

An zweiter Stelle steht der Dur-Akkord über g-so, der 6. Stufe, der noch Prozent ausmacht. An dritter Stelle finden wir den Dur-Akkord auf e-mi, der 4. Stufe, der die höchste maxdur innehat, sodann folgt der Moll-Akkord auf a-la, der 7. Stufe. Dann erst folgt der Moll-Akkord auf der 4. Stufe e-mi, den man doch früher hätte erwarten können, da er der natürliche Klang über der Finalis ist. Das e-Moll kommt aber früher als im 3. Modus. Der häufigste Sextakkord ist der C-Dur-Sextakkord, wie auch im 3. Modus. Nach dem F-Dur auf Platz acht (im 3. Modus war es auf Platz fünf) gibt es einen Einbruch: die Werte sind nun fast halbiert. Die Rangliste unterscheidet sich ab dem zweiten Akkord von der des 3. Modus. Der Klang mit der größten avgdur ist im 4. Modus das E-Dur, im 3. Modus seltsamerweise das A-Dur. Das hätte man sicherlich anders erwartet. Die größte Maximaldauer hat in beiden Modi das E-Dur! Dies darf sicherlich als Beweis für die gemeinsame Finalis dienen. Sehen wir uns nun die Einzeltöne im Tenor an. Die Standardabweichungen sind insgesamt in allen Stimmen geringer, so dass wir nicht weiter darauf eingehen müssen. Dieses Merkmal wird in der Aggregierung umgekehrt: die Standardabweichungen werden dann für die einzelnen Töne im 4. Modus größer.

Tenor, nur Tonhöhen	evts	%evt	%ttl	blks	mindur	maxdur	avgdur
c	440,00	23,98	21,59	37,50	4,00	32,00	11,68
a	332,00	18,52	16,59	32,50	2,00	32,00	10,28
h	315,00	17,28	15,54	33,50	2,00	48,00	9,53
g	279,00	15,70	14,03	16,50	3,00	48,00	17,18
d	244,00	12,75	11,59	20,00	4,00	24,00	11,27
e	108,00	5,84	5,27	10,00	2,00	16,00	10,65
gis	48,00	2,76	2,46	1,50	40,00	40,00	40,00
f	33,00	1,90	1,70	4,00	3,00	16,00	8,84
fis	21,00	1,09	0,99	2,50	5,00	12,00	8,25
b	4,00	0,20	0,18	0,50	4,00	4,00	4,00

Hier fällt die Unterscheidung der Maximaldauern oktavbereinigt nicht so leicht. Die meistverwendeten Töne unterscheiden sich erst ab dem g, also ab dem vierten Ton. Man sieht, dass die Unterscheidung nicht eindeutig ist. Wir sehen als meistverwendeten und oktavbereinigten Ton das c. Also fast ein Viertel aller Noten im

3. ORLANDO DI LASSO 187

Tenor sind *c*'s. An zweiter Stelle steht das *a*. Die höchste Maximaldauer haben *h* und *g*, die größte avgdur hat aber das *gis*, das freilich als Akkordterz des E-Dur dient. Dieses tritt gegenüber den beiden anderen Akdzidentien auch häufiger auf. Kommen wir zum Bassus.

Bassus, nur Tonhöhen	evts	%evt	%ttl	blks	mindur	maxdur	avgdur
e	475,00	27,69	23,44	31,00	3,00	64,00	15,30
c	281,00	16,81	14,09	21,00	3,00	32,00	13,37
d	227,00	12,93	11,04	19,50	3,00	32,00	11,54
g	227,00	13,19	11,18	22,00	3,00	28,00	10,44
a	223,00	12,46	10,72	19,00	3,00	20,00	11,82
f	219,00	12,77	10,80	21,50	2,00	28,00	10,30
h	52,00	3,01	2,56	7,50	4,00	8,00	6,90
gis	12,00	0,62	0,55	1,00	4,00	8,00	6,00
fis	8,00	0,54	0,43	1,00	4,00	4,00	4,00

Er besitzt mit der Finalis *e* den klaren Vorreiter, wie auch mit 15,30 die höchste avgdur. An zweiter Stelle finden wir das *c*. Das *a*, das o, 3. Modus im Bass bereits an zweiter Stelle ist, landet hier nur auf Platz 5. Demgegenüber finden wir hier aber im Bass kein *cis* wie im 3. Modus. Der 3. Ton ist hier das *d*, wo im 3. Modus das *c* stand. Das Akzidenz *fis* hat eine weitaus höhere avgdur, nämlich 4 statt 0,60 im 3. Modus.

Cantus, nur Tonhöhen	evts	%evt	%ttl	blks	mindur	maxdur	avgdur
g	442,00	25,09	22,28	32,00	2,00	48,00	13,88
a	373,00	20,73	18,06	29,00	3,00	40,00	12,54
e	267,00	15,31	13,71	22,50	2,00	52,00	11,79
c	192,00	10,74	9,42	18,50	3,00	20,00	10,43
h	157,00	8,63	7,44	18,50	3,00	18,00	7,76
f	114,00	6,48	5,76	15,50	2,00	24,00	7,58
gis	91,00	5,00	4,30	9,50	2,00	32,00	8,82
d	88,00	5,04	4,51	11,00	3,00	18,00	8,00
fis	50,00	2,79	2,44	8,50	2,00	12,00	5,81
cis	4,00	0,22	0,18	0,50	4,00	4,00	4,00

Das *g*-so macht fast ein Viertel aller Töne des Cantus aus. Die höchste Maximaldauer hat aber auch hier die Finalis *e*-mi. Das *gis* ist auch hier die häufigste Akzidenz. Es ist sogar häufiger als das *d*-re. Nur in Tenor und Cantus kommt es in diesem Modus vor, dass die Akzidentien nicht die letzten Töne in der Häufigkeit ausmachen. Auffallend ist der Einbruch zwischen *fis* oder *cis*, das nur 0,18 %ttl ausmacht.

Altus, nur Tonhöhen	evts	%evt	%ttl	blks	mindur	maxdur	avgdur
e	616,00	34,21	30,12	40,50	3,00	66,00	15,06
d	268,00	15,01	13,36	31,00	2,00	40,00	8,65
c	243,00	13,82	12,54	24,50	2,00	36,00	9,40
h	193,00	10,92	9,85	19,00	3,00	40,00	9,90
f	184,00	10,20	8,97	18,00	4,00	36,00	10,12
g	166,00	9,1	7,97	12,00	3,00	56,00	13,23
a	107,00	6,00	5,35	14,00	3,00	16,00	7,73
cis	8,00	0,43	0,37	0,50	8,00	8,00	8,00
fis	5,00	0,27	0,23	1,00	1,00	4,00	2,50

Im Altus sehen wir die klare Präferenz des *e* in der oktavbereinigten Ansicht. Die zweithöchste avgdur hat das *g*. Die Akzidentien liegen auf den letzten beiden Plätzen. Auffallend ist hier der massive Einbruch der Häufigkeiten nach dem *a*-la, denn von %ttl 5,35 findet ein Einbruch auf %ttl 0,37 zum *cis* hin statt. Dabei hat dieses eine recht hohe avgdur von 8,00.

Stimmkreuzungen	evts	%evt	%ttl	blks	mindur	maxdur	avgdur
Altus	150,00	64,91	1,82	10,00	6,00	28,00	15,58
Cantus	54,00	18,75	0,73	4,50	2,00	16,00	6,00
Tenor	44,00	16,35	0,58	4,00	12,00	20,00	13,15

Stimmkreuzungen kommen fast nur vom Altus abwärts in unserer Liste vor, sie machen aber nur grobe zwei Prozent des Werkes aus. Den Rest der Stimmkreuzungen bestreiten die Kreuzungen von Cantus zum Altus hin, um ein gutes Drittel reduziert, dann erst kommen die Kreuzungen von Tenor zum Bassus. Die Standardabweichungen sind auch hier reduziert. Einzig mit dem 3. Modus vergleichbar ist die avgdur-sd der Kreuzung von Cantus zu Altus. Diese beträgt im 3. Modus 6,19 und im 4. Modus 6,00. Kommen wir zu den Klangfolgen.

Klangfolgen

4st_4.modus_nat_sequences.txt

Häufigkeit	4mal

Modus-Stufe	Solmisationssilbe	Klang	Sonanzform
7	*a*-la	Moll	konsonant
7	*a*-la	Dur-Sextakkord	konsonant
6	*g*-so	Dur	konsonant

3. ORLANDO DI LASSO

Dies ist die Folge a-F-G. Sie kommt in der Motette *Adorna thalamum* bei 1560, 1864 sowie in der Motette *Proba me Deus* bei 1436 und 1516 vor. Ab nun haben wir nur noch dreimalig auftretende Folgen:

Häufigkeit	3mal

Modus-Stufe	Solmisationssilbe	Klang	Sonanzform
4	*e*-mi	Dur-Sextakkord	konsonant
4	*e*-mi	Moll	konsonant
4	*e*-mi	Dur-Sextakkord	konsonant

Diese Folge lautet 6C-e-6C. Wir finden sie in *Proba me Deus* bei 1160, 1208 und 1272.

Häufigkeit	3mal

Modus-Stufe	Solmisationssilbe	Klang	Sonanzform
5	*f*-fa	Dur	konsonant
5	*f*-fa	Moll-Sextakkord	konsonant
4	*e*-mi	Moll	konsonant

Das bedeutet F-d-e. Es ist eine typisch phrygische Wendung. Wir finden diese sie in *Adorna thalamum* bei 1584, 1808 und 1888. Nun kommt die letzte dreimal vorkommende Wendung:

Häufigkeit	3mal

Modus-Stufe	Solmisationssilbe	Klang	Sonanzform
4	*e*-mi	Moll	konsonant
4	*e*-mi	Dur-Sextakkord	konsonant
3	*d*-re	Moll	konsonant

Das ist die Folge e-6C-d, und wie wir an den angeführten Beispielen sehen können, unterscheiden sich die Modi 3 und 4 auch harmonisch in den Klangfolgen. Wir hatten hier keine Folge, an der ein E-Dur aktiv beteiligt gewesen wäre, wie das im 3. Modus der Fall war. Es geht also wirklich nicht an, von einem authentisch-plagalen Gesamtmodus zu sprechen und den modalen Hintergrund zu ignorieren. „Der Gedanke drang"[723] eben doch „ins Phänomen"[724]. Wenn wir uns die Merkmal-Verteilungen sogleich ansehen werden, wird das erneut bestätigt werden.

Blockdiagramme

Hier die Dissonanzen-Verteilung im 3. Modus:

---

[723] Carl Dahlhaus, Zur Tonartenlehre, S.300.
[724] Ebd.

190 KAPITEL 4. ANALYSEN

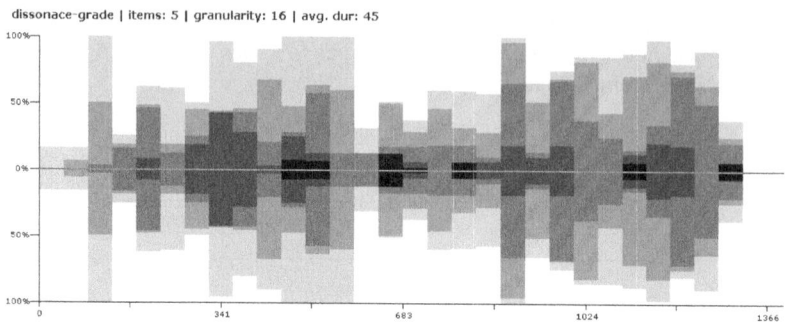

Bei allen Werken erleben wir einen dissonanten Höhepunkt vor dem ersten Achtel der Zeitachse. Außerdem gibt es in allen Werken einen Abfall und ein sofortiges Aufflammen der Dissonanzgrade. Zwei Balken vor 683 sehen wir einen Abfall der Dissonanzgrade und einen dissonanten Höhepunkt kurz nach dem fünften Achtel auf der Zeitachse. Interessant sind vor allen Dingen wieder die transparenten Bereiche, die durch die Überlagerungen der Werke entstehen. Hier sieht man z.b. bei 341 sehr deutlich, dass diese dissonante Strecke in unterschiedlicher Ausprägung allen Werken gemein ist. Insgesamt besehen beobachten wir eine Zunahme der Dissonanzgrade ab 683 bis kurz vor dem siebten Achtel (ca. 1194). Wir erfahren eine recht durchgehende Spannung, das Ende ist freilich vollkommen konsonant. Bezeichnend sind hier u.a. die Höhepunktbalken drei Balken nach Beginn, das Quadrat, das sich bei 341 ausbildet, der geschwärzte Bereich im Balken vor 683 und der Höhepunktbalken bei ca. 900, oder einen Balken nach 853,5, auch der Balken vor 1024 wird mehrmalig überschrieben. Kommen wir zum 4. Modus:

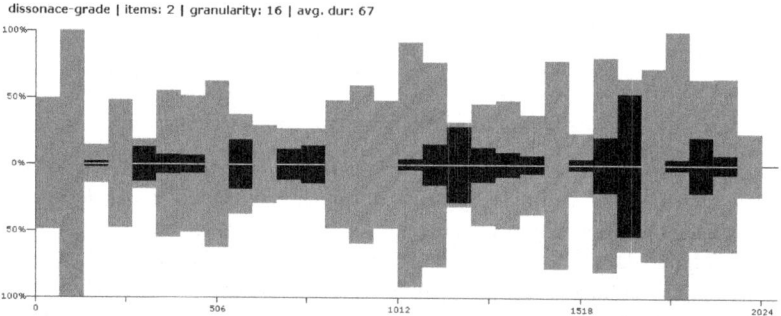

Problematisch ist, dass nur zwei Werke vorliegen, die zudem vollkommen unterschiedlich sind. Doch sehen wir zum 3. Modus auch hier bedeutende Unterschiede: da ist zum einen die inselartige Verteilung der Dissonanzen im schwarzen Bereich, der graue wiederum verteilt seine Spitzen fast spiegelbildlich zum 3. Modus. Wir sehen einen 50%igen dissonanten Beginn und sogleich eine Spitze von 100%, dann über drei Wellen hinweg kulminierende dissonante Steigerungen. 100%ige Spitzen finden wir außerdem noch bei 1012 sowie bei 1771. Die Strecke vor dem konsonanten Ende ist zudem länger und stärker dissonant. Kennzeichnend sind hier also

3. ORLANDO DI LASSO

die schwarzen sowie sich minimal überzeichnenden Stellen, die in ihren Figuren eher an das Computerspiel „Tetris" denn an Lasso erinnern. Sehen wir uns deshalb einmal beide Werke getrennt an. Zunächst *Adorna thalamum*:

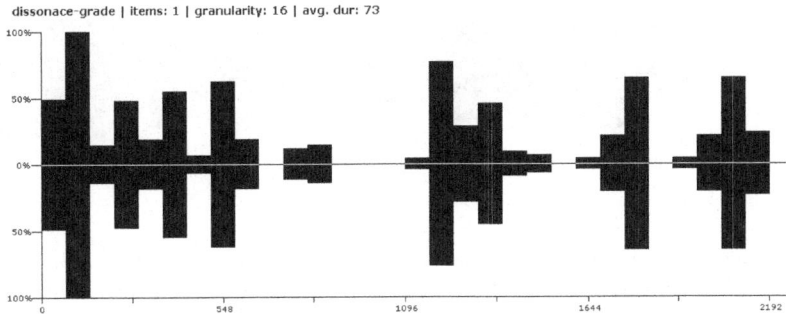

Und hier *Proba me deus*:

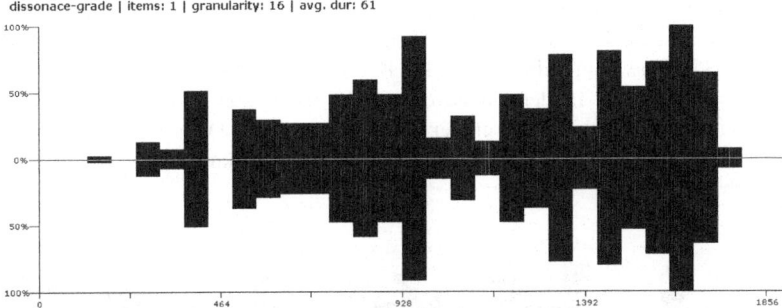

Es fällt sofort auf, dass beide Stücke am Beginn vollkommen gegenläufig sind, die Übereinstimmungen finden sich erst gegen Ende des Werkes. Es muss sich also bei geringer Werkauswahl, z.B. bei einem Diagramm aus nur zwei Werken, mehr als bei den anderen Diagrammen auf die geschwärzten Bereiche konzentriert werden. *Proba me* wirkt wie ein Stück, das sehr konsonant beginnt, vor 464 einen 1. Höhepunkt erlebt, nach einem Konsonanzen-Einbruch eine enorme Steigerung in der Dissonarität auf 95% erlebt, dann abfällt, um in einer Art Zickzackwelle wieder in den Dissonanzgraden schärfer zu werden und auf 95% emporzusteigen. *Adorna thalamum* jedoch erlebt eben seine dissonante Spitze einen Balken nach dem 50%igen Beginn, fällt stark ab und schreitet in einem Zickzack bis zu 548 auf der x-Achse auf ca. 60% auf der y-Achse fort. Dann kommt es zu einem Abfall und der beschriebenen Insel, deren Bereich dann mit der anderen Motette geteilt wird. nach 1096 setzt *Adorna* erneut sprunghaft auf ca. 80% an, erlebt jedoch nie mehr die Spitze des Anfangs und bildet damit ab 1096 drei isolierte, dissonante Blöcke, wo wir in *Proba* eine ab 464 kontinuierliche Entwicklung beobachten können. Es bewahrheitet sich, dass statistische Verfahren ihre Stärken auch nur in großer Anzahl des statistisch zu Erfassenden ausspielen können. Kommen wir zur Klangdichte des 3. Modus:

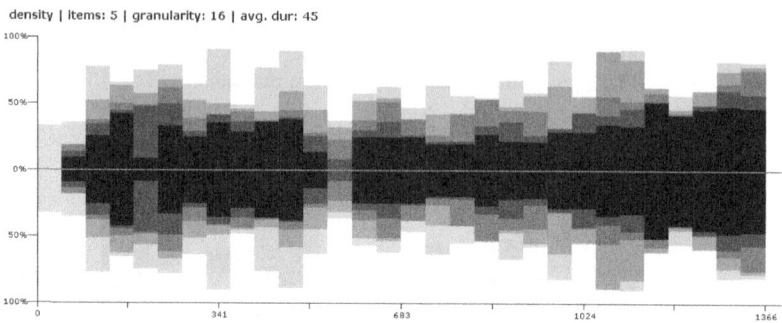

Wir sehen viele Charakteristika durch die sich überzeichnenden Bereiche, so bei ca. 85%, bei 170,5, eigentlich über das ganze Werk hinweg, wir haben allerdings einen „Ausreißer", doch beschreiben wir nun die Gesamtentwicklung. Im 3. Modus entwickelt sich die Dichte, bis sie bei ca. 600 (oder einen Balken nach 511,5) spontan abfällt, um sodann wellenförmig zu wachsen. Eine fast 80%ige Dichte erleben wir bei 341, ca. 580 sowie bei ca. 1170 und eine ca. 70%ige bei 1366. Die Mitte bei 683 ist ein weniger dichtes Gebiet. Betrachtet man nur den schwarzen Bereich, so sieht man in der Tat den Dichteverlauf aller Werke quasi als Substrat. Mehr oder weniger gleich, mehr oder weniger stark kommt dieser Dichteverlauf auch in den übrigen Werken zum Vorschein und ist ein Charakteristikum. Der 4. Modus:

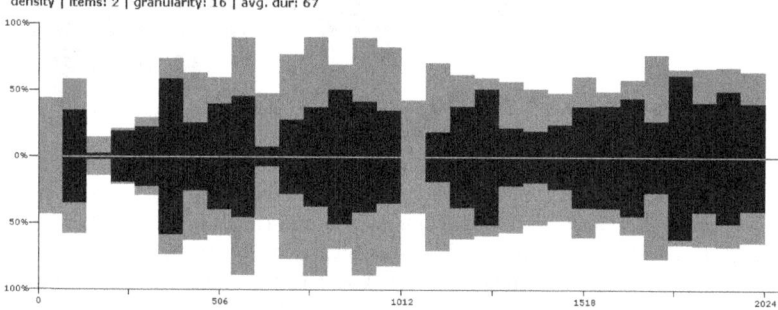

Dieser erlebt auf anschauliche Weise ebenfalls das plötzliche Aussetzen der Dichte bei ca. 1100. Im Gegensatz zu den anderen beiden Werken setzt es bereits viel dichter an, hat aber auch eine höhere Durchschnittsdauer. Die Dichteverteilung scheint wie im 2. Modus durchgehender zu sein. Die Spitzen konzentrieren sich hier mehr auf die erste Hälfte, anstatt sich über das ganze Werk hinweg zu erstrecken. Schauen wir uns die beiden Werke noch einmal getrennt an. Zuerst *Adorna thalamum*:

3. ORLANDO DI LASSO 193

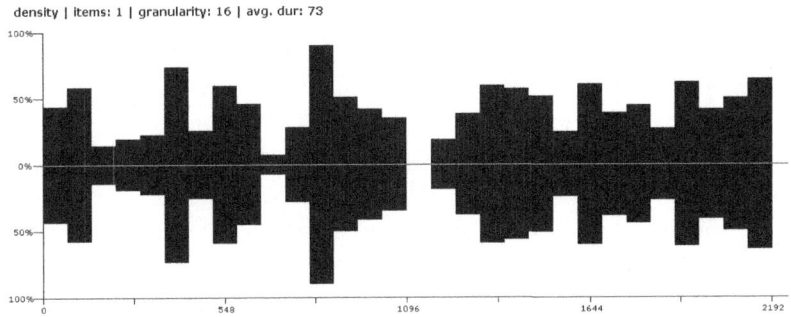

Das plötzliche Aussetzen ist also bei *Adorna thalamum* anzutreffen. Nun die Motette *Proba me Deus*:

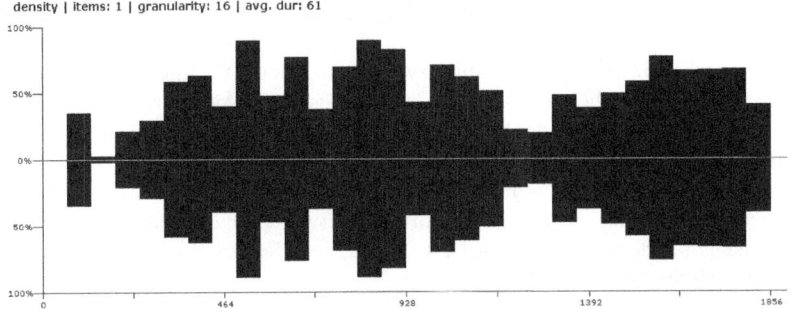

Die Dichte in *Proba* ist kontinuierlicher, es überwiegen aber die Gemeinsamkeiten bei beiden Werken. Beide beginnen mit einer ca. 30-40%igen Dichte und steigern diese vor der 1. Hälfte und bauen sie nach der 2. Hälfte (in Proba allerdings mehr im letzten Viertel) wieder auf, bei Proba kommt es aber vor 1856 zu einem Dichte-Abfall.

Kommen wir zur Satzdichte, sehen wir erneut einen *Ausreißer*, aber insgesamt doch wieder so etwas wie eine Blaupause. Im 3. Modus sehen wir eine relativ hohe Pausen-Dichte zu Beginn und eine Abflachung der Pausen-Dichte im weiteren Verlauf. Die Motette *Ne reminiscaris Domine* beginnt z.B. mit einer Imitation von Tenor und Bassus, zwei Takte später folgen die anderen Stimmen, so dass am Beginn 50% der Stimmen beteiligt sind, was aber auch 50% an Pausen bedeutet. Wir sehen eine hohe Pausendichte zu Beginn, ein plötzliches Abfallen nach Beginn und nach 170,5 ein wellenförmiges Gleiten der Pausendichte. Bei ca. 520 erleben wir eine 5%ige Pausendichte und ein erneutes Abfallen zu 683 hin; die Satzdichte ist also in der Mitte der Werke am größten. Anschaulich ist nach 683 die Dreierformation in den Spitzen, die 50% nach 854 werden von zwei ca. 45% großen Spitzen umrahmt. Gegen Ende wird die Pausendichte sukzessive geringer. Die Satzdichte ist insgesamt für den Modus als charakteristisch zu erachten.

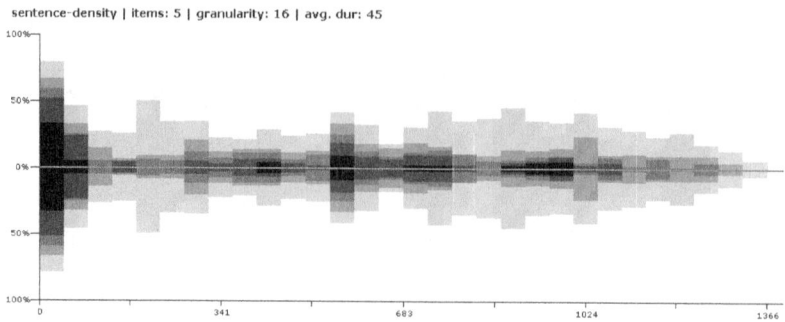

Im vierten Modus sieht es ganz anders aus, wir sehen eine niedrigere Pausendichte zu Beginn und eine sich in Inseln steigernde Pausendichte mit Klimax drei Balken nach 1012. Im 3. Modus erlebten wir einen solchen isolierten Höhepunkt an Pausen nicht. Das dürfte daran liegen, dass in der Lasso-Motette *Adorna thalamum* nach T.32 längere Abschnitte zweistimmig sind. Wir rufen uns noch einmal ins Gedächtnis: je höher der Balken, um so grösser die Anzahl an Pausen und umso niedriger die Anzahl der beteiligten Stimmen. Wenn von vier Stimmen nur zwei teilnehmen, haben wir eine Pausendichte von 50%. Die Satzdichte ist also bei 0% am größssten, da alle Stimmen beteiligt sind. Dass am Ende alle Stimmen beteiligt sein müssen, ist hier stilbildend. Auch hier überwiegen in den Stücken die Gemeinsamkeiten. Artentsprechend ist der 1. Balken vor 258, der 1. Balken nach 506, die Pausen-Insel sowie 1776ff.

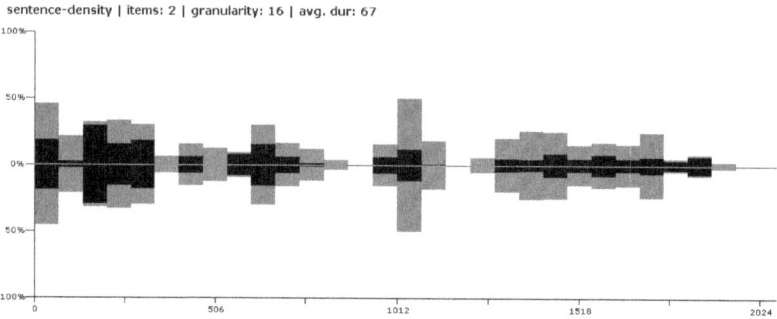

Schlüsseln wir den 4. Modus noch einmal auf.

3. ORLANDO DI LASSO

Hier die Satzdichte von *Adorna thalamum*:

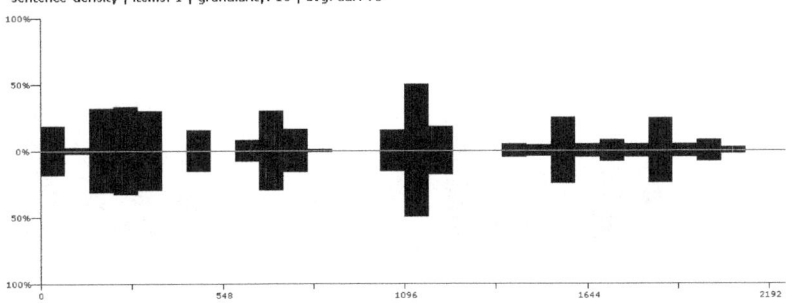

Und *Proba me Deus*:

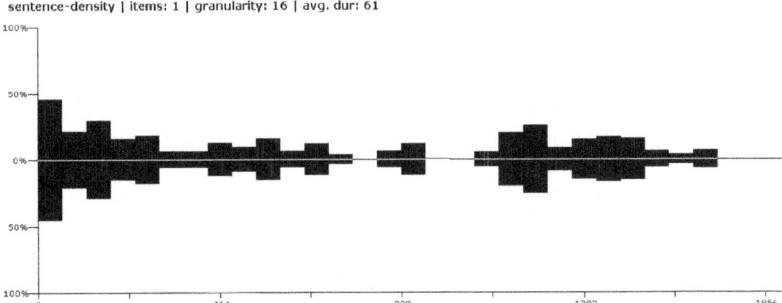

„Adorna thalamum" hat einen Pausenhöhepunkt bei 1096, der bei *Proba me Deus* jedoch zu Beginn erreicht ist. Beide Werke teilen jedoch die Pauseninsel in der Mitte des Werkes. Bei den anderen Merkmalen ist eine Aufschlüsselung nicht notwendig, da Gemeinsamkeiten besser erkennbar sind.

Die Stimmkreuzungen: wir sehen, dass beim 3. Modus viel früher gekreuzt wird, auch haben wir mehr Extreme von bis zu %100.

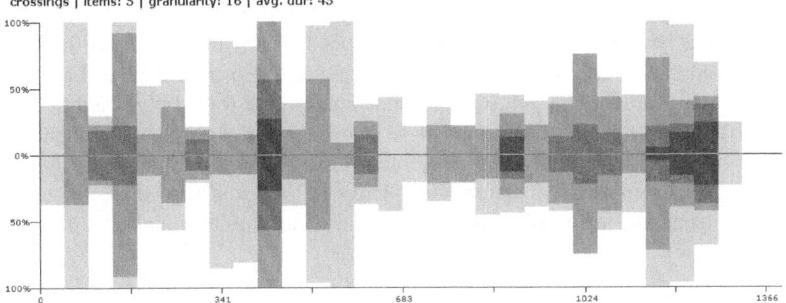

Im 4. Modus sehen wir ein sich sukzessive steigerndes Kreuzen. Dort, wo bei 683 im 3. Modus eine recht lange kreuzungsarme Strecke ist, herrscht an einer vergleichbaren Stelle im 4. Modus bei 1265 Kreuzungsfreiheit. Baut sich im dritten

Modus das Kreuzen gegen Ende leicht ab und hört auf, steigert es sich im 4. Modus, um spontan abzufallen.

crossings | items: 2 | granularity: 16 | avg. dur: 67

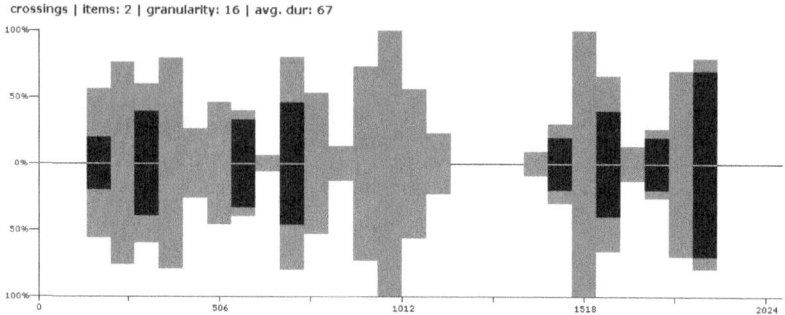

Die Dur-Verteilung: es herrschen hier im 3. Modus, wahrscheinlich aber aufgrund der größeren Werkzahl mehr Dur-Extreme von bis zu 100%vor. Wir sehen einen leichten Rückgang des Dur-Akkordes nach 341, der aber sofort wieder gesteigert wird und sich wellenförmig zum Ende hin auf hohem Niveau hält, vor 1366 kommt es dann zu einem rasanten, sprunghaften Anstieg, den man an gleicher Stelle auch im 4. Modus betrachten kann.

pattern: major | items: 5 | granularity: 16 | avg. dur: 45

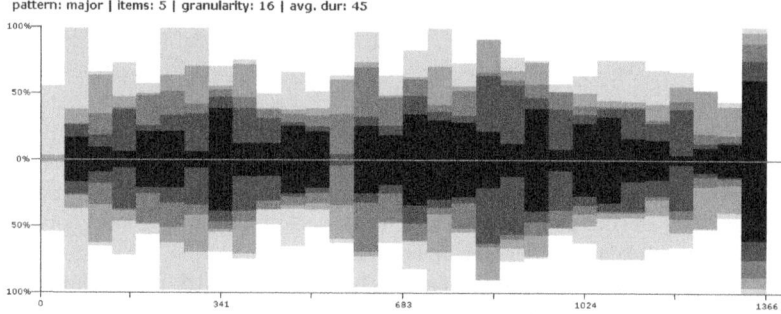

Im 4. Modus baut sich die Dur-Verteilung hingegen am Anfang sukzessive auf, bis sie das Niveau von 100% erreicht, um spontan abzufallen und wellenförmig eine steigernde Dur-Verteilung aufzubauen. Insgesamt scheinen sich beide Modi in der Verteilung ähnlicher zu sein, als man annehmen würde. Eine Frage bleibt ohnehin: sind die Auffälligkeiten die Summe individueller kompositorischer Entscheidungen, also eine Summe der individuellen Kompositionen, oder eine Summe der durch den modalen Hintergrund geprägten Klanglichkeit? Vielleicht wird diese Frage durch die Hinzunahme mehrerer Werke klarer beantwortet werden können.

3. ORLANDO DI LASSO

pattern: major | items: 2 | granularity: 16 | avg. dur: 67

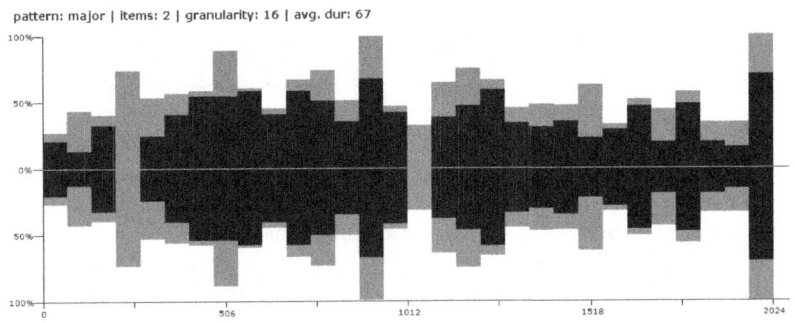

3.1.5 5. Modus naturalis

Mittelwerte

4st_5.modus_nat_avg.txt

Konsonanzen	
evts	1250,00
evts-sd	164,00
%evt	88,05
%evt-sd	2,13
%ttl	86,55
%ttl-sd	1,77
blks	39,50
blks-sd	0,50
mindur	2,00
maxdur	150,00
avgdur	31,60
avgdur-sd	3,75

Dissonanzen	
evts	166
evts-sd	12,00
%evt	11,95
%evt-sd	2,13
%ttl	11,76
%ttl-sd	2,14
blks	37,50
blks-sd	0,50
mindur	2,00
maxdur	10,00
avgdur	4,42
avgdur-sd	0,26

Der fünfte Modus scheint der bislang konsonanteste zu sein. Aufgrund der gleichen Werkanzahl der Analysen können wir diesen sinnvoll nur mit dem 6. Modus vergleichen. Die Standardabweichungen sind nämlich weitaus geringer als in den Modi 1-3. Das wird sich allerdings durch die Aggregierung ändern. Die Konsonalität ist umso verwunderlicher, als er doch eigentlich für semantische Inhalte wie Abschied, Schmerz, etc. verwendet wird, so dass man mehr Dissonanzen erwartet hätte. Sehen wir uns die Dissonanzen an, so entdecken wir hier nur die unbestimmten, die Einzelintervalle und den Quart-Oktav-Klang.

Dissonante Klänge	evts	%evt	%ttl	blks	mindur	maxdur	avgdur
UNDETERMINED	157	94,68	11,10	34,50	2,00	10,00	4,56
Einzelintervall	7	4,02	0,53	2,50	2,00	3,00	2,50
5/12	2	1,30	0,13	0,50	2,00	2,00	2,00

Betrachten wir uns die Standardabweichungen der Dissonanzen.

Dissonante Klänge	evts-sd	%evt-sd	%ttl-sd	blks-sd	avgdur-sd
UNDETERMINED	9,00	1,42	1,86	0,50	0,32
Einzelintervall	5,00	2,72	0,41	1,50	0,50
5/12	2,00	1,30	0,13	0,50	2,00

Auffällig ist, dass die Abweichungen des 5/12-Klanges dem jeweiligen Mittelwert entsprechen. Dieser Klang ist im Verhältnis zu den anderen gestreuter. Bei den konsonanten Klängen fällt auf, dass die, in unserem heutigen Sinne grundständigen Akkorde absoluten Vorrang vor den Umkehrungen haben.

Konsonante Klänge	evts	%evt	%ttl	blks	mindur	maxdur	avgdur
Dur	716	56,85	49,26	45,00	2,00	58,00	15,81
Moll	198	15,20	13,24	23,50	3,00	22,00	8,31
Einzelintervall	177,00	14,95	12,84	10,00	4,00	46,00	17,70
Dur-Sextakkord	88,00	7,21	6,22	12,50	4,00	12,00	7,18
Moll-Sextakkord	38,00	3,22	2,76	6,50	2,00	12,00	5,73
12/4	12	0,93	0,81	1,50	8,00	8,00	8,00

An erster Stelle steht der Dur-Akkord, der mit %ttl 49,26 gut die Hälfte der konsonanten Klänge ausmacht. Er hat auch die höchste maxdur aber nur die zweithöchste Durchschnittsdauer. Der Moll-Akkord ist dramatisch reduziert, interessanterweise ist seine mindur bei 3, wo die des Dur-Akkordes bei 2 lag. An dritter Stelle ist das konsonante Einzelintervall, das 177 evts ausbildet und %ttl von 12,84 ausmacht, die mindur ist bei 4, die maxdur mit 46 am zweit höchsten, die avgdur mit 17,70 (avgdur-sd= 5,10) ist die größte. Der Moll-Akkord und das Einzelintervall liegen von ihrer Anzahl her nicht weit auseinander. Der Dur-Sextakkord macht noch 88 evts und %ttl mit 6,22 aus, dabei ist er sehr gleichmäßig verteilt. Die %ttl-sd beträgt 0,96. Er hat ebenfalls eine mindur von 4 aber nur noch eine maxdur von 12. Die avgdur-sd beträgt bei ihm 1,18. Er ist also im Verhältnis zum Einzelintervall in seiner Durchschnittsdauer gestreuter. Mit dem Dur-Sextakkord geht ein Einbruch in den Standardabweichungen einher. Sehen wir uns diesen Einbruch zwischen Einzelintervall und dem Dur-Sextakkord einmal an.

Konsonante Klänge	evts-sd	%evt-sd	%ttl-sd	blks-sd	avgdur-sd
Einzelintervall	51,00	6,04	4,97	0,00	5,10
Dur-Sextakkord	4,00	1,27	0,96	1,50	1,18

Sehr auffällig ist, dass die blks-sd des Einzelintervalls gleich Null ist. In allen Werken ist die Ausprägung zusammenhängender Ereignisse durch ein Einzelintervall exakt gleich. Die evts-sd und die %evt-sd verändern sich zwischen Einzelintervall und Sextakkord augenscheinlich. Kommen wir wieder zur Auflistung der Konsonanten Klänge:

Der Moll-Sextakkord liegt bereits abgeschlagen auf Platz fünf. So wie er fast die Hälfte des Vorkommens des Dur-Sextakkordes ausmacht, ist auch die Anzahl der blks mit 6,50 gegenüber dem Dur-Sextakkord halbiert. Nun folgen die unvollständigen Klänge, die aber nur noch Prozentzahlen hinter dem Komma nach einer Null ausmachen, so dass sie hier nicht weiter ausgeführt werden brauchen. Die Gesamtübersicht der Klänge spricht ein klares Bild und unterstreicht die *F-Lastigkeit* des 5. Modus.

3. ORLANDO DI LASSO

Alle Klänge	evts	%evt	%ttl	blks	mindur	maxdur	avgdur
Dur, *f*-fa, 1. Stufe	273,00	21,10	18,77	19,50	2,00	40,00	13,96
Dur, *b*-/ta, 4. Stufe	190,00	14,04	12,58	15,50	4,00	40,00	11,66
Dur, *c*-do, 5. Stufe	187,00	14,86	13,16	20,00	2,00	24,00	9,43
Moll, *g*-so, 2. Stufe	98,00	7,30	6,53	11,50	3,00	14,00	8,14
Moll, *d*-re, 6. Stufe	80,00	6,06	5,40	10,00	6,00	16,00	8,80
Prime, *a*-la, 3. Stufe	49,00	4,32	3,77	4,00	5,00	20,00	10,43
Prime, *f*-fa, 1. Stufe	42,00	3,11	2,78	4,00	6,00	20,00	9,74
Dur, *g*-so, 2. Stufe	40,00	3,59	3,13	3,00	4,00	16,00	6,67
Dur-Sextakkord, *a*-la, 3. Stufe	38,00	3,21	2,81	5,50	6,00	8,00	6,50
Prime, *g*-so, 2. Stufe	33,00	2,88	2,52	3,50	5,00	12,00	8,84
Prime, *b*-ta, 4. Stufe	30,00	2,61	2,28	3,50	6,00	10,00	8,34
Moll-Sextakkord, *f*-fa, 1. Stufe	29,00	2,40	2,11	4,50	3,00	12,00	6,50
Dur-Sextakkord, *d*-re, 6. Stufe	28,00	2,02	1,81	4,50	6,00	8,00	7,00
Dur, *es*-mib, 7b-Stufe	26,00	1,79	1,63	2,50	2,00	8,00	5,20
Moll, *a*-la, 3. Stufe	20,00	1,46	1,31	3,50	6,00	8,00	6,67
Prime, *c*-do, 5. Stufe	16,00	1,27	1,13	1,00	16,00	16,00	16,00
Dur-Sextakkord, *e*-mi, 7. Stufe	16,00	1,27	1,13	2,00	8,00	8,00	8,00
Prime, *d*-re, 6. Stufe	15,00	1,14	1,02	2,50	3,00	8,00	5,84

Der häufigste Klang ist das F-Dur. Die Standardabweichungen sind im Vergleich zu denen des zweiten Klanges gering. Die evts-sd beträgt 53,00, die %evts-sd = 1,35, die %ttl-sd = 1,59, die blks-sd = 3,50 sowie die avgdur-sd = 0,21. An zweiter Stelle steht tatsächlich der Dur-Akkord über der 4. Stufe *b*-ta, mit 190 evts, aber mit evts-sd = 98,00, %evt-sd = 5,78 und %ttl-sd 5,40, die blks-sd beläuft sich auf 6,50, die mindur ist allerdings doppelt so lang wie beim vorherigen Klang, die maxdur gleich lang, die avgdur liegt bei 11,66, aber die avgdur-sd liegt bei 1,43. An dritter Stelle kommt der Dur-Akkord über *c*-do, also über die 5. Stufe, mit einer evts-sd von 46,00, einer %evt-sd von 2,19, die %ttl-sd liegt bei 1,67. Die Werte sind also wieder geringer. Das C-Dur hat eine blks-sd von 2,00 mindur von 2,00, zudem eine maxdur von 24,00 sowie eine avgdur von 9,43 mit einer avgdur-sd von 0,79. Die Werte schienen sehr gezielt. Man ist versucht, hier die Ansätze einer 1-4-5-1-Harmonik sehen zu wollen. Wobei die 4. Stufe hier wichtiger ist als die fünfte. Durch die Aggregierung geht aber gerade dieser Unterschied verloren, denn das C-Dur rückt auf zum zweiten Klang! Zurück zur Liste:

Auf Platz vier folgt der Moll-Akkord über der 2. Stufe *g*-so, der aber mit %ttl 6,53 nur noch die Hälfte des Vorkommens des vorherigen Akkordes ausmacht. An fünfter Stelle folgt der Moll-Akkord über der 6. Stufe *d*-re, der mit 16 die höhere maxdur als das g-Moll mit 14 innehat. Der Klang mit der höchsten avgdur ist die Prime *c*-do, also die Repercussa, die aber nur %ttl 1,27 ausmacht. Sie hat keine Standardabweichung, bzw. die avgdur-sd beträgt 0! Auch die evts-sd beläuft sich auf diesen Wert. Wir haben also ein sehr gleichmäßig verteiltes do! Kommen wir zu den Tonlisten.

Tenor, nur Tonhöhen	evts	%evt	%ttl	blks	mindur	maxdur	avgdur
c	393,00	29,99	26,97	20,50	3,00	68,00	19,21
d	254,00	19,88	17,80	19,00	5,00	30,00	13,76

b	159,00	11,27	10,24	12,50	5,00	24,00	12,99
g	150,00	11,67	10,46	12,50	4,00	28,00	12,78
f	135,00	11,24	9,98	9,00	3,00	28,00	14,82
a	135,00	9,83	8,90	12,50	3,00	24,00	11,25
e	66,00	5,77	5,09	7,50	5,00	16,00	8,43
h	4,00	0,36	0,31	0,50	4,00	4,00	4,00

Im oktavbereinigten Tenor steht mit 393 evts das c an erster Stelle, das auch die höchste max- und avgdur besitzt. Die Standardabweichungen sind für das c-do sind mit %ttl-sd = 2,77 niedrig. An zweiter Stelle steht das d; es folgt auf Platz drei das b mit einer hohen %ttl-sd von 7,12, gleicher mindur wie das d, aber einer maxdur von 24 und einer avgdur von 12,50. Auf Platz vier steht das g und auf Platz fünf das f, das zwar nur noch %ttl 9,98 (%ttl-sd = 5,48) ausmacht, aber mit 14,82 die zweit höchste avgdur (avgdur-sd = 0,42) besitzt. Das a besitzt mit 135 die gleiche evts-Zahl (evts-sd = 75,00), macht aber nur %ttl 8,90 (%ttl-sd = 4,22) aus, bildet aber 12,50 blks (blks-sd = 7,50) im Gegensatz zu den 9,00 blks (blks-sd 4,00) des f. Das einzige Akzidenz, das im Tenor vorkommt, ist das b, wenn man nicht von per b-molle ausgeht, ansonsten könnte man das h als Akzidenz betrachten, dafür spräche die geringe evts-Zahl und starke Standardabweichung! Da wir Werke per b-molle verwendeten, ist freilich das h das Akzidenz.

Bassus, nur Tonhöhen	evts	%evt	%ttl	blks	mindur	maxdur	avgdur
f	328,00	28,67	22,67	15,50	6,00	48,00	22,13
c	218,00	19,81	15,65	10,50	6,00	32,00	21,00
b	215,00	18,16	14,38	13,50	3,00	40,00	15,16
g	167,00	15,09	11,91	12,50	3,00	32,00	13,54
d	108,00	8,78	6,97	7,00	8,00	20,00	14,84
a	66,00	6,42	5,06	8,00	3,00	20,00	7,29
es	26,00	2,05	1,63	2,50	2,00	8,00	5,20
e	8,00	0,63	0,50	1,00	4,00	4,00	4,00
h	4,00	0,40	0,31	0,50	4,00	4,00	4,00

Im oktavbereinigten Bassus sehen wir mit 328 evts (evts-sd = 83,00) das f an 1. Stelle, es macht fast ein Viertel aller Töne aus. Es ist gering gestreut, was sich ab dem zweiten Ton ändert. An zweiter Stelle ist das c, an dritter Stelle das b, das noch %ttl 14,38 (%ttl-sd = 4,86) ausmacht, es bildet 13,50 blks (blks-sd = 3,50), hat die halbe mindur der vorherigen Note, aber eine höhere maxdur. Die Durchschnittsdauer ist geringer, aber mit einer avgdur-sd von 2,96 auch höher gestreut. Auf Platz vier steht das g. Das d macht nur noch %ttl 6,97 mit einer hohen Streuung von %ttl-sd = 4,78 und das a nur noch %ttl 5,06, mit ebenfalls hoher Streuung von %ttl-sd = 4,31 aus. Man ist wieder versucht, die klare Präferenz in Zahlen als eine sich ankündigende Harmonik im Sinne Fundamentalbass oder der Funktionsharmonik mit Haupt- und

3. ORLANDO DI LASSO

Nebenfunktionen zu sehen. Wir sehen hier aber noch ein weiteres Akzidenz: das *es*, das auch im Verhältnis die stärkste avgdur-sd aufweist. Sie beträgt 5,20, bei einer avgdur von 5,20. Der Bass zeigt unter allen Stimmen die höchsten Abweichungen, der Cantus die niedrigsten.

Im oktavbereinigten Cantus oder Sopran sehen wir an erster Stelle das *a*. Die Noten erscheinen von der Häufigkeit her ausgewogener verteilt, es gibt nicht die großen „Abstürze" wie in den vorangegangenen Listen. Die Töne sind in der folgenden Reihenfolge in der Rangliste, und zwar *a-g-c-b-f-d*. Die Akzidentien, die bislang in Bassus und Cantus vorkamen, waren *b*-ta und das *es*, also mi-♭. Die höchsten Standardabweichungen zeigt der Ton *h*: V

Cantus, nur Tonhöhen	evts	%evt	%ttl	blks	mindur	maxdur	avgdur
a	258,00	19,55	17,47	19,50	2,00	40,00	13,27
g	200,00	15,39	13,70	15,50	2,00	32,00	13,56
c	188,00	15,58	13,58	14,00	4,00	32,00	13,56
b	188,00	14,02	12,58	13,50	3,00	32,00	13,28
f	168,00	13,15	11,65	12,00	3,00	32,00	14,49
d	162,00	12,48	11,11	12,50	2,00	32,00	12,87
e	82,00	6,35	5,64	7,50	2,00	28,00	10,84
h	36,00	3,31	2,81	2,50	4,00	16,00	7,20
es	2,00	0,19	0,16	0,50	2,00	2,00	2,00

Sehen wir uns die Abweichungen von Ton *a*, *c* und *h* im Vergleich an:

Cantus	evts-sd	%evt-sd	%ttl-sd	blks-sd	avgdur-sd
a	84,00	3,56	3,89	6,50	0,12
c	48,00	6,12	4,84	4,00	1,84
h	36,00	3,31	2,81	2,50	7,20

Das *a* hat sicherlich reichlich Verwendung als Akkordterz des F-Dur. Wie wir sehen können, ist es geringer gestreut und in seiner avgdur-sd sogar fast gleichmäßig von der Durchschnittsdauer her in den beteiligten Werken verteilt. Anders sieht es beim *c* aus und ganz anders beim *h*, das sehr stark in der Durchschnittsdauer gestreut ist.

Der Altus bringt die größten Überraschungen, denn das *f*, das bei ihm auf Platz eins liegt, hat eine maxdur von 104 und eine avgdur von 19,33, dabei zeigt die avgdur-sd von 1,75, das die Durchschnittsdauern geringer gestreut sind. Alt und Tenor liegen in den Standardabweichungen gleich auf. Sehen wir uns noch einmal die Abweichungen der ersten drei Töne an:

Altus	evts-sd	%evt-sd	%ttl-sd	blks-sd	avgdur-sd
f	149,00	6,22	6,70	5,50	1,75
g	53,00	6,13	5,07	5,50	2,29
d	71,00	3,61	3,64	7,50	0,22

Die Zahlen würden auf den ersten Blick vermuten lassen, dass es sich beim Alt um eine Füllstimme handelt, was in vokalpolyphoner Musik eigentlich nicht denkbar ist. Aber tatsächlich finden wir von Platz eins zu Platz zwei dramatische Veränderungen: so hat das g nur noch 173 evts, %ttl 12,57, die Hälfte an blks, die gleiche mindur von 5, aber nur noch eine maxdur von 28 sowie eine avgdur von 14,50. Auf Platz drei befindet sich das d, mit der gleichen Event-Zahl, aber nur noch %ttl 11,60, aber mit 17,50 blks und einer mindur von 2, maxdur von 20,00 und einer avgdur von 9,98. Wir beobachteten die geringen Abweichungswerte. Die weiteren Werte sind sehr ausgeglichen. Das e wird nur im Altus derart häufig im 5. Modus verwendet, seine Streuungen sind auch nicht sehr hoch, die Abweichungen lauten: evts-sd = 18,00, %evt-sd = 0,15, %ttl-sd = 0,19, blks-sd = 3,00 sowie avgdur-sd = 0,39. Es folgt erst auf Platz fünf das a. Dieses hätte man nach modernen Gesichtspunkten eines vierstimmigen Satzes in einer Füllstimme (wie sie in biederen Sätzchen von Tonsatzschülern dem Alt zugeschoben werden) wie dem Altus häufiger vermutet, da es die Terz zum f bildet. Doch damit wird bewiesen, dass wir tatsächlich in vokalpolyphoner Musik zuhause sind, denn bis auf das f sind hier alle Töne einer selbständigen Stimme – dem Altus – fast gleichwertig verteilt. Die Repercussa c-do finden wir erst an sechster Stelle. Das b kommt erst an siebter Stelle, und das es führt ein fast trauriges Dasein mit %ttl 1,50, ist aber vergleichbar stark gestreut wie im Cantus: evts-sd = 24,00, %evt-sd = 1,62, %ttl-sd = 1,50, blks-sd = 2,00 sowie avgdur-sd = 6,00. Interessant ist aber, dass die maxdur des es die halbe Länge der maxdur des b beträgt. Auch die Abweichung bleibt proportional. Daraus lässt sich allerdings keine Regel ableiten, die besagen würde, dass die Oberquinte immer die halbe Maximaldauer hätte. Auch verändern sich die Tonreihenfolge wieder durch die Aggregierung.

Altus, nur Tonhöhen	evts	%evt	%ttl	blks	mindur	maxdur	avgdur
f	483,00	36,25	32,78	24,50	5,00	104,00	19,33
g	173,00	14,19	12,57	12,50	5,00	28,00	14,85
d	173,00	12,79	11,60	17,50	2,00	20,00	9,98
e	138,00	10,64	9,56	17,00	2,00	20,00	8,19
a	117,00	10,03	8,79	8,50	5,00	28,00	14,12
c	114,00	8,30	7,56	11,00	4,00	20,00	10,04
b	78,00	6,20	5,53	7,50	4,00	16,00	10,40
es	24,00	1,62	1,50	2,00	4,00	8,00	6,00

Sehen wir uns die Stimmkreuzungen an: wir sehen am Altus, dass diese nur %ttl 1,64 (%ttl-sd = 0,64) nach unserem System der Kreuzung zur nächst tieferen Stimme ausmachen, der Altus hat dabei 90 evts, die Kreuzung zum Tenor hat dabei 4,50 blks (blks-sd = 1,50), eine mindur von 12, eine maxdur von 28 sowie eine avgdur von 20,33 (avgdur-sd = 1,00). Im Vergleich zu den vorherigen Authenti sehen wir viel niedrigere Werte im Altus sowie niedrigere Abweichungen. Der Sopran kreuzt zum Altus mit 52 evts, %ttl 0,81 (%ttl-sd = 0,81). Der Tenor liegt weit abgeschlagen

3. ORLANDO DI LASSO

zurück und spielt kaum eine Rolle, hat dabei aber hohe Abweichungen: Sie sind alle so hoch wie die Mittelwerte!

Stimmkreuzungen	evts	%evt	%ttl	blks	mindur	maxdur	avgdur
Altus	90,00	67,39	1,64	4,50	12,00	28,00	20,33
Cantus	52,00	28,26	0,81	3,50	4,00	12,00	7,43
Tenor	8,00	4,35	0,13	1,00	4,00	4,00	4,00

Klangfolgen

4st_5.modus_nat_sequences.txt

Sehen wir uns die vertikalen Klangfolgen an. Die folgende Verbindung g-B-g, kommt viermal vor, und zwar in der Motette *Domine fac mecum* bei 776, 880, 1256 und 1360:

Häufigkeit	4mal

Modus-Stufe	Solmisationssilbe	Klang	Sonanzform
2	*g*-so	Moll	konsonant
4	*b*-ta	Dur	konsonant
2	*g*-so	Moll	konsonant

Die Folge F-B-6F kommt dreimal vor, und zwar in der gleichen Motette bei 112, 240 und 464.

Häufigkeit	3mal

Modus-Stufe	Solmisationssilbe	Klang	Sonanzform
1	*f*-fa	Dur	konsonant
4	*b*-ta	Dur	konsonant
3	*a*-la	Dur-Sextakkord	konsonant

Die Folge C-F-6d kommt ebenfalls dreimal vor, und zwar in der Motette *Benedictus es Domine II* bei 128 sowie in der Motette *Domine fac mecum* bei 392 und 504:

Häufigkeit	3mal

Modus-Stufe	Solmisationssilbe	Klang	Sonanzform
5	*c*-do	Dur	konsonant
1	*f*-fa	Dur	konsonant
1	*f*-fa	Moll-Sextakkord	konsonant

Auch diese Folge kommt dreimal vor, und zwar in der Motette *Domine fac mecum*, bei 88, 120 und 248:

Häufigkeit	3mal

Modus-Stufe	Solmisationssilbe	Klang	Sonanzform
4	*b*-ta	Dur	konsonant
3	*a*-la	Dur-Sextakkord	konsonant
3	*a*-la	Moll	konsonant

Sie bedeutet B-6F-a. Die anderen Folgen kommen nur zweimal vor, weshalb wir zum 6. Modus weitergehen.

3.1.6 6. Modus transpositus quintus

Mittelwerte

4st_6.modus_trq_avg.txt

Hier verhält es sich wie mit dem 4. Modus, denn es wurden nur zwei Werke verwendet. Diese wurden von Lasso selbst dem 6. quintaufwärts transponierten Modus zugewiesen.[725] Wie im 4. Modus sollte die Bestimmung eindeutig sein, wodurch einige Werke entfielen. Mit der geringen Werkanzahl ließ sich zudem die Software am Anfang besser verifizieren. Zur Verfügung standen die Motetten *Domine labia mea aperies* und *Populum humilem*.

Konsonanzen	
evts	977,00
evts-sd	59,00
%evt	79,23
%evt-sd	2,73
%ttl	78,15
%ttl-sd	2,72
blks	52,00
blks-sd	2,00
mindur	2,00
maxdur	120,00
avgdur	18,86
avgdur-sd	1,86

Dissonanzen	
evts	255,00
evts-sd	27,00
%evt	20,77
%evt-sd	2,73
%ttl	20,49
%ttl-sd	2,69
blks	51,00
blks-sd	2,00
mindur	2,00
maxdur	20,00
avgdur	4,99
avgdur-sd	0,33

Auffallen muss, dass bisher alle Modi in den Dissonanzgehalten eine avdgur von 3,95-5,10 besaßen. In dieser Hinsicht ist der 6. quintaufwärts-transponierte Modus dem 2. verwandter. Er ist allerdings der bislang dissonanteste Modus, es liegen aber

---

[725] Vgl. Bergquist, Modal Ordering within Orlando Lasso's Publications, in: Orlando di Lasso Studies, hrg. von Peter Bergquist, West Nyack 2006, S.222.

3. ORLANDO DI LASSO 205

auch nur zwei Werke vor. In der Aggregierung wird er diese Vorreiterrolle hinsichtlich der Dissonanzen wieder verlieren. Dort liegen dann die Konsonanzen des quintaufwärts transponierten 6. Modus bei %evt 81,76! Die aufgezeigten Standardabweichungen sind geringer als die des 4. Modus, in dem die gleiche Werkanzahl vorlag. Auf alle Fälle ist der 6. Modus in der vorliegenden Werkauswahl wesentlich dissonanter als der 5. Modus.

Dissonante Klänge	evts	%evt	%ttl	blks	mindur	maxdur	avgdur
UNDETERMINED	221,00	86,94	17,74	46,00	2,00	18,00	4,80
Dur-Quartsextakkord	10,00	3,71	0,81	1,50	6,00	6,00	6,00
Einzelintervall	6,00	2,13	0,50	1,50	2,00	2,00	2,00
vermindert	6,00	2,47	0,48	1,50	4,00	4,00	4,00

Vorherrschend sind hier die UNDETERMINED, die Standardabweichung evts-sd liegt bei 17,00, in der Aggregierung wird sie sich auf 41,48 allerdings erhöhen. Die anderen Abweichungswerte sind immer nahe am Mittelwert[726], so z.B. die blks-sd mit 1,00, die sich in der Aggregierung aber auf 7,79 erhöhen wird. An zweiter Stelle steht der Dur-Quartsextakkord, der seinen zweiten Platz in der Aggregierung verlieren wird. Auch alle anderen Abweichungswerte sind immer nahe am Mittelwert. Es folgen das dissonante Einzelintervall und der verminderte Dreiklang. Sie ereignen sich allerdings nur von %ttl 0,81 an abwärts! Deshalb brauchen die anderen Formen nicht aufgelistet zu werden. Kommen wir zu den konsonanten Formen.

Konsonante Klänge	evts	%evt	%ttl	blks	mindur	maxdur	avgdur
Dur	533,00	54,46	42,61	44,50	2,00	60,00	11,99
Moll	242,00	24,58	19,30	25,00	4,00	42,00	9,63
Einzelintervall	78,00	8,15	6,30	7,50	6,00	22,00	11,55
Dur-Sextakkord	59,00	6,25	4,80	10,50	3,00	12,00	5,34
12/4	34,00	3,36	2,68	3,50	4,00	20,00	8,60
Moll-Sextakkord	27,00	2,77	2,17	5,00	3,00	8,00	5,67

Bei den konsonanten Klängen ist der Dur-Akkord an 1. Stelle, an zweiter Stelle ist der Moll-Akkord. Hier sind die Streuungen schon höher, z.B. %ttl-sd von 2,68 für den Dur-Akkord und %ttl-sd = 2,68 für den Moll-Akkord. Es gab bisher keinen Modus, in dem es anders gewesen wäre! Auf Platz drei folgt das konsonante Einzelintervall mit einer höheren avgdur als der Moll-Akkord. An vierter Stelle steht der Dur-Sextakkord, der in den blks-sd eine mit 4,50 für die Konsonanzen recht hohe Streuung dieses Merkmals besitzt. Eine recht hohe maxdur hat der 12/4-Klang auf Platz fünf. Seine avgdur-sd ist mit 2,60 die höchste unter den bisher aufgelisteten Klängen, ob kon- oder dissonant. Der Moll-Sextakkord kommt auf immerhin noch %ttl 2,17. Alle anderen Formen kommen nur noch marginal vor. Sehen wir uns die einzelnen Klänge an.

---

[726] Wenn von *nahe am Mittelwert* gesprochen wird, so heißt das, dass nur eine geringe Abweichung vorhanden ist. Wird dagegen gesagt, dass die Abweichung dem Mittelwert entspricht, so bedeutet das, dass der Wert der Standardabweichung z.B. 50 gleich dem Mittelwert (in diesem Fall ebenfalls 50) ist. Anm.d.Verf.

KAPITEL 4. ANALYSEN

Alle Klänge	evts	%evt	%ttl	blks	mindur	maxdur	avgdur
Dur, *c*-fa, 4. Stufe	196,00	19,15	15,71	19,50	4,00	32,00	10,07
Dur, *f*-ta, 7. Modus	160,00	15,64	12,83	15,50	4,00	40,00	10,82
Moll, *a*-re, 2. Stufe	122,00	11,79	9,72	16,50	4,00	16,00	7,31
Dur, *g*-do, 1. Stufe	106,00	10,09	8,38	13,00	2,00	16,00	7,83
Moll, *d*-so, 5. Stufe	82,00	7,91	6,54	7,00	6,00	26,00	12,34
12/4 *c*-fa, 4. Stufe	32,00	3,01	2,52	3,00	6,00	20,00	9,60
Dur, *d*-so, 5. Stufe	31,00	3,07	2,51	4,50	5,00	12,00	8,50
Moll, *e*-la, 6. Stufe	26,00	2,59	2,11	2,50	6,00	12,00	10,00
Dur-Sextakkord, *h*-mi, 3. Stufe	26,00	2,59	2,11	3,50	4,00	12,00	7,17
Dur, *b*-mib, 3. Stufe	24,00	2,23	1,88	1,00	12,00	12,00	12,00
Prime, *c*-fa, 4. Stufe	22,00	2,25	1,81	2,00	2,00	12,00	5,50
Prime, *f*-ta, 7. Stufe	20,00	2,01	1,63	2,00	8,00	12,00	9,34
Dur-Sextakkord, *a*-re, 2. Stufe	18,00	1,79	1,46	3,50	4,00	6,00	5,00
Dur, *a*-re, 2. Stufe	16,00	1,64	1,32	1,00	8,00	8,00	8,00
Prime, *g*-do, 1. Stufe	16,00	1,57	1,28	1,00	16,00	16,00	16,00
Prime, *e*-la, 6. Stufe	16,00	1,57	1,28	2,00	8,00	8,00	8,00
Moll-Sextakkord, *c*-fa, 4. Stufe	16,00	1,53	1,27	2,50	6,00	6,00	6,00
Dur-Sextakkord, *e*-la, 6. Stufe	15,00	1,54	1,24	3,50	1,00	4,00	2,15
Prime, *a*-re, 2. Stufe	14,00	1,36	1,12	2,00	6,00	8,00	7,00
Moll, *g*-do, 1. Stufe	12,00	1,12	0,94	1,00	6,00	6,00	6,00

Klarer Sieger ist das C-Dur, gefolgt von F-Dur und a-Moll. Insgesamt haben wir nur sehr niedrige Abweichungen. So betragen die Werte für C-Dur:

Akkord	evts-sd	%evt-sd	%ttl-sd	blks-sd	avgdur-sd
C-Dur	4,00	1,30	0,72	0,50	0,46
F-Dur	4,00	1,13	0,65	3,50	2,18
a-Moll	26,00	1,96	1,83	1,50	0,91
G-Dur	56,00	4,98	4,27	6,00	0,69

Wir sehen die gezielte Verteilung der ersten drei Klänge, der Klang über der Finalis jedoch ist im Verhältnis stark gestreut. Der Dur-Klang über der Finalis steht überhaupt erst auf Platz vier! Die größte avgdur besitzt der Einklang der Finalis, die avgdur-sd beträgt 0,00! Nach dem d-Moll auf Platz fünf kommt es zu einem starken Abfall in den %ttl: so hat dieses immerhin noch 6,54%, der 12/4-Klang über *c*-fa nur noch 2,52% Anteil am ganzen Werk. Alle anderen Formen nehmen sukzessive an Bedeutung ab. Sextakkorde finden sich hier vergleichsweise wenig, wobei der G-Dur-Sextakkord der häufigste ist. Die Töne des Tenors sind sehr unterschiedlich gestreut: das *c*-fa hat eine sehr niedrige Streuung, so beläuft sich die %ttl-sd beispielsweise bei 0,23, der zweite Ton *d*-sol hat allerdings eine %ttl-sd von 7,07, es ist also im Verhältnis weit gestreut. Der Ton *e*-la liegt wieder bei %ttl-sd = 0,58, das *f*-ta allerdings wieder bei %ttl-sd = 0,32. Wir beobachten ein Alternieren zwischen gezielter Verteilung und Streuung. Sehen wir uns die Häufigkeiten nun einmal an:

Tenor, nur Tonhöhen	evts	%evt	%ttl	blks	mindur	maxdur	avgdur
c	272,00	23,24	21,79	13,50	4,00	60,00	20,44
d	265,00	22,51	21,04	16,00	3,00	52,00	16,57
e	223,00	19,05	17,84	20,00	2,00	28,00	11,51

3. ORLANDO DI LASSO

f	137,00	11,82	11,10	12,50	3,00	24,00	10,58
a	119,00	10,17	9,52	10,00	3,00	24,00	11,90
g	104,00	8,94	8,39	9,50	4,00	24,00	10,75
h	27,00	2,32	2,18	6,00	3,00	10,00	4,50
fis	15,00	1,28	1,19	3,00	2,00	8,00	5,00
cis	8,00	0,70	0,66	0,50	8,00	8,00	8,00

Die einzigen Akzidentien, die hier vorkommen, sind *fis* und *cis*, letzteres ist beliebig gestreut, die Abweichungen entsprechen den Mittelwerten. Auffällig ist zudem die Dominanz des *c*, mit einer Maximaldauer von 60,00. *C* ist hier Finalis, da untransponiert *f* die Finalis wäre. Die Repercussa ist in diesem transponierten Modell das *e*, denn im 6. Modus ist es untransponiert das *a*! Sehen wir uns den Bassus an, so sind die Standardabweichungen insgesamt bei den Häufigkeiten auf den ersten Blick höher, bei blks-sd und avgdur-sd erscheinen sie bis auf den Wert des *b* niedriger zu sein.

Bassus, nur Tonhöhen	evts	%evt	%ttl	blks	mindur	maxdur	avgdur
c	283,00	26,65	22,62	19,00	3,00	48,00	14,93
g	206,00	19,10	16,31	15,50	4,00	32,00	12,75
f	192,00	18,21	15,42	12,50	4,00	36,00	15,43
a	149,00	14,11	11,96	15,50	3,00	16,00	9,66
d	103,00	9,87	8,33	10,00	5,00	16,00	10,59
h	52,00	4,97	4,20	9,00	2,00	12,00	5,72
e	47,00	4,56	3,83	6,00	5,00	12,00	7,90
b	28,00	2,54	2,19	1,50	4,00	12,00	9,34

Die klare Präferenz liegt hier bei der Finalis *c* sowie bei der 1. Stufe des Modus, dem *g*. An dritter Stelle sehen wir das *f*. Man ist versucht, hier die Vorboten einer funktionstheoretischen Basston-Gewichtung zu sehen. Das Akzidenz ist das *b*, das im Tenor nicht vorkommt. Sehen wir uns die Abweichungen an, sie unterscheiden sich von denen des Tenor sehr, weshalb wir sie im direkten Vergleich einander gegenüberstellen:

Tenor	evts-sd	%evt-sd	%ttl-sd	blks-sd	avgdur-sd
c	4,00	0,10	0,23	1,50	2,56
d	95,00	7,69	7,07	0,00	5,93
e	13,00	0,76	0,58	3,00	2,38
f	61,00	5,44	5,17	4,50	1,08
a	7,00	0,41	0,32	0,00	0,70
g	28,00	2,56	2,46	1,50	1,25
h	5,00	0,47	0,45	0,00	0,83
fis	5,00	0,40	0,37	1,00	0,00
cis	8,00	0,70	0,66	0,50	8,00

Bassus	evts-sd	%evt-sd	%ttl-sd	blks-sd	avgdur-sd
c	25,00	1,25	1,42	2,00	0,25
g	94,00	8,08	7,11	5,50	1,55
f	16,00	2,26	1,67	0,50	1,89
a	7,00	1,25	0,87	1,50	0,48
d	35,00	3,71	3,02	4,00	0,74
h	14,00	1,53	1,22	2,00	0,29
e	31,00	3,11	2,58	4,00	0,10
b	28,00	2,54	2,19	1,50	9,34

In der Gegenüberstellung fällt sofort auf, dass der Tenor in den blks-sd zweimal keine Abweichungen vom Mittelwert aufweist, und zwar beim d sowie beim h, auch hat der Tenor in avgdur-sd beim fis keine Abweichung vorzuweisen. Dieses Fehlen von Abweichungen ist in dieser Analyse ein Merkmal sowohl des Tenors als auch des Cantus, womit wir einen Beweis für die Stimmendisposition *a voce piena* gefunden haben könnten. Die anderen Stimmen teilen dies nicht. Das Merkmal geht allerdings in der Aggregierung wieder verloren.

Der Altus gestaltet sich anders und hat vergleichsweise wie der Tenor zwei Akzidentien, allerdings fehlt ihm das *cis*. Die maxdur des Haupttones *g*, liegt bei 64, es macht fast ein Drittel der Töne aus!

Altus, nur Tonhöhen	evts	%evt	%ttl	blks	mindur	maxdur	avgdur
g	365,00	31,05	29,14	21,50	3,00	64,00	17,22
a	208,00	17,96	16,82	16,00	4,00	30,00	13,17
c	183,00	15,61	14,65	10,50	3,00	40,00	17,89
e	149,00	12,64	11,87	16,50	3,00	24,00	8,93
f	129,00	10,94	10,27	16,50	3,00	20,00	7,77
d	71,00	6,03	5,65	8,50	3,00	24,00	8,58
h	46,00	4,01	3,75	5,00	6,00	20,00	8,75
fis	13,00	1,12	1,05	1,50	9,00	12,00	10,50
b	8,00	0,66	0,63	1,00	4,00	4,00	4,00

Die Streuungen im Altus sind allerdings höher. Stellen wir zunächst (historisch falsch, Tenor und Cantus, wie Bassus und Altus Stimmenpaare bilden) Altus und Cantus einander gegenüber:

3. ORLANDO DI LASSO

Altus	evts-sd	%evt-sd	%ttl-sd	blks-sd	avgdur-sd
g	47,00	3,06	3,01	1,50	3,39
a	72,00	6,69	6,20	6,00	0,43
c	7,00	0,12	0,18	1,50	3,22
e	33,00	2,43	2,34	2,50	0,65
f	31,00	2,31	2,22	0,50	1,64
d	15,00	1,10	1,06	2,50	0,75
h	30,00	2,69	2,50	3,00	0,75
fis	3,00	0,29	0,27	0,50	5,50
b	8,00	0,66	0,63	1,00	4,00

Cantus	evts-sd	%evt-sd	%ttl-sd	blks-sd	avgdur-sd
c	9,00	1,11	0,14	0,50	0,10
a	64,00	4,58	4,77	4,50	0,76
e	31,00	3,87	2,81	0,50	1,97
g	21,00	2,86	1,98	0,00	2,63
h	55,00	4,19	4,17	2,50	2,53
d	2,00	0,54	0,06	0,50	0,58
f	6,00	1,18	0,68	0,50	0,46
b	28,00	2,34	2,19	1,50	9,34
cis	8,00	0,78	0,66	0,50	8,00
fis	8,00	0,78	0,66	0,50	8,00

Kommen wir zum Abschluss noch zum Cantus. Wir entnehmen der Liste mit den Standardabweichungen, dass wir bei den blks-sd des Tones *g*-do keine Abweichung feststellen können. Die Streuungen der Akzidentien sind jedoch sehr hoch. Die Streuung der übrigen Töne, mit Ausnahme des *c*, ist mit denen des Alt vergleichbar, die blks-sd und avgdur-sd sind jedoch geringer als im Altus.

Cantus, nur Tonhöhen	evts	%evt	%ttl	blks	mindur	maxdur	avgdur
c	283,00	25,44	22,65	20,50	3,00	48,00	13,80
a	174,00	15,25	13,81	14,50	2,00	36,00	11,77
e	159,00	14,54	12,80	12,50	3,00	32,00	12,65
g	143,00	13,03	11,50	8,00	3,00	52,00	17,88
h	113,00	9,81	8,94	14,50	3,00	12,00	7,36
d	106,00	9,54	8,49	11,50	3,00	28,00	9,25
f	94,00	8,51	7,55	5,50	8,00	24,00	17,14
b	28,00	2,34	2,19	1,50	4,00	12,00	9,34
cis	8,00	0,78	0,66	0,50	8,00	8,00	8,00
fis	8,00	0,78	0,66	0,50	8,00	8,00	8,00

Er hat wie der Bassus die Präferenz der Finalis, aber die meisten Akzidentien, namentlich *b*, *cis* und *fis*. Nach dem *c* kommen die Töne *a* und *e*, erst dann das *g*. Das *h* kommt auf Platz fünf und ist wesentlich früher beteiligt, wenn man es mit den anderen Stimmen vergleicht.

Stimmkreuzungen	evts	%evt	%ttl	blks	mindur	maxdur	avgdur
Altus	126,00	58,72	2,53	9,00	8,00	30,00	14,57
Cantus	48,00	21,20	0,96	3,00	16,00	16,00	16,00
Tenor	46,00	20,09	0,92	3,00	10,00	20,00	15,00

Hier kommen vergleichsweise viele Stimmkreuzungen zwischen Altus und Tenor vor. Bemerkenswert ist für die Kreuzung des Cantus die recht hohe Dauer von 16 Sechzehnteln. Die Standardabweichungen sind wesentlich geringer als im 5. Modus. So stehen für die Kreuzung von Cantus zu Altus beispielsweise in den %evts-sd für den 5. Modus 32,61%, 7,95% für den 6. Modus gegenüber.

Klangfolgen

4st_6.modus_trq_sequences.txt

Kommen wir zu den vertikalen Klangfolgen. Wir haben nur doppelte Häufigkeiten!

Häufigkeit	2mal

Modus-Stufe	Solmisationssilbe	Klang	Sonanzform
4	c-fa	12/4	konsonant
7	f-ta	Dur	konsonant
5	d-so	Moll	konsonant

Das bedeutet einen Oktav-Großterz-Klang über c zu F-Dur zu d-Moll und ereignet sich bei 64 und 288 in der Motette *Populum humilem*.

Häufigkeit	2mal

Modus-Stufe	Solmisationssilbe	Klang	Sonanzform
4	c-fa	Dur	konsonant
1	g-do	Dur	konsonant
4	c-fa	Dur	konsonant

Das bedeutet schlicht C-G-C, in der gleichen Motette bei 816 und 1040.

Häufigkeit	2mal

Modus-Stufe	Solmisationssilbe	Klang	Sonanzform
5	d-so	Moll	konsonant
2	a-re	Dur-Sextakkord	konsonant
2	a-re	Moll	konsonant

3. ORLANDO DI LASSO 211

Das bedeutet d-6F-a und ereignet sich in *Domine labia mea* bei 280 und in *Populum humilem* bei 672.

Häufigkeit	2mal

Modus-Stufe	Solmisationssilbe	Klang	Sonanzform
5	*d*-so	Moll	konsonant
4	*c*-fa	Moll-Sextakkord	konsonant
4	*c*-fa	Dur	konsonant

Das bedeutet d-6a-C und ereignet sich in der Motette *Domine labia mea* bei 416 und in *Populum humilem* bei 632. Trotz der geringen Werkzahl hätte man eigentlich häufigere Wendungen erwartet, wenn man die bisherigen Analysen bedenkt, vielleicht ist aber gerade das nun ein Merkmal des 6. Modus. Wir werden darauf später zurückkommen. Kommen wir nun zu den Blockdiagrammen.

Blockdiagramme

Es folgt zunächst der 5. Modus:

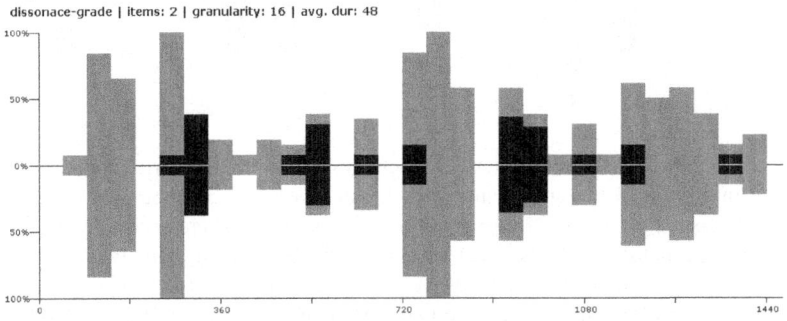

Vergleichen wir die Dissonanzgrade zwischen dem 5. und 6. quintaufwärts transponierten Modus, so sehen wir eine gänzlich andere Verteilung. Einschränkend sei gesagt, dass hier nur sehr wenige Werke beinhaltet sind. Im 5. Modus sehen wir sehr dissonante Stellen ab zwei Balken vor 180, zwei Balken nach 180, bei 720 und eine wellenförmige Abnahme bei ca. 900. Die inselartige Verteilung ist ebenso charakteristisch wie auch die Überschneidungen direkt vor 360, bei 540 und 900. Schlüsseln wir das Merkmal nach beiden Werken auf.

Hier *Benedictus es Domine*:

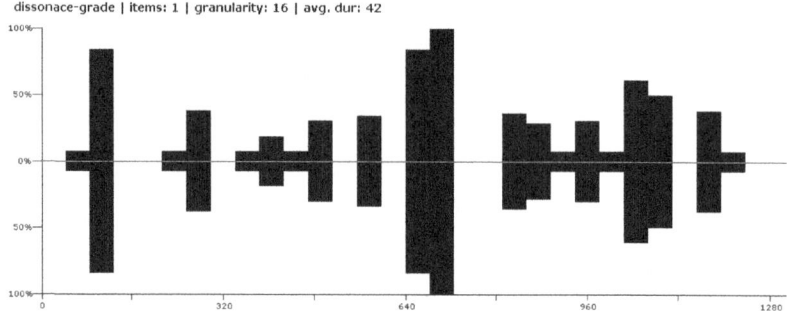

Und hier *Domine fac mecum*:

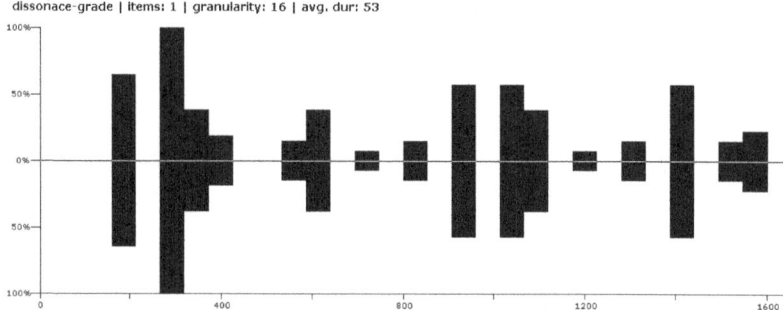

Beide Werke sind sehr unterschiedlich ob ihrer zeitlichen Verteilung, teilen aber das inselartige Verteilungselement. Im direkten Vergleich wird nun aber auch deutlich, dass wir bei einem Blockdiagramm aus zwei Werken bereits eine Aggregierung vorfinden und beide Werke nicht auseinanderhalten können. *Benedictus* hat seinen dissonanten Höhepunkt einen Balken nach 640, während er bei *Domine fac mecum* bereits einen Balken nach 200 stattfindet. Demgegenüber beginnt der 6. Modus sofort mild dissonant, wird schrittweise in Sprüngen dissonanter und erreicht nach 936 seine erste Spitze von 100%, die sich dann noch einmal wiederholt. Bei beiden Modi sehen wir jedoch gravierende Unterschiede zwischen den analysierten Werken, andererseits sehen wir aber auch die – wenngleich gering-stufigen – Übereinstimmungen.

3. ORLANDO DI LASSO

6. Modus transpositus quintus:
dissonace-grade | items: 2 | granularity: 16 | avg. dur: 41

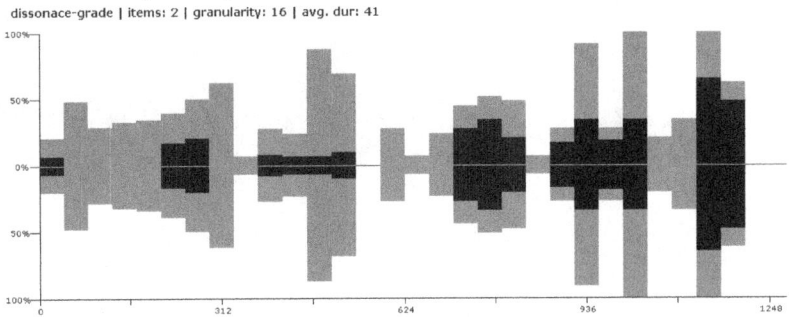

Teilen wir auch hier einmal die Aggregierung auf. Zunächst die Motette *Domine labia mea*:
dissonace-grade | items: 1 | granularity: 16 | avg. dur: 40

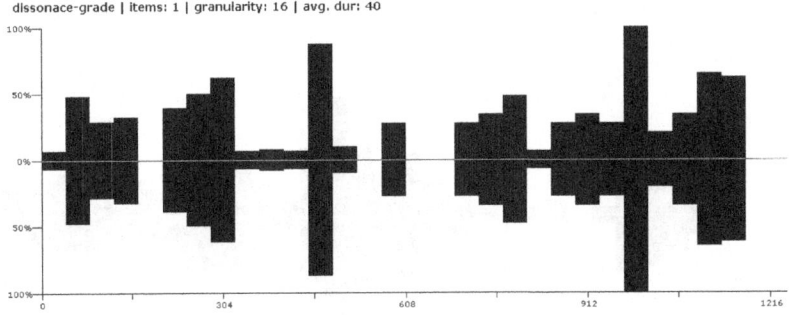

Und *Populum humilem*:
dissonace-grade | items: 1 | granularity: 16 | avg. dur: 42

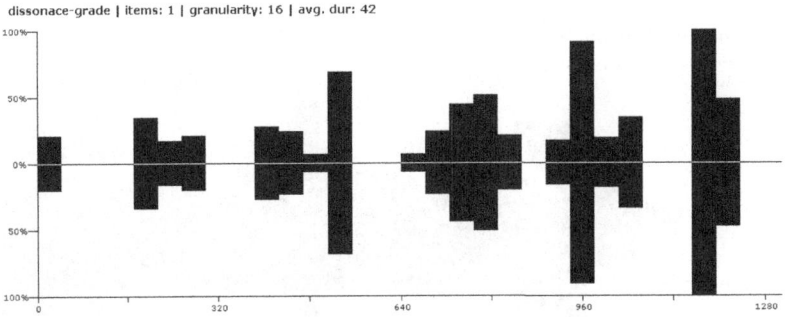

Durch die Aufteilung sehen wir in der Grundtendenz doch mehr Gemeinsamkeiten, als die Grau- und Schwarzschattierungen vermuten ließen. Beide Werke arbeiten immerhin auf einen dissonanten Höhepunkt vor der Hälfte des Werkes, wie auch auf einen nach der Hälfte hin, dabei bedient sich *Domine labia mea* eher kontinuierlich entwickelnder dissonanter Spitzen, *Populum humilem* eher in einer sich durch abrupte Konsonanzinseln steigernden dissonanten Entwicklung hin.

Hier die Klangdichte des 5. Modus:

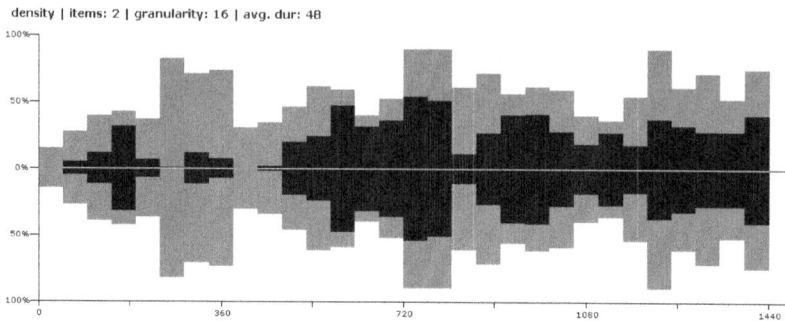

Die Klangdichteverläufe sind bei beiden Modi nicht sehr ähnlich, einer wellenförmigen Zunahme der Klangdichte mit einem Dichteklimax in der relativen Mitte der Werke folgt ein Abebben mit erneutem Anschwellen der Dichte im 5. Modus. Schlüsseln wir auch die Klangdichte einmal getrennt nach Werken auf. Hier *Benedictus*:

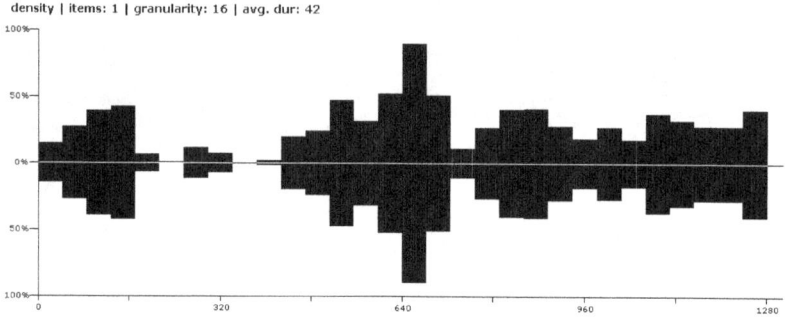

Und hier *Domine fac mecum*:

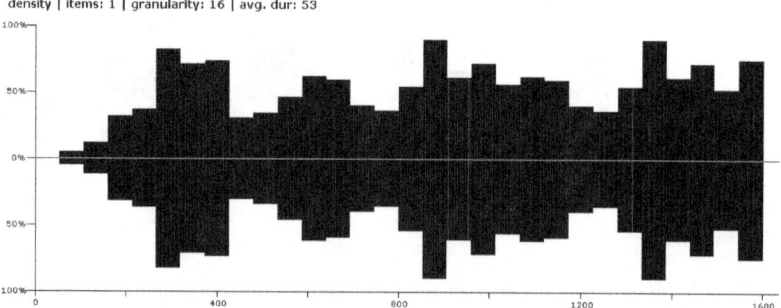

Die meisten Übereinstimmungen sieht man hier vor allen Dingen zu Beginn und in der Mitte. *Domine fac* mecum erscheint in der Klangdichte kontinuierlicher und insgesamt dichter, denn wir sehen drei Spitzen, während wir in *Benedictus es* nur eine sehen. Kommen wir zur Klangdichte des 6. Modus.

3. ORLANDO DI LASSO

Dieser beginnt mit einem extrem sprunghaften Dichte-Anstieg. Sie hält sich dann über 50% und erlebt nach 624 noch einmal eine Spitze. Die beiden Spitzen sind vollkommen konträr zum 5. Modus verteilt, bei dem es nebenbei drei Spitzen gab. Der 5. und der 6. Modus unterscheiden sich aber darin, dass im 5. der Schluss eine relativ hohe Dichte besitzt, der 6. jedoch bei der Klangdichte sukzessive abnimmt, um dann auf 35% zu fallen. Beide erleben jedoch eine Spitze in der Mitte der Werke.

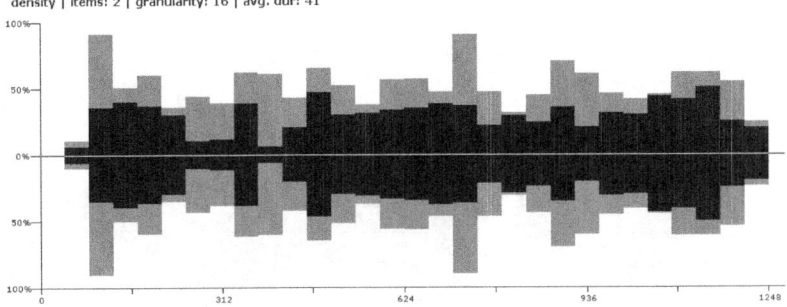

Hier die Aufteilung der Klangdichte im 6. Modus:
Domine labia mea:

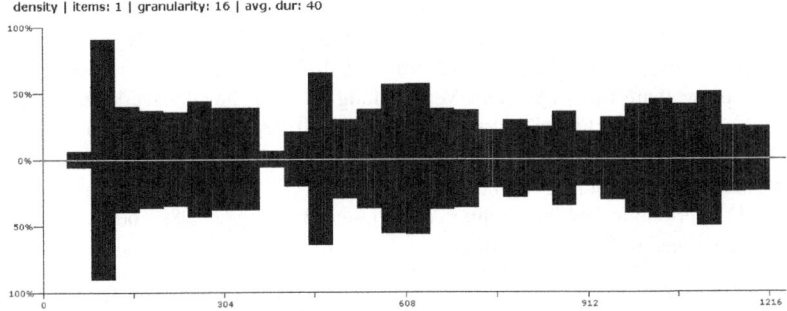

Populum humilem:

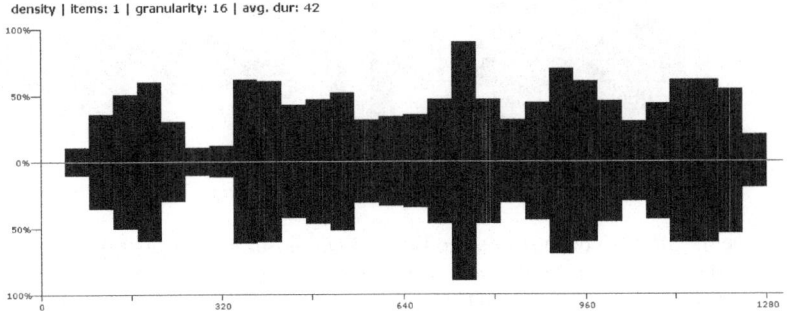

Hier können wir die Übereinstimmungen also am besten in der Aggregierung erkennen, und wieder sehen wir, dass sich die getrennte Darstellung anders verhält als die aggregierte. Denn bezeichnete man den grauen Bereich als ein Werk, so wäre sein Verlauf nicht der gleiche wie bei der Motette *Domine labia mea*: Der graue Bereich in der Aggregierung entspricht am Anfang nämlich den Werten von *Populum humilem*, die sofort folgende Spitze aber stammt aus *Domine labia mea*! Die zweite Spitze in der aggregierten Ansicht stammt aber aus *Populum humilem*.

Sehen wir uns die Verteilung der Dur-Akkorde an. Wir verzichten nun auf die getrennte Darstellung.

Hier der 5. Modus:

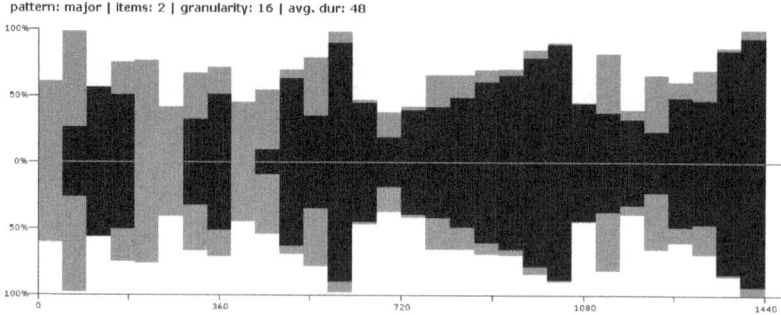

Die Unterschiede zeigen sich, obwohl beide Modi gleich Dur-lastig sein sollten, bei Beginn und Ende der Werke. Der 5. Modus schwillt nach einem starken Dur-Beginn in der Verwendung ab, hat eine Dur-Klimax einen Balken nach 540 und schwillt wellenförmig in der Dur-Verwendung bis zum Ende der Werke an und endet dann mit reinstem Dur bei 1440 und fast 100%. Als besonders genuin muss dabei der Anstieg einen Balken vor 540 sowie einen Balken nach 540 mit der Spitze betrachtet werden. Auch ist der Abfall bei 720 signifikant, wie die treppenförmige Zunahme der Durverteilung und ihr rasanter Abfall einen Balken vor 1080, die letzten beiden Balken ohnehin! Hier der 6. Modus:

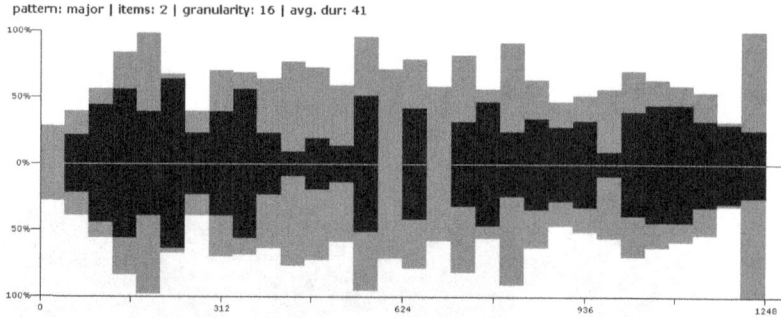

Der 6. Modus jedoch baut seine Dur-Verteilung sukzessive, aber dennoch rasch auf, erlebt seine Klimax ebenso vor der Mitte der Werke, hält aber die recht hohe Dur-Verteilung, um dann vor 936 abzufallen und in einer kleinen Welle abzuebben und dann in reinstem Dur im grauen Werk – sprunghaft erreicht – auszuklingen. Trennen wir noch einmal die Darstellung.

3. ORLANDO DI LASSO 217

Hier *Domine labia mea*:
pattern: major | items: 1 | granularity: 16 | avg. dur: 40

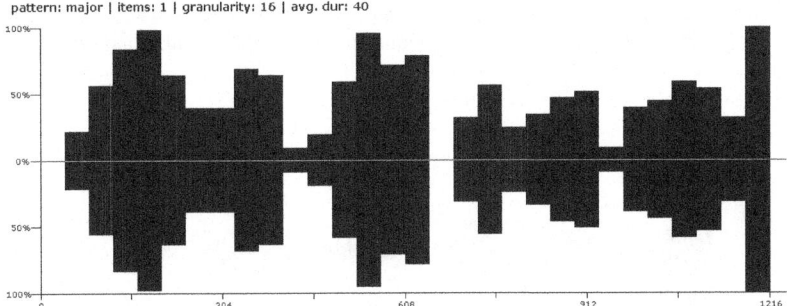

Und hier *Populum humilem*:
pattern: major | items: 1 | granularity: 16 | avg. dur: 42

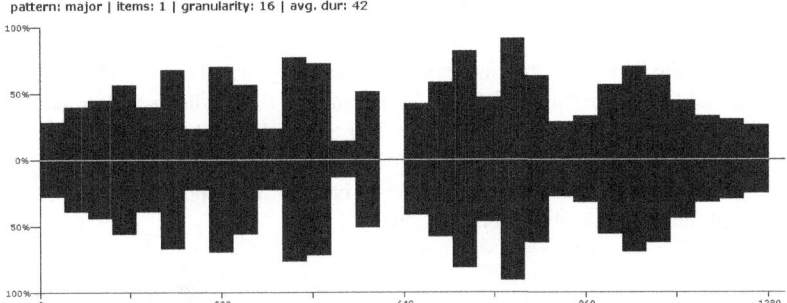

Nun sehen wir, dass beiden Werken in der Mitte das auffällige Fehlen des Dur-Akkordes eigen ist, auch teilen sie den treppenförmigen Anfang und dass Abfallen der Werte vor Beginn des letzten Viertels auf der x-Achse. Kommen wir zur Satzdichte im 5. Modus:
sentence-density | items: 2 | granularity: 16 | avg. dur: 48

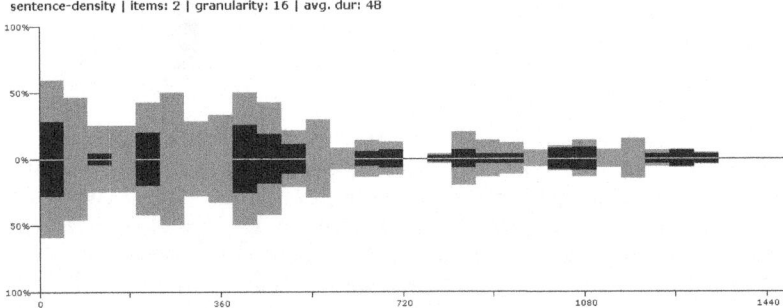

Der 5. Modus beginnt in der Tat mit einer relativ hohen Pausen-Dichte und niedrigen Satz-Dichte, denn bei der Lasso-Mottete *Domine fac mecum* beispielsweise haben wir einen länger währenden zweistimmigen Werkbeginn nach einer Anfangsimitation nach der Dauer einer Brevis. In der Motette *Benedictus es, Domine* haben wir nach dem Beginn des Tenors einen homophonen Einsatz der Reststim-

men. Daraus errechnet sich die relativ hohe Pausen-Dichte, die dann wellenförmig abebbt; bei 720 erleben wir gar 0%. In der Mitte der Werke ist also die Satz-Dichte so groß wie am Ende des 6. Modus, und diese ist sehr charakteristisch, auch der Anstieg vor 1080 und der Bereich bei 1260. Der 6. Modus:

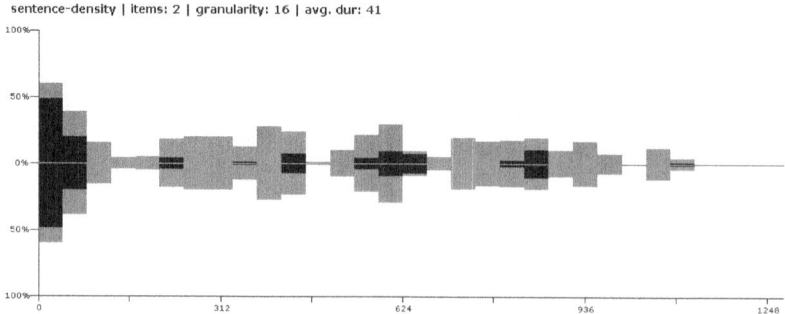

Eine hohe Pausen-Dichte zu Beginn kennzeichnet auch diesen Modus, allerdings ist das Abfallen der Pausendichte extremer und die Pausendichte weiter auf niedrigem Niveau über die Werke hin verteilt. Der Satzdichte-Höhepunkt findet sich hier bei ca. 1000, also nicht in der Mitte der Werke, sondern kurz vor Ende. Besonders der Anfang als auch das Abfallen der Werte bei 624 sind typisch. Sehen wir uns die Stimmkreuzungen an. Hier der 5. Modus:

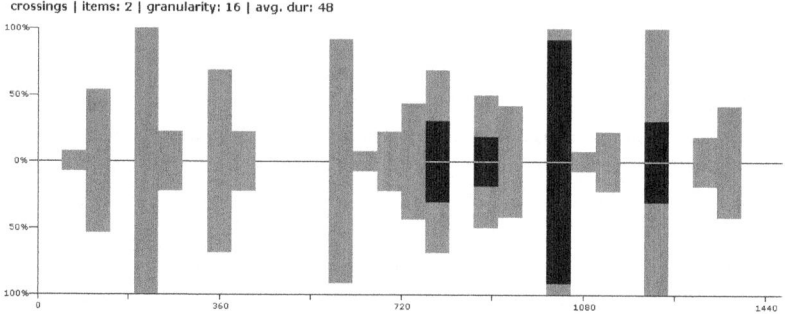

Die Kreuzungen unterscheiden sich so extrem, dass eigentlich nicht näher darauf eingegangen werden müsste. Problematisch bleibt die geringe Werkauswahl. Verteilen sich im 5. Modus mehrere Kreuzungen eher nach der Mitte der Werke, finden wir sie am häufigsten im 6. Modus in der Folge von Anfang bis kurz nach 312. Besonders wesentlich ist im 5. Modus die Kreuzung vor 1080 mit der 100%-Spitze. Der 6. Modus: Wie im 5. Modus sehen wir auch hier vier 100%-Spitzen. Gegen Ende des Werkes sind die Kreuzungen zwar ein wenig häufiger als im 5. Modus, jedoch liegt die Spitze in der Zeit bei 936 weiter vor dem Ende, als es beim 5. Modus der Fall ist. Ob das so bleibt, werden wir bei den späteren Analysen überprüfen müssen.

3. ORLANDO DI LASSO 219

crossings | items: 2 | granularity: 16 | avg. dur: 41

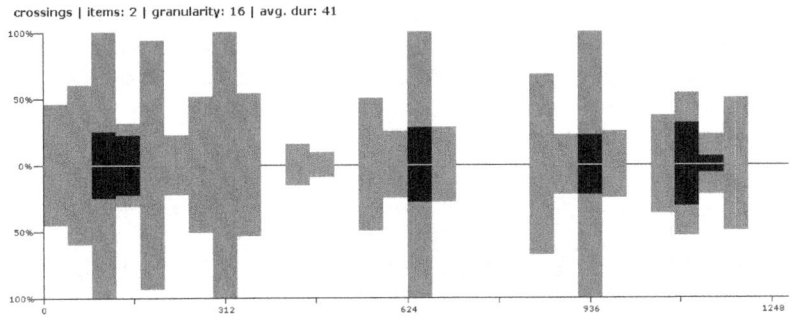

3.1.7   7. Modus naturalis

Mittelwerte

4st_7.modus_nat_avg.txt

Konsonanzen	
evts	1005,00
evts-sd	19,00
%evt	82,72
%evt-sd	1,70
%ttl	81,57
%ttl-sd	1,63
blks	44,00
blks-sd	11,00
mindur	2,00
maxdur	150,00
avgdur	24,25
avgdur-sd	5,63

Dissonanzen	
evts	211,00
evts-sd	19,00
%evt	29,00
%evt-sd	1,70
%ttl	17,05
%ttl-sd	1,69
blks	43,00
blks-sd	11,00
mindur	2,00
maxdur	14,00
avgdur	5,07
avgdur-sd	0,63

Der 7. Modus ist weniger konsonant als der 5. und 6., dabei sind die Abweichungen geringer. Die blks-sd entsprechen einander. Bisher konnten wir in allen Modi eine geringe avgdur-sd der Dissonanzen beobachten, der 7. Modus bildet hierin keine Ausnahme. Werfen wir kurz einen Blick auf die verwendeten Textgrundlagen. Im 7. Modus standen die Motetten *Confortamini et jam nolite*, MOM 135 sowie *Domine in auxilium*, MOM 137 zur Verfügung. Die Texte im 7. Modus sind eindeutig positiv, *Ermutigung* steht hier ja bereits als Programm der Motette *Confortamini*.

Dissonante Klänge	evts	%evt	%ttl	blks	mindur	maxdur	avgdur
UNDETERMINED	167,00	77,42	13,41	35,00	2,00	14,00	5,11
Einzelintervall	22,00	12,09	1,86	5,00	1,00	4,00	2,20
Moll-Quartsextakkord	12,00	6,06	0,99	2,00	6,00	6,00	6,00
Dominantseptakkord	4,00	1,94	0,33	1,00	4,00	4,00	4,00
Dominant-Quintsextakkord	4,00	1,67	0,31	1,00	2,00	2,00	2,00
Terzlos 12/5	2,00	0,84	0,16	0,50	2,00	2,00	2,00

Die UNDETERMINED-Dissonanzen haben eine höhere Streuung als im 5. Modus. Hervorzuheben ist, dass der Moll-Quartsextakkord an dritter Stelle steht. Im 5. Modus kam an dieser Stelle der terzlose 12/5-Klang, und im 6. Modus stand an dieser Stelle das Einzelintervall. Insgesamt sind die Dissonanzen wieder vielfältiger, als es im 5. Modus der Fall war.

Konsonante Klänge	evts	%evt	%ttl	blks	mindur	maxdur	avgdur
Dur	583,00	57,97	47,24	39,50	2,00	72,00	15,02
Moll	201,00	19,94	16,21	24,00	3,00	24,00	8,42
Einzelintervall	90,00	9,06	7,47	7,50	9,00	23,00	15,39
Dur-Sextakkord	74,00	7,36	6,00	9,50	4,00	10,00	7,78
Moll-Sextakkord	26,00	2,58	2,09	5,50	4,00	8,00	4,79
4/12	9,00	0,91	0,76	1,50	5,00	5,00	5,00

Dass die gute Hälfte aller Klänge Dur-Akkorde sind, dürfte beim 7. Modus nicht weiter überraschen, ebenso wie der starke Dur-Anteil bei den Sextakkorden. Insgesamt besehen haben wir auch niedrigere Standardabweichungen. Im 5. Modus hatten wir keine Standardabweichung in den blks-sd des Einzelintervalles, dies betrifft im 7. Modus nun den 12/3-Klang. Die höchste Standardabweichungs-Werte insgesamt hat im 7. Modus das Einzelintervall.

Konsonante Klänge	evts-sd	%evt-sd	%ttl-sd	blks-sd	avgdur-sd
Dur	37,00	2,58	1,16	6,50	1,54
Moll	37,00	3,30	2,37	3,00	0,21
Einzelintervall	50,00	5,15	4,35	5,50	4,62
Dur-Sextakkord	6,00	0,45	0,25	0,50	0,22
Moll-Sextakkord	6,00	0,55	0,41	1,50	0,21
4/12	7,00	0,71	0,60	0,50	3,00

Der Moll-Dreiklang sowie der Moll-Sextakkord teilen die Standardabweichung der Durchschnittsdauer, die avgdur-sd beträgt bei beiden 0,21, jedoch sind die Durchschnittsdauern selbst verschieden, so dass man nicht von einer „geschlechtlichen Prägung" sprechen kann. Gehen wir weiter und schlüsseln die Klänge selbst auf:

3. ORLANDO DI LASSO 221

Alle Klänge	evts	%evt	%ttl	blks	mindur	maxdur	avgdur
Dur, c-do, 4. Stufe	206,00	19,35	16,62	17,50	6,00	28,00	12,00
Dur, g-so, 1. Stufe	196,00	18,41	15,81	20,00	2,00	48,00	10,00
Dur, d-re, 5. Stufe	70,00	6,57	5,72	9,00	2,00	12,00	7,78
Dur, f-fa, 7. Stufe	66,00	6,20	5,49	6,50	4,00	16,00	9,00
Moll, a-la, 2. Stufe	62,00	5,82	5,01	9,50	3,00	10,00	6,72
Moll, d-re, 5. Stufe	58,00	5,45	4,63	6,50	4,00	14,00	8,67
Moll, e-mi, 6. Stufe	57,00	5,35	4,65	8,00	5,00	12,00	7,35
Dur, a-la, 2. Stufe	25,00	2,34	2,03	3,50	5,00	8,00	7,25
Prime, c-do, 4. Stufe	24,00	2,26	1,96	2,50	4,00	18,00	9,67
Moll, g-so, 1. Stufe	24,00	2,26	1,93	3,50	4,00	10,00	6,67
Dur-Sextakkord, e-mi, 6. Stufe	22,00	2,07	1,82	3,00	6,00	8,00	7,00
Prime, g-so, 1. Stufe	20,00	1,88	1,69	2,00	2,00	8,00	5,00
Prime, d-re, 5. Stufe	18,00	1,69	1,51	3,50	3,00	8,00	4,67
Dur, b-ta, 3. Stufe	18,00	1,69	1,42	1,50	10,00	10,00	10,00
Dur-Sextakkord, fis-fi, 7. Stufe	16,00	1,51	1,25	1,50	4,00	6,00	5,34
Prime, a-la, 2. Stufe	14,00	1,32	1,16	2,00	6,00	8,00	7,34
Prime, f-fa, 7. Stufe	12,00	1,13	1,02	1,50	2,00	6,00	4,00
Dur-Sextakkord, a-la, 2. Stufe	12,00	1,13	1,00	2,00	4,00	6,00	5,34
Prime, e-mi, 6. Stufe	12,00	1,13	1,00	3,00	3,00	6,00	4,00

Wir wir sehen können, ist der C-Dur-Akkord hier im klaren Vorteil, erst nach ihm folgt das G-Dur, unsere *Dominante* folgt erst an dritter Stelle. Vergleichen wir das C-Dur einmal mit anderen Modi, in denen es ebenfalls auf Platz eins liegt, namentlich den 3. und 6.:

C-Dur	Stufe	evts-sd	%evt-sd	%ttl-sd	blks-sd	avgdur-sd
3. Modus naturalis	6.	65,85	4,14	3,38	6,91	3,92
6. Modus transpositus quintus	4.	4,00	1,30	0,72	0,50	0,46
7. Modus naturalis	4.	38,00	3,59	2,44	4,50	0,92

Sichtbar ist demnach, obwohl dieser Akkord in drei Modi der häufigste ist, eine komplett andere Streuung. Wer bislang argumentiert hat, dass es den quintaufwärts transponierten Modus gar nicht gebe, sondern dass dieser mit dem 7. Modus gleichzusetzen sei, bekommt zumindest anhand der Streuung dieses Klanges das Gegenteil bewiesen. In der Aggregierung fällt die Unterscheidung leichter, da dort im 7. Modus das C-Dur auf Platz zwei ab-, das F-Dur aber auf Platz eins aufsteigt. In der Liste der Klänge in den vierstimmigen Modi ist das F-Dur recht häufig vertreten, das auch im Kontext für die harmonische Färbung des Mixolydischen verantwortlich ist. Von den Moll-Klängen ist die 2. Stufe über a-la die häufigste. Die Moll-Sextakkorde haben prozentual einen so unbedeutenden Anteil, dass sie hier nicht mehr aufgelistet werden. Auch unter den Primen ist das c-do sehr stark vertreten. Das g-sol ist allerdings stärker gestreut. Seine Werte belaufen sich auf Abweichungen in der Höhe des Mittelwertes, also evts-sd = 20 usw. Kommen wir zu den Tonlisten:

Tenor, nur Tonhöhen	evts	%evt	%ttl	blks	mindur	maxdur	avgdur
c	293,00	25,06	23,95	23,00	3,00	32,00	12,85
g	249,00	21,01	20,12	13,00	3,00	68,00	20,25
a	231,00	19,66	18,81	19,50	3,00	32,00	11,86

h	171,00	14,40	13,79	19,00	2,00	32,00	9,18
d	130,00	10,94	10,48	12,50	4,00	18,00	10,66
f	34,00	2,80	2,69	3,00	4,00	16,00	10,00
e	26,00	2,22	2,12	4,00	3,00	12,00	7,06
b	24,00	2,13	2,03	2,00	4,00	8,00	6,00
fis	14,00	1,14	1,10	2,50	1,00	4,00	2,80
cis	8,00	0,65	0,63	1,00	4,00	4,00	4,00

Auch hier sind die Standardabweichungen insgesamt höher als im 6. Modus. Wieder ist das c-do am meisten beteiligt. Es macht gut ein Viertel aller Töne im Tenor aus. Vergleichen wir diesen noch einmal mit den anderen Modi:

	Modus	Ton	Stufe	Silbe	evts-sd	%evt-sd	%ttl-sd	blks-sd	avgdur-sd
Tenor	3. Modus naturalis	c	6.	do	106,71	4,20	4,33	6,75	3,52
	6. Modus trp. qu.	c	4.	fa	4,00	0,10	0,23	1,50	2,56
	7. Modus naturalis	c	4.	do	47,00	5,09	4,75	1,00	2,60

Dadurch, dass im 3. Modus mehr Werke zur Verfügung standen, hinkt dieser Vergleich wie auch bereits zuvor anhand des C-Dur-Akkordes etwas, auf alle Fälle aber lassen sich von der gleichen Werkzahl her der 6. und der 7. Modus vergleichen. Nach dem c-do lassen auch die Standardabweichungen zunächst nach. Die größte maxdur im Tenor hat die Finalis, die auf Platz zwei zu finden ist, deren avgdur-sd 3,54 beträgt. Die Repercussa kommt erst auf Platz fünf! An Akzidentien finden wir b, fis und cis. Sämtliche Akzidentien des Tenors entsprechen in ihren Abweichungen den Mittelwerten (wie z.B. für b-ta eine evts-sd von 24,00 und eine %evts-sd von 2,13) und sind somit stark gestreut. Der Bass:

Bassus, nur Tonhöhen	evts	%evt	%ttl	blks	mindur	maxdur	avgdur
g	290,00	26,20	23,53	19,00	4,00	52,00	15,57
c	206,00	18,27	16,57	18,00	4,00	24,00	11,57
d	193,00	17,34	15,62	18,50	3,00	24,00	11,11
a	138,00	12,43	11,18	12,00	6,00	20,00	12,05
e	107,00	9,78	8,73	13,50	3,00	16,00	7,97
f	92,00	8,65	7,60	10,50	4,00	16,00	8,60
b	38,00	3,24	3,01	2,50	14,00	14,00	14,00
fis	24,00	2,05	1,90	2,00	8,00	12,00	10,67
h	16,00	1,39	1,28	3,00	6,00	8,00	6,40
cis	8,00	0,66	0,63	1,00	4,00	4,00	4,00

Der Bassus zeigt die klare Präferenz der späteren Hauptstufen-Grundtöne. Das g-so kommt auf %ttl 23,53, das c-do auf %16,57 und das d-re auf %15,62. Auffällig sind die min-avgdur-Werte des b wie auch die maxdur des fis. Auch ist die avgdur des a-la, das hier auf Platz 4 steht, länger als der beiden vorangegangenen Töne. Im

3. ORLANDO DI LASSO

Gegensatz zum Tenor sind die Töne weniger stark gestreut, weshalb eine Auflistung nicht notwendig ist. Betrachten wir das *g*, beobachten wir eine %ttl-sd von 0,10. Es sind also sehr gezielte Verteilungen. Auch in den folgenden %ttl-sd gehen die Werte nie über die 4%-Marke hinaus. Nur beim *cis* entspricht die Abweichung den Mittelwerten. Der Altus:

Altus, nur Tonhöhen	evts	%evt	%ttl	blks	mindur	maxdur	avgdur
e	309,00	27,24	24,90	26,00	2,00	38,00	11,79
d	299,00	26,55	24,19	21,50	2,00	36,00	14,25
c	122,00	10,99	9,96	10,00	4,00	24,00	12,18
f	94,00	8,56	7,72	8,50	4,00	20,00	10,92
h	87,00	7,85	7,11	8,50	3,00	36,00	10,84
g	86,00	7,85	7,06	8,00	4,00	16,00	10,60
a	82,00	7,03	6,50	7,00	6,00	12,00	10,60
b	24,00	2,00	1,88	1,00	12,00	12,00	12,00
cis	13,00	1,18	1,07	2,00	5,00	8,00	6,50
fis	8,00	0,77	0,68	0,50	8,00	8,00	8,00

Der Altus verhält sich vollkommen anders. Die Haupttöne sind hier *e*-mi, *d*-re sowie *c*-do. Erneut fällt die Länge des *b* auf. Die Streuungen sind stärker als im Bass und sogar größer als im Tenor, auch wenn es auf den ersten Blick anders aussieht. Man muss hierfür nur eine Quersumme aus den Abweichungen bilden. Die Abweichungen *b* und des *fis* entsprechen den Mittelwerten.

Cantus, nur Tonhöhen	evts	%evt	%ttl	blks	mindur	maxdur	avgdur
g	324,00	29,41	26,10	19,00	4,00	54,00	16,87
d	172,00	16,12	14,00	10,00	4,00	52,00	17,29
a	138,00	12,81	11,20	13,00	2,00	28,00	10,66
e	124,00	11,55	10,07	11,00	3,00	20,00	11,66
c	123,00	11,02	9,87	12,50	3,00	22,00	10,02
h	70,00	6,11	5,57	9,50	2,00	16,00	6,91
f	64,00	5,92	5,19	6,50	6,00	16,00	10,25
fis	58,00	5,52	4,75	6,50	5,00	16,00	9,05
cis	9,00	0,83	0,73	1,50	5,00	8,00	6,50
b	4,00	0,42	0,34	0,50	4,00	4,00	4,00
gis	4,00	0,33	0,31	0,50	4,00	4,00	4,00

Hier liegt die Präferenz ganz klar auf der Finalis, die recht hoch gestreut ist sowie der Repercussa, ab welcher die Abweichungen zunächst stark nachlassen. Der dritte Ton ist hier das *a*-la, das *c*-do kommt hier erst auf Platz fünf. Der Cantus hat zudem eine Besonderheit: er verfügt gegenüber den anderen Stimmen über ein *gis*! Ab dem *b* entsprechen die Abweichungen den Mittelwerten.

Cantus, nur Tonhöhen	evts-sd	%evt-sd	%ttl-sd	blks-sd	avgdur-sd
g	68,00	2,63	4,50	2,00	1,81
d	8,00	2,71	1,19	1,00	0,93
a	4,00	1,21	0,11	1,00	0,51
e	0,00	1,42	0,39	2,00	2,12
c	39,00	2,23	2,78	4,50	0,49
h	36,00	2,55	2,70	3,50	1,24
f	4,00	0,36	0,13	1,50	1,75
fis	10,00	1,60	1,00	1,50	0,55
cis	1,00	0,01	0,05	0,50	1,50
b	4,00	0,42	0,34	0,50	4,00
gis	4,00	0,33	0,31	0,50	4,00

Besonders hervorzuheben ist hier der Ton *e*-mi, der in den evts-sd keine Abweichung enthält! Die Stimmkreuzungen:

Stimmkreuzungen	evts	%evt	%ttl	blks	mindur	maxdur	avgdur
Altus	95,00	73,38	1,94	5,00	8,00	36,00	19,00
Cantus	20,00	14,93	0,41	2,00	12,00	12,00	12,00
Tenor	18,00	11,69	0,35	1,50	2,00	8,00	6,00

Kreuzungen zur nächst tieferen Stimme kommen seltener vor als im vorangegangenen Modus. Sie haben aber die lange avgdur im Cantus gemein wie auch die Rangfolge der sich kreuzenden Stimmen.

Stimmkreuzungen	evts-sd	%evt-sd	%ttl-sd	blks-sd	avgdur-sd
Altus	1,00	12,33	0,09	0,00	0,20
Cantus	4,00	0,65	0,06	1,00	4,00
Tenor	18,00	11,69	0,35	1,50	6,00

Wir sehen, dass vor allen Dingen die Kreuzungen des Altus sehr gezielt sind. Ihre Abweichungen sind äußerst gering. In den blks-sd gibt es sogar gar keine Abweichung vom Mittelwert. Kommen wir zu den Klangfolgen.

Klangfolgen

4st_7.modus_nat_sequences.txt

3. ORLANDO DI LASSO

|Häufigkeit|4mal|

Modus-Stufe	Solmisationssilbe	Klang	Sonanzform
4	c-do	Dur	konsonant
1	g-so	Dur	konsonant
4	c-do	Dur	konsonant

Diese Folge konnten wir bereits im 6. Modus beobachten, hier kommt sie häufiger vor und zwar in der Motette *Domine in auxilium* bei 32, 776, 808 und 968. Nun gibt es nur noch zweimal auftretende Folgen:

|Häufigkeit|2mal|

Modus-Stufe	Solmisationssilbe	Klang	Sonanzform
4	c-do	Dur	konsonant
2	a-la	Moll	konsonant
5	d-re	Moll	konsonant

Die Folge C-a-d kommt in der gleichen Motette bei 80 und 1024 vor. Diese Folge sticht durch das Akzidenz *cis* hervor:

|Häufigkeit|2mal|

Modus-Stufe	Solmisationssilbe	Klang	Sonanzform
5	d-re	Moll	konsonant
4	cis-di	Dur-Sextakkord	konsonant
5	d-re	Moll	konsonant

Sie bedeutet d-6A-d und ereignet sich in der gleichen Motette bei 728 und 856.

|Häufigkeit|2mal|

Modus-Stufe	Solmisationssilbe	Klang	Sonanzform
4	c-do	Dur	konsonant
3	h-ti	Dur-Sextakkord	konsonant
4	c-do	Dur	konsonant

Das ist nichts anderes als C-6G-C und kommt ebenfalls in *Domine in auxilium* bei 544 und 792 vor. Beim nächsten Beispiel ereignet sich die Folge in einer anderen Motette:

|Häufigkeit|2mal|

Modus-Stufe	Solmisationssilbe	Klang	Sonanzform
1	g-so	Dur	konsonant
6	e-mi	Moll	konsonant
4	c-do	Dur	konsonant

Das bedeutet G-e-C. Es ist eine terzfallende Verbindung, und sie kommt in der Motette *Confortamini et jam nolite* bei 728 und 1072 vor. Es kommen noch mehr zweimalig auftretende Folgen vor, wir beschränken uns nun auf eine aus der *Confortamini*-Motette und auf eine, die in beiden Motetten vorkommt.

| Häufigkeit | 2mal |

Modus-Stufe	Solmisationssilbe	Klang	Sonanzform
1	*g*-so	Dur	konsonant
6	*e*-mi	Dur-Sextakkord	konsonant
7	*f*-fa	Dur	konsonant

Das bedeutet G-6C-F und ereignet sich in *Confortamini* bei 336 und 616. Die nächste Folge finden wir in beiden vorangegangenen Motetten:

| Häufigkeit | 2mal |

Modus-Stufe	Solmisationssilbe	Klang	Sonanzform
6	*e*-mi	Moll	konsonant
4	*c*-do	Dur	konsonant
5	*d*-re	Moll	konsonant

Das bedeutet e-C-d und findet sich in *Confortamini* bei 680 sowie in *Domine in auxilium* bei 488. Wir kommen zum 8. Modus.

3.1.8 8. Modus naturalis

Mittelwerte

4st_8.modus_avg.txt

Es wurden die Motetten *Domine Deus salitatis meae*, MOM 136 und *Perfice gressus meos*, MOM 133 verwendet.

Konsonanzen	
evts	1137,00
evts-sd	85,00
%evt	85,05
%evt-sd	0,76
%ttl	83,46
%ttl-sd	1,34
blks	42,50
blks-sd	0,50
mindur	2,00
maxdur	132,00
avgdur	26,74
avgdur-sd	1,69

Dissonanzen	
evts	199,00
evts-sd	3,00
%evt	14,95
%evt-sd	0,76
%ttl	14,66
%ttl-sd	0,64
blks	41,00
blks-sd	1,00
mindur	2,00
maxdur	16,00
avgdur	4,86
avgdur-sd	0,05

3. ORLANDO DI LASSO 227

Er ist auf dem ersten Blick viel konsonanter als der 7. Modus, auch sind die Standardabweichungen weitaus geringer. In den blks-s der Kon- und der avgdur-sd der Dissonanzen haben wir fast keine Abweichung. Mit Ausnahme des 4. Modus war der Wert der %evt-sd in allen Modi bislang sowohl bei den Kon- als auch den Dissonanzen gleich hoch! Bei den dissonanten Klängen erleben wir auf Platz 3 den Dur-Quartsextakkord, wo im 7. Modus der Moll-Quartsextakkord stand. Wir haben allerdings nur noch einen prozentualen Anteil von %ttl 0,63! Die Mehrzahl sind entweder unbestimmte sich ereignende Dissonanzen oder dissonante Einzelintervalle. Die letzten Plätze unterscheiden sich vom 7. Modus vollkommen.

Dissonante Klänge	evts	%evt	%ttl	blks	mindur	maxdur	avgdur
UNDETERMINED	157,00	78,98	11,62	34,50	2,00	12,00	4,57
Einzelintervall	29,00	14,42	2,05	5,50	5,00	8,00	6,50
Dur-Quartsextakkord	8,00	4,08	0,63	1,00	4,00	4,00	4,00
Dominantseptakkord	2,00	1,02	0,16	0,50	2,00	2,00	2,00
Dominant-Sekundakkord	2,00	0,99	0,14	0,50	2,00	2,00	2,00
halbverminderter-Sextakkord	1,00	0,51	0,08	0,50	1,00	1,00	1,00

Die Standardabweichungen sind weitaus geringer als im 7. Modus. Ab dem Dominantsekundakkord entsprechen die Werte der Standardabweichungen den Mittelwerten. Wir haben also bei geringer prozentualer Beteiligung eine fast beliebige Verteilung. Sehen wir uns die konsonanten Klänge an:

Konsonante Klänge	evts	%evt	%ttl	blks	mindur	maxdur	avgdur
Dur	521,00	45,37	37,95	38,50	2,00	68,00	13,41
Moll	239,00	21,53	17,88	26,50	3,00	34,00	8,94
Einzelintervall	199,00	17,13	14,36	12,50	5,00	50,00	15,55
Dur-Sextakkord	78,00	7,10	5,88	12,00	3,00	8,00	6,38
Moll-Sextakkord	26,00	2,37	1,96	5,00	4,00	8,00	5,23
12/4	16,00	1,42	1,18	2,00	8,00	8,00	8,00
3/12	14,00	1,28	1,06	2,00	6,00	8,00	7,34
12/3	10,00	0,87	0,73	2,00	4,00	6,00	5,00

Wie in allen anderen Modi ist auch in diesem der Dur-Akkord der häufigste Klang, danach folgt der Moll-Dreiklang, dann das konsonante Einzelintervall, das auch die größte avgdur besitzt. Auffällig ist, dass der Dur-Sextakkord in der Häufigkeit nur noch ein Drittel des Einzelintervalls ausmacht. Wir sehen auch, dass im Gegensatz zu den anderen Modi die Formen 12/4 und 3/12 zu jeweils einem Prozent vorkommen, hierin bildeten der 3., 4. und 5. Modus bislang eine Ausnahme. Der 6. Modus hatte bisher das größte Vorkommen eines 12/4-Klangs, und zwar mit %ttl 2,68. Die Auflistung der Standardabweichungen ist hier ebenfalls aufschlussreich, denn wir sehen hier keine Abweichungen beim 12/4-Klang in den evts-sd, den blks-sd und avgdur-sd, und auch der 12/3-Klang hat in den blks-sd keine Abweichung!

Konsonante Klänge	evts-sd	%evt-sd	%ttl-sd	blks-sd	avgdur-sd
Dur	107,00	6,02	5,63	5,50	0,86
Moll	59,00	6,80	5,39	5,50	0,37
Einzelintervall	71,00	4,96	4,37	3,50	1,33
Dur-Sextakkord	30,00	3,17	2,55	4,00	0,38
Moll-Sextakkord	10,00	1,06	0,85	2,00	0,10
12/4	0,00	0,10	0,07	0,00	0,00
3/12	6,00	0,63	0,50	1,00	0,67
12/3	2,00	0,87	0,10	0,00	1,00

Kommen wir zur Auflistung der einzelnen Klänge.

Alle Klänge	evts	%evt	%ttl	blks	mindur	maxdur	avgdur
Dur, c-do, 7. Stufe	190,00	15,83	13,90	16,50	4,00	32,00	11,54
Dur, g-so, 4. Stufe	173,00	14,17	12,49	16,50	3,00	40,00	12,40
Moll, d-re, 1. Stufe	90,00	7,74	6,75	11,50	3,00	16,00	7,87
Moll, a-la, 5. Stufe	73,00	6,23	5,44	10,00	3,00	16,00	7,34
Dur, d-re, 1. Stufe	69,00	5,77	5,06	9,50	2,00	16,00	7,24
Moll, e-mi, 2. Stufe	66,00	5,70	4,96	8,50	4,00	14,00	7,55
Dur, f-fa, 3. Stufe	56,00	4,77	4,17	5,00	10,00	16,00	12,57
Prime, g-so, 4. Stufe	54,00	4,41	3,89	6,50	6,00	16,00	9,14
Prime, e-mi, 2. Stufe	39,00	3,14	2,78	4,50	5,00	16,00	8,43
Prime, f-fa, 3. Stufe	36,00	3,06	2,67	3,50	6,00	20,00	10,67
Prime, a-la, 5. Stufe	32,00	2,65	2,33	3,50	6,00	16,00	10,00
Dur-Sextakkord, e-mi, 2. Stufe	29,00	2,57	2,23	4,50	4,00	6,00	5,57
Prime, d-re, 1. Stufe	22,00	1,76	1,56	3,00	6,00	12,00	7,60
Dur-Sextakkord, a-la, 5. Stufe	21,00	1,85	1,61	4,00	3,00	6,00	4,84
Prime, h-ti, 6. Stufe	20,00	1,66	1,46	3,50	6,00	8,00	6,40
Dur-Sextakkord, h-ti, 6. Stufe	20,00	1,66	1,46	2,50	8,00	8,00	8,00
Dur, a-la, 5. Stufe	18,00	1,40	1,25	3,00	1,00	4,00	3,00
Einzelnote, d-re, 1. Stufe	16,00	1,35	1,18	1,00	16,00	16,00	16,00
Moll-Sextakkord, c-do, 7. Stufe	14,00	1,22	1,06	2,50	4,00	6,00	5,34

Der wichtigste Klang ist das C-Dur, also der Klang mit großer und kleiner Terz über der 7. Leiterstufe c-do, dann kommt das G-Dur, dann aber nicht das D-Dur, sondern das d-Moll! Warum ist das C-Dur so wichtig? Es ist der Klang über der Repercussa. In den Aggregierungen wird es allerdings auf Platz zwei verbannt, und das G-Dur rückt auf Platz eins. Die Standardabweichungen des C-Dur sind in den beiden vierstimmigen Motetten des 8. Modus geringer als im G-Dur. So stehen sich für die %ttl-sd beim C-Dur 1,09 den 3,89 des G-Dur gegenüber. Das D-Dur kommt in unserer oberen Liste erst auf Platz fünf. Es ist aber in seinen Streuungen geringer: die evts-sd ist gleich 7,00, die %evts-sd = 0,15 und die %ttl-sd = 0,21. Auch in den Dauern ist es weniger gestreut: die blks-sd beträgt 0,50 und die avgdur-sd ist gleich 0,36. Auffällig ist die hohe avgdur des F-Dur von 12,57 (avgdur-sd = 3,43). Es ist die zweithöchste nach der Einzelnote d-re, die dort 16 beträgt. Auffällig sind zudem die vielen Primen. Erst auf Platz 12 landet der Dur-Sextakkord über e-mi, der ein C-Dur-Sextakkord in unserem Sinne ist und unbewusst die klangliche Bedeutung des C-Dur erneut vor Augen führt. Seine Streuungen sind im Verhältnis zu jenen des C-Dur in der Grundstellung deutlich höher: evts-sd= 21,00, %evt-sd = 1,95, %ttl-sd = 1,67, blks-sd = 2,50 sowie avgdur-sd = 1,57. In den Aggregierungen wird dieser

3. ORLANDO DI LASSO 229

Sextakkord ein paar Plätze aufrücken, die Streuung bleibt aber auch dann höher. Sehen wir uns noch die verwendeten Töne in den Stimmen an:

Tenor, nur Tonhöhen	evts	%evt	%ttl	blks	mindur	maxdur	avgdur
g	312,00	26,56	22,95	17,00	4,00	80,00	18,81
a	258,00	22,18	19,19	18,50	3,00	32,00	14,49
c	185,00	15,67	13,54	17,00	3,00	26,00	10,85
d	170,00	14,32	12,37	12,50	6,00	34,00	13,84
h	133,00	11,29	9,75	17,00	3,00	20,00	8,68
e	53,00	4,45	3,84	7,00	2,00	14,00	7,38
f	21,00	1,84	1,59	4,00	3,00	6,00	5,00
fis	18,00	1,54	1,33	3,00	2,00	8,00	6,00
cis	14,00	1,13	0,97	2,50	1,00	4,00	2,80
b	12,00	1,05	0,91	1,00	12,00	12,00	12,00

Der wichtigste Ton ist die Finalis *g*. Es ist relativ gering in der Streuung, der zweite Ton ist höher gestreut. Die Repercussa *c* kommt erst an dritter Stelle. Der wichtigste Akzidenzton ist das *fis*. Hier noch die Standardabweichungen: hervorzuheben ist das *fis*, das in den evts-sd, blks-sd und avgdur-sd keine Abweichungen aufweist. Auch das *b* hat in den blks-sd keine Abweichung.

Tenor, nur Tonhöhen	evts-sd	%evt-sd	%ttl-sd	blks-sd	avgdur-sd
g	12,00	0,43	0,47	3,00	2,62
a	38,00	4,44	3,92	2,50	4,01
c	23,00	1,10	0,89	1,00	0,71
d	38,00	2,45	2,06	3,50	0,84
h	11,00	0,32	0,24	6,00	2,42
e	17,00	1,21	1,03	1,00	1,38
f	9,00	0,87	0,76	1,00	1,00
fis	0,00	0,09	0,08	0,00	0,00
cis	14,00	1,13	0,97	2,50	2,80
b	4,00	0,39	0,35	0,00	4,00

Auffällig ist noch die recht hohe blks-sd des *h*. Sehen wir uns den Bassus an.

Bassus, nur Tonhöhen	evts	%evt	%ttl	blks	mindur	maxdur	avgdur
g	242,00	23,37	17,44	16,50	6,00	48,00	15,97
d	213,00	20,95	15,88	16,00	3,00	32,00	13,20
c	198,00	19,28	14,49	16,50	4,00	32,00	12,04
a	131,00	12,76	9,60	9,00	3,00	32,00	14,92
e	109,00	10,82	8,27	10,00	3,00	20,00	10,45
f	76,00	7,47	5,66	7,00	4,00	16,00	10,84

h	33,00	3,25	2,46	5,00	3,00	12,00	6,60
b	14,00	1,37	1,03	1,00	14,00	14,00	14,00
fis	8,00	0,76	0,56	1,00	4,00	4,00	4,00

Hier sehen wir wieder eine Häufung, die uns an die klassischen Kadenzstufen gemahnen. Der wichtigste Ton ist auch hier die Finalis, dann kommt das *d*, erst danach die Repercussa *c*. Entgegen dem Tenor fehlt dem Bassus das *cis*, das wichtigste Akzidenz ist hier das *b*, mit der dritthöchsten avgdur, die zweithöchste besitzt das *a*. Die Streuungen unterscheiden sich sehr von denen des Tenors:

Bassus, nur Tonhöhen	evts-sd	%evt-sd	%ttl-sd	blks-sd	avgdur-sd
g	94,00	8,45	5,89	8,50	2,53
d	41,00	4,66	3,94	2,00	0,91
c	26,00	1,94	1,05	2,50	0,25
a	15,00	1,07	0,54	2,00	1,65
e	53,00	5,52	4,38	4,00	1,12
f	12,00	1,40	1,21	1,00	0,17
h	7,00	0,79	0,66	0,00	1,40
b	2,00	0,16	0,09	0,00	2,00
fis	8,00	0,76	0,56	1,00	4,00

Wir sehen, dass im *h* und *b* keine Abweichungen in den blks-sd vorliegen. Ansonsten sind die Abweichungen recht hoch. Im *fis* entsprechen die Abweichungen den Mittelwerten, sind also beliebig in der Streuung.

Altus, nur Tonhöhen	evts	%evt	%ttl	blks	mindur	maxdur	avgdur
d	332,00	27,42	24,46	22,00	4,00	48,00	15,35
e	253,00	20,91	18,67	20,00	3,00	32,00	12,65
c	181,00	15,05	13,49	18,50	3,00	16,00	9,72
f	130,00	10,83	9,72	9,50	4,00	32,00	13,53
h	120,00	9,82	8,71	14,00	3,00	16,00	8,42
g	96,00	7,85	6,97	9,50	4,00	18,00	10,09
a	83,00	6,77	5,98	9,50	2,00	20,00	8,47
fis	9,00	0,72	0,63	1,50	1,00	4,00	3,00
cis	8,00	0,64	0,56	1,00	4,00	4,00	4,00

Der wichtigste Ton im Altus ist das *d*. Entgegen den anderen Stimmen besitzt er kein *b*! Die Streuungen sind nicht allzu hoch und auffällig. Das *e* hat keine Abweichungen in den blks-sd, das *g* fast keine in den avgdur-sd. Bei *fis* und *cis* entsprechen die Abweichungswerte den Mittelwerten.

3. ORLANDO DI LASSO 231

Altus, nur Tonhöhen	evts-sd	%evt-sd	%ttl-sd	blks-sd	avgdur-sd
d	4,00	0,66	1,14	3,00	1,91
e	3,00	1,01	1,31	0,00	0,15
c	33,00	3,27	3,22	2,50	0,47
f	30,00	2,87	2,78	1,50	1,03
h	32,00	2,28	1,84	2,00	1,09
g	26,00	1,86	1,51	2,50	0,08
a	31,00	2,32	1,93	2,50	1,04
fis	9,00	0,72	0,63	1,50	3,00
cis	8,00	0,64	0,56	1,00	4,00

Sehen wir uns noch den Cantus an:

Cantus, nur Tonhöhen	evts	%evt	%ttl	blks	mindur	maxdur	avgdur
g	302,00	24,83	22,19	23,00	4,00	40,00	13,13
a	192,00	15,91	14,23	15,50	4,00	24,00	12,55
e	160,00	13,15	11,76	16,50	2,00	26,00	10,02
c	134,00	11,22	10,05	11,00	4,00	28,00	11,97
d	128,00	10,33	9,21	11,00	6,00	32,00	11,96
h	115,00	9,46	8,45	9,00	3,00	40,00	14,09
f	89,00	7,31	6,53	10,50	3,00	32,00	8,56
fis	58,00	4,73	4,23	8,00	2,00	16,00	7,18
b	24,00	1,94	1,74	1,50	20,00	20,00	20,00
gis	9,00	0,75	0,67	1,50	5,00	8,00	6,50
cis	5,00	0,39	0,35	1,00	1,00	4,00	2,50

Hier ist wieder die Finalis der wichtigste Ton. Die Repercussa und die 1. Stufe stehen hier auf Platz vier und fünf. Der Cantus besitzt alle Akzidentien des Tenor und dazu noch einen neuen Ton, der einzig ihm inne ist: das *gis*! Das *b* hat mit 20,00 die höchste Maximaldauer, aber auch eine hohe Standardabweichung. Das *g* hat fast keine Abweichungen, in den blks-sd sogar 0,00. Beim *cis* entsprechen die Abweichungswerten den Mittelwerten.

Cantus, nur Tonhöhen	evts-sd	%evt-sd	%ttl-sd	blks-sd	avgdur-sd
g	18,00	0,18	0,02	0,00	0,78
a	16,00	2,15	2,01	2,50	0,99
e	10,00	0,13	0,04	3,50	1,52
c	38,00	3,72	3,39	1,00	2,37
d	52,00	3,73	3,28	5,00	0,71
h	7,00	0,07	0,02	3,00	3,92
f	7,00	0,19	0,13	1,50	0,55
fis	12,00	0,74	0,64	1,00	0,61
b	8,00	0,56	0,49	0,50	12,00

| gis | 1,00 | 0,12 | 0,11 | 0,50 | 1,50 |
| cis | 5,00 | 0,39 | 0,35 | 1,00 | 2,50 |

Betrachten wir zum Schluss noch die Stimmkreuzungen:

Stimmkreuzungen	evts	%evt	%ttl	blks	mindur	maxdur	avgdur
Altus	88,00	74,45	1,58	5,50	12,00	36,00	19,11
Cantus	12,00	15,00	0,24	1,00	4,00	8,00	6,00
Tenor	12,00	10,56	0,22	1,50	8,00	8,00	8,00

Insgesamt sehen wir weniger Kreuzungen als im 7. Modus, aber die gleiche Stimmengewichtung bei den Kreuzungen, das heißt zuerst Altus zu Tenor, dann Cantus zu Altus, dann Tenor zu Bassus. Wobei ab den Cantus-Kreuzungen die prozentualen Häufigkeiten nur marginal sind.

Stimmkreuzungen	evts-sd	%evt-sd	%ttl-sd	blks-sd	avgdur-sd
Altus	40,00	14,45	0,64	3,50	4,89
Cantus	12,00	15,00	0,24	1,00	6,00
Tenor	4,00	0,55	0,06	0,50	0,00

Die Abweichungen sind höher als im 7. Modus. Kommen wir zu den Klangfolgen.

Klangfolgen

4st_8.modus_nat_sequences.txt

Wir sehen wieder das bereits häufig beobachtete Pendel:

| Häufigkeit | 3mal |

Modus-Stufe	Solmisationssilbe	Klang	Sonanzform
4	g-so	Dur	konsonant
7	c-do	Dur	konsonant
4	g-so	Dur	konsonant

C-G-C ist die häufigste Folge und ereignet sich in der Motette *Perfice gressus meos* bei 96, 120 und 752. Die anderen Folgen kommen nur zweimal vor.

3. ORLANDO DI LASSO

| Häufigkeit | 2mal |

Modus-Stufe	Solmisationssilbe	Klang	Sonanzform
4	g-so	12/9	konsonant
1	d-re	Moll	konsonant
1	d-re	9/3	konsonant

Das bedeutet g-g'-e' zu d-Moll zu d-h-d' und ereignet sich – allerdings in einer Viertelbewegung – in der gleichen Motette bei 1044 (Textstelle *sperantes* T.31) und 1332 (T.33, gleiche Textstelle). Sehen wir uns nun eine zweimal vorkommende Verbindung in einer anderen Motette an:

| Häufigkeit | 2mal |

Modus-Stufe	Solmisationssilbe	Klang	Sonanzform
1	d-re	Dur	konsonant
4	g-so	Dur	konsonant
7	c-do	Dur	konsonant

Das bedeutet D-G-C und ereignet sich in der Motette *Domine Deus salutatis meae* bei 760 und 992. Diese Folge kommt in beiden Motetten vor:

| Häufigkeit | 2mal |

Modus-Stufe	Solmisationssilbe	Klang	Sonanzform
1	d-re	Moll	konsonant
1	d-re	Dur-Sextakkord	konsonant
1	d-re	Moll	konsonant

Die Folge d-B-d ereignet sich in *Domine Deus salutis* bei 928 und in *Perfice gressus meos* bei 624. Nun vergleichen wir die Balkendiagramme oder Blockdiagramme des 7. und 8. Modus.

Blockdiagramme

Hier die Klangdichte des 7.Modus:

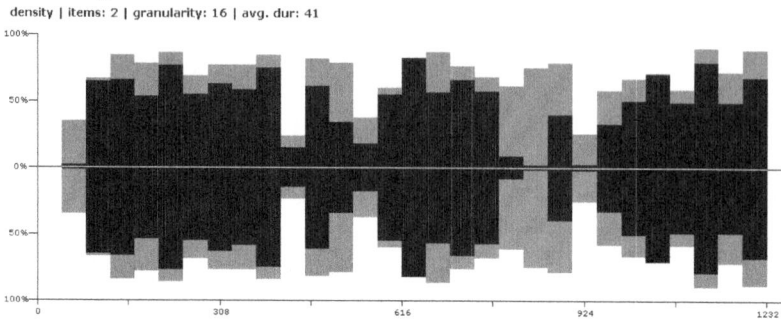

Die Dichten unterscheiden sich sehr. Im 7.Modus haben wir einen raschen Anstieg zum Maximum auf 90% und ein – wenngleich einen Balken 462 ein Einbruch erfolgt, der recht wesenseigen für die beiden Stücke ist – durchgängig hohes Niveau. Anschließend beobachten wir einen Höhepunkts-Block bei 616, der in beiden Stücken abnimmt und wieder anschwillt, um bei 924 massiv einzubrechen, wenngleich im schwarzen Werk der Abschwellvorgang zeitversetzt erscheint und bei 770 spontan abfällt, um dann vor 924 auf fast 50% zu springen.

Beiden Werken ist sowohl der Einbruch bei 924 eigen wie auch die anschwellende Dichtezunahme gegen Ende, die einen erneuten großen Block nach 924 bis 1232 bildet. Teilen wir die Aggregierung wieder auf.

Hier *Confortamini*:

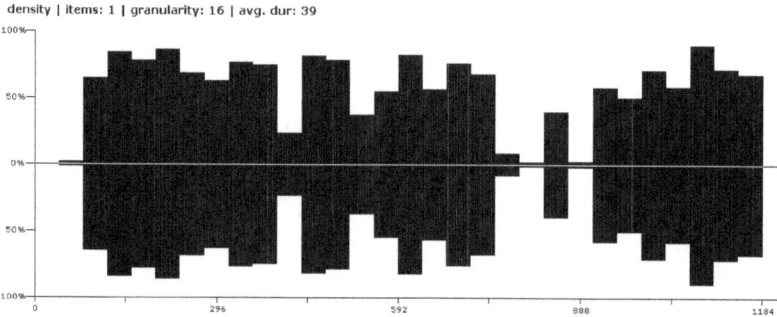

3. ORLANDO DI LASSO 235

Und *Domine in auxilium*:
density | items: 1 | granularity: 16 | avg. dur: 42

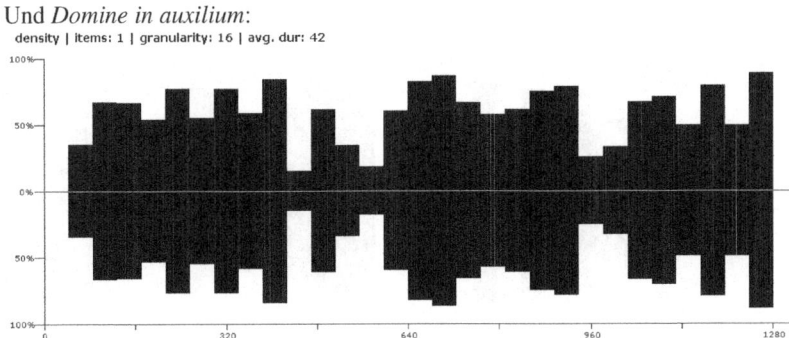

Wir sehen zwar nach Beginn durchaus bei den ersten zwei Balken Übereinstimmungen, dann eher gegenläufige Entwicklungen, nach der Hälfte aber wieder größere Übereinstimmungen,
Und hier die Klangdichte des 8.Modus:
density | items: 2 | granularity: 16 | avg. dur: 45

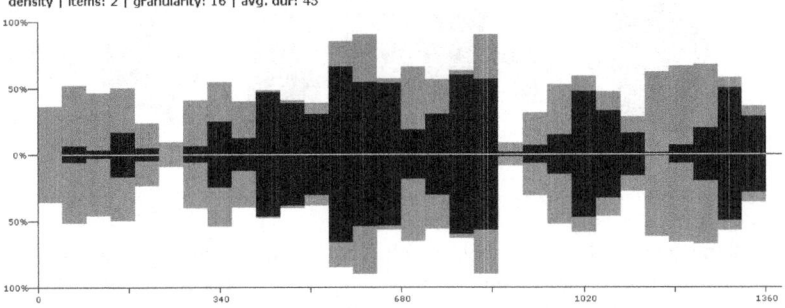

Im 8. Modus erleben wir einen sofortigen ca. 45%igen dichten Beginn, der bei 170 wieder abnimmt, um einen Balken vor 340 ein fast 50%iges Niveau anzuspringen, das dann bis ca. 500 auf diesem Niveau bleibt, um danach erneut sprunghaft anzusteigen; dabei wird in beiden Werken der Anstieg auf unterschiedlichen Ebenen erreicht, das schwarze Werk erreicht fast 60%, das graue 90% und beiden Werken ist der Abfall, jedoch in unterschiedlicher zeitlicher und räumlicher Ausprägung gemeinsam, wie auch der erneute Anstieg auf das Höhepunktsniveau, auch verbindet beide entsprechend der rasante Einbruch nach dem Höhepunkt. bei ca. 880. Sahen wir im 7. Modus einen Anstieg auf das Niveau des Höhepunktes gegen Ende in einem Block, so sehen wir im 8. Modus zwei kleinere Blöcke, die zwar in der Dichte jeweils noch mal zunehmen, aber auch wieder abschwellen und nur mehr ein Niveau von im grauen Werk 55% und im schwarzen Werk 48% erreichen. Es muss nochmals betont werden, dass wir hier mit Annäherungswerten verbal agieren. Teilen wir den 8. Modus ebenfalls auf. Besondere Charakteristika weist in den Überschneidungen der Block ab zwei Balken nach 340 bis 850 auf.

Hier *Domine in auxilium*:

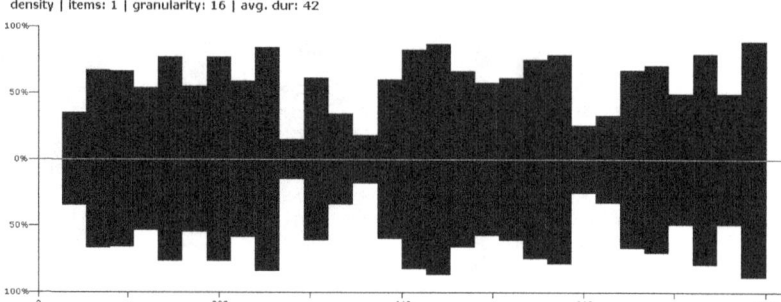

Und *Perfice gressus*:

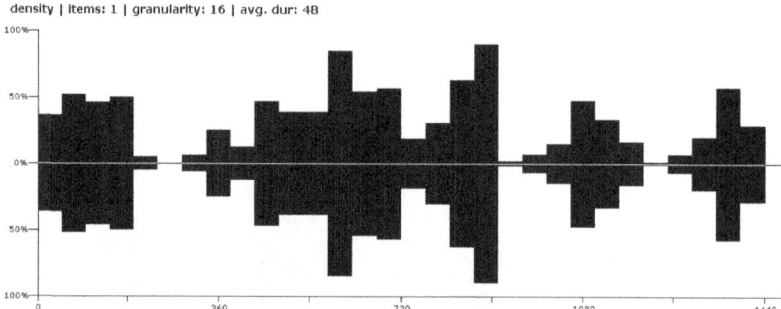

Betrachten wir die Werke isoliert, sehen wir die Steigerungsentwicklung des Anfangs in der Dichte bei *Domine in auxilium* gedehnter, aber zeitversetzt, bei *Perfice* komprimierter, aber ab Anfang. Was wir in *Domine in auxilium* nur zu Beginn sehen können, nämlich eine Dichte von 0%, können wir in der zweiten Motette gleich bei ca. 200 betrachten. Beide Motetten bilden den sich steigernden Block und insgesamt eine Steigerung im letzten Viertel. *Domine in auxilium* ist dabei allerdings weitaus kontinuierlicher. Kommen wir zur Pausendichte. Hier der 7. Modus:

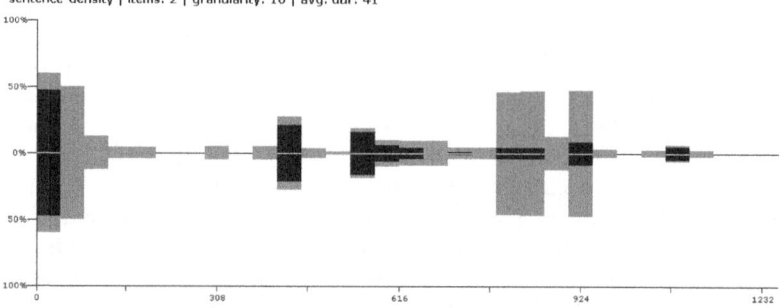

Hier sind beide Modi vergleichbar. Sie beginnen beide auf einem recht hohen Pausen-Niveau von fast 60%, schwellen dann beide ab, wobei der 7. dies weitaus

3. ORLANDO DI LASSO

schneller und weniger elegant wie der 8. Modus handhabt, der nämlich in einer langen abschwellenden Welle das Pausen-Niveau im ersten Drittel der Werke absenkt. Beim 7. Modus sehen wir eine Dichte-Insel bei 440, die bezeichnend ist. Im 7. erscheint diese Insel vor der Mitte des Werkes, im 8. Modus in der Mitte. Hier die Werke des 7. Modus getrennt. *Confortamini*:

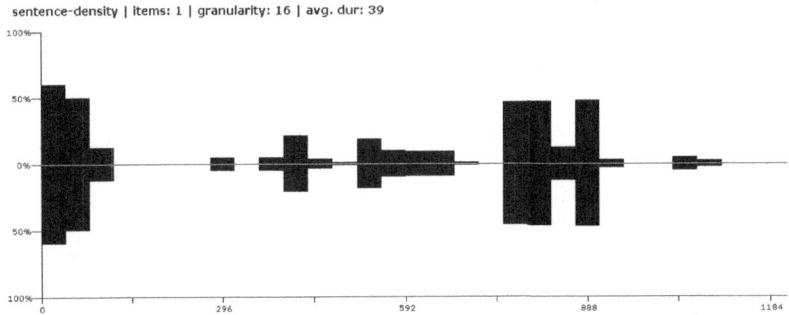

Und *Domine in auxilium*:

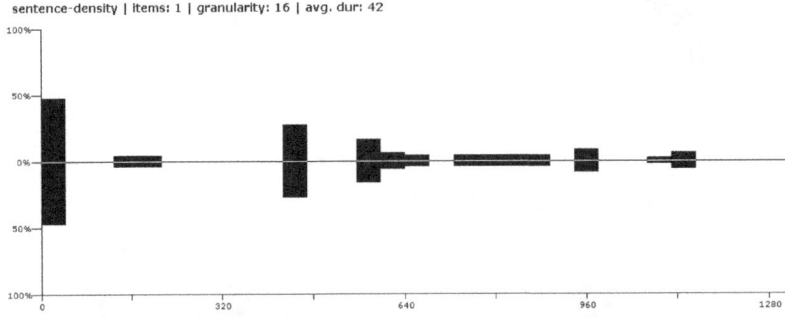

Der 7. hat einen recht hohen Pausen-Anteil in einer neuen Insel nach der Mitte, bei ca. 770, der nach 924 rasch abfällt, im 8. Modus jedoch werden zwei Inseln gebildet, eine einen Balken nach 850, die zweite bei einen Balken nach 2010.

Betrachten wir die Werke getrennt, fallen die großen Gemeinsamkeiten auf; was sie trennt ist aber vor allem die große Pausendichte bei ca. 770 in *Confortamini*.

Hier der 8. Modus:
sentence-density | items: 2 | granularity: 16 | avg. dur: 45

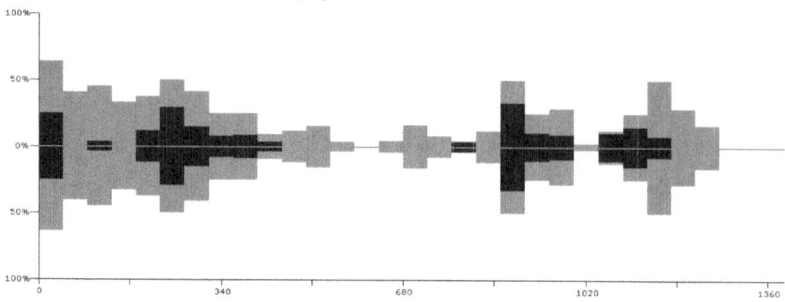

Schlüsseln wir die Werke noch einmal auf. *Domine Deus salutatis*:
sentence-density | items: 1 | granularity: 16 | avg. dur: 42

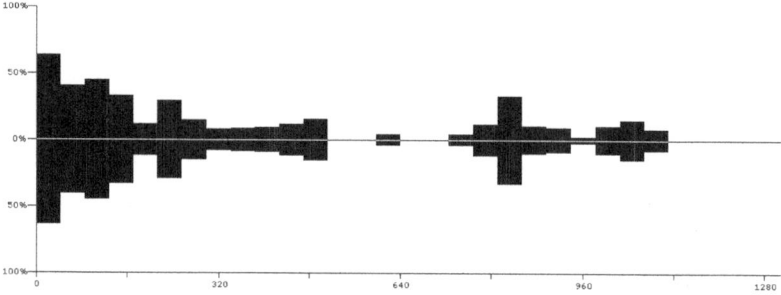

Perfice gressus meos:
sentence-density | items: 1 | granularity: 16 | avg. dur: 48

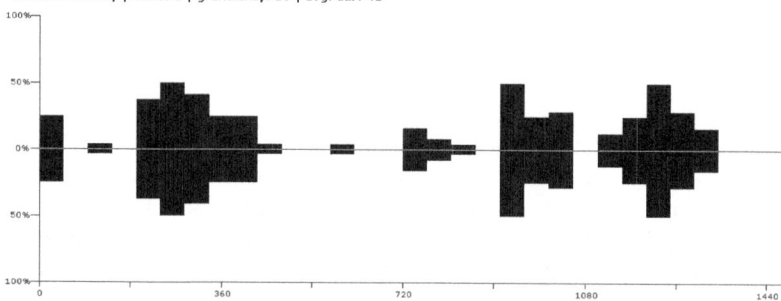

Bei beiden Werken ähnelt sich die Verteilung kurz vor, in und nach der Mitte. Der Teil von 0-180 unterscheidet sich dagegen deutlich. Nun kommen wir zur Dissonanzen-Verteilung.

3. ORLANDO DI LASSO

Sehen wir uns zunächst den 7. Modus an:

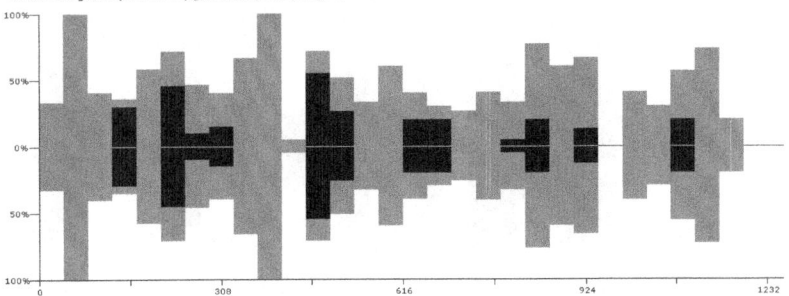

Wir beziehen uns auf die grauen Werte, die die Werte der schwarzen vollkommen aufzufressen scheinen. Der 7. Modus fängt dissonanter an und springt geradezu auf den Wert von 100% sogleich nach dem Beginn. Ein zweiter Höhepunkt wird bei zwei Balken nach 308 erreicht. Von 462-924 wird ein wellenförmig abschwellender und wieder rasch sprunghaft ansteigender und erneut abschwellender und spontan abfallender Block gebildet. Nach einer 0%-Phase von nicht allzu langer Dauer wird ein erneut schnell ansteigender Block gebildet, der sprunghaft abfällt. Diese 0%-Phase ist an dieser Stelle charakteristisch, denn auch, wo sich nichts überlagert, findet ein Charakteristikum statt. Ebenfalls typisch ist 156-308 sowie 462-ca. 772.

Die Werke aufgeteilt. *Confortamini*:

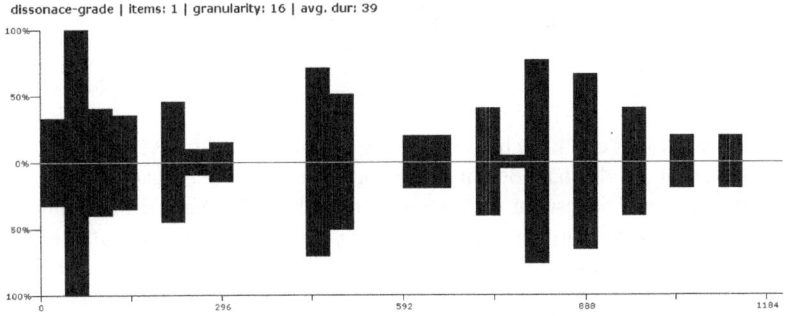

240   KAPITEL 4. ANALYSEN

Domine in auxilium:

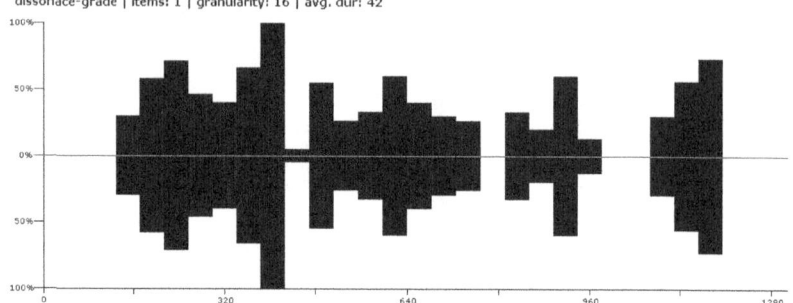

Hier zeigen sich auf den ersten Blick nur rudimentäre Gemeinsamkeiten, die erst durch die Aggregierung ein zusammenhängendes Bild ergeben. Von der Anlage her ist aber beiden die inselartige Verteilung, unterbrochen durch 100%ige Konsonalität eigen. Sehen wir uns den 8. Modus an:

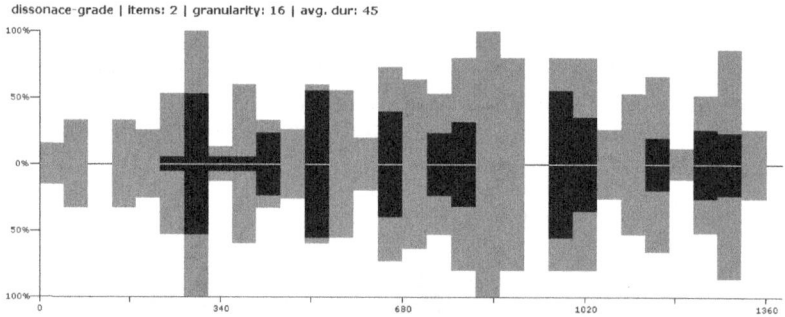

Der 8. Modus erlebt auch zwei Spitzen, davon nur eine im Wert von 100% und diese auch nicht gleich zu Beginn. Auch hier sehen wir drei Blöcke, aber sie sind in ihrer zeitlichen Disposition vollkommen unterschiedlich. Nach dem Beginn bildet sich ein sprunghaft ansteigender, dramatisch abfallender und wellenförmig erneut ansteigender Block mit dramatischem Abfall von einem Balken vor 170 bis zu einem Balken nach 850. Nach der 0%-Phase, die im Vergleich zum 7. Modus etwas vorgezogen erscheint, stellt sich ein erneuter Block ein, der bei 80% beginnt, abfällt, erneut ansteigt, dramatisch abfällt und erneut auf fast 90% ansteigt, um wieder dramatisch abzufallen. Und die Werke des 8. Modus aufgeteilt.

3. ORLANDO DI LASSO 241

Domine Deus salutatis:

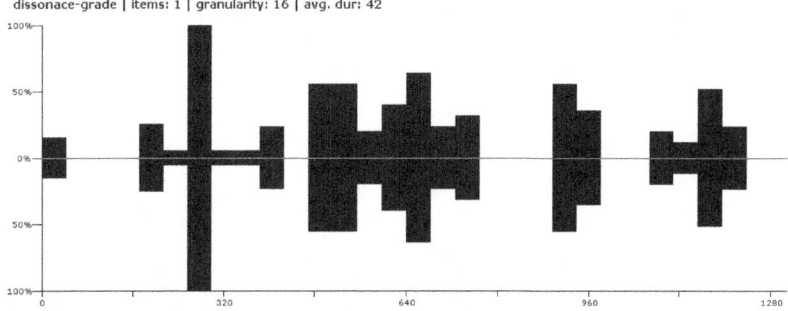

Und *Perfice gressus meos*:

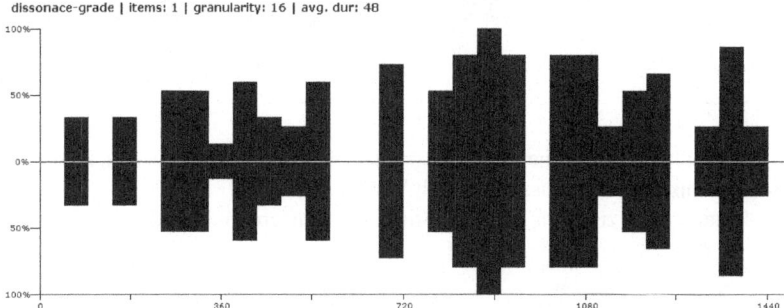

Wir sehen ebenfalls eine inselartige Verteilung, die radikaler als im 7. Modus ist. Beide Werke erleben aber trotz gegenläufiger Bewegungsrichtung mehr Gemeinsamkeiten, die wir wieder durch die Aggregierung kenntlich machen. Kommen wir zur Dur-Verteilung.

Hier der 7. Modus:

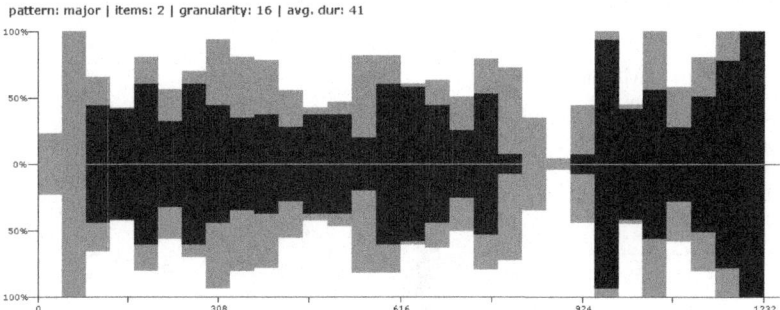

Der 7. Modus beginnt bei ca. 25% und springt sogleich auf 100%, wohingegen der 8. Modus bei 60% beginnt und sich über eine Stufe hinweg auf die 100% bewegt. Der Dur-Anteil nimmt sodann im 8. Modus erstmal stark ab, wo er im 7. Modus über

längere Zeit auf recht hohem Niveau bleibt. Jedoch überwiegen die Gemeinsamkeiten in jenem zweiten Block: so ist bei beiden ein Abschwell- und Anschwellvorgang im 2. Block zu beobachten, wie auch beide im letzten Drittel einen recht ähnlichen Block dem Ende entgegen ausbilden, wobei der 7. Modus hier mehr 100%-Spitzen aufweist.
Hier der 8. Modus:

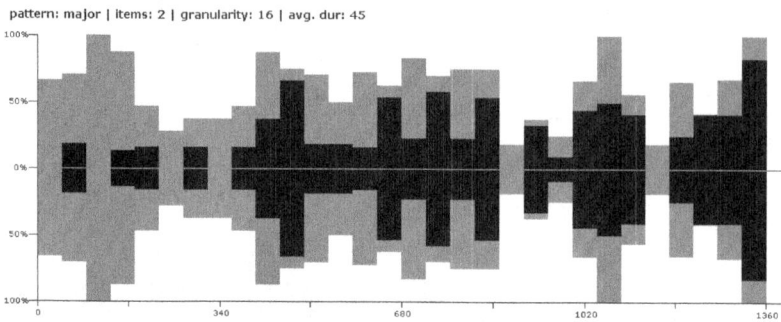

Da wir hier viele Gemeinsamkeiten und Charakteristika beobachten können, sparen wir uns die Aufschlüsselung nach Werken.

Kommen wir zur Verteilung der Stimmkreuzungen im 7. Modus:

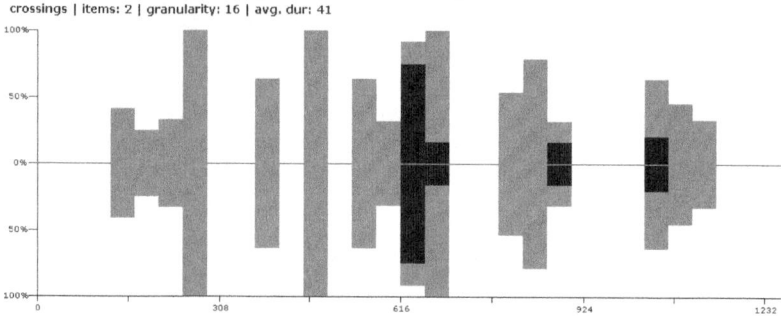

Und im 8. Modus:

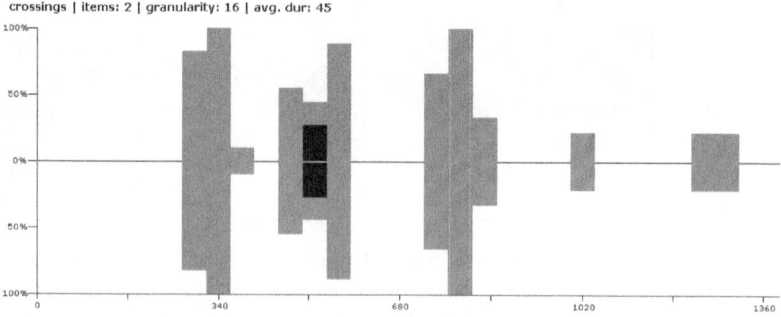

3. ORLANDO DI LASSO 243

Dass der 7. Modus weitaus mehr Stimmkreuzungen aufwies als der 8., wird auch durch diese Verteilungsgraphik bestätigt. Beide teilen jedoch ein recht hohes Kreuzungsvorkommen vom 1. Drittel bis zur 1. Hälfte. Im 8. Modus ist jedoch nach der Spitze zwei Balken nach 680 mit den hohen Werten Schluss. Der 7. Modus jedoch erlebt ein immerhin noch beachtliches Niveau im grauen Werk, das dann auch abnimmt, wo der 8. Modus jeweils nur zwei 20%-Inseln von kurzer Dauer ausbildet. Nehmen wir die schwarzen Werte, so sehen wir eine einzige Kreuzungsspitze bei 616 im 7. Modus und zwei 10%-Inseln in der letzten Hälfte, die uns an die grauen Inseln im 8. Modus erinnern.

Im 8. Modus beobachten wir nur einen geschwärzten Bereich vor der Mitte. Die Gemeinsamkeiten werden hier aber durch die vielen nichtgekreuzten Bereiche bestimmt. Schlüsseln wir diese erneut auf.

Der 7. Modus. *Confortamini*:

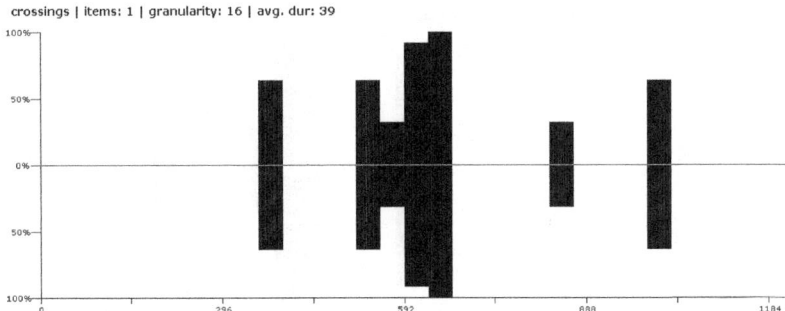

Und *Domine in auxilium*:

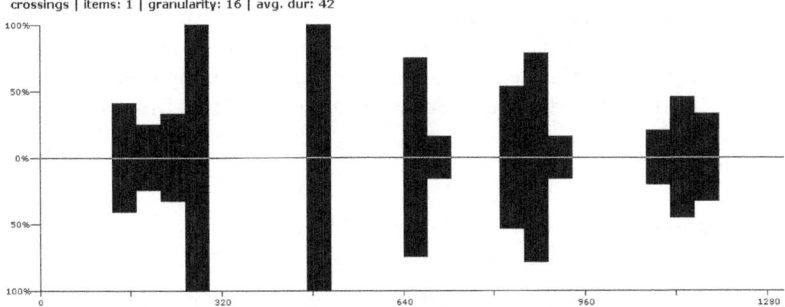

Die erste Motette hat ihren Kreuzungshöhepunkt deutlich in der Mitte, dabei sehen wir vier Kreuzungspunkte, ausgespart sind relativer Anfang und relatives Ende. Auch sehen wir nur eine 100%-Spitze. Die zweite Motette erlebt sechs Kreuzungspunkte mit zwei 100%-Spitzen über das Werk hinweg, ausgespart sind hierbei der unmittelbare Beginn und das unmittelbare Ende. Die Werke des 8. Modus.

Domine Deus salutatis:

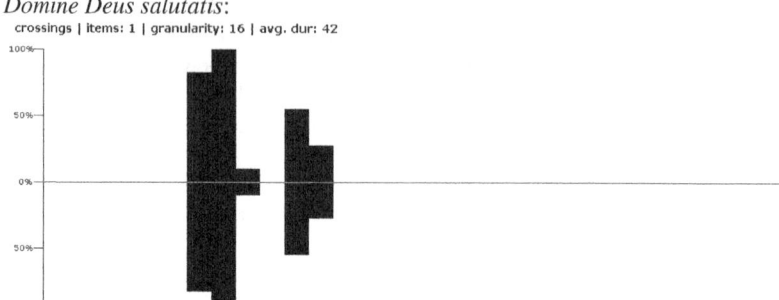

Perfice:

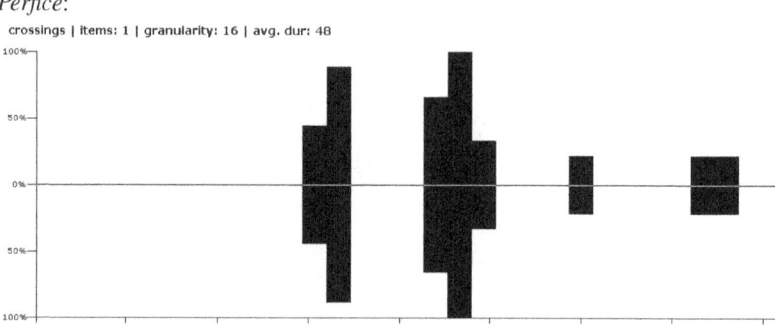

Die 1. Motette erlebt nur zwei Kreuzungspunkte vor der Hälfte, der Rest ist kreuzungsfrei, dabei kommt es aber zu einer 100%-Spitze. Die zweite Motette erlebt eine 90%-Spitze vor sowie eine 100%-Spitze nach der Hälfte. Es sind vier Kreuzungspunkte beobachtbar. Hat die erste Motette ihre längste kreuzungsfreie Zeit nach dem 1. Drittel, erlebt diese die zweite Motette bis zum Ende des 1. Drittels.

Zusammenfassung:

Vergleichen wir die Konsonanzwerte der Modi:

Modus	Konsonanz-%ttl [%ttl-sd]	Dissonanz-%ttl [%ttl-sd]
1.trp.	83,85 [7,84]	14,47 [8,38]
2.trp.	85,52 [4,73]	12,91 [5,56]
3.nat	78,30 [4,77]	16,08 [5,90]
4.nat	83,60 [3,04]	15,78 [3,19]
5.nat	86,55 [1,77]	11,76 [2,14]
6.trp.qu.	78,15 [2,72]	20,49 [2,69]
7.nat.	81,57 [1,63]	17,05 [1,69]
8.nat.	83,46 [1,34]	14,66 [0,64]

3. ORLANDO DI LASSO

Nun der häufigste Ton des Tenors:

Modus	Modus-Stufe	Ton
1.trp.	5.	d-la
2.trp.	7.	c-so
3.nat	6.	c-do
4.nat	2.	c-do
5.nat	5.	c-do
6.trp.qu.	4.	c-fa
7.nat.	4.	c-do
8.nat.	4.	g-so

Sehen wir uns den jeweils häufigsten konsonanten Klang, geordnet nach den Modi, an:

Modus	Modus-Stufe	Klang
1.trp.	3. b-fa	Dur-Grundstellung
2.trp.	6. b-fa	Dur-Grundstellung
3.nat	6. c-do	Dur-Grundstellung
4.nat	2. c-do	Dur-Grundstellung
5.nat	1. f-fa	Dur-Grundstellung
6.trp.qu.	4. c-fa	Dur-Grundstellung
7.nat.	4. c-do	Dur-Grundstellung
8.nat.	7. c-do	Dur-Grundstellung

Häufigste Wendung:

Modus	Wendung
1.trp.	d-6B-F
2.trp.	C-F-B
3.nat	C-6G-C
4.nat	a-6F-G
5.nat	g-B-g
6.trp.qu.	c/c'/e-F-d
7.nat.	C-G-C
8.nat.	G-C-G

1. Fazit

1. Das Verhältnis von Konsonanz-Anteilen und Dissonanz-Anteilen in den Modi unterscheidet sich von Modus zu Modus.
2. Auch die Standardabweichungen sind in den Modi unterschiedlich. Aber in allen Modi (bis auf den 4.) sind die Werte von %evt-sd der Kon- und Dissonanzen gleich.
3. Die Konsonanzen haben einen Gesamtanteil an den Werken von mindestens 78% und höchstens 87%.
4. Die meisten Dissonanzen werden durch unbestimmte, sich im Raster ergebende qua Durchgangs- und Wechselnoten erstellt. An zweiter Stelle stehen die dissonanten Einzelintervalle. An dissonanten Akkordformen sind der Dur- und Moll-Quartsextakkord bisher recht oft vorgekommen.
5. Wir konnten bislang feststellen, dass der Dur-Akkord der häufigste Klang ist. Alle anderen Formen kommen danach. Der Moll-Akkord steht in der Häufigkeit vor dem Dur-Sextakkord.
6. Der Klang über der Finalis ist nicht der häufigste Klang.
7. Der Klang über der Repercussa ist nur in den Modi 1, 3, 5 und 8 der häufigste Klang.
8. In unterschiedlichen Stimmen kommen auch unterschiedliche Töne vor, die nicht von anderen Stimmen geteilt werden müssen. Die Streuungen der Töne können dabei von gezielt bis beliebig sein, die Akzidentien sind die am meisten gestreuten Töne.
9. Der häufigste Ton des Tenors ist nur in drei Modi die Repercussa.
10. Basstöne konzentrieren sich auf das, was wir heute mitunter Hauptstufen nennen.
11. Stimmkreuzungen werden vom Altus abwärts dominiert.
12. Wir beobachteten bislang ähnliche harmonische Wendungen in allen Modi. Gleiche harmonische Wendungen können auf unterschiedliche Textinhalte angewendet werden. Unter den 8. Modi können wir keine Tendenz einer Wendung feststellen, die die Modi dominieren würde. Die häufigste in einem Modus auftretende Wendung ist bislang der doppelte Quintfall, den wir aber in der Konzentration bisher nur im 2. transponierten Modus fanden. Relativ häufig beobachten wir zudem steigend-fallende Pendel, dabei sowohl Quint- als auch Terzpendel. Dies widerspricht der Nordhoff-Gárdonyischen Lehre, dass in der Musik des 16. Jahrhunderts die steigenden Schritte vorherrschten. Denn fallende-steigende Pendel sehen wir erst später, bzw. sind bislang diesen gleichgestellt. Recht oft beobachten wir vom Grundton her Terzfallen abwärts mit anschließendem Sekundgang aufwärts und auch Terzfallen vom Grundton her mit anschließendem Quintfall.
13. Auch Vierklang-Formen wie der Dominantseptakkord, oder der halbverminderte Septakkord konnten in den Werken, wenngleich in kleinerem Umfang, nachgewiesen werden.
14. Die Blockdiagramme bewiesen bislang unterschiedliche Verteilungen von Merkmalen in verschiedenen Modi. Eine weitergehende Auflistung der Unterschiede wird in den aggregierten Analysen erfolgen. Die Unterschiede sind zu vielfältig

und zu komplex, als dass sie sinnvoll auf ein Tabellenformat reduziert werden könnte.
15. Die Frage, was Determination durch den Modus und was individuelle kompositorische Ausprägung des Werkes ist, kann noch nicht beantwortet werden.
16. Die Darlegungen aus dem Stimmungskapitel in Bezug auf das Tonmaterial werden insofern bestätigt, als dass in den verwendeten untransponierten Werken kein *dis* und kein *ais* notiert wurden, in der Quinttransposition wohl aber *dis* sowie *as* (mi♭); letzteres entspricht dem *es* (mi♭) im untransponierten System. Das *es* und *b* können auch im untransponierten System angetroffen werden.

3.2 Aggregierung aus vierstimmig mit Prophetiae, fünf- und sechsstimmig

3.2.1 Verwendete Motetten

Wir werden nun die *Prophetiae* mit einbeziehen. Die fünf- und sechsstimmigen Motetten werden wir dazu aggregieren, um dem Leser einen erneuten Durchgang zu ersparen. Die zusätzlich verwendeten Werke aufgelistet:

5-stimmig:

Re-Gruppe:
1.Modus transpositus:
 Confitemini Domino, MOM 242
 Et apertis, MOM 166, 2. pars
 Jerusalem plantabis, MOM 155, 1. pars
 Angelus ad pastores ait, MOM 156
 Populus meus, MOM 169, beide partes
 Quem dicunt homines, MOM 213
 Venite ad me omnes, MOM 224
 Omnia quae fecisti nobis, MOM 241

2.Modus naturale:
 Evehor invidia pressus, MOM 304, beide partes

2.Modus transpositus:
 Deus qui sedes, MOM 253
 Exaudi domine preces, MOM 265
 Gaude et laetare, MOM 155, 2. pars
 Heu quantus dolor, MOM 303
 Taedet animam meam, MOM 237
 Veni Domine, MOM 249

Mi-Gruppe:
3.Modus naturale:
   Adversum me loquebantur, MOM 260
   In me transierunt, MOM 263
   Non moriar, MOM 257, 2. pars
   O beatum benignus es, MOM 258, 2. pars
   O Domine saluum me fac, MOM 257, 1. pars
   Quam benignus, MOM 258, 1. pars

Fa-Gruppe:
5.Modus naturale:
   A mihi intellectum, MOM 268, 2. pars
   Cum dederit, MOM 267, 2. pars
   Illustra faciem, MOM 269, 1. pars
   Non vos me elegistis, MOM 202
   Legem pone mihi Domine, 268, 1. pars
   Nisi dominus, 267, 1. pars

6.Modus naturale, per b-molle:
   Beatus vir qui inventus est, MOM 275
   Exsurgat Deus, MOM 273, 1., 2. und 3. pars

6.Modus transpositus quintus:
   Surrexit pastor, MOM 175

Sol-Gruppe:
7.Modus naturale:
   Clare sanctorum, MOM 203, 1. pars
   Confundantur superbi, MOM 283, 1. pars
   Fiat cor meum, MOM 283, 2. pars
   Homa, Bartholomeae, MOM 203, 2. pars
   Sicut mater consolatur filios, MOM 235

8.Modus naturale:
   Benedicam Dominum, MOM 286, 1. pars
   Benedixisti Domine, MOM 287
   Caligaverunt oculi mei, MOM 288
   In domine laudabitur, MOM 286, 2. pars
   O salutaris hostia, MOM 182

Die 5stimmigen Motetten bargen den glücklichen Umstand, dass Lasso sie bereits im Nürnberger Motettenbuch nach Modi geordnet herausgab. Um aber noch mehr Werke auch in Modi zu finden, die bislang wenig bis gar nicht präsent waren, wurden die 6stimmigen Motetten hinzugenommen. Interessant genug ist ja bereits, dass es Probleme gab, 4stimmige Motetten im 1. modus naturale zu finden,

3. ORLANDO DI LASSO 249

was in den höher-stimmigen Motetten keine Probleme bereitete! Die Auflistung an sich zeigt bereits, welche Modi bevorzugt verwendet werden. Überdies wurde eine zweite Tendenz sichtbar: je größer die Stimmenzahl, um so mehr partes werden verwendet. Die zusätzlich verwendeten 6stimmigen Werke:

Re-Gruppe:
1.Modus naturale:
   Qui timet Deum, MOM 383
   Unus Dominus una fides, MOM 404

1.Modus transpositus:
   Jesus nostra redemptio, MOM 339, 4. pars
   Prolongati sunt dies mei, MOM 419
   Beatus vir qui non abiit, MOM 417

2.Modus naturale:
   Cantabant canticum, MOM 450, 1. pars
   Quis non timebit te, MOM 450, 2. pars
   Fratres nes citis, MOM 395

2.Modus transpositus:
   Jesus nostra redemptio, MOM 339, 1., 2. und 3. pars
   Lauda anima mea dominum, MOM 428
   Luxoriosa res vinum, MOM 391
   Recordare jesu pie, MOM 400
   Respicit Dominus vias, MOM 429
   Verbum caro factum est, MOM 329

Mi-Gruppe:
3. Modus naturale:
   Diligam te Domine, MOM 436
   Heu mihi, MOM 432, 2. pars
   In dedicatione templi, MOM 403
   Infelix ego omnium, MOM 354, 1., 2. und 3. pars
   Timor Domini principium sapientiae, MOM 392
   Vidi calumnias quae sub sole geruntur, MOM 433, 1. und 2. pars

3. Modus transpositus:
   Lauda mater Ecclesia, MOM 375, 2. und 3. pars
   Media vita in motte sumus, MOM 353, 2. pars

4. Modus naturale:
   Ad Dominum cum tribulater, MOM 432, 1. pars
   Benedictio et claritas, MOM 325
   Dixit autem Maria ad Angelum, 216, 3. pars

In monte oliveti, MOM 335

4. Modus transpositus:
   Lauda mater Ecclesia, MOM 375, 1. pars
   Media vita in morte sumus, MOM 353, 1. pars

5. Modus naturale:
   Ave regina, MOM 358
   Beatus homo cui donatum est, MOM 442
   Congratulamini mihi, MOM 338, 1. und 2. pars
   Multifariam multisque modis, MOM 330
   Vulnerasti cor meum, MOM 368

6. Modus naturale, per b-molle:
   Conserva me domine, MOM 443, 1. und 2. pars

7. Modus naturale:
   Exaltabo te Domine, MOM 451, 1. und 2. pars
   Jam non dicam vos servos, MOM 342, 1. und 2. pars.

8. Modus naturale:
   Confitebor tibi Domine, MOM 462
   Genuit puerpera regem, MOM 331
   Musica Dei donum optimi, MOM 471
   Quam bonus Israel, MOM 457, 1. und 2. pars

Nicht verwendet wurden die 8-stimmigen Werke, denn die Doppelchörigkeit bildet einen Spezialfall, der eigenen Studien vorbehalten bleiben sollte. Auch muss gesagt werden, dass die Verwendung der Modi nach Gattungen variieren könnte und wir uns hier auf die klassische Motette beschränken. Alle diese Motetten wurden nun zusammen mit den Prophetiae Sibyllarum und den bisher verwendeten 4stimmigen Motetten zusammen aggregiert. Durch die sechsstimmigen Motetten treffen wir auch erstmals auf den 1. nichttransponierten Modus, weshalb wir diesen ausführlich besprechen wollen.

3.2.2 1.Modus naturalis

Mittelwerte

Las_gesamt_1.modus_nat_avg.txt

3. ORLANDO DI LASSO

Konsonanzen	
evts	1255,00
evts-sd	5,00
%evt	78,58
%evt-sd	3,45
%ttl	78,53
%ttl-sd	3,45
blks	75,00
blks-sd	9,00
mindur	2,00
maxdur	188,00
avgdur	16,99
avgdur-sd	2,10

Dissonanzen	
evts	345,00
evts-sd	69,00
%evt	21,42
%evt-sd	3,46
%ttl	21,41
%ttl-sd	3,45
blks	74,00
blks-sd	9,00
mindur	2,00
maxdur	14,00
avgdur	4,62
avgdur-sd	0,37

Gegenüber dem 1. Modus transpositus in den vierstimmigen Motetten sehen wir hier eine deutlich höhere Dissonarität. Die Dissonanzen betragen in den %ttl immerhin 21,41, in den vierstimmigen waren es nur 14,47%! Einschränkend muss aber erwähnt werden, dass wir natürlich im mehrstimmigen Bereich mehr Dissonanzen erwarten und nur zwei Werke im 1. nicht transponierten Modus verwendet wurden.

Dissonante Klänge	evts	%evt	%ttl	blks	mindur	maxdur	avgdur
UNDETERMINED	316,00	91,55	19,61	73,00	2,00	10,00	4,29
Moll-Quartsextakkord	12,00	3,86	0,76	1,50	8,00	8,00	8,00
Dominantseptakkord	9,00	2,66	0,56	3,00	2,00	4,00	3,00
Dur-Quartsextakkord	4,00	0,97	0,24	0,50	4,00	4,00	4,00
Verm. Terzquartakkord	2,00	0,49	0,12	0,50	2,00	2,00	2,00
Halbverm. Terzquartakkord	2,00	0,49	0,12	0,50	2,00	2,00	2,00

Noch stärker als in den vierstimmigen Motetten werden die Dissonanzen von den UNDETERMINED geprägt. Sie machen 91,55% der Dissonanzen aus. Der Dur-Quartsextakkord hingegen schafft es nicht einmal mehr auf ein Prozent, und alle anderen Formen kommen noch weit darunter. Es fällt dann aber auf, dass die Vierklangformen des verminderten und halbverminderten Septakkordes in der zweiten Umkehrung erscheinen und dabei sich die Werte des verminderten als auch des halbverminderten Terzquartakkordes entsprechen. Der Moll-Sextakkord auf Platz zwei besitzt die größte avgdur. Wir beobachten niedrige Standardabweichungen. So betragen die Werte:

Dissonante Klänge	evts-sd	%evt-sd	%ttl-sd	blks-sd	avgdur-sd
UNDETERMINED	64,00	0,25	3,21	8,00	0,41
Moll-Quartsextakkord	4,00	1,93	0,28	0,50	0,00
Dominantseptakkord	1,00	0,24	0,04	0,00	0,33
Dur-Quartsextakkord	4,00	0,97	0,24	0,50	4,00
Verm. Terzquartakkord	2,00	0,49	0,12	0,50	2,00
Halbverm. Terzquartakkord	2,00	0,49	0,12	0,50	2,00

Keine Abweichung finden wir beim Moll-Quartsextakkord in den avgdur-sd sowie beim Dominantseptakkord in den blks-sd. Die Verteilungen der verminderten und halbverminderten Septakkorde entspricht aber ihren Mittelwerten, so dass die Streuung hoch ist. Gehen wir zu den Konsonanten Klängen:

KAPITEL 4. ANALYSEN

Konsonante Klänge	evts	%evt	%ttl	blks	mindur	maxdur	avgdur
Dur	768,00	61,18	48,21	58,50	2,00	54,00	13,24
Moll	387,00	30,85	24,12	48,00	2,00	48,00	8,05
Dur-Sextakkord	53,00	4,23	3,26	9,00	3,00	8,00	6,05
Moll-Sextakkord	40,00	3,19	2,52	8,00	4,00	8,00	5,38
12/4	2,00	0,16	0,12	0,50	2,00	2,00	2,00

Mit großer Mehrheit dominiert auch hier der Dur-Akkord. Der Moll-Akkord kommt nur halb so oft vor. Dieses Verhältnis besteht indes nicht in den Sextakkorden. Wie beobachten einen großen Werteeinbruch nach dem Moll-Sextakkord von %ttl = 2,52 auf %ttl= 0,12 beim 12/4-Klang. Auch die Standardabweichungen sind aufschlussreich, denn sie sind ab den Sextakkorden im Verhältnis der Mittelwerte recht hoch, ab dem 12/4-Klang entsprechen sie dem Mittelwert, also eine beliebige Streuung.

Konsonante Klänge	evts-sd	%evt-sd	%ttl-sd	blks-sd	avgdur-sd
Dur	64,00	4,86	5,93	3,50	1,89
Moll	39,00	3,23	1,47	1,00	0,64
Dur-Sextakkord	21,00	1,69	1,18	4,00	0,36
Moll-Sextakkord	8,00	0,63	0,60	3,00	1,02
12/4	2,00	0,16	0,12	0,50	2,00

Entgegen den vierstimmigen Analysen vermissen wir hier das konsonante Einzelintervall. Ebenso steht hier der Dur-Sextakkord auf Platz drei vor dem Moll-Sextakkord, das war in den vierstimmigen Motetten im 1. Modus transpositus anders. Sehen wir uns die Auflistung der einzelnen Klänge an.

Alle Klänge	evts	%evt	%ttl	blks	mindur	maxdur	avgdur
Moll, d-re, 1. Stufe	180,00	14,03	11,29	21,00	2,00	48,00	8,61
Dur, f-fa, 3. Stufe	153,00	11,93	9,63	17,00	3,00	28,00	8,96
Moll, a-la, 5. Stufe	131,00	10,22	8,14	17,50	2,00	16,00	7,42
Dur, a-la, 5. Stufe	122,00	9,51	7,61	11,00	2,00	32,00	11,10
Dur, d-re, 1. Stufe	110,00	8,58	5,06	9,50	2,00	16,00	15,40
Dur, g-so, 4. Stufe	106,00	8,26	6,72	11,00	4,00	22,00	9,50
Dur, c-do step, 7. Stufe	103,00	8,03	6,50	12,50	2,00	20,00	8,18
Dur, b-ta, 6. Stufe	94,00	7,32	5,99	7,50	6,00	40,00	12,18
Dur, e-mi, 2. Stufe	80,00	6,24	4,93	9,50	2,00	22,00	8,13
Moll, g-so, 4. Stufe	67,00	5,23	4,13	9,50	4,00	12,00	6,95
Dur-Sextakkord, a-la, 5. Stufe	16,00	1,25	1,00	2,50	6,00	8,00	6,67
Moll-Sextakkord, f-fa, 3. Stufe	14,00	1,09	0,86	2,50	4,00	6,00	5,34

Wir sehen die klare Präferenz des Klanges über der Finalis, unsere *Dominante* kommt hier erst auf Platz vier! Die Sextakkorde kommen erst spät- Insgesamt sind die Standardabweichungen sehr gering. Bei den evts-sd und %evt-sd des d-Moll-Sextakkordes gibt es sogar gar keine. Das B-Dur ist recht hoch gestreut.

3. ORLANDO DI LASSO

Alle Klänge	evts-sd	%evt-sd	%ttl-sd	blks-sd	avgdur-sd
Moll, *d*-re, 1. Stufe	10,00	0,77	1,07	2,00	0,34
Dur, *f*-fa, 3. Stufe	23,00	1,79	1,82	1,00	0,82
Moll, *a*-la, 5. Stufe	25,00	1,96	1,23	1,50	0,79
Dur, *a*-la, 5. Stufe	10,00	0,79	0,32	1,00	0,10
Dur, *d*-re, 1. Stufe	22,00	1,73	1,10	2,50	2,20
Dur, *g*-so, 4. Stufe	34,00	2,64	2,39	3,00	0,50
Dur, *c*-do step, 7. Stufe	23,00	1,79	1,70	0,50	1,51
Dur, *b*-ta, 6. Stufe	46,00	3,58	3,11	0,50	5,32
Dur, *e*-mi, 2. Stufe	30,00	2,34	1,68	1,50	1,88
Moll, *g*-so, 4. Stufe	27,00	2,11	1,53	3,50	0,28
Dur-Sextakkord, *a*-la, 5. Stufe	0,00	0,00	0,04	0,50	1,34
Moll-Sextakkord, *f*-fa, 3. Stufe	6,00	0,47	0,34	0,50	1,34

Da die Motetten des 1. modus naturalis beide sechsstimmig waren, haben wir noch einmal eine Gelegenheit, die Töne über die Stimmen verteilt zu betrachten. Bei den aggregierten Motetten werden wir jeweils nur Tenor, Cantus und Bassus heranziehen. Wir werden die Stimmen hier vom Bassus aufwärts in tabellarischer Form darstellen.

Bassus, nur Tonhöhen	evts	%evt	%ttl	blks	mindur	maxdur	avgdur
d	293,00	24,61	18,24	17,00	4,00	40,00	17,17
a	262,00	22,03	16,34	17,00	6,00	40,00	15,48
g	178,00	14,97	11,10	10,00	4,00	32,00	17,84
f	125,00	10,53	7,83	9,50	5,00	28,00	13,21
c	116,00	9,80	7,30	10,00	3,00	24,00	11,75
e	102,00	8,59	6,38	7,50	3,00	40,00	14,12
b	88,00	7,48	5,59	5,00	10,00	32,00	17,00
h	18,00	1,51	1,12	4,00	3,00	6,00	4,94
fis	4,00	0,33	0,24	0,50	4,00	4,00	4,00
cis	2,00	0,17	0,13	0,50	2,00	2,00	2,00

Finalis und Repercussa sind die häufigsten Töne. Die Streuungen sind recht gering. Bei den letzten beiden Akzidentien *fis* und *cis* entsprechen die Standardabweichungen den Mittelwerten. Die Abweichungen lauten:

Bassus, nur Tonhöhen	evts-sd	%evt-sd	%ttl-sd	blks-sd	avgdur-sd
d	37,00	2,54	1,58	1,00	1,16
a	22,00	1,33	0,72	2,00	0,53
g	14,00	0,82	0,43	1,00	0,38
f	3,00	0,50	0,50	0,50	1,01
c	16,00	1,58	1,29	2,00	0,75
e	2,00	0,03	0,13	1,50	2,56
b	32,00	2,86	2,23	1,00	3,00
h	2,00	0,13	0,08	1,00	1,73
fis	4,00	0,33	0,24	0,50	4,00
cis	2,00	0,17	0,13	0,50	2,00

Kommen wir zum Quintus, dem zweiten Tenor oder Contratenor.

Quintus, nur Tonhöhen	evts	%evt	%ttl	blks	mindur	maxdur	avgdur
a	398,00	27,88	24,56	20,50	2,00	76,00	18,87
e	216,00	15,36	13,52	15,50	3,00	48,00	14,04
d	206,00	14,69	12,93	14,00	3,00	48,00	14,70
f	178,00	12,75	11,22	14,00	3,00	30,00	12,63
g	153,00	10,90	9,60	12,50	4,00	30,00	12,23
c	136,00	9,66	8,51	11,50	6,00	34,00	12,03
h	76,00	5,47	4,81	7,50	2,00	16,00	9,95
b	31,00	2,21	1,94	3,00	6,00	20,00	11,75
gis	13,00	0,89	0,78	1,50	1,00	8,00	4,34
fis	3,00	0,22	0,19	1,00	3,00	3,00	3,00

Sein Ton a hat recht hohe Streuungswerte. Wir finden im Contratenor zweimal keine Standardabweichung: beim Ton c in den evts-sd und beim fis in den blks-sd. Entgegen dem Bassus benutzt er auch ein gis. Dieses ist hoch gestreut, denn die Standardabweichungen entsprechen den Mittelwerten. Die Töne samt ihrer Standardabweichungen:

Quintus, nur Tonhöhen	evts-sd	%evt-sd	%ttl-sd	blks-sd	avgdur-sd
a	136,00	8,50	7,51	4,50	2,49
e	4,00	0,92	0,79	1,50	1,10
d	18,00	1,88	1,64	1,00	0,23
f	34,00	2,93	2,57	2,00	0,63
g	11,00	1,23	1,07	0,50	0,39
c	0,00	0,40	0,34	1,50	1,57
h	22,00	1,79	1,57	1,50	0,95
b	1,00	0,17	0,14	1,00	4,25
gis	13,00	0,89	0,78	1,50	4,34
fis	1,00	0,08	0,07	0,00	1,00

Kommen wir zum Tenor:

Tenor, nur Tonhöhen	evts	%evt	%ttl	blks	mindur	maxdur	avgdur
a	332,00	24,16	20,75	16,00	4,00	72,00	20,80
d	217,00	15,45	13,33	13,00	3,00	56,00	16,19
e	186,00	13,49	11,59	13,50	4,00	32,00	13,75
f	175,00	12,89	11,04	13,00	3,00	32,00	13,77
c	173,00	12,79	10,95	14,50	2,00	28,00	11,82
g	153,00	11,13	9,56	11,00	2,00	38,00	13,91
h	84,00	6,06	5,22	8,00	2,00	16,00	10,41
b	40,00	2,95	2,52	3,50	12,00	16,00	12,80
cis	16,00	1,11	0,96	0,50	16,00	16,00	16,00

3. ORLANDO DI LASSO

Die Repercussa steht hier vor der Finalis. Die Repercussa hat eine %ttl-sd von 0,33, demgegenüber hat die Finalis deutlich höhere Standardabweichungen. Die Standardabweichungen des *cis* entsprechen den Mittelwerten.

Tenor, nur Tonöhen	evts-sd	%evt-sd	%ttl-sd	blks-sd	avgdur-sd
a	8,00	0,61	0,33	1,00	0,80
d	101,00	6,58	5,78	1,00	6,52
e	18,00	0,65	0,66	0,50	0,83
f	37,00	3,33	2,75	1,00	3,91
c	51,00	4,34	3,62	0,50	3,11
g	5,00	0,19	0,07	0,00	0,46
h	16,00	0,86	0,79	1,00	0,70
b	8,00	0,72	0,60	1,50	3,20
cis	16,00	1,11	0,96	0,50	16,00

Der Altus:

Altus, nur Tonöhen	evts	%evt	%ttl	blks	mindur	maxdur	avgdur
d	475,00	32,97	29,62	27,50	2,00	80,00	17,24
e	309,00	21,60	19,41	23,00	2,00	64,00	13,52
f	200,00	13,99	12,56	14,50	6,00	38,00	13,86
c	122,00	8,46	7,60	11,50	5,00	26,00	10,63
h	78,00	5,37	4,83	12,00	2,00	24,00	6,63
cis	75,00	5,21	4,67	7,00	2,00	24,00	10,79
a	71,00	4,90	4,41	9,00	2,00	16,00	7,80
g	56,00	3,89	3,49	5,50	5,00	20,00	11,22
b	40,00	2,81	2,52	1,50	32,00	32,00	32,00
fis	12,00	0,80	0,72	0,50	12,00	12,00	12,00

Starke Standardabweichungen erleben wir bei den letzten beiden Tönen. Die avgdur-sd des *b* beträgt z.B. 16,00. Die Standardabweichungen des *fis* entsprechen den Mittelwerten. Sehen wir uns wieder die ersten drei Töne an:

Altus, nur Tonöhen	evts-sd	%evt-sd	%ttl-sd	blks-sd	avgdur-sd
d	41,00	1,52	1,38	1,50	0,55
e	29,00	2,89	2,58	1,00	1,84
f	20,00	1,96	1,75	0,50	1,86
c	14,00	0,63	0,57	1,50	0,17
h	22,00	1,31	1,18	4,00	0,38
cis	7,00	0,28	0,25	1,00	0,54
a	15,00	0,85	0,76	1,00	0,80
g	4,00	0,12	0,11	1,50	3,79
b	8,00	0,67	0,60	0,50	16,00
fis	12,00	0,80	0,72	0,50	12,00

Der 2. Cantus oder Sixtus:

Sixtus, nur Tonhöhen	evts	%evt	%ttl	blks	mindur	maxdur	avgdur
a	419,00	31,36	25,88	23,00	4,00	72,00	17,84
c	152,00	11,48	9,56	12,50	3,00	32,00	12,12
f	151,00	11,52	9,67	10,00	3,00	32,00	13,65
d	140,00	10,57	8,80	10,00	6,00	28,00	13,98
g	130,00	9,82	8,17	12,00	4,00	20,00	10,82
e	99,00	7,48	6,23	9,00	3,00	24,00	11,00
h	81,00	6,13	5,11	9,50	2,00	24,00	8,72
b	50,00	3,75	3,09	4,00	6,00	18,00	12,50
fis	47,00	3,48	2,85	5,00	2,00	20,00	7,75
gis	45,00	3,35	2,76	4,50	2,00	22,00	9,33
cis	14,00	1,08	0,91	1,00	6,00	8,00	7,00

Der Sixtus weist wie der Cantus alle Akzidentien auf. Dies unterscheidet beide vom Rest der Stimmen. Der wichtigste Ton des Sixtus ist die Repercussa. Diese hat auch recht hohe Streuungen, wie der Sixtus überhaupt hoch gestreut ist. Die Werte der Standardabweichungen der Töne lauten:

Sixtus, nur Tonöhen	evts-sd	%evt-sd	%ttl-sd	blks-sd	avgdur-sd
a	135,00	9,50	7,40	2,00	4,32
c	20,00	1,75	1,63	0,50	1,12
f	91,00	7,10	6,07	4,00	3,64
d	16,00	1,43	1,35	1,00	0,20
g	14,00	1,26	1,20	1,00	0,26
e	11,00	0,99	0,94	1,00	0,00
h	15,00	1,26	1,15	2,50	0,71
b	14,00	0,97	0,75	0,00	3,50
fis	37,00	2,71	2,20	3,00	2,75
gis	23,00	1,66	1,33	1,50	2,00
cis	14,00	1,08	0,91	1,00	7,00

Naturgemäß haben die Akzidentien wieder hohe Streuungen, doch erst beim *cis* entsprechen diese den Mittelwerten. Keine Abweichung jedoch finden wir in den blks-sd des *b*. Kommen wir zum Cantus:

Cantus, nur Tonhöhen	evts	%evt	%ttl	blks	mindur	maxdur	avgdur
a	333,00	25,13	20,93	21,50	3,00	48,00	15,46
e	172,00	12,52	10,57	14,00	2,00	24,00	11,73
d	164,00	12,21	10,22	12,50	6,00	40,00	13,16
c	162,00	12,06	10,09	13,00	2,00	34,00	12,46
g	161,00	12,08	10,08	14,50	3,00	32,00	11,12
f	100,00	7,41	6,22	10,00	2,00	26,00	10,28
h	88,00	6,48	5,45	10,00	2,00	24,00	8,67
fis	63,00	4,82	4,00	5,50	2,00	24,00	11,20
b	52,00	3,88	3,24	5,50	6,00	14,00	9,47

3. ORLANDO DI LASSO 257

gis	26,00	1,97	1,64	3,50	3,00	14,00	8,20
cis	19,00	1,43	1,19	2,50	5,00	10,00	8,00

Der wichtigste Ton ist auch hier die Repercussa, die Finalis kommt erst auf Platz drei. Wie der Sixtus, so besitzt auch der Cantus alle Akzidentien. Entgegen den anderen Stimmen besitzt der Cantus keinen Ton, dessen Standardabweichungen den Mittelwerten entsprechen. Hier die Abweichungen der Töne:

Cantus, nur Tonöhen	evts-sd	%evt-sd	%ttl-sd	blks-sd	avgdur-sd
a	39,00	4,49	3,27	0,50	1,46
e	78,00	5,04	4,45	2,00	3,90
d	16,00	0,43	0,59	1,50	0,29
c	16,00	0,44	0,59	0,00	1,23
g	3,00	0,98	0,59	0,50	0,59
f	18,00	0,88	0,88	1,00	2,83
h	22,00	1,23	1,16	1,00	1,34
fis	21,00	1,87	1,47	0,50	2,80
b	4,00	0,06	0,12	0,50	0,13
gis	6,00	0,58	0,44	1,50	1,80
cis	1,00	0,17	0,11	0,50	2,00

Keine Abweichungen finden wir in den blks-sd des Tones *c*, fast keine Abweichungen in den Häufigkeiten des *cis*, bei dessen Dauern sieht es allerdings anders aus. Hier hat das *b* recht wenige Abweichungen. Die Stimmkreuzungen haben in den aggregierten Analysen das Problem, dass sie so nicht komponiert sein müssen, da vier- bis sechsstimmige Werke miteinander kombiniert werden. Da Stimmen wie Quintus und Sixtus eine Zweitstimme zu einer festen „realen" Stimme bilden, ist auch das technische System der Analyse zur nächst tieferen Stimme hin problematisch, da zwei gleiche Stimmen vorkommen. Nichtsdestotrotz hat sich der Autor entschieden, dennoch eine Stimmkreuzungs-Analyse mit besagter technischer Realisierung vorzunehmen. Denn Werke beider Komponisten werden in der Art und Weise analysiert, wodurch wir einfach auf Unterschiede in den sich einerseits komponierten und andererseits sich durch Aggregierung *ergebenden* Kreuzungen aufmerksam machen. Hierfür werden im weiteren Verlauf die Kreuzungen nur noch durch die Blockdiagramme dargestellt. Dies ist die letzte Mittelwert-Darstellung, die nur zu Demonstrationszwecken dient. Hier funktionierte die herkömmliche Analyse, weil die behandelten Werke die gleiche Stimmenverteilung in Partiturform hatten.

Stimmkreuzungen	evts	%evt	%ttl	blks	mindur	maxdur	avgdur
Cantus	608,00	47,17	6,33	19,50	6,00	72,00	31,17
Tenor	546,00	42,37	5,69	16,50	6,00	92,00	33,16
Altus	82,00	6,23	0,84	6,00	8,00	24,00	13,25
Sixtus	50,00	3,92	0,53	3,00	6,00	24,00	16,67
Quintus	4,00	0,33	0,05	0,50	4,00	4,00	4,00

Die meisten Kreuzungen sehen wir vom Cantus zum Sixtus hin, dann folgen die Kreuzungen von Tenor zu Quintus. Dies ist logisch, denn beide Stimmen haben hier die gleiche Lage, so dass, um Monotonie vorzubeugen, die Stimmen öfter gekreuzt werden. Die Abweichungen von Cantus und Tenor sind dabei sehr gering. Bei Kreuzungen von Quintus zum Bassus hin entsprechen die Abweichungen den Mittelwerten.

Stimmkreuzungen	evts-sd	%evt-sd	%ttl-sd	blks-sd	avgdur-sd
Cantus	28,00	0,54	0,04	0,50	0,63
Tenor	22,00	0,73	0,00	0,50	2,34
Altus	34,00	2,28	0,32	2,00	1,25
Sixtus	6,00	0,69	0,08	0,00	2,00
Quintus	4,00	0,33	0,05	0,50	4,00

Keine Abweichungen sehen wir in den %ttl-sd des Tenors und den blks-sd des Sixtus. Kommen wir wie gewohnt zu den Klangfolgen.

Klangfolgen

las_gesamt_1.modus_nat_sequences.txt

| Häufigkeit | 5mal |

Modus-Stufe	Solmisationssilbe	Klang	Sonanzform
4	g-so	Dur	konsonant
4	g-so	Moll-Sextakkord	konsonant
5	a-la	Moll	konsonant

Diese Folge bedeutet G-6e-a und kommt in der Motette *Unus Dominus una fides* bei 816 (T.26 *per omnia*), 896 (T.29 *per omnia*), 928 (T.30 *per omnia*), 960 (T.31 *per omnia*) und 992 (T.32 *per omnia*) vor. Vom Grundton her gedacht haben wir also Terzfall plus Quintfall.

| Häufigkeit | 4mal |

Modus-Stufe	Solmisationssilbe	Klang	Sonanzform
4	g-so	Moll-Sextakkord	konsonant
5	a-la	Moll	konsonant
3	f-fa	Dur	konsonant

3. ORLANDO DI LASSO 259

Das bedeutet 6e-a-F, also ein Quintfall und ein Terzfall. Dies geschieht in der gleichen Motette bei 908, 940, 972 und 1004. Es ist im Prinzip der Anschluss an die vorangegangene Wendung. Die nächste Wendung kommt noch dreimal, die folgenden dann nur noch zweimal.

| Häufigkeit | 3mal |

Modus-Stufe	Solmisationssilbe	Klang	Sonanzform
2	*e*-mi	Dur	konsonant
5	*a*-la	Moll	konsonant
3	*f*-fa	Dur	konsonant

Das bedeutet E-a-F und ist nichts anderes als die vorangegangene Wendung, allerdings mit einem E-Dur statt einem e-Moll. Wir finden sie in der Motette *Qui timet Deum* bei 912 (T.29 Textstelle *justitiae apprehendet*) und 1392 (T.44 Textstelle *honorificata*) sowie in *Unus Dominus una fides* bei 1224 (T.39 Textstelle *(no)-bis, et*). Nun kommt eine Wendung, die sich ebenfalls in beiden Motetten findet:

| Häufigkeit | 2mal |

Modus-Stufe	Solmisationssilbe	Klang	Sonanzform
5	*a*-la	Dur	konsonant
1	*d*-re	Moll	konsonant
6	*b*-ta	Dur	konsonant

Das bedeutet A-d-B. Also wieder Quintfall, aber plus Terzfall. So gefunden in in der Motette *Qui timet Deum* bei 1488 (T.47 Textstelle *honorificata*) sowie in *Unus Dominus una fides* bei 480 (T.16 Textstelle *(De)-us et pa(ter)*). Kommen wir zu den Blockdiagrammen.

Grundtonfortschreitungen

Da nun mehr Werke zur Verfügung standen, bot sich eine ahistorische Analyse der Grundtonfortschreitungen an. Zur Terminologie:[727] Gegenüber den Klangfolgen werden nun gleiche Grundtonfortschreitungen auch auf anderen Stufen zusammengefasst.

AH = Authentischer Hauptschritt = fallende Quinte oder steigende Quarte.
AT = Authentischer Terzschritt = fallende Terz oder steigende Sexte.
AS = Authentischer Septimschritt = fallende Septime oder steigende Sekunde.
PH = Plagaler Hauptschritt = steigende Quinte oder fallende Quarte.
PT = Plagaler Terzschritt = steigende Terz oder fallende Sexte.
PS = Plagaler Septimschritt = steigende Septime oder fallende Sekunde.

las_gesamt_1.modus_nat_keytonepro_.txt

---

[727] Vgl. Zsolt Gárdonyi und Hubert Nordhoff, Harmonik, Wolfenbüttel 2002, S.21.

Die folgende Folge findet sich in der Motette *Unus Dominus una fides* bei 816, 856, 896, 928, 960, 984 und 992 im Raster.

| Häufigkeit | 7mal |

Grundtonfortschreitung
AT
AH
AT

Die nächste Folge findet sich ebenfalls siebenmal. Sie findet sich in der Motette *Qui timet Deum* bei 768, 832 und in der vorherigen Motette bei 800, 824, 860, 880 und 998.

| Häufigkeit | 7mal |

Grundtonfortschreitung
PH
AT
PH

Die nächste Fortschreitung kommt nur noch dreimal vor. Im weiteren Textverlauf verzichten wir auf die Zeitangaben, diese können in der genannten Computer-Datei nachgesehen werden.

| Häufigkeit | 7mal |

Grundtonfortschreitung
PH
PH
AT

Blockdiagramme

Sehen wir uns die Klangdichte an:

3. ORLANDO DI LASSO 261

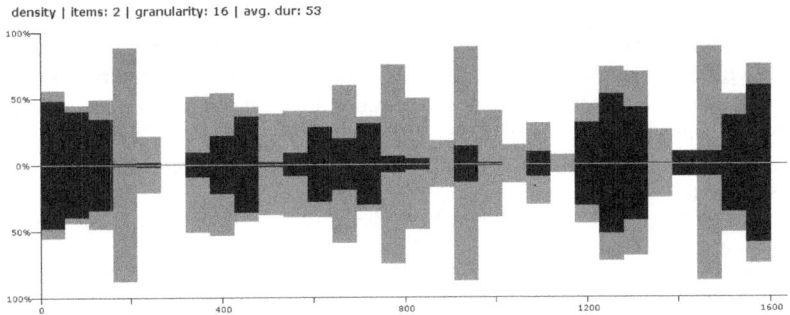

Beide Werke beginnen bei ungefähr 50%iger Klangdichte, und symptomatisch ist ihr der Abbau. Ebenso charakteristisch sind die Bereiche einen Balken vor 400 und zwei Balken vor 800. Dass sich die Dichte gegen Ende durch Einbrüche getrennt steigert, ist dem Modus eigen. Schlüsseln wir die Werke noch einmal auf. *Qui timet*:

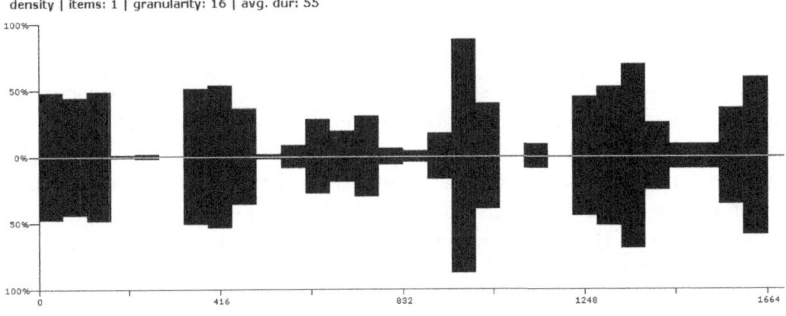

Und *Unus Deus*:

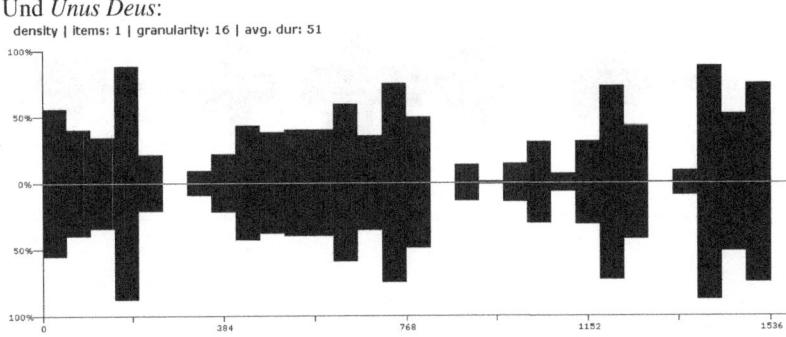

Getrennt sind die Gemeinsamkeiten wie die Unterschiede noch klarer. Beide Werke haben den Anfang bis auf die Spitze des *Unus Deus* gemein, beiden gemein ist auch die niedrige Dichte kurz nach dem ersten Achtel auf der Skala. Beide haben einen Klangdichte-Block nach dem ersten Viertel der Skala. Doch die Spitze liegt in *Qui timet* nach der Mitte des Werkes. Beide Werke haben ein recht hohes Dichteniveau am Ende, doch baut sich dieses bei 1248 in *Qui timet* in drei Stufen rasch auf und fällt stark ab, um wieder rasch anzusteigen; der Aufbau bei *Unus Deus* ist länger und weniger linear. Die Spitze wird zeitversetzt zur 1. Motette erreicht und ist auch höher, ihr Abfall ist aber weniger rasant, denn er beträgt nur einen Balken. Es ist ein Abfall von ca. 85 auf ca. 65 %. Aber auch dieses Werk kehrt zu einem höheren Klangdichte-Level auf ca. 80% bei 1536 zurück; er ist im Verhältnis vergleichbar zum Niveau-Unterschied zwischen vorletzter und letzter Spitze der 1. Motette. Die Satzdichte:

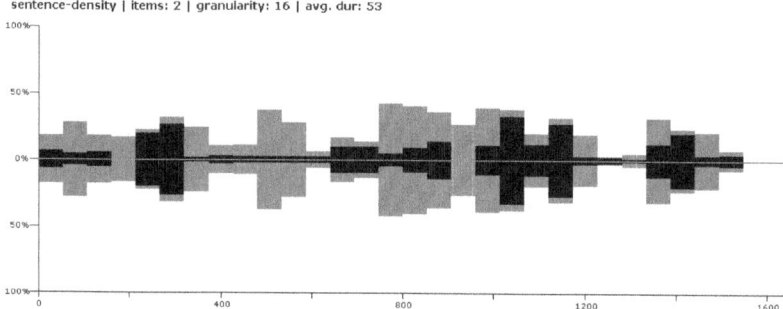

Sie ist bei beiden Werken sehr auffällig. Wir haben bereits am Anfang eine relativ geringe Pausen- und hohe Satzdichte, nach dem ersten Achtel-Abschnitt gibt es einen kleinen Anstieg sowie einen Abfall. Es gibt von ca. 610-1200 eine Phase höherer Pausendichte, die besondere Charakteristika einen Balken nach 1000 und einen Balken vor 1200 aufweist. Auch bei 1400 finden wir einen sehr charakteristischen Abschnitt. Der Abbau am Ende ist beiden Motetten eigen. *Qui timet*:

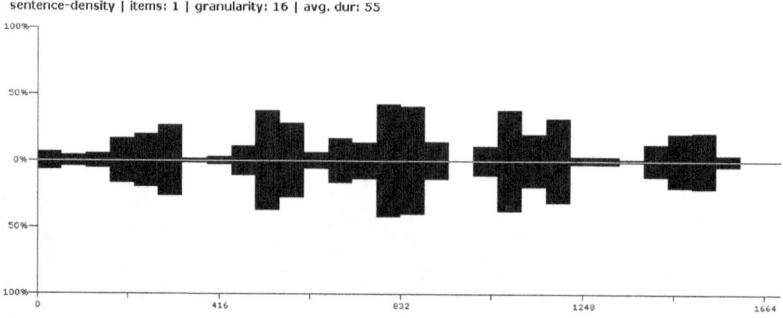

3. ORLANDO DI LASSO 263

Unus Deus:

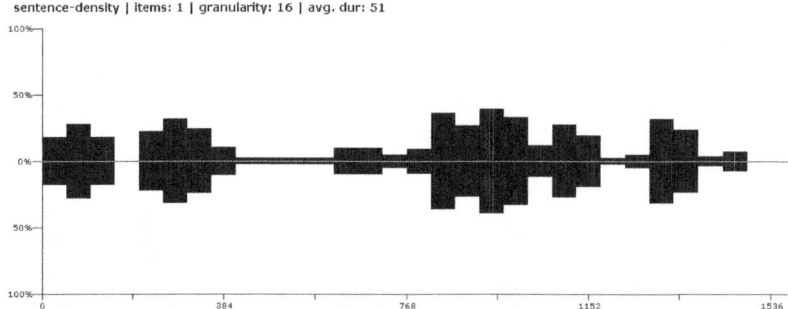

Hier zeigen sich zwar die Gemeinsamkeiten, doch noch vermehrt die Unterschiede. Verbinden wir vor dem geistigen Auge die Spitzen der jeweiligen Balken, so ergibt das erste Werk einen recht gleichförmigen Bogen, das zweite Werk bekommt diese Bogenform erst nach der Hälfte. Die Kluft zwischen 384 und 768 ist in der zweiten Motette zu groß.

Bei den Dissonanzgraden fällt neben den Spitzen und den geschwärzten Bereichen vor allem die dissonanzfreie Zeit nach 800 auf.

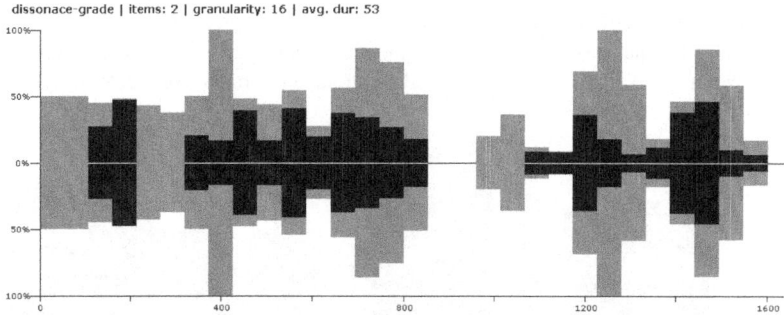

Schlüsseln wir die Werke noch einmal auf. Hier *Qui timet*:

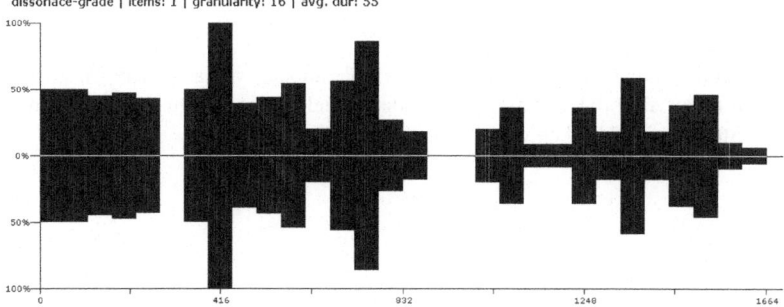

Und hier *Unus Deus* in den Dissonanzgraden. Wir sehen, dass beide Werke in den Dissonanzgraden zu Beginn zwar unterschiedlich sind, aber doch einige Gemeinsamkeiten haben: bei beiden kommt es nach einem dissonierenden Block von 50% zu einer dissonanzfreien Zeit nach dem ersten Achtel-Abschnitt der x-Achse, dem ein längerer dissonierender Abschnitt folgt, der wiederum nach der Mitte von einem dissonanzfreien Abschnitt abgelöst wird. Bei beiden Werken findet dann im letzten dissonierenden Block eine Dissonanzsteigerung sowie ein plötzlicher Abfall und verzerrt-treppenartiger Anstieg statt, der aber das vorherige Spitzenniveau nicht mehr ganz erreicht und danach verzerrt-treppenartig abfällt.

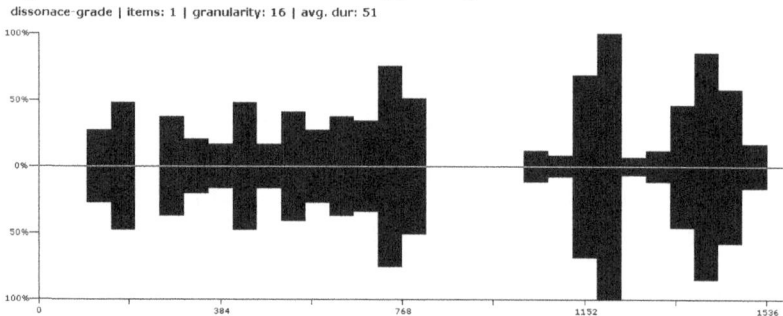

In den Stimmkreuzungen liegen die Verhältnisse wieder offener. Wir sehen deutliche Gemeinsamkeiten zu Beginn wie auch die typischen Spitzen bei 400 sowie einen Balken nach 400, mit ca. 97%. Ebenfalls charakteristisch ist der sprunghafte, treppenartige Aufbau bei 1400 bis Ende. Wir sehen durchaus parallele Verläufe.

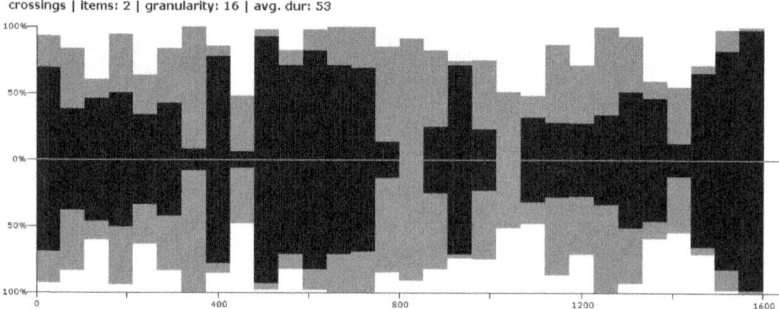

Auch in der Dur-Verteilung sehen wir Parallelen, vor allen Dingen nach 400, denn zuvor sind die Unterschiede evident. Viele typische Dur-Verteilungen zeigt die Strecke einen Balken vor 800 bis einen Balken vor 1200.

3. ORLANDO DI LASSO 265

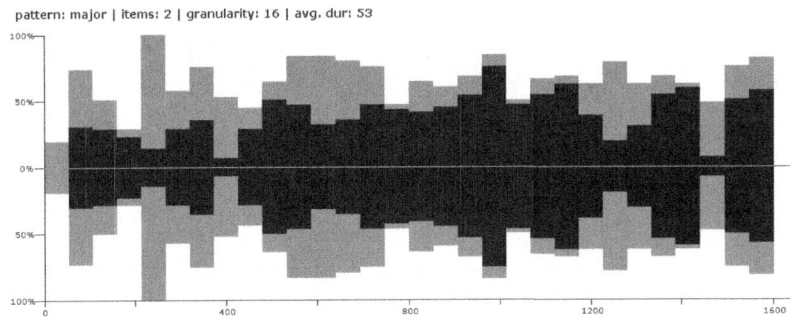

pattern: major | items: 2 | granularity: 16 | avg. dur: 53

Kommen wir zum 1. transponierten Modus.

3.2.3 1.Modus transpositus

Mittelwerte

Las_gesamt_1.modus_tr_avg.txt

Hier haben wir glücklicherweise eine sehr große Auswahl an Werken vorliegen.

Konsonanzen	
evts	1118,76
evts-sd	552,79
%evt	85,05
%evt-sd	7,41
%ttl	83,68
%ttl-sd	7,38
blks	42,62
blks-sd	30,35
mindur	5,38
maxdur	236,69
avgdur	48,09
avgdur-sd	58,03

Dissonanzen	
evts	204,55
evts-sd	146,02
%evt	14,95
%evt-sd	7,41
%ttl	14,71
%ttl-sd	7,31
blks	41,41
blks-sd	30,45
mindur	2,48
maxdur	14,83
avgdur	4,96
avgdur-sd	0,72

Die Werte von evts- bis zu den %ttl-sd weichen nur wenig von denen der vierstimmigen Motetten ab, deutliche Unterschiede finden wir aber bei den Werten von blks bis avgdur-sd. Hier noch einmal zur Erinnerung die vierstimmigen Werte:

KAPITEL 4. ANALYSEN

Konsonanzen	
evts	1412,50
sd	401,13
%evt	85,33
sd	8,51
%ttl	83,85
sd	7,84
blks	54,75
sd	30,31
mindur	14
maxdur	315
avgdur	84,36
avgdur_sd	110,11

Dissonanzen	
evts	269
sd	167,40
%evt	14,67
sd	8,51
%ttl	14,47
sd	7,84
blks	53,25
sd	31,15
mindur	3
maxdur	16,50
avgdur	4,75
avgdur_sd	0,64

Wir sehen, dass in der Aggregierung die Dauernwerte deutlich niedriger sind. Sehen wir uns die Dissonanzen genauer an:

Dissonante Klänge	evts	%evt	%ttl	blks	mindur	maxdur	avgdur
UNDETERMINED	180,41	87,98	12,90	38,10	2,41	12,76	4,79
Moll-Quartsextakkord	6,97	3,31	0,57	1,10	3,38	3,59	3,54
Einzelintervall	4,07	1,76	0,27	0,97	0,90	1,38	1,08
Dominantseptakkord	3,38	2,72	0,27	0,93	2,07	2,28	2,20
Halbverm. Terzquartakkord	1,86	0,85	0,15	0,59	0,97	1,17	1,05
Dur-Quartsextakkord	1,66	0,61	0,10	0,24	1,38	1,52	1,45

Wir sehen die klare Dominanz der UNDETERMINED, alle anderen Formen sind kaum von Bedeutung, zudem übertreffen bei ihnen die Standardabweichungen die Mittelwerte! In den vierstimmigen war der Moll-Quartsextakkord auf Platz drei und das Einzelintervall auf Platz zwei.

Dissonante Klänge	evts-sd	%evt-sd	%ttl-sd	blks-sd	avgdur-sd
UNDETERMINED	133,35	7,57	6,56	28,95	0,68
Moll-Quartsextakkord	9,08	4,53	0,80	1,52	3,65
Einzelintervall	9,58	4,15	0,60	2,22	2,05
Dominantseptakkord	4,14	4,65	0,35	1,20	1,89
Halbverm. Terzquartakkord	3,28	1,63	0,28	1,10	1,62
Dur-Quartsextakkord	3,56	1,49	0,24	0,50	3,10

Kommen wir zu den konsonanten Klängen:

Konsonante Klänge	evts	%evt	%ttl	blks	mindur	maxdur	avgdur
Dur	603,52	54,86	46,71	34,34	3,59	101,52	23,37
Moll	320,69	28,90	23,66	31,79	3,45	35,45	11,18
Dur-Sextakkord	56,55	4,67	3,83	7,66	5,31	11,10	8,01
Einzelintervall	48,07	3,79	3,13	2,97	12,48	23,03	15,92
Moll-Sextakkord	44,76	4,21	3,43	6,69	4,07	9,52	6,41
12/3	11,03	0,87	0,73	1,48	2,48	4,00	3,10
12/4	8,48	0,61	0,51	1,10	3,38	5,10	4,03

Ganz klar dominiert der Dur-Akkord. Er macht fast die Hälfte aller Klänge aus. Auf Platz zwei steht der Moll-Akkord, dann der Sextakkord. Erst auf Platz fünf steht der Moll-Sextakkord. Bereits der Dur-Sextakkord ist prozentual nicht mehr sehr

3. ORLANDO DI LASSO

häufig vertreten. Die zweithöchste avgdur mit einer gewaltigen Abweichung hat das Einzelintervall. In den vierstimmigen Analysen war im 1. transponierten Modus das Einzelintervall an dritter Stelle. Dieses rückte um einen Platz nach hinten, der Dur-Sextakkord aber um drei Plätze auf!

Konsonante Klänge	evts-sd	%evt-sd	%ttl-sd	blks-sd	avgdur-sd
Dur	329,56	5,95	17,25	21,93	19,99
Moll	196,38	9,88	7,16	21,03	2,94
Dur-Sextakkord	49,41	2,56	1,97	7,25	1,74
Einzelintervall	75,54	5,41	4,55	4,98	23,38
Moll-Sextakkord	40,49	3,61	2,92	6,58	3,01
12/3	19,84	1,68	1,42	2,53	3,73
12/4	14,19	0,98	0,83	1,67	4,37

Bei der Aufschlüsselung der Klänge ergibt sich ein neues Bild. Der Moll-Akkord über der Finalis ist der häufigste Klang, erst dann kommt der Dur-Akkord über dem *b*-fa.

Alle Klänge	evts	%evt	%ttl	blks	mindur	maxdur	avgdur
Moll, *g*-re, 1. Stufe	142,41	12,15	10,32	15,21	5,10	23,17	10,45
Dur, *b*-fa, 3. Stufe	134,28	11,48	9,93	12,28	5,45	25,66	12,97
Dur, *f*-do, 7. Stufe	112,69	9,43	8,31	11,34	4,48	17,79	10,15
Moll, *d*-la, 5. Stufe	100,90	8,78	7,45	11,45	5,72	22,90	10,03
Dur, *g*-re, 1. Stufe	94,90	8,95	7,97	4,93	9,66	32,14	18,55
Dur, *d*-la, 5. Stufe	92,41	8,59	7,57	7,10	4,90	28,55	13,56
Dur, *c*-so, 4. Stufe	82,69	7,21	6,42	7,48	7,03	22,34	12,24
Moll, *c*-so, 4. Stufe	44,00	3,97	3,45	4,21	6,14	15,59	10,65
Dur, *es*-ta, 6. Stufe	40,90	3,60	3,13	3,86	7,38	17,52	11,30
Dur, *a*-mi, 2. Stufe	39,31	3,27	2,91	3,66	6,41	13,66	9,38
Moll, *a*-mi, 2. Stufe	30,28	2,58	2,21	4,24	2,90	9,79	5,49
Dur-Sextakkord, *d*-la, 5. Stufe	18,00	1,43	1,20	2,69	3,59	5,93	4,68
Moll-Sextakkord, *b*-fa, 3. Stufe	17,03	1,40	1,20	2,62	4,00	5,66	4,90
Dur-Sextakkord, *a*-mi, 2. Stufe	14,76	1,08	0,91	2,34	3,31	4,55	4,08
Prime, *g*-re, 1. Stufe	13,24	1,00	0,87	1,52	4,34	6,62	5,35

Die Standardabweichungen werden ab dem g-Moll-Sextakkord höher als die Mittelwerte. Die höchste maxdur und avgdur besitzt der Dur-Akkord über der 1. Stufe.

Alle Klänge	evts-sd	%evt-sd	%ttl-sd	blks-sd	avgdur-sd
Moll, g-re, 1. Stufe	94,80	5,53	4,46	11,21	2,41
Dur, b-fa, 3. Stufe	80,48	3,67	3,18	9,23	6,23
Dur, f-do, 7. Stufe	85,54	4,23	4,10	8,90	3,32
Moll, d-la, 5. Stufe	76,68	5,15	4,23	8,39	4,93
Dur, g-re, 1. Stufe	73,23	5,99	5,63	3,96	8,94
Dur, d-la, 5. Stufe	63,56	5,37	5,01	4,22	6,67
Dur, c-so, 4. Stufe	62,93	4,62	4,51	5,41	8,03
Moll, c-so, 4. Stufe	30,42	2,46	2,15	3,23	5,59
Dur, es-ta, 6. Stufe	29,63	2,11	1,82	2,50	7,32
Dur, a-mi, 2. Stufe	39,14	2,97	2,79	3,38	8,27
Moll, a-mi, 2. Stufe	26,67	2,11	1,85	3,94	4,06
Dur-Sextakkord, d-la, 5. Stufe	21,04	1,27	1,05	3,01	3,32
Moll-Sextakkord, b-fa, 3. Stufe	21,26	1,71	1,46	3,51	4,40
Dur-Sextakkord, a-mi, 2. Stufe	19,06	1,11	0,92	3,22	3,26
Prime, g-re, 1. Stufe	19,46	1,28	1,14	2,86	6,94

In den Aggregierungen sehen wir uns nur die Tenorstimme. Die Tenorstimme deshalb, weil sie die wichtigste Stimme ist, die in ihrer Funktion auch gleich bleibt, und den Bassus, weil wir ihn als künftigen Harmonieträger verstehen, auch wenn er historisch nach dem Cantus komponiert wurde.

Tenor, nur Tonhöhen	evts	%evt	%ttl	blks	mindur	maxdur	avgdur
d	247,24	21,28	18,39	15,38	5,45	45,10	17,07
g	213,59	17,64	14,97	12,45	5,10	56,00	17,40
a	152,62	13,54	11,78	10,38	5,52	34,90	15,58
c	146,28	12,86	11,19	11,72	5,66	28,83	13,88
f	126,34	9,84	8,57	9,07	6,21	28,83	14,08
b	124,14	11,14	9,64	9,90	5,59	28,28	13,94
e	55,24	4,34	3,88	6,41	4,34	14,34	7,91
es	26,34	2,18	1,92	1,93	7,03	13,10	9,49
h	25,24	2,10	1,95	1,48	5,79	14,55	9,47
fis	12,90	0,97	0,89	1,00	5,86	8,55	7,22
cis	8,55	0,55	0,50	0,83	4,14	4,97	4,59
gis	1,38	0,12	0,12	0,10	0,83	0,83	0,83

Wir sehen die klare Präferenz von Repercussa und Finalis. Auch sehen wir alle möglichen Akzidenztöne. Ab dem Ton *es* übersteigen die ohnehin recht hohen Standardabweichungen die Mittelwerte.

3. ORLANDO DI LASSO 269

Tenor, nur Tonhöhen	evts-sd	%evt-sd	%ttl-sd	blks-sd	avgdur-sd
d	146,60	6,88	6,09	10,46	6,42
g	147,94	8,55	6,56	8,68	8,43
a	116,58	7,19	6,46	7,75	7,97
c	95,68	5,47	5,01	8,35	8,10
f	121,97	5,56	5,01	8,69	7,03
b	80,55	5,16	4,63	7,75	6,75
e	53,61	3,35	3,10	6,50	6,03
es	28,16	2,36	2,04	1,95	6,73
h	41,08	3,22	3,12	1,98	11,78
fis	18,08	1,41	1,32	1,51	11,11
cis	13,26	0,82	0,79	1,02	6,34
gis	5,97	0,53	0,52	0,40	3,22

Der Bassus weist ebenfalls die Bevorzugung von Repercussa und Finalis auf. Steht das *b*-fa im Tenor auf Platz sechs, so steht es im Bass auf Platz drei. In beiden Stimmen findet sich auf Platz vier das *c*. Auch der Bassus besitzt sämtliche Akzidentien.

Bassus, nur Tonhöhen	evts	%evt	%ttl	blks	mindur	maxdur	avgdur
d	232,14	21,77	17,57	14,00	6,14	35,59	16,00
g	220,69	20,00	16,21	14,41	4,62	36,69	14,62
b	146,34	13,00	10,66	10,52	6,07	28,41	14,68
c	135,72	12,44	10,31	10,21	6,00	26,48	13,17
f	116,90	10,68	8,80	9,24	5,10	20,97	11,97
a	94,21	7,86	6,54	8,21	6,21	20,00	11,66
es	47,86	4,57	3,65	3,34	9,10	18,21	13,25
e	17,72	1,48	1,26	2,28	4,28	8,55	6,20
fis	6,76	0,61	0,52	0,62	4,83	4,97	4,90
h	4,00	0,34	0,29	0,38	2,83	3,38	3,10
cis	2,90	0,26	0,21	0,34	1,72	2,21	1,97
gis	1,10	0,09	0,08	0,03	1,10	1,10	1,10

Die Standardabweichungen übertreffen ab dem *e*-ti die Mittelwerte.

Bassus, nur Tonhöhen	evts-sd	%evt-sd	%ttl-sd	blks-sd	avgdur-sd
d	145,31	10,53	8,09	8,87	5,91
g	139,23	8,44	6,47	9,66	4,84
b	106,64	5,26	4,58	8,78	6,72
c	91,86	5,64	5,20	6,63	7,12
f	80,25	4,68	4,29	6,27	4,56
a	73,17	4,42	3,74	7,70	6,23
es	35,51	2,97	2,09	2,32	6,24
e	18,60	1,54	1,40	1,93	6,39
fis	10,56	0,89	0,79	0,76	5,70
h	9,28	0,79	0,71	0,61	5,70
cis	6,38	0,57	0,45	0,84	4,17
gis	5,84	0,47	0,42	0,18	5,84

Die Stimmkreuzungen werden wir uns nun nur noch in den Blockdiagrammen ansehen, da diese in den Aggregierungen die tatsächlichen Kreuzungen nicht widerspiegeln können; denn wir haben ja unterschiedlich groß besetzte Werke vorliegen. Wir schreiben zu den Klangfolgen fort.

Klangfolgen

las_gesamt_1.modus_tr_sequences.txt

Hier bekommen wir nun repräsentative Folgen:

|Häufigkeit|28mal|

Modus-Stufe	Solmisationssilbe	Klang	Sonanzform
1	g-re	Dur	konsonant
4	c-so	Dur	konsonant
7	f-do	Dur	konsonant

Die Folge G-C-F kommt insgesamt 28mal vor! Die häufigste Klangverbindung ist also der doppelte Quintfall. Die jeweiligen Motetten können in der Textdatei nachgesehen werden.

|Häufigkeit|22mal|

Modus-Stufe	Solmisationssilbe	Klang	Sonanzform
5	d-la	Dur	konsonant
1	g-re	Dur	konsonant
4	c-so	Dur	konsonant

Die Folge D-G-C kommt 22mal vor. Wir haben also wieder einen doppelten Quintfall.

|Häufigkeit|19mal|

Modus-Stufe	Solmisationssilbe	Klang	Sonanzform
4	c-so	Dur	konsonant
7	f-do	Dur	konsonant
3	b-fa	Dur	konsonant

Die Folge C-F-B ereignet sich 19mal und ist ebenfalls ein doppelter Quintfall. Nach diesen Quintfällen erleben wir in der Häufigkeit einen dramatischen Einbruch von 19 auf 9mal.

3. ORLANDO DI LASSO

|Häufigkeit|9mal|

Modus-Stufe	Solmisationssilbe	Klang	Sonanzform
1	g-re	Moll	konsonant
5	d-la	Dur	konsonant
1	g-re	Moll	konsonant

Dies ist ein sogenanntes authentisch-plagales Pendel, und zwar: g-D-g. Auch diese Folge ereignet sich 9mal:

|Häufigkeit|9mal|

Modus-Stufe	Solmisationssilbe	Klang	Sonanzform
2	a-mi	Dur	konsonant
5	d-la	Dur	konsonant
1	g-re	Moll	konsonant

Das bedeutet A-D-g und ist wieder ein doppelter Quintfall. Die nächsten Wendungen kommen nur noch 8mal und 7mal vor. Bei einer Werkanzahl von 29 Werken sind diese nicht mehr derart repräsentativ.

|Häufigkeit|8mal|

Modus-Stufe	Solmisationssilbe	Klang	Sonanzform
5	d-la	Dur	konsonant
1	g-re	Dur	konsonant
7	f-do	Dur	konsonant

Das bedeutet D-G-F und ist ein Quintfall plus Sekundfall. Also eine für uns authentische plus eine plagale Verbindung.

|Häufigkeit|8mal|

Modus-Stufe	Solmisationssilbe	Klang	Sonanzform
2	a-mi	Moll	konsonant
2	a-mi	Dur-Sextakkord	konsonant
3	b-fa	Dur	konsonant

Das heißt a-6F-B und ist Terzfall plus Quintfall.

|Häufigkeit|8mal|

Modus-Stufe	Solmisationssilbe	Klang	Sonanzform
2	a-mi	Dur	konsonant
5	d-la	Dur	konsonant
1	g-re	Dur	konsonant

Das ist A-D-G, also wieder ein doppelter Quintfall. Das bedeutet für uns, dass die Verbindungen, die sich besonders häufig wiederholen, Verbindungen mit starken Schritten sind. Die Ergebnisse bedeuten nicht, dass dies die alleinigen Klangfolgen in den Werken sind. Denn wir untersuchen nur sich wiederholende Verbindungen.

Grundtonfortschreitungen

las_gesamt_1.modus_tr_keytonepro_.txt

Dies ist die häufigste Fortschreitung.

| Häufigkeit | 24mal |

Grundtonfortschreitung
AT
AH
AT

Die nächste Fortschreitung besteht aus drei Quintfällen.

| Häufigkeit | 16mal |

Grundtonfortschreitung
AH
AH
AH

Die Folge Quintfall plus Terzfall plus Quintfall.

| Häufigkeit | 15mal |

Grundtonfortschreitung
AH
AT
AH

3. ORLANDO DI LASSO

Blockdiagramme

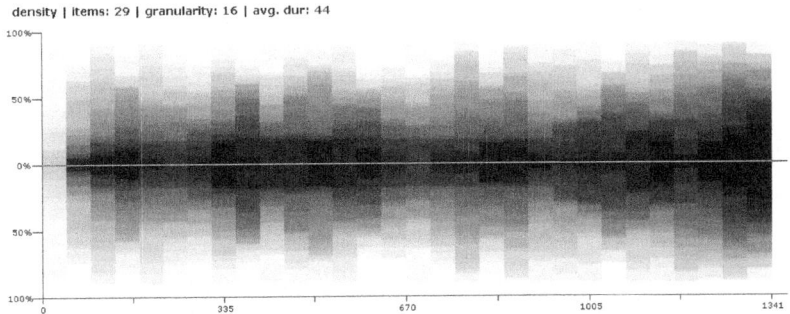

density | items: 29 | granularity: 16 | avg. dur: 44

Wir sehen, dass sich die Klangdichte über die Werke hinweg aufbaut und im Bereich von 1005 bis 1341 steigert. Dabei sehen wir einen treppenartigen Aufbau in der Strecke von 0 bis 167,5 auf der x-Achse auf bis zu 60% und der rasche Abfall auf ca. 25% auf der y-Achse. Besonders augenfällig ist neben dem Beginn die erste Spitze bei 167,5, auch einen Balken nach 335 sowie einen Balken vor 1341. Von 670 bis einen Balken vor 1005 ist die Klangdichte gering. Es zeichnen sich dennoch zwei Spitzen in diesem Bereich ab: wir sehen die Spitze einen Balken vor und eine deutlichere einen Balken nach 837,5. Unverkennbar ist die Spitze einen Balken nach 1005, die einen Block ausbildet, der deutlich auf- und absteigt, sowie zum Ende hin wieder anschwillt.

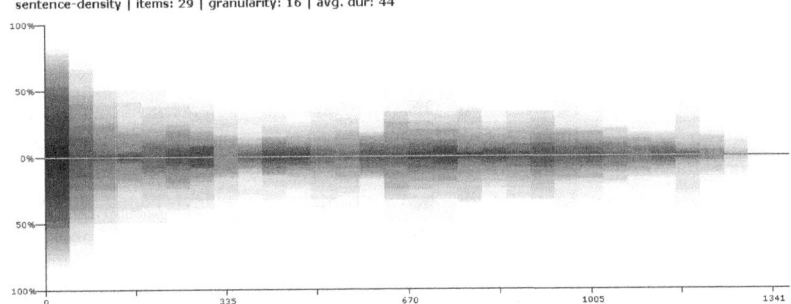

sentence-density | items: 29 | granularity: 16 | avg. dur: 44

Die Satzdichte weist ein sehr einheitliche Bild auf. Eine hohe Pausendichte zu Beginn, die bis 335 abebbt um sich auf ein ca. 40%iges Niveau zu stabilisieren, einen größeren Block gibt es bei 670, der das Pausenniveau wieder auf 50% anhebt. Die Formation ähnelt einer umgeworfenen Läuferfigur im Schach. Interessant ist, dass die Satzdichte fast wie der schlankere Krebs der Klangdichte wirkt. Wenn wir beide übereinander kopieren, sehen wir, dass sie sich gut ergänzen. Hierfür wurde der Befehl „compositesoundchart" eingeführt. Wir sehen, wie die sich steigernde Klangdichte (rosa-rot) die Pausendichte (grün) fast vollkommen auffrisst. Mit anderen Merkmalen wie Dissonanz und Durakkord funktioniert das ebenfalls, es muss allerdings bemerkt werden, dass freilich viele Werke zu einer anderen Zeit Dissonanzen und Dur-Akkorde verwenden können, so dass also bei einem Dissonanzenblock durchaus Überlappungen mit Dur-Akkorden entstehen können, falls man zwei dieser Balkendiagramme kombiniert.

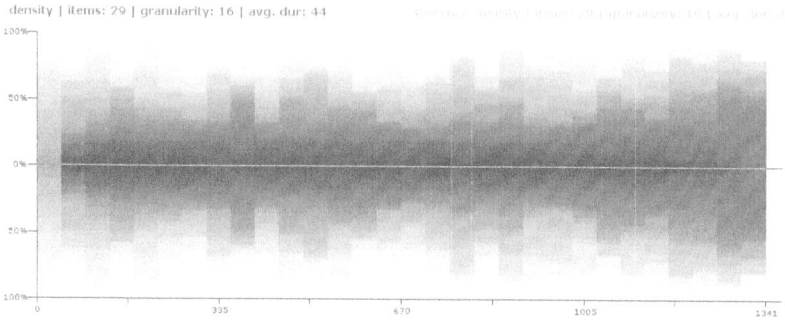

Kommen wir zu den Dissonanzgraden:

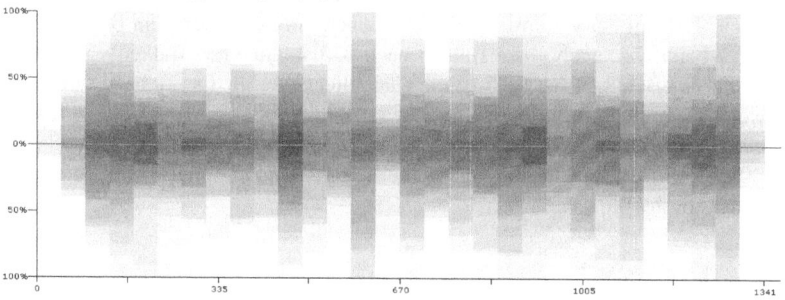

Auf den ersten Blick wirken die Dissonanzen so, als hätten wir es hier mit einem Werk von Xenakis zu tun. Vor allen Dingen wirkt das Bild widersprüchlich, wenn wir die Dur-Verteilungen darunter halten, denn man sieht ein Dauerdissonieren und ein Dauerkonsonieren fast zur gleichen Zeit. Sieht man jedoch genau hin, was bedeutet, dass man mit leicht zugekniffenen Augen einmal das Bild auf sich wirken lässt, so erkennt man sofort die Unterschiede: man erlebt einen konsonanten Beginn, sodann ein rasches Ansteigen der Dissonanzgrade auf bis zu 100% bei 167,5, anschließend ein Abfallen, bei 335 ist das Niveau auf ca. 30% gesunken. Mit dem Balken davor und danach bildet sich ein H aus, also ein fast symmetrisches Niveau der Dissonanzgrade davor und danach, sofort ein recht sprunghaftes Ansteigen mit erneuter Spitze von ca. 80% in allen Werken (die Ausreißer werden nicht gezählt) einen Balken vor 502, dann wieder ein Abfallen sowie ein sprunghafter Anstieg von ca. 40% einen Balken nach 502 auf fast 100% (das auch von einigen Werken erreicht wird) zwei Balken vor 670 und ein dramatischer Abfall einen Balken vor 670. In der zweiten Hälfte sehen wir ein wellenförmiges Dissonieren zwischen 70 und 40%, das sich ab 1172 noch einmal linear auf bis zu 100% steigert, um einen Balken vor 1341 dramatisch auf 40% abzufallen, der Schluss ist natürlich vollkommen konsonant.

3. ORLANDO DI LASSO 275

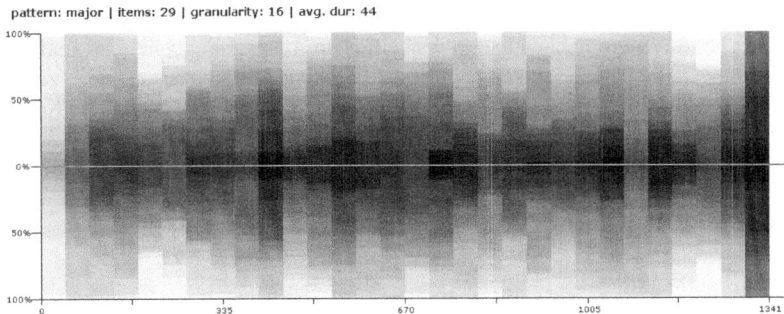

Wir ignorieren die 100%-Spitzen, die man ohnehin sieht und konzentrieren uns auf die Formation, die wir in der zeitlichen Entwicklung ausmachen können. Wir sehen eine sich wölbende Entwicklung von die ihren Höhepunkt zwei Balken nach 335 bei ca. 70% im Schnitt erreicht, danach gibt es einen Abfall und erneuten Anstieg auf ca. durchschnittlich 80%, danach baut sich die Dur-Verteilung sukzessive bis 1005 ab, sie erreicht nun ein Niveau von ca. 25%, anschließend beobachten wir ab ca. 1172 einen sprunghaften Anstieg der Dur-Verteilung bis zum Maximum des Endes hin.

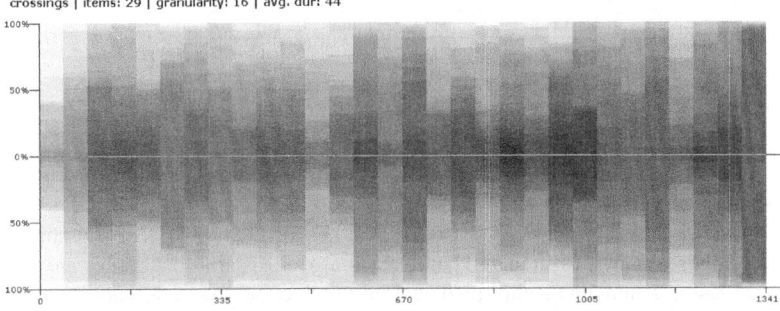

Auch hier werden die 100% Spitzen im Hintergrund ausgeblendet, und wir konzentrieren uns auf die sich deutlich abzeichnenden: Wir sehen einen raschen Kreuzungsaufbau bis zum ersten Achtel-Abschnitt, bei dem die Kreuzungen im Schnitt um die 50% betragen, diese bauen sich stufenweise ab, zwei Balken nach 167,5 jedoch erleben wir einen Sprung auf bis zu 70%, der sich statt über zwei Balken über vier Balken hinweg abbaut. Kreuzungs-Spitzen sehen wir zwei Balken vor und einen Balken nach 670, die Mitte der Werke ist demnach fast symmetrisch von Kreuzungsspitzen umrankt. Eine Zunahme der Kreuzungen ist nach der Hälfte des Werkes zu beobachten. Wir sehen nach drei Spitzen von 50% bei 1005 zwar einen Abfall auf 25%, der stark gefärbt ist, doch stellen wir insgesamt eine vermehrte Kreuzungstätigkeit mit der Zunahme von Charakteristika durch vermehrte Graufärbung im letzen Viertel auf der x-Achse fest. Achten wir nicht nur auf die sich fein überzeichnenden Stellen wie z.B. einen Balken nach Beginn, einen Balken vor ca. 502, so wäre aber mindestens ebenso maßgebend für die Werke, dass bei 502 und 1172 die Kreuzungstätigkeit absolut beliebig oder unterschiedlich ist. Zusammenfassend kann man getrost sagen, dass in der ersten Hälfte die Kreuzungsformen seltener hohe Werte erreichen und in der zeitlichen Ausprägung beliebiger sind, in der zweiten Hälfte jedoch Spitzen bei fast jedem zweiten Balken bestehen. Es zeichnen sich in der zweiten Hälfte klarere Kreuzungsstrukturen ab, die auch klare Konturen annehmen gegenüber den amorph wirkenden Kreuzungen der 1. Hälfte.

3.2.4 2.Modus naturalis

Mittelwerte

Las_gesamt_2.modus_nat_avg.txt

Konsonanzen	
evts	1099,20
evts-sd	177,14
%evt	83,27
%evt-sd	3,71
%ttl	82,47
%ttl-sd	3,87
blks	55,80
blks-sd	7,03
mindur	1,80
maxdur	159,60
avgdur	19,96
avgdur-sd	4,04

Dissonanzen	
evts	219,20
evts-sd	54,39
%evt	16,73
%evt-sd	3,71
%ttl	16,56
%ttl-sd	3,65
blks	54,80
blks-sd	7,03
mindur	1,80
maxdur	11,20
avgdur	4,03
avgdur-sd	0,90

Die Werte liegen im Rahmen dessen, was wir bisher beobachten konnten. Der 2. Modus naturalis ist um 5% konsonanter als der 1. Modus naturalis. Die Dissonanzen unterscheiden sich sehr, denn wir sehen fast nur UNDETERMINED-Dissonanzen. Sehen wir uns die prozentuale Häufigkeit des Moll-Quartsextakkordes an: wir sehen, dass er kaum eine Rolle spielt. Bereits von hier an übertreffen die Standardabweichungen die Mittelwerte.

Dissonante Klänge	evts	%evt	%ttl	blks	mindur	maxdur	avgdur
UNDETERMINED	194,80	89,83	14,77	52,00	1,80	10,40	3,80
Moll-Quartsextakkord	6,40	2,86	0,42	1,00	3,20	4,00	3,73
Dur-Quartsextakkord	4,00	1,54	0,28	0,60	2,40	3,20	2,80
Dominantseptakkord	2,80	1,34	0,23	0,80	1,20	1,60	1,40

Bereits ab dem Moll-Akkord übertreffen die Standardabweichungen die Mittelwerte.

Dissonante Klänge	evts-sd	%evt-sd	%ttl-sd	blks-sd	avgdur-sd
UNDETERMINED	42,53	5,33	2,98	8,32	0,77
Moll-Quartsextakkord	7,42	3,71	0,48	1,10	3,31
Dur-Quartsextakkord	5,06	2,04	0,36	0,80	3,49
Dominantseptakkord	3,49	1,66	0,31	0,98	1,74

Bei den Konsonanzen fällt der große Abfall von Moll zum Dur-Sextakkord auf.

3. ORLANDO DI LASSO

Konsonante Klänge	evts	%evt	%ttl	blks	mindur	maxdur	avgdur
Dur	676,80	60,74	50,27	50,00	1,80	73,60	13,85
Moll	294,40	27,30	22,48	33,80	2,40	36,80	8,67
Dur-Sextakkord	74,00	6,94	5,62	11,40	3,20	10,40	6,57
Moll-Sextakkord	24,80	2,20	1,85	5,40	4,00	6,40	4,87
Einzelintervall	20,00	2,00	1,59	1,80	5,60	11,20	8,53
4/12	2,00	0,17	0,15	1,40	1,00	1,00	1,00

Der Moll-Akkord hat fast nur die Hälfte der Häufigkeiten des Dur-akkordes, der Dur-Sextakkord aber fast nur ein Zehntel. Kaum eine Rolle mehr spielt der 4/12-Klang. Bei diesem übertreffen zudem die Standardabweichungen die Mittelwerte.

Konsonante Klänge	evts-sd	%evt-sd	%ttl-sd	blks-sd	avgdur-sd
Dur	161,76	6,99	7,41	12,02	3,41
Moll	54,87	5,58	4,40	4,62	0,65
Dur-Sextakkord	28,34	2,93	2,15	3,44	1,83
Moll-Sextakkord	14,62	1,12	1,01	3,50	1,73
Einzelintervall	15,18	1,89	1,47	1,17	4,96
4/12	2,53	0,23	0,20	2,33	1,55

Sehen wir uns die einzelnen Klänge an. Hier dominiert der Moll-Klang über der Finalis.

Alle Klänge	evts	%evt	%ttl	blks	mindur	maxdur	avgdur
Moll, d-re, 4. Stufe	172,80	15,48	13,19	17,40	3,20	32,00	10,21
Dur, c-do, 3. Stufe	144,00	12,19	10,43	16,20	2,80	20,80	8,91
Dur, g-so, 7. Stufe	134,40	11,31	9,73	14,80	3,40	27,20	10,49
Dur, f-fa, 6. Stufe	122,40	10,96	9,28	13,00	3,20	32,80	9,75
Dur, a-la, 1. Stufe	107,20	9,32	8,01	10,00	2,00	31,20	10,38
Dur, d-re, 4. Stufe	85,20	7,40	6,29	6,00	4,80	24,00	14,44
Moll, a-la, 1. Stufe	70,00	6,41	5,42	11,80	2,80	16,00	6,23
Dur, e-mi, 5. Stufe	44,40	4,06	3,49	3,80	10,80	17,60	14,10
Dur, b-ta, 2. Stufe	36,00	3,33	2,79	3,80	4,80	15,20	8,88
Moll, e-mi, 5. Stufe	28,40	2,53	2,16	4,20	3,60	12,80	6,85
Dur-Sextakkord, e-mi, 5. Stufe	22,00	1,91	1,60	4,00	4,00	6,80	5,57
Moll, g-so, 7. Stufe	21,60	1,87	1,59	2,40	5,60	8,00	7,33
Dur-Sextakkord, a-la, 1. Stufe	19,20	1,81	1,51	3,00	5,20	6,80	6,13
Dur-Sextakkord, h-ti, 2. Stufe	16,00	1,54	1,29	1,80	8,00	9,60	8,67
Moll-Sextakkord, f-fa, 6. Stufe	9,20	0,85	0,73	2,60	3,20	4,40	3,80
Moll-Sextakkord, b-ta, 2. Stufe	6,80	0,56	0,49	1,80	3,20	3,20	3,20
Einzelnote, a-la, 1. Stufe	6,40	0,48	0,41	0,40	6,40	6,40	6,40

Die höchste Durchschnittsdauer besitzt der Dur-Akkord über der Finalis; außer bei der Einzelnote a-la, bei der die Standardabweichungen größer sind als die Mittelwerte; sie bergen ansonsten keine großen Überraschungen.

Alle Klänge	evts-sd	%evt-sd	%ttl-sd	blks-sd	avgdur-sd
Moll, d-re, 4. Stufe	31,36	2,85	2,47	3,98	1,88
Dur, c-do, 3. Stufe	55,96	2,98	2,75	4,53	2,48
Dur, g-so, 7. Stufe	60,28	4,68	4,14	9,79	4,16
Dur, f-fa, 6. Stufe	26,70	2,26	1,74	3,63	1,94
Dur, a-la, 1. Stufe	47,42	4,14	3,73	2,76	2,69
Dur, d-re, 4. Stufe	33,22	2,19	1,90	2,10	3,04
Moll, a-la, 1. Stufe	14,37	2,05	1,59	2,86	1,56
Dur, e-mi, 5. Stufe	27,87	2,71	2,43	1,72	9,64
Dur, b-ta, 2. Stufe	15,39	1,83	1,46	0,98	2,68
Moll, e-mi, 5. Stufe	9,91	0,84	0,73	1,47	0,82
Dur-Sextakkord, e-mi, 5. Stufe	15,49	1,18	0,95	2,10	2,08
Moll, g-so, 7. Stufe	17,45	1,42	1,23	2,06	4,26
Dur-Sextakkord, a-la, 1. Stufe	9,26	1,17	0,93	0,89	2,21
Dur-Sextakkord, h-ti, 2. Stufe	7,59	1,00	0,79	0,75	0,84
Moll-Sextakkord, f-fa, 6. Stufe	6,40	0,58	0,50	2,80	2,71
Moll-Sextakkord, b-ta, 2. Stufe	5,60	0,41	0,36	1,33	2,71
Einzelnote, a-la, 1. Stufe	7,84	0,59	0,50	0,49	7,84

Beim Betrachten der Töne des Tenors erkennen wir klar die Präferenz der Finalis. Im 1. Modus naturalis war die Reihenfolge der 1. vier Töne *a-e-d-f*.

Tenor, nur Tonhöhen	evts	%evt	%ttl	blks	mindur	maxdur	avgdur
d	254,00	22,17	19,07	19,80	2,80	39,20	13,31
a	199,60	17,35	14,70	11,80	4,00	59,20	16,20
e	182,80	16,18	14,06	18,00	2,40	29,60	10,05
g	142,00	12,25	10,56	11,20	5,20	26,40	13,13
f	140,80	12,19	10,66	11,20	4,00	33,60	11,63
c	138,00	11,92	10,27	11,80	2,40	36,80	11,86
h	62,40	5,57	4,79	7,40	2,00	20,80	8,57
cis	13,60	1,32	1,11	1,40	2,40	9,60	6,20
b	6,40	0,51	0,46	0,40	6,40	6,40	6,40
gis	4,80	0,39	0,31	0,20	4,80	4,80	4,80
fis	2,00	0,16	0,15	0,40	0,40	1,60	1,00

Auffällig ist außerdem, dass das Akzidenz *cis* häufiger vorkommt als das *b*. Die größte avgdur besitzt das *a*, obwohl eigentlich *f* die Repercussa darstellt.

Tenor, nur Tonhöhen	evts-sd	%evt-sd	%ttl-sd	blks-sd	avgdur-sd
d	50,01	2,38	2,02	4,45	3,45
a	92,61	7,15	5,39	2,99	3,10
e	52,54	4,40	4,16	4,15	1,01
g	37,09	2,41	2,23	3,49	2,27
f	68,57	5,75	5,40	2,79	4,07
c	45,06	2,61	2,28	2,86	2,56
h	24,15	2,14	1,80	1,50	3,21
cis	14,83	1,47	1,24	1,20	7,33

3. ORLANDO DI LASSO 279

b	9,33	0,74	0,69	0,49	9,33
gis	9,60	0,78	0,62	0,40	9,60
fis	4,00	0,32	0,30	0,80	2,00

Wir sehen zudem, dass ab dem *cis* die Standardabweichungen die Mittelwerte übertreffen. Im Bassus dominieren ebenfalls *d* und *a*. Die Reihenfolge unterscheidet sich ebenfalls von der des 1. Modus naturalis: dort war die Reihenfolge *d-a-g-f*.

Bassus, nur Tonhöhen	evts	%evt	%ttl	blks	mindur	maxdur	avgdur
d	244,00	23,27	18,31	16,40	4,00	41,60	15,22
a	185,60	18,17	14,37	13,20	4,40	36,80	14,42
g	144,80	13,62	10,62	12,00	4,40	28,80	11,97
c	141,60	13,34	10,40	10,60	4,00	26,80	14,38
f	135,60	13,03	10,31	10,20	4,00	48,00	13,43
e	97,60	9,57	7,54	9,00	3,20	25,60	11,42
b	47,20	4,59	3,70	3,60	10,00	19,20	13,51
h	28,40	2,81	2,27	4,60	3,20	12,80	6,82
cis	9,60	0,87	0,68	1,00	4,80	6,40	5,33
fis	4,80	0,45	0,34	0,80	2,40	2,40	2,40
es	3,20	0,28	0,24	0,20	3,20	3,20	3,20

Ab dem *h* übertreffen die Standardabweichungen die Mittelwerte. Auffällig ist zudem, dass die Abweichungswerte von evt-sd und %evt-sd des *fis* und *es* die gleichen Werte haben.

Bassus, nur Tonhöhen	evts-sd	%evt-sd	%ttl-sd	blks-sd	avgdur-sd
d	60,17	4,16	3,20	2,87	4,18
a	18,69	3,41	3,04	2,79	1,92
g	44,71	3,28	2,32	2,19	3,24
c	50,52	3,72	2,44	2,80	7,43
f	32,16	2,57	2,28	1,72	2,70
e	16,70	2,37	1,86	2,61	2,20
b	21,23	2,25	2,00	1,02	5,68
h	13,41	1,62	1,45	2,42	2,48
cis	11,76	1,00	0,75	1,10	4,46
fis	6,40	0,57	0,43	0,98	3,20
es	6,40	0,57	0,48	0,40	6,40

Kommen wir zu den Klangfortschreitungen.

Klangfolgen

las_gesamt_2.modus_nat_sequences.txt.

| Häufigkeit | 9mal |

Modus-Stufe	Solmisationssilbe	Klang	Sonanzform
4	d-re	Dur	konsonant
7	g-so	Dur	konsonant
3	c-do	Dur	konsonant

Diese Folge bedeutet D-G-C und ist wieder ein doppelter Quintfall.

| Häufigkeit | 7mal |

Modus-Stufe	Solmisationssilbe	Klang	Sonanzform
7	g-so	Dur	konsonant
3	c-do	Dur	konsonant
6	f-fa	Dur	konsonant

Diese Folge bedeutet G-C-F und ist ebenfalls wieder ein doppelter Quintfall.

| Häufigkeit | 6mal |

Modus-Stufe	Solmisationssilbe	Klang	Sonanzform
1	a-la	Dur	konsonant
4	d-re	Dur	konsonant
7	g-so	Dur	konsonant

Auch hier finden wir mit A-D-G einen doppelten Quintfall vor. Die nächsten Verbindungen kommen nur noch viermal vor. Wir beschränken uns auf die erste dieser Verbindungen:

| Häufigkeit | 4mal |

Modus-Stufe	Solmisationssilbe	Klang	Sonanzform
7	g-so	Moll-Sextakkord	konsonant
6	f-fa	Moll-Sextakkord	konsonant
5	e-mi	Dur-Sextakkord	konsonant

Das bedeutet 6e-6d-6C. Hier erleben wir einen zweimalig absteigenden Sekundgang.

Grundtonfortschreitungen

las_gesamt_2.modus_nat_keytonepro_.txt

3. ORLANDO DI LASSO

Auch hier spielt der Quintfall eine besondere Rolle. Die Funktion des Palestrinizers unterscheidet zwischen *Ascending Fourth* und *Descending Fifth*, die nächste Folge ist selbst wieder nichts anders als AH+AH+AH, besteht aber aus *Descending Fifth*, *Ascending Fifth* und *Descending Fifth*, so dass beide zusammengezogen werden (8mal+7mal=15mal).

Häufigkeit	15mal

Grundtonfortschreitung
AH
AH
AH

Die kommende Folge weicht von den bisherigen ab, der Sekundschritt[728] kommt nun ins Spiel.

Häufigkeit	15mal

Grundtonfortschreitung
PS
PS
AS

Und nun in Kombination mit dem plagalen Terzschritt:

Häufigkeit	6mal

Grundtonfortschreitung
PS
AS
PT

---

[728] Beim Sekundschritt ist insgesamt Vorsicht geboten. Denn der Computer erfasst hierbei auch einstimmige skalare Schritte und wertet diese als steigende oder fallende Sekundschritte. Diese müssen dann nicht zwangsläufig Sekundschritte der Grundtöne vollständiger Dreiklänge sein, so dass beim zweistimmigen Satz durchaus Fehler dahingehend passieren könnten, dass man als Theoretiker geneigt wäre, diese hier und da als Sextakkorde zu komponieren. Der Sekundschritt – authentisch wie plagal – ist daher nicht derart repräsentativ und die Grundtonfortschreitungsanalyse bedarf somit immer auch der Überprüfung mit der komponierten Realität, sprich: der Partitur. Dies gilt für alle dargestellten Grundtonfortschreitungen. Fortschreitungen mit AS und PS stehen somit unter Vorbehalt. Anm.d.Verf.

Blockdiagramme

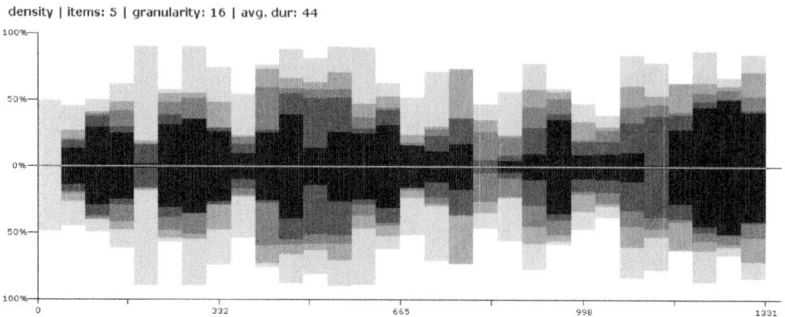

Wir sehen eine 50%ige Klangdichte zu Beginn, und ein zeitversetztes Steigern, das jeweils von einem Abfallen und einem Sprung auf den Ausgangshöhepunkt-Wert gefolgt wird. Auch in der Strecke von 332 zu 665 hin können wir eine in den Werken zeitversetzte Dichte-Ballung beobachten. Insgesamt zeigt sich, dass die Klangdichte in der 1. Hälfte höher ist als in der 2. Hälfte. Dort erleben wir stärkere Fluktuationen und bei einem Balken nach 998 eine deutliche Rücknahme, bevor der federführende Dichte-Anstieg beginnt, der den Ausklang der Werke bestimmt.

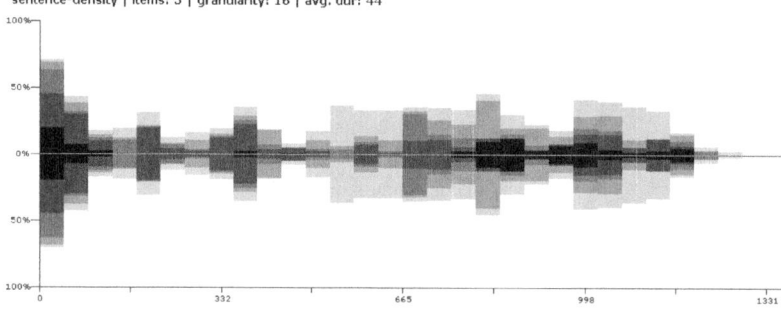

In der Satzdichte sehen wir ein sehr homogenes Bild. Eine hohe Pausendichte zu Beginn, die rasch abnimmt; bei einem Balken vor 498 sehen wir eine wesentliche, niedrige Pausen- und hohe Satzdichte. Danach ist aber auch ein „Ausreißerwerk"sichtbar. Dieses bricht auch gegen Ende wieder aus der Entwicklung aus, wobei die Spitze bei 831 auch von einem anderen Werk geteilt wird. Die niedrige Pausendichte bei einem Balken vor 998 ist ebenso charakteristisch wie die ausklingende Entwicklung mit höchster Satzdichte von 1164 bis Ende.

3. ORLANDO DI LASSO

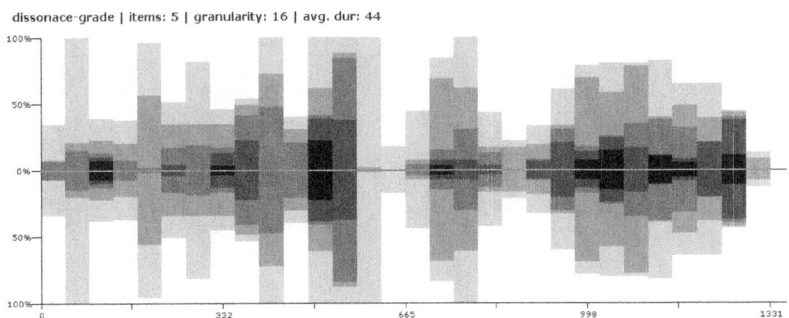

Die Dissonanzgrade geben kein einheitliches Bild ab, sie wirken fast beliebig. Wenn man sich auf den hellgrauen Bereich im Hintergrund konzentriert, so beobachtet man ein absolut dissonantes Konvolut von fünf 100%-Spitzen. Beziehen wir die anderen Anteile mit ein, so fällt besonders die weitgehend dissonanzfreie Strecke einen Balken vor 665 auf sowie der sprunghafte Anstieg einen Balken nach 665, der Abfall sowie die anschließende Ballung ab 998, in der immerhin aber ein recht unterschiedliches Niveau gehalten wird. Dass das Ende konsonant ein muss, versteht sich von selbst.

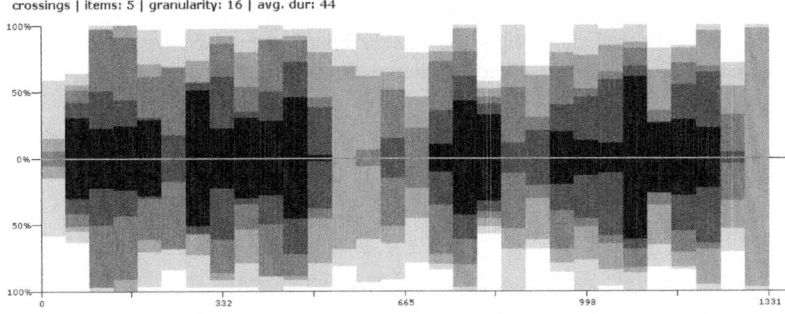

Die Stimmkreuzungen zeigen ein recht buntes Bild. Konzentrieren wir uns auf die schwarzen Anteile, so sehen wir eine inselartige Verteilung: zwei Blöcke vor und zwei nach der Hälfte. Beziehen wir auch die grauen und dunkelgrauen Anteile mit ein, so halten wir nach Charakteristika durch Überschneidungen Ausschau. Hier fällt besonders nach dem Charakteristikum einen Balken nach Beginn die Kreuzungsphase bei 831 auf. Ein Stimmkreuzungsanteil von bis zu 60% ist hier ein deutliches Merkmal, wie auch die Spitze zwei Balken nach 998 von mehreren Werken in unterschiedlicher Stärke geteilt wird.

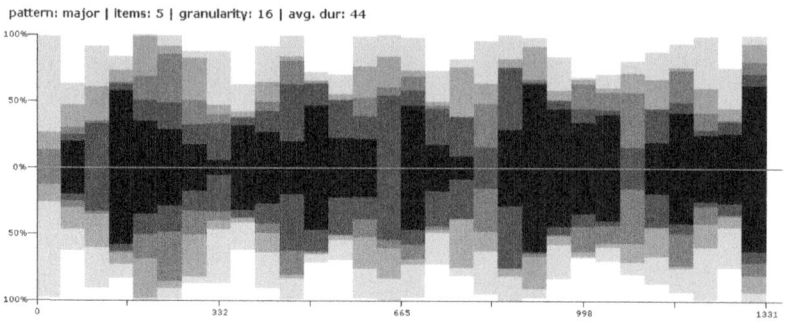

pattern: major | Items: 5 | granularity: 16 | avg. dur: 44

Ebenso bunt wirkt die Dur-Verteilung. Dem obligatorischen Schluss in Dur gehen einige beherrschende Strecken voraus: so ist die Dur-Spitze bei 166 für die Ausprägung des Modus ebenso maßgeblich wie der niedrigere Bereich einen Balken nach 332. Deutlich ist ebenfalls der Abbau der Spitze einen Balken vor 498. Einen Balken nach 665 finden wir eine neue kennzeichnende Spitze, der Abbau gestaltet sich nach der Hälfte sehr unterschiedlich. Ausgeprägter ist erneut der Sprung auf einen neuen Spitzenwert einen Balken nach 831. Der treppenartige Ab- und Aufbau nach 831 geht zeitversetzt durch die Werke und ist als Entwicklung für die Gestaltung typisch. Konzentrieren wir uns auf die schwarzen Bereiche: wir sehen einander recht ähnliche Gebilde, die einen Abbau von einer Spitze darstellen, einzig der Block bei 1164 unterscheidet sich in dieser Hinsicht.

3.2.5 2.Modus transpositus

Mittelwerte

Las_gesamt_2.modus_tr_avg.txt

Konsonanzen	
evts	1471,95
evts-sd	459,07
%evt	84,98
%evt-sd	5,74
%ttl	83,11
%ttl-sd	6,12
blks	60,33
blks-sd	34,96
mindur	2,29
maxdur	237,90
avgdur	35,81
avgdur-sd	34,03

Dissonanzen	
evts	275,29
evts-sd	156,51
%evt	15,02
%evt-sd	5,74
%ttl	14,71
%ttl-sd	5,70
blks	58,38
blks-sd	35,43
mindur	2,10
maxdur	15,24
avgdur	4,83
avgdur-sd	0,74

Der 2. Modus transpositus ist etwas konsonanter. Einschränkend muss gesagt werden, dass hier mehr Werke zur Verfügung standen, so dass aber auch die Streuungen größer wurden. Erneut sind die %evt-sd in Kon- und Dissonanzen gleich,

3. ORLANDO DI LASSO

die avgdur-sd der Dissonanzen ist wieder ausgesprochen niedrig, vor allen Dingen wenn wir diese gegenüber der hohen Streuung der Konsonanzen betrachten.

Dissonante Klänge	evts	%evt	%ttl	blks	mindur	maxdur	avgdur
UNDETERMINED	243,24	84,42	12,65	53,81	2,00	12,95	4,48
Einzelintervall	7,90	5,84	0,73	1,90	0,95	1,71	1,28
Moll-Quartsextakkord	6,86	2,23	0,38	0,90	3,05	3,43	3,30
Dominantseptakkord	5,76	1,76	0,27	1,76	1,76	2,38	2,11
Dur-Quartsextakkord	2,95	1,29	0,18	0,57	1,62	1,90	1,76

Wir sehen, dass alle Formen in der Liste nach den UNDETERMINED keine große Rolle mehr spielen. Dabei sind die Streuungen ab dem Einzelintervall unverhältnismäßig hoch.

Dissonante Klänge	evts-sd	%evt-sd	%ttl-sd	blks-sd	avgdur-sd
UNDETERMINED	149,76	20,07	5,92	35,17	1,30
Einzelintervall	20,30	21,20	2,40	4,58	1,82
Moll-Quartsextakkord	9,25	2,99	0,55	1,23	3,83
Dominantseptakkord	6,56	1,82	0,26	2,02	1,74
Dur-Quartsextakkord	4,69	2,52	0,33	0,85	2,72

Die Konsonanzen zeigen wieder die Dominanz des grundständigen Dur- und Moll-Akkordes, fast im Verhältnis 2 zu 1.

Konsonante Klänge	evts	%evt	%ttl	blks	mindur	maxdur	avgdur
Dur	767,48	51,40	43,42	48,90	2,00	103,62	17,79
Moll	419,24	26,89	22,23	43,67	2,67	38,00	9,78
Dur-Sextakkord	94,86	6,24	5,14	13,95	3,52	12,10	6,58
Einzelintervall	73,24	7,70	5,82	5,00	8,38	20,57	12,58
Moll-Sextakkord	52,67	3,57	2,98	9,14	3,52	8,38	5,68
12/4	17,14	1,04	0,89	2,57	3,43	5,90	4,67

Wir sehen, dass nach dem Moll-Sextakkord in der Häufigkeit ein Einbruch zum 12/4-Klang hin stattfindet. Auffällig ist, dass die avgdur des Einzelintervalls die zweithöchste nach der des Dur-Akkordes ist.

Konsonante Klänge	evts-sd	%evt-sd	%ttl-sd	blks-sd	avgdur-sd
Dur	289,96	17,18	16,41	25,54	12,91
Moll	205,25	8,99	7,01	23,00	3,87
Dur-Sextakkord	59,60	3,45	2,85	8,53	1,93
Einzelintervall	125,94	20,86	15,06	7,00	8,08
Moll-Sextakkord	36,24	2,70	2,36	6,84	2,13
12/4	20,80	1,12	0,99	2,75	3,02

Die Streuungen sind sehr hoch, die des Einzelintervalls sind sogar bis zu dreimal höher als die jeweiligen Mittelwerte. Schlüsseln wir die einzelnen Klänge auf.

Alle Klänge	evts	%evt	%ttl	blks	mindur	maxdur	avgdur
Dur, b-fa, 6. Stufe	160,67	10,52	9,13	15,00	3,05	29,90	10,47
Moll, g-re, 4. Stufe	153,81	9,48	8,16	17,90	3,90	23,05	8,35
Moll, d-la, 1. Stufe	142,95	8,77	7,45	17,48	3,43	20,38	7,97
Dur, f-do, 3. Stufe	140,10	8,70	7,50	16,05	3,24	18,10	8,29
Dur, g-re, 4. Stufe	121,43	8,17	7,10	7,71	6,19	36,57	17,05
Dur, c-so, 7. Stufe	113,24	7,22	6,27	12,62	3,24	20,38	8,94
Dur, d-la, 1. Stufe	105,19	7,01	6,13	9,57	3,19	23,62	10,59
Dur, a-mi, 5. Stufe	62,00	4,01	3,48	5,81	4,95	20,95	10,98
Moll, c-so, 7. Stufe	61,62	4,06	3,47	5,76	5,24	18,67	9,83
Moll, a-mi, 5. Stufe	56,67	3,42	2,94	7,81	4,29	15,24	7,78
Dur, es-ta, 2. Stufe	50,00	3,26	2,86	4,81	4,57	19,24	9,05
Dur-Sextakkord, d-la, 1. Stufe	28,67	1,93	1,64	5,14	3,62	6,48	5,18
Dur-Sextakkord, a-mi, 5. Stufe	27,81	1,73	1,48	4,29	4,48	8,38	5,91
Prime, g-re, 4. Stufe	24,48	2,05	1,87	1,95	8,10	11,81	9,58
Moll-Sextakkord, b-fa, 6. Stufe	16,67	1,08	0,94	3,14	3,90	6,19	4,86

An erster Stelle steht das B-Dur, die sechste Stufe, hier die Repercussa. Der Klang über der Finalis kommt erst an zweiter Stelle. Auffällig ist die recht hohe Maximaldauer des A-Dur. Die Streuungen der Prime g-re übertreffen die Mittelwerte um ein Vielfaches. Gegenüber den Analysen der vierstimmigen Motetten ist der g-Moll-Akkord hier von Platz drei auf Platz zwei aufgerückt.

Alle Klänge	evts-sd	%evt-sd	%ttl-sd	blks-sd	avgdur-sd
Dur, b-fa, 6. Stufe	78,91	4,20	3,71	6,86	4,23
Moll, g-re, 4. Stufe	109,21	5,49	4,62	12,27	3,34
Moll, d-la, 1. Stufe	88,29	3,90	3,16	11,50	2,51
Dur, f-do, 3. Stufe	90,53	4,45	3,75	9,76	2,43
Dur, g-re, 4. Stufe	68,06	4,71	4,23	5,62	9,51
Dur, c-so, 7. Stufe	66,55	3,65	3,26	8,84	3,32
Dur, d-la, 1. Stufe	62,00	4,37	4,07	4,96	4,08
Dur, a-mi, 5. Stufe	45,20	2,62	2,34	4,51	5,95
Moll, c-so, 7. Stufe	43,07	2,80	2,33	3,90	4,86
Moll, a-mi, 5. Stufe	65,88	2,67	2,22	10,72	3,85
Dur, es-ta, 2. Stufe	42,22	2,49	2,23	4,05	5,09
Dur-Sextakkord, d-la, 1. Stufe	21,69	1,67	1,45	5,51	2,91
Dur-Sextakkord, a-mi, 5. Stufe	23,27	1,32	1,14	3,47	2,53
Prime, g-re, 4. Stufe	36,64	4,29	4,27	3,06	10,55
Moll-Sextakkord, b-fa, 6. Stufe	15,11	1,06	0,95	2,61	2,54

Sehen wir uns die Töne des Tenors an. Angeführt wird die Liste von einem Ton, den wir nicht erwartet hätten, das a-mi!

Tenor, nur Tonhöhen	evts	%evt	%ttl	blks	mindur	maxdur	avgdur
a	276,48	16,91	15,01	21,05	2,86	47,05	12,57
g	269,90	17,04	14,60	18,14	2,86	68,57	14,29
d	263,43	16,66	14,72	18,86	3,90	35,62	13,77
c	216,14	13,51	12,02	17,43	3,19	33,33	12,01
b	189,76	12,10	10,74	15,86	3,10	35,62	11,31
f	142,48	9,08	7,71	11,10	4,95	31,62	12,46

3. ORLANDO DI LASSO

e	60,29	3,31	2,74	6,14	4,00	14,86	8,08
h	45,52	3,03	2,79	3,05	6,95	20,95	12,54
es	28,10	1,72	1,58	1,95	8,86	13,71	11,33
cis	13,71	0,99	0,93	1,14	4,57	8,38	6,42
fis	11,33	0,69	0,60	1,19	3,33	7,62	4,94
gis	2,29	0,18	0,18	0,14	2,29	2,29	2,29

Die Streuungen sind sehr hoch und übertreffen ab dem *e* die Mittelwerte.

Tenor, nur Tonöhen	evts-sd	%evt-sd	%ttl-sd	blks-sd	avgdur-sd
a	148,27	7,35	7,06	10,40	4,17
g	143,14	8,37	6,50	8,36	5,45
d	111,76	5,83	5,55	9,04	4,52
c	114,30	5,12	5,12	8,11	4,38
b	112,13	6,02	5,72	8,72	3,90
f	132,50	7,52	6,38	8,93	6,64
e	126,43	4,74	3,85	10,59	6,01
h	63,86	5,01	4,82	3,51	8,46
es	33,48	1,83	1,73	2,06	9,73
cis	19,75	1,57	1,54	1,36	8,23
fis	17,79	1,12	0,94	1,47	5,65
gis	7,05	0,59	0,58	0,35	7,05

Kommen wir zum Bass: wir sehen, dass die Töne *g* und *d* klar dominieren. Verwirrend ist, dass das B-Dur der häufigste Klang war, denn wir finden das *b* hier erst an vierter Stelle. Vergleichen wir den Bass mit dem 1. transponierten Modus, so fällt auf, dass nun *g* vor *d* und *c* vor *b* steht. Dies ist wieder ein Argument gegen den Dahlhausschen authentisch-plagalen Gesamtmodus.

Bassus, nur Tonöhen	evts	%evt	%ttl	blks	mindur	maxdur	avgdur
g	293,71	20,64	16,32	19,19	4,67	45,33	14,89
d	273,71	18,98	15,15	20,76	3,43	35,43	12,91
c	197,05	13,75	10,92	16,52	4,00	30,10	11,73
b	179,62	12,69	10,20	13,00	3,90	34,10	13,37
f	153,90	10,29	8,23	14,00	3,81	24,38	10,65
a	149,62	10,26	8,12	12,10	4,57	31,24	12,20
es	66,86	4,56	3,75	4,52	7,14	21,14	12,32
e	37,62	2,56	2,05	5,48	4,57	11,81	7,22
h	8,57	0,55	0,43	1,14	4,67	4,95	4,80
fis	6,10	0,42	0,34	0,76	3,81	3,81	3,81
gis	4,00	0,33	0,30	0,14	1,71	2,48	2,10
cis	3,90	0,22	0,16	0,43	2,00	2,67	2,30

Die Streuungen übertreffen erst ab dem *h* die Mittelwerte.

Bassus, nur Tonöhen	evts-sd	%evt-sd	%ttl-sd	blks-sd	avgdur-sd
g	114,20	6,59	4,93	7,68	4,31
d	110,22	5,27	4,56	8,45	4,00
c	79,72	4,32	3,51	6,82	3,91
b	93,74	5,29	4,51	5,95	4,52
f	94,67	4,64	3,90	8,68	3,34
a	102,78	4,50	3,35	7,96	3,75
es	57,44	3,05	2,76	3,16	6,57
e	42,42	2,23	1,85	4,69	7,70
h	13,08	0,77	0,63	2,36	7,16
fis	8,15	0,58	0,51	1,02	4,00
gis	17,02	1,42	1,33	0,47	8,52
cis	9,49	0,46	0,33	1,09	4,40

Interessant wird ein Blick auf den 2. Bassus. Hier wird der Füllstimmencharakter erkennbar, die verwendeten Töne stehen in einer ganz anderen Reihenfolge, wie auch die Akzidentien-Armut auffallen sollte.

Bassus2, nur Tonöhen	evts	%evt	%ttl	blks	mindur	maxdur	avgdur
f	29,33	2,46	1,91	2,19	0,38	3,81	1,28
d	27,05	2,27	1,76	1,90	0,19	4,57	1,35
g	26,67	2,24	1,74	1,62	0,38	5,33	1,57
e	12,19	1,02	0,79	1,62	0,19	2,29	0,72
c	6,48	0,54	0,42	0,67	0,38	2,29	0,92
a	6,48	0,54	1,67	0,57	0,38	1,52	1,08
b	3,43	0,29	0,22	0,48	0,38	0,76	0,69
es	1,90	0,16	0,12	0,19	0,38	1,52	0,95

Die Streuungen sind insgesamt gewaltig, denn sie übertreffen die Mittelwerte von Anbeginn an um ein Vielfaches.

Bassus2, nur Tonöhen	evts-sd	%evt-sd	%ttl-sd	blks-sd	avgdur-sd
f	90,41	7,59	5,88	6,75	3,93
d	83,37	7,00	5,42	5,87	4,17
g	82,19	6,90	5,35	4,99	4,83
e	37,57	3,15	2,45	4,99	2,21
c	19,96	1,67	1,30	2,05	2,85
a	19,96	1,67	1,30	1,76	3,33
b	10,57	0,89	0,69	1,47	2,11
es	5,87	0,49	0,38	0,59	2,94

Klangfolgen

las_gesamt_2.modus_tr_sequences.txt.

3. ORLANDO DI LASSO

| Häufigkeit | 25mal |

Modus-Stufe	Solmisationssilbe	Klang	Sonanzform
7	c-so	Dur	konsonant
3	f-do	Dur	konsonant
6	b-fa	Dur	konsonant

Das ist die uns nun allzu gut bekannte Wendung des doppelten Quintfalls. Die Folge heißt C-F-B.

| Häufigkeit | 20mal |

Modus-Stufe	Solmisationssilbe	Klang	Sonanzform
1	d-la	Dur	konsonant
4	g-re	Dur	konsonant
7	c-so	Dur	konsonant

Auch diese Folge ist ein doppelter Quintfall: D-G-C. Das gilt auch für die nächste Folge:

| Häufigkeit | 16mal |

Modus-Stufe	Solmisationssilbe	Klang	Sonanzform
4	g-re	Dur	konsonant
7	c-so	Dur	konsonant
3	f-do	Dur	konsonant

Bisher konnten wir allerdings beobachten, dass der doppelte Quintfall zwar die häufigste Verbindung ist, dass aber an erster Stelle auf der Liste der Wendungen eben nicht der doppelte Quintfall steht, der auf einen Dur- oder Moll-Klang über der Finalis zieht. Nehmen wir dies vorweg und sehen uns eine Liste mit doppelten Quintfällen aus allen aggregierten Lasso-Motetten an, die auf den Dur- oder Moll-Klang über der Finalis zielen:

| Doppelter Quintfall |

Modus	Finalis	Rang	Häufigkeit
1. nat	d-re	6	2mal
1. tr.	g-re	5	9mal
2. nat.	d-re	-	-
2. tr.	g-re	6	10mal
3. nat.	e-mi	-	-
3. tr.	a-mi	-	-
4. nat.	e-mi	-	-
4. tr.	a-mi	-	-
5. nat.	f-fa	3	20
6. nat.	f-fa	-	-

6. tr.qu.	c-fa	3	5
7. nat.	g-so	5	11
8. nat.	g-so	4	10

Wir können sehen, dass diese Wendung im phrygischen und hypophrygischen Modus nicht existent ist, denn hierfür bräuchten wir untransponiert F-H-E, und wir haben kein *dis* zur Verfügung. Am bedeutsamsten ist die Anpeilung der Finalis im 5. Modus naturalis, denn hier kommt sie auf Platz drei immerhin 20mal vor, ebenso bedeutsam sind der 6. Modus transpositus quintus als auch der 7. und 8. Modus. Wir sehen also, dass sich die Modi durchaus harmonisch unterscheiden.

Die nächste Folge kommt immerhin im 2. Modus transpositus noch vierzehnmal vor:

Häufigkeit	14mal

Modus-Stufe	Solmisationssilbe	Klang	Sonanzform
3	*f*-do	Dur	konsonant
6	*b*-fa	Dur	konsonant
3	*f*-do	Dur	konsonant

Dies ist ein im modernen Sinne authentisch-plagales Pendel.

Häufigkeit	13mal

Modus-Stufe	Solmisationssilbe	Klang	Sonanzform
7	*c*-so	Dur	konsonant
4	*g*-re	Dur	konsonant
7	*c*-so	Dur	konsonant

Es ist ein plagal-authentisches Pendel. Wir sehen also, dass nach der Häufigkeit der doppelten Quintfälle die Pendel ihr Recht fordern. Dabei kommt das authentisch-plagale vor dem plagal-authentischen.

Die nächste Wendung finden wir noch zehnmal, alle anderen Wendungen kommen dann nur noch neunmal.

Häufigkeit	10mal

Modus-Stufe	Solmisationssilbe	Klang	Sonanzform
5	*a*-mi	Dur	konsonant
1	*d*-la	Dur	konsonant
4	*g*-re	Dur	konsonant

Auch hier wieder ein doppelter Quintfall. Noch einmal bekommen wir nur Durakkorde präsentiert, dann erst bekommen wir auch Wendungen mit Moll-Akkorden und Umkehrungen.

3. ORLANDO DI LASSO

|Häufigkeit|9mal|

Modus-Stufe	Solmisationssilbe	Klang	Sonanzform
6	*b*-fa	Dur	konsonant
3	*f*-do	Dur	konsonant
6	*b*-fa	Dur	konsonant

Wieder ein authentisch-plagales Pendel. Nun die einzigen Moll-Sextakkorde in unseren sich wiederholenden Folgen.

|Häufigkeit|9mal|

Modus-Stufe	Solmisationssilbe	Klang	Sonanzform
2	*es*-ta	Moll-Sextakkord	konsonant
1	*d*-la	Dur-Sextakkord	konsonant
7	*c*-so	Moll-Sextakkord	konsonant

Das bedeutet 6c-6B-6a.

Grundtonfortschreitungen

las_gesamt_2.modus_tr_keytonepro_.txt

Diese Fortschreitung überrascht ob ihrer Anzahl.

|Häufigkeit|31mal|

Grundtonfortschreitung
PS
PS
PS

Quartschritt aufwärts plus Quartschritt abwärts plus Quartschritt aufwärts.

|Häufigkeit|20mal|

Grundtonfortschreitung
AH
PH
AH

Und hier umgekehrt:

| Häufigkeit | 19mal |

Grundtonfortschreitung
PH
AH
PH

Blockdiagramme

Aufschlussreich für die Modus-Ausprägung ist hier die Klangdichte. Wir sehen eine zylinderförmige Entwicklung ab Beginn, die ihren Höhepunkt bei 444 bei ca. 70% findet und bis 889 wieder abschwillt. Der Ausschlag einen Balken nach 889 scheint in unterschiedlichen Größen ebenso unverkennbar zu sein wie die Rücknahme auf ca. 25% im Schnitt zwei Balken vor 1111. Anschließend beobachten wir ab 1111 eine stetige Zunahme der Klangdichte bis zum Ende hin. Auch die sprunghafte Zunahme einen Balken vor 1333 ist charakteristisch und auch die Rücknahme nach einem Maximum von ca. 80% einen Balken vor 1778.

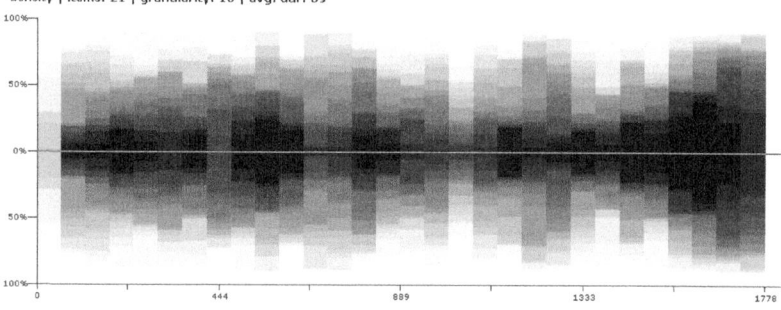

Bei der Satzdichte zeigen sich enorme Übereinstimmungen. Es ist auch klar: die Art und Weise, wie Stimmen verteilt und komponiert werden, definiert auch den Stil. Und der Stil der Vokalpolyphonie ist eben einer, der auf durchgehenden Fluss der Klanglichkeit aus ist. Wir betrachten auch hier einen hohen Pausenspiegel beim Anfang und eine Rücknahme der Pausendichte bis 444, drei Balken danach ist der Tiefpunkt erreicht. Nun beginnt einen Balken vor 666 eine neue ansteigende Entwicklung der Pausendichte, die sich in der zweiten Hälfte durchschnittlich bei ca. 30% hält und ab 1333 wieder abnimmt, so dass die Satzdichte ab 1333 zunimmt und ihren Höhepunkt gegen Ende in der Vollstimmigkeit erreichen kann.

3. ORLANDO DI LASSO

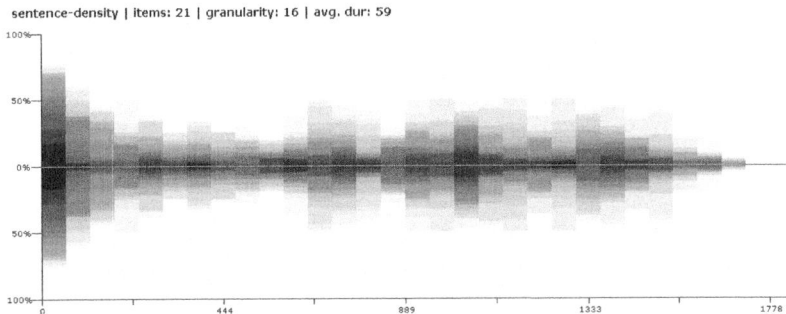

Bei den Dissonanzen sehen wir auf den ersten Blick eine große Konzentration zwei Balken nach Beginn mit einer Durchschnittlichen 25%igen Dissonarität. Dieses Niveau wird jedoch in der Ausprägung ganz unterschiedlich erreicht, einerseits sehen wir einen Abfall vom zweiten zum dritten Balken, andererseits auch einen Anstieg oder Sprung. Einige Werke sind dauerhaft dissonant, wobei auffällt, dass die Dissonanzen in der Mitte der Werke zurückgenommen werden. So sackt das Niveau in den hellen Bereichen von 100% auf bis zu 40% einen Balken nach 889 regelrecht ab. Bleiben wir in der ersten Hälfte, so ist das hohe Niveau zwei Balken nach 444 genauso typisch wie das abrupte Abfallen. Die Strecke bei 666 ist in ihrer Ausprägung wieder heterogener. Die zweite Hälfte zeigt weniger konzentrierte Charakteristika, es gibt aber dennoch welche: Auffällig ist nicht nur der 40%ige Block einen Balken nach 889, sondern auch die Höhepunkt-Stelle bei 1111. Ignorieren wir die 100%-Spitzen im Hintergrund und betrachten das Bild mit halb zugekniffenen Augen, so nimmt man die Punkte bei 1111 und 1555 als zwei Teile einer in ihrer Bewegungsrichtung aufwärtsstrebenden Entwicklung nach dem Motto „zweimal auf- und einmal abgestiegen ist einmal aufwärts gegangen" wahr. Dieser letzte dissonante Höhepunkt bei 1555 wird dann von einem augenscheinlichen Spannungsabfall und Dissonanzen-Anstieg in den konsonanten Schluss geleitet.

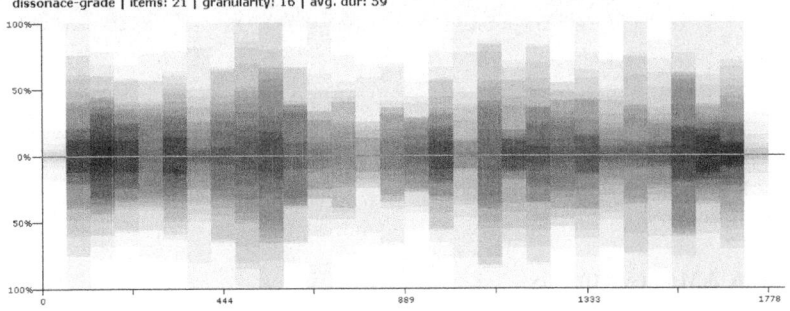

Die Stimmkreuzungen zeigen ein anderes Bild. Wir sehen eine rege Kreuzungstätigkeit einen Balken nach Beginn. Man könnte die Formation, die sich von dort bis zwei Balken vor 1333 abzeichnet, als „Fischform" bezeichnen. Wir sehen eine Zunahme der Kreuzungen zwei Balken nach Beginn bis ca. zwei Balken vor 889 und eine Abnahme einen Balken vor 889 bis 1333. Ab hier wird die Kreuzungstätigkeit rasch stufenweise erhöht, und die Farbtönung zeigt uns, dass die Strecke des letzten Viertels insgesamt sehr wesenhaft ist.

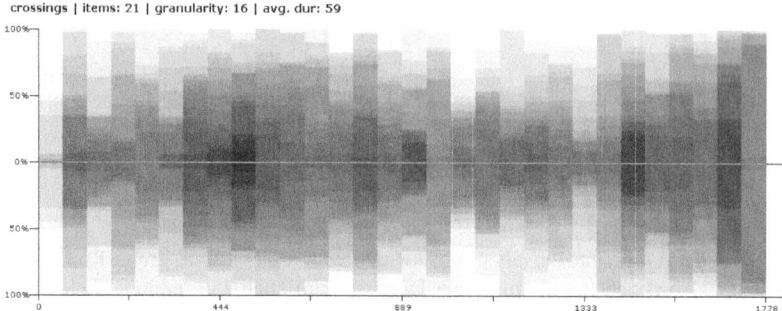

Die Dur-Verteilung zeigt noch deutlichere Charakteristika, wie die Farbtönung beweist. Dass der Schluss in Dur steht, versteht sich von selbst. Die Dur-Verteilung baut sich von Beginn an sukzessive auf und erlebt einen ersten Höhepunkt im Durchschnitt von ca. 40% zwei Balken vor 444, um sogleich den Dur-Anteil wieder bis zwei Balken nach 444 abzubauen. Die Spitze einen Balken vor 889 ist deutlich durch ihre Unterschiedlichkeit in den verschiedenen Werken, wie auch die unterschiedliche Ausprägung des Niveaus bei 1111. So besehen können wir drei schwarze Blöcke ausmachen: den 1. ab einem Balken vor 222 bis einen Balken vor 666, den zweiten ab zwei Balken nach 666 bis einen Balken nach 1111 und den dritten Block ab einem Balken vor 1333 bis 1778.

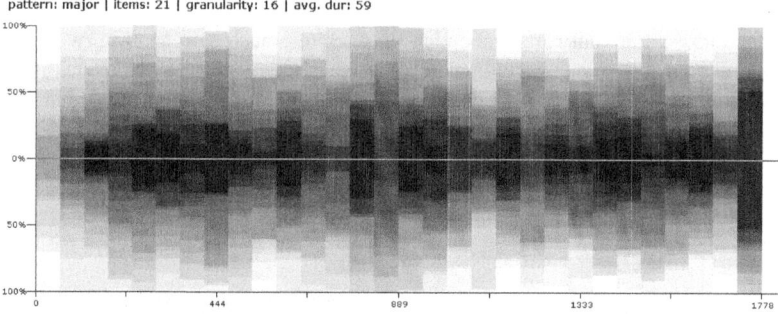

Kommen wir zum dritten Modus.

3.2.6 3.Modus naturalis

Mittelwerte

        Las_gesamt_3.modus_nat_avg.txt

3. ORLANDO DI LASSO

Konsonanzen	
evts	1308,20
evts-sd	391,83
%evt	84,50
%evt-sd	5,14
%ttl	82,61
%ttl-sd	5,18
blks	59,84
blks-sd	26,92
mindur	2,16
maxdur	182,00
avgdur	28,80
avgdur-sd	22,26

Dissonanzen	
evts	248,20
evts-sd	114,85
%evt	15,50
%evt-sd	5,14
%ttl	15,25
%ttl-sd	5,17
blks	54,32
blks-sd	22,94
mindur	2,00
maxdur	17,52
avgdur	4,57
avgdur-sd	1,11

In dem Verhältnis von Kon- und Dissonanzen ist der 3. Modus dem 2. Modus transpositus vergleichbar. Sehen wir uns die dissonanten Klänge an: es hat sich gegenüber den vierstimmigen Motetten die Stellung der UNDETERMINED in den %evt von ehemals 88,72 auf 82,38% und die des Dominantseptakkordes verändert; letzterer ist um eine Stufe aufgestiegen und nun auf Platz drei.

Dissonante Klänge	evts	%evt	%ttl	blks	mindur	maxdur	avgdur
UNDETERMINED	217,72	88,72	13,42	50,40	1,92	14,20	4,35
Moll-Quartsextakkord	6,64	2,26	0,41	1,00	3,44	3,92	3,68
Dominantseptakkord	6,56	2,48	0,39	1,92	2,28	3,08	2,80
Dur-Quartsextakkord	5,92	2,07	0,35	0,96	3,04	3,84	3,52
Einzelintervall	4,00	1,67	0,22	1,16	1,16	1,56	1,33
Halbverm. Terzquartakkord	1,84	0,58	0,11	0,52	0,88	1,12	1,03

Die Standardabweichungen übertreffen erst ab dem fünften Platz die Mittelwerte, in den vierstimmigen Motetten geschah dies bereits ab dem vierten Platz, also beim Dur-Quartsextakkord.

Dissonante Klänge	evts-sd	%evt-sd	%ttl-sd	blks-sd	avgdur-sd
UNDETERMINED	97,43	5,90	4,41	21,11	1,05
Moll-Quartsextakkord	8,25	2,70	0,49	1,06	3,38
Dominantseptakkord	5,70	1,84	0,31	1,52	1,56
Dur-Quartsextakkord	7,83	2,53	0,44	1,11	3,35
Einzelintervall	9,24	3,65	0,46	2,34	2,08
Halbverm. Terzquartakkord	3,25	1,05	0,18	0,94	1,66

Wir sehen, dass die Sext-Akkorde und das Einzelintervall stärker vertreten sind als im 2. Modus, dadurch haben die %ttl des Dur-Akkordes in den Werten eine geringere Präsenz. Die Standardabweichungen sind im Vergleich zum 2. Modus recht niedrig, was für eine homogenere Verwendung der Klänge spricht.

Konsonante Klänge	evts	%evt	%ttl	blks	mindur	maxdur	avgdur
Dur	507,60	46,22	36,42	55,40	1,80	58,00	9,62
Moll	281,40	26,17	20,51	45,80	1,80	24,40	6,30
Dur-Sextakkord	117,40	10,28	8,08	19,60	2,60	12,80	5,87
Einzelintervall	76,20	7,90	6,00	16,00	3,00	22,80	8,03
Moll-Sextakkord	45,20	3,97	3,11	9,00	2,20	8,60	4,87

Die Standardabweichungen sind im Vergleich zum 2. Modus recht niedrig, was für eine homogenere Verwendung der Klänge spricht.

Konsonante Klänge	evts-sd	%evt-sd	%ttl-sd	blks-sd	avgdur-sd
Dur	199,10	10,74	9,44	13,23	4,20
Moll	110,81	4,80	4,20	10,50	2,32
Dur-Sextakkord	57,23	1,73	1,55	6,59	1,86
Einzelintervall	42,54	5,81	4,12	20,77	6,09
Moll-Sextakkord	23,48	1,27	0,99	2,28	1,83

Sehen wir uns die Aufschlüsselung der verwendeten Klänge an, so ist der Dur-Akkord über der 1. Stufe im Vergleich zu den vierstimmigen Analysen um einen Platz aufgerückt.

Alle Klänge	evts	%evt	%ttl	blks	mindur	maxdur	avgdur
Dur, c-do, 6.Stufe	209,92	15,69	13,49	19,96	4,12	28,76	10,98
Moll, a-la, 4.Stufe	177,52	12,71	10,86	20,60	2,92	25,68	8,74
Dur, g-so, 3.Stufe	164,72	12,24	10,54	18,88	2,56	27,64	8,91
Dur, f-fa, 2.Stufe	114,16	8,47	7,30	11,48	3,56	25,64	10,17
Dur, e-mi, 1.Stufe	110,16	8,07	6,95	8,60	4,08	41,36	15,0
Moll, d-re, 7.Stufe	82,76	5,97	5,09	10,36	3,80	17,40	8,68
Dur, a-la, 4.Stufe	72,80	5,76	5,02	4,56	9,92	27,36	17,24
Dur, d-re, 7.Stufe	69,36	5,38	4,70	6,32	4,32	21,72	10,66
Moll, e-mi, 1.Stufe	64,04	4,57	3,90	9,72	3,48	13,56	6,72
Dur-Sextakkord, e-mi, 1.Stufe	30,88	2,13	1,81	5,00	3,72	6,40	5,21
Dur-Sextakkord, h-ti, 5.Stufe	25,28	1,88	1,60	3,76	5,08	8,76	6,65
Dur-Sextakkord, a-la, 4.Stufe	21,20	1,52	1,29	3,76	3,32	6,60	4,65
Prime, e-mi, 1.Stufe	20,28	1,39	1,19	2,36	6,76	9,08	7,64
Moll-Sextakkord, f-fa, 2.Stufe	13,72	0,93	0,79	2,36	2,36	4,84	3,70

Die längste avgdur besitzt das A-Dur. Die größte Maximaldauer besitzt das E-Dur, also der Dur-Klang über der Finalis. Die Prime a-la besitzt mit avgdur=5,39 und avgdur= 11,21die größte avgdur-sd, hier nicht verzeichnet.

Alle Klänge	evts-sd	%evt-sd	%ttl-sd	blks-sd	avgdur-sd
Dur, c-do, 6.Stufe	60,72	3,38	3,01	5,52	3,44
Moll, a-la, 4.Stufe	99,15	4,72	3,92	9,13	2,45
Dur, g-so, 3.Stufe	59,80	3,89	3,48	6,06	2,76
Dur, f-fa, 2.Stufe	49,57	3,46	3,03	4,10	3,82
Dur, e-mi, 1.Stufe	54,34	2,89	2,52	5,02	7,15
Moll, d-re, 7.Stufe	39,35	2,18	1,82	5,14	2,82
Dur, a-la, 4.Stufe	52,95	4,72	4,23	3,69	10,31
Dur, d-re, 7.Stufe	42,84	3,83	3,53	3,40	4,26
Moll, e-mi, 1.Stufe	45,19	2,86	2,42	6,82	2,97
Dur-Sextakkord, e-mi, 1.Stufe	26,70	1,59	1,33	4,03	2,79
Dur-Sextakkord, h-ti, 5.Stufe	16,46	1,21	1,01	2,52	3,27
Dur-Sextakkord, a-la, 4.Stufe	17,31	1,06	0,89	2,70	2,53
Prime, e-mi, 1.Stufe	35,94	1,59	1,84	4,44	10,45
Moll-Sextakkord, f-fa, 2.Stufe	15,04	0,94	0,78	2,22	2,92

Betrachten wir den Tenor; wir sehen gegenüber den vierstimmigen Motetten einige Veränderungen:

3. ORLANDO DI LASSO 297

Tenor, nur Tonhöhen	evts	%evt	%ttl	blks	mindur	maxdur	avgdur
a	283,96	21,07	18,20	22,76	2,24	42,48	13,20
c	242,76	17,63	15,27	18,76	3,32	34,36	14,04
g	231,36	16,82	14,56	15,56	3,44	41,08	15,10
e	188,52	13,70	11,89	10,88	4,60	52,12	18,64
h	160,04	11,90	10,18	17,52	2,24	29,08	9,52
d	132,88	9,82	8,46	11,32	4,76	24,76	12,47
f	56,84	4,14	3,59	5,76	4,08	17,72	9,56
gis	28,96	2,24	1,95	2,04	9,88	20,72	14,57
fis	19,76	1,40	1,23	1,88	4,16	11,04	7,35
cis	9,32	0,79	0,73	0,48	5,80	7,32	6,72
b	7,84	0,49	0,44	0,64	3,68	5,28	4,56

Der meist verwendete Ton ist hier das *a*-la, die Finalis steht erst an vierter Stelle, die Repercussa allerdings an zweiter. Es kommen alle Akzidentien vor. Die Standardabweichungen sind recht gering. es sind jedenfalls keine größeren Abweichungen vorhanden.

Tenor, nur Tonöhen	evts-sd	%evt-sd	%ttl-sd	blks-sd	avgdur-sd
a	88,83	4,41	4,03	7,08	4,13
c	99,06	4,74	4,31	7,97	5,05
g	105,23	5,81	5,03	6,65	4,25
e	107,25	5,97	5,35	4,40	11,09
h	78,91	4,91	3,91	7,84	2,97
d	57,24	3,38	2,96	4,88	4,84
f	39,28	2,62	2,31	3,65	4,78
gis	24,26	2,06	1,76	2,29	14,27
fis	22,19	1,64	1,55	1,75	8,04
cis	20,18	1,66	1,57	0,81	15,63
b	14,69	0,90	0,83	0,97	7,81

Sehen wir uns die Reihenfolge der Töne des Tenors im Vergleich zu den vierstimmigen Motetten an, so werden die Unterschiede deutlich:

Tenor-Töne	
4st.	vielst.
c	a
a	c
h	g
g	e
e	h
d	d
gis	f
f	gis
fis	fis
cis	cis
b	b

Wie wir sehen können, ist das do um einen Platz abgestiegen, das la um einen aufgerückt, das so ist um einen Platz aufgestiegen, das mi ebenfalls, das ti stieg um zwei Plätze ab. Das fa stieg um einen Platz auf, das si um einen ab, die restlichen Akzidentien blieben im Rang unverändert. Kommen wir noch zum Bass, den wir als künftigen Harmonieträger heranziehen wollen.

Bassus, nur Tonhöhen	evts	%evt	%ttl	blks	mindur	maxdur	avgdur
e	260,80	23,38	19,04	24,00	2,60	44,40	10,96
a	214,00	19,20	16,17	17,00	4,20	31,60	13,18
c	191,60	15,95	13,72	18,00	3,40	28,60	10,52
d	164,00	13,34	11,16	17,20	3,80	27,00	9,02
f	150,40	12,71	10,85	15,20	3,00	22,20	9,57
g	144,20	11,63	9,66	12,60	3,40	26,20	10,92
h	32,20	2,58	2,17	5,60	3,80	11,00	5,93
gis	6,40	0,46	0,41	0,60	4,80	4,80	4,80
cis	6,40	0,46	0,41	0,40	6,40	6,40	6,40
fis	1,20	0,29	0,17	0,40	0,60	0,60	0,60

Dieser zeigt erneut die hohe Bedeutung der Finalis, aber auch der 4. Modusstufe sowie der Repercussa. Bemerkenswert sind die gleichen Werte in den evts, %evt und %ttl sowie ihren Abweichungen von *gis* und *cis*.

Bassus, nur Tonöhen	evts-sd	%evt-sd	%ttl-sd	blks-sd	avgdur-sd
e	91,54	4,44	0,60	4,20	3,25
a	85,44	5,50	5,76	4,05	5,67
c	74,24	3,14	4,30	4,34	4,03
d	89,02	2,91	2,90	3,87	3,48
f	57,15	2,17	3,11	3,71	2,84
g	86,56	3,50	3,08	4,67	4,18
h	21,40	1,11	1,03	2,94	2,18
gis	7,84	0,58	0,52	0,80	6,40
cis	7,84	0,58	0,52	0,49	7,84
fis	2,40	0,58	0,35	0,80	1,20

Klangfolgen

las_gesamt_3.modus_nat_sequences.txt,

In unserer Liste sehen wir Folgen, die sich von 26mal bis zu 12mal ereignen. Wir besprechen die Folgen von 26mal bis 15mal.

3. ORLANDO DI LASSO 299

|Häufigkeit|26mal|

Modus-Stufe	Solmisationssilbe	Klang	Sonanzform
7	d-re	Dur	konsonant
3	g-so	Dur	konsonant
6	c-do	Dur	konsonant

Wir sehen, es ist der uns bekannte doppelte Quintfall, auch die nächste Folge.

|Häufigkeit|26mal|

Modus-Stufe	Solmisationssilbe	Klang	Sonanzform
3	g-so	Dur	konsonant
6	c-do	Dur	konsonant
2	f-fa	Dur	konsonant

Nun sehen wir ein authentisch-plagales Pendel.

|Häufigkeit|22mal|

Modus-Stufe	Solmisationssilbe	Klang	Sonanzform
6	c-do	Dur	konsonant
2	f-fa	Dur	konsonant
6	c-do	Dur	konsonant

Und wieder ein doppelter Quintfall.

|Häufigkeit|18mal|

Modus-Stufe	Solmisationssilbe	Klang	Sonanzform
4	a-la	Dur	konsonant
7	d-re	Dur	konsonant
3	g-so	Dur	konsonant

Nun erleben wir zum ersten Male eine sich wiederholende Verbindung mit Sextakkord in diesem Modus.

|Häufigkeit|18mal|

Modus-Stufe	Solmisationssilbe	Klang	Sonanzform
6	c-do	Dur	konsonant
5	h-ti	Dur-Sextakkord	konsonant
6	c-do	Dur	konsonant

Vom Grundton her betrachtet, ist dies ein plagal-authentisches Pendel und zwar C-6G-C. Nun bekommen wir zum ersten Male auch Moll-Akkorde.

|Häufigkeit|17mal||

Modus-Stufe	Solmisationssilbe	Klang	Sonanzform
4	*a*-la	Moll	konsonant
1	*e*-ti	Dur	konsonant
4	*a*-la	Moll	konsonant

Das ist wieder ein plagal-authentisches Pendel.

|Häufigkeit|15mal||

Modus-Stufe	Solmisationssilbe	Klang	Sonanzform
1	*e*-mi	Moll	konsonant
1	*e*-mi	Dur-Sextakkord	konsonant
2	*f*-fa	Dur	konsonant

Wir halten fest:

1. Wir sahen bislang als die am meisten verwendete Verbindung in den 3er-Klangfolgen den doppelten Quintfall.
2. Nach dem doppelten Quintfall kommt das authentisch-plagale und erst dann das plagal-authentische Pendel.
3. Die grundständigen Akkorde in Dur sind vorherrschend.
4. Erst nach ihnen kommt in Verbindungen der Dur-Sextakkord.
5. Und erst nach letzterem der grundständige Moll-Akkord.

Grundtonfortschreitungen

las_gesamt_3.modus_nat_keytonepro_.txt

Diese Grundtonfortschreitung ist bekannt.

|Häufigkeit|23mal||

Grundtonfortschreitung
AH
PH
AH

Und nun drei Quintfälle.

|Häufigkeit|18mal||

Grundtonfortschreitung
AH
AH
AH

3. ORLANDO DI LASSO

Und nun eine Kombination:

| Häufigkeit | 16mal |

Grundtonfortschreitung
PH
AH
AT

Blockdiagramme

Die Klangdichte baut sich rasch bis auf ca. 60% im Schnitt bis drei Balken vor 395 auf und baut sich wieder sukzessive bis ca. 25% bei 592,5 ab, zwei Balken danach erreicht sie ihren Tiefpunkt. Von 592,5 bis 1185 ist die Dichte insgesamt geringer, es gibt aber eine eindeutige Konzentration auf die Mitte der Werke. Bei 790 haben wir es mit einem kleinen Dichtehöhepunkt zu tun, wie die sich überzeichnenden Balken und die Schwärzung belegen. Ab 1185 baut sich die Klangdichte treppenförmig auf und erreicht einen Balken vor 1581 ihren absoluten Höhepunkt. Dies war in der Form bislang so nicht deutlich in den anderen aggregierten Motetten zu sehen.

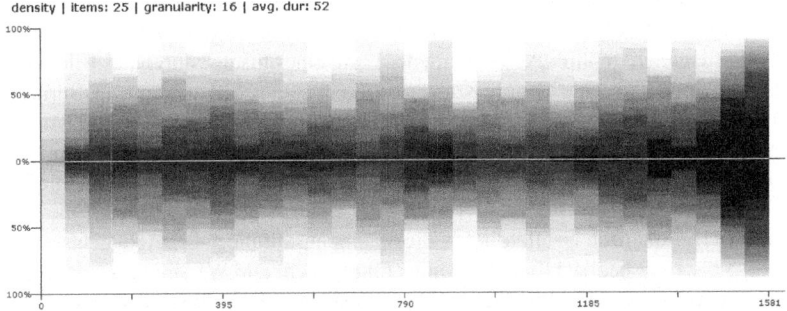

Die Satzdichte zeigt ein bekanntes Bild: Hohe Pausendichte zu Beginn, dann Abbau der Pausendichte bis zum ersten Viertel, dann wellenförmige Zunahme der Pausendichte mit Höhepunkt kurz vor der Mitte, dann eine kolbenförmige Formation mit durchschnittlicher 25%iger Pausendichte. Im 1. Modus transpositus war der Kulminationspunkt einen Balken nach der Mitte mit höherer Pausendichte, die beiden Wellen waren zudem gedrängter. Die Wellen im 3. Modus sind hingegen gestreckter: die 1. Welle beginnt bei 395 und hat ihren Scheitelpunkt zwei Balken vor 790, drei Balken nach 790 hat sie einen Tiefpunkt, von dem aus eine erneute Kurve ausgeht. Markant ist hierbei, dass bei 987,5 und zwei Balken vor 1185 die Pausendichte auf 20% abfällt. Der Schlusspunkt dieser Welle liegt bei 1382,5. Wie auch in den anderen Modi, finden wir hier beim siebten Achtel auf der x-Achse einen nochmaligen Ausschlag der Pausendichte.

KAPITEL 4. ANALYSEN

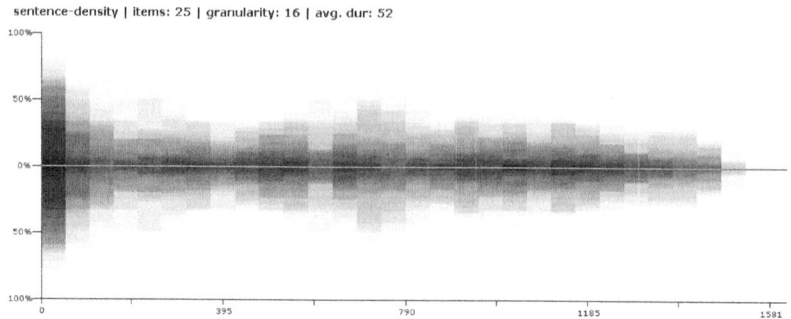

sentence-density | items: 25 | granularity: 16 | avg. dur: 52

Die Dissonanzgrade zeigen eine Vielzahl an unterschiedlichen Verteilungen. Konzentrieren wir uns auf die noch dunkelgrauen Partien, so sehen wir vier Kernpunkte, die allen Werken eigen sind: 592,5, einen Balken vor 790, einen Balken nach 1185 und einen Balken vor 1581. Diese 5% sind allen Werken eigen. Auffällig ist zudem, dass Anfang und Ende der Werke konsonant sind. Ebenfalls symptomatisch ist die Beliebigkeit der Werte einen Balken nach 790 wie auch bei 1185. Betrachten wir die Palette als Ganzes, so fällt ein Verweilen der Dissonanzen von Anfang bis einen Balken vor 395 auf einem fast 50%iges Niveau, sodann einen Sprung bei 395 auf ein in den anderen Werken noch höheres, der von einem Abstieg mit Ausreißern begleitet wird, auf, wodurch sich wieder eine Wölbung ergibt. Die Formation in der 1. Hälfte gleicht in ihrer Ausprägung der Form eines Fischs: durch das Bild wird die Graduierung klar: eine längere Konzentration über eine Strecke hinweg, Sprung und von diesem dann ein abrundender Abbau. Einen Balken nach 790 haben wir für die Mitte der Werke einen sehr charakteristischen Block, der sich bei einigen Werken auch als Spannungsabfall darstellt. Der Block danach ist in ganz unterschiedlicher Ausprägung fassbar. Die zweite Hälfte zeigt weniger klare Strukturen. Eine Zunahme der Dissonanzen ist allerdings – die Spannungsabfälle außer Acht gelassen – von 987,5 bis 1382 beobachtbar. Allerdings führen nicht alle Werke in dieser Strecke zu einem dissonanten Hochpunkt, und danach bauen sich die Dissonanzen rasch ab.

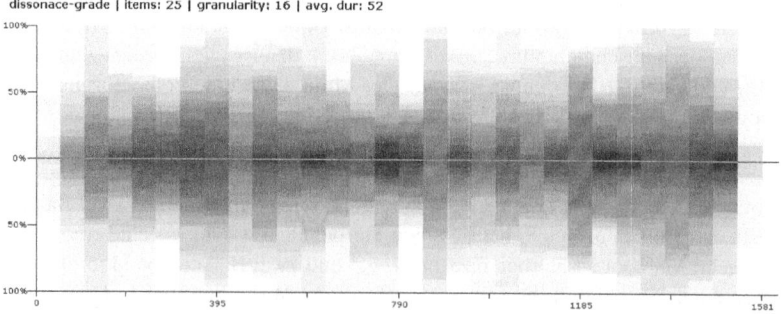

dissonace-grade | items: 25 | granularity: 16 | avg. dur: 52

Die Verteilung des Dur-Dreiklangs ist sehr vielfältig. Konzentrieren wir uns hier einmal auf die eher hellen Stellen: wir sehen einen niedrigen Anteil direkt beim Beginn, bei 395, einen Balken nach 790 und am auffälligsten, einen Balken nach

3. ORLANDO DI LASSO

1382,5. Sehen wir uns neben dem obligatorischen Schluss in Dur einmal die Verteilung im Ganzen an, so entdecken wir einen durchgehenden Block von einem Balken nach Beginn bis zum Ende, der außer am Ende in den dunkelsten Tönungen die 25%-Marke nie reißt. Wir können zudem durch die oben genannten helleren Einbrüche vier Inseln ausmachen: von einem Balken nach Beginn bis 395, von einem Balken nach 395 bis 790, zwei Balken vor 790 bis einen Balken vor 1185 und 1185 bis 1382,5. Rechnen wir die letzte Strecke von 1382,5 bis 1581 noch dazu, wären es fünf Inseln oder Blöcke.

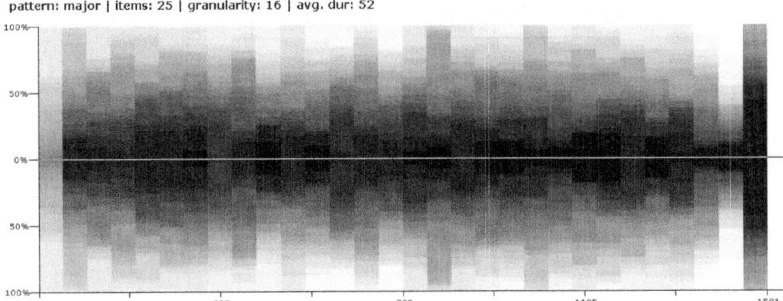

Die Stimmkreuzungstätigkeiten zerfallen in zwei Lager, eines vor der Hälfte und eines danach. Dass einen Balken vor 790 noch recht viel und einen Balken nach 790 recht wenig gekreuzt wird, zeichnet sich als Charakteristikum ab. Die Stimmkreuzungen sind am Beginn recht niedrig und beliebig, konzentrieren sich dann aber sprunghaft bei 197,5 auf unterschiedlichen Ebenen und bauen sich in einigen Werken dann von sogar 100% bis rasch ab, in anderen Werken gegenläufig von niedrigen 10% sogar auf. Insgesamt überwiegt der Eindruck eines Abbaus von einem 1. Hochpunkt. Anschließend haben wir recht unterschiedliche Ausprägungen, allerdings ist sowohl das niedrige Niveau in beliebiger vertikaler Verteilung einen Balken nach 395 typisch, als auch die neue Spitze bei 592,5. Betrachtet man die zweite Hälfte, so zeigen sich die Kreuzungen gedrängter. Besondere deutliche Konzentrationen sehen wir hier bei 1155 und von 1382,5 bis zwei Balken danach. Die helleren Stellen einen Balken vor 1185, einen Balken vor 1382,5 und einen Balken vor 1581 sind in ihrer Ausprägung ebenfalls augenscheinlich. Nicht nur die Anwesenheit von etwas, sondern auch seine Abwesenheit kann einem Geschehen ein Gesicht verleihen.

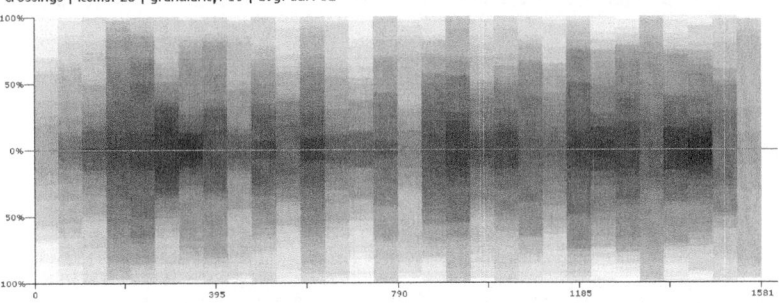

3.2.7 3.Modus transpositus

Mittelwerte

Las_gesamt_3.modus_tr_avg.txt

Konsonanzen	
evts	978,00
evts-sd	248,95
%evt	82,07
%evt-sd	4,01
%ttl	76,97
%ttl-sd	6,32
blks	52,33
blks-sd	13,91
mindur	2,00
maxdur	118,67
avgdur	19,16
avgdur-sd	4,91

Dissonanzen	
evts	224,67
evts-sd	104,64
%evt	17,93
%evt-sd	4,01
%ttl	16,96
%ttl-sd	4,56
blks	46,67
blks-sd	18,26
mindur	2,00
maxdur	12,00
avgdur	4,67
avgdur-sd	0,35

Die Dissonanzen bestehen fast nur aus zufälligen unbestimmten Dissonanzen und Einzelintervallen. Man beachte den dramatischen Einbruch zwischen Einzelintervall und dem Dur-Quartsextakkord. Auffällig ist, dass sich die Werte der letzten drei Akkorde entsprechen, bei den Dauern entsprechen sich sogar die vier letzten Akkorde in Dauer und Standardabweichung. Wir finden nun auch zum ersten mal in der Liste etwas weiter vorne die Form des halbverminderten Quintsextakkordes.

Dissonante Klänge	evts	%evt	%ttl	blks	mindur	maxdur	avgdur
UNDETERMINED	160,67	59,08	11,00	35,00	1,33	6,67	3,06
Einzelintervall	40,00	33,70	4,39	9,33	2,00	4,00	2,77
Dur-Quartsextakkord	9,33	2,55	0,59	1,00	2,67	4,00	3,11
Dominantseptakkord	5,33	2,12	0,37	1,67	2,00	2,67	2,22
Moll-Quartsextakkord	2,67	0,73	0,17	0,33	2,67	2,67	2,67
Halbvermind. Quintsextakkord	2,67	0,73	0,17	0,67	1,33	1,33	1,33
Dominantsekundakkord	1,33	0,36	0,08	0,33	1,33	1,33	1,33
Halbverm. Terzquartakkord	1,33	0,36	0,08	0,33	1,33	1,33	1,33
Dominant-Terzquartakkord	1,33	0,36	0,08	0,33	1,33	1,33	1,33

Die Streuungen sind sehr hoch und übertreffen bereits ab Platz zwei die Mittelwerte.

Dissonante Klänge	evts-sd	%evt-sd	%ttl-sd	blks-sd	avgdur-sd
UNDETERMINED	122,77	42,19	8,04	26,77	2,16
Einzelintervall	53,76	46,89	6,04	12,50	1,96
Dur-Quartsextakkord	13,20	3,61	0,84	1,41	4,40
Dominantseptakkord	3,77	1,70	0,27	1,25	1,66
Moll-Quartsextakkord	3,77	1,03	0,24	0,47	3,77
Halbvermind. Quintsextakkord	3,77	1,03	0,24	0,94	1,89
Dominantsekundakkord	1,89	0,51	0,12	0,47	1,89
Halbverm. Terzquartakkord	1,89	0,51	0,12	0,47	1,89
Dominant-Terzquartakkord	1,89	0,51	0,12	0,47	1,89

3. ORLANDO DI LASSO

Die Konsonanten Klänge bergen eine winzige Neuigkeit: das Vorkommen des terzlosen 7/5-Klanges. Dieser ist aber nur zu 0,17% in den Werken enthalten, und seine Standardabweichungen übertreffen seine Mittelwerte.

Konsonante Klänge	evts	%evt	%ttl	blks	mindur	maxdur	avgdur
Dur	387,33	33,90	27,79	24,00	1,33	41,33	11,41
Moll	266,67	23,03	18,37	28,67	2,00	29,33	6,41
Einzelintervall	224,00	34,57	24,27	14,33	15,33	36,00	19,65
Dur-Sextakkord	66,00	5,60	4,29	9,33	2,00	8,00	4,60
Moll-Sextakkord	31,33	2,68	2,08	5,67	2,00	5,33	3,99
7/5	2,67	0,22	0,17	0,33	2,67	2,67	2,67

Insgesamt sind die Abweichungen sehr hoch.

Konsonante Klänge	evts-sd	%evt-sd	%ttl-sd	blks-sd	avgdur-sd
Dur	305,95	27,28	23,28	17,45	9,89
Moll	196,57	16,77	13,12	22,51	4,62
Einzelintervall	286,24	46,29	32,36	19,57	18,27
Dur-Sextakkord	79,62	6,69	5,03	11,15	3,26
Moll-Sextakkord	31,26	2,62	1,97	6,02	2,87
7/5	3,77	0,32	0,24	0,47	3,77

In der Aufschlüsselung aller Klänge steht überraschender Weise nicht die 6. Stufe, also die Repercussa im Vordergrund, sondern der Moll-Akkord über der 4. Stufe. Bemerkenswert sind zudem die vielen Primen. Die größte max- und avgdur besitzt der Dur-Akkord über der Finalis, danach kommt der Moll-Klang über der vierten Stufe, der sich die maxdur mit dem Dur-Klang über der zweiten Stufe teilt, welcher aber die höhere avgdur besitzt.

Alle Klänge	evts	%evt	%ttl	blks	mindur	maxdur	avgdur
Moll, *d*-la, 4. Stufe	126,67	10,49	8,72	14,67	2,00	21,33	5,76
Prime, *a*-mi, 1. Stufe	114,67	12,80	12,78	9,33	1,33	10,67	4,10
Moll, *g*-re, 7. Stufe	96,00	8,06	6,75	12,33	2,67	10,67	5,25
Dur, *b*-fa, 2. Stufe	81,33	6,84	5,73	7,00	2,67	21,33	8,00
Dur, *c*-so, 3. Stufe	78,00	6,50	5,43	8,00	1,33	16,00	6,51
Dur, *a*-mi, 1. Stufe	64,00	5,50	4,66	4,00	2,67	29,33	10,17
Dur, *f*-do, 6. Stufe	60,67	5,15	4,34	6,33	2,00	12,00	6,32
Dur, *d*-la, 4. Stufe	54,00	4,71	4,02	4,33	2,00	13,33	7,02
Prime, *b*-fa, 2. Stufe	46,00	5,13	5,13	6,33	0,67	5,33	2,42
Prime, *c*-so, 3. Stufe	46,00	4,96	4,87	5,67	6,00	13,33	7,88
Prime, *d*-la, 4. Stufe	38,67	4,14	4,06	4,67	6,67	10,67	7,90
Dur, *g*-re, 7. Stufe	34,67	2,95	2,49	2,33	5,33	16,00	9,67
Moll, *a*-mi, 1. Stufe	34,67	2,76	2,24	5,33	3,33	8,00	4,80
Dur-Sextakkord, *d*-la, 4. Stufe	29,33	2,34	1,90	4,33	4,00	5,33	4,89
Dur-Sextakkord, *a*-mi, 1. Stufe	23,33	1,84	1,49	3,33	0,67	5,33	2,33
Einzelnote, *d*-la, 4. Stufe	18,67	1,91	1,83	2,00	8,00	8,00	8,00
Moll-Sextakkord, *c*-so, 3. Stufe	15,33	1,23	1,01	2,33	3,33	5,33	4,78
Einzelnote, *f*-do, 6. Stufe	14,67	1,64	1,64	2,00	1,33	2,67	2,44
Dur, *es*-ta, 5. Stufe	14,67	1,30	1,12	0,67	5,33	9,33	7,33
Moll-Sextakkord, *b*-fa, 2. Stufe	10,67	0,87	0,71	2,00	4,00	5,33	4,27

Die Streuungen der Primen sind gewaltig und zeigen ihre beliebige Verteilung.

Alle Klänge	evts-sd	%evt-sd	%ttl-sd	blks-sd	avgdur-sd
Moll, d-la, 4. Stufe	93,77	7,58	6,24	10,87	4,08
Prime, a-mi, 1. Stufe	162,16	18,10	18,08	13,20	5,79
Moll, g-re, 7. Stufe	68,20	5,81	4,92	8,81	3,81
Dur, b-fa, 2. Stufe	58,09	4,98	4,22	5,10	6,06
Dur, c-so, 3. Stufe	55,45	4,60	3,84	5,72	4,61
Dur, a-mi, 1. Stufe	57,78	5,16	4,45	3,27	7,42
Dur, f-do, 6. Stufe	46,83	4,13	3,54	4,50	4,74
Dur, d-la, 4. Stufe	61,47	5,49	4,73	3,68	6,44
Prime, b-fa, 2. Stufe	65,05	7,26	7,25	8,96	3,42
Prime, c-so, 3. Stufe	54,14	6,15	6,18	7,32	6,53
Prime, d-la, 4. Stufe	43,86	4,99	5,03	5,91	6,53
Dur, g-re, 7. Stufe	27,78	2,46	2,12	1,70	7,13
Moll, a-mi, 1. Stufe	43,49	3,41	2,75	6,85	3,46
Dur-Sextakkord, d-la, 4. Stufe	35,98	2,82	2,27	5,44	3,50
Dur-Sextakkord, a-mi, 1. Stufe	33,00	2,60	2,10	4,71	3,30
Einzelnote, d-la, 4. Stufe	16,44	1,88	1,91	2,16	6,53
Moll-Sextakkord, c-so, 3. Stufe	16,36	1,28	1,03	2,62	3,45
Einzelnote, f-do, 6. Stufe	20,74	2,31	2,31	2,83	3,46
Dur, es-ta, 5. Stufe	20,74	1,84	1,58	0,94	10,37
Moll-Sextakkord, b-fa, 2. Stufe	9,98	0,78	0,63	2,16	3,29

Kommen wir zu den Tönen des Tenors.

Tenor, nur Tonhöhen	evts	%evt	%ttl	blks	mindur	maxdur	avgdur
a	228,67	19,61	16,27	11,00	4,67	45,33	13,76
c	144,00	12,41	9,82	8,00	2,67	24,00	11,77
b	138,00	11,87	9,57	8,33	2,00	37,33	11,01
d	132,00	11,33	9,31	7,67	2,67	18,67	11,55
g	82,67	7,07	6,03	7,00	6,67	16,00	8,94
e	29,33	2,54	1,88	2,33	2,67	6,67	6,00
f	21,33	1,84	1,44	2,00	5,33	8,00	7,11

Das a--mi ist als Finalis am häufigsten vertreten. An zweiter Stelle folgt aber nicht die Repercussa, sondern das c-so. Wir sehen keine Akzidenztöne und insgesamt hohe Standardabweichungen.

Tenor, nur Tonhöhen	evts-sd	%evt-sd	%ttl-sd	blks-sd	avgdur-sd
a	170,70	14,56	12,78	8,04	9,76
c	113,00	9,80	7,33	5,89	8,49
b	99,08	8,55	6,77	5,91	7,83
d	94,49	8,09	6,89	5,44	8,38
g	76,27	6,48	5,88	7,26	6,67
e	38,69	3,36	2,45	2,62	5,89
f	17,99	1,56	1,14	1,41	6,00

3. ORLANDO DI LASSO

Kommen wir zum Bassus. Dieser zeigt uns ganze andere Präferenzen, die auch für die Verwendung der Stimmenpaare sprechen: an erster Stelle steht das *d*-la, die 4. Stufe, dann das *g*-re, Finalis und Repercussa kommen erst auf Platz vier und sechs! Außerdem haben wir zwei Akzidentien: das *es*-ta und das *fis*-di. Die längste avgdur besitzt das *c*-so.

Bassus, nur Tonhöhen	evts	%evt	%ttl	blks	mindur	maxdur	avgdur
d	198,67	18,04	13,87	12,67	2,67	26,67	10,47
g	128,00	11,56	8,87	9,00	2,67	21,33	9,49
c	114,67	10,34	7,92	7,33	2,67	21,33	11,40
a	110,67	9,98	7,65	7,67	2,67	32,00	9,81
b	82,67	7,44	5,70	6,33	2,67	21,33	9,47
f	66,67	6,07	4,68	4,33	2,67	21,33	10,29
es	16,00	1,54	1,22	0,67	5,33	10,67	8,00
e	13,33	1,18	0,90	2,33	2,67	6,67	3,67
fis	5,33	0,51	0,41	0,67	2,67	2,67	2,67

Die Standardabweichungen sind auch hier sehr hoch. Vollkommen chaotisch wirken die Streuungen des *es*, bei denen der Mittelwert um einiges überschritten wird.

Bassus, nur Tonhöhen	evts-sd	%evt-sd	%ttl-sd	blks-sd	avgdur-sd
d	140,56	12,78	9,88	8,99	7,42
g	91,97	8,20	6,27	6,48	6,71
c	83,42	7,38	5,62	6,13	8,71
a	80,29	7,12	5,43	5,79	7,02
b	60,69	5,35	4,06	5,31	7,17
f	47,25	4,36	3,39	3,09	7,29
es	22,63	2,18	1,73	0,94	11,31
e	11,47	0,98	0,73	1,70	2,87
fis	7,54	0,73	0,58	0,94	3,77

Da in diesem Modus weniger Werke zur Verfügung standen, haben wir auch weniger sich in den Werken wiederholende Klangfolgen herausfiltern können.

Klangfolgen

las_gesamt_3.modus_tr_sequences.txt

Die folgende Verbindung ereignet sich in der Motette *Lauda mater ecclesia, secunda pars* bei 472, 504, 680 und 712. Es ist zu bemerken, dass die secunda pars auch nur zweistimmig ist und von Cantus und Sextus bestritten wird.

|Häufigkeit|4mal|

Modus-Stufe	Solmisationssilbe	Klang	Sonanzform
1	*a*-mi	5r	konsonant
1	*a*-mi	3-	konsonant
6	*f*-do	Einzelnote	konsonant

Auch in der nächsten Folge haben wir es mit der gleichen Motette zu tun. Die Ereignisse finden hier bei 400, 432, 520 und 728 statt.

|Häufigkeit|4mal|

Modus-Stufe	Solmisationssilbe	Klang	Sonanzform
1	*a*-mi	6-	konsonant
1	*a*-mi	5r	konsonant
1	*f*-do	3-	konsonant

Die nächste Folge stammt ebenfalls aus der gleichen Motette, die Zeitdaten im Sechszehntel-Raster sind: 360, 584 und 792.

|Häufigkeit|3mal|

Modus-Stufe	Solmisationssilbe	Klang	Sonanzform
1	*a*-mi	6-	konsonant
1	*a*-mi	5r	konsonant
3	*c*-so	3+	konsonant

Nun kommen auch andere Motetten mit ins Spiel: die ersten beiden Vorkommnisse sind aus *Lauda mater Ecclesia*, tertia pars, bei 0 und 288, das letzte ist aus *Media vita*, secunda pars, MIDI-Zeit: 264.

|Häufigkeit|3mal|

Modus-Stufe	Solmisationssilbe	Klang	Sonanzform
4	*d*-la	Dur	konsonant
7	*g*-re	Dur	konsonant
3	*c*-so	Dur	konsonant

Das ist ein alter Bekannter: der doppelte Quintfall.

Grundtonfortschreitungen

las_gesamt_3.modus_tr_keytonepro_.txt

3. ORLANDO DI LASSO

Diese Grundtonfortschreitung haben wir bislang nicht beobachtet.

| Häufigkeit | 5mal |

Grundtonfortschreitung
AS
AS
AS

Nun kommen zwei Kombinationsformen. Einmal:

| Häufigkeit | 4mal |

Grundtonfortschreitung
PS
AS
PS

Und:

| Häufigkeit | 4mal |

Grundtonfortschreitung
AS
PS
AS

Blockdiagramme

Bei der Klangdichte sehen wir mehr oder weniger einheitliche Verläufe. Wir sehen eine sich aufbauende Klangdichte im ersten Achtel-Abschnitt, deren Höhepunkte allerdings unterschiedlich ausfallen. Allen gemeinsam ist der Abfall von ihrem jeweiligen Maximum einen Balken vor 314, dieser Abschnitt ist sehr ausgeprägt. Auch die nächste Formation von 314 bis 471 ist in unterschiedlichen Stärken für alle Werke wesentlich, der Abfall der Werte ist nun in unterschiedlicher Ausbildung treppenförmig. Alle Werke haben ab drei Balken vor der Hälfte von 629 eine niedrigere Klangdichte, die dann sprunghaft einen Balken vor 629 ansteigt. Hier bildet sich dann von 629-786 ein gegenläufiger, fast symmetrischer Dichtekomplex, der als Zentrum der Werke definiert werden kann. Ab 786 erleben wir eine wellenförmige Zunahme der Klangdichte, in unterschiedlichen Stärken, allen gemeinsam ist aber die Zielrichtung auf einen Höhepunkt der Klangdichte zum Ende entgegen! Die Hälften sind nicht gleichmäßig, denn die zweite Hälfte beginn eigentlich schon einen Balken vor 629 und nimmt in ihrer Entwicklung als Ganzes mehr Raum ein. Sie kann selbst als zweigeteilt betrachtet werden, nimmt man die Spitze einen Balken vor 943 als Achse an. Tut man das, so wirkt deren zweite Hälfte wiederum wie ein vergrößertes und gestrecktes Bild der ersten.

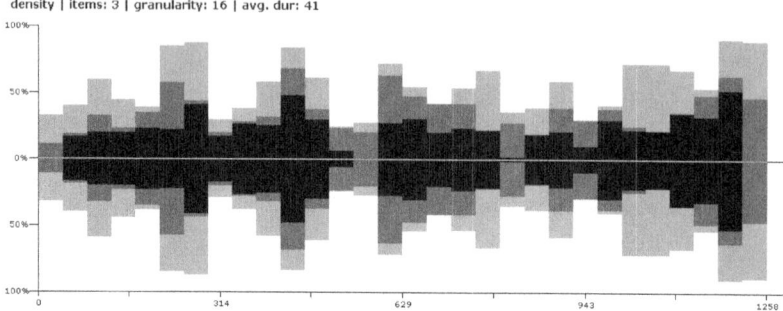

Das Bild der Satzdichte ist uns gut bekannt und braucht nicht weiter erläutert zu werden.

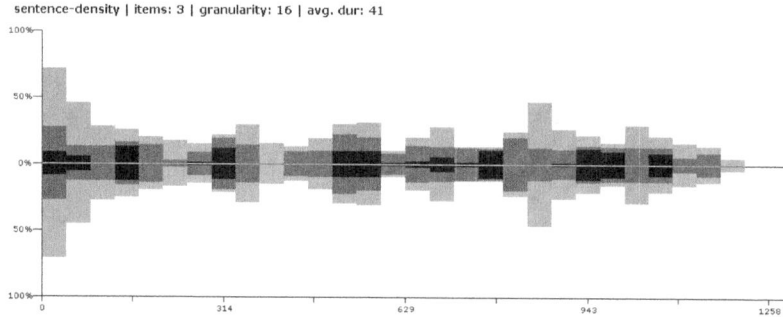

Bei den Dissonanzgraden fällt auf, dass wir in einem Werk die Spitzen von 100%, einmal zwei Balken nach 157 und einen Balken vor 471 bekommen. Allen Werken sind die niedrigen Grade zu Beginn, einen Balken vor 314, im Komplex von einen Balken vor 629 bis zwei Balken nach 786 eigen. Auch steigern alle Werke vor den Ausreißerspitzen ihre Dissonanzgrade, wie auch in der Entwicklung einen Balken vor 943 alle Werke ihre Dissonanlität sukzessive mehr oder weniger steigern.

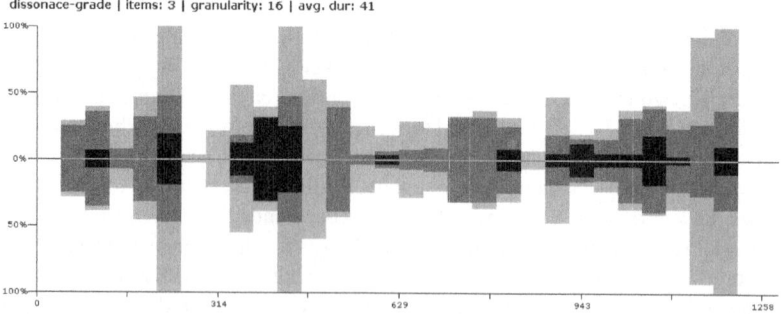

3. ORLANDO DI LASSO

Wir machen drei Komplexe in der Verteilung des Dur-Akkordes aus: den 1. von Beginn bis einen Balken vor 471, den zweiten ab 471 bis 786 und den letzten von 786 bis Ende. Besonders deutlich ist der Block von 786 bis gegen Ende, hier ist die sich vor allem bei 943 abbauende und wieder sprunghaft steigernde Bewegungsrichtung fast identisch, bis auf den kleinen Ausreißer bei 1100. Das höchste Dur-Niveau herrscht am Anfang und am Ende, am Anfang jedoch durchgehender. Sehen wir uns einmal die Stellen mit einem niedrigen Dur-Niveau von vielleicht 10% an, so finden sich diese nach dem Werteabfall des 1. Blocks bei 471 und einen Balken nach 1100. Man kann auch den einen Balken nach 786 dazu zählen.

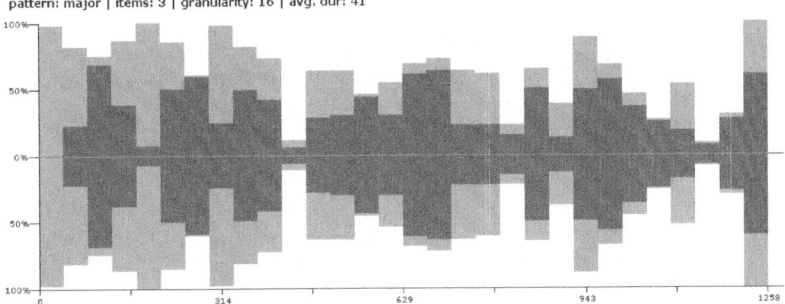

Die Stimmkreuzungen sind zahlreich und mit hohen Werten verbunden. Stimmkreuzung gehört zum Wesen der Vokalpolyphonie. Wir konzentrieren uns auf die besonders starken Kreuzungsbereiche: in den schwarzen Bereichen sehen wir acht Stellen. Das Niveau von 60% ist das höchste und zwar einen Balken vor 471. Mit dem schwarzen Block bei 629 werden die Werke zweigeteilt. Gehen wir zu einem Balken vor 786: die Spitze wurde von 100% auch von zwei Werken geteilt, der Abfall der Werte ist allen gemeinsam; prägnant scheint vor allen Dingen die niedrigere Kreuzungstätigkeiten von 786 bis 943 zu sein. Ab 943 bildet sich auch hier wieder bis zum Ende hin ein steigernder Block. Der massivste Block insgesamt in allen Werken bildet sich aber zwei Balken nach 314 und dauert bis 786 an. Der Bereich ab 786 leitet die steigernde Kreuzungsentwicklung bis zum Ende hin ein.

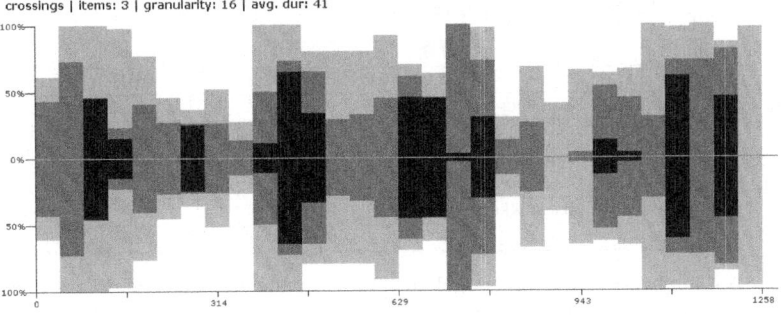

Wir konnten beobachten, dass der 3. transponierte Modus sich in einigen Details von seinem untransponierten Bruder unterscheidet. Beiden gemeinsam ist aber – wie allen Modi – die Satzdichte-Entwicklung.

3.2.8 4.Modus naturalis

Mittelwerte

las_gesamt_4.modus_nat_avg

Konsonanzen	
evts	1504,00
sd	327,32
%evt	84,13
sd	4,39
%ttl	82,95
sd	3,96
blks	59,00
sd	16,21
mindur	2,00
maxdur	249,33
avgdur	27,02
avgdur-sd	6,95

Dissonanzen	
evts	278,67
sd	78,30
%evt	15,68
sd	4,39
%ttl	15,68
sd	4,40
blks	56,83
sd	17,71
mindur	2,00
maxdur	19,33
avgdur	5,03
avgdur-sd	0,69

Der 4. Modus naturalis ist ungefähr gleich konsonant wie der 3. Modus naturalis. Man beachte die hohen Standardabweichungen der blks.

Dissonante Klänge	evts	%evt	%ttl	blks	mindur	maxdur	avgdur
UNDETERMINED	226,67	80,51	12,83	49,33	2,00	15,33	4,64
Einzelintervall	16,33	7,29	0,83	4,00	1,33	3,33	2,06
Moll-Quartsextakkord	11,67	4,09	0,64	1,67	6,33	7,00	6,78
Dur Quartsextakkord	8,67	3,57	0,54	1,33	3,33	5,33	4,45
Halbverm.-Terzquartakkord	4,00	1,17	0,21	1,33	2,00	2,33	2,13
Dominantseptakkord	3,00	0,80	0,19	0,83	0,33	0,67	0,60
Dominant-Sekundakkord	2,00	0,70	0,09	0,50	1,33	1,33	1,33
5/12	1,33	0,38	0,07	0,33	0,67	0,67	0,67
5/7	1,00	0,28	0,05	0,33	0,33	0,67	0,50
Übermäßiger Dreiklang	0,67	0,24	0,03	0,17	0,67	0,67	0,67
12/5	0,67	0,18	0,04	0,17	0,67	0,67	0,67
Halbverm.-Quintsextakkord	0,67	0,21	0,03	0,17	0,67	0,67	0,67
Verminderter Dreiklang	0,67	0,19	0,04	0,17	0,67	0,67	0,67
Dominant-Quintsextakkord	0,67	0,19	0,04	0,17	0,67	0,67	0,67
Verm. Terzquartakkord	0,67	0,19	0,04	0,17	0,67	0,67	0,67

Ausnahmsweise werden einmal auch die – wenngleich nur in homöopathischen Dosen vorkommenden – anderen Vierklänge sowie der übermäßige Dreiklang dargestellt. Wir sehen, dass bereits der Moll-Quartsextakkord nur marginal vorkommt. Die Klänge ab dem übermäßigen Dreiklang haben oft die gleichen Werte und auch

3. ORLANDO DI LASSO

die gleichen Abweichungen. Die Standardabweichungen übertreffen ab dem Einzelintervall, mit Ausnahme des Dur-Quartsextakkordes, den jeweiligen Mittelwert. Die konsonanten Klänge: Auch hier seien einmal die vielfältigen Erscheinungsformen dargestellt:

Konsonante Klänge	evts	%evt	%ttl	blks	mindur	maxdur	avgdur
Dur	693,33	47,42	38,92	52,50	2,00	102,67	13,94
Moll	353,67	24,29	20,08	38,83	2,33	33,33	9,38
Einzelintervall	158,33	9,20	7,91	11,17	4,00	36,00	10,88
Dur-Sextakkord	135,00	8,83	7,35	20,00	3,33	12,67	6,75
Moll-Sextakkord	80,67	5,18	4,35	12,50	3,33	10,00	6,33
12/4	25,33	1,56	1,34	2,67	5,00	12,00	7,19
12/3	16,33	0,99	0,85	2,33	2,33	4,00	3,51
3/12	11,00	0,67	0,58	1,83	1,00	2,67	1,87
3/9	6,00	0,38	0,31	1,00	3,00	4,00	3,50
4/8	5,33	0,32	0,27	0,67	4,00	4,67	4,33
4/12	5,33	0,32	0,28	1,00	1,33	2,00	1,60
7/5	4,67	0,29	0,25	0,83	3,33	3,67	3,55
8/4	4,67	0,29	0,25	0,67	2,00	2,67	2,33
12/7	2,33	0,14	0,12	0,33	2,33	2,33	2,33
UNDETERMINED	1,33	0,09	0,07	0,17	1,33	1,33	1,33
12/8	0,67	0,04	0,03	0,17	0,67	0,67	0,67

Gegenüber dem 3. Modus steht hier das Einzelintervall auf Platz drei. Die Auflistung aller Klänge zeigt eine deutliche Bevorzugung des *c*-do sowie des *a*-la, erstes ist die Repercussa des authentischen Modus, letzteres ist die Repercussa des plagalen. Einerseits steht der Moll-Akkord über la an zweiter Stelle, andererseits hat der Dur-Akkord über la die höchste Durchschnittsdauer.

Die Standardabweichungen sind nicht außergewöhnlich hoch, weshalb wir uns deren Darstellung ersparen, sie können ohnehin in der beiliegenden Datei eingesehen werden.

314	KAPITEL 4. ANALYSEN

Alle Klänge	evts	%evt	%ttl	blks	mindur	maxdur	avgdur
Dur, c-do, 2. Stufe	210,33	13,33	11,51	19,17	3,00	34,00	11,13
Moll, a-la, 7. Stufe	177,50	11,56	10,05	20,00	3,00	24,00	8,58
Dur, g-so, 6. Stufe	166,33	10,79	9,34	17,50	3,00	25,33	9,83
Dur, f-fa, 5. Stufe	110,00	7,15	6,10	12,50	3,67	26,33	8,52
Dur, e-mi, 4. Stufe	94,00	5,82	5,06	6,83	4,33	32,67	13,16
Moll, d-re, 3. Stufe	89,33	6,00	5,11	10,67	4,00	17,33	8,60
Moll, e-mi, 4. Stufe	79,50	5,10	4,43	11,33	4,33	11,33	7,07
Dur-Sextakkord, e-mi, 4. Stufe	52,33	3,13	2,75	8,17	4,00	7,33	6,17
Dur, a-la, 7. Stufe	51,00	4,03	3,37	3,50	9,00	22,00	13,91
Dur, d-re, 3. Stufe	42,67	2,95	2,47	4,33	4,33	14,00	9,79
Dur-Sextakkord, a-la, 7. Stufe	38,67	2,29	2,00	6,33	4,67	9,33	6,35
Moll-Sextakkord, f-fa, 5. Stufe	38,00	2,21	1,97	5,83	3,33	8,67	6,21
Prime, a-la, 7. Stufe	36,00	2,00	1,82	4,67	5,33	10,00	7,44
Prime, e-mi, 4. Stufe	35,33	1,93	1,76	3,50	3,33	9,33	5,45
Prime, c-do, 2. Stufe	28,00	1,54	1,40	3,67	4,00	8,67	5,33
Dur-Sextakkord, h-ti, 1. Stufe	24,00	1,54	1,35	3,33	4,67	8,67	6,78
Prime, f-fa, 5. Stufe	24,00	1,35	1,21	2,83	3,33	6,00	4,60
Prime, g-so, 6. Stufe	21,67	1,17	1,09	3,33	1,00	4,67	2,09
Dur, b-ta, 7. Stufe	19,00	1,28	1,07	2,00	2,33	6,67	4,72
Moll-Sextakkord, g-so, 6. Stufe	16,67	1,02	0,91	3,00	5,33	6,67	6,05

Kommen wir zu den Tönen des Tenors. Dominiert wird der Tenor vom a-la, an zweiter Stelle steht die Repercussa c-do. Es sind alle Akzidentien vorhanden.

Tenor, nur Tonhöhen	evts	%evt	%ttl	blks	mindur	maxdur	avgdur
a	354,00	22,90	19,68	24,83	2,67	54,67	15,56
c	284,67	16,99	14,86	22,00	4,67	31,33	12,96
g	282,50	18,63	15,86	17,83	4,00	51,83	15,96
h	162,00	9,74	8,53	17,00	2,67	32,00	9,41
e	160,83	11,65	9,75	12,83	3,00	29,33	12,49
d	160,00	9,98	8,68	13,83	4,00	21,33	11,98
f	81,00	5,31	4,48	8,83	3,00	20,00	9,16
gis	34,00	1,97	1,71	1,83	16,67	20,67	19,33
b	21,33	1,37	1,17	1,67	6,00	10,00	7,83
fis	17,67	1,25	1,07	1,50	9,67	13,33	11,42
cis	3,33	0,22	0,18	0,50	2,00	2,00	2,00

Die Standardabweichungen der blks und der avgdur sind oft höher als der Durchschnittswert.

Tenor, nur Tonhöhen	evts-sd	%evt-sd	%ttl-sd	blks-sd	avgdur-sd
a	100,88	5,45	4,84	8,33	5,77
c	145,46	7,36	6,80	12,38	2,55
g	82,54	5,19	3,97	5,18	1,71
h	116,41	5,71	5,25	12,06	2,08
e	74,77	7,98	6,21	4,67	4,16

3. ORLANDO DI LASSO

d	99,03	4,33	4,14	7,08	3,37
f	60,21	3,66	2,99	6,20	1,03
gis	27,10	1,57	1,36	1,34	21,47
b	21,37	1,45	1,24	1,49	6,07
fis	12,98	0,99	0,83	1,26	9,88
cis	5,85	0,37	0,30	0,76	3,06

Kommen wir zum Bassus. Hier steht die Finalis an erster, die 4. Stufe an zweiter und die Repercussa an dritter Stelle. Es sind ebenfalls alle Akzidentien vorhanden.

Bassus, nur Tonhöhen	evts	%evt	%ttl	blks	mindur	maxdur	avgdur
e	304,83	20,06	15,84	17,83	2,67	53,33	13,35
a	193,83	15,91	11,92	13,00	3,67	28,00	13,27
c	166,67	11,91	9,29	12,00	2,67	26,67	11,85
d	166,00	11,52	9,06	13,33	2,67	26,67	10,08
g	162,33	11,37	8,85	12,50	3,00	28,00	11,74
f	135,67	9,21	7,30	12,67	2,67	22,00	8,85
h	28,67	1,94	1,53	3,83	3,33	10,67	7,07
b	9,33	0,76	0,58	0,83	0,67	2,67	1,87
fis	5,33	0,34	0,27	0,50	4,00	4,00	4,00
gis	4,00	0,21	0,18	0,33	1,33	2,67	2,00
cis	1,33	0,11	0,08	0,33	0,67	0,67	0,67

Allgemein haben wir es bei den Tönen mit höheren Standardabweichungen zu tun; das liegt in der Natur der Einzeltöne.

Bassus, nur Tonhöhen	evts-sd	%evt-sd	%ttl-sd	blks-sd	avgdur-sd
e	244,49	13,64	11,05	11,71	8,46
a	115,79	12,64	8,53	8,66	6,81
c	99,25	6,24	5,01	7,53	5,54
d	104,84	6,74	5,42	7,95	4,84
g	93,36	5,28	4,20	8,32	6,17
f	85,26	4,99	4,15	8,22	4,12
h	20,06	1,04	0,90	2,79	5,42
b	20,87	1,71	1,30	1,86	4,17
fis	7,54	0,48	0,38	0,76	6,11
gis	8,94	0,46	0,41	0,75	4,47
cis	2,98	0,24	0,19	0,75	1,49

Klangfolgen

las_gesamt_4.modus_nat_sequences.txt

| Häufigkeit | 8mal |

Modus-Stufe	Solmisationssilbe	Klang	Sonanzform
6	g-so	Dur	konsonant
2	c-do	Dur	konsonant
5	f-fa	Dur	konsonant

Wir sehen den doppelten Quintfall. Nun Kommen sowohl Moll- als auch Sextakkord mit ins Spiel. Die nächste Folge bedeutet a-6F-G. Wir sehen also den Terzfall mit anschließendem Sekundsteigen.

| Häufigkeit | 6mal |

Modus-Stufe	Solmisationssilbe	Klang	Sonanzform
7	a-la	Moll	konsonant
7	a-la	Dur-Sextakkord	konsonant
6	g-so	Dur	konsonant

Die nächste Folge ist ein authentisch-plagales Terz-Pendel und findet sich in fünf der sechs beteiligten Motetten.

| Häufigkeit | 5mal |

Modus-Stufe	Solmisationssilbe	Klang	Sonanzform
7	a-la	Moll	konsonant
7	a-la	Dur-Sextakkord	konsonant
7	a-la	Moll	konsonant

Die nächste Folge bedeutet C-6G-C und ist ein plagal-authentisches Quintpendel.

| Häufigkeit | 5mal |

Modus-Stufe	Solmisationssilbe	Klang	Sonanzform
2	$c$do	Dur	konsonant
1	h-ti	Dur-Sextakkord	konsonant
2	c-do	Dur	konsonant

Nun kommt die letzte fünfmalig auftretende Folge, die anderen Folgen kommen nur viermal vor und werden deshalb nicht mehr erwähnt.

3. ORLANDO DI LASSO 317

| Häufigkeit | 5mal |

Modus-Stufe	Solmisationssilbe	Klang	Sonanzform
6	g-so	Dur	konsonant
2	c-do	Dur	konsonant
7	a-la	Moll	konsonant

Das bedeutet G-C-a und ist eine Folge aus Quint- plus Terzfall. Wir finden diese Folge je zweimal in den Motetten *Ad Domunum cum tribularer*, bei 416 und 616 im Raster, auch in *In monte Oliveti* bei 832 und 1416. Die uns bereits bekannte Motette *Adorna thalamum* beherbergt diese Folge bei 1216 in unserem MIDI-Raster. Gehen wir zu den Blockdiagrammen über.

Grundtonfortschreitungen

las_gesamt_4.modus_nat_keytonepro_.txt

Nun drei absteigende Sekundschritte. Man sieht seit der Vorstellung der Grundtonfortschreitungen, dass sich 4er-Folgen gänzlich anders darstellen als 3er-Folgen.

| Häufigkeit | 19mal |

Grundtonfortschreitung
PS
PS
PS

Nun kommen wieder Kombinationsformen.

| Häufigkeit | 8mal |

Grundtonfortschreitung
PS
PS
AS

Und hier folgt eine Sequenz:

| Häufigkeit | 7mal |

Grundtonfortschreitung
AT
AS
AT

318 KAPITEL 4. ANALYSEN

Blockdiagramme

Bei der Klangdichte beobachten wir den allen gemeinsamen plötzlichen Anstieg der Klangdichte einen Balken nach Beginn, der selbst schon mit einem Niveau von fast 50% charakteristisch ist. Zwei Balken nach Beginn sehen wir eine insgesamt sich ballende Entwicklung, die zwar über längere Zeit hinweg hohes Niveau beibehält, aber bei 902 jäh unterbrochen wird. Diese Unterbrechung oder Abfall wie die sofortige Kumulierung danach sind für alle beteiligten Werke verbindlich, auch die unterschiedlichen niedrigeren Niveaus ab zwei einem Balken nach 1127,5 bis zwei Balken nach 1353, auch der Sprung auf höhere Niveaus einen Balken vor 1578,5.

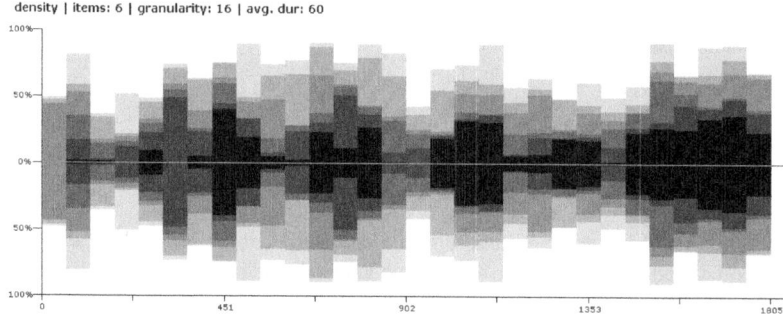

Die Formation der Satz-Dichte ist uns nun wohl bekannt. Allerdings erleben wir hier eine größere Ballung an Pausen im Bereich von 451 bis zwei Balken nach 902 durch einen Ausreißer. Diesen außer Acht gelassen, sehen wir von 451 einen Abbau von einem ca. 40%igen Niveau bis zu einem Tiefpunkt einen Balken nach 676,5 und einen treppenförmigen Anstieg bis 902, so dass sich eine fast symmetrische Entwicklung in diesem Bereich einstellt. Besonders deutlich sind einerseits die niedrigen Niveaus bei 451, einen Balken nach 676,5, einen Balken vor 1127,5, 1353 sowie am Ende. Wir sehen aber auch einen Ausreißer, der nicht nur für die Ballung in der Mitte verantwortlich ist, sondern der auch bereits ab Beginn die Werte überzeichnet und noch einmal auch bei 1353 auf 40% ausweicht.

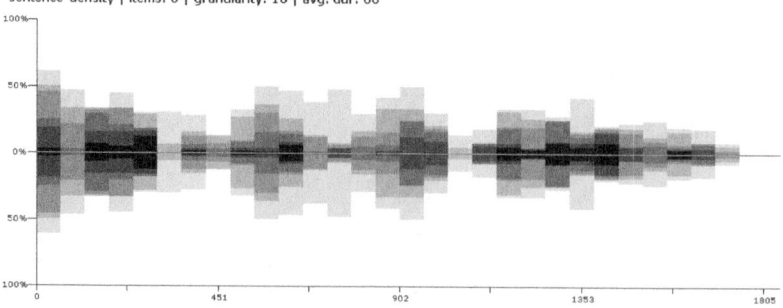

Konzentrieren wir uns bei den Dissonanzgraden auf die Maxima ohne Ausreißer, so fallen besonders die Spitzen einen Balken nach Beginn, bei 902, einen Balken

3. ORLANDO DI LASSO

vor 1353 als auch die sich ballende aufwärtsstrebende Entwicklung ab einen Balken nach 1353 bis einen Balken vor 1805 auf. Den sprunghaften An- und Abstieg von 0-225,5 vollziehen nahezu alle Werke mit. Ab 451 bis 1353 erleben wir einen sich von 50% Niveau ab. und wieder stärker aufbauenden dissonanten Block. Konzentrieren wir uns auf die charakteristischen Tiefpunkte: hervorzuheben sind ein Balken nach 225,5, ein Balken vor 676,5, ein Balken vor 1127,5, 1353 sowie 1805. Diese Tiefpunkte werden von fast allen Werken geteilt und unterbrechen dissonante Blöcke, die sich über längere Strecken hinweg ausgebildet haben.

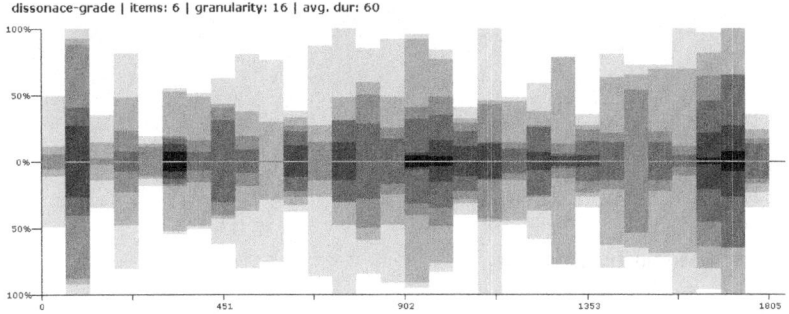

Die Durverteilung ist sozusagen das Negativbild der Dissonanzgrade. Wir sehen besonders starke Ausprägungen. In den Dissonanzgraden hatten wir nur drei wirklich geschwärzte Bereiche, zudem auf niedrigem Niveau. Das ist hier anders. Konzentrieren wir uns nicht auf das Offensichtliche, sondern sehen nach den Unterbrechungen dieser Dur-Blöcke: besonders sind der Balken nach 902 und auch zwei Balken vor 1805 hervorzuheben.

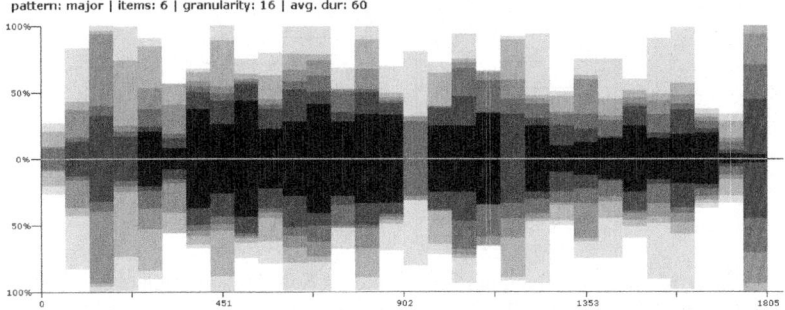

Bei den Kreuzungen sehen wir einen sich von einem – den obligatorischen Ausreißer ausgenommen – 40%igem Niveau bis zu 60% (andere Werke gehen noch darüber hinaus) steigernden Block, der sich treppenförmig abbaut, um aber von einen Balken nach 451 bis zwei Balken nach 451 spontan auf ca. 5% abzufallen. Anschließend wird auf ein höheres Niveau gesprungen, das sich extrem steigert. Es bilden sich drei Spitzen gleich einem Dreizack aus. Dieser große Kreuzungsblock hält von einem Balken vor 676,5 bis einen Balken vor 1127,5 an, ab da baut er sich auf ca. 30% hin bei 1127,5 ab. Nun setzt die Entwicklung sprunghaft zu einem größeren

Kreuzungsblock an, der – neben dem schwarzen Bereich einen Balken vor 1578,5 – insgesamt mehrere 100%ige Maxima aufweist. Dieser Block nimmt zusammenhägend zudem den meisten Raum in den Werken ein.

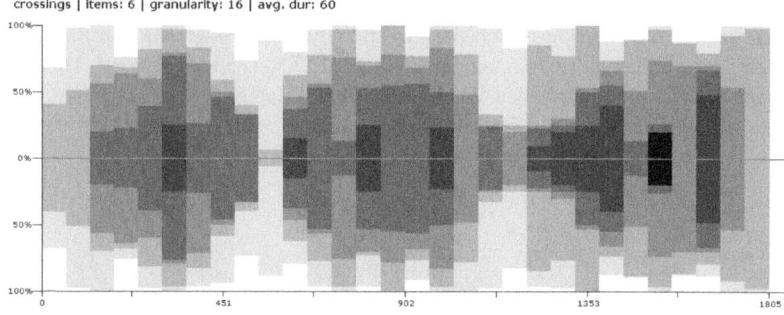

3.2.9 4.Modus transpositus

Mittelwerte

las_gesamt_4.modus_tr_avg

Konsonanzen	
evts	1324,67
sd	110,35
%evt	76,85
sd	1,71
%ttl	75,65
sd	1,14
blks	78,00
sd	13,74
mindur	2,00
maxdur	94,67
avgdur	17,53
avgdur-sd	3,62

Dissonanzen	
evts	398,00
sd	33,35
%evt	23,15
sd	1,71
%ttl	22,81
sd	1,85
blks	77,00
sd	13,74
mindur	2,00
maxdur	25,33
avgdur	5,26
avgdur-sd	0,56

Dieser Modus ist bislang der dissonanteste. Sein Dissonanzenanteil beträgt immerhin am Werk 22,81%. Die Standardabweichungen sind außerordentlich niedrig. Bei den Dissonanzen sehen wir, dass prozentual bereits der Dur-Quartsextakkord kaum noch eine Rolle spielt. Die Klänge sind zudem in einer anderen Rangfolge als im 4. Modus naturalis. Dort war auf Platz zwei das Einzelintervall. Dieses ist hier auf Platz acht! Auf Platz zwei befindet sich im transponierten Modus der Dur-Quartsextakkord, der im natürlichen Modus auf Platz vier war. Verändert ist auch die Stellung des Moll-Quartsextakkords, dieser stieg von Platz drei auf Platz vier ab.

3. ORLANDO DI LASSO

Dissonante Klänge	evts	%evt	%ttl	blks	mindur	maxdur	avgdur
UNDETERMINED	358,00	89,55	20,42	75,00	2,00	17,33	4,81
Dur-Quartsextakkord	13,33	3,59	0,81	1,67	4,00	6,67	5,11
Dominantseptakkord	8,00	2,02	0,46	2,00	4,67	5,33	4,89
Moll-Quartsextakkord	7,33	1,85	0,43	1,33	6,00	6,67	6,33
Halbverm. Terzquartakkord	4,00	1,01	0,23	1,00	4,00	4,00	4,00

Bemerkenswert ist, dass der Dominantseptakkord in den evts-sd keine und ansonsten nur sehr geringe Standardabweichungen besitzt. Noch stärker verhält sich dies beim halbverminderten Terzquartakkord, evts-sd, blks-sd und avgdur-sd besitzen keine Abweichung!

Dissonante Klänge	evts-sd	%evt-sd	%ttl-sd	blks-sd	avgdur-sd
UNDETERMINED	50,70	5,87	2,21	13,44	0,39
Dur-Quartsextakkord	11,47	3,14	0,74	1,25	3,86
Dominantseptakkord	0,00	0,16	0,04	0,82	2,27
Moll-Quartsextakkord	0,94	0,26	0,08	0,47	2,36
Halbverm. Terzquartakkord	0,00	0,08	0,02	0,00	0,00

Bei den Konsonanzen sind viel weniger Akkordformen zu finden, als es im natürlichen Modus der Fall war. Grundständiges Dur und Moll sind auch hier übermachtig, der Moll-Akkord macht immerhin ein Viertel der Klänge im Werk aus, der Dur-Sextakkord immerhin noch zehn Prozent.

Konsonante Klänge	evts	%evt	%ttl	blks	mindur	maxdur	avgdur
Dur	624,00	46,33	35,11	58,33	2,00	57,33	10,86
Moll	440,00	33,70	25,44	49,33	2,00	34,67	8,92
Dur-Sextakkord	165,33	12,57	9,52	23,00	2,67	16,00	7,23
Moll-Sextakkord	64,67	4,97	3,75	10,33	3,33	8,00	6,51
Einzelintervall	28,00	2,20	1,66	1,00	28,00	28,00	28,00
7/5	2,67	0,22	0,17	0,33	2,67	2,67	2,67

Auch hier haben wir Mittelwerte ohne Standardabweichung. Denn das Einzelintervall hat keine Abweichung in den blks-sd. Erst beim 7/5-Klang übertreffen die Abweichungen die Mittelwerte.

Konsonante Klänge	evts-sd	%evt-sd	%ttl-sd	blks-sd	avgdur-sd
UNDETERMINED	50,70	5,87	2,21	13,44	0,39
Dur	174,82	9,36	7,44	13,89	2,53
Moll	54,36	6,26	4,49	5,44	0,47
Dur-Sextakkord	20,81	1,96	1,53	3,56	0,24
Moll-Sextakkord	9,29	1,09	0,80	2,87	0,90
Einzelintervall	11,78	1,10	0,83	0,00	11,78
7/5	3,77	0,32	0,24	0,47	3,77

Stand im natürlichen Modus die 2. Stufe im Focus, ist es im transponierten Modus die 7. Stufe. Hier dominiert der Moll-Klang über *d-la*. Dies korrespondiert mit dem 3. transponierten Modus. Das d-Moll ist der Klang über der Repercussa. Die Standardabweichungen zeigen keine großen Auffälligkeiten, weshalb auf die Datei verwiesen ist, um Platz zu sparen.

Alle Klänge	evts	%evt	%ttl	blks	mindur	maxdur	avgdur
Moll, d-la, 7. Stufe	178,67	12,99	10,39	22,33	2,00	21,33	7,93
Dur, c-so, 6. Stufe	166,00	11,73	9,36	21,67	2,00	16,00	8,03
Dur, f-do, 2. Stufe	162,67	11,45	9,05	18,33	3,33	20,00	8,61
Moll, g-re, 3. Stufe	152,00	11,12	8,75	18,67	4,67	21,33	8,81
Dur, b-fa, 5. Stufe	125,33	9,12	7,20	16,00	4,00	21,33	8,06
Moll, a-mi, 4. Stufe	91,33	6,63	5,27	12,33	2,67	16,00	7,59
Dur, d-la, 7. Stufe	74,00	5,14	4,07	6,67	2,00	32,00	10,11
Dur-Sextakkord, a-mi, 4. Stufe	72,00	5,16	4,11	10,33	4,00	10,67	7,14
Dur-Sextakkord, d-la, 7. Stufe	56,00	4,08	3,28	8,33	4,00	8,00	6,78
Dur, a-mi, 4. Stufe	50,67	3,54	2,87	4,67	2,00	18,67	7,67
Dur, g-re, 3. Stufe	42,00	2,94	2,37	3,67	6,00	18,67	10,80
Moll-Sextakkord, b-fa, 5. Stufe	33,33	2,40	1,89	5,00	5,33	8,00	6,71
Dur-Sextakkord, e-ti, 1. Stufe	28,00	2,02	1,59	3,33	6,67	12,00	8,67
Moll, c-so, 6. Stufe	18,00	1,34	1,03	1,67	4,67	9,33	7,50
Moll-Sextakkord, c-so, 6. Stufe	14,00	1,09	0,88	2,33	2,00	4,00	3,44

Die höchste Durchschnittsdauer hat der Dur-Akkord über der 3. Stufe g-so. Die größte Minimaldauer besitzt der Dur-Sextakkord über e-ti, also der C-Dur-Sextakkord, mit 6,67. Folgende Klänge teilen sich die Maximaldauer von 21,33: d-Moll, g-Moll und B-Dur. Die Töne des Tenors:

Tenor, nur Tonhöhen	evts	%evt	%ttl	blks	mindur	maxdur	avgdur
a	370,67	28,13	20,89	18,00	10,67	72,00	20,28
c	286,67	22,39	16,51	15,00	5,33	40,00	19,04
b	225,33	17,76	13,07	14,00	4,00	32,00	15,46
d	156,00	12,30	9,07	9,00	9,33	26,67	17,67
g	141,33	10,54	7,83	8,67	12,00	32,00	16,19
f	82,67	6,08	4,55	4,33	14,67	21,33	17,19
e	33,33	2,80	2,07	2,33	6,67	10,67	10,00

Der Tenor besitzt keine Akzidentien, da das b dem transponierten System eigen ist. Die Finalis ist hier der wichtigste Ton.

Tenor, nur Tonhöhen	evts-sd	%evt-sd	%ttl-sd	blks-sd	avgdur-sd
a	125,49	7,36	5,78	4,97	1,18
c	62,51	5,37	3,79	0,82	3,54
b	91,47	7,38	5,33	2,94	3,76
d	31,16	3,26	2,32	2,16	3,09
g	69,23	4,41	3,38	4,11	0,27
f	75,35	5,15	3,90	3,40	2,67
e	36,42	3,21	2,35	2,62	7,12

Kommen wir zum Bassus.

3. ORLANDO DI LASSO

Bassus, nur Tonhöhen	evts	%evt	%ttl	blks	mindur	maxdur	avgdur
d	267,33	22,38	15,48	16,67	3,33	42,67	16,29
c	219,33	18,32	12,51	14,67	3,33	32,00	15,02
g	184,00	15,31	10,76	13,33	2,67	26,67	13,04
f	172,00	14,29	9,66	11,67	5,33	29,33	15,06
a	171,33	14,41	9,82	11,33	2,67	42,67	14,70
b	138,67	11,57	8,01	11,67	2,67	22,67	11,88
e	34,00	2,83	1,94	5,33	3,33	13,33	6,44
es	8,00	0,66	0,43	0,67	8,00	8,00	8,00
cis	2,67	0,22	0,14	0,33	2,67	2,67	2,67

Die Repercussa ist auch hier der wichtigste Ton. Wir finden als Akzidentien des *es*-ta und das *cis*-si. Die Finalis finden wir erst auf Platz fünf.

Bassus, nur Tonhöhen	evts-sd	%evt-sd	%ttl-sd	blks-sd	avgdur-sd
d	26,55	2,69	2,76	2,87	1,65
c	22,65	1,88	0,58	0,47	2,05
g	84,02	6,85	5,03	4,64	2,18
f	53,96	4,29	2,55	4,19	1,11
a	65,57	5,63	3,65	2,49	4,05
b	18,35	1,44	1,41	1,25	0,92
e	5,89	0,43	0,29	0,94	0,79
es	6,53	0,55	0,35	0,47	6,53
cis	3,77	0,32	0,20	0,47	3,77

Klangfolgen

las_gesamt_4.modus_tr_sequences.txt

Die erste Folge kommt neunmal vor und beinhaltet sogleich einen Dur-Sextakkord. Die Folge bedeutet a-6F-B, wir haben also Terzfall plus Quintfall.

Häufigkeit	9mal

Modus-Stufe	Solmisationssilbe	Klang	Sonanzform
4	*a*-mi	Moll	konsonant
4	*a*-mi	Dur-Sextakkord	konsonant
5	*b*-fa	Dur	konsonant

Die nächste Folge besitzt sogar gleich zwei Dur-Sextakkorde. Dies unterscheidet sich sehr vom 4. Modus naturalis, aber auch vom 3. Modus transpositus. Die Folge bedeutet 6F-a-6F. Es ist also ein authentisch-plagales Terzpendel.

| Häufigkeit | 5mal |

Modus-Stufe	Solmisationssilbe	Klang	Sonanzform
4	a-mi	Dur-Sextakkord	konsonant
4	a-mi	Moll	konsonant
4	a-mi	Dur-Sextakkord	konsonant

Auch diese Folge besitzt zwei Sextakkorde, nun ist auch ein Moll-Sextakkord mit von der Partie. Diese Folge bedeutet 6F-B-6g, das bedeutet Quintfall plus Terzfall.

| Häufigkeit | 5mal |

Modus-Stufe	Solmisationssilbe	Klang	Sonanzform
4	a-mi	Dur-Sextakkord	konsonant
5	b-fa	Dur	konsonant
5	b-fa	Moll-Sextakkord	konsonant

Die nächste Folge ereignet sich nur noch viermal, die anderen Folgen sind dann nicht mehr repräsentativ.

| Häufigkeit | 4mal |

Modus-Stufe	Solmisationssilbe	Klang	Sonanzform
6	c-so	Dur	konsonant
7	d-la	Dur-Sextakkord	konsonant
7	d-la	Moll	konsonant

Das bedeutet C-6B-d und ist Sekundabstieg plus Terzanstieg. Der doppelte Quintfall blieb als sich wiederholende, den Werken gemeinsame Klangfolge, außen vor.

Grundtonfortschreitungen

las_gesamt_4.modus_tr_keytonepro_.txt

Hier sehen wir starke Schritte:

| Häufigkeit | 6mal |

Grundtonfortschreitung
AT
AH
AT

3. ORLANDO DI LASSO

Hier wieder eine interessante Kombinationsform. Es scheint so, als müsse der steigende Terzschritt durch Terzfallen ausgeglichen werden.

| Häufigkeit | 5mal |

Grundtonfortschreitung
PS
PT
AT

Und nun eine ganz andere Kombination:

| Häufigkeit | 4mal |

Grundtonfortschreitung
PT
AT
AH

Blockdiagramme

Die Klangdichte wirkt fast wie das Spiegelbild der Satzdichte. Wir sehen einen niedrigen Dichteverlauf, der bis auf die Ausreißer-Werke nicht über 25% erreicht. Bei 1311 beginnt ein Aufbau der Klangdichte, der sich zum Ende hin auf 70% hin im schwarzen Bereich steigert. Also gerade diese Steigerung ist allen analysierten Werken eigen. Der gesamte Klangdichte-Verlauf ist äußerst typisch für die Ausprägung. Einschränkend muss natürlich erwähnt werden, dass nur drei Werke zur Verfügung standen.

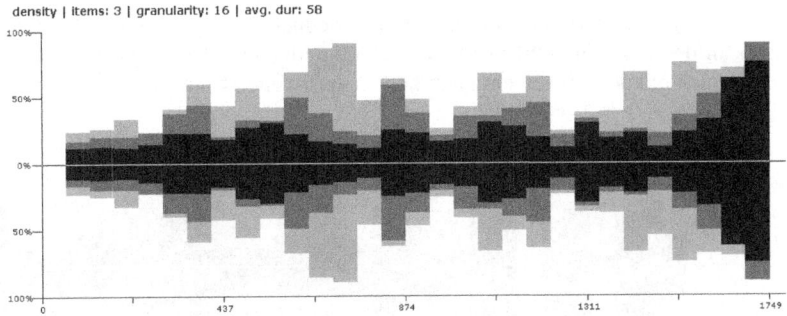

Die Formation der Satzdichte ist nun gut bekannt. Allerdings fällt auf, dass es im Bereich zwischen 437 bis einen Balken vor 374 sowie bei 1529,5 keine geschwärzten Bereiche gibt.

326 KAPITEL 4. ANALYSEN

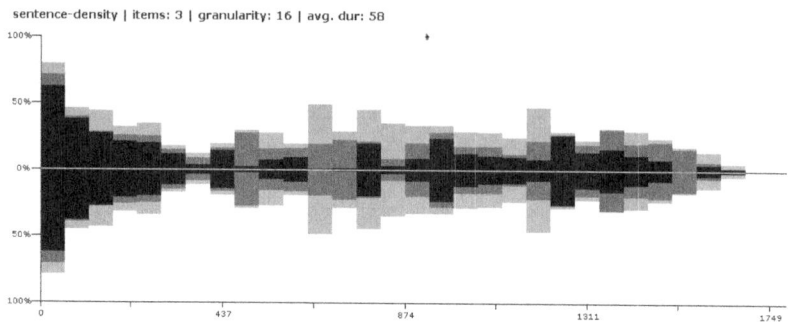

Die Ausprägung der Dissonanzen ist sehr unterschiedlich. Deutlich ist aber der Bereich zwei Balken vor 874. Das niedrige Dissonanzen-Niveau kurz vor Mitte ist den drei Werken gemein, eine Parallelstelle hierzu liegt noch deutlicher bei 1311, aber hier setzt vor allen Dingen durch den Ausreißer, der permanent dissonant zu sein scheint, denn wir haben u.a. drei 100%-Spitzen, eine kumulative Entwicklung ein.

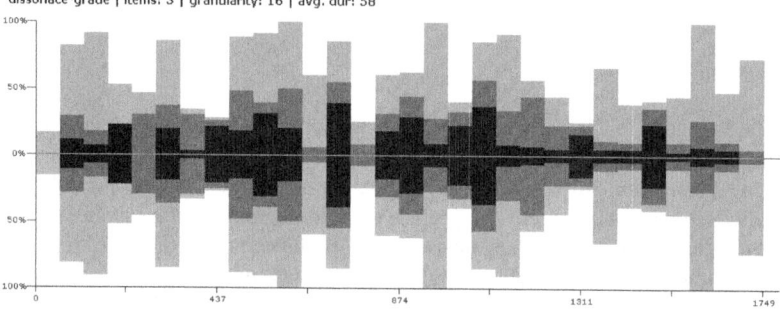

Die meisten Überschneidungen in der Verteilung des Dur-Akkordes finden wir zwar in der 1. Hälfte, dafür überwiegt eine kontinuierlichere Verteilung, die sich zusammen mit den Ausreißern kumulativ in der zweiten Hälfte steigert.

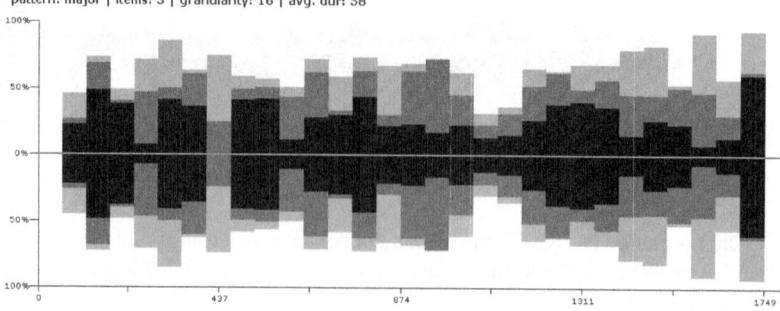

Bei den Stimmkreuzungen fällt auf, dass bereits zwei Balken nach Beginn eine rege Kreuzungstätigkeit beginnt. Wir sehen mit den Ausreißern jeweils zwei fast

3. ORLANDO DI LASSO

100%ige Spitzen vor und nach der Hälfte. Auffallend hierbei ist, dass die Strecken zwischen den Spitzen fast gleich lang sind. Wesentlich für die drei beteiligten Werke ist das auffallende Abfallen auf niedrigere Niveaus einen Balken nach 874.

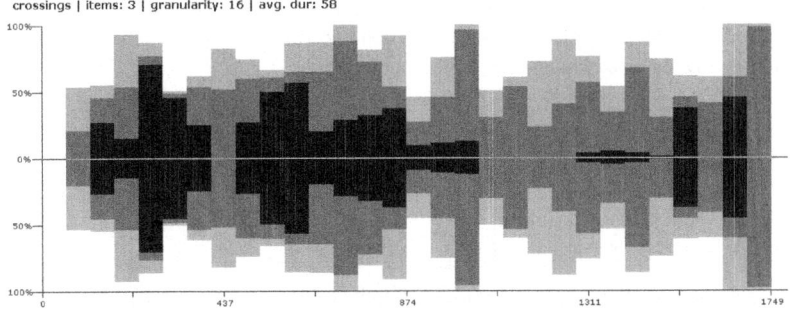

Wieder einmal konnte herausgearbeitet werden, dass sich der transponierte Modus vom natürlichen in vielen Details unterscheidet. Einerseits unterscheiden sich die Rangfolgen der dissonanten und konsonanten Klänge, andererseits die Rangfolgen und Akzidentien-Anteile der verwendeten Töne des Tenors und Basses. Übereinstimmungen haben wir aber erneut gefunden: der Dur-Akkord dominiert die konsonanten Klänge, und die unbestimmten Dissonanzen beherrschen jene. Auch ist der Satzdichte-Verlauf allen Modi ähnlich: denn die Satzdichte ist ein Stilphänomen. In einer homophon gearbeiteten Musik ist die Satzdichte völlig anders strukturiert. Kommen wir zum 5. Modus.

3.2.10 5.Modus naturalis

Mittelwerte

las_gesamt_5.modus_nat_avg.txt

Konsonanzen	
evts	1492,12
sd	373,06
%evt	82,08
sd	8,90
%ttl	80,77
sd	8,58
blks	71,12
sd	34,95
mindur	2,06
maxdur	188,00
avgdur	30,48
avgdur-sd	30,43

Dissonanzen	
evts	337,82
sd	186,92
%evt	17,92
sd	8,90
%ttl	17,67
sd	8,86
blks	64,41
sd	32,06
mindur	2,06
maxdur	18,12
avgdur	5,31
avgdur-sd	1,58

Der 5. Modus ist dissonanter als der 4. Modus naturalis, auch sind die Standardabweichungen höher. Dies passt auch zu seiner Semantik, denn wir haben bei Meier

gelesen, dass er keinem eindeutigen Affekt zugeordnet werden kann, und er eine Ausdrucksskala von „schmerzlicher Erregung" bis zu „Hoffnung", „Jubel", „Huldigung" und „Lob" aufweist.[729]
Auffallend ist hier allerdings die hohe avgdur-sd der Konsonanzen. Wir sehen bei den dissonanten Klängen, dass nach den unbestimmten Dissonanzen die anderen Klangformen prozentual keine Rolle mehr spielen.

Dissonante Klänge	evts	%evt	%ttl	blks	mindur	maxdur	avgdur
UNDETERMINED	314,59	92,56	16,43	60,65	1,94	17,65	5,24
Dur-Quartsextakkord	4,35	1,27	0,22	0,59	2,00	2,35	2,24
Dominantseptakkord	4,35	1,14	0,22	1,18	1,65	1,65	1,65
Moll-Quartsextakkord	4,24	1,21	0,22	0,76	2,82	3,06	2,94
Einzelintervall	4,24	2,00	0,27	1,35	1,24	1,53	1,38

Die Standardabweichungen übertreffen bereits ab Platz zwei die Mittelwerte.

Dissonante Klänge	evts-sd	%evt-sd	%ttl-sd	blks-sd	avgdur-sd
UNDETERMINED	181,01	5,26	8,66	30,62	1,57
Dur-Quartsextakkord	7,52	2,00	0,35	1,03	3,49
Dominantseptakkord	6,44	1,52	0,30	1,62	1,85
Moll-Quartsextakkord	5,04	1,56	0,26	1,06	3,37
Einzelintervall	6,54	3,53	0,44	2,32	1,73

Kommen wir zu den konsonanten Klängen. Wir sehen einen deutlichen Einbruch im prozentualen Vorkommen zwischen dem Moll-Sextakkord und dem 12/4-Klang.

Konsonante Klänge	evts	%evt	%ttl	blks	mindur	maxdur	avgdur
Dur	974,88	65,00	52,79	65,35	2,24	95,06	17,60
Moll	274,24	18,19	14,67	30,76	3,00	29,12	8,80
Dur-Sextakkord	86,35	5,78	4,60	12,29	3,24	11,29	6,69
Einzelintervall	62,47	4,60	3,73	4,53	9,00	26,12	15,82
Moll-Sextakkord	40,47	2,59	2,08	6,00	3,71	10,06	6,51
12/4	14,35	1,03	0,83	2,12	5,47	8,24	6,65

Die Standardabweichungen übertreffen bereits ab dem Einzelintervall die Mittelwerte.

Konsonante Klänge	evts-sd	%evt-sd	%ttl-sd	blks-sd	avgdur-sd
Dur	292,27	10,07	11,43	28,25	11,53
Moll	136,46	7,42	6,32	11,67	1,93
Dur-Sextakkord	38,01	2,17	1,78	5,38	2,14
Einzelintervall	64,23	5,26	4,41	6,60	11,04
Moll-Sextakkord	30,30	1,61	1,32	3,82	1,59
12/4	11,15	0,86	0,74	2,08	3,21

Im Gegensatz zu den vierstimmigen Motetten ist der Dur-Sextakkord um einen Platz aufgestiegen und das Einzelintervall um einen Platz abgestiegen. Wie zuvor im vierstimmigen 5. Modus, sind auch hier die späteren Hauptstufen dominant. Aber anders als im vierstimmigen Modus steht nun der Dur-Akkord über der Finalis auf Platz zwei und nicht mehr auf Platz drei.

---

[729] Vgl. Meier, ebd., S.377.

3. ORLANDO DI LASSO

Alle Klänge	evts	%evt	%ttl	blks	mindur	maxdur	avgdur
Dur, f-fa, 1. Stufe	363,82	23,40	19,42	30,82	3,12	41,65	12,41
Dur, c-do, 5. Stufe	275,47	17,79	14,73	28,53	2,35	38,53	10,21
Dur, b-ta, 4. Stufe	207,06	13,13	10,97	18,29	4,00	33,59	11,67
Moll, d-re, 6. Stufe	122,71	7,87	6,52	15,06	3,76	19,00	8,01
Moll, g-so, 2. Stufe	85,59	5,48	4,62	10,41	3,47	15,94	7,97
Dur, g-so, 2. Stufe	52,12	3,59	3,08	6,06	4,35	12,18	7,58
Moll, a-la, 3. Stufe	49,29	3,21	2,61	7,12	4,47	11,24	7,00
Dur-Sextakkord, a-la, 3. Stufe	38,47	2,58	2,10	5,53	4,59	8,94	6,38
Dur, es-mib, 7b-Stufe	36,82	2,33	2,02	2,59	8,59	17,35	12,20
Dur, d-re, 6. Stufe	28,94	2,12	1,89	2,65	1,59	6,53	3,56
Dur-Sextakkord, d-re, 6. Stufe	23,88	1,52	1,26	3,82	3,88	7,76	5,93
Prime, f-fa, 1. Stufe	20,41	1,33	1,14	2,00	6,65	12,00	8,88
Dur-Sextakkord, e-mi, 7. Stufe	15,65	0,97	0,79	1,94	6,53	7,00	6,82
Moll, c-do, 5. Stufe	15,41	0,97	0,83	1,47	5,35	7,71	6,33
Moll-Sextakkord, b-ta, 4. Stufe	12,59	0,77	0,64	2,18	4,35	6,12	5,20

Die zweithöchste Durchschnittsdauer besitzt das Es-Dur. Wir sind zwar im natürlichen Modus, haben aber meist die per b-molle Vorzeichnung, so dass die Verwendung des Es-Dur nicht weiter verwundern sollte.

Die Standardabweichungen sind relativ niedrig. Bei der Prime allerdings übertreffen die Abweichungen die Mittelwerte.

Alle Klänge	evts-sd	%evt-sd	%ttl-sd	blks-sd	avgdur-sd
Dur, f-fa, 1. Stufe	118,89	3,57	3,22	11,80	3,11
Dur, c-do, 5. Stufe	101,91	3,34	2,75	13,50	2,16
Dur, b-ta, 4. Stufe	87,15	3,41	3,14	8,19	2,56
Moll, d-re, 6. Stufe	64,81	3,50	3,11	7,01	1,91
Moll, g-so, 2. Stufe	48,13	2,79	2,45	4,94	1,72
Dur, g-so, 2. Stufe	46,70	3,36	3,05	5,54	3,95
Moll, a-la, 3. Stufe	35,07	2,17	1,74	4,75	1,75
Dur-Sextakkord, a-la, 3. Stufe	19,01	1,36	1,11	2,93	2,88
Dur, es-mib, 7b-Stufe	31,16	2,02	1,87	2,06	8,18
Dur, d-re, 6. Stufe	54,22	4,21	3,86	4,14	5,29
Dur-Sextakkord, d-re, 6. Stufe	14,51	0,84	0,74	2,20	1,93
Einzelintervall, f-fa, 1. Stufe	22,19	1,37	1,22	2,66	9,01
Dur-Sextakkord, e-mi, 7. Stufe	14,36	0,78	0,65	1,76	4,47
Moll, c-do, 5. Stufe	21,99	1,24	1,10	1,68	5,62
Moll-Sextakkord, b-ta, 4. Stufe	10,38	0,50	0,43	1,38	2,14

Kommen wir zu den Tönen des Tenors. An erster Stelle liegt die Repercussa, an zweiter die Finalis. Bis auf das gis-si sind alle Akzidentien vorhanden.

Tenor, nur Tonhöhen	evts	%evt	%ttl	blks	mindur	maxdur	avgdur
c	438,76	27,66	23,63	22,53	4,18	64,65	20,02
f	289,94	17,89	15,12	16,06	4,59	64,47	19,17
d	209,94	13,73	11,71	16,88	4,53	27,47	12,93
g	199,88	12,54	10,56	14,94	3,35	34,29	13,65
b	157,18	9,65	8,28	13,65	4,47	28,71	11,50
a	153,76	10,20	8,69	14,94	4,12	24,65	10,64

e	78,35	5,05	4,31	8,59	2,94	16,35	7,04
es	21,00	1,48	1,27	1,35	10,76	14,06	12,69
h	17,76	1,29	1,15	2,06	3,88	6,53	4,97
fis	6,76	0,47	0,40	0,59	1,71	3,71	2,88
cis	0,47	0,04	0,04	0,06	0,47	0,47	0,47

Die Streuungen sind nach den bisherigen Maßstäben etwa mittelhoch, ab dem *es*-mib übertreffen sie die Mittelwerte.

Tenor, nur Tonhöhen	evts-sd	%evt-sd	%ttl-sd	blks-sd	avgdur-sd
c	147,25	4,77	4,68	7,36	4,35
f	152,93	7,61	6,78	9,14	6,99
d	54,49	3,73	3,41	5,62	2,41
g	96,17	4,86	3,76	6,68	3,32
b	95,75	4,91	4,48	7,10	3,96
a	72,05	5,56	4,98	7,40	3,33
e	70,88	4,71	4,03	7,44	4,69
es	19,81	1,60	1,39	1,13	14,25
h	30,59	2,30	2,13	3,89	5,07
fis	14,13	0,99	0,86	1,14	5,69
cis	1,88	0,16	0,15	0,24	1,88

Sehen wir uns den Bassus an. Anders als im Tenor liegt die Finalis hier an erster Stelle und die Repercussa an zweiter. Dem Bassus fehlt das *cis*-di des Tenors.

Bassus, nur Tonhöhen	evts	%evt	%ttl	blks	mindur	maxdur	avgdur
f	379,41	26,36	20,40	21,76	5,35	44,71	17,83
c	342,53	23,78	18,39	19,94	4,88	43,71	17,77
b	221,35	15,33	11,84	14,82	4,94	36,24	15,12
d	161,71	11,35	8,90	12,47	4,71	26,76	13,08
g	156,94	11,47	8,98	13,29	4,53	23,00	12,08
a	87,94	6,39	4,95	9,06	4,47	16,41	9,76
es	44,88	3,07	2,42	2,53	11,71	22,53	16,54
e	26,00	1,74	1,34	4,18	4,24	9,35	6,00
gis	2,35	0,21	0,16	0,12	2,35	2,35	2,35
h	1,82	0,15	0,11	0,18	1,82	1,82	1,82
fis	1,76	0,14	0,10	0,24	1,12	1,59	1,35

Die Streuungen sind niedriger als im Tenor und übertreffen ab dem *gis* die Mittelwerte.

3. ORLANDO DI LASSO

Bassus, nur Tonhöhen	evts-sd	%evt-sd	%ttl-sd	blks-sd	avgdur-sd
f	121,34	4,62	3,81	6,43	3,72
c	119,51	4,27	3,50	6,85	3,62
b	84,86	4,12	3,15	5,25	3,80
d	61,14	4,04	3,52	4,51	2,08
g	42,43	3,79	3,34	3,59	2,84
a	37,33	2,96	2,29	3,57	2,44
es	33,24	2,16	1,86	1,94	8,77
e	19,56	1,20	0,96	2,77	3,22
gis	7,65	0,70	0,51	0,32	7,65
h	4,18	0,32	0,27	0,38	4,18
fis	3,99	0,31	0,24	0,55	2,93

Klangfolgen

las_gesamt_5.modus_nat_sequences.txt

| Häufigkeit | 22mal |

Modus-Stufe	Solmisationssilbe	Klang	Sonanzform
5	c-do	Dur	konsonant
1	f-fa	Dur	konsonant
6	d-re	Moll	konsonant

Die Folge C-F-d setzt sich aus Quintfall plus Terzfall zusammen.

| Häufigkeit | 20mal |

Modus-Stufe	Solmisationssilbe	Klang	Sonanzform
5	c-do	Dur	konsonant
1	f-fa	Dur	konsonant
4	b-ta	Dur	konsonant

Hier ist wieder der doppelte Quintfall mit immerhin 20 Vertretern, auch im nächsten Beispiel.

| Häufigkeit | 20mal |

Modus-Stufe	Solmisationssilbe	Klang	Sonanzform
2	g-so	Dur	konsonant
5	c-do	Dur	konsonant
1	f-fa	Dur	konsonant

Nun gibt es in den Vorkommnissen einen kleinen Einbruch auf 15malige Folgen. Die nächste Folge ist ein authentisch-plagales Pendel.

|Häufigkeit|15mal||

Modus-Stufe	Solmisationssilbe	Klang	Sonanzform
1	f-fa	Dur	konsonant
4	b-ta	Dur	konsonant
1	f-fa	Dur	konsonant

Das ist eine Folge aus zwei Terzfällen: F-d-B.

|Häufigkeit|13mal||

Modus-Stufe	Solmisationssilbe	Klang	Sonanzform
1	f-fa	Dur	konsonant
6	d-re	Moll	konsonant
4	b-ta	Dur	konsonant

Es kommt zu einem erneuten Einbruch, das nächste Pendel kommt nur zehnmal vor.

|Häufigkeit|10mal||

Modus-Stufe	Solmisationssilbe	Klang	Sonanzform
5	c-do	Dur	konsonant
1	f-fa	Dur	konsonant
5	c-do	Dur	konsonant

Wir beobachten bislang vor allen Dingen die Abwesenheit von Sextakkorden, was im vorangegangenen Modus ja gerade umgekehrt war. Die nächste Folge g-d-F besteht aus Quintanstieg und Terzanstieg.

|Häufigkeit|9mal||

Modus-Stufe	Solmisationssilbe	Klang	Sonanzform
2	g-so	Moll	konsonant
6	d-re	Moll	konsonant
1	f-fa	Dur	konsonant

Grundtonfortschreitungen

las_gesamt_5.modus_nat_keytonepro_.txt

3. ORLANDO DI LASSO

Hier überwiegen die schwachen Schritte:

| Häufigkeit | 9mal |

Grundtonfortschreitung
PH
PH
PT

Und nun Pendelbewegungen:

| Häufigkeit | 9mal |

Grundtonfortschreitung
AH
PH
AH

Und nun die Kombination aus den beiden authentischen Fortschreitungsformen AH und AT:

| Häufigkeit | 8mal |

Grundtonfortschreitung
AH
AT
AH

Blockdiagramme

Auch hier wirken Dichte und Klangdichte fast wie Spiegelbilder. Die Klangdichte baut sich von einem im Schnitt 40%igen Niveau spontan auf und erreicht zumindest in einigen Werken einen Balken nach 232 eine Spitze von ca. 80%. Wir konzentrieren uns dabei aber auf die dunkleren Bereiche und sehen noch einen Aufbau, der in den meisten Werken bei einen Balken vor 464 seinen Höhepunkt erreicht. Dieser stellt sich als sehr ausgeprägt dar, auch der Abbau danach. Das Niveau unter 50% ist einen Balken vor 696 ebenfalls äußerst typisch. Der Bereich von 696 bis 1392 zeichnet sich vor allen Dingen durch die unterschiedlichen Fluktuationen aus. Drei Balken nach 1392 beginnt eine sich aufbauende Entwicklung der Klangdichte, die zum Ende hin auf einen neuen Höhepunkt zusteuert; diese Entwicklung wird von allen Werken mehr oder weniger geteilt. Zu sehen ist zudem, dass sich auch hier wieder die Formation des Dreizack ausbildet.

334 KAPITEL 4. ANALYSEN

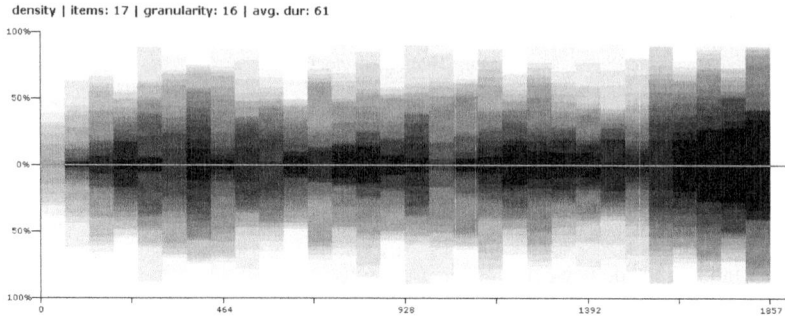

density | items: 17 | granularity: 16 | avg. dur: 61

Die Pausendichte zeigt wieder die bekannte Ausprägung: hoher Pausenspiegel am Anfang, dann spontan abbauend, mit wellenförmigen Auf- und Abbau in der Mitte. Besonders viele Übereinstimmungen finden wir einen Balken vor 464, beim ca. 40%igen Niveau, einen Balken vor und nach 928 im Abbau sowie beim ca. 30%igen Niveau bei 1624.

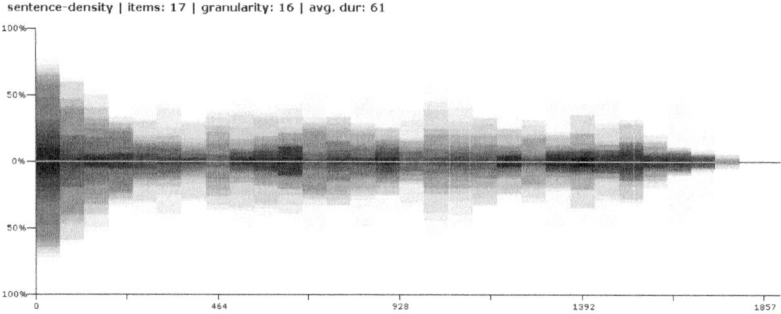

sentence-density | items: 17 | granularity: 16 | avg. dur: 61

Bei den Dissonanzen sehen wir naturgemäß einen niedrigen Beginn und eine sich in Wellenform aufbauende Entwicklung (mit Klimax bei 464, anschließendem Abbau und neuer Steigerung sowie neuem Abbau und Tiefpunkt bei 928). Hier setzt seine neue Steigerung mit Klimax zwei Balken vor 1392 und sofortigem Abbau mit Tiefpunkt bei 1392 ein. Nochmals in Wellenform steigern sich die Dissonanzen und bauen sich durch einen Spontanabfall eine Balken vor 1857 ab.

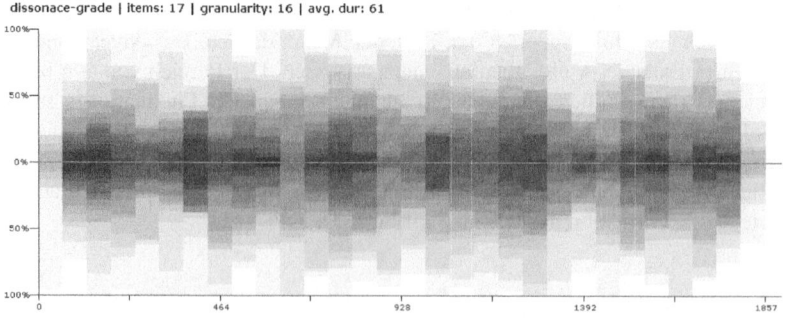

dissonace-grade | items: 17 | granularity: 16 | avg. dur: 61

3. ORLANDO DI LASSO

Bei der Verteilung des Dur-Akkordes konzentrieren wir uns nun auf die schwarzen Bereiche. Wir sehen eine Ballung (ab zwei Balken vor 232 bis einen Balken vor 696) in einem zusammenhängenden Block, der maximal 40% erreicht und auch im Abbau den Wert nicht unter 30% bringt. Typisch ist, dass 696 gerade nicht geschwärzt und unterschiedlich ausgeprägt ist. In der Mitte der Werke sehen wir einen kürzeren Block. Nach der sehr typischen Stelle zwei Balken nach 928 beginnt ein neuer zusammenhängender schwarzer Block, der zunächst bei 20% ansetzt, einen Balken nach 1160 den ersten Klimax bei ca. 35-40% findet und anschliessend treppenförmig bis einen Balken vor 1392 auf ca. 25% absteigt. Bei 1392 erreicht er nochmals ein höheres Niveau und fällt einen Balken danach ab, um nun in einer wesentlichen Aufwärtsbewegung, die bei 1624 kurz unterbrochen wird, zum Ende hin den Dur-Höhepunkt zu erreichen.

pattern: major | items: 17 | granularity: 16 | avg. dur: 61

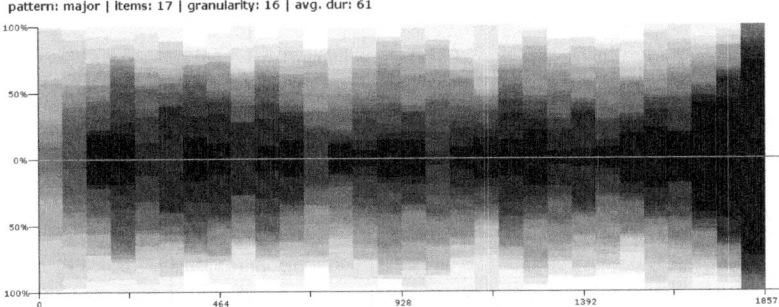

Die Stimmkreuzungen des 5. Modus machen die Interpretation schwieriger. Denn wir sehen ganz unterschiedliche Ausprägungen. Konzentrieren wir uns auf die Charakteristika, so sind der Bereich direkt bei 232, bei 696, einen Balken nach 928, einen Balken vor 1392 und einen Balken nach 1392 hervorzuheben. Dabei ist es wichtig zu beschreiben, wie diese Charakteristika erreicht werden: 232 wird sowohl von einem An- und einem Abstieg aus erreicht, das gilt in noch stärkerem Maße für 696. 928 sowie einen Balken vor 1392 wird als Anstieg erreicht, einen Balken nach 1392 ebenfalls.

crossings | items: 17 | granularity: 16 | avg. dur: 61

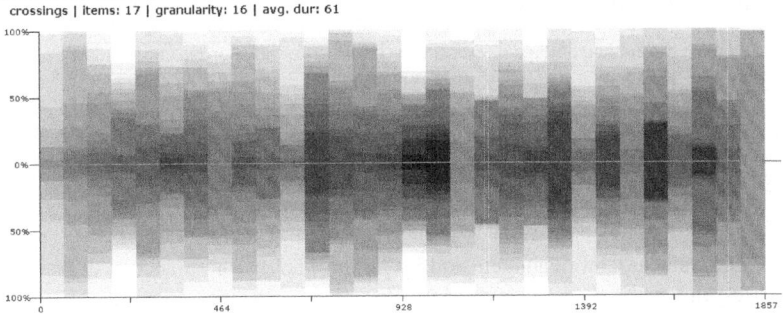

3.2.11 6.Modus naturalis

Mittelwerte

las_gesamt_6.modus_nat_avg.txt

Konsonanzen	
evts	1453,33
sd	379,83
%evt	83,08
sd	2,24
%ttl	81,47
sd	2,18
blks	73,17
sd	26,95
mindur	2,00
maxdur	157,33
avgdur	20,75
avgdur-sd	2,81

Dissonanzen	
evts	304,00
sd	111,63
%evt	16,92
sd	2,24
%ttl	16,60
sd	2,23
blks	71,17
sd	26,40
mindur	2,00
maxdur	14,67
avgdur	4,28
avgdur-sd	0,38

Der 6. Modus ist wieder konsonanter. Wir sehen zudem niedrigere Standardabweichungen.

Dissonante Klänge	evts	%evt	%ttl	blks	mindur	maxdur	avgdur
UNDETERMINED	263,00	86,93	14,40	64,50	2,00	11,33	4,16
Einzelintervall	11,67	4,17	0,70	3,17	2,00	2,67	2,53
Dur-Quartsextakkord	10,00	2,99	0,49	1,33	4,67	5,33	5,11
Moll-Quartsextakkord	4,33	1,30	0,23	0,83	3,00	3,67	3,33

Die Standardabweichungen sind insgesamt niedrig und brauchen deshalb nicht aufgeführt zu werden. Kommen wir zu den Konsonanzen: Man achte auf die Diskrepanz zwischen Einzelintervall und Moll-Sextakkord, letzterer macht nur noch gut die Hälfte des Vorkommens des Einzelintervalls aus, und noch einmal erscheint das Gleiche zwischen Moll-Sextakkord und 3/12-Klang. Das Einzelintervall besitzt übrigens die höchste avgdur.

Konsonante Klänge	evts	%evt	%ttl	blks	mindur	maxdur	avgdur
MAJOR	787,00	55,04	44,90	64,17	2,00	66,67	12,77
MINOR	325,33	21,84	17,78	43,50	2,00	27,33	7,58
Dur-Sextakkord	144,00	9,30	7,54	23,33	3,67	10,67	6,23
Einzelintervall	109,67	7,79	6,31	7,17	3,33	32,00	13,77
Moll-Sextakkord	50,00	3,51	2,87	9,17	3,33	8,00	5,69
3/12	11,33	0,82	0,68	2,50	2,67	5,67	4,06

Die Standardabweichungen sind insgesamt niedrig und brauchen deshalb nicht aufgeführt zu werden.

3. ORLANDO DI LASSO

Alle Klänge	evts	%evt	%ttl	blks	mindur	maxdur	avgdur
Dur, f-fa, 4. Stufe	347,67	23,64	20,21	36,00	3,00	35,33	10,04
Dur, c-do, 1. Stufe	203,67	13,73	11,71	23,50	2,00	34,00	8,98
Dur, b-ta, 7. Stufe	158,00	10,33	8,79	18,50	3,33	26,67	8,89
Moll, d-re, 2. Stufe	119,00	7,96	6,81	19,00	2,00	16,00	6,39
Moll, g-so, 5. Stufe	92,00	5,48	4,67	13,67	4,67	16,00	8,21
Moll, a-la, 6. Stufe	89,67	5,84	5,01	12,67	3,33	15,33	7,44
Dur-Sextakkord, a-la, 6. Stufe	73,00	4,35	3,71	11,17	5,00	8,00	6,84
Dur, g-so, 5. Stufe	41,00	2,72	2,32	5,33	3,67	14,67	7,82
Dur-Sextakkord, d-re, 2. Stufe	39,33	2,62	2,23	8,00	3,67	7,33	5,04
Prime, f-fa, 4. Stufe	29,33	2,06	1,78	2,67	7,33	10,00	8,75
Moll, c-do, 1. Stufe	24,67	1,52	1,30	2,50	6,67	10,67	8,47
Prime, d-re, 2. Stufe	24,00	1,63	1,40	3,00	5,33	10,67	7,66
Dur-Sextakkord, e-mi, 3. Stufe	23,33	1,41	1,19	3,17	6,00	8,00	7,37
Moll-Sextakkord, f-fa, 4. Stufe	18,00	1,19	1,01	3,33	4,00	7,33	5,45
Moll-Sextakkord, b-ta, 7. Stufe	17,00	1,07	0,90	3,50	2,67	6,00	4,10
Dur, es-mib, 3b-Stufe	16,00	0,84	0,72	1,67	4,00	8,00	5,11
Prime, b-ta, 7. Stufe	15,33	1,01	0,87	2,50	2,67	6,00	4,31
Prime, c-do, 1. Stufe	15,00	0,97	0,83	2,67	5,00	6,67	5,83

Die wichtigsten Klänge sind der Dur-Klang über der Finalis, aber der Repercussa des authentischen 5. Modus. Unser heutiges F-Dur macht $\frac{1}{5}$ der Klänge aus, das C-Dur dagegen nur noch $\frac{1}{10}$. Der Moll-Klang über der plagalen Repercussa kommt erst auf Platz fünf. Die Stufen 4, 1 und 7 sind hier die wichtigsten. Der wichtigste Sextakkord ist unser F-Dur, hier allerdings ein Klang über der Repercussa.

Alle Klänge	evts-sd	%evt-sd	%ttl-sd	blks-sd	avgdur-sd
Dur, f-fa, 4. Stufe	64,87	5,37	4,63	10,57	1,59
Dur, c-do, 1. Stufe	50,03	3,23	2,68	7,68	1,49
Dur, b-ta, 7. Stufe	83,79	5,13	4,38	10,70	1,61
Moll, d-re, 2. Stufe	32,96	1,62	1,40	6,32	0,64
Moll, g-so, 5. Stufe	64,18	2,53	2,12	9,78	3,51
Moll, a-la, 6. Stufe	34,48	1,83	1,67	5,76	1,68
Dur-Sextakkord, a-la, 6. Stufe	48,82	1,96	1,64	7,51	0,92
Dur, g-so, 5. Stufe	28,72	1,78	1,54	3,54	1,25
Dur-Sextakkord, d-re, 2. Stufe	11,18	0,54	0,44	2,31	1,14
Prime, f-fa, 4. Stufe	32,63	2,32	2,01	2,69	5,44
Moll, c-do, 1. Stufe	13,74	0,72	0,61	1,50	4,07
Prime, d-re, 2. Stufe	22,60	1,62	1,39	3,00	4,64
Dur-Sextakkord, e-mi, 3. Stufe	15,22	0,73	0,59	1,95	0,73
Moll-Sextakkord, f-fa, 4. Stufe	6,83	0,33	0,27	1,11	0,80
Moll-Sextakkord, b-ta, 7. Stufe	11,42	0,70	0,59	2,50	2,02
Dur, es-mib, 3b-Stufe	22,98	1,06	0,91	2,05	4,71
Prime, b-ta, 7. Stufe	14,86	1,03	0,90	2,75	3,73
Prime, c-do, 1. Stufe	16,48	1,16	0,99	3,35	4,91

Die Standardabweichungen sind sehr niedrig. Bei den Primen übertreffen sie aber die Mittelwerte. Kommen wir zu den Tönen des Tenors. Im Gegensatz zum 5. Modus, besitzt er hier im 6. Modus naturalis kein *cis*. Er besitzt aber auch wie schon im 5. Modus kein *gis*.

Tenor, nur Tonhöhen	evts	%evt	%ttl	blks	mindur	maxdur	avgdur
c	333,00	24,51	19,19	22,00	5,00	41,33	15,58
a	262,00	18,04	14,19	26,67	2,33	32,00	9,84
f	253,33	18,01	14,35	18,33	3,00	44,00	13,79
g	195,00	13,64	10,77	19,83	3,33	27,33	10,83
d	160,00	11,16	8,84	12,33	3,67	34,67	13,93
b	153,00	10,25	8,05	17,67	2,67	23,33	8,17
e	35,00	2,33	1,84	5,83	2,33	8,67	4,97
es	16,00	1,07	0,88	1,50	5,33	6,67	6,33
h	13,33	0,90	0,72	1,50	1,33	7,33	3,83
fis	1,33	0,11	0,08	0,17	1,33	1,33	1,33

Ab dem *es* übertreffen die Abweichungen die Mittelwerte.

Tenor, nur Tonhöhen	evts-sd	%evt-sd	%ttl-sd	blks-sd	avgdur-sd
c	74,24	5,99	4,27	6,73	2,39
a	120,48	3,26	2,50	11,32	0,97
f	97,45	6,10	5,48	6,13	2,33
g	60,97	1,00	1,01	9,33	2,89
d	57,98	1,64	1,49	5,09	4,79
b	101,82	5,31	4,07	10,13	1,45
e	24,92	1,80	1,37	4,52	2,57
es	19,60	1,45	1,24	1,50	4,96
h	18,82	1,21	0,98	1,80	4,59
fis	2,98	0,25	0,18	0,37	2,98

Man achte auf die Maximaldauern im Bass, die dafür sprechen, dass der Bass vor allen Dingen als Stütze mit lang ausgehaltenen Tönen dient. Im Vordergrund stehen hier die Finalis und die authentische Repercussa. Die plagale Repercussa steht hier auf Platz vier. Bis auf das *es* finden wir keine Akzidentien, denn wir gehen beim *b* vom vorgezeichneten b-molle aus.

Bassus, nur Tonhöhen	evts	%evt	%ttl	blks	mindur	maxdur	avgdur
f	309,33	24,74	18,39	20,17	5,00	40,00	13,34
c	223,67	16,52	12,08	17,00	2,67	38,67	11,26
d	156,33	11,71	8,65	14,33	2,33	20,00	9,47
g	130,67	9,58	7,02	10,00	4,00	24,00	11,08
a	120,67	8,24	5,95	10,33	4,67	25,33	9,33
b	109,33	7,03	5,09	10,83	4,00	16,00	7,60
e	59,33	4,97	3,77	8,33	2,67	12,00	6,00
es	10,67	0,55	0,40	1,00	1,33	4,00	1,78

3. ORLANDO DI LASSO

Erst beim letzten Ton übertreffen die Standardabweichungen die Mittelwerte.

Bassus, nur Tonhöhen	evts-sd	%evt-sd	%ttl-sd	blks-sd	avgdur-sd
f	142,26	13,49	10,52	10,68	6,50
c	133,34	8,64	6,22	10,33	6,05
d	95,61	6,11	4,60	9,29	4,57
g	75,88	4,53	3,26	6,14	5,03
a	98,32	5,62	3,99	8,12	4,59
b	109,85	6,15	4,38	10,14	3,76
e	42,97	4,36	3,52	5,31	3,19
es	23,85	1,22	0,89	2,24	3,98

Klangfolgen

las_gesamt_6.modus_nat_sequences.txt

Im 5. Modus war die Folge auf Platz eins die Folge 1-6-4. Die erste Folge ist der doppelte Quintfall.

| Häufigkeit | 9mal |

Modus-Stufe	Solmisationssilbe	Klang	Sonanzform
1	c-do	Dur	konsonant
4	f-fa	Dur	konsonant
7	b-ta	Dur	konsonant

Diese Folge ist ein authentisch-plagales Pendel.

| Häufigkeit | 7mal |

Modus-Stufe	Solmisationssilbe	Klang	Sonanzform
4	f-fa	Dur	konsonant
7	b-ta	Dur	konsonant
4	f-fa	Dur	konsonant

Nun kommen Sextakkorde ins Spiel. Die Folge bedeutet d-6B-d und ist ein authentisch-plagales Terzpendel.

| Häufigkeit | 6mal |

Modus-Stufe	Solmisationssilbe	Klang	Sonanzform
2	d-re	Moll	konsonant
2	d-re	Dur-Sextakkord	konsonant
2	d-re	Moll	konsonant

Nun kommt ein plagal-authentisches Quintpendel, F-6C-F.

| Häufigkeit | 6mal |

Modus-Stufe	Solmisationssilbe	Klang	Sonanzform
4	f-fa	Dur	konsonant
3	e-mi	Dur-Sextakkord	konsonant
4	f-fa	Dur	konsonant

Wir sehen die Folge 6F-a-F; sie ist ein plagal-authentisches Terzpendel.

| Häufigkeit | 6mal |

Modus-Stufe	Solmisationssilbe	Klang	Sonanzform
6	a-la	Dur-Sextakkord	konsonant
6	a-la	Moll	konsonant
4	f-fa	Dur	konsonant

Die nächste Folge bedeutet F-d-6B und ist einen fallende Terzenprogression.

| Häufigkeit | 5mal |

Modus-Stufe	Solmisationssilbe	Klang	Sonanzform
4	f-fa	Dur	konsonant
2	d-re	Moll	konsonant
2	d-re	Dur-Sextakkord	konsonant

Diese Folge bedeutet 6F-B-6g. Sie besteht aus Quintfall plus Terzfall.

| Häufigkeit | 5mal |

Modus-Stufe	Solmisationssilbe	Klang	Sonanzform
6	a-la	Dur-Sextakkord	konsonant
7	b-ta	Dur	konsonant
7	b-ta	Moll-Sextakkord	konsonant

Diese Folge bedeutet F-c-G und ist eine Folge aus zwei Quintanstiegen.

| Häufigkeit | 5mal |

Modus-Stufe	Solmisationssilbe	Klang	Sonanzform
4	f-fa	Dur	konsonant
1	c-do	Moll	konsonant
5	g-so	Dur	konsonant

Diese Folge bedeutet a-6B-d und besteht aus einem Sekundanstieg sowie einem Terzanstieg.

3. ORLANDO DI LASSO

Häufigkeit	5mal

Modus-Stufe	Solmisationssilbe	Klang	Sonanzform
6	*a*-la	Moll	konsonant
2	*d*-re	Dur-Sextakkord	konsonant
2	*d*-re	Moll	konsonant

Grundtonfortschreitungen

Hier eine Folge aus fallenden Sekunden:

Häufigkeit	12mal

Grundtonfortschreitung
PS
PS
PS

Nun folgen wieder die schwachen Schritte:

Häufigkeit	7mal

Grundtonfortschreitung
PH
PT
PH

Auch hier wieder plagale Schritte:

Häufigkeit	7mal

Grundtonfortschreitung
PS
PT
PH

Blockdiagramme

Wir ignorieren den Ausreißer und sehen uns den Verlauf an: die Klangdichte beginnt auf niedrigem Niveau und steigert sich in allen Werken bis zwei Balken nach 448, dort liegt der erste Klimax, anschließend baut sich diese bis zwei Balken nach 672 ab.

density | items: 6 | granularity: 16 | avg. dur: 59

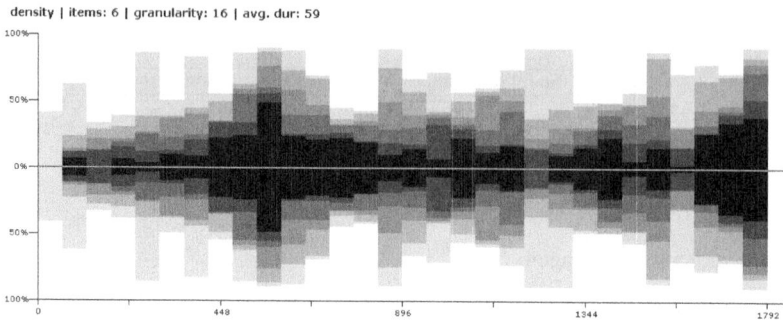

Die Satzdichte präsentiert die bekannte Form nun überdeutlich. Bereits der Anfang ist sehr typisch und hat mehr Überschneidungen, als durch den Ausreißerblock bei 224 wettgemacht werden könnten. Auffällig ist der erneute Pausenaufbau bei 1120. Besonders wesentliche Stellen sind 448 sowie die letzten beiden Balken nach 1568.

sentence-density | items: 6 | granularity: 16 | avg. dur: 59

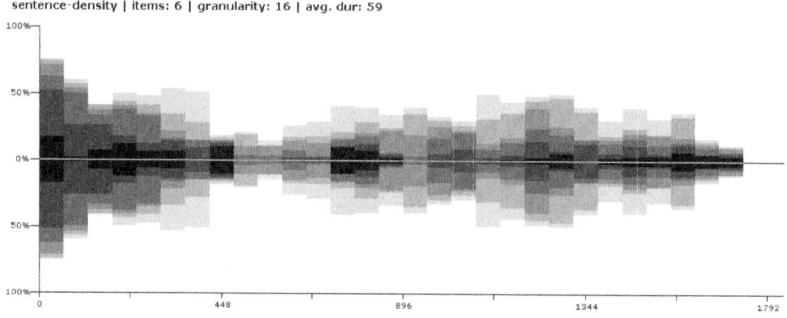

Die Dissonanzgrade zeigen ein vielfältigeres Bild. Wir sehen aber – den Ausreißer außer Acht gelassen – viele Gemeinsamkeiten. So steigern sich die Dissonanzen in einer Zickzack-Figur bis zwei Balken nach 448 auf fast 90%, um genauso prägnant auf 10% abzufallen. Im Anschluss erleben wir eine erneute Steigerung, die im Detail unterschiedlich ausfällt, um zwei Balken nach 1120 einen 1. Höhepunkt zu erreichen. Der Abfall einen Balken nach 1344 ist deutlich, ebenso der erneute Höhepunkt einen weiteren Balken danach, der aber nicht von allen Werken in dem Ausmaß geteilt wird. Ab hier setzt eine in den Werken gegenläufige Bewegung ein, die aus kurzer Rücknahme und Steigerung und umgekehrt über jeweils drei Balken besteht, wobei der Hauptanteil in der Rücknahme zum Ende hin besteht. Augenfällige Stellen sind der Dissonanzenabfall zwischen einem Balken vor 896 und zwei Balken vor 1120, einen Balken nach 1344, als auch zwei Balken vor 1792.

3. ORLANDO DI LASSO

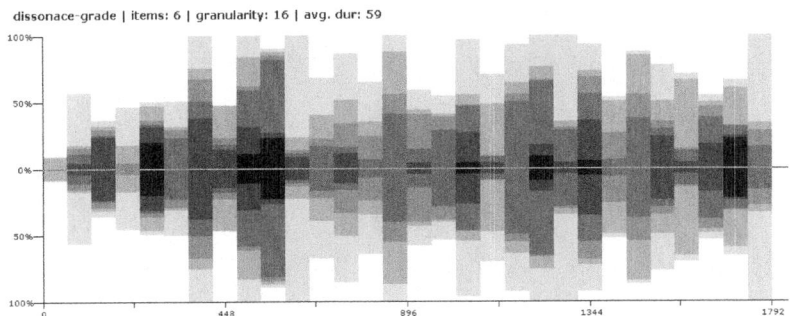

Die Dur-Verteilung spricht ein klareres Bild. Da der Dur-Anteil gewaltig ist, konzentrieren wir uns auf die niedrigeren Stellen. Typisch ist vor allen Dingen das niedrige Niveau zu Beginn, auch bei 224. Deutlich ist auch der Abfall von einem jeweils unterschiedlichen Klimax einen Balken nach 448 sowie einen Balken vor 896. Die Wellenbewegung zwischen einen Balken nach 1120 und einen Balken nach 1344 ist ebenfalls typisch. Den Ausschlag bei einen Balken nach 1344 vollziehen fast alle Werke, wenngleich in unterschiedlicher Intensität, wie auch den Abfall und erneut steigernden Aufbau gegen Ende.

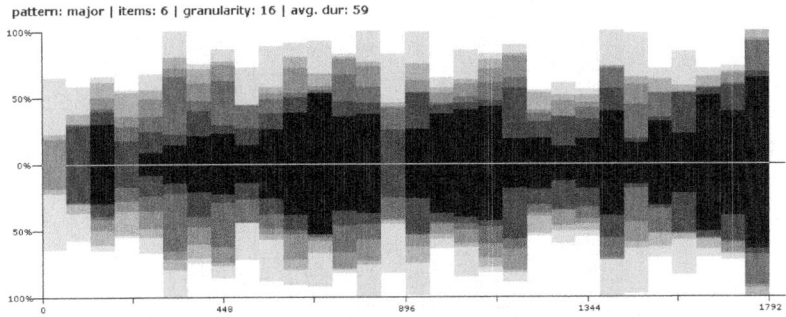

Die Kreuzungstätigkeit ist sehr unterschiedlich. Sehen wir zu Beginn und danach keine oder wenige Kreuzungen, so ist bei 448 eine Kreuzung zu 25% typisch. Auch finden wir nicht nur im Ausreißer viele 100%-Spitzen oder nur knapp darunter. Dabei sind aber vor allem die Werteeinbrüche auffällig: so bei 224, 448 und im Bereich zwischen einen Balken nach 672 und 896. Hier beginnt nun ein sich über sechs Balken auf höchstem Niveau haltender Kreuzungsblock, dem sich ein zweiter nahtlos bis einen Balken nach 1344 anschließt. Man kann den Bereich von 896 bis einen Balken nach 1344 auch als einen zusammenhängenden Block betrachten. Dann kommt es zu einem Abfall in fast allen Werken und zu einer unterschiedlichen Entwicklung der Kreuzungstätigkeit, in einigen Werken kommt es zu einer Steigerung, in anderen zu einem Werteabbau.

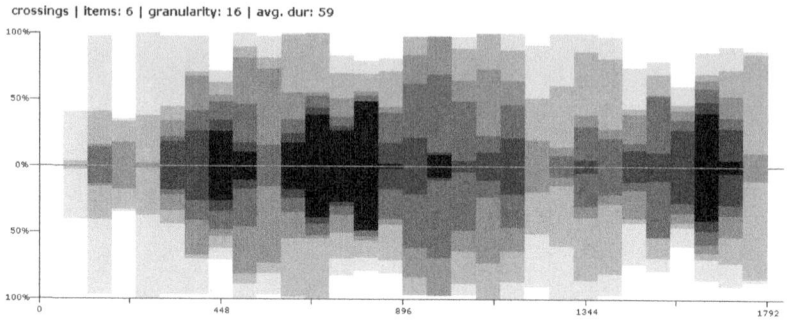

crossings | items: 6 | granularity: 16 | avg. dur: 59

3.2.12 6.Modus transpositus quintus

Mittelwerte

las_gesamt_6.modus_trq_avg.txt

Konsonanzen	
evts	1331,00
sd	362,99
%evt	81,76
sd	3,20
%ttl	80,86
sd	3,34
blks	58,00
sd	7,48
mindur	2,00
maxdur	146,00
avgdur	22,78
avgdur-sd	5,02

Dissonanzen	
evts	285,00
sd	41,77
%evt	18,24
sd	3,20
%ttl	18,03
sd	3,13
blks	57,00
sd	7,48
mindur	2,00
maxdur	18,00
avgdur	5,04
avgdur-sd	0,73

Der transponierte Modus ist dissonanter als der natürliche. Die Blks-Zahl ist deutlich reduziert, auch die blks-sd. Allerdings sind die restlichen Standardabweichungen wesentlich höher. Gegenüber dem 6. Modus beobachten wir nun – wenn auch in geringem Ausmaß – andere Klangformen wie den Dominantsekundakkord. Die Rangliste unterscheidet sich zudem vom 6. Modus naturalis vollkommen: nach den obligatorischen UNDETERMINED sehen wir den Dominantseptakkord und anschließend den verminderten Dreiklang.

Dissonante Klänge	evts	%evt	%ttl	blks	mindur	maxdur	avgdur
UNDETERMINED	255,00	89,33	16,02	52,50	2,00	16,00	4,90
Dominantseptakkord	7,00	2,49	0,42	2,50	3,50	4,00	3,57
Verm. Dreiklang	6,00	2,10	0,38	1,25	3,00	4,00	3,50
Dur-Quartsextakkord	5,00	1,86	0,41	0,75	3,00	3,00	3,00
Einzelintervall	4,00	1,42	0,30	1,25	1,50	1,50	1,50
Dominantsekundakkord	3,00	1,17	0,20	0,75	2,00	2,00	2,00

3. ORLANDO DI LASSO

Ab dem Dur-Quartsextakkord übertreffen die vormals niedrigen Abweichungen die Mittelwerte.

Dissonante Klänge	evts-sd	%evt-sd	%ttl-sd	blks-sd	avgdur-sd
UNDETERMINED	41,48	3,00	2,18	7,79	0,74
Dominantseptakkord	5,20	1,82	0,25	2,60	0,74
Verm. Dreiklang	4,47	1,48	0,24	0,83	2,18
Dur-Quartsextakkord	6,56	2,32	0,54	0,83	3,32
Einzelintervall	4,90	1,74	0,41	1,30	1,66
Dominantsekundakkord	3,32	1,43	0,25	0,83	2,00

Kommen wir zu den Konsonanzen. Auf den ersten fünf Plätzen finden wir mit dem natürlichen Modus Übereinstimmungen; dann beginnen die Unterschiede: so kommt statt des 3/12-Klangs der 12/4-Klang, und statt des 12/4-Klangs u.a. der 7/5-Klang. Gegenüber dem 6. Modus naturalis haben auch höhere Maximaldauern, auch macht der Dur-Akkord 51% der Klänge aus! Die zweithöchste Durchschnittsdauer besitzt das konsonante Einzelintervall.

Konsonante Klänge	evts	%evt	%ttl	blks	mindur	maxdur	avgdur
Dur	879,00	63,80	51,89	59,00	2,00	69,00	14,32
Moll	229,50	18,66	14,97	26,00	3,50	33,00	8,80
Dur-Sextakkord	78,50	6,05	4,84	12,75	3,00	12,00	5,95
Einzelintervall	48,00	4,63	3,61	4,75	5,50	17,50	10,11
Moll-Sextakkord	38,50	2,79	2,25	5,75	2,50	8,00	4,76
12/4	28,00	2,30	1,86	3,25	5,00	13,00	7,30
7/5	10,50	0,59	0,49	1,25	2,50	4,50	3,00

Die Standardabweichungen sind insgesamt niedrig.

Konsonante Klänge	evts-sd	%evt-sd	%ttl-sd	blks-sd	avgdur-sd
Dur	350,09	10,87	10,62	14,61	2,49
Moll	50,15	6,54	5,05	3,74	1,35
Dur-Sextakkord	29,37	2,54	1,86	3,96	0,80
Einzelintervall	34,53	4,05	3,04	3,77	2,30
Moll-Sextakkord	37,19	1,98	1,65	4,71	3,02
12/4	20,98	1,93	1,56	1,79	2,66
7/5	17,05	0,95	0,79	1,64	4,12

Der wichtigste Klang ist der Dur-Akkord über c-fa, der Finalis, dann kommt der Dur-Akkord über g-do, der ersten Stufe und dann über f-ta. Der Moll-Akkord über der Repercussa e-la, kommt erst an elfter Stelle. Wir sehen, dass das C-Dur ein Viertel der Klänge ausmacht, das G-Dur dann nur noch aufgerundet 16%. Die höchste Durchschnittsdauer hat aber das F-Dur, die zweithöchste das d-Moll. Ab dem d-Moll-Sextakkord übertreffen die Standardabweichungen die Mittelwerte.

Alle Klänge	evts	%evt	%ttl	blks	mindur	maxdur	avgdur
Dur, c-fa, 4. Stufe	376,00	25,77	21,70	33,00	3,00	46,00	11,03
Dur, g-do, 1. Stufe	239,50	15,95	13,53	24,75	2,50	20,00	9,02
Dur, f-ta, 7. Stufe	182,00	13,74	11,47	16,00	4,00	34,00	11,61
Moll, a-re, 2. Stufe	114,00	8,94	7,46	16,50	3,50	16,00	6,84
Moll, d-so, 5. Stufe	85,50	6,51	5,44	8,50	4,50	23,00	10,92
Dur, d-so, 5. Stufe	45,00	3,25	2,72	5,25	4,00	14,00	9,32
Dur-Sextakkord, a-re, 2. Stufe	32,00	2,23	1,87	5,00	5,00	7,00	6,07
Dur-Sextakkord, e-la, 6. Stufe	27,00	1,91	1,59	5,00	2,00	6,00	4,07
Dur, b-mib, 3. Stufe	26,00	1,98	1,68	1,75	7,00	12,00	8,80
12/4, c-fa, 4. Stufe	23,00	1,90	1,59	2,50	6,00	13,00	7,80
Moll, e-la, 6. Stufe	22,00	1,81	1,49	3,00	5,00	9,00	7,50
Dur-Sextakkord, h-mi, 3. Stufe	19,50	1,67	1,38	3,00	3,50	10,00	6,25
Moll-Sextakkord, f-ta, 7. Stufe	15,50	0,88	0,74	2,25	1,50	2,50	2,38
Prime, c-fa, 4. Stufe	15,00	1,36	1,10	1,50	5,00	10,00	6,75
Moll-Sextakkord, c-fa, 4. Stufe	13,00	1,04	0,87	2,00	4,00	5,00	4,67
Prime, f-ta, 7. Stufe	12,00	1,13	0,92	1,25	6,00	8,00	6,67
Einzelnote, g-do, 1. Stufe	12,00	1,00	0,83	0,75	12,00	12,00	12,00
Dur, a-re, 2. Stufe	10,50	0,97	0,79	1,00	4,50	6,00	5,25

Alle Klänge	evts-sd	%evt-sd	%ttl-sd	blks-sd	avgdur-sd
Dur, c-fa, 4. Stufe	180,07	6,85	6,19	13,62	1,08
Dur, g-do, 1. Stufe	141,19	7,19	6,29	12,54	1,32
Dur, f-ta, 7. Stufe	23,75	2,06	1,43	2,74	1,76
Moll, a-re, 2. Stufe	27,20	3,28	2,69	2,69	0,81
Moll, d-so, 5. Stufe	20,95	1,86	1,54	3,28	3,54
Dur, d-so, 5. Stufe	15,39	0,75	0,60	1,48	3,75
Dur-Sextakkord, a-re, 2. Stufe	14,70	0,65	0,55	1,58	1,42
Dur-Sextakkord, e-la, 6. Stufe	16,16	1,17	0,96	2,92	2,45
Dur, b-mib, 3. Stufe	26,15	2,01	1,70	2,05	9,90
12/4, c-fa, 4. Stufe	20,47	1,94	1,64	1,66	2,55
Moll, e-la, 6. Stufe	9,17	1,12	0,88	0,71	2,96
Dur-Sextakkord, h-mi, 3. Stufe	9,63	1,20	0,95	0,71	1,66
Moll-Sextakkord, f-ta, 7. Stufe	25,71	1,40	1,19	3,34	3,07
Prime, c-fa, 4. Stufe	17,06	1,82	1,46	1,50	4,09
Moll-Sextakkord, c-fa, 4. Stufe	9,54	0,80	0,67	1,22	3,06
Prime, f-ta, 7. Stufe	12,00	1,27	1,01	1,09	4,00
Einzelnote, g-do, 1. Stufe	6,93	0,64	0,52	0,43	6,93
Dur, a-re, 2. Stufe	13,07	1,35	1,08	1,00	6,53

Im Gegensatz zum 6. Modus naturalis besitzt der Tenor im quinttransponierten Modus weder ein *b* noch ein *es*, anders als in diesem besitzt er ein *cis*. Der wichtigste Ton ist die Finalis *c*-fa. Interessant ist, dass unsere Liste bis zu den Akzidentien bis auf die Folge *g-f* fast die Reihenfolge der C-Dur-Tonleiter ergibt. Die Repercussa *e*-la steht an dritter Stelle.

Tenor, nur Tonhöhen	evts	%evt	%ttl	blks	mindur	maxdur	avgdur
c	395,50	27,12	23,63	20,50	3,50	80,00	19,68
d	320,50	22,53	19,82	22,00	3,00	46,00	15,10
e	208,50	15,38	13,78	20,50	2,50	22,00	10,36

3. ORLANDO DI LASSO 347

g	191,00	12,94	11,28	13,75	5,00	34,00	12,82
f	136,00	9,97	8,92	13,00	3,00	30,00	10,34
a	102,00	7,62	6,85	10,00	3,00	20,00	10,22
h	44,00	2,98	2,57	7,25	3,00	11,00	6,02
fis	13,50	1,01	0,90	2,25	5,00	8,00	6,50
cis	6,00	0,46	0,42	0,50	6,00	6,00	6,00

Die Abweichungen übertreffen nur beim *cis* die Mittelwerte.

Tenor, nur Tonhöhen	evts-sd	%evt-sd	%ttl-sd	blks-sd	avgdur-sd
c	148,68	5,74	3,49	8,44	1,97
d	90,78	5,53	5,16	6,96	4,52
e	23,17	3,90	4,25	2,60	2,03
g	116,53	6,58	5,51	4,87	3,30
f	43,20	4,28	4,28	3,39	1,02
a	20,64	2,61	2,70	1,41	1,76
h	21,95	1,03	0,74	2,77	1,74
fis	4,77	0,44	0,43	1,09	1,50
cis	6,63	0,57	0,54	0,50	6,63

Sehen wir uns den Bassus an: die Reihenfolge unterscheidet sich sehr. Der wichtigste Ton ist zwar auch hier die Finalis, aber auf Platz zwei kommt das do und auf Platz drei das ta. Der Bassus besitzt außer dem *b*-mib kein Akzidenz. Die zweithöchste Durchschnittsdauer besitzt das ta.

Bassus, nur Tonhöhen	evts	%evt	%ttl	blks	mindur	maxdur	avgdur
c	413,50	30,57	24,85	23,75	4,50	68,00	17,25
g	311,50	22,77	18,54	22,50	3,50	42,00	13,81
f	214,50	16,57	13,55	15,25	3,50	34,00	14,56
a	137,00	11,00	9,08	14,75	3,00	20,00	9,45
d	118,00	9,12	7,44	11,25	4,00	18,00	11,03
e	53,00	4,14	3,37	7,25	4,00	12,00	7,40
h	52,50	4,15	3,41	8,75	2,50	10,00	6,00
b	20,00	1,67	1,41	1,00	8,00	12,00	10,67

Erst ab dem *b* übertreffen die Standardabweichungen die Mittelwerte.

Bassus, nur Tonhöhen	evts-sd	%evt-sd	%ttl-sd	blks-sd	avgdur-sd
c	131,69	4,16	2,73	5,89	3,20
g	124,69	6,84	5,58	9,23	2,79

f	35,31	2,55	2,32	4,49	2,07
a	13,89	3,22	2,94	2,49	1,12
d	33,20	2,84	2,37	4,44	1,75
e	23,60	2,26	1,89	3,11	0,68
h	11,08	1,37	1,18	1,79	0,40
b	22,98	2,07	1,79	1,22	10,83

Klangfolgen

las_gesamt_6.modus_trq_sequences.txt

Die erste Folge G-C-F ist erneut der doppelte Quintfall.

|Häufigkeit|8mal|

Modus-Stufe	Solmisationssilbe	Klang	Sonanzform
1	*g*-do	Dur	konsonant
4	*c*-fa	Dur	konsonant
7	*f*-ta	Dur	konsonant

Auch diese Folge ist ein doppelter Quintfall.

|Häufigkeit|5mal|

Modus-Stufe	Solmisationssilbe	Klang	Sonanzform
5	*d*-so	Dur	konsonant
1	*g*-do	Dur	konsonant
4	*c*-fa	Dur	konsonant

Nun haben wir ein plagal-authentisches Pendel vor uns:

|Häufigkeit|5mal|

Modus-Stufe	Solmisationssilbe	Klang	Sonanzform
4	*c*-fa	Dur	konsonant
1	*g*-do	Dur	konsonant
4	*c*-fa	Dur	konsonant

3. ORLANDO DI LASSO 349

Die nächste Folge – G-C-a – besteht aus Quint- plus Terzfall.

|Häufigkeit|5mal|

Modus-Stufe	Solmisationssilbe	Klang	Sonanzform
1	g-do	Dur	konsonant
4	c-fa	Dur	konsonant
2	a-re	Moll	konsonant

Die weiteren Folgen ereignen sich jeweils viermal. Die Folge bedeutet C-6a-d und besteht aus Terz- und Quintfall.

|Häufigkeit|4mal|

Modus-Stufe	Solmisationssilbe	Klang	Sonanzform
4	c-fa	Dur	konsonant
4	c-fa	Moll-Sextakkord	konsonant
5	d-so	Moll	konsonant

Die Folge F-d-B besteht aus drei Terzfällen.

|Häufigkeit|4mal|

Modus-Stufe	Solmisationssilbe	Klang	Sonanzform
7	f-ta	Dur	konsonant
5	d-so	Moll	konsonant
3	b-mib	Dur	konsonant

Die Folge bedeutet C-6G-C und ist ein plagal-authentisches Pendel.

|Häufigkeit|4mal|

Modus-Stufe	Solmisationssilbe	Klang	Sonanzform
4	c-fa	Dur	konsonant
3	h-mi	Dur-Sextakkord	konsonant
4	c-fa	Dur	konsonant

Die nächste Folge bedeutet 6F-a-6e.

|Häufigkeit|4mal|

Modus-Stufe	Solmisationssilbe	Klang	Sonanzform
2	a-re	Dur-Sextakkord	konsonant
2	a-re	Moll	konsonant
1	g-do	Moll-Sextakkord	konsonant

Diese Folge besteht aus Quintfall und Sekundsteigen.

| Häufigkeit | 4mal |

Modus-Stufe	Solmisationssilbe	Klang	Sonanzform
1	g-do	Dur	konsonant
4	c-fa	Dur	konsonant
5	d-so	Moll	konsonant

Grundtonfortschreitungen

las_gesamt_6.modus_trq_keytonepro_.txt

In diesem Modus stehen die starken Schritte an erster Stelle.

| Häufigkeit | 5mal |

Grundtonfortschreitung
AH
AS
AH

Wie auch hier:

| Häufigkeit | 4mal |

Grundtonfortschreitung
AH
AH
AH

Die nächste Fortschreitung sprengt das Schema, da der Grundton bei einer Fortschreitung der gleiche bleibt.

| Häufigkeit | 4mal |

Grundtonfortschreitung
AH
–
AH

Blockdiagramme

Die Klangdichte baut sich nach Beginn sehr deutlich auf, erreicht dabei unterschiedliche Niveaus bei 204 und baut sich bis zwei Balken danach wesentlich bis zu 35% ab. Einen Balken weiter finden wir unterschiedliche Verläufe, und zwar von hohem Niveau schwach abbauend bis sprunghaft aufbauend. Ein neuer charakteristischer

3. ORLANDO DI LASSO 351

Hochpunkt wird jedenfalls bei 612 erreicht, und allen Werken ist der sofortige Abbau gemein. Einen Balken vor 816 beginnt allerdings wieder eine unterschiedliche Entwicklung. Konzentrieren wir uns auf den nächsten wesentlichen Hochpunkt: der Balken einen Balken vor 1224 wird als Hochpunkt erreicht. Nach diesem Hochpunkt beginnt ein für den Zeitraum eines Balkens ein allen Werken gemeinsamer Abbau, doch zwei Balken nach 1224 beginnen wieder gegenläufige Entwicklungen. Sehen wir die „Form" von einen Balken vor 1224 bis 1632 als Ganzes, so erkennen wir einen Abbau von einem Hochpunkt bis zu einem Tiefpunkt und das erneute Aufsteigen zu einem Hochpunkt zwei Balken vor 1632, danach kommt es dann noch einmal zu einem Abstieg.

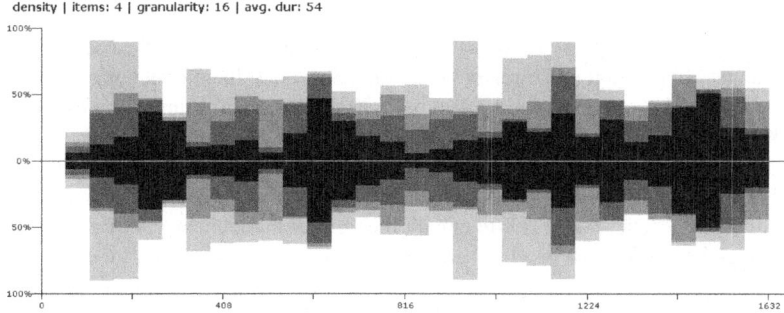

Die Satzdichte zeigt das bekannte Bild. Erwähnenswert sind hier die Tiefpunkte der Pausendichte einen Balken nach 204. bei 612 sowie einen Balken nach 1428.

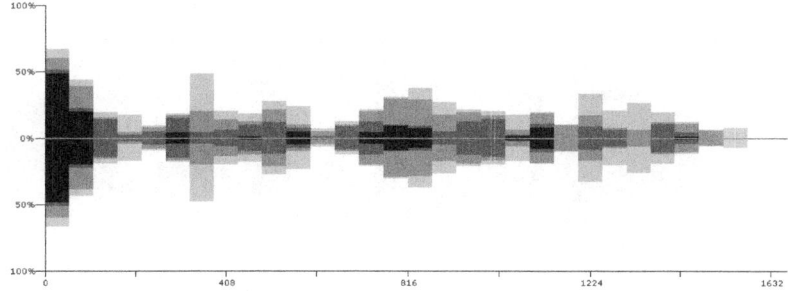

Die Dissonanzen zeichnen ein sehr unterschiedliches Bild. Wir sehen sehr viele Spitzen, die erste 100%-Spitze direkt nach dem sich aufbauenden Beginn, dann sehen wir einen schnellen Abbau. Konzentrieren wir uns auf die Tiefpunkte der Dissonanzgrade. Es sind hervorzuheben: der Bereich zwischen zwei Balken nach 408 und 612, das sind ca. 40% zwischen zwei Spitzen. Dann ist der Balken einen Balken nach 816 mit ca. 25% aus einem Abbau heraus typisch. Direkt danach bis 1224 können wir einen sich steigernden Block ausmachen; zählen wir den Bereich von 1224 bis 1632 zu diesem dazu, sehen wir ihn von drei dramatischeren Einbrüchen unterbrochen: einen Balken nach 1224 auf ca. 45%, 1428 bei ca. 35% sowie einen Balken vor 1632 bei ca. 20%.

352   KAPITEL 4. ANALYSEN

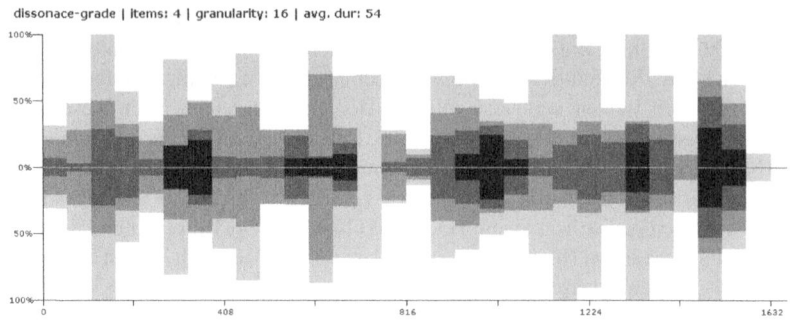

dissonace-grade | items: 4 | granularity: 16 | avg. dur: 54

Die Dur-Verteilung ist insgesamt in diesem Modus sehr hoch. Sie baut sich spontan nach Beginn auf und erreicht bei 204 bereits 100%, hier können wir ein Verweilen auf ca. 80% bis ca. zwei Balken nach 408 beobachten. Nun kommt es zu einem kleinen Abfall auf ca. 60% bei drei Balken nach 408. Bei einem Balken vor 612 erhalten wir ca. 85% des Niveaus durch einen Sprung, das sich auf ca. 95% zwei Balken vor 816 steigert. Einen Balken vor 816 erleben wir wieder einen Einbruch auf ca. 70%. Die zweite Hälfte enthält mehrere dieser kleinen Einbrüche, die nicht alle gleich ausführlich beschrieben werden. Wir konzentrieren uns auf die charakteristischen Hoch- und Tiefpunkte. Drei Balken nach 816 ist ein solcher Hochpunkt, ein deutlicher Tiefpunkt ist einen Balken vor 1428. Sodann findet sich ein ausgeprägter Hochpunkt direkt bei 1428. Typisch sind dann auch der Abstieg und der neue Anstieg des Hochpunktes einen Balken vor 1632.

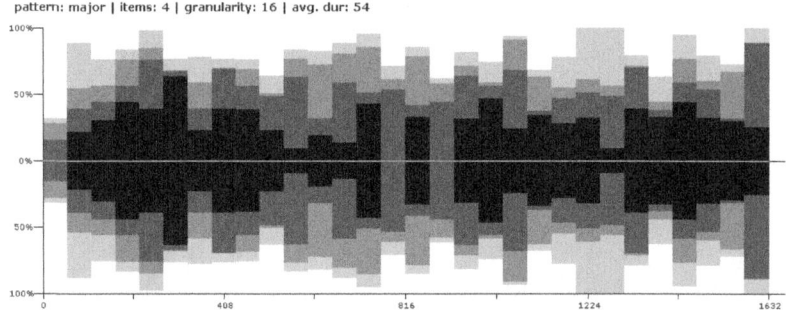

pattern: major | items: 4 | granularity: 16 | avg. dur: 54

Gleich nach Beginn baut sich eine rege Kreuzungstätigkeit auf. Der Hochpunkt einen Balken nach 204 ist besonders typisch. Dieser baut sich sehr unterschiedlich ab, andererseits gibt es auch einen erneuten Anstieg, so dass wir einen mehr oder weniger ausgeprägten Punkt einen Balken vor 408 finden. Die weiteren Entwicklungen und deren Niveaus sind sehr unterschiedlich. 612 ist ein weiterer wesentlicher Hochpunkt, ebenso 1224 und auch einen Balken vor 1632. Einen charakteristischen Tiefpunkt sehen wir, wenngleich nicht von allen Werken, bei 1020. Mehr oder weniger deutlich sind zudem die Punkte einen Balken vor 612, zwei Balken vor 816, einen Balken vor 1020 sowie 1428.

3. ORLANDO DI LASSO

crossings | items: 4 | granularity: 16 | avg. dur: 54

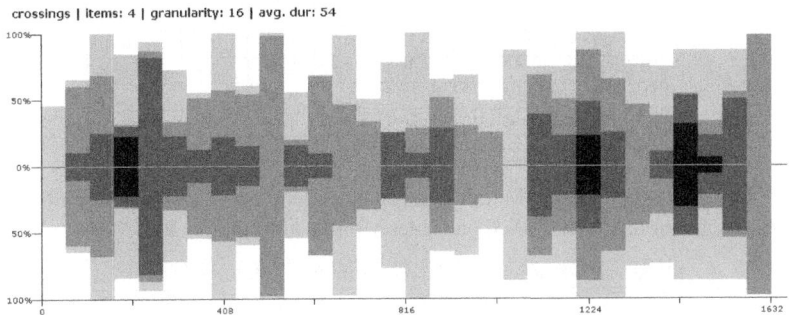

3.2.13 7.Modus naturalis

Mittelwerte

las_gesamt_7.modus_nat_avg.txt

Konsonanzen	
evts	1357,60
sd	381,92
%evt	85,38
sd	5,46
%ttl	84,07
sd	5,48
blks	46,07
sd	20,42
mindur	2,13
maxdur	257,07
avgdur	39,31
avgdur-sd	26,04

Dissonanzen	
evts	239,73
sd	115,56
%evt	14,62
sd	5,46
%ttl	14,39
sd	5,37
blks	44,73
sd	20,66
mindur	2,13
maxdur	17,87
avgdur	5,49
avgdur-sd	0,80

Der Modus ist weitaus konsonanter als der vorherige. Die blks sind allerdings um runde 12% niedriger, die avgdur-sd sind aber um das Fünffache größer. Die evts-sd sind gegenüber denen des 6. quinttransponierten Modus fast dreimal größer.

Dissonante Klänge	evts	%evt	%ttl	blks	mindur	maxdur	avgdur
UNDETERMINED	215,87	89,93	12,91	41,07	2,13	16,53	5,41
Einzelintervall	6,53	3,90	0,48	1,47	0,80	1,60	1,17
Dominantseptakkord	5,87	1,99	0,33	1,40	3,20	3,20	3,20
Moll-Quartsextakkord	4,80	1,95	0,29	0,67	2,93	3,20	3,07
Dominantsekundakkord	2,13	0,58	0,09	0,33	1,07	1,07	1,07

Wir sehen, dass die Formen nach den unbestimmten Dissonanzen kaum eine prozentuale Rolle spielen. Das Einzelintervall steht an zweiter Stelle, der Dominantseptakkord an dritter. Die Abweichungen übertreffen bereits ab Platz zwei die Mittelwerte.

Dissonante Klänge	evts-sd	%evt-sd	%ttl-sd	blks-sd	avgdur-sd
UNDETERMINED	108,09	8,91	5,05	19,77	0,82
Einzelintervall	13,07	8,40	1,02	2,94	1,96
Dominantseptakkord	6,00	1,65	0,27	1,50	2,17
Moll-Quartsextakkord	6,23	2,81	0,40	0,87	4,06
Dominantsekundakkord	6,00	1,51	0,25	0,79	2,29

Der „Helligkeit" des 7. Modus passt auch zur Dominanz des Dur-Akkordes. Dieser macht auf das Werk 56,63% aus, der Moll-Akkord nur noch 14,72%!

Konsonante Klänge	evts	%evt	%ttl	blks	mindur	maxdur	avgdur
Dur	910,67	66,84	56,63	48,27	2,13	117,87	21,00
Moll	246,93	17,78	14,72	25,93	3,07	28,27	9,72
Dur-Sextakkord	64,13	4,80	3,93	8,87	4,40	10,67	7,43
Einzelintervall	56,40	4,74	3,89	3,20	20,80	32,13	24,61
Moll-Sextakkord	24,53	1,82	1,52	3,80	4,27	8,00	5,52
12/4	15,47	1,09	0,96	1,93	2,93	5,87	4,58

Die Abweichungen übertreffen erst ab dem 12/4-Klang die Mittelwerte.

Konsonante Klänge	evts-sd	%evt-sd	%ttl-sd	blks-sd	avgdur-sd
Dur	299,35	10,28	11,71	15,75	9,47
Moll	124,36	5,56	3,96	11,85	1,77
Dur-Sextakkord	38,65	2,65	2,08	5,89	1,65
Einzelintervall	47,04	4,45	3,67	3,47	27,66
Moll-Sextakkord	18,98	1,32	1,08	2,83	2,65
12/4	18,47	1,29	1,17	2,21	4,17

Der wichtigste Klang in der Auflistung aller Klänge ist der Dur-Akkord über der Finalis, sodann der Dur-Akkord über der 4. Stufe. Sein besonders harmonisches Gepräge bekommt der mixolydische Modus zudem durch den Dur-Akkord über der 7. Stufe, f-fa, der hier auf Platz drei steht. Unsere Dominante, der Dur-Klang über der Repercussa, steht hier auf Platz vier. Auffällig ist, dass die dritthöchste avgdur der Dur-Akkord über der b-ta Stufe besitzt.

3. ORLANDO DI LASSO

Alle Klänge	evts	%evt	%ttl	blks	mindur	maxdur	avgdur
Dur, g-so, 1. Stufe	273,20	18,83	16,28	23,60	3,07	44,27	11,73
Dur, c-do, 4. Stufe	264,53	18,39	15,81	23,53	4,27	31,20	11,56
Dur, f-fa, 7. Stufe	138,13	9,58	8,28	12,80	4,53	20,80	10,74
Dur, d-re, 5. Stufe	106,67	7,84	6,94	10,27	2,93	22,93	10,19
Moll, d-re, 5. Stufe	77,60	5,13	4,35	8,73	5,07	14,40	8,94
Moll, a-la, 2. Stufe	75,73	5,04	4,29	9,67	4,00	13,87	7,68
Moll, e-mi, 6. Stufe	48,80	3,48	2,98	6,07	4,53	12,53	8,00
Dur, a-la, 2. Stufe	41,33	3,08	2,77	3,87	5,20	12,27	8,46
Dur, b-ta, 3. Stufe	39,87	3,15	2,80	3,20	8,40	15,07	11,24
Moll, g-so, 1. Stufe	34,67	2,58	2,22	3,33	6,67	14,13	9,30
Dur, e-mi, 6. Stufe	24,00	2,01	1,86	1,40	7,47	12,53	9,85
Dur-Sextakkord, e-mi, 6. Stufe	18,00	1,33	1,13	2,73	4,40	7,20	5,70
Dur-Sextakkord, a-la, : 2. Stufe	17,33	1,15	0,99	2,93	4,00	6,40	5,09
Dur-Sextakkord, h-ti, 3. Stufe	16,27	1,09	0,92	1,73	6,67	8,00	7,26
Prime, g-so, 1. Stufe	15,73	1,28	1,09	1,27	5,60	10,13	7,73
Prime, d-re, 5. Stufe	11,33	0,86	0,76	1,53	5,07	7,20	5,89
Moll-Sextakkord, g-so, 1. Stufe	9,07	0,61	0,52	1,60	2,40	3,47	3,00

Ab der Prime g-so übertreffen die Abweichungen die Mittelwerte.

Alle Klänge	evts-sd	%evt-sd	%ttl-sd	blks-sd	avgdur-sd
Dur, g-so, 1. Stufe	138,16	5,44	4,56	10,96	2,17
Dur, c-do, 4. Stufe	127,80	5,96	4,85	9,73	2,80
Dur, f-fa, 7. Stufe	82,38	3,78	3,13	6,64	2,95
Dur, d-re, 5. Stufe	57,27	3,96	3,82	4,02	3,74
Moll, d-re, 5. Stufe	53,25	2,78	2,25	5,65	3,62
Moll, a-la, 2. Stufe	65,45	2,98	2,44	6,52	1,92
Moll, e-mi, 6. Stufe	35,75	1,99	1,67	3,86	3,59
Dur, a-la, 2. Stufe	37,60	2,67	2,49	2,47	4,53
Dur, b-ta, 3. Stufe	38,52	2,89	2,68	2,66	5,80
Moll, g-so, 1. Stufe	27,08	1,83	1,52	2,47	5,00
Dur, e-mi, 6. Stufe	32,56	3,11	2,93	1,58	11,35
Dur-Sextakkord, e-mi, 6. Stufe	14,95	1,10	0,92	2,17	2,54
Dur-Sextakkord, a-la, 2. Stufe	16,63	1,04	0,90	2,84	2,81
Dur-Sextakkord, h-ti, 3. Stufe	13,50	0,77	0,64	1,39	5,48
Prime, g-so, 1. Stufe	16,43	1,48	1,26	1,39	7,04
Prime, d-re, 5. Stufe	12,39	0,96	0,88	1,93	5,40
Moll-Sextakkord, g-so, 1. Stufe	11,54	0,73	0,62	1,93	2,99

Der wichtigste Ton des Tenors ist die Oberquinte d-so, die Repercussa; es folgen das c-do, das im plagalen Modus die Repercussa darstellt, sowie die Finalis g-so. Der Tenor besitzt bis auf das *gis* alle Akzidenz-Töne, sogar das *es*, obwohl wir es mit dem natürlichen System zu tun haben. Die höchste Durchschnittsdauer besitzt die Finalis.

Tenor, nur Tonhöhen	evts	%evt	%ttl	blks	mindur	maxdur	avgdur
d	294,67	20,37	17,69	19,00	4,13	45,07	15,14
c	272,40	18,68	16,51	19,47	4,40	35,20	14,21
g	256,00	17,92	15,74	13,80	5,20	67,47	18,52

a	159,07	11,01	9,82	12,27	3,60	27,20	12,71
e	138,00	9,26	7,94	11,87	3,87	24,00	10,99
h	136,40	10,00	8,97	11,93	3,60	31,20	12,33
f	93,73	6,42	5,54	8,33	3,60	21,60	10,33
b	29,20	2,31	2,17	1,73	8,13	14,27	10,31
fis	21,73	1,83	1,66	1,73	5,20	11,73	8,22
cis	19,87	1,67	1,62	1,40	3,60	8,00	5,63
es	7,20	0,54	0,52	0,47	4,00	5,07	4,62

Die Abweichungen sind recht hoch, übertreffen aber erst ab dem *b* die Mittelwerte.

Tenor, nur Tonhöhen	evts-sd	%evt-sd	%ttl-sd	blks-sd	avgdur-sd
d	127,20	6,55	5,41	6,47	3,13
c	131,71	5,23	5,25	7,83	3,17
g	120,04	6,44	5,67	5,49	4,68
a	79,60	4,64	4,55	5,62	2,58
e	88,75	4,97	4,20	6,24	3,54
h	60,07	4,57	4,70	6,02	4,51
f	57,82	3,64	3,08	4,69	4,22
b	40,11	3,11	3,01	2,11	9,44
fis	26,32	2,33	2,11	2,17	10,84
cis	35,68	3,14	3,11	2,15	6,61
es	13,08	0,92	0,89	0,88	8,83

Kommen wir zum Bassus: im Gegensatz zum Tenor besitzt er alle Töne. Die wichtigsten sind die Finalis und das *c*, das im plagalen Modus die Repercussa darstellt.

Bassus, nur Tonhöhen	evts	%evt	%ttl	blks	mindur	maxdur	avgdur
g	328,40	24,87	19,93	20,07	5,20	50,67	16,40
c	237,60	17,72	14,41	16,40	5,33	30,93	14,44
d	219,47	16,33	13,41	15,60	4,00	34,13	14,13
f	158,67	11,40	9,40	13,00	4,80	24,53	11,77
a	148,53	11,21	9,12	11,80	5,20	23,47	12,49
e	109,33	8,18	6,99	9,27	4,53	22,40	12,43
h	44,53	3,61	2,99	4,40	4,67	16,00	10,04
b	39,33	3,35	2,84	2,47	9,73	17,47	13,39
fis	21,33	1,76	1,59	1,60	7,47	12,27	10,22
es	9,87	0,77	0,72	0,53	3,73	6,13	4,58
cis	6,93	0,54	0,52	0,47	3,73	4,27	3,91
gis	2,67	0,25	0,23	0,20	2,67	2,67	2,67

3. ORLANDO DI LASSO

Die Abweichungen übertreffen ab dem b die Mittelwerte.

Bassus, nur Tonhöhen	evts-sd	%evt-sd	%ttl-sd	blks-sd	avgdur-sd
g	145,96	7,54	5,05	7,67	2,67
c	134,91	7,48	5,87	7,50	3,21
d	82,73	3,58	3,57	5,69	2,29
f	99,14	4,16	3,84	5,62	3,38
a	62,14	3,54	2,71	4,21	2,87
e	69,16	4,04	4,16	5,04	5,39
h	27,67	2,24	2,07	2,47	5,79
b	33,32	2,77	2,51	1,96	6,70
fis	20,38	1,86	1,84	0,95	6,70
es	21,01	1,57	1,43	0,96	8,20
cis	14,86	1,10	1,07	0,88	7,41
gis	5,59	0,56	0,54	0,40	5,59

Klangfolgen

las_gesamt_7.modus_nat_sequences.txt

Wir sehen auf Platz eins den doppelten Quintfall.

| Häufigkeit | 25mal |

Modus-Stufe	Solmisationssilbe	Klang	Sonanzform
5	d-re	Dur	konsonant
1	g-so	Dur	konsonant
4	c-do	Dur	konsonant

Wie auch auf Platz zwei:

| Häufigkeit | 24mal |

Modus-Stufe	Solmisationssilbe	Klang	Sonanzform
1	g-so	Dur	konsonant
4	c-do	Dur	konsonant
7	f-fa	Dur	konsonant

Nun folgt das authentisch-plagale Pendel, man beachte den Einbruch in der Häufigkeit.

|Häufigkeit|14mal||

Modus-Stufe	Solmisationssilbe	Klang	Sonanzform
1	g-so	Dur	konsonant
4	c-do	Dur	konsonant
1	g-so	Dur	konsonant

Und nun umgekehrt, das plagal-authentische Pendel.

|Häufigkeit|13mal||

Modus-Stufe	Solmisationssilbe	Klang	Sonanzform
4	c-do	Dur	konsonant
1	g-so	Dur	konsonant
4	c-do	Dur	konsonant

Und wieder das authentisch-plagale Pendel:

|Häufigkeit|11mal||

Modus-Stufe	Solmisationssilbe	Klang	Sonanzform
4	c-do	Dur	konsonant
7	f-fa	Dur	konsonant
4	c-do	Dur	konsonant

Und wieder der doppelte Quintfall.

|Häufigkeit|11mal||

Modus-Stufe	Solmisationssilbe	Klang	Sonanzform
2	a-la	Dur	konsonant
5	d-re	Dur	konsonant
1	g-so	Dur	konsonant

Sehen wir noch eine Folge mit einem Sextakkord:

|Häufigkeit|8mal||

Modus-Stufe	Solmisationssilbe	Klang	Sonanzform
2	a-la	Moll	konsonant
2	a-la	Dur-Sextakkord	konsonant
1	g-so	Dur	konsonant

Das ist a-6F-G, also Terzfall plus Sekundsteigen.

Die weiteren Folgen kommen dann jeweils nur siebenmal vor. Hier noch einmal der doppelte Quintfall.

3. ORLANDO DI LASSO

|Häufigkeit|7mal|

Modus-Stufe	Solmisationssilbe	Klang	Sonanzform
4	c-do	Dur	konsonant
7	f-fa	Dur	konsonant
3	b-ta	Dur	konsonant

Nun Quintfall plus Sekundsteigen.

|Häufigkeit|7mal|

Modus-Stufe	Solmisationssilbe	Klang	Sonanzform
1	g-so	Dur	konsonant
4	c-do	Dur	konsonant
5	d-re	Dur	konsonant

Und Terzfallen plus Quintsteigen.

|Häufigkeit|7mal|

Modus-Stufe	Solmisationssilbe	Klang	Sonanzform
2	a-la	Moll	konsonant
7	f-fa	Dur	konsonant
4	c-do	Dur	konsonant

Grundtonfortschreitungen

las_gesamt_7.modus_nat_keytonepro_.txt

In diesem Modus stehen ebenfalls die starken Schritte an erster Stelle.

|Häufigkeit|21mal|

Grundtonfortschreitung
AT
AH
AT

Nun aber eine Reihe plagaler Sekundschritte:

|Häufigkeit|20mal|

Grundtonfortschreitung
PS
PS
PS

Es folgen wieder drei Quintfälle:

| Häufigkeit | 15mal |

Grundtonfortschreitung
AH
AH
AH

Blockdiagramme

Wir sehen, dass sich die Klangdichte bis 405 (in einigen Werken auch bis einen Balken davor) rasch aufbaut, einen Balken vor 607,5 wird ein typischer Tiefpunkt erreicht. Nun schließt sich eine neue wesenhafte Entwicklung mit unterschiedlichen Hochpunkten bei 810 an. Die zweite Hälfte gestaltet sich nun sehr unterschiedlich. Artgemäß ist hier das eher 25%ige Niveau, das durchgehend geschwärzt erscheint, allerdings auch auf 10% hier und da absinken kann. Einen Balken nach 1215 beginnt eine erneute sich steigernde Klangdichte-Entwicklung, die einen Balken vor 1620 ihre Höhepunkt, geschwärzt bei 50% erreicht, und zum Ende hin leicht absinkt.

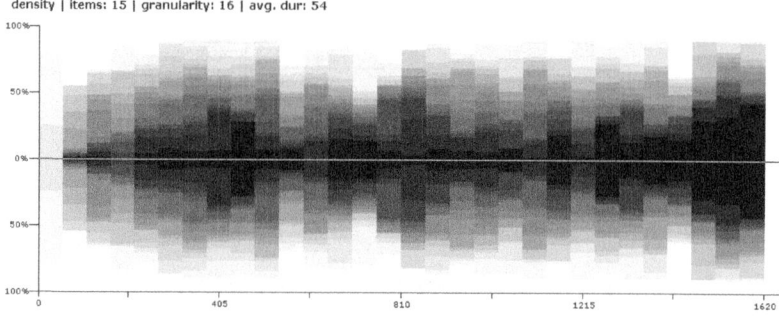

Die Satzdichte zeigt den Pausenabbau, wenngleich weniger deutlich als in den anderen Modi, bis einen Balken nach 405 ein Tiefpunkt erreicht ist, der von fast allen Werken mehr oder weniger gleich geteilt wird. Nun fangen allerdings die Unterschiede an, und die folgenden Stärken sind weniger deutlich, die Streuungen sind größer. Insgesamt könnten wir ab einem Balken von 607,5 eine sich bis einen Balken nach 1012,5 steigernde Entwicklung beobachten, die einen Balken nach 1012,5 ihren Höhepunkt bei ca. 35% erreicht, der allerdings nicht von allen Werken geteilt wird. Diese deutliche Wölbung ist zudem von zwei Punkten unterbrochen: einen Balken nach 607,5 erreichen fast alle Werke ca. 10%, einen Balken vor 1215 erreichen sie fast alle 25%. Nach 1215 baut sich die Pausendichte sukzessive ab.

3. ORLANDO DI LASSO

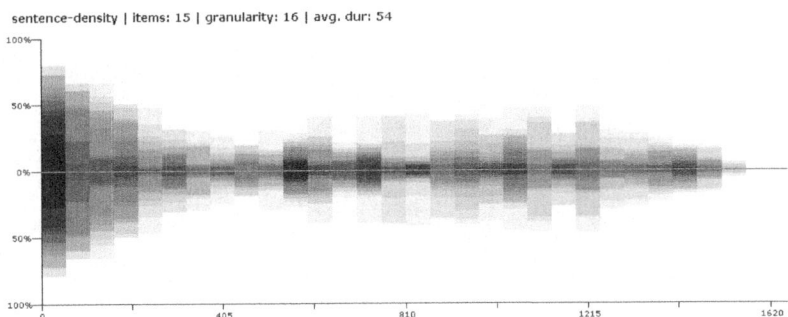

Die Dissonanzen zeigen ein vielfältiges Bild. Neben Ausreißern, die mehrmals die 100% reißen, ist vor allen Dingen der Ausreißerblock ein zwei Balken vor 1215 bis 1417,5, der fast durchgängig bei 100% liegt. Konzentrieren wir uns auf die wesentlichen Punkte (man kann durchaus eine wellenförmige Zu- und Abnahme der Dissonanzen von Anfang bis Ende ausmachen, wobei der Höhepunkt hier drei Balken nach 810 stattfinden würde, und zwar bei ca. 80%, der sich im Anschluss mehr oder weniger typisch abbaut), so finden wir diese beim Beginn bei 202,5, bei 405, einen Balken nach 810, einen Balken nach 1012,5, einen Balken vor 1620 sowie bei 1620 selbst.

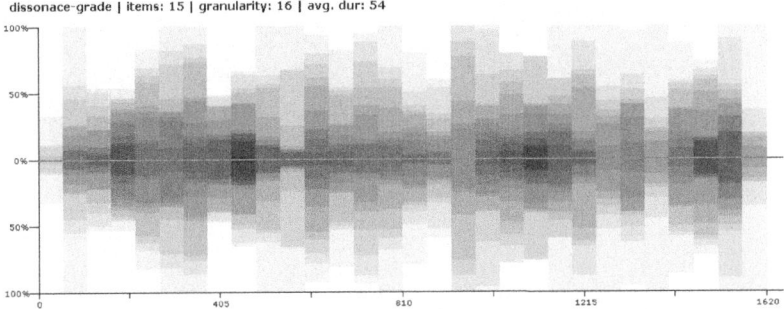

Eine klarere Sprache spricht die Dur-Verteilung. Die geschwärzten Bereiche stellen sich ab einem Balken vor 202,5 ein und erreichen im Schnitt mindestens 25%, allerdings erleben diese auch Tiefpunkte: einen Balken vor 1012,5 bei ca. 15-20% sowie einen Balken vor 1215 bei ca. 5%. Die geschwärzten Bereiche bilden einen durchgehenden Block, es sei denn, man sieht die erwähnten 5% als Unterbrechung an. Von 1215 an steigern sich diese wieder auf 25%, und zwei Balken vor 1620 springen sie die 100% an. Wir erleben freilich in den Ausreißern durchgehende Dur-Verteilungen über längere Strecken hinweg, allerdings sind die Überzeichnungen vielfältiger.

362   KAPITEL 4. ANALYSEN

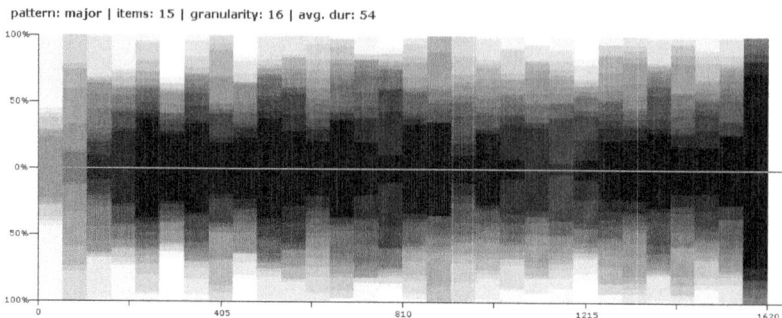

Die Kreuzungstätigkeiten sind vielfältiger, aber auch chaotischer. Wir sehen allerdings sehr viele Bereiche durchgehender Kreuzungen, auch über weite Distanzen, so von einen Balken vor 405 bis 607,5, als auch einen Balken vor 810 bis einen Balken vor 1215 oder ab einen Balken nach 1215 bis 1620. Besonders ins Auge stechende Stellen sind hier zwei Balken nach 202,5, zwei Balken vor 607,5, einen Balken nach 607,5, auch einen Balken nach 1012,5. Hier ist also das Merkmal Stimmkreuzung vielen Werken eigen.

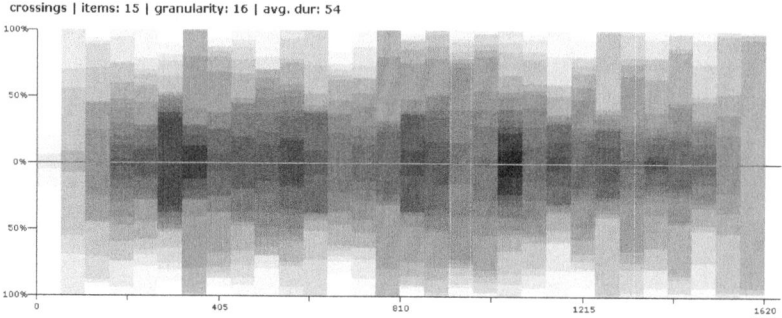

3.2.14 8.Modus naturalis

Mittelwerte

las_gesamt_8.modus_nat_avg.txt

3. ORLANDO DI LASSO

Konsonanzen	
evts	1328,14
sd	262,30
%evt	85,60
sd	5,52
%ttl	84,30
sd	5,63
blks	52,21
sd	23,99
mindur	2,14
maxdur	198,14
avgdur	34,92
avgdur-sd	29,00

Dissonanzen	
evts	231,86
sd	112,08
%evt	14,40
sd	5,52
%ttl	14,17
sd	5,43
blks	50,71
sd	24,21
mindur	2,00
maxdur	13,71
avgdur	4,51
avgdur-sd	0,52

Der 8. Modus unterscheidet sich vom 7. vor allen Dingen durch die blks, die hier höher sind und auch durch die Maximaldauern, die hier niedriger sind.

Dissonante Klänge	evts	%evt	%ttl	blks	mindur	maxdur	avgdur
UNDETERMINED	209,71	89,89	12,79	47,14	2,00	12,29	4,40
Dominantseptakkord	6,86	3,42	0,40	1,79	2,29	2,57	2,48
Einzelintervall	4,43	2,14	0,30	0,86	1,00	1,43	1,21
Moll-Quartsextakkord	2,86	0,71	0,15	0,43	1,14	1,43	1,36
Dur-Quartsextakkord	2,29	1,11	0,17	0,29	1,71	1,71	1,71

Im Verhältnis zum 7. Modus sind hier die Plätze von Einzelintervall und Dominantseptakkord vertauscht. Anstelle des Dominantsekundakkordes finden wir hier den Dur-Quartsextakkord. Die Standardabweichungen übertreffen bereits ab dem Dominantseptakkord die Mittelwerte.

Dissonante Klänge	evts-sd	%evt-sd	%ttl-sd	blks-sd	avgdur-sd
UNDETERMINED	102,92	6,59	4,94	23,13	0,56
Dominantseptakkord	9,52	4,75	0,51	2,48	1,87
Einzelintervall	12,83	6,36	0,89	2,56	2,45
Moll-Quartsextakkord	7,32	1,70	0,38	1,05	2,72
Dur-Quartsextakkord	4,71	2,36	0,35	0,59	3,28

Bis zum 12/4-Klang sind der 7. und der 8. Modus vergleichbar, nun beginnen sich aber die Reihenfolgen kräftig zu ändern, allerdings sind die Klangformen prozentual in beiden Modi kaum von Bedeutung. Anstelle des 12/3-Klanges steht im 8. Modus der 7/5-Klang.

Konsonante Klänge	evts	%evt	%ttl	blks	mindur	maxdur	avgdur
Dur	878,14	65,64	55,59	51,93	2,43	97,71	19,20
Moll	236,43	18,14	15,22	27,07	2,86	24,57	9,00
Dur-Sextakkord	88,00	6,72	5,55	13,14	3,86	10,00	6,70
Einzelintervall	59,00	4,60	3,84	3,43	13,29	28,57	17,60
Moll-Sextakkord	27,43	2,04	1,69	4,43	3,86	9,43	5,98
12/4	12,29	0,91	0,81	1,50	3,71	4,57	4,24
7/5	4,43	0,27	0,23	0,86	1,71	2,14	1,96

Ab dem Einzelintervall übertreffen die Standardabweichungen die Mittelwerte.

Konsonante Klänge	evts-sd	%evt-sd	%ttl-sd	blks-sd	avgdur-sd
Dur	250,46	12,52	12,76	18,75	10,66
Moll	83,56	6,14	5,07	9,87	1,67
Dur-Sextakkord	49,43	3,80	3,10	7,33	1,52
Einzelintervall	69,93	5,74	4,84	4,27	15,88
Moll-Sextakord	19,86	1,57	1,25	3,20	2,20
12/4	20,14	1,39	1,29	1,84	4,23
7/5	9,74	0,51	0,43	1,81	2,97

Der wichtigste Klang ist hier der Dur-Akkord über der Finalis *g*. An zweiter Stelle steht Dur-Akkord über der Repercussa. Das D-Dur als Dur-Akkord über der 1. Modus-Stufe kommt auf Platz drei. Das F-Dur, das im 7. Modus auf Platz drei zu finden war, steht hier auf Platz vier. Die höchste Durchschnittsdauer besitzt das B-Dur, die 6. Stufe.

Alle Klänge	evts	%evt	%ttl	blks	mindur	maxdur	avgdur
Dur, *g*-so, 4. Stufe	273,14	20,15	17,35	26,36	2,86	40,57	11,48
Dur, *c*-do, 7. Stufe	242,71	17,38	15,02	22,43	3,43	26,86	10,79
Dur, *d*-re, 1. Stufe	143,71	10,32	9,10	13,86	3,86	25,14	11,32
Dur, *f*-fa, 3. Stufe	100,29	7,51	6,59	9,71	5,43	22,29	10,85
Moll, *d*-re, 1. Stufe	85,29	5,95	5,10	10,86	3,43	14,57	7,73
Moll, *a*-la, 5. Stufe	68,14	5,31	4,58	9,14	3,71	16,57	7,79
Dur, *a*-la, 5. Stufe	49,71	3,48	3,15	4,50	3,14	16,57	8,06
Moll, *e*-mi, 2. Stufe	48,57	3,87	3,37	6,71	4,71	12,00	7,83
Dur, *b*-ta, 6. Stufe	40,00	2,76	2,45	2,43	11,14	20,57	14,62
Dur-Sextakkord, *e*-mi, 2. Stufe	33,43	2,43	2,07	5,14	3,57	6,57	5,41
Moll, *g*-so, 4. Stufe	29,29	2,07	1,81	2,29	7,57	11,71	10,10
Dur-Sextakkord, *h*-ti, 6. Stufe	26,71	1,94	1,65	3,93	4,71	7,71	6,12
Prime, *g*-so, 4. Stufe	20,00	1,52	1,32	1,71	11,14	13,14	11,88
Dur, *e*-mi, 2. Stufe	19,71	1,43	1,31	1,71	3,43	6,57	5,14
Dur-Sextakkord, *a*-la, 5. Stufe	14,43	1,13	0,96	2,71	3,00	4,86	3,75
Prime, *d*-re, 1. Stufe	10,86	0,78	0,68	0,71	9,14	10,29	9,71
Moll-Sextakkord, *c*-do, 7. Stufe	10,71	0,80	0,70	2,00	3,14	5,43	4,25

Recht hoch sind die avgdur-sd des B-Dur. Die Standardabweichungen übertreffen ab der Prime *g*-so die Mittelwerte.

3. ORLANDO DI LASSO

Alle Klänge	evts-sd	%evt-sd	%ttl-sd	blks-sd	avgdur-sd
Dur, g-so, 4. Stufe	94,73	6,55	5,15	13,52	2,62
Dur, c-do, 7. Stufe	105,63	4,75	3,91	9,17	0,93
Dur, d-re, 1. Stufe	71,35	5,20	4,95	7,93	3,92
Dur, f-fa, 3. Stufe	41,03	3,15	2,91	3,43	4,56
Moll, d-re, 1. Stufe	58,17	3,13	2,63	5,96	1,36
Moll, a-la, 5. Stufe	32,28	3,02	2,55	4,87	2,00
Dur, a-la, 5. Stufe	51,34	3,77	3,61	3,77	7,15
Moll, e-mi, 2. Stufe	23,83	2,47	2,12	3,77	2,15
Dur, b-ta, 6. Stufe	31,71	2,19	2,01	2,16	10,20
Dur-Sextakkord, e-mi, 2. Stufe	28,84	2,12	1,77	4,07	2,46
Moll, g-so, 4. Stufe	33,97	2,51	2,20	2,46	7,75
Dur-Sextakkord, h-ti, 6. Stufe	20,25	1,43	1,22	2,66	2,41
Prime, g-so, 4. Stufe	19,36	1,50	1,34	2,46	8,84
Dur, e-mi, 2. Stufe	29,38	2,17	2,08	1,94	6,24
Dur-Sextakkord, a-la, 5. Stufe	14,66	1,20	1,02	2,63	2,57
Prime, d-re, 1. Stufe	9,37	0,69	0,59	0,59	7,52
Moll-Sextakkord, c-do, 7. Stufe	7,69	0,64	0,56	1,36	2,79

Der Tenor besitzt alle im damaligen System möglichen Töne! Der wichtigste Ton ist hier die Finalis, an zweiter Stelle steht die 1. Modus-Stufe, dann die Repercussa.

Tenor, nur Tonhöhen	evts	%evt	%ttl	blks	mindur	maxdur	avgdur
g	349,29	25,87	22,01	19,79	4,29	67,43	17,73
d	241,29	17,23	15,10	14,43	6,14	40,29	16,21
a	213,57	15,92	13,92	17,29	3,57	30,00	13,00
c	197,86	14,76	12,86	15,36	4,71	34,86	13,81
h	110,71	8,31	7,33	12,36	3,57	22,86	9,51
e	102,00	7,27	6,37	8,50	4,43	23,14	12,07
f	82,71	5,87	4,98	6,64	4,43	24,00	11,06
b	26,57	1,85	1,65	1,57	6,29	15,43	10,63
fis	25,86	1,84	1,68	1,86	1,85	7,00	13,71
cis	8,71	0,67	0,63	0,93	2,86	5,71	3,97
gis	3,71	0,28	0,27	0,29	2,57	2,86	2,71
es	2,00	0,15	0,14	0,14	2,00	2,00	2,00

Die Abweichungen sind recht hoch, übertreffen aber erst ab dem *b* die Mittelwerte.

Tenor, nur Tonhöhen	evts-sd	%evt-sd	%ttl-sd	blks-sd	avgdur-sd
g	144,17	9,66	7,26	5,85	5,44
d	129,77	8,73	7,73	5,79	3,68
a	53,19	4,17	4,00	4,98	3,40
c	67,69	4,87	4,40	5,83	4,09
h	53,90	3,84	3,62	6,11	3,27
e	57,59	3,48	3,30	3,58	3,82
f	68,17	4,09	3,24	3,11	4,39

b	29,92	2,09	1,90	1,59	10,03
fis	30,25	2,16	2,13	1,85	8,06
cis	14,73	1,21	1,16	1,58	6,07
gis	8,07	0,64	0,63	0,59	5,43
es	4,96	0,36	0,35	0,35	4,96

Kommen wir zum Bassus. Die wichtigsten Töne sind die Finalis und die Repercussa. Der Bassus besitzt kein *gis*. Die höchste Durchschnittsdauer besitzt das *b*.

Bassus, nur Tonhöhen	evts	%evt	%ttl	blks	mindur	maxdur	avgdur
g	294,57	24,14	18,83	19,00	6,29	41,14	15,93
c	253,57	20,28	15,79	17,86	4,43	32,86	14,29
d	252,71	20,33	15,80	18,21	4,14	31,43	13,93
a	128,86	10,64	8,42	9,29	5,43	26,29	14,05
e	101,71	8,58	6,70	9,79	5,00	19,43	10,68
f	101,14	8,38	6,53	9,50	5,71	20,00	11,17
b	42,86	3,29	2,57	2,14	13,71	22,00	16,77
h	40,71	3,34	2,64	4,79	5,29	14,86	9,25
fis	7,57	0,67	0,49	0,79	4,14	4,57	4,36
cis	2,29	0,20	0,15	0,21	2,29	2,29	2,29
es	2,00	0,16	0,14	0,14	2,00	2,00	2,00

Die Abweichungen sind recht hoch, übertreffen aber erst ab dem *fis* die Mittelwerte.

Bassus, nur Tonhöhen	evts-sd	%evt-sd	%ttl-sd	blks-sd	avgdur-sd
g	94,56	6,54	5,25	6,43	2,98
c	107,26	5,66	4,32	5,26	3,45
d	76,51	4,80	3,87	5,49	2,10
a	36,50	2,65	2,70	2,55	2,66
e	50,65	4,44	3,40	5,16	2,50
f	32,22	2,39	1,94	3,87	2,82
b	35,44	2,58	2,02	1,85	10,85
h	20,12	1,53	1,27	2,62	4,28
fis	9,80	0,91	0,65	0,94	5,75
cis	4,71	0,44	0,31	0,41	4,71
es	4,96	0,39	0,35	0,35	4,96

3. ORLANDO DI LASSO

Klangfolgen

las_gesamt_8.modus_nat_sequences.txt

Die erste Folge ist der doppelte Quintfall D-G-C, die sich 25mal ereignet.

⌊Häufigkeit|25mal‖

Modus-Stufe	Solmisationssilbe	Klang	Sonanzform
1	d-re	Dur	konsonant
4	g-so	Dur	konsonant
7	c-do	Dur	konsonant

Die nächste Wendung ist ein authentisch-plagales Pendel.

⌊Häufigkeit|19mal‖

Modus-Stufe	Solmisationssilbe	Klang	Sonanzform
4	g-so	Dur	konsonant
7	c-do	Dur	konsonant
4	g-so	Dur	konsonant

Nun kommt erneut der doppelte Quintfall, G-C-F.

⌊Häufigkeit|16mal‖

Modus-Stufe	Solmisationssilbe	Klang	Sonanzform
4	g-so	Dur	konsonant
7	c-do	Dur	konsonant
3	f-fa	Dur	konsonant

Nun wieder der doppelte Quintfall, A-D-G.

⌊Häufigkeit|10mal‖

Modus-Stufe	Solmisationssilbe	Klang	Sonanzform
5	a-la	Dur	konsonant
1	d-re	Dur	konsonant
4	g-so	Dur	konsonant

Und noch ein doppelter Quintfall, C-F-B.

⌊Häufigkeit|9mal‖

Modus-Stufe	Solmisationssilbe	Klang	Sonanzform
7	c-do	Dur	konsonant
3	f-fa	Dur	konsonant
6	b-ta	Dur	konsonant

KAPITEL 4. ANALYSEN

Grundtonfortschreitungen

las_gesamt_8.modus_nat_keytonepro_.txt

Zu Beginn drei Quintfälle:

| Häufigkeit | 15mal |

Grundtonfortschreitung
AH
AH
AH

Nun zwei Quintfälle und ein Quintanstieg:

| Häufigkeit | 9mal |

Grundtonfortschreitung
AH
AH
PH

Und nun Pendelbewegungen:

| Häufigkeit | 8mal |

Grundtonfortschreitung
AH
PH
AH

Blockdiagramme

Die Klangdichte-Entwicklung ist sehr vielfältig. Die Dichte ist bereits zu Beginn recht hoch und steigert sich insgesamt bis einen Balken vor 396 auf ca. 75% (andere Werke gehen noch darüber hinaus), anschließend baut sie sich mehr oder weniger bis auf Niveau von mindestens 25% ab und baut sich im Zickzack bis einen Balken vor 792 wieder auf ca. 75% auf. Einen Balken nach 792 haben wir nach einem raschen Abbau einen charakteristischen Tiefpunkt erreicht, der mindestens 25% beträgt, aber von vielen Werken über diesem Wert angelegt ist. Dies ist die Mitte aller Werke. Wir erfahren bis 990 wieder einen mehr oder weniger bedeutenden Anstieg, dann einen Abfall, aber wieder einen wesentlichen Anstieg zwei Balken danach. Nach dem Abfall einen Balken vor 1188 beginnt eine wesentliche, aufwärtsstrebende Entwicklung, die ihr Maximum auf unterschiedlichen Niveaus, aber bei mindestens 40% (der schwarze Bereich), bei zwei Balken vor 1584 erreicht. Einen Balken

3. ORLANDO DI LASSO

vor 1584 ist wieder ein mehr oder weniger typischer Abfall in einigen Werken, der schwarze Block bleibt dabei aber unverändert.

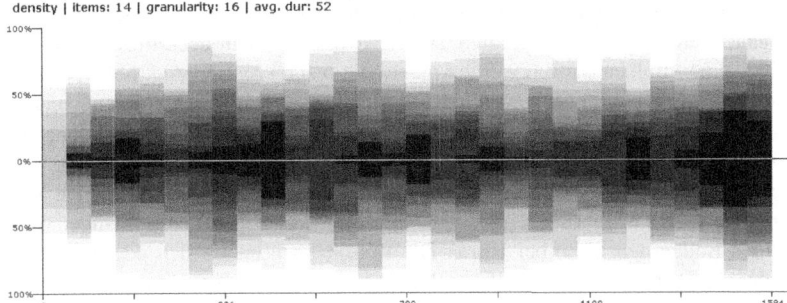

Die Satzdichte erlebt mehr Ausnahmen. Den Block zwischen 198 und 396 haben wir im 7. Modus in der Form nicht erlebt. Wir haben hier noch einmal eine Zunahme an Pausen, die zwei Balken nach 198 ihr Maximum bei 50% erreicht und die sich dann bis 396 wieder abbauen. Das 25%ige Niveau wird mehr oder weniger charakteristisch von den anderen Werken bis 594 durchgehalten, anschließend gibt es eine kleine Zunahme, eine Abnahme und wieder zwei Steigerungen bis 792. Nach einem erneuten Abfall steigert sich die Pausendichte über drei Balken bis 990. Nun gibt es einen dreimaligen Ausreißer, während die meisten Werke das 25%ige Niveau durchhalten. Die Pausendichte baut sich dann einen Balken vor 1386 sukzessive ab.

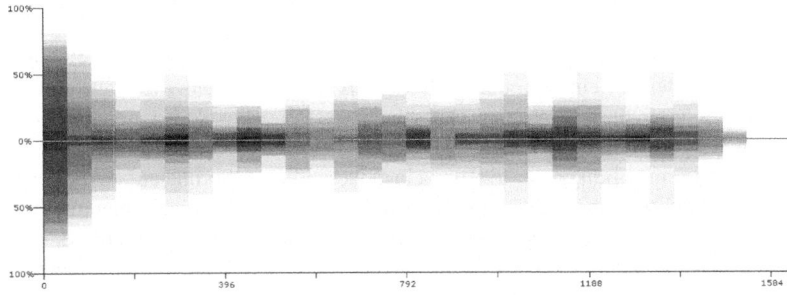

Die Dissonanzen zeigen ein vielfältiges Bild. Einerseits sehen wir bereits zu Beginn eine 60%ige Spitze, die sich dann deutlich bis einen Balken vor 198 abbaut; andererseits sehen wir aber auch einen Aufbau der Dissonanzen von Beginn bis 198. Auffällig sind in diesem Modus vor allen Dingen die 100%-Blöcke des Ausreißers: durchgehend von einen Balken nach 198 bis einen Balken vor 396, dann von 594 bis einen Balken vor 792, dann von einen Balken nach 792 bis einen Balken vor 1188, kurz unterbrochen von zwei Balken vor 1188. Einen Balken nach 1188 beginnt ein Block, der sich von ca. 80% über zwei Balken hinweg auf ca. 95% steigert und sich bis zwei Balken vor 1584 auf ca. 80% hin abbaut. Typische Steigerungsbewegungen in einigen Werken erleben wir von einen Balken vor 198 bis einen Balken nach 396 auf ca. 55%, so dann Abfall einen Balken danach und Abbau auf ca. 20% einen Balken weiter. Nun werden die 55% bei 594 im Sprung erreicht; sie sind vergleichsweise auffällig, anschließend erleben wir eine genuine Verschiebung oder Stauchung der Prozentwerte und zwei Balken vor 792 einen Abfall auf ca. 20%. Nun findet ein erneutes Anspringen auf unterschiedliche Hochniveaus statt. Einen mehr oder weniger ausgeprägten Tiefpunkt finden wir in der Mitte der Werke bei 792. Einen Balken danach werden mehr oder weniger ausgeprägt hohe Niveaus im Sprung erreicht, ab hier wird alles diffuser: wir erleben neben durchgehenden dissonanten Blöcken sowohl linearen Abbau also auch Zunahme der Dissonanzen über vier Balken hinweg. Zwei Balken nach 990 beginnt nun nach einem Werteabfall eine kurvenförmige Steigerungsentwicklung, deren Höhepunkt von vielen Werken zwei Balken nach 1188 bei ca. 45% erreicht wird, von anderen wenigen Werken einen Balken vor 1386 bei 100%. Die Dissonanzen bauen sich gegen Ende mehr oder weniger wesentlich ab. Zwei Balken nach 1386 finden wir wieder einen mehr oder weniger deutlichen Hochpunkt, der Abbau danach ist ziemlich deutlich.

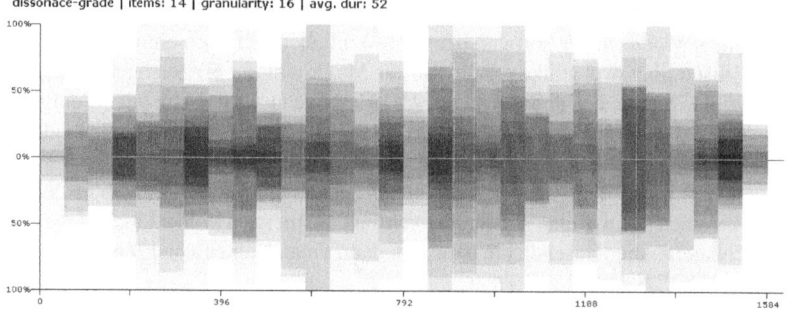

Zur Dur-Verteilung ist zu sagen, dass bereits einen Balken nach Beginn der schwarze Bereich einsetzt, der auch niemals mehr unter ca. 15% fällt und maximal 60% erreicht. 50%-Spitzen des schwarzen Bereiches finden sich zwei Balken nach 396 und zwei Balken nach 594. Hier können wir auch einen charakteristischen Abbau bis einen Balken vor 990 und einen wesentlichen Sprung auf das Niveau von 990 beobachten. Anschließend sehen wir eine zickzack-förmige Steigerung auf ca. 40% bei ca. 1188, die zwei Balken lang anhält. Der Abfall auf ca. 20% danach ist mehr oder weniger typisch, und das Niveau wird zwei Balken lang gehalten; nun beginnt zum Ende hin eine Steigerungsentwicklung. Einen Balken vor 1584 werden von einigen Werken auch Spitzen von bis zu 100% erreicht.

3. ORLANDO DI LASSO 371

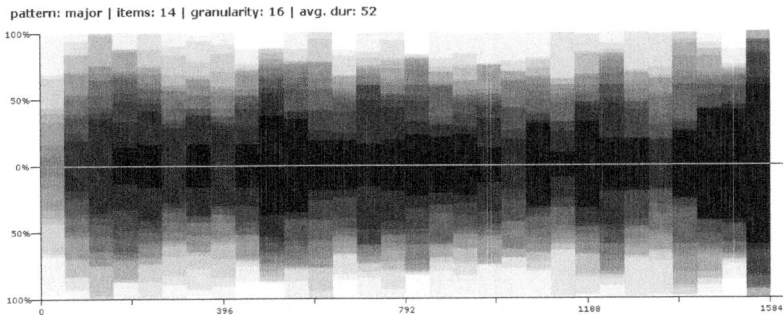

pattern: major | items: 14 | granularity: 16 | avg. dur: 52

Die Kreuzungen sind diffuser. Wir können aber eine Steigerung der Kreuzungstätigkeit von Beginn bis 396 auf ein charakteristisches Hoch beobachten, der Abfall danach ist ebenfalls ausgeprägt. Die Steigerungen auf die nächste Spitze zwei Balken nach 594 ist ebenfalls – wie auch die Spitze selbst – mehr oder weniger typisch. Nun beginn ein Abbau bis einen Balken nach 792 und von hier an eine eher wellenförmige Zu-, Ab- und Zunahme der Kreuzungen bis zum Schluss hin. Vor allen der Bereich zwei Balken vor 1584 ist insgesamt durchgehend stark gekreuzt. Insgesamt dominieren die dunkelgrauen Anteile die zweite Hälfte, so dass die These gewagt werden darf, dass die meisten Kreuzungen tatsächlich hier in der zweiten Hälfte stattfinden. Sehen wir uns charakteristische Tiefpunkte an: der Anfang, einen Balken nach 396, 594 und einen Balken nach 792. Die in allen Werken gekreuzten Bereiche finden wir einen Balken vor 396 bis 396, bei 504, zwei Balken nach 792 und einen Balken nach 1584.

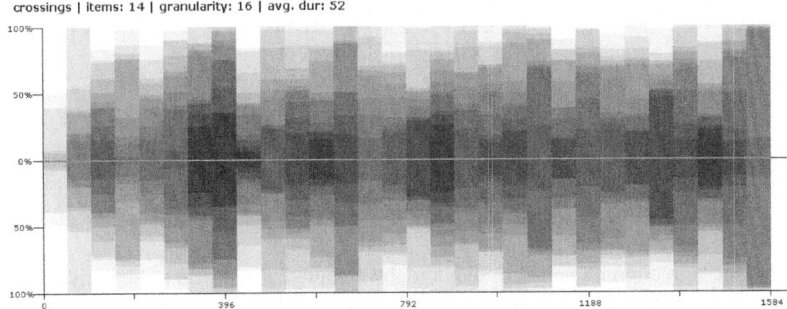

crossings | items: 14 | granularity: 16 | avg. dur: 52

3.2.15 Zusammenfassung

Stellen wir einmal alle Konsonanzen aus allen beteiligten Modi gegenüber, so sehen wir, dass der 4. transponierte Modus der dissonanteste ist. Der konsonanteste ist der 8. Modus naturalis.

|Konsonanzen|

Modus	%evt	sd	%ttl	sd
1. nat.	78,58	3,45	78,53	3,45
1. trp.	85,05	7,41	83,68	7,38
2. nat.	83,27	3,71	82,47	3,87
2. trp.	84,98	5,74	83,11	6,12
3. nat.	84,50	5,14	82,61	5,18
3. trp.	82,07	4,01	76,97	6,32
4. nat.	84,13	4,39	82,95	3,96
4. trp.	76,85	1,71	75,65	1,14
5. nat.	82,08	8,90	80,77	8,58
6. nat.	83,08	2,24	81,47	2,18
6. trpq.	81,76	3,20	80,86	3,34
7. nat.	85,38	5,46	84,07	5,48
8. nat.	85,60	5,52	84,30	5,63

Listen wir die Modi nun nach ihrem Konsonanzgrad einmal auf:

|Konsonanzen|

Rang	Modus	%evt	sd
I	8. nat.	85,60	5,52
II	7. nat.	85,38	5,46
III	1. trp.	85,05	7,41
IV	2. trp.	84,98	5,74
V	3. nat.	84,50	5,14
VI	4. nat.	84,13	4,39
VII	2. nat.	83,27	3,71
VIII	6. nat.	83,08	2,24
IX	5. nat.	82,08	8,90
X	3. trp.	82,07	4,01
XI	6. trpq.	81,76	3,20
XII	1. nat.	78,58	3,45
XIII	4. trp.	76,85	1,71

Und nun einmal nach den Standardabweichungen: wir sehen die meisten Streuungen im 5. Modus naturalis, die niedrigsten im 4. Modus transpositus.

|Konsonanzen|

Rang	Modus	%evt	sd
I	5. nat.	82,08	8,90
II	1. trp.	85,05	7,41
III	2. trp.	84,98	5,74
IV	8. nat.	85,60	5,52
V	7. nat.	85,38	5,46
VI	3. nat.	84,50	5,14
VII	4. nat.	84,13	4,39

3. ORLANDO DI LASSO

VIII	3. trp.	82,07	4,01
IX	2. nat.	83,27	3,71
X	1. nat.	78,58	3,45
XI	6. trpq.	81,76	3,20
XII	6. nat.	83,08	2,24
XIII	4. trp.	76,85	1,71

Von dreizehn Modi haben wir als wichtigsten Klang neunmal den Dur-Akkord und viermal den Moll-Akkord. Der Dreiklang wird achtmal über der Finalis aufgebaut, dreimal über der Repercussa und zweimal über der Repercussa des jeweils anderen Modus-Geschlechts.

|Häufigster Klang|

Modus	Stufe	Finalis oder Repercussa	Geschlecht	Akkord
1. nat.	1.	Finalis	Moll	d
1. trp.	1.	Finalis	Moll	g
2. nat.	4.	Finalis	Dur	d
2. trp.	6.	Repercussa	Dur	B
3. nat.	6.	Repercussa	Dur	C
3. trp.	4.	(plagale Reperc.)	Moll	d
4. nat.	2.	(auth. Reperc.)	Dur	C
4. trp.	7.	Repercussa	Moll	d
5. nat.	1.	Finalis	Dur	F
6. nat.	4.	Finalis	Dur	F
6. trpq.	4.	Finalis	Dur	C
7. nat.	1.	Finalis	Dur	G
8. nat.	4.	Finalis	Dur	G

Der häufigste Ton des Tenors ist von dreizehn Modi fünfmal die Finalis, fünfmal die Repercussa, einmal eine Modusstufe, die weder Finalis noch Repercussa ist, einmal die plagale in einem authentischen und einmal die authentische Repercussa in einem plagalen Modus. Von dreizehn Modi ist es sechsmal der Ton a, davon dreimal als la und dreimal als mi, dreimal der Ton c, zweimal als do, einmal als fa, dreimal der Ton d, zweimal als re, einmal als so sowie einmal der Ton g als so.

|Häufigster Ton des Tenors|

Modus	Stufe	Finalis oder Repercussa	Name
1. nat.	5.	Repercussa	a-la
1. trp.	5.	Repercussa	d-la
2. nat.	4.	Finalis	d-re
2. trp.	5.	–	a-mi
3. nat.	4.	(plagale Reperc.)	a-la
3. trp.	1.	Finalis	a-mi
4. nat.	7.	Repercussa	a-la
4. trp.	4.	Finalis	a-mi
5. nat.	5.	Repercussa	c-do

6. nat.	1.	(authentische Reperc.)	c-do
6. trpq.	4.	Finalis	c-fa
7. nat.	5.	Repercussa	d-re
8. nat.	4.	Finalis	g-so

Im Bassus haben von dreizehn Modi acht die Finalis, zwei die Repercussa, zwei authentische Modi die eigentliche plagale Repercussa und ein plagaler Modus die authentische Repercussa als wichtigsten Ton.

| Häufigster Ton des Bassus |

Modus	Stufe	Finalis oder Repercussa	Name
1. nat.	1.	Finalis	d-re
1. trp.	5.	Repercussa	d-la
2. nat.	4.	Finalis	d-re
2. trp.	1.	(auth. Repercussa)	d-la
3. nat.	4.	(plagale Reperc.)	a-la
3. trp.	4.	(plagale Reperc.)	d-la
4. nat.	4.	Finalis	e-mi
4. trp.	7.	Repercussa	d-la
5. nat.	1.	Finalis	f-fa
6. nat.	4.	Finalis	f-fa
6. trpq.	4.	Finalis	c-fa
7. nat.	1.	Finalis	g-so
8. nat.	4.	Finalis	g-so

Nun sehen wir uns übergreifend die Grundtonfortschreitungen an. Die häufigste Fortschreitung in den analysierten Lasso-Motetten ist der AT plus AH plus AT!

| Häufigkeit | 101mal |

Grundtonfortschreitung
AT
AH
AT

Gefolgt von drei Quintfällen:

| Häufigkeit | 99mal |

Grundtonfortschreitung
AH
AH
AH

Nun erfolgt das Muster dreier authentischer Sekundschritte:

| Häufigkeit | 92mal |

Grundtonfortschreitung
AS
AS
AS

Die Pendelbewegung steht an vierter Stelle:

| Häufigkeit | 88mal |

Grundtonfortschreitung
AH
PH
AH

Und nun die plagalen Sekundschritte:

| Häufigkeit | 88mal |

Grundtonfortschreitung
PS
PS
PS

Wir sehen also, dass die starken Schritte häufiger vorkommen als die schwachen. Das hätte man in der Stilistik der Zeit anders erwartet. Die Details können in der Datei „las_gesamt_agg_nat_keytonepro_.txt" eingesehen werden.

4 Giovanni Pierluigi da Palestrina

Die Motetten für die Palestrina-Analyse wurden aus vierstimmigen Motetten und sechsstimmigen Offertorien aggregiert.

4.0.1 Verwendete Motetten

4-stimmig:
Re-Gruppe:
1.Modus transpositus:
    7. *Ave Maria. In Annuntiatione Beatae Mariae.*
    26. *Dum aurora finem daret. In [festo] Sanctae Caeciliae.*

06. *Hodie beata Virgo.* In Purificatione Beatae Mariae.
08. *Iesus iunxit se.* In Resurrectione Domini.
33. *Iste est, qui ante Deum.* In festo Confessorum Ponitificum.
20. *Misso Herodes spiculatore. Decollatio Ioannis Baptistae.*
22. *Nos autem gloriari.* In festo Sanctae Crucis.
9. *O Rex gloriae.* In Ascensione Domini.
29. *Tollite iugum meum.* In festo Apostolorum.
5. *Tribus miraculis.* In Epiphania Domini.

2.Modus naturale:
   16. *Surge propera amica mea.* In Visitatione Beatae Mariae.

2.Modus transpositus:
   21. *Nativitas tua. Nativitas Beatae Mariae.*
   Urfassung: *Nativitas tua.* Versione Venezia 1563 (?15633)
   24. *O quantus luctus.* In [festo] Sancti Episcopi.

Mi-Gruppe:
4.Modus naturale:
   34. *Beatus vir, qui suffert.* In festo Confessorum non Pontificum.
   25. *Congratulamini mihi. Prasentatio Beatae Mariae.*
   36. *Exaudi Domine.* In Dedicatione Templi.
   31. *Hic est vere Martyr.* In festo Unius Martyris.
   17. *In diebus illis mulier.* In [die] Sanctae Mariae Magdalenae.
   15. *Magnus sanctus Paulus.* In [die] Sancti Pauli Apostoli.

4.Modus transpositus:
   18. *Beatus Laurentis.* In [die] Sancti Laurentii.

Fa-Gruppe:
5.Modus naturale:
   11. *Benedicta sit sancta Trinitas.* In festo Sanctae Trinitatis.
   13. *Fuit homo.* In Nativitate Ioannis Baptistae.
   10. *Loquebantur variis linguis.* In die Pentecostes.

6.Modus naturale:
   32. *Gaudent in caelis.* In festo Plurimorum Martyrum.

6.Modus transpositus quintus:
   04. *Magnum hereditatis mysterium.* In die circuncisionis Domini.
   19. *Quae est ista quae processit.* In Assumptione Beatae Mariae.

4. GIOVANNI PIERLUIGI DA PALESTRINA

Sol-Gruppe:

7.Modus naturale:
1. *Dies sanctificatus. In die Natalis Domini.*
30. *Isti sunt viri sancti. In festo Evangelistarum.*
2. *Lapidabant Stephanum. In [die] Sancti Stephani.*
12. *Lauda Sion. In festo Corporis Christi.*
28. *Quam pulchri sunt gressus tui, filia. In festo Conceptionis [Beatae Mariae].*
23. *Salvator mundi. In festo Omnium Sanctorum.*
14. *Tu es pasotr ovium. In [die] Sancti Petri Apostoli.*
3. *Valde honorandus est. In sancti Ioannis Evangelistae.*
35. *Veni sponsa Christi. In festo Virginium.*

8.Modus naturale:
27. *Doctor bonus. In [festo] Sancti Andreae.*

5-stimmig:
Offertoria totius anni, 5vv
Re-Gruppe:
1. Modus transpositus:
45. *Expectans expectavi Dominum. Dominica XV post Pentecosten.*
59. *Constitues eos principes. In die Commemorationis omnium Sanctorum.*
63. *Veritas mea, et misericordia mea. Commune Sanctorum.*
64. *Laetamini in Domino, et exultate justi. Commune plurimum Martyrum.*
65. *Afferentur Regi virgines post eam. Commune Virginum.*
66. *Domine Deus, in simplicitate cordis mei. In Festo Dedicationis Ecclesiae.*

2. Modus naturale:
1. *Ad te levavi animam meam. Offertorium. Dominica prima Adventus.*
2. *Deus tu convertens vivificabis nos. Offertorium. Dominica secunda Adventus.*
3. *Benedixisti Domine terram tuam. Dominica tertia Adventus.*
5. *Tui sunt coeli, et tua est terra. In Nativitate Domini at tertiam Missam, et in Circumcisione.*
6. *Elegerunt Apostoli Stephanum levitam. In festo sancti Stephani protomartyris.*
7. *Justus ut palma florebit. In festo S. Joannis Apostoli.*
8. *Anima nostra sicut passer erepta est. In festo sanctorum Innocentium.*
34. *Domine, convertere, et eripe animam meam. Dominica secunda post Pentecosten.*
36. *Illumina oculos meos. Dominica quarta post Pentecosten.*
37. *Benedicam Dominum, qui tribuit mihi intellectum. Dominica quinta post Pentecosten.*
42. *Precatus est Moyses. Dominica XII post Pentecosten.*
52. *Recordare mei, Domine. Dominica XXII post Pentecosten.*
56. *Confessio et pulchritudo. In Festo S. Laurentii, Martyris.*
61. *In omnem terram exivit. In Festo S.S. Apostol. Simonis et Judae.*

62. *Justorum animae in manu Dei sunt. In Die S. Matthiae Apostoli.*

2. Modus transpositus:
58. *Stetit Angelus juxta aram . In Festo Dedicationis S. Michaelis, Archang.*

Mi-Gruppe:
3. Modus naturale:
13. *Jubilate Deo omnis terra. Dominica infra octavam Epiphaniae.*
14. *Jubilate Deo universa terra. Dominica secunda post Epiphaniam.*
15. *Dextera Domini fecit virtutem. Dominica tertia, quarta et V. post Epipha.*
16. *Bonum est confiteri Domino. Dominica in Septuagesima.*

3. Modus transpositus:
39. *Populum humilem salvum facies, Domine. Dominica octava post Pentecosten.*

4. Modus naturale:
4. *Ave Maria, gratia plena. Dominica quarta Adventus, et in Annuntiat. B.M.V.*
9. *Posuisti, Domine, in capite ejus. In festo sancti Thomae Archiepiscopi et martyris.*
10. *Deus enim firmavit orbem terrae. Dominica infra oct. Nativitatis Domini.*
11. *Inveni David servum meum. In Festo sancti Silvestri, Papae et conf.*
35. *Sperent in te omnes, qui noverunt nomen tuum. Dominica tertia post Pentecosten.*

4. Modus transpositus:
12. *Reges Tarsis et insulae munera offerent. In Epiphania Domini.*
46. *Domine, in auxilium meum respice. Dominica XVI post Pentecosten.*
47. *Oravi ad Dominum Deum meum. Dominica XVII post Pentecosten.*
49. *Si ambulavero in medio tribulationis . Dominica XIX post Pentecosten.*

Fa-Gruppe:
5. Modus naturale:
17. *Perfice gressus meos, in semitis tuis. Dominica in Sexagesima, Dominica sexta post Pentecosten.*
18. *Benedictus es, Domine, doce me justificationes tuas. Dominica in Quinquagesima.*
19. *Scapulis suis obumbrabit tibi Dominus. Dominica prima Quadragesimae.*
20. *Meditabor in mandatis tuis. Dominica secunda Quadragesimae.*
21. *Justitiae Domini rectae. Dominica tertia Quadragesimae.*
38. *Sicut in holocaustis arietum, et taurorum. Dominica septima post Pentecosten.*
40. *Justitiae Domini rectae. Dominica nona post Pentecosten.*
41. *Exaltabo te, Domine. Dominica XI post Pentecosten.*
43. *In te speravi, Domine. Dominica XIII post Pentecosten.*

4. GIOVANNI PIERLUIGI DA PALESTRINA

44. *Immittet Angelus Domini. Dominica XIV post Pentecosten.*
48. *Sanctificavit Moyses altare Domino. Dominica XVIII post Pentecosten.*
53. *De profundis clamavi ad te, Domine . Dominica XXIII et XXIV post Pentecosten.*
67. *Diffusa est gratia in labiis tuis. In Festo Purificationis B. Mariae Virginis.*
68. *Tu es Petrus, et super hanc petram. In Festo Cathedrae Sancti Petri.*

6. Modus naturale:
22. *Laudate Dominum, quia benignus est. Dominica quarta Quadragesimae.*
23. *Confitebor tibi Domine in toto corde meo. Dominica de Passione.*
24. *Improperium expectavit cor meum. Dominica Palmarum.*

6. Modus transpositus quintus:
27. *Deus Deus meus, ad te de luce vigilo. Dominica secunda post Pascha.*
33. *Sacerdotes Domini incensum et panes offerunt Deo . In Solemnitate Corporis Christi.*
51. *Vir erat in terra Hus. Dominica XXI post Pentecosten.*

Sol-Gruppe:
7. Modus naturale:
25. *Terra tremuit, et quievit. Dominica Resurrectionis Domini.*
26. *Angelus Domini descendit de coelo. Dominica in Albis in octava Paschae.*
28. *Lauda anima mea Dominum. Dominica tertia post Pascha.*
50. *Super flumina Babylonis. Dominica XX post Pentecosten.*
54. *Justus ut palma florebit. In Nativitate S. Joan. Baptistae.*
55. *Mihi autem nimis. In die S. Jacobi Apostoli, et S. Bartholmaei.*
60. *Confitebuntur coeli mirabilia tua. In Festo S.S. Apost. Philippi et Jacobi.*

8. Modus naturale:
29. *Benedicite gentes Dominum nostrum. Dominica quinta post Pascha.*
30. *Ascendit Deus in jubilatione. In Die Ascensionis Domini.*
31. *Confirma hoc Deus, quod operatus es in nobis. In Dominica Pentecostes.*
32. *Benedictus sit Deus Pater. In Festo S.S. Trinitatis.*
57. *Assumpta est Maria in coelum. In Assumptione Beatae Mariae Virginis.*

Gehen wir nun zu den Analysen. Wir werden einige Überraschungen erleben. So steht z.B. bei den Konsonanzen das Einzelintervall an erster Stelle. Auch ist der 1.Modus transpositus um 4% dissonanter als bei Lasso, zudem sind die Standardabweichungen geringer.

4.0.2 1.Modus transpositus

Mittelwerte

pal_gesamt_1.modus_tr_avg.txt

Konsonanzen	
evts	1096,87
sd	320,66
%evt	81,55
sd	5,34
%ttl	54,34
sd	14,03
blks	217,80
sd	98,53
mindur	1,20
maxdur	35,47
avgdur	5,87
avgdur_sd	2,14

Dissonanzen	
evts	235,47
sd	55,99
%evt	18,45
sd	5,34
%ttl	13,55
sd	8,18
blks	76,93
sd	20,80
mindur	1,13
maxdur	10,80
avgdur	3,10
avgdur_sd	0,29

Bisher fällt auf, dass wir bei Palestrina eine Diskrepanz zwischen %evt und %ttl haben, die wir bei Lasso nicht beobachten konnten. Dort lagen die Werte eng beieinander. Also die Anzahl des Merkmals gegenüber den anderen Merkmalen variiert stark vom Anteil des Merkmals am Gesamtstück. Deshalb werden wir diese Werte nun den Lassoschen Werten gegenüberstellen.

Lasso	Konsonanzen			Palestrina	Konsonanzen	
Modus	%evt	%ttl	Diskrepanz	%evt	%ttl	Diskrepanz
1. nat.	78,58	78,53	0,05	–	–	
1. trp.	85,05	83,68	1,37	81,55	54,34	27,21
2. nat.	83,27	82,47	0,8	71,79	67,64	4,15
2. trp.	84,98	83,11	1,87	85,69	48,81	36,88
3. nat.	84,50	82,61	1,89	71,40	69,29	2,11
3. trp.	82,07	76,97	5,1	–	–	–
4. nat.	84,13	82,95	1,18	76,85	75,65	1,2
4. trp.	76,85	75,65	1,2	76,41	66,08	10,33
5. nat.	82,08	80,77	1,31	74,79	66,67	8,12
6. nat.	83,08	81,47	1,61	78,52	65,39	13,13
6. trpq.	81,76	80,86	0,9	77,93	60,47	17,46
7. nat.	85,38	84,07	1,31	79,18	52,81	26,31
8. nat.	85,60	84,30	1,3	73,52	65,10	8,42

Zunächst fällt auf, dass der 1. Modus naturalis sowie der 3. Modus transpositus in der vorliegenden Werkauswahl nicht verwendet werden. Dann beobachten wir, dass Palestrina weniger Konsonanzen als Lasso verwendet. Wie wir weiter beobachten können, beträgt die größte Diskrepanz zwischen %evt und %ttl bei Lasso 1,89, bei

4. GIOVANNI PIERLUIGI DA PALESTRINA

Palestrina hingegen 36,88%, die kleinste beträgt hingegen bei Lasso 0,05 und bei Palestrina 1,2. Bei Lasso können wir nicht derart zwischen der Konsonanz als einer Häufigkeit unter den übrigen Merkmalen und der Konsonanz als eines Merkmals in der Anzahl am Gesamtstück unterscheiden, wie es bei Palestrina der Fall ist. Die Diskrepanz ist eigentlich ein Indikator dafür, dass bei der Analyse einige Merkmale außen vor bleiben, weil sie nicht abqualifizierbar bzw. unbestimmt sind, also UN-DETERMINED. Denn der Einzelton ist weder konsonant noch dissonant, und wir werden bei Palestrina viel mehr an Einzeltönen und Primen beobachten können. Die Klangformen Palestrinas sind – wie wir noch sehen werden – insgesamt reichhaltiger. Dadurch, dass die einstimmigen Phänomene dann in der Abqualifizierung des Merkmals in der Anteiligkeit am Gesamtstück durch das Raster fallen, entsteht die Diskrepanz zwischen %evt und %ttl; sie ist der eigentliche Beweis dafür, dass Lasso in der Klangauswahl viel homogener zu Werke geht, bzw. weniger einstimmige Passagen verwendet. Am größten ist diese Diskrepanz im 2. transponierten Modus. Sehen wir uns die Gesamtschau der Dissonanzen bei beiden Komponisten an.

Lasso	Dissonanzen		Palestrina	Dissonanzen
Modus	%evt	%ttl	%evt	%ttl
1. nat.	21,42	21,41	–	–
1. trp.	14,95	14,71	18,45	13,55
2. nat.	16,73	16,56	28,21	27,17
2. trp.	15,02	14,71	14,32	9,36
3. nat.	15,50	15,25	28,60	27,77
3. trp.	17,93	17,93	–	–
4. nat.	15,87	15,68	20,61	15,55
4. trp.	23,15	22,81	23,59	21,58
5. nat.	17,92	17,67	25,21	23,60
6. nat.	16,92	16,60	21,49	19,15
6. trpq.	18,24	18,03	22,07	18,68
7. nat.	14,62	14,39	20,82	16,30
8. nat.	14,40	14,17	26,49	24,74

Verwendet Lasso die meisten Dissonanzen im 4. transponierten Modus, so macht dies Palestrina im 2. Modus naturalis. Auffällig ist auch der Unterschied zwischen dem Dissonanzengebrauch im 8.Modus naturalis, der bei Lasso der konsonanteste Modus war. Wir stellen an dieser Liste fest, dass Palestrina insgesamt viel dissonanter ist als Lasso. Kehren wir zurück zum 1. Modus transpositus und vergleichen nun Lasso und Palestrina im Detail, so sehen wir, dass sich die blks und bkls-sd, min-, maxdur und avgdur sowie die avgdur-sd vollkommen unterscheiden.

Palestrina	
Konsonanzen	
evts	1096,87
sd	320,66
%evt	81,55
sd	5,34
%ttl	54,34
sd	14,03
blks	217,80
sd	98,53
mindur	1,20
maxdur	35,47
avgdur	5,87
avgdur_sd	2,14

Lasso	
Konsonanzen	
evts	1118,76
sd	552,79
%evt	85,05
sd	7,41
%ttl	83,68
sd	7,38
blks	42,62
sd	30,35
mindur	5,38
maxdur	236,69
avgdur	48,09
avgdur_sd	58,03

Die Auflistung der Dissonanzen gestaltet sich ebenfalls anders. Bei Lasso war die Reihenfolge: UNDETERMINED, Moll-Quartsextakkord, Einzelintervall und Dominantseptakkord, bei Palestrina sieht es so aus:

Dissonante Klänge	evts	%evt	%ttl	blks	mindur	maxdur	avgdur
UNDETERMINED	135,00	56,05	9,52	49,20	1,07	8,47	2,76
Einzelintervall	81,47	35,76	2,91	25,73	1,33	5,80	2,79
12/5	3,80	1,65	0,16	1,40	1,40	2,33	1,83
5/7	2,80	1,15	0,14	1,20	1,73	2,07	1,91
Dominantseptakkord	2,33	1,04	0,18	0,93	1,53	1,67	1,60

Die Standardabweichungen sind am dem 12/5-Klang sehr niedrig.

Dissonante Klänge	evts-sd	%evt-sd	%ttl-sd	blks-sd	avgdur-sd
UNDETERMINED	73,84	24,53	9,27	27,45	0,27
Einzelintervall	60,16	24,86	1,95	18,89	1,19
12/5	4,45	2,18	0,17	1,08	1,56
5/7	2,20	0,76	0,11	0,83	1,15
Dominantseptakkord	2,15	0,97	0,21	0,93	1,40

Kommen wir zu den Konsonanzen. Kam bei Lasso nach dem Moll-Akkord in der Reihenfolge der Dur-Sextakkord, so ist es hier der Moll-Sextakkord. Die Reihenfolgen sind sehr unterschiedlich.

Konsonante Klänge	evts	%evt	%ttl	blks	mindur	maxdur	avgdur
Einzelintervall	535,27	42,28	19,37	141,27	1,60	15,67	6,34
Dur	142,47	16,81	11,32	33,27	1,20	13,47	3,85
Moll	134,13	14,71	9,09	38,73	1,27	11,73	3,37
Moll-Sextakkord	53,33	5,19	2,99	15,60	1,20	6,13	3,40
Dur-Sextakkord	40,60	4,20	2,59	12,00	1,47	5,73	3,48
12/3	28,87	2,49	1,32	10,40	1,47	6,40	2,89
3/9	22,00	1,95	1,03	6,67	1,40	5,73	3,23
12/4	19,33	1,91	1,08	5,87	1,67	6,20	3,45
7/5	17,07	1,48	0,78	8,53	1,27	4,80	2,18

Vor allen Dingen die Dauern und ihre Abweichungen unterscheiden sich sehr von den Lassoschen.

4. GIOVANNI PIERLUIGI DA PALESTRINA

Konsonante Klänge	evts-sd	%evt-sd	%ttl-sd	blks-sd	avgdur-sd
Einzelintervall	375,99	26,97	11,79	103,78	5,80
Dur	106,39	16,85	13,48	14,57	1,38
Moll	60,36	10,02	8,03	10,16	0,86
Moll-Sextakkord	20,40	2,18	1,84	4,36	0,62
Dur-Sextakkord	17,84	2,71	2,27	5,80	0,80
12/3	16,62	1,01	0,56	5,93	0,61
3/9	15,43	0,99	0,53	3,79	0,68
12/4	6,82	0,91	0,74	2,19	1,03
7/5	9,73	0,57	0,32	5,24	0,65

Sehen wir uns nun die spezifischen Klänge an. Sie bergen große Überraschungen: hatten wir bei Lasso immer eine klare Struktur, in der zunächst die Dur- und Moll-Akkorde vorherrschten, kommen hier zuerst die Einzelintervalle und Einzelnoten! Der häufigste Klang ist die Prime der Repercussa, dann folgt die der Finalis. Die höchste Maximaldauer besitzt die Einzelnote der Finalis. Der häufigste Akkord ist der Moll-Akkord über der Finalis.

Alle Klänge	evts	%evt	%ttl	blks	mindur	maxdur	avgdur
Prime, d-la, 5. Stufe	118,60	5,66	4,24	34,13	2,53	7,93	4,14
Prime, g-re, 1. Stufe	114,87	5,68	4,29	30,80	1,87	9,07	4,22
Einzelnote, d-la, 5. Stufe	99,93	4,83	3,64	32,33	2,27	8,80	3,66
Prime, f-do, 7. Stufe	89,40	4,34	3,26	22,47	1,73	7,87	3,78
Einzelnote, g-re, 1. Stufe	80,53	3,99	2,97	25,33	2,53	9,33	4,01
Prime, a-mi, 2. Stufe	80,53	3,84	2,91	22,20	2,00	7,27	3,86
Prime, b-fa, 3. Stufe	79,33	3,75	2,84	21,47	1,47	6,67	3,37
Prime, c-so, 4. Stufe	75,87	3,56	2,69	20,27	1,20	6,80	3,00
Einzelnote, f-do, 7. Stufe	69,93	3,32	2,50	20,20	1,47	6,80	3,12
Einzelnote, c-so, 4. Stufe	63,47	3,09	2,31	17,73	1,47	7,07	3,23
Einzelnote, b-fa, 3. Stufe	59,40	2,83	2,12	16,80	1,20	7,47	2,98
Einzelnote, a-mi, 2. Stufe	58,27	2,77	2,07	18,33	0,67	7,07	2,15
Moll, g-re, 1. Stufe	54,33	4,79	3,64	15,87	1,33	8,67	3,43
Moll, d-la, 5. Stufe	47,40	4,17	3,15	14,67	1,33	8,40	3,13
Prime, e-ti, 6. Stufe	45,73	2,14	1,61	12,20	1,00	5,47	2,77
Einzelnote, e-ti, 6. Stufe	39,13	1,81	1,36	12,07	0,67	5,60	2,13
Dur, c-so, 4. Stufe	34,07	3,21	2,50	8,80	1,27	7,47	3,69
Dur, f-do, 7. Stufe	33,07	3,12	2,43	9,00	1,73	7,73	3,70
Dur, b-fa, 3. Stufe	31,27	2,99	2,29	9,93	1,27	8,13	3,13
Moll, a-mi, 2. Stufe	22,40	1,91	1,45	7,13	1,27	6,27	3,14
Moll-Sextakkord, b-fa, 3. Stufe	21,20	1,60	1,24	6,33	1,53	5,20	3,32
Moll-Sextakkord, f-do, 7. Stufe	17,13	1,23	0,93	5,00	1,60	5,73	3,59
Dur-Sextakkord, a-mi, 2. Stufe	16,87	1,51	1,16	5,00	2,40	5,20	3,69
Dur, g-re, 1. Stufe	15,67	1,94	1,53	2,13	2,33	7,67	4,64
Dur, d-la, 5. Stufe	14,27	1,80	1,42	2,60	0,87	5,07	2,17
Einzelnote, cis-si, 4. Stufe	12,73	0,60	0,45	2,20	3,07	4,67	3,97

Bei Lasso war der häufigste Klang überhaupt der Moll-Akkord über der Finalis. An zweiter Stelle stand bei ihm der Dur-Akkord über der 3. Modus-Stufe. Bei Palestrina ist der zweithäufigste Akkord der Moll-Akkord über der Repercussa. Insgesamt sind alle Klänge in ihrem Vorkommen bei Palestrina viel ausgewogener. Es gibt keine klaren Präferenzen wie bei Lasso, auch gibt es keine starken Abweichungen, wie z.B. die avgdur-sd des B-Dur bei Lasso von 6,23. Solche Werte sehen wir hier bei Palestrina nicht.

Alle Klänge	evts-sd	%evt-sd	%ttl-sd	blks-sd	avgdur-sd
Prime, *d*-la, 5. Stufe	92,07	3,99	3,00	25,94	3,63
Prime, *g*-re, 1. Stufe	82,12	3,45	2,63	22,11	2,35
Einzelnote, *d*-la, 5. Stufe	72,63	3,19	2,38	24,01	3,80
Prime, *f*-do, 7. Stufe	62,84	2,86	2,12	16,44	1,86
Einzelnote, *g*-re, 1. Stufe	56,70	2,64	1,93	18,26	3,69
Prime, *a*-mi, 2. Stufe	66,61	2,66	2,05	17,51	2,50
Prime, *b*-fa, 3. Stufe	61,42	2,55	1,93	16,63	2,08
Prime, *c*-so, 4. Stufe	57,78	2,59	1,97	15,09	2,15
Einzelnote, *f*-do, 7. Stufe	52,65	2,26	1,69	15,85	2,83
Einzelnote, *c*-so, 4. Stufe	45,26	2,13	1,57	13,30	1,99
Einzelnote, *b*-fa, 3. Stufe	44,11	2,00	1,50	13,45	2,16
Einzelnote, *a*-mi, 2. Stufe	48,90	2,39	1,76	14,61	1,61
Moll, *g*-re, 1. Stufe	26,55	4,29	3,22	5,56	1,25
Moll, *d*-la, 5. Stufe	26,66	4,05	3,05	6,31	0,70
Prime, *e*-ti, 6. Stufe	37,75	1,65	1,24	10,17	1,74
Einzelnote, *e*-ti, 6. Stufe	33,03	1,47	1,11	9,38	1,59
Dur, *c*-so, 4. Stufe	22,60	3,97	3,21	4,04	0,75
Dur, *f*-do, 7. Stufe	22,73	3,47	2,79	4,90	1,09
Dur, *b*-fa, 3. Stufe	18,94	3,03	2,34	5,52	1,08
Moll, *a*-mi, 2. Stufe	9,05	1,65	1,26	2,53	0,75
Moll-Sextakkord, *b*-fa, 3. Stufe	9,09	1,17	0,93	2,27	0,99
Moll-Sextakkord, *f*-do, 7. Stufe	6,74	0,76	0,56	2,00	0,99
Dur-Sextakkord, *a*-mi, 2. Stufe	14,17	1,98	1,52	4,76	1,37
Dur, *g*-re, 1. Stufe	23,15	3,22	2,61	2,31	3,88
Dur, *d*-la, 5. Stufe	23,08	3,01	2,42	3,56	2,65
Einzelnote, *cis*-si, 4. Stufe	10,82	0,51	0,38	1,87	2,99

Kommen wir zu den Tönen und sehen uns wieder die Töne des Tenors als den Modusbestimmer sowie die Töne des Bassus als zukünftigen Harmonieträger an. Übereinstimmungen finden wir nur beim ersten Ton, dem *d*, dann kommen die Unterschiede. Lasso verwendet auf den Plätzen zwei und drei die Töne *g* und *a*. Gegenüber Lasso verwendet Palestrina kein *gis*!

Tenor, nur Tonhöhen	evts	%evt	%ttl	blks	mindur	maxdur	avgdur
d	255,13	25,63	13,60	44,87	1,13	27,20	5,85
c	146,13	14,34	7,39	28,73	1,33	13,87	5,07
f	142,20	13,68	7,25	24,33	1,40	14,93	5,67
g	120,73	12,21	6,82	23,13	1,27	17,07	5,31
e	108,93	10,40	5,44	21,33	1,13	11,33	4,76
a	103,60	10,38	5,41	19,53	1,33	15,47	5,34
b	95,07	9,17	4,44	18,93	1,40	11,47	4,84
es	16,27	1,71	0,92	3,13	2,53	6,27	4,21
cis	14,13	1,35	0,66	2,47	4,20	5,93	5,19
h	8,13	0,86	0,57	1,53	2,20	4,87	3,51
fis	2,40	0,27	0,19	0,40	2,00	2,13	2,07

Die Standardabweichungen sind weitaus geringer als bei Lasso. So beträgt die %evt-sd des Tones *d* bei Lasso z.B. 6,88, bei Palestrina aber nur 5,80. Die avgdur-sd des gleichen Tones beträgt bei Lasso 6,42, bei Palestrina 0,84.

Tenor, nur Tonhöhen	evts-sd	%evt-sd	%ttl-sd	blks-sd	avgdur-sd
d	58,56	4,74	5,80	13,38	0,84
c	55,02	3,81	3,08	10,29	0,62
f	59,41	3,67	3,09	7,61	0,75
g	43,26	4,45	4,29	8,07	1,54
e	59,91	4,28	2,57	8,36	1,36
a	56,67	5,57	3,21	9,70	1,12
b	44,74	3,79	1,65	7,72	0,76
es	14,75	1,68	1,08	2,55	3,61
cis	9,10	0,80	0,36	1,50	2,46
h	10,74	1,20	1,12	1,15	3,65
fis	3,57	0,40	0,32	0,61	3,04

Der Bassus hält klar die Präferenz von Finalis und Repercussa.

Bassus, nur Tonhöhen	evts	%evt	%ttl	blks	mindur	maxdur	avgdur
g	178,67	22,21	9,72	31,93	1,33	18,40	5,80
d	142,13	18,38	7,58	27,33	1,33	15,87	5,56
b	121,53	14,68	6,31	21,33	1,27	14,27	5,76
a	113,13	13,68	6,14	23,27	1,27	12,93	4,83
c	113,00	13,81	5,98	20,33	1,40	11,66	5,48
f	93,93	11,82	4,92	17,27	1,33	10,80	5,46
e	28,20	3,27	1,18	6,60	1,60	7,47	3,78
es	11,33	1,53	0,58	2,80	2,40	6,33	4,04
h	1,67	0,26	0,16	0,53	0,87	1,07	1,00
cis	1,47	0,20	0,07	0,33	0,53	1,20	0,87
fis	1,07	0,16	0,10	0,27	0,80	0,80	0,80

Palestrina und Lasso teilen sich Platz drei, die Plätze eins und zwei sind in der Reihenfolge jedoch vertauscht. Die Standardabweichungen sind bei Palestrina zudem wieder geringer.

Bassus, nur Tonhöhen	evts-sd	%evt-sd	%ttl-sd	blks-sd	avgdur-sd
g	51,76	3,62	4,56	8,46	1,53
d	41,92	6,98	3,76	9,94	1,51
b	49,01	3,49	2,97	8,09	0,85
a	53,99	5,10	3,73	9,71	0,98

c	51,75	4,93	3,70	7,22	1,18
f	32,81	3,83	2,23	5,67	0,87
e	21,54	2,02	0,63	3,18	1,40
es	8,70	1,33	0,43	2,14	2,26
h	2,94	0,47	0,32	0,88	1,55
cis	3,14	0,43	0,14	0,70	1,75
fis	2,29	0,34	0,22	0,57	1,60

Klangfolgen

Pal_gesamt_1.modus_tr_sequences.txt

Auch hier verwundert uns Palestrina gegenüber Lasso. Denn statt einer Akkordfolge G-C-F ist dies hier die häufigste Klangfolge:

Häufigkeit	12mal

Modus-Stufe	Solmisationssilbe	Klang	Sonanzform
5	d-la	Einzelnote	–
5	d-la	8r	konsonant
5	d-la	Einzelnote	–

Die „Orte" der Folgen können in der Textdatei eingesehen werden. Aus Platzgründen entfallen sie. Auch diese Folge verwirrt uns, gemessen an dem bei Lasso Gesehenen.

Häufigkeit	8mal

Modus-Stufe	Solmisationssilbe	Klang	Sonanzform
1	g-re	5r	konsonant
1	g-re	Einzelnote	–
Generalpause			
1	g-re	Einzelnote	–

Wie auch diese Folge:

Häufigkeit	8mal

Modus-Stufe	Solmisationssilbe	Klang	Sonanzform
1	g-re	12/12-Klang (terzlos)	konsonant
1	g-re	8r	konsonant
Generalpause			
1	g-re	Einzelnote	–

4. GIOVANNI PIERLUIGI DA PALESTRINA

Auch diese Folge besteht aus zwei Einzelnoten, f-f/d'-d.

|Häufigkeit|8mal|

Modus-Stufe	Solmisationssilbe	Klang	Sonanzform
7	f-do	Einzelnote	–
7	f-do	6+	konsonant
5	d-la	Einzelnote	–

Immerhin zwei Intervalle plus Einzelnote, f/d'-d'-g/d'.

|Häufigkeit|7mal|

Modus-Stufe	Solmisationssilbe	Klang	Sonanzform
7	f-do	6+	konsonant
5	d-la	Einzelnote	–
1	g-re	5r	konsonant

Wie auch hier, f/c'-c'-e/c'.

|Häufigkeit|7mal|

Modus-Stufe	Solmisationssilbe	Klang	Sonanzform
7	f-do	5r	konsonant
4	c-so	Einzelnote	–
6	e-ti	6-	konsonant

Auch diese Folge bringt keine großartigen Änderungen.

|Häufigkeit|7mal|

Modus-Stufe	Solmisationssilbe	Klang	Sonanzform
5	d-la	3-	konsonant
5	d-la	Einzelnote	–
Generalpause			
5	d-la	6-	konsonant

Nun kommen endlich Akkorde ins Spiel, aber es ist wieder eine Einzelnote beteiligt.

|Häufigkeit|7mal|

Modus-Stufe	Solmisationssilbe	Klang	Sonanzform
7	f-do	Moll-Sextakkord	konsonant
5	d-la	Einzelnote	–
1	g-re	Moll	konsonant

Nun zwei Einzelnoten und ein Moll-Akkord.

|Häufigkeit|6mal|

Modus-Stufe	Solmisationssilbe	Klang	Sonanzform
5	*d*-la	Einzelnote	–
1	*g*-re	Moll	konsonant
5	*d*-la	Einzelnote	–

Nun wieder Intervalle:

|Häufigkeit|6mal|

Modus-Stufe	Solmisationssilbe	Klang	Sonanzform
2	*a*-mi	Einzelnote	–
2	*a*-mi	Moll	konsonant
2	*a*-mi	Einzelnote	–

Grundtonfortschreitungen

Pal_gesamt_1.modus_tr_keytonepro.txt

Die Grundtonfortschreitungen gestalten sich ebenfalls anders. Bei Lasso stand die Folge AT-AH-AT an erster Stelle.

|Häufigkeit|15mal|

Grundtonfortschreitung
PT
PH
AH

Hier dann Wiederholung auf der gleichen Stufe plus Terzensteigen.

|Häufigkeit|8mal|

Grundtonfortschreitung
– (Prime)
–
PT

4. GIOVANNI PIERLUIGI DA PALESTRINA

Nun kommen immerhin zwei authentische Schritte.

| Häufigkeit | 7mal |

Grundtonfortschreitung
PH
AH
AT

Nun sehen wir auch den Sekundschritt.

| Häufigkeit | 7mal |

Grundtonfortschreitung
PS
AS
AT

Blockdiagramme

Die Klangdichte-Entwicklung gestaltet sich vergleichbar. Sie Klangdichte baut sich kurz nach Beginn auf, und der Verlauf ist bis 278,5 und dem 1. Höhepunkt ziemlich deutlich, auch der Abfall danach auf ca. 20%. Der sofortige Anstieg einen Balken nach 278,5 ist ebenfalls in seiner Ausprägung deutlich; danach kommt gleich ein Abbau, nun über zwei Balken hinweg. Einen Balken nach 557 erleben wir einen deutlichen Anstieg, der ab 835,5 nicht mehr von allen Werken geteilt wird. Lassen wir den Werte-Ausreißer außer Acht, so sehen wir nach dem deutlichen Absturz zwei Balken vor 1114 einen Anstieg ab einen Balken vor 1114 bis einen Balken nach 1114 sowie den Abfall danach bis ca. 25% drei Balken nach 1114. Nun sehen wir einen typischen Sprung, der nicht von allen gleich intensiv nachvollzogen wird bei 1392,5, der danach spontan abfällt. Insgesamt ergibt sich von 1392,5 bis 1671 ein wellenförmiger Abbau auf sehr hohem Niveau. Einen Balken nach 1671 konzentrieren sich alle Werte sehr charakteristisch bei ca. 20%. Nun erleben wir zum Ende hin wieder eine wellenförmige Entwicklung.

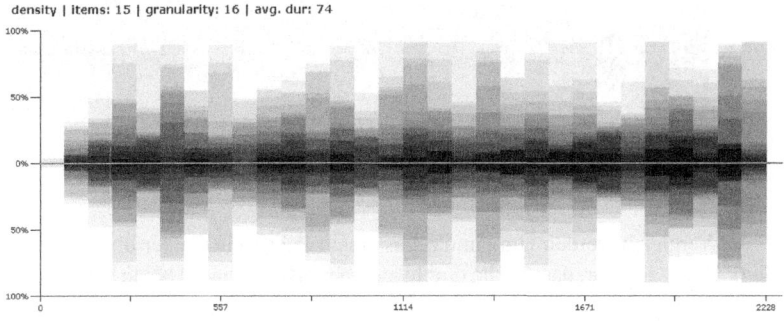

Wir können mittels des Befehls *compositesoundchart* Lasso und Palestrina übereinander kopieren. Palestrina hat die Farbe rot und Lasso die Farbe grün. Im Vergleich sehen wir sehr gut, wie synchron die Klangdichte-Entwicklung verläuft. Wir erkennen freilich auch die Unterschiede. Bei Palestrina sehen wir insgesamt mehr Spitzen: schon bei 278,5. Weitere Diskrepanzen finden wir zwei Balken nach 278,5, hier liegen bei Lasso Tiefpunkte vor, Palestrina schafft aber Hochpunkte, vergleichbar verhält es sich drei Balken nach 557, dann einen Balken vor 1114 bis einen Balken nach 1114, Palestrina schafft auch hier Hochpunkte, während Lasso Tiefpunkte erreicht, auch bei 1392,5. Wir können uns aber auch auf die grünen Ausreißer konzentrieren. Dann sehen wir gleich zu Beginn bis 278,5 Ausreißer durch Lasso, ebenfalls einen Balken nach 557, zwei Balken vor 1114, zwei Balken vor 1392,5 sowie 1671 schafft Lasso die Hochpunkte. Allerdings stehen hier nur 15 Werke Palestrinas 44 Werken Lassos gegenüber.

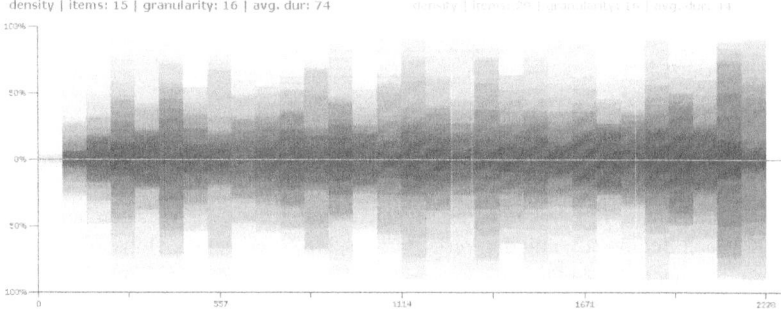

Vor allen Dingen sehen wir nun Unterschiede in der Pausen-Dichte. Wir sehen zwar einen vergleichbaren Beginn, und der schwarze Bereich harmoniert mit Lassos Satzdichte, allerdings haben wir viele dunkelgraue Anteile, die durchweg über 50% bleiben. Dies korrespondiert auch mit den zuvor vorgestellten Klangfolgen, die oft aus Einzelnoten- und Intervallkombinationen bestanden, weniger aber aus Akkordfolgen.

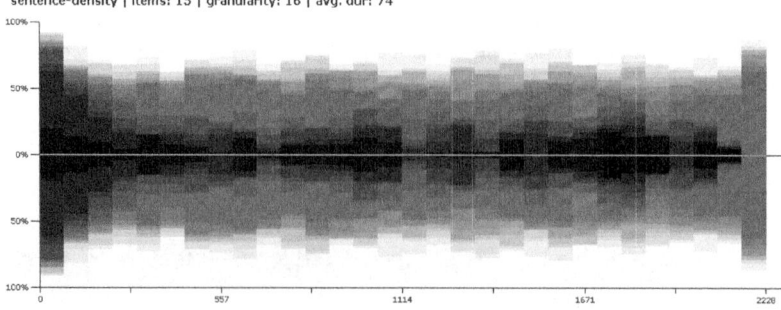

Im Vergleich werden nun einmal Lasso und Palestrina wieder übereinander kopiert. Hier wird klar, dass es die durchweg über 50%ige Satz-Dichte bei Lasso nicht

4. GIOVANNI PIERLUIGI DA PALESTRINA

gibt. Die Dichten in rosa sind wieder Palestrinas. Eine 80%ige Pausen-Dichte am Ende des Werkes ist Lasso, wie wir gesehen haben, fremd.

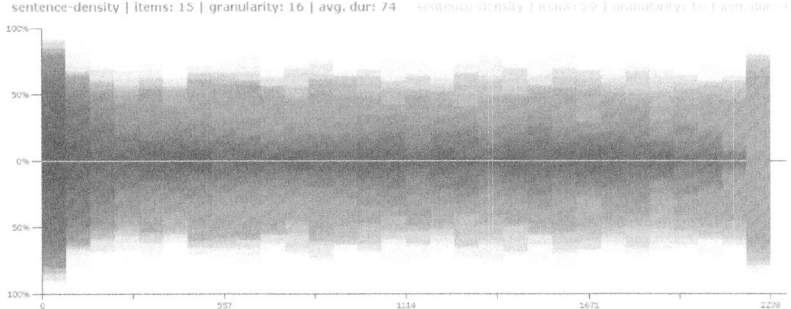

Die Konturen in den Dissonanzgraden sind klarer als bei Lasso. Zudem haben wir direkt nach Beginn einen Ansprung unterschiedlicher Größe, der mit einem Ausreißer auf 100% kommt. Insgesamt baut sich das hohe Niveau dann bis einen Balken vor 557 wieder ab; ausgeprägt ist der Abfall der Werte drei Balken nach 278,5. Direkt bei 557 ist wieder ein genuiner Anstieg, der sich in vielen Werken bis einen Balken vor 835,5 bis 60% steigert, dann bauen sich die Werte wieder leicht ab. Nun beginnt 1114 der längste zusammenhängende Dissonanzen-Block. Gegenüber Lasso haben wir zudem viele geschwärzte Bereiche, die allerdings im 1. Viertel des Diagrammes am häufigsten sind. Beobachtbar ist der Werteabfall von zwei Balken nach 1671 zu drei Balken nach 1671 von im Schnitt 50% auf 25%. Danach erleben wir ein Aufbäumen der Dissonanzen und einen Abbau bis 2228. Bei Lasso hingegen findet ein Aufbäumen statt, das spontan abfällt.

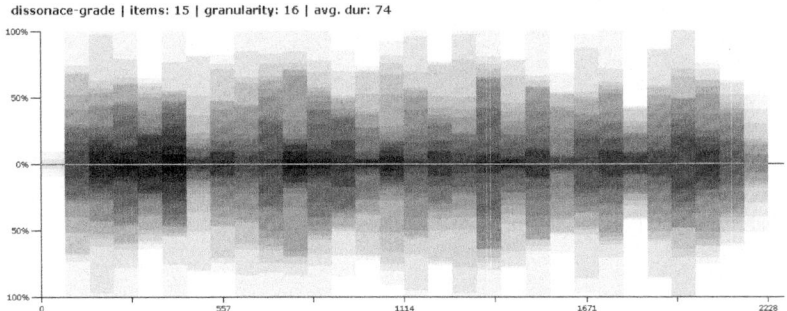

Im direkten Vergleich machen wir mehr rot als grün aus, so dass die Dissonanzen bei Palestrina zu überwiegen scheinen. Kommen 100%-Spitzen in den Ausreißern bei Palestrina mehr in der 1. Hälfte vor, sehen wir sie bei Lasso mehr gegen Ende.

KAPITEL 4. ANALYSEN

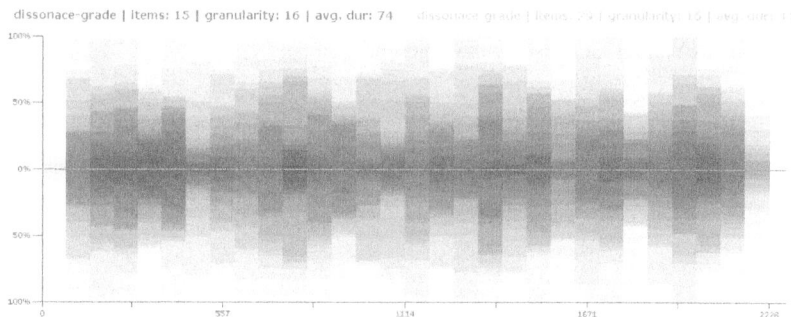

Die Dur-Verteilung baut sich (den Ausreißer ignoriert) zu Beginn bis auf ca. 25% auf. Wesenhaft ist der Abfall der Werte bei 557. Nun beginnt ein großer zusammenhängender Block bis 1671, der seinen Höhepunkt zwei Balken nach 1114 erreicht. In anderen Werken erreicht er ihn einen Balken vor 1392,5. Danach ist mehr oder weniger in allen Werken eine Abnahme der Dur-Verteilung beobachtbar, in zwei Ausreißern steigert sich die Dur-Verteilung sogar. 1671 jedoch bedeutet für alle Werke einen Absturz des Niveaus, nachdem sich in allen Werken – nur in unterschiedlicher Intensität – eine Zunahme der Dur-Akkorde bis zum Ende hin beobachten lässt.

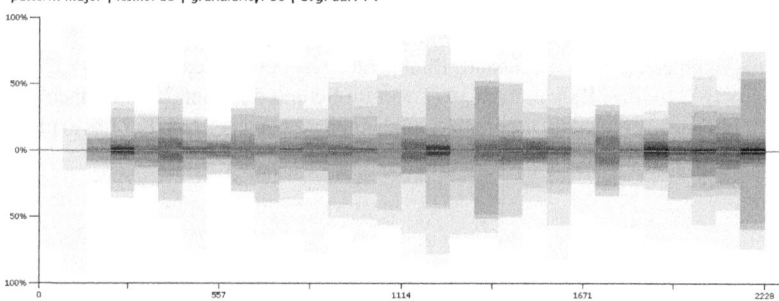

Vergleichen wir beide Komponisten, so scheint Lasso durchgängiger Dur-Akkorde zu verwenden. Allerdings tritt die klare Entwicklungs-Struktur Palestrinas deutlich hervor. Lasso besitzt viel mehr an 100%-Spitzen.

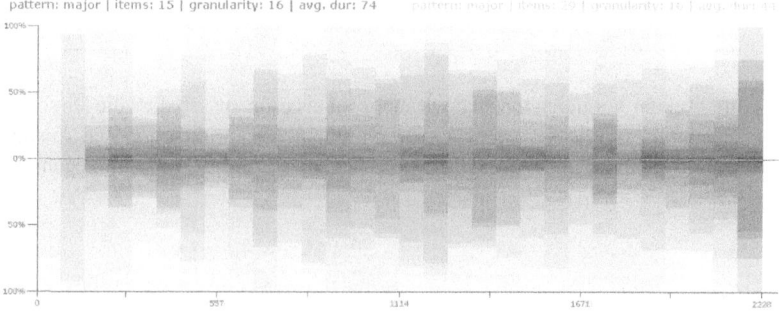

4. GIOVANNI PIERLUIGI DA PALESTRINA 393

Bei den Simmkreuzungen fällt auf, dass sich mehre Blöcke bilden, die sich durch Werte-Abfälle zwischen den Blöcken auszeichnen. Die Entwicklungen der Stimmkreuzungen sind bis auf wenige Ausreißer insgesamt in ihren Verläufen wesentlicher als bei Lasso, man muss sich allerdings wieder bewusst machen, dass sich das bei der doppelten Werkanzahl verändern könnte. Beim Schlussvergleich werden wir klarer sehen. Ausgeprägte Tiefpunkte sind bei einen Balken vor 278,5, einen Balken vor 557, zwei Balken nach 835,5, durchaus auch bei 1392,5, sowie einen Balken nach 1671. Die Kreuzungstätigkeit setzt gleich nach Beginn ein. Einen Höhepunkt, der für alle typisch ist, können wir zwei Balken vor 557 ausmachen, dieser liegt im Schnitt bei 50%. Lasso hatte seinen charakteristischen Hochpunkt jeweils einen Balken vor und nach der Hälfte. In dieser Intensitä finden wir ihn bei der besagten Stelle zwei Balken vor 557 und einen Balken vor Ende. Grob gesprochen können wir Wellenbewegungen in den Kreuzungsentwicklungen ausmachen. Die Zunahme der Kreuzungen nach Absturz einen Balken nach 1671 bis 2228 ist mehr oder weniger allen Werken gemeinsam.

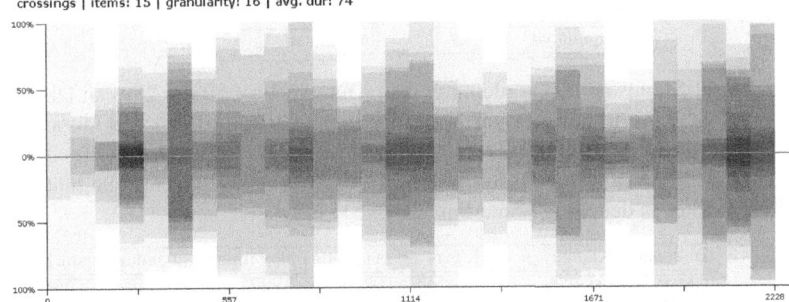

In der Kombination der beiden Komponisten, fällt vor allen Dingen auf, dass sich Lasso 100%-Spitzen in die die Blöcke trennenden Tiefpunkte „setzen". Auch bleibt die klare Palestrina-Struktur erkennbar.

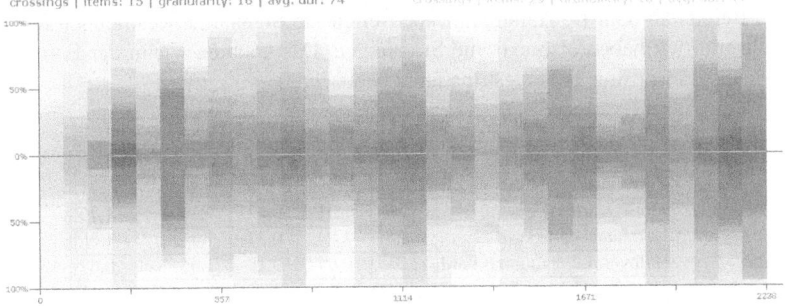

4.0.3 2.Modus naturalis

Mittelwerte

pal_gesamt_2.modus_nat_avg.txt

Konsonanzen	
evts	782,69
sd	166,66
%evt	71,79
sd	5,38
%ttl	67,64
sd	6,86
blks	116,25
sd	44,26
mindur	1,06
maxdur	49,19
avgdur	7,12
avgdur_sd	1,78

Dissonanzen	
evts	298,38
sd	37,83
%evt	28,21
sd	5,38
%ttl	27,17
sd	6,41
blks	101,81
sd	16,52
mindur	1,00
maxdur	11,06
avgdur	2,95
avgdur_sd	0,25

Dieser Modus ist außerordentlich dissonant, wir beobachten 28% an Dissonanzen! Solche Werte konnten wir bei Lasso nicht feststellen. Bei den Dissonanzen stehen die UNDETERMINED wie bei Lasso an erster Stelle. Aber bereits das Einzelintervall macht schon in den %ttl kaum mehr als eine Prozentstelle hinter dem Komma aus, in den %evt immerhin noch 4,51.

Dissonante Klänge	evts	%evt	%ttl	blks	mindur	maxdur	avgdur
UNDETERMINED	265,25	87,76	24,53	94,00	1,00	10,38	2,83
Einzelintervall	10,25	4,51	0,56	3,94	1,31	1,94	1,59
Moll-Quartsextakkord	3,81	1,22	0,37	1,13	2,19	2,31	2,27
Dominantseptakkord	3,69	1,22	0,35	1,75	1,56	1,75	1,64
Halbverm. Terzquartakkord	2,94	0,98	0,28	1,56	1,56	1,69	1,65

Bereits ab dem Einzelintervall übertreffen die Standardabweichungen die Mittelwerte, wir haben also extreme Streuungen. Das konnten wir in der Form im 1. Modus transpositus bei Palestrina nicht beobachten.

Dissonante Klänge	evts-sd	%evt-sd	%ttl-sd	blks-sd	avgdur-sd
UNDETERMINED	55,82	12,47	6,71	20,87	0,29
Einzelintervall	25,70	12,88	0,88	8,46	1,21
Moll-Quartsextakkord	4,25	1,31	0,44	1,11	1,76
Dominantseptakkord	3,23	1,04	0,31	1,56	1,06
Halbverm. Terzquartakkord	2,01	0,67	0,19	1,06	0,67

Die nächste Liste birgt eine große Überraschung: zum ersten Mal sehen wir den Moll-Akkord in der Häufigkeit vor dem Dur-Akkord. Die Klangformen sind vielzähliger als bei Lasso. Nicht, dass Lasso sie nicht ebenfalls verwendete, aber prozentual machen die quint- und terzlosen Klangformen bei ihm weniger aus. Zum Vergleich: der 12/3-Klang besitzt bei Lasso im gleichen Modus %evt=0,20 und

4. GIOVANNI PIERLUIGI DA PALESTRINA

%ttl=0,16, bei Palestrina sind die Werte um ein Vielfaches höher, wie die Liste beweist. Das Einzelintervall steht bei Lasso an fünfter Stelle.

Konsonante Klänge	evts	%evt	%ttl	blks	mindur	maxdur	avgdur
Moll	255,06	33,94	23,21	61,19	1,13	16,63	4,22
Dur	208,88	27,09	18,86	41,00	1,25	27,31	4,92
Einzelintervall	86,94	8,78	5,09	16,44	11,00	24,25	15,53
Moll-Sextakkord	72,13	9,49	6,53	21,13	1,44	7,25	3,38
Dur-Sextakkord	55,06	7,29	5,05	15,63	1,69	5,81	3,46
12/3	14,63	1,87	1,24	5,31	1,94	4,31	2,84
12/4	11,31	1,46	0,98	3,38	2,06	4,06	3,03
7/5	11,13	1,41	0,94	4,19	1,75	3,69	2,63

Die Abweichungen des Einzelintervalls übertreffen die Mittelwerte. Die restlichen Abweichungen sind nicht weiter ungewöhnlich.

Konsonante Klänge	evts-sd	%evt-sd	%ttl-sd	blks-sd	avgdur-sd
Moll	41,82	7,38	5,41	10,89	0,64
Dur	91,67	9,10	7,11	12,30	1,04
Einzelintervall	191,14	14,18	6,18	50,02	13,62
Moll-Sextakkord	23,84	3,09	2,29	5,78	0,47
Dur-Sextakkord	19,55	2,38	1,75	5,00	0,60
12/3	10,39	1,29	0,85	3,96	0,51
12/4	7,23	0,94	0,64	2,03	1,15
7/5	7,28	0,88	0,58	2,53	0,56

Hier die Aufschlüsselung aller Klänge.

Alle Klänge	evts	%evt	%ttl	blks	mindur	maxdur	avgdur
Moll, a-la, 1. Stufe	111,13	13,89	10,15	30,38	1,56	11,06	3,74
Moll, d-re, 4. Stufe	108,44	13,33	9,81	26,44	1,56	10,44	4,11
Dur, c-do, 3. Stufe	44,25	5,35	3,95	11,44	1,75	7,81	3,80
Dur, a-la, 1. Stufe	41,69	5,05	3,76	6,31	2,63	16,50	6,52
Dur, f-fa, 6. Stufe	39,19	4,70	3,50	11,50	1,81	7,69	3,33
Dur, g-so, 7. Stufe	33,19	4,08	3,03	7,06	1,94	7,88	4,10
Moll-Sextakkord, f-fa, 6. Stufe	30,06	3,75	2,75	9,69	1,75	5,00	3,17
Prime, a-la, 1. Stufe	25,31	2,08	1,54	5,63	4,06	7,50	5,72
Dur, d-re, 4. Stufe	21,94	2,68	2,01	2,38	2,69	12,63	6,90
Prime, d-re, 4. Stufe	21,00	1,50	1,11	4,69	3,75	5,94	4,59
Dur-Sextakkord, a-la, 1. Stufe	19,44	2,45	1,79	6,13	2,00	4,06	3,03
Moll, e-mi, 5. Stufe	18,69	2,38	1,74	5,69	1,38	4,06	2,89
Einzelnote, d-re, 4. Stufe	15,50	1,09	0,80	3,19	3,94	5,06	4,27
Moll-Sextakkord, b-ta, 2.Stufe	15,25	1,87	1,38	4,44	2,25	3,69	3,24
Moll, g-so, 7.Stufe	15,19	1,84	1,37	3,63	2,13	5,31	3,44
Dur, b-ta, 2.Stufe	14,94	1,77	1,32	3,75	2,31	6,19	3,70
Dur-Sextakkord, e-mi, 5. Stufe	13,88	1,68	1,25	4,13	2,19	3,75	3,11
Einzelnote, e-mi, 5. Stufe	13,81	0,98	0,75	2,69	5,06	5,81	5,23
Einzelnote, a-la, 1. Stufe	13,38	1,02	0,75	3,38	4,81	5,94	5,05
Dur, e-mi, 5. Stufe	13,31	1,73	1,25	3,63	1,50	3,25	2,53
Moll-Sextakkord, g-so, 7. Stufe	13,31	1,57	1,18	3,63	2,13	4,56	3,33
Moll-Sextakkord, c-do, 3. Stufe	12,13	1,50	1,10	3,88	2,19	3,75	3,11
Prime, c-do, 3. Stufe	11,38	0,68	0,50	2,19	0,69	2,81	1,31
Prime, f-fa, 6. Stufe	11,19	1,06	0,77	2,63	2,69	4,44	3,46

Bei Lasso standen die Klänge d, C, G, F, A und D auf den ersten sechs Plätzen. Bei Palestrina sind es die Klänge a, d, C, A, F und G. Die größte Maximaldauer besitzt das A-Dur, bei Lasso war es das d-Moll. Die Klänge besitzen bei Palestrina zudem insgesamt kürzere Dauern, so ist die höchste Maximaldauer bei Palestrina etwas mehr als die Hälfte derjenigen Lassos, nämlich 16,50 gegenüber 32,00. Wir sehen zudem wieder gegenüber Lasso mehr Primen und Einzeltöne auf den vorderen Rängen. Ab der Prime d-re übertreffen die Ableitungen die Mittelwerte.

Alle Klänge	evts-sd	%evt-sd	%ttl-sd	blks-sd	avgdur-sd
Moll, a-la, 1. Stufe	35,09	5,44	3,85	9,82	0,63
Moll, d-re, 4. Stufe	27,90	3,84	2,84	6,10	0,59
Dur, c-do, 3. Stufe	25,23	2,65	2,01	5,36	0,90
Dur, a-la, 1. Stufe	25,63	2,68	2,08	3,58	2,73
Dur, f-fa, 6. Stufe	20,63	2,16	1,70	5,17	0,51
Dur, g-so, 7. Stufe	23,47	2,55	1,99	4,02	2,41
Moll-Sextakkord, f-fa, 6. Stufe	9,37	1,36	0,98	3,10	0,46
Prime, a-la, 1. Stufe	50,06	2,32	1,76	14,62	5,50
Dur, d-re, 4. Stufe	20,47	2,50	1,89	2,03	5,89
Prime, d-re, 4. Stufe	54,61	2,49	1,88	14,05	4,48
Dur-Sextakkord, a-la, 1. Stufe	9,54	1,30	0,92	2,39	0,65
Moll, e-mi, 5. Stufe	12,27	1,54	1,12	3,37	1,21
Einzelnote, d-re, 4. Stufe	42,25	1,95	1,47	10,04	4,63
Moll-Sextakkord, b-ta, 2.Stufe	11,37	1,40	1,04	2,96	1,35
Moll, g-so, 7.Stufe	16,28	1,88	1,45	3,60	1,60
Dur, b-ta, 2.Stufe	14,63	1,63	1,27	3,07	1,92
Dur-Sextakkord, e-mi, 5. Stufe	11,33	1,30	0,98	3,16	1,30
Einzelnote, e-mi, 5. Stufe	33,88	1,72	1,31	9,13	8,34
Einzelnote, a-la, 1. Stufe	30,80	1,50	1,13	11,02	6,26
Dur, e-mi, 5. Stufe	12,35	1,61	1,17	3,33	1,73
Moll-Sextakkord, g-so, 7. Stufe	9,72	1,10	0,88	2,20	1,37
Moll-Sextakkord, c-do, 3. Stufe	6,64	0,83	0,61	1,90	0,68
Prime, c-do, 3. Stufe	37,67	1,82	1,36	7,72	2,88
Prime, f-fa, 6. Stufe	18,72	1,18	0,85	4,92	2,92

Gegenüber Lasso verwendet Palestrina ein *es*. Bei beiden Komponisten ist das d der wichtigste Ton, also die Finalis. Jedoch steht bei Palestrina auf Platz zwei das e und nicht das a. Die plagale Repercussa f steht bei Palestrina auf Platz vier, bei Lasso auf Platz fünf.

Tenor, nur Tonhöhen	evts	%evt	%ttl	blks	mindur	maxdur	avgdur
d	181,75	20,89	15,67	30,19	1,56	16,81	5,97
e	169,13	19,48	14,51	27,63	1,56	19,81	6,14
a	153,00	18,05	13,77	21,31	1,88	20,94	7,27
f	110,13	12,66	9,47	19,63	1,69	11,69	5,59
c	106,19	12,09	9,06	20,81	1,69	13,44	5,08
g	66,50	7,81	5,93	12,63	2,00	10,44	5,40
h	36,69	4,30	3,21	9,00	1,44	8,94	3,81
cis	19,88	2,33	1,76	3,31	2,88	9,94	5,39
b	9,38	1,05	0,83	1,63	2,13	3,88	2,98

4. GIOVANNI PIERLUIGI DA PALESTRINA

fis	8,19	0,95	0,74	1,00	3,94	5,75	4,71
gis	2,44	0,31	0,23	0,63	1,31	1,63	1,50
es	0,75	0,08	0,06	0,06	0,75	0,75	0,75

Die Standardabweichungen sind bis auf die avgdur-sd, die bei Lasso höher sind, recht hoch.

Tenor, nur Tonhöhen	evts-sd	%evt-sd	%ttl-sd	blks-sd	avgdur-sd
d	56,20	4,10	3,61	6,80	0,94
e	57,33	4,67	3,53	8,31	0,95
a	36,87	4,44	4,21	4,73	1,08
f	37,90	3,41	2,69	5,68	0,78
c	40,58	3,05	2,59	6,42	0,93
g	18,10	2,27	2,00	3,69	1,01
h	19,22	2,23	1,72	4,24	1,24
cis	13,83	1,62	1,28	2,11	3,27
b	13,82	1,47	1,19	2,57	3,12
fis	10,99	1,28	1,01	1,22	7,80
gis	3,52	0,45	0,34	0,93	1,97
es	2,90	0,30	0,25	0,24	2,90

Gegenüber Lasso sind die beiden ersten Töne vertauscht, der dritte ist gleich. Beide teilen sich auch die letzten beiden Töne *fis* und *es*. Auch Platz sieben ist beiden gemeinsam: das *b*.

Bassus, nur Tonhöhen	evts	%evt	%ttl	blks	mindur	maxdur	avgdur
a	225,44	30,49	20,07	27,38	1,94	23,44	8,43
d	153,13	20,68	13,53	19,63	2,00	22,19	7,86
g	91,56	12,29	8,19	17,13	1,75	13,69	5,25
f	81,88	11,01	7,36	15,56	1,75	12,94	5,21
e	63,69	8,67	5,84	12,31	1,81	11,44	5,17
c	61,25	8,11	5,26	9,38	2,50	12,94	6,33
b	33,44	4,53	3,01	5,06	4,06	9,94	6,53
h	21,31	2,84	1,77	5,81	2,00	6,19	3,52
cis	5,00	0,69	0,44	1,19	2,25	2,81	2,56
gis	3,25	0,45	0,31	0,63	2,25	2,63	2,46
fis	1,25	0,18	0,12	0,19	1,25	1,25	1,25
es	0,63	0,08	0,05	0,13	0,13	0,50	0,31

Die avgdur-sd sind niedriger als bei Lasso, die anderen Abweichungen sind höher. Die Dauern sind wieder fast halb so kurz als bei Lasso.

Bassus, nur Tonhöhen	evts-sd	%evt-sd	%ttl-sd	blks-sd	avgdur-sd
a	46,17	5,94	5,23	7,26	1,68
d	41,05	5,49	4,06	5,63	1,04
g	35,72	4,40	3,42	3,74	1,45
f	24,32	3,03	2,39	1,82	1,30
e	19,49	2,68	2,14	3,68	1,00
c	26,87	3,12	2,13	2,96	1,34
b	20,60	2,78	1,89	2,73	1,74
h	15,15	1,93	1,08	3,26	1,13
cis	5,31	0,75	0,50	1,34	2,47
gis	4,19	0,59	0,41	0,88	2,98
fis	2,80	0,41	0,27	0,40	2,80
es	2,49	0,31	0,21	0,50	1,25

Klangfolgen

Pal_gesamt_2.modus_nat_sequences.txt

Anders als im 1. Modus haben wir hier sofort Akkorde in der Folge. Doch anders als bei Lasso geht es hier gleich mit Sextakkorden los. Die Folge lautet 6F-B-6g, sie besteht aus Quintfall und Terzfall.

| Häufigkeit | 9mal |

Modus-Stufe	Solmisationssilbe	Klang	Sonanzform
1	a-la	Dur-Sextakkord	konsonant
2	b-ta	Dur	konsonant
2	b-ta	Moll-Sextakkord	konsonant

Diese Folge lautet d-6A-d und ist ein plagal-authentisches Pendel.

| Häufigkeit | 8mal |

Modus-Stufe	Solmisationssilbe	Klang	Sonanzform
4	d-re	Moll	konsonant
3	cis-di	Dur-Sextakkord	konsonant
4	d-re	Moll	konsonant

4. GIOVANNI PIERLUIGI DA PALESTRINA

Diese Folge bedeutet 6g-B-6F. Sie besteht aus Terzensteigen und Quintfall.

|Häufigkeit|6mal|

Modus-Stufe	Solmisationssilbe	Klang	Sonanzform
2	*b*-ta	Moll-Sextakkord	konsonant
2	*b*-ta	Dur	konsonant
1	*a*-la	Dur-Sextakkord	konsonant

Diese Folge besteht aus Sekundsteigen und Terzensteigen: e-6F-a.

|Häufigkeit|6mal|

Modus-Stufe	Solmisationssilbe	Klang	Sonanzform
5	*e*-mi	Moll	konsonant
1	*a*-la	Dur-Sextakkord	konsonant
1	*a*-la	Moll	konsonant

Die nächste Folge ist der doppelte Quintfall D-G-C.

|Häufigkeit|5mal|

Modus-Stufe	Solmisationssilbe	Klang	Sonanzform
4	*d*-re	Dur	konsonant
7	*g*-so	Dur	konsonant
3	*c*-do	Dur	konsonant

Diese Folge bedeutet A-d-6A und ist ein authentisch-plagales Pendel.

|Häufigkeit|4mal|

Modus-Stufe	Solmisationssilbe	Klang	Sonanzform
1	*a*-la	Dur	konsonant
4	*d*-re	Moll	konsonant
3	*cis*-di	Dur-Sextakkord	konsonant

Dies bedeutet C-6G-a und besteht aus Quintanstieg plus Sekundsteigen.

|Häufigkeit|4mal|

Modus-Stufe	Solmisationssilbe	Klang	Sonanzform
3	*c*-do	Dur	konsonant
2	*h*-ti	Dur-Sextakkord	konsonant
1	*a*-la	Moll	konsonant

Diese Folge bedeutet a-6E-a und ist ein plagal-authentisches Pendel.

|Häufigkeit|4mal|

Modus-Stufe	Solmisationssilbe	Klang	Sonanzform
1	*a*-la	Moll	konsonant
7	*gis*-si	Dur-Sextakkord	konsonant
1	*a*-la	Moll	konsonant

Wieder eine Folge Moll/Dur-Sextakkord/Moll, diesmal e-6C-d, was bedeutet, dass wir Terzfall in Kombination mit Sekundsteigen erleben.

|Häufigkeit|4mal|

Modus-Stufe	Solmisationssilbe	Klang	Sonanzform
5	*e*-mi	Moll	konsonant
5	*e*-mi	Dur-Sextakkord	konsonant
4	*d*-re	Moll	konsonant

Diese Folge lautet a-6F-B und besteht aus Terzfall plus Quintfall.

|Häufigkeit|4mal|

Modus-Stufe	Solmisationssilbe	Klang	Sonanzform
1	*a*-la	Moll	konsonant
1	*a*-la	Dur-Sextakkord	konsonant
2	*b*-ta	Dur	konsonant

Grundtonfortschreitungen

Pal_gesamt_2.modus_nat_keytonepro.txt

Die häufigste Grundtonfortschreitung ist diese Kette aus plagalen Sekundschritten.

|Häufigkeit|9mal|

Grundtonfortschreitung
PS
PS
PS

4. GIOVANNI PIERLUIGI DA PALESTRINA

Nun folgt der authentische Hauptschritt mit zweimaligem Verweilen auf dem Grundton.

| Häufigkeit | 8mal |

Grundtonfortschreitung
AH
–
–

Dann folgt die Fortschreitung aus drei authentischen Schritten.

| Häufigkeit | 7mal |

Grundtonfortschreitung
AT
AH
AT

Nun wieder drei plagale Schritte:

| Häufigkeit | 7mal |

Grundtonfortschreitung
PT
PS
PS

Diese Fortschreitung besteht aus einem plagalen Hauptschritt, einem authentischen Sekundschritt und einem erneuten Quintensteigen.

| Häufigkeit | 6mal |

Grundtonfortschreitung
PH
AS
PH

Blockdiagramme

Da wir in diesem Modus nur ein Drittel der Werke wie bei Palestrina zur Verfügung haben, wird von einem Übereinanderkopieren abgesehen, denn es haben sich bei Lasso im 2. Modus naturalis keine so klaren Strukturen in der Klang-Dichte herausgebildet wie hier bei Palestrina. Wie bei Lasso finden wir auch bei Palestrina einen charakteristischen Tiefpunkt kurz nach der Mitte der Werke. Die Dichte baut sich bei Palestrina sukzessive auf. Einige Werke erleben drei Balken nach 148,5 einen

Dichte-Abfall, andere steigern sich allerdings auf ca. 45%, die Ausreißer-Werke vollziehen die Entwicklung auf höherem Niveau nach und erleben ihren Höhepunkt einen Balken früher, bauen sich dann aber ebenfalls bis einen Balken nach 297 ab. Der Bereich von 297 bis 892 ist in seinen Dichte-Verläufen amorph. Einen Balken vor 445,5 erlebt die Klangdichte unterschiedliche Hochpunkte, sodann erfolgt für einen Balken ein Werte-Abfall und wieder ein Spannungsanstieg in den Ausreißer-Werken. Mehrere Charakteristika bei ca. 30% von zwei Balken nach 148,5 bis zwei Balken nach 445,5 sind beobachtbar. Einen Balken nach 595 beginnt eine wellenförmige Entwicklung, die den besagten genuinen Mittelpunkt aufweist und ab einen Balken vor 1039,5 zu einer Steigerung auf bis zu 60% im Schnitt dem Ende entgegen ansetzt.

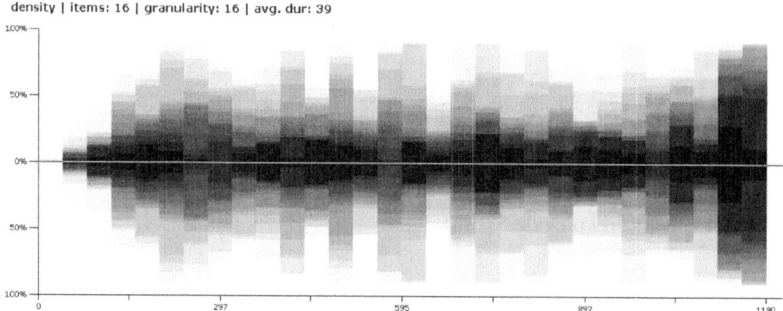

Die Satz-Dichte deckt sich mit dem bei Lasso Beobachteten: Sie setzt bei 80 Prozent im höchsten Wert an und baut sich bis 148,5 sukzessive bis zu 25% ab. Die folgende Entwicklung folgt dem uns von Lasso her bekannten Zylinder-Modell. Allerdings erleben wir hier ein Ausreißer-Werk, das nach dem ersten Achtel eine vollkommen entgegengesetzte Entwicklung mit einer Pausen-Dichte-Steigerung im letzten Achtel entfaltet.

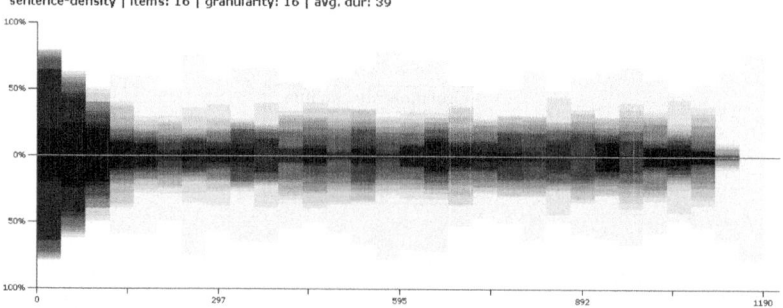

Kommen wir zur Dissonanzenverteilung: Bei Lasso sahen wir allerdings in der Dissonanzenverteilung eine klare Formation. Der dissonante Höhepunkte lag hier zwei Balken vor der Mitte. Bei Palestrina scheint hingegen durchweg Dissonarität vorzuherrschen, der erste dissonante Höhepunkt findet hier zwei Balken vor 297 statt. Ob man die Bereich zwei Balken vor 445,5 sowie einen Balken vor 595 als Höhepunkte unterschiedlicher Ausprägung versteht, bleibt Ansichtssache. Dafür würde die deutliche Schwärzung nach einem Anstieg sprechen, in diesem Falle wäre der 2. Höhepunkt stärker als der dritte. Es wäre aber auch möglich, den Bereich drei Balken nach Beginn als den 1. Höhepunkt zu verstehen. Sehen wir uns die charakteristischen Tiefpunkte an. Es sind folgende Bereiche: einen Balken nach 148,5, zwei Balken vor 595, 743,5, einen Balken vor 892 sowie einen Balken vor 1190.

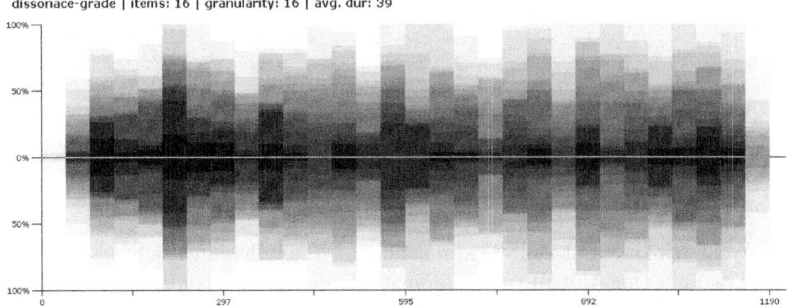

Demgegenüber wirkt die Dur-Verteilung fast wie das Negativbild der Satzdichte. Auffällige Tiefpunkte sind hier drei Balken vor 297 und zwei Balken vor 594. Dies verwirrt zunächst ob der Tatsache, dass gerade im zuletzt genannten Bereich ein Tiefpunkt der Dissonanzen-Verteilung beheimatet war, allerdings bedeutet das nicht automatisch, dass an dieser Stelle dann Dur-Akkorde in Grundstellung sein müssten, es könnten ja auch Umkehrungen oder Moll-Akkorde vorhanden sein. Insgesamt ist aber die sich aufwölbende Dur-Anteiligkeit von 595 bis 1039,5 durchaus ausgeprägt. Den Höhepunkt dieser Wölbung können wir einen Balken vor 891 ausmachen. Der Abschluss dieser Entwicklung ist bei 1040,5 anzusetzen. Danach sehen wir eine gegenläufige Ausprägung, aber einen charakteristischen Sprung auf den Dur-Höhepunkt am Ende der Werke!

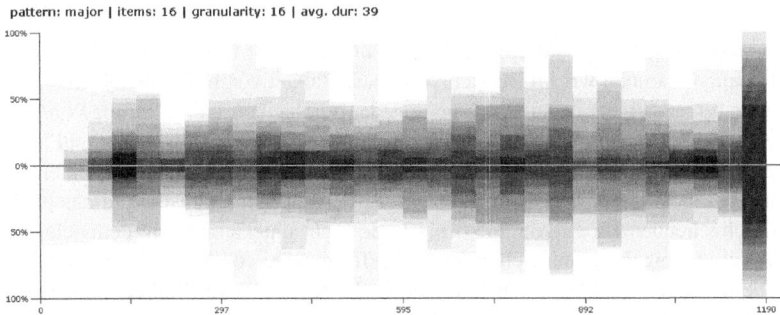

Da der Moll-Akkord in diesem Modus aber häufiger vorkommt als der Dur-Akkord, lohnt der Blick, auf dessen Verteilung zu sehen. Die Verteilung des Moll-Akkordes ist homogener, wir sehen weniger Ausreißer als beim Dur-Akkord. Der Moll-Anteil überwiegt deutlich in der ersten Hälfte. Einen Moll-Höhepunkt beobachten wir direkt bei 743,5. Insgesamt sehen wir in der Moll-Verteilung einen deutlichen Verlauf, was auch in Einklang mit den Standardabweichungen steht. Dem Moll-Akkord fehlt der sukzessive Aufbau in der Werte-Steigerung, den wir beim Dur-Akkord beobachten konnten.

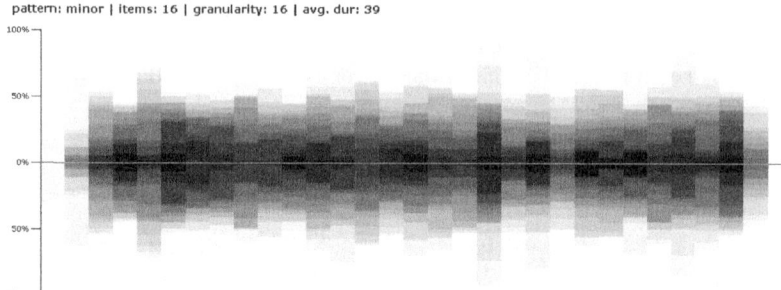

Wenn wir Dur- und Moll-Akkord addieren, ist es allerdings nicht so, dass überall dort, wo ein Dur-Akkord steht, automatisch ein Moll-Akkord stehen müsste. Wir sehen aber drei Bereiche, in denen das Dur eindeutig überwiegt: einen Balken nach 743,5, einen Balken vor 892 sowie ganz klar ein Balken vor 1190.

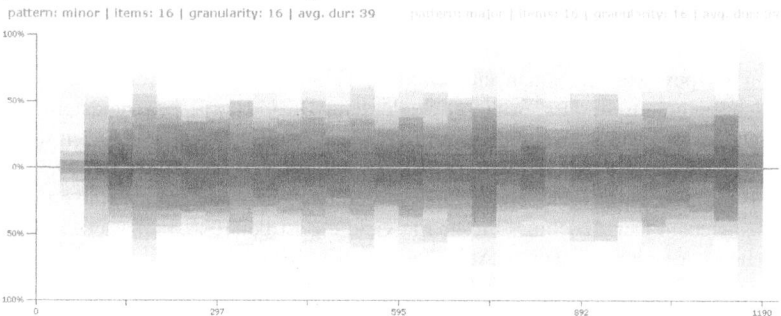

Wir stellen insgesamt eine rege Kreuzungstätigkeit fest. Besondere Kreuzungsballungen können wir im Bereich von einen Balken vor 148,5 bis 297 ausmachen, dann bildet sich ein neuer Block heraus, der durch einen Werte-Sprung von 297 auf einen Balken nach 297 eingeleitet wird und im Schnitt bei 45% bleibt und bis zwei Balken vor 595 anhält. Einen Balken vor 595 bis 743,5 können wir einen Block mit besonders intensiver Kreuzungstätigkeit ausmachen. Sie ist allerdings in einem durchgehenden Block von 743,5 bis Ende recht unterschiedlich, dennoch können wir eine Steigerung unterschiedlicher Ausformungen von 891 bis 1189 ausmachen. Die besonders geschwärzten Bereiche finden wir bei zwei Balken vor 297, einen Balken nach 297 sowie einen Balken vor 595.

4. GIOVANNI PIERLUIGI DA PALESTRINA

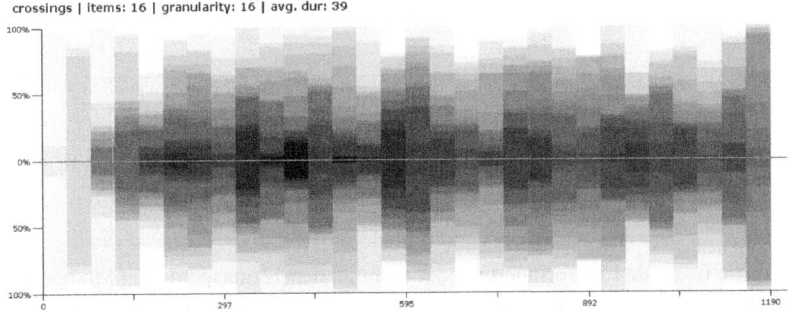

crossings | items: 16 | granularity: 16 | avg. dur: 39

4.0.4 2.Modus transpositus

Mittelwerte

pal_gesamt_2.modus_tr_avg.txt

Konsonanzen	
evts	1061,50
sd	171,12
%evt	85,69
sd	5,96
%ttl	48,81
sd	16,24
blks	210,75
sd	75,13
mindur	1,25
maxdur	30,25
avgdur	5,85
avgdur_sd	2,35

Dissonanzen	
evts	175,50
sd	67,81
%evt	14,32
sd	5,96
%ttl	9,36
sd	7,10
blks	55,75
sd	21,55
mindur	1,00
maxdur	8,50
avgdur	3,14
avgdur_sd	0,33

Wie wir sehen, ist der 2.Modus transpositus viel konsonanter als der untransponierte. Bei Lasso verhielt es sich ähnlich, wenngleich der transponierte nur geringfügig konsonanter war. Bei Palestrina hingegen ist der Unterschied zwischen den beiden Modi deutlicher. Die Reihenfolge der dissonanten Klänge ist bei beiden Komponisten bis zum vierten Platz identisch. Allerdings spielt das Einzelintervall bei Palestrina eine größere Rolle. Die Vorkommnisse sind etwa dreimal so hoch. Die Klangformen danach spielen bei beiden Komponisten eine untergeordnete Rolle. Die UNDETERMINED haben bei Lasso etwa das doppelte Vorkommen.

Dissonante Klänge	evts	%evt	%ttl	blks	mindur	maxdur	avgdur
UNDETERMINED	93,50	50,09	6,02	33,75	1,00	7,25	2,85
Einzelintervall	72,00	45,51	2,53	22,00	1,25	5,25	2,88
Moll-Quartsextakkord	3,75	1,63	0,31	1,75	0,75	1,25	1,00
Dominantseptakkord	2,00	0,88	0,19	0,75	0,50	1,00	0,67
Dominant-Quintsextakkord	1,00	0,44	0,09	0,50	0,50	0,50	0,50

Die Standardabweichungen sind bis auf die avgdur-sd bei Palestrina geringfügig größer.

Dissonante Klänge	evts-sd	%evt-sd	%ttl-sd	blks-sd	avgdur-sd
UNDETERMINED	60,53	19,80	6,84	24,29	0,30
Einzelintervall	53,79	25,34	1,74	14,54	0,60
Moll-Quartsextakkord	4,92	2,17	0,47	1,79	1,22
Dominantseptakkord	3,46	1,52	0,32	1,30	1,16
Dominant-Quintsextakkord	1,73	0,76	0,16	0,87	0,87

Die folgende Liste erinnert wieder mehr an den 1. transponierten Modus bei Palestrina. Die Reihenfolgen sind bis auf die Vertauschung von 12/3 und 3/9 identisch. Danach beginnen die Unterschiede. Das Einzelintervall ist wieder an erster Stelle.

Konsonante Klänge	evts	%evt	%ttl	blks	mindur	maxdur	avgdur
Einzelintervall	551,25	48,87	19,69	135,75	1,25	19,75	7,51
Dur	119,25	12,75	8,17	31,25	1,00	18,75	3,39
Moll	114,75	12,34	7,86	38,75	1,25	10,25	2,65
Moll-Sextakkord	56,25	5,43	2,85	12,50	1,25	6,75	4,77
Dur-Sextakkord	37,50	3,70	2,07	11,00	1,00	6,75	3,55
3/9	31,00	2,74	1,30	8,00	1,25	7,00	3,24
12/3	27,50	2,47	1,15	9,00	1,25	6,25	3,16

Die Standardabweichungen sind bis auf avgdur-sd geringer als im 1.Modus transpositus.

Konsonante Klänge	evts-sd	%evt-sd	%ttl-sd	blks-sd	avgdur-sd
Einzelintervall	300,28	26,05	9,56	77,43	6,06
Dur	91,42	12,06	10,14	9,01	1,52
Moll	86,84	11,52	9,72	13,35	0,99
Moll-Sextakkord	14,11	1,63	1,75	4,56	1,29
Dur-Sextakkord	14,36	1,83	1,70	5,34	0,49
3/9	22,56	1,69	0,71	3,81	1,34
12/3	12,84	0,77	0,34	4,58	0,27

Der vollständige Dreiklang (in Moll) steht erst an vierzehnter Stelle. Dies ist der Moll-Klang über der Finalis. An erster Stelle stehen die Primen *d*-la und *a*-mi. Die höchste Maximaldauer besitzt die Einzelnote *d*-la. Die wichtigsten Moll-Klänge sind g-Moll und d-Moll. Der zweite ist der Moll-Klang über die Finalis des 1. Modus transpositus. Der wichtigste Dur-Klang ist das F-Dur. Wir hätten eine größere Bedeutung der plagalen Repercussa erwartet: als Einzelnote steht sie hier auf Platz sieben, als Prime auf Platz zehn, aber als Dur-Akkord steht sie erst auf Platz 20.

4. GIOVANNI PIERLUIGI DA PALESTRINA

Alle Klänge	evts	%evt	%ttl	blks	mindur	maxdur	avgdur
Prime, d-la, 1. Stufe	154,50	7,92	5,39	39,50	1,25	9,50	3,47
Prime, a-mi, 5. Stufe	98,50	5,07	3,49	28,75	1,25	10,50	3,30
Einzelnote, a-mi, 5. Stufe	97,25	4,99	3,38	25,50	0,75	10,50	2,89
Prime, g-re, 4. Stufe	95,50	5,13	3,55	23,75	2,75	13,00	4,98
Einzelnote, d-la, 1. Stufe	93,25	4,88	3,44	28,00	4,75	15,00	6,40
Einzelnote, f-do, 3. Stufe	89,50	4,50	3,09	22,25	0,75	7,00	3,08
Einzelnote, b-fa, 6. Stufe	74,25	3,82	2,58	19,00	0,75	9,25	2,95
Prime, c-so, 7. Stufe	71,00	3,76	2,56	18,00	1,25	6,25	3,78
Prime, f-do, 3. Stufe	65,00	3,38	2,27	15,50	0,75	6,50	3,30
Prime, b-fa, 6. Stufe	60,25	3,16	2,17	15,75	1,25	7,25	3,68
Einzelnote, g-re, 4. Stufe	58,75	3,05	2,05	17,25	0,75	10,25	2,62
Einzelnote, e-ti, 2. Stufe	54,75	2,87	2,01	13,00	3,25	9,00	5,15
Einzelnote, c-so, 7. Stufe	52,75	2,72	1,83	15,00	0,75	7,50	2,63
Moll, g-re, 4. Stufe	47,50	4,52	3,58	17,25	1,25	7,25	2,21
Moll, d-la, 1. Stufe	45,25	3,63	2,82	15,50	1,25	8,25	2,76
Prime, e-ti, 2. Stufe	42,75	2,12	1,47	8,25	2,25	6,50	4,79
Dur, f-do, 3. Stufe	35,25	3,06	2,41	10,00	1,00	8,25	3,32
Moll-Sextakkord, b-fa, 6. Stufe	29,00	1,92	1,43	6,50	2,75	6,25	4,91
Prime, es-ta, 2. Stufe	22,75	1,34	0,82	6,25	0,75	2,25	1,58
Dur, b-fa step: 6. Stufe	22,25	1,99	1,58	7,50	1,00	6,50	2,80
Dur, d-la step: 1. Stufe	22,00	2,09	1,65	5,75	1,25	7,00	2,92
Einzelnote, cis-si, 7. Stufe	20,25	0,98	0,69	4,25	0,75	4,25	3,23
Dur, c-so, 7. Stufe	18,50	1,41	1,10	5,00	1,25	6,75	3,34
Dur-Sextakkord, a-mi, 5. Stufe	16,00	1,10	0,84	4,00	2,75	5,50	4,28
Moll, a-mi, 5. Stufe	15,50	1,52	1,23	4,50	1,50	4,50	2,86
12/7, d-la, 1. Stufe	14,00	0,77	0,56	2,50	2,50	6,50	5,00

Die Standardabweichungen sind bis auf die avdgur-sd insgesamt sehr hoch, wenngleich es freilich auch bei den avgdur-sd Ausnahmen gibt. Besonders hoch sind die Streuungen der Durchschnittsdauer der Einzelnoten d und der Prime e.

Alle Klänge	evts-sd	%evt-sd	%ttl-sd	blks-sd	avgdur-sd
Prime, *d*-la, 1. Stufe	89,61	4,47	3,03	22,85	0,93
Prime, *a*-mi, 5. Stufe	61,42	2,81	1,95	16,99	0,29
Einzelnote, *a*-mi, 5. Stufe	56,57	2,93	1,96	14,99	1,70
Prime, *g*-re, 4. Stufe	46,53	1,93	1,20	12,70	1,80
Einzelnote, *d*-la, 1. Stufe	56,80	2,23	1,60	18,91	5,54
Einzelnote, *f*-do, 3. Stufe	59,64	2,83	2,02	15,40	1,80
Einzelnote, *b*-fa, 6. Stufe	43,64	2,29	1,52	11,34	1,71
Prime, *c*-so, 7. Stufe	37,99	1,91	1,18	9,80	0,57
Prime, *f*-do, 3. Stufe	38,27	2,12	1,35	9,39	2,18
Prime, *b*-fa, 6. Stufe	33,65	1,49	1,01	8,84	0,47
Einzelnote, *g*-re, 4. Stufe	34,51	1,90	1,22	10,89	1,56
Einzelnote, *e*-ti, 2. Stufe	33,07	1,34	0,95	8,49	1,79
Einzelnote, *c*-so, 7. Stufe	33,88	1,76	1,18	8,92	1,65
Moll, *g*-re, 4. Stufe	49,01	6,05	5,04	9,12	1,11
Moll, *d*-la, 1. Stufe	26,09	3,57	3,02	6,02	0,67
Prime, *e*-ti, 2. Stufe	30,19	1,40	1,02	6,87	3,42
Dur, *f*-do, 3. Stufe	26,76	3,54	2,97	5,39	0,94
Moll-Sextakkord, *b*-fa, 6. Stufe	4,64	0,80	0,75	2,29	1,46
Prime, *es*-ta, 2. Stufe	36,53	2,19	1,33	8,01	1,63
Dur, *b*-fa, 6. Stufe	18,94	2,45	2,05	3,35	1,25
Dur, *d*-la, 1. Stufe	22,75	2,75	2,29	3,90	1,35
Einzelnote, *cis*-si, 7. Stufe	16,95	0,79	0,57	2,95	2,22
Dur, *c*-so, 7. Stufe	10,92	1,33	1,11	1,87	1,72
Dur-Sextakkord, *a*-mi, 5. Stufe	7,25	0,74	0,63	2,24	1,02
Moll, *a*-mi, 5. Stufe	18,45	2,20	1,82	4,33	1,66
12/7, *d*-la, 1. Stufe	10,10	0,42	0,30	1,50	1,73

Gehen wir zu den Tonlisten über. Die Finalis steht erst auf Platz vier, die Repercussa kommt auf Platz fünf.

Tenor, nur Tonhöhen	evts	%evt	%ttl	blks	mindur	maxdur	avgdur
a	212,50	20,82	9,81	38,50	1,25	18,25	5,69
d	205,75	19,50	10,36	36,00	1,25	17,75	5,69
g	170,00	17,15	8,77	32,25	1,00	17,25	5,21
b	126,25	12,11	5,97	25,50	1,25	14,25	4,96
f	114,50	10,67	5,08	20,00	1,00	13,25	5,63
c	110,50	10,45	5,28	23,00	1,25	12,25	4,68
e	46,75	4,37	2,19	10,75	1,75	7,25	4,20
cis	15,75	1,43	0,54	3,50	0,75	6,25	3,19
es	13,75	1,49	0,66	1,75	4,50	7,50	5,67
fis	12,75	1,36	0,57	4,00	2,25	4,25	3,06
h	6,50	0,65	0,23	2,00	2,00	3,75	2,65

Dies stellt sich bei Lasso ganz ähnlich dar. Wie wir sehen, sind bis zum *e* lediglich die Plätze ab dem *a* vertauscht, das *e* steht bei beiden an gleicher Stelle.

Lasso verwendet allerdings in diesem Modus auch den Ton *gis* im Tenor, den wir bei Palestrina nicht finden können.

4. GIOVANNI PIERLUIGI DA PALESTRINA

Palestrina	Lasso
a	a
d	g
g	d
b	c
f	b
c	f
e	e
cis	h
es	es
fis	cis
h	fis
–	gis

Die Standardabweichungen sind wieder bis auf die avgdur-sd recht hoch. Auffällig sind allerdings die %ttl-sd der Töne *d* und *g*, die fast Zwei-Drittel des Mittelwertes ausmachen.

Tenor, nur Tonhöhen	evts-sd	%evt-sd	%ttl-sd	blks-sd	avgdur-sd
a	30,34	3,59	3,31	9,07	0,94
d	71,21	5,77	6,50	10,70	1,52
g	36,34	5,63	5,53	4,02	0,56
b	24,48	0,55	2,56	4,33	0,65
f	48,99	3,52	1,92	7,97	0,31
c	41,81	2,60	2,70	5,20	0,74
e	17,58	1,19	1,05	2,86	0,71
cis	13,31	1,16	0,45	2,18	2,27
es	10,30	1,23	0,46	1,09	3,54
fis	10,03	1,23	0,37	3,08 2	0,71
h	4,92	0,57	0,18	1,58	1,72

Die wichtigsten Töne des Bassus sind wieder *d* und *g*. Vergleichen wir beide Komponisten.

Palestrina	Lasso
d	*g*
g	*d*
f	*c*
a	*b*
b	*f*
c	*a*
e	*es*
es	*e*
fis	*h*
–	*fis*
–	*gis*
–	*cis*

Wir sehen, das Lasso im Bass die Töne *h*, *gis* und *cis* verwendet, die bei Palestrina nicht vorkommen. Die Reihenfolgen der Töne sind ebenfalls sehr unterschiedlich.

Bassus, nur Tonhöhen	evts	%evt	%ttl	blks	mindur	maxdur	avgdur
d	204,00	27,63	9,54	39,25	1,25	15,25	5,39
g	127,00	17,53	6,66	26,50	1,25	14,25	4,97
f	94,00	12,71	4,19	17,50	1,50	9,25	5,33
a	90,25	12,20	4,61	17,25	1,25	15,25	5,33
b	70,50	9,83	3,66	13,25	1,25	12,25	5,31
c	70,00	9,59	3,13	15,25	1,25	10,25	4,63
e	39,25	5,22	1,67	7,00	2,50	11,25	5,48
es	35,50	4,89	1,48	5,75	1,75	13,25	7,13
fis	2,75	0,40	0,16	0,50	2,75	2,75	2,75

Das Streuungsbild kennen wir bereits. Nun sehen wir, wie die Standardabweichungen des *fis* die Mittelwerte übersteigen.

Bassus, nur Tonhöhen	evts-sd	%evt-sd	%ttl-sd	blks-sd	avgdur-sd
d	41,45	2,78	3,80	10,11	1,02
g	19,46	3,36	4,46	3,77	1,41
f	21,22	1,76	1,09	2,96	0,48
a	29,00	3,24	2,98	5,76	0,78
b	11,06	2,25	2,33	0,43	0,76
c	27,18	3,86	1,12	5,93	0,54
e	20,14	2,38	0,62	2,45	1,45
es	17,10	2,48	0,50	4,21	2,20
fis	2,95	0,43	0,16	0,50	2,95

4. GIOVANNI PIERLUIGI DA PALESTRINA

Klangfolgen

pal_gesamt_2.modus_tr_sequences.txt

Die Klangfolgen-Analyse ist hier nicht so ergiebig wie zuvor. Es verhält sich so, dass nur wenige ähnliche Folgen entdeckt werden. Die Folgen korrespondieren wieder mit der Liste aller Klänge, bei der ebenfalls Primen und Einzelnoten vor den Akkord-Formen standen. Diese Folge bedeutet *b-b/g'-b*. Diese Folge ereignet sich in *Nativitas* bei 275 und 999 sowie in *Nativitas*(Urfassung) bei 979 im MIDI-Raster.

| Häufigkeit | 3mal |

Modus-Stufe	Solmisationssilbe	Klang	Sonanzform
6	*b*-fa	Einzelnote	–
6	*b*-fa	6+	konsonant
6	*b*-fa	Einzelnote	–

Das bedeutet *c-c/g'-g* und ereignet sich in der Motette *O quantus* bei 99, 211 und 995 im MIDI-Raster.

| Häufigkeit | 3mal |

Modus-Stufe	Solmisationssilbe	Klang	Sonanzform
7	*c*-so	Einzelnote	konsonant
7	*c*-so	5r	konsonant
4	*g*-re	Einzelnote	konsonant

Hier ist eine Folge aus drei *d*'s.

| Häufigkeit | 3mal |

Modus-Stufe	Solmisationssilbe	Klang	Sonanzform
1	*d*-la	Einzelnote	–
1	*d*-la	1r	konsonant
1	*d*-la	Einzelnote	–

Diese Folge bedeutet C-*c/e-c* und ereignet sich in *Nativitas* bei 320 und 272 sowie in *O Quantus* bei 816.

| Häufigkeit | 3mal |

Modus-Stufe	Solmisationssilbe	Klang	Sonanzform
7	*c*-so	Dur	konsonant
7	*c*-so	3+	konsonant
7	*c*-so	Einzelnote	–

Die weiteren Folgen sind ebenso wenig aussagekräftig, deshalb gehen wir zu den Grundtonfortschreitungen über.

Grundtonfortschreitungen

pal_gesamt_2.modus_tr_keytonepro_.txt

Diese Folge kommt in drei Motetten vor. In *Stetit angelus* bei 16, in der Urfassung von *Nativitas* bei 1761 und 2535 im MIDI-Raster.

Häufigkeit	3mal

Grundtonfortschreitung
PT
PS
AS

Diese Folge ereignet sich in *Nativitas* bei 1168, in der Urfassung allerdings bei 305 und 1152.

Häufigkeit	3mal

Grundtonfortschreitung
PT
AT
PT

Diese Folge kommt in *Nativitas* bei 840 und in der Urfassung bei 744 und 2401 vor.

Häufigkeit	3mal

Grundtonfortschreitung
PT
AH
PH

Wir sehen, dass auch die Grundtonfortschreitungs-Analyse wenig ergiebig ist.

Blockdiagramme

Obwohl nur vier Werke vorliegen, können wir eine mehr oder weniger spezifische Tendenz der Klangdichte-Entwicklung ausmachen. Alle Werke vollziehen diese Entwicklung mehr oder weniger nach. In allen Werken baut sich die Klangdichte bis zwei Balken nach 303,5 auf, in zwei Werken wird auf Werte über 50% gesprungen.

4. GIOVANNI PIERLUIGI DA PALESTRINA

Der Bereich 607 ist sehr charakteristisch, dieser Bereich wird aber unterschiedlich erreicht, die beiden Ausreißer erleben den Bereich durch einen Abbau, die beiden anderen durch einen Werte-Anstieg. Mit 607 geht der erste Block zu Ende und der zweite schließt sich nahtlos an. Dieser zweite Block baut sich sehr unterschiedlich auf, wir haben ein Durchschnitts-Niveau von 25%. Der Bereich drei Balken nach 910,5 wirkt fast als Spiegel-Achse, denn auch hier fügt sich ein neuer Block, der dritte, nahtlos an; typisch ist der Werte-Abfall und Abbau, der zum 25%igen Niveau bei 1517,5 geleitet. Diesen Bereich bis einen Balken vor 1821 kann man als Appendix des dritten Blocks betrachten. Zwei Werke erleben einen Aufbau der Klangdichte und einen Werte-Abfall einen Balken vor 1821, zwei Werke erleben eher einen Werte-Abbau. Der letzte Block beginnt zunächst in seiner Ausprägung unterschiedlich, allerdings ist der Werte-Abbau mit anschließendem Sprung von 2124,5 bis 2428 und dem sich anschließenden Abbau in seiner Art für die beteiligten Werte sehr ausgeprägt.

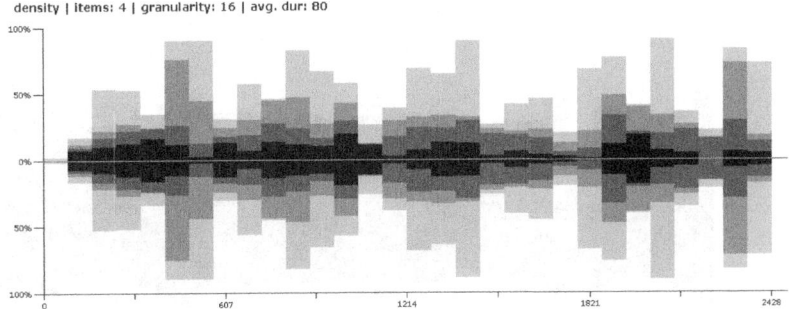

Die Pausen-Dichte zeigt einerseits das von Lasso bekannte Bild, andererseits sehen wir auch eine durchgehend hohe Pausen-Dichte in anderen Werken. Deshalb lohnt es, die Pausen-Dichten noch aufzuschlüsseln.

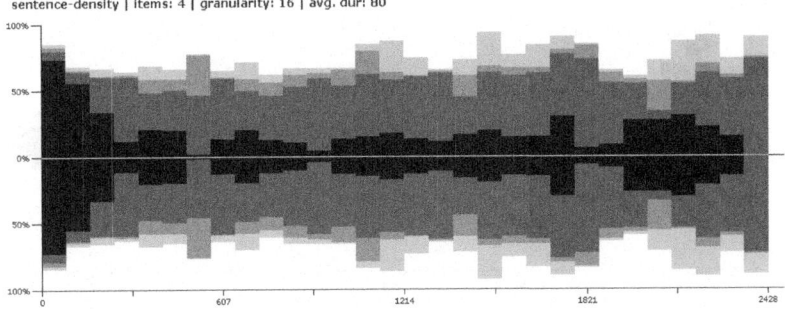

Wir sehen, dass die Motette *Nativitas* und auch die Urfassung durchgehend hohe Niveaus der Pausen-Dichte aufweisen, was auch für die Befunde der Klanganalysen spricht.

Hier die Urfassung von *Nativitas*:

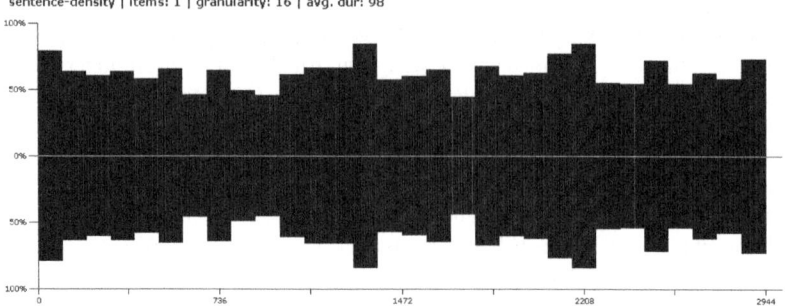

Hier die spätere Fassung. Wir sehen, dass sich die Fassungen im Detail deutlich unterscheiden, die Spätfassung ist in der Pausen-Dichte geballter, was heißt, dass sie klanglich noch transparenter ist.

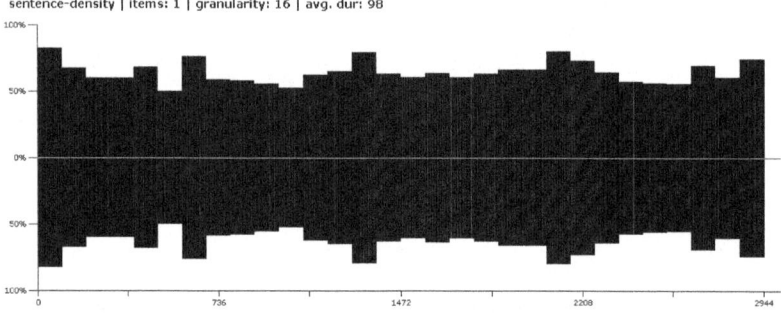

Nur *Stetit angelus* weist die von Lasso bekannte Tendenz auf.

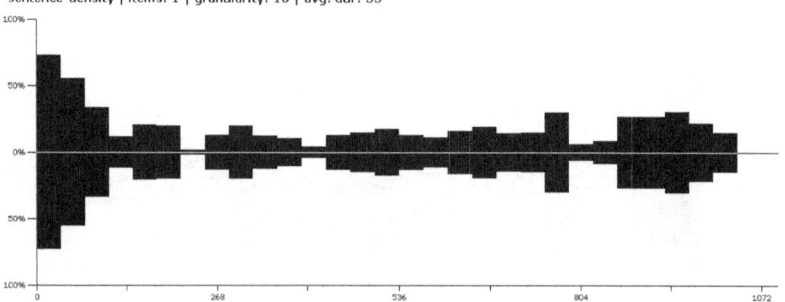

Die Motette *O quantus* entspricht wieder den Befunden mit hoher Pausen-Dichte, wie sie bei den Fassungen von *Nativitas* vorgefunden wurden.

4. GIOVANNI PIERLUIGI DA PALESTRINA 415

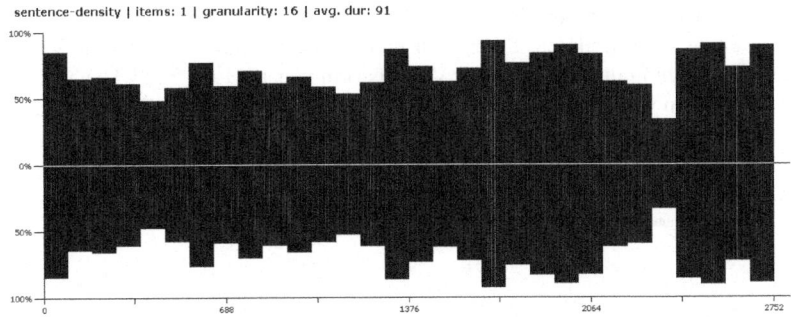

Die Dissonanzgrade erleben von Beginn bis einen Balken nach 303,5 bis auf ein Werk einen Spannungsaufbau, in einem Werk sogar treppenförmig ab 50% bis 100%! Allen Werken gemein ist der Bereich zwei Balken nach 303,5 mit ca.25%. Schauen wir weiter auf besonders charakteristische Stellen, so ist hier der Werte-Abfall von einen Balken vor 910,5 zu 910,5 auf ca. 20%. Ein weiteres Charakteristikum ist der Balken zwei Balken vor 1517,5, dieser wird einerseits als Spannungssteigerung erreicht, in einem Werk als Werte-Abfall. Allen Werken gemein ist der Werte-Abfall von einem Balken vor 1517,5 zu 1517,5. Nun beginnt ein Spannungsaufbau in Wellen, dessen Höhepunkt einen Balken vor 2127,5 erreicht wird. Hier ist auch ein besonders geschwärzter Bereich bei 25% auszumachen. Der weitere Verlauf ist in sich gegenläufig und führt noch einmal zu einem Höhepunkt zwei Balken vor 2428. Der Spannungsabfall, der sich unmittelbar anschließt, ist – ebenfalls in unterschiedlicher Ausprägung – allen Werken gemein.

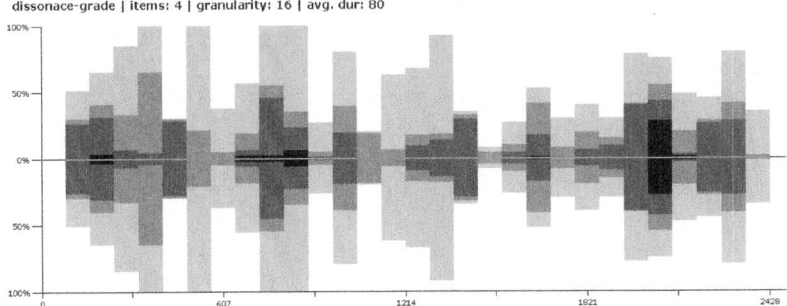

Da das Einzelintervall, ob kon- oder dissonant, in den Listen eine bedeutende Rolle spielt, wollen wir uns einmal die Verteilung der Einzelintervalle in der Zeit ansehen. Die klare Formation überrascht. Naturgemäß erwarten wir zu Beginn im Rahmen der Anfangsimitationen mehr Einzelintervalle und werden auch mit dem deutlich geschwärzten Bereich samt Höhepunkt einen Balken nach Beginn belohnt. Insgesamt beobachten wir drei große Blöcke, durch Tiefpunkte von einem Balken Dauer getrennt. Der längste Block mit unterschiedlichen Entwicklungen erstreckt sich von Beginn bis drei Balken vor 1214. Einen Balken vor 1214 bis drei Balken vor 1921 erstreckt sich der zweite Block, der seinerseits einen Höhepunkt zwei Balken nach 1214 ausbildet. Insgesamt finden wir typische Steigerungs- und Abbau-Bewegungen in der Intensität der Einzelintervallverwendung vor. Der letzte Block erstreckt sich in unterschiedlicher Verlaufsform von 1921 bis 2429. Die Tiefpunkte zwei Balken vor 1214 und zwei Balken vor 1921 sowie einen Balken vor 2429 sind in der Gesamtschau abnehmend. Der 1. Tiefpunkt hat ein Niveau von höchstens ca. 25%, der zweite von höchstens ca. 20%, der letzte ebenfalls von höchstens ca. 20%, aber wenigstens ca. 10%.

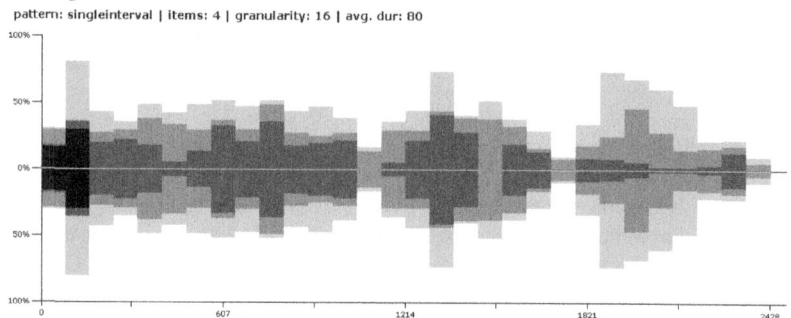

Die Dur-Verteilung ist besonders aufschlussreich, besonders wenn wir auf die Tiefpunkte achten. Ausgeprägt ist der Aufbau bis 303,5, zwei Balken vor 607 und einen Balken nach 607 haben wir besondere Tiefpunkte bei ca. 10%, die sich durchgehend in den meisten Werken halten. Ein weiteres Charakteristikum finden wir einen Balken vor 1517,5, denn wir sehen hier mehrere Überschneidungen, die zu fast 25% führen; viel charakteristischer ist aber der Werte-Abfall auf fast ca. 5%. Weitere deutliche Werte-Abfälle finden sich zwei Balken vor 1821 auf einen Balken vor 1821 sowie 2127,5 auf einen Balken danach, wie auch der Werte-Anstieg, der unmittelbar darauf erfolgt.

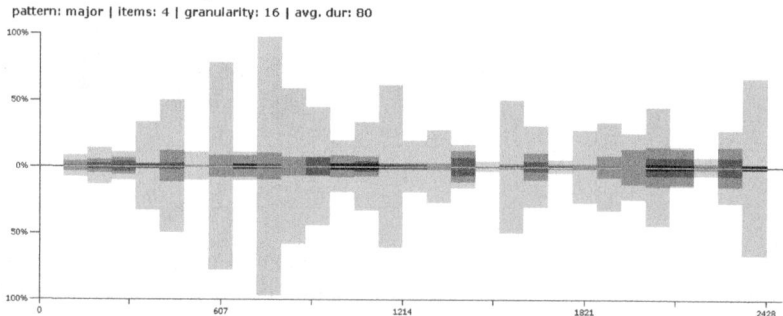

Auch die Kreuzungen zeigen deutliche Übereinstimmungen. Besonders ausgeprägt ist der Hochpunkt von ca. 60% zwei Balken vor 607 wie der Tiefpunkt drei Balken nach 607 bei ca. 25%. Der charakteristischste Tiefpunkt liegt zwei Balken nach 910,5 bei ca. 3-5% und erlebt einen wesentlichen Sprung auf fast 50%. Einen weiteren augenscheinlichen Höhepunkt erleben wir mit 90% zwei Balken vor 1517,5. Auch der Werte-Abfall, der sich anschließt, ist überaus deutlich. In der er-

4. GIOVANNI PIERLUIGI DA PALESTRINA

sten Hälfte sind die Stimmkreuzungen in der Zeit geballter, in der zweiten Hälfte sind sie in der Zeit weiter verteilt. Weitere bedeutende Punkte finden zwei zwei Balken nach 1517,5 bei ca. 40%, der sich unmittelbar anschließende Werte-Abfall ist ebenso typisch, und bis auf ein Werk bauen sich alle Werke bis zu einem charakteristischen Tiefpunkt zwei Balken nach 1821 ab. Die meisten Werke erleben nun einen Spannungsaufbau auf ca. 40% sowie eine zuerst treppenförmige Rücknahme und einen sich anschließenden, besonders deutlichen Absturz auf ca. 5%. Zum Ende hin nimmt die Kreuzungstätigkeit in mehr oder weniger typischer Weise zu, und einen Balken vor 2428 beobachten wir einen mehr oder weniger großen und letzten Hochpunkt.

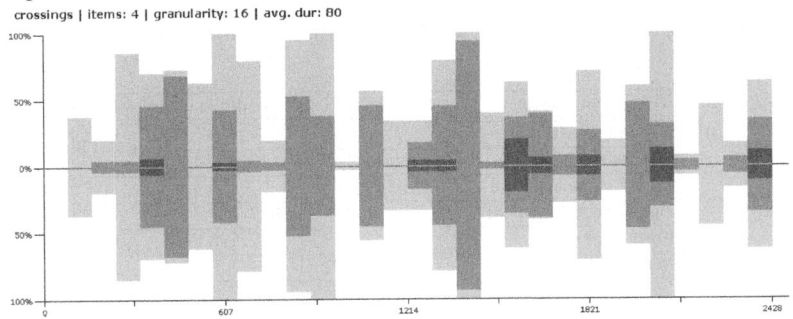

4.0.5 3.Modus naturalis

Mittelwerte

pal_gesamt_3.modus_nat_avg.txt

Konsonanzen	
evts	700,50
sd	76,73
%evt	71,40
sd	2,19
%ttl	69,29
sd	1,98
blks	98,00
sd	9,62
mindur	1,25
maxdur	71,00
avgdur	7,16
avgdur_sd	0,54

Dissonanzen	
evts	280,50
sd	36,29
%evt	28,60
sd	2,19
%ttl	27,77
sd	2,19
blks	96,75
sd	9,20
mindur	1,00
maxdur	11,00
avgdur	2,89
avgdur_sd	0,12

Der dritte Modus naturalis ist geringfügig dissonanter als der 2. Modus naturalis (%evt 71,92), beim 2. Modus transpositus lagen allerdings die %ttl der Konsonanzen bei 48,81. Die Minimaldauer der Dissonanzen ist die gleiche wie bei den beiden vorangegangenen Modi. Die Reihenfolge der dissonanten Klänge unterscheidet sich bereits ab Platz zwei von der Lassos. Jedoch steht bei beiden das Einzelintervall an fünfter Stelle.

Dissonante Klänge	evts	%evt	%ttl	blks	mindur	maxdur	avgdur
UNDETERMINED	255,75	90,97	25,29	89,75	1,25	11,00	2,84
Dominantseptakkord	5,50	1,95	0,55	2,50	2,00	2,50	2,17
Moll-Quartsextakkord	4,50	1,73	0,46	1,50	2,50	3,00	2,75
Halbverm. Quintsextakkord	3,25	1,09	0,31	1,00	2,25	2,25	2,25
Einzelintervall	2,75	0,95	0,26	1,50	1,75	2,00	1,92
Vermindert	2,25	0,91	0,24	0,75	1,25	2,00	1,63

Die Standardabweichungen sind bei Palestrina geringer als bei Lasso: dort übertrafen sie bereits ab dem Moll-Quartsextakkord auf dem zweiten Platz die Mittelwerte.

Dissonante Klänge	evts-sd	%evt-sd	%ttl-sd	blks-sd	avgdur-sd
UNDETERMINED	37,71	1,70	2,34	9,01	0,14
Dominantseptakkord	1,66	0,49	0,17	0,50	0,29
Moll-Quartsextakkord	2,60	1,14	0,27	0,50	0,83
Halbverm. Quintsextakkord	3,11	0,94	0,27	0,71	1,79
Einzelintervall	1,30	0,31	0,09	0,87	0,14
Vermindert	2,28	0,92	0,24	0,83	1,71

Diese Werte erinnern wieder etwas mehr an Lasso. Allerdings liegt bei ihm der Moll-Quartsextakkord auf Platz fünf, bei Palestrina liegt er auf Platz vier. Vertauscht sind zudem die Plätze des 12/4- und 12/3-Klangs. Auch unterscheiden sich beide Komponisten im Detail: Der Dur-Akkord hat bei Lasso z.B. eine %evt von 58,40 und eine %ttl von 48,64. Dort sind also gut die Hälfte der Klänge Dur-Akkorde, bei Palestrina dagegen nur ein Viertel der Klänge! Dagegen sind die Häufigkeits-Werte des Moll-Akkordes bei beiden sehr ähnlich.

Konsonante Klänge	evts	%evt	%ttl	blks	mindur	maxdur	avgdur
Dur	256,00	36,79	25,44	52,00	1,50	33,00	4,96
Moll	207,25	29,34	20,34	50,25	1,50	15,00	4,16
Dur-Sextakkord	63,50	8,98	6,24	19,00	1,50	5,50	3,33
Moll-Sextakkord	46,25	6,49	4,51	14,50	1,50	6,00	3,16
Einzelintervall	35,25	5,12	3,57	3,50	4,50	21,50	10,94
12/4	12,00	1,75	1,21	4,25	2,00	4,00	2,88
3/12	10,00	1,48	1,03	3,75	2,00	3,50	2,53
12/3	8,50	1,21	0,84	2,75	2,50	4,00	3,00

Deutlich unterscheiden sich beide Komponisten wieder in den Dauern. Für die Dauernwerte fielen bei Lasso an: mindur=2,08, maxudr=103,60 und avgdur=17,96. Die größte Maxdur Palestrinas beträgt hingegen nur ein gutes Drittel. Die Standardabweichungen Palestrinas sind zudem weitaus geringer, so fiel z.B. bei Lasso eine avgdur-sd von 11,81 an. Die Klänge sind also konzentrierter, weniger gestreut.

4. GIOVANNI PIERLUIGI DA PALESTRINA 419

Konsonante Klänge	evts-sd	%evt-sd	%ttl-sd	blks-sd	avgdur-sd
Dur	21,60	3,41	1,77	6,60	0,31
Moll	39,62	2,41	1,85	11,56	0,19
Dur-Sextakkord	14,33	1,32	1,10	3,39	0,35
Moll-Sextakkord	12,89	1,19	0,88	3,20	0,28
Einzelintervall	9,63	1,44	1,08	0,87	4,24
12/4	1,41	0,38	0,26	0,83	0,34
3/12	5,10	0,74	0,53	1,64	0,43
12/3	2,96	0,41	0,29	0,43	0,74

Der wichtigste Klang ist bei Palestrina im 3. natürlichen Modus der Moll-Akkord über der 4. Stufe a-la. Bei Lasso stand an dieser Stelle der C-Dur-Akkord, der a-Moll-Akkord lag dort auf Platz zwei. Platz drei ist beiden gemeinsam. Der Klang mit der größten Maximaldauer ist der Dur-Akkord über der Finalis, das E-Dur. Die zweitgrößte Maximaldauer besitzt die Einzelnote der Finalis. Demgegenüber spielt die Repercussa als Prime und Einzelnote keine besondere Rolle.

Alle Klänge	evts	%evt	%ttl	blks	mindur	maxdur	avgdur
Moll, a-la, 4. Stufe	114,25	15,28	11,30	24,25	1,75	12,00	4,86
Dur, c-do, 6. Stufe	91,25	12,32	9,14	22,50	1,75	10,00	4,14
Dur, g-so, 3. Stufe	63,50	8,45	6,23	18,00	1,75	8,00	3,54
Dur, e-mi, 1. Stufe	54,50	7,31	5,40	7,25	2,00	32,00	7,78
Moll, e-mi, 1. Stufe	46,75	6,04	4,49	14,25	1,75	7,00	3,27
Moll, d-re step: 7. Stufe	46,25	6,05	4,55	14,00	1,75	9,00	3,54
Dur-Sextakkord, e-mi, 1. Stufe	25,25	3,32	2,48	8,25	1,75	4,00	3,12
Dur, f-fa, 2. Stufe	25,25	3,45	2,53	8,50	1,75	5,00	2,95
Moll-Sextakkord, f-fa, 2. Stufe	22,75	2,99	2,20	7,25	1,75	4,00	3,13
Dur-Sextakkord, a-la, 4. Stufe	18,50	2,47	1,82	5,50	2,00	4,00	3,32
Einzelnote, e-mi, 1. Stufe	15,00	2,00	1,49	1,00	15,00	15,00	15,00
Moll-Sextakkord, c-do, 6. Stufe	14,50	1,90	1,44	5,25	1,50	3,50	2,63
Dur, a-la, 4. Stufe	12,50	1,61	1,22	2,50	5,00	6,50	5,58
Dur-Sextakkord, h-ti, 5. Stufe	11,75	1,55	1,17	3,50	2,75	4,00	3,49
Prime, a-la, 4. Stufe	11,00	1,41	1,05	1,75	5,00	8,00	6,50
Prime, e-mi, 1. Stufe	9,00	1,19	0,92	1,75	1,50	5,00	2,42
Dur, d-re, 7. Stufe	9,00	1,20	0,92	2,50	3,00	3,50	3,42
Prime, c-do, 6. Stufe	8,25	1,16	0,85	2,75	2,25	4,00	3,06

Die Standardabweichungen sind nicht sonderlich hoch und zeigen keine Auffälligkeiten.

Alle Klänge	evts-sd	%evt-sd	%ttl-sd	blks-sd	avgdur-sd
Moll, a-la, 4. Stufe	17,41	1,97	1,15	6,18	0,65
Dur, c-do, 6. Stufe	1,64	1,57	1,05	3,20	0,58
Dur, g-so, 3. Stufe	16,99	1,89	1,26	4,53	0,38
Dur, e-mi, 1. Stufe	7,53	0,99	0,60	1,92	1,04
Moll, e-mi, 1. Stufe	20,02	1,91	1,40	5,93	0,16
Moll, d-re step: 7. Stufe	20,00	2,29	1,91	7,58	0,52
Dur-Sextakkord, e-mi, 1. Stufe	7,60	0,82	0,67	2,59	0,35
Dur, f-fa, 2. Stufe	12,75	1,88	1,34	4,03	0,13
Moll-Sextakkord, f-fa, 2. Stufe	9,68	1,03	0,73	2,95	0,28
Dur-Sextakkord, a-la, 4. Stufe	7,66	1,05	0,74	2,06	0,19
Einzelnote, e-mi, 1. Stufe	1,73	0,20	0,15	0,00	1,73
Moll-Sextakkord, c-do, 6. Stufe	9,07	1,13	0,90	2,95	0,39
Dur, a-la, 4. Stufe	8,29	1,01	0,81	2,06	1,59
Dur-Sextakkord, h-ti, 5. Stufe	6,50	0,79	0,64	2,06	0,56
Prime, a-la, 4. Stufe	5,92	0,65	0,47	0,83	2,60
Prime, e-mi, 1. Stufe	11,45	1,45	1,14	1,79	2,86
Dur, d-re, 7. Stufe	7,81	0,98	0,77	2,06	0,83
Prime, c-do, 6. Stufe	5,76	0,87	0,62	1,30	1,20

Kommen wir zu den Tonhöhen des Tenors. Auch hier ist das a der wichtigste Ton, dann kommen Finalis und Repercussa. Die Akzidentien finden sich alle am Ende der Liste. Die große Bedeutung des a-la könnte ein Indiz für die Schwierigkeit sein, den 3. vom 4. Modus auseinanderhalten zu können. Bei Lasso lag die Finalis erst an vierter Stelle! Die Reihenfolgen ab dem Ton d sind bei beiden gleich. Insgesamt scheinen auf den ersten Blick bei Palestrina Klänge und Töne gleichmäßiger verteilt; sieht man jedoch genauer hin, stellen wir hier einen dramatischen Abfall in der Häufigkeit vom f zum Akzidenzton gis fest.

Tenor, nur Tonhöhen	evts	%evt	%ttl	blks	mindur	maxdur	avgdur
a	150,50	19,68	14,89	27,25	2,00	12,00	5,46
e	149,75	19,18	14,47	17,50	1,75	37,00	8,40
c	139,00	18,52	14,06	22,75	2,50	17,00	6,14
g	97,25	12,74	9,66	17,00	1,75	19,00	5,79
h	91,50	12,25	9,32	20,00	2,00	20,00	4,52
d	79,00	10,38	7,89	16,25	2,00	11,00	4,85
f	41,75	5,32	4,03	9,25	1,75	9,00	4,20
gis	6,50	0,78	0,58	1,75	1,50	2,00	1,92
fis	4,75	0,64	0,49	1,50	2,75	3,50	3,13
cis	3,00	0,39	0,30	0,50	1,00	2,00	1,50
b	1,00	0,14	0,11	0,25	1,00	1,00	1,00

4. GIOVANNI PIERLUIGI DA PALESTRINA

Die Standardabweichungen des *gis* überragen die Mittelwerte.

Tenor, nur Tonhöhen	evts-sd	%evt-sd	%ttl-sd	blks-sd	avgdur-sd
a	33,30	3,78	2,81	3,90	0,49
e	60,33	6,67	4,92	6,10	0,88
c	30,68	5,17	3,98	5,54	0,45
g	9,98	0,89	0,81	2,55	0,62
h	23,76	3,95	3,11	2,55	0,78
d	15,78	2,04	1,66	1,92	0,62
f	21,59	2,54	1,90	3,96	1,14
gis	9,10	1,05	0,76	2,49	1,92
fis	2,17	0,29	0,22	0,50	0,89
cis	5,20	0,67	0,52	0,87	2,60
b	1,73	0,24	0,19	0,43	1,73

Der Bassus Palestrinas teilt sich die ersten drei Plätze mit dem Lassos.

Bassus, nur Tonhöhen	evts	%evt	%ttl	blks	mindur	maxdur	avgdur
a	156,00	22,70	15,56	18,25	2,00	20,00	8,68
e	144,00	20,66	14,17	21,00	2,00	32,00	6,88
c	112,50	16,24	11,18	18,75	2,00	13,00	5,99
d	100,50	14,41	9,96	16,50	2,00	15,00	6,22
g	88,00	12,63	8,66	14,00	2,00	18,00	6,21
f	62,50	9,08	6,22	12,50	2,00	10,00	4,95
h	19,50	2,75	1,89	6,00	2,00	5,00	3,16
gis	7,00	0,97	0,67	1,75	4,00	4,00	4,00
cis	2,00	0,27	0,19	0,50	2,00	2,00	2,00
b	1,00	0,14	0,10	0,25	1,00	1,00	1,00
fis	1,00	0,17	0,11	0,25	1,00	1,00	1,00

Sehen wir uns den direkten Vergleich in den Reihenfolgen an. Wir sehen sehr viele Übereinstimmungen, wie z.B. auch die Töne *f*, *h* und *cis*.

Palestrina	Lasso
a	a
e	e
c	c
d	g
g	d
f	f
h	h
gis	b
cis	cis

KAPITEL 4. ANALYSEN

b	fis
fis	gis

Die Abweichungen zeigen bei den Akzidentien Auffälligkeiten. Das *gis* besitzt bei den avgdur-sd keine Abweichungen, das *cis* besitzt Abweichungen in der Höhe der Mittelwerte, bei *b* und *fis* allerdings übertreffen die Abweichungen die Mittelwerte.

Bassus, nur Tonhöhen	evts-sd	%evt-sd	%ttl-sd	blks-sd	avgdur-sd
a	14,90	2,98	1,93	2,28	1,36
e	29,60	3,10	2,02	4,18	0,49
c	12,20	1,09	1,12	1,48	0,27
d	29,51	3,61	2,84	4,27	1,21
g	20,49	2,36	1,56	2,12	0,56
f	13,29	2,03	1,38	1,50	0,54
h	6,69	0,70	0,49	1,00	0,61
gis	3,32	0,37	0,25	0,83	0,00
cis	2,00	0,27	0,19	0,50	2,00
b	1,73	0,24	0,17	0,43	1,73
fis	1,73	0,29	0,19	0,43	1,73

Klangfolgen

pal_gesamt_3.modus_nat_sequences.txt

Wir finden wieder nur 3 sich wiederholende Folgen. Dies ist ein plagal-authentisches Pendel und findet sich in *Jubilate Deo universa* bei 332 sowie in *Dextera Domini* bei 628 und 824 im MIDI-Raster.

4. GIOVANNI PIERLUIGI DA PALESTRINA

|Häufigkeit|3mal|

Modus-Stufe	Solmisationssilbe	Klang	Sonanzform
6	c-do	Dur	konsonant
3	g-so	Dur	konsonant
6	c-do	Dur	konsonant

Diese Folge lautet F-6d-e und findet sich in *Jubilate Deo universa* bei 604 sowie in *Dextera Domini* bei 408 und 672 im MIDI-Raster.

|Häufigkeit|3mal|

Modus-Stufe	Solmisationssilbe	Klang	Sonanzform
2	f-fa	Dur	konsonant
2	f-fa	Moll-Sextakkord	konsonant
1	e-mi	Moll	konsonant

Nun kommen nur noch zweimal vorkommende Folgen. Es sei nur diese hier dargestellt. Die Folge F-C-d ereignet sich in *Jubilate Deo universa* bei 356 und in *Bonum est confiteri* bei 244 im MIDI-Raster.

|Häufigkeit|2mal|

Modus-Stufe	Solmisationssilbe	Klang	Sonanzform
2	f-fa	Dur	konsonant
6	c-do	Dur	konsonant
7	d-re	Moll	konsonant

Grundtonfortschreitungen

pal_gesamt_3.modus_nat_keytonepro_.txt

Die Grundtonfortschreitungs-Analyse findet durchgehend dreimalig erscheinende Folgen. Die Fortschreitung PS-AS-AS ereignet sich in *Jubilate Deo universa* bei 16 und 48 im MIDI-Raster sowie in *Dextere Domini* bei 40.

|Häufigkeit|3mal|

Grundtonfortschreitung
PS
AS
AS

Diese Folge ereignet sich in der besagten *Jubilate*-Motette bei 540, 620 und 1036 im MIDI-Raster.

424 KAPITEL 4. ANALYSEN

| Häufigkeit | 3mal |

Grundtonfortschreitung
AH
–
AH

Diese Folge ereignet sich in *Jubilate* bei 748 sowie in *Bonum es confiteri*. Bei 220 und 588 besteht sie aus einem authentischen Hauptschritt und gleichbleibendem Grundton, wodurch die Software eine Prime anzeigt, die wir mit „–" darstellen.

| Häufigkeit | 3mal |

Grundtonfortschreitung
AH
–
–

Bei dieser Fortschreitung wird der zweite Akkord wiederholt, wodurch PALE-STRINIZER den Schritt einer Prime anzeigt, dann kommt es zum Quintanstieg und zum Quintfall. Dies ereignet sich in *Jubilate* bei 748 und in *Bonum es confiteri* bei 220 und 588.

| Häufigkeit | 3mal |

Grundtonfortschreitung
–
PH
AH

Diese Folge ereignet sich in *Jubilate* bei 20, in *Dextera Domini* bei 520 und in *Bonum* bei 36.

| Häufigkeit | 3mal |

Grundtonfortschreitung
AS
AS
AT

Blockdiagramme

Die Klangdichte wirkt wie das Spiegelbild der Satzdichte. Wir beobachten einen sukzessiven Aufbau, der in anderen Werken weitestgehend mitvollzogen wird. Charakteristisch sind vor allen Dingen die beiden ersten Balken sowie der Werte-

4. GIOVANNI PIERLUIGI DA PALESTRINA

Rückgang zwei Balken vor 505. Die typischste Stelle ist neben einem Balken vor 126 der Balken bei 757. Hier erreichen alle Werke ein Niveau von ca. 20-25%. Ebenso deutlich ist das Ansteigen der Werte auf bis zu fast 90% ab einem Balken vor 883 bis Ende.

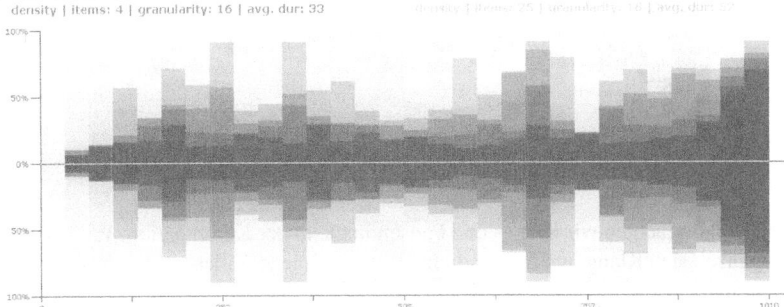

Der Vergleich der Klangdichte zwischen Lasso und Palestrina hinkt aufgrund der Tatsache, dass vier Werke Palestrinas gegen 25 Werke Lassos stehen. Allerdings beobachten wir auch hier einen deutlichen Rückgang der Dichte bei 505 und 757, andererseits sehen wir aber auch viele Bereiche, in denen sich Palestrina deutlich von Lasso unterscheidet, wie z.b. bei 252 sowie vier Balken danach und drei Balken nach 505. Der Bereich zwischen einem Balken vor 631 bis einen Balken vor 757 zeigt deutliche Abweichungen der Palestrinaschen Werke und einen Anstieg der Dichte auf bis zu 90%. Viele Übereinstimmungen finden wir im Anschwell-Block von einem Balken nach 757 bis 1010.

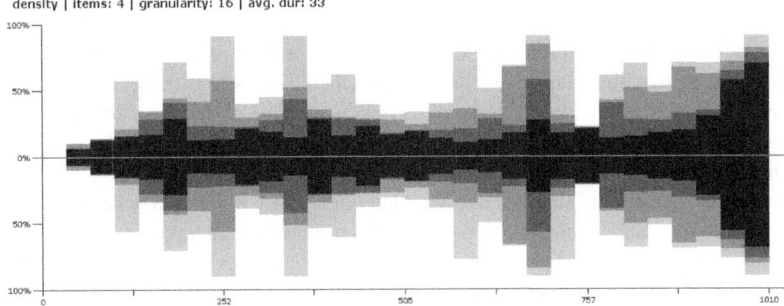

Die Pausendichte zeigt das von Lasso bekannte Bild und braucht keine weitere Erläuterung.

426   KAPITEL 4. ANALYSEN

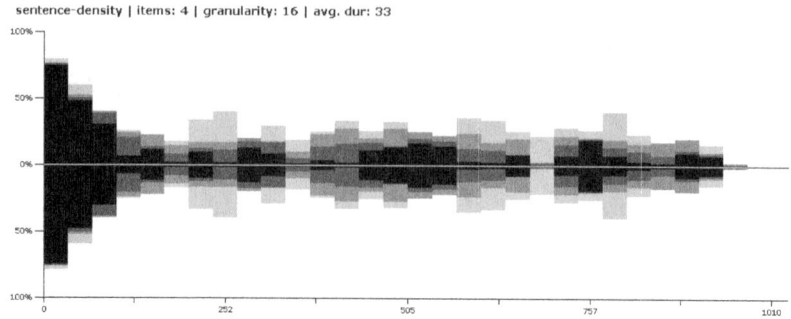

Nun betrachten wir Klang- und Pausendichte in der Kombination. Wie wir sehen, ergänzen sich Klang und Pausendichte fast wie Spiegelbilder, wodurch sich eine fast durchgehende Schicht bei ca. 70% ergibt.

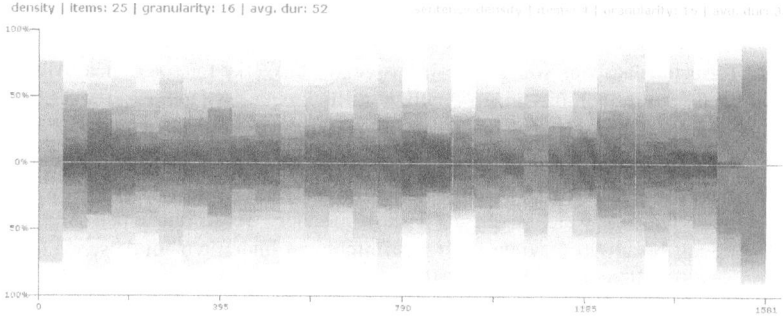

Bei den Dissonanzen lassen sich drei große durch jeweils von zwei Balken langen Werte-Abfällen getrennte Blöcke ausmachen. Der erste Block erstreckt sich von einem Balken nach Beginn bis einen Balken vor 252, der zweite ab zwei Balken nach 252 bis zwei Balken nach 631. Dies ist der längste und insgesamt dissonanteste Abschnitt, und der letzte Abschnitt erstreckt sich von einen Balken nach 757 bis Ende. Auffällig ist, dass wie verbindenden Zwei-Balken-Abschnitte durchaus wesentlich sind. Einen Balken vor 252 finden wir einen charakteristischen Balken, unterschiedlicher Intensität von mindestens 40%. Dieser Balken wird sowohl im Abstieg als auch im Anstieg erreicht. Ebenfalls charakteristisch ist 378 mit mindestens 45% und anschließendem Werte-Anstieg auf mindestens über 50%; mehr oder weniger auffällig ist auch der sich anschließende Werte-Rückgang. Besonders ist auch der Bereich von einen Balken vor 505 bis drei Balken danach, wo mindestens 40% von drei Werken im Werte-Abstieg und von einem im Werte-Anstieg erreicht werden. Ein weiterer augenfälliger Bereich findet sich bei 757: einerseits ist der Werte-Anstieg in unterschiedlicher Ausprägung allen gemeinsam, bis bei 883 ein Höhepunkt unterschiedlicher Größe erreicht wird, dem sich ein charakteristischer Abbau anschließt, der notgedrungen mit einem Absturz auf 0% Dissonanzanteil endet.

4. GIOVANNI PIERLUIGI DA PALESTRINA 427

dissonace-grade | items: 4 | granularity: 16 | avg. dur: 33

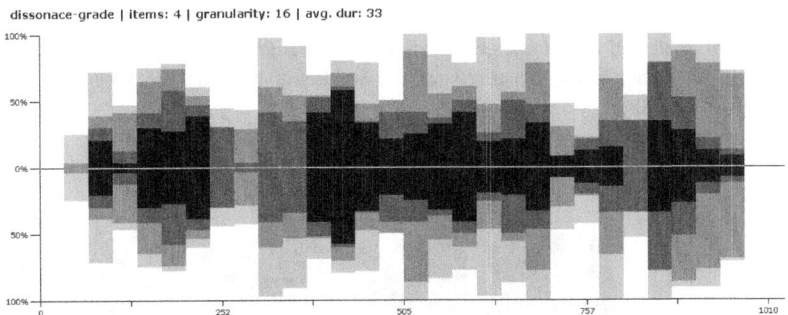

Bei der Verteilung des Dur-Akkord sticht das niedrige Niveau ins Auge, einzig ein Werk reißt aus dem Durchschnitt aus. Nur selten wird die 50%-Marke überschritten, typische Bereiche finden sich nur im Prozentbereich von ca. 25-30%, wenn man von dem deutlichen Sprung des vorletzten zum letzten Balken absieht. Diesem Sprung geht ein bedeutender Werte-Abfall voraus.

pattern: major | items: 4 | granularity: 16 | avg. dur: 33

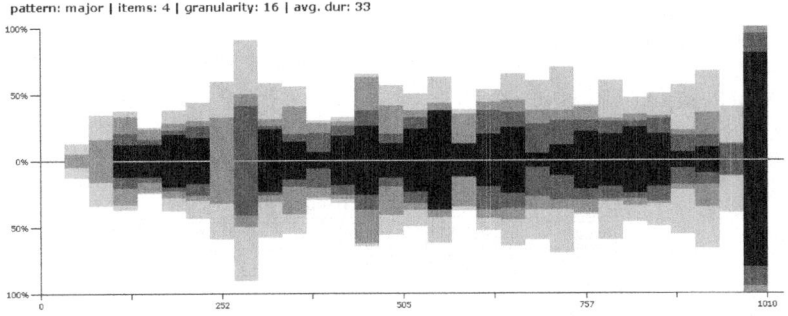

Die Kreuzungstätigkeit ist sehr rege. Wir sehen zwei große Blöcke, die von einem Abschnitt auf Niveaus unter 50% von zwei Balken Länge getrennt werden. Dieser Niedrigniveau-Teil liegt genau in der Mitte der Werke, was bedeutet, dass Palestrina bei vorliegenden Werken just in der Mitte weniger Stimmkreuzungen verwendet als in anderen Teilen. Es gilt wieder, dass die Kreuzungen im 1. Block zeitlich gedrängter stattfinden, im zweiten Block dagegen zeitlich weiter auseinanderliegen. Besonders auffallen muss, dass im ersten Block ein charakteristischer Höhepunkt bei 252 liegt, der von drei Werken geteilt wird. Ihm geht ein erster Höhepunkt einen Balken vor 126 voraus. War bei 252 ein Kulminationspunkt mit Niveaus von bis zu ca. 95%, so beginnt nun innerhalb des Blocks eine unterschiedliche Entwicklung: das hohe Niveau wird in einem Werk gehalten, in einem anderen baut sich nach einem kleinen Abfall das Niveau wieder leicht auf, ein anderes Werk erlebt einen kompletten Abfall und weiteren Abbau. So wird drei Balken weiter dann ein neuer wesentlicher Kreuzungshöhepunkt auf sehr unterschiedliche Art und Weise erreicht: dieser besitzt dann aber mindestens 60%. Einen weiteren typischen Punkt finden wir drei Balken vor 757, hier wird ein Tiefpunkt durch Werte-Abbau von mindestens 35% und höchstens 45% erreicht. Gegen Ende läßt sich wieder eine Zunahme der Kreuzungstätigkeit beobachten, deren Höhepunkt zwei Balken vor 1010 erreicht wird und bei mindestens 55% liegt. Darauf findet in den meisten Werken ein dramatischer Werte-Absturz statt, nur in einem Werk bleiben 100% an Stimmkreuzung erhalten.

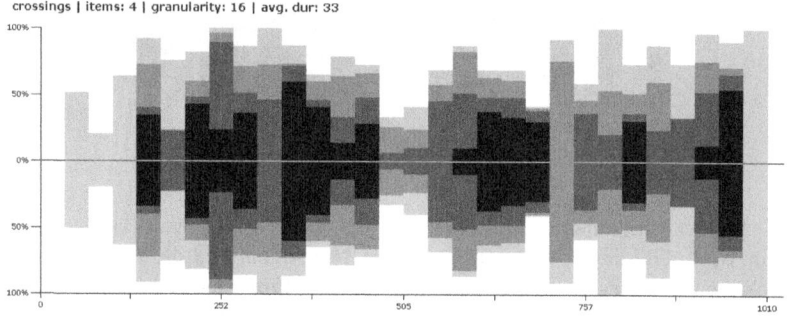

4.0.6 4.Modus naturalis

Mittelwerte

pal_gesamt_4.modus_nat_avg.txt

Konsonanzen	
evts	943,82
sd	246,44
%evt	79,39
sd	5,29
%ttl	54,28
sd	16,73
blks	184,36
sd	98,64
mindur	1,18
maxdur	33,45
avgdur	6,34
avgdur_sd	2,70

Dissonanzen	
evts	233,36
sd	38,03
%evt	20,61
sd	5,29
%ttl	15,55
sd	8,88
blks	75,00
sd	13,44
mindur	1,09
maxdur	9,27
avgdur	3,12
avgdur_sd	0,18

Der vierte Modus ist um einiges konsonanter als der dritte. Nach dem Einzelintervall spielen die anderen Formen prozentual keine große Rolle mehr.

Dissonante Klänge	evts	%evt	%ttl	blks	mindur	maxdur	avgdur
UNDETERMINED	151,45	62,30	11,94	53,45	1,09	8,00	2,82
Einzelintervall	65,73	31,04	2,44	21,73	1,09	4,36	2,20
Moll-Quartsextakkord	3,82	1,60	0,31	1,36	1,73	2,55	2,11
5/7	2,45	1,02	0,14	1,00	1,18	1,45	1,32
Dominantseptakkord	1,82	0,77	0,14	0,82	1,27	1,36	1,32

Die Standardabweichungen erreichen schon zu Beginn fast den Mittelwert und übertreffen ab dem Moll-Quartsextakkord die Mittelwerte.

4. GIOVANNI PIERLUIGI DA PALESTRINA

Dissonante Klänge	evts-sd	%evt-sd	%ttl-sd	blks-sd	avgdur-sd
UNDETERMINED	78,61	26,45	10,01	27,90	0,20
Einzelintervall	60,28	28,63	2,25	19,68	1,13
Moll-Quartsextakkord	2,85	1,16	0,29	0,98	1,46
5/7	3,47	1,53	0,18	0,95	1,28
Dominantseptakkord	1,75	0,75	0,16	0,83	1,35

Die Auflistung der konsonanten Klänge unterscheidet sich durchgehend von der Lassos. Auf Platz eins finden wir das Einzelintervall, auf Platz zwei aber nicht den Dur-Akkord, der bei Lasso auf Platz eins stand, sondern den Moll-Akkord. Erst auf Platz drei beobachten wir den Dur-Akkord, der auch die größte Maximaldauer besitzt.

Konsonante Klänge	evts	%evt	%ttl	blks	mindur	maxdur	avgdur
Einzelintervall	409,45	37,77	15,64	111,55	4,73	19,27	9,48
Moll	148,27	17,91	11,63	40,73	1,18	12,18	3,43
Dur	141,27	17,77	11,93	31,18	1,27	20,18	4,07
Moll-Sextakkord	9,18	5,72	3,56	15,45	1,27	7,45	3,10
Dur-Sextakkord	42,73	5,14	3,31	12,55	1,27	6,09	3,37
12/3	32,00	3,34	1,73	10,64	2,00	6,73	3,58
3/9	15,73	1,61	0,87	4,91	1,91	4,82	3,23

Die Standardabweichungen sind oft nahe am Mittelwert. Besonders die avgdur-sd des Einzelintervalls ist sehr hoch, wir sehen allerdings nicht, dass die Abweichungen die Mittelwerte übertreffen.

Konsonante Klänge	evts-sd	%evt-sd	%ttl-sd	blks-sd	avgdur-sd
Einzelintervall	352,60	29,42	10,65	103,32	8,42
Moll	87,51	12,60	10,30	15,73	0,85
Dur	102,10	15,24	11,71	12,63	1,79
Moll-Sextakkord	21,49	3,06	2,69	4,98	0,41
Dur-Sextakkord	26,94	3,89	3,09	7,58	0,79
12/3	15,51	1,27	0,80	6,23	1,52
3/9	8,43	0,68	0,50		3,23 0,95

Betrachten wir die Übersicht aller Klänge, so liegt das Hauptgewicht auf der Repercussa *a*-la, auf Platz drei steht das *d*-re. Ein „Überangebot" an Einzeltönen und Primen, die wir bei Lasso in der Form nicht sehen konnten, stellt sich dar. Dies steht in Einklang mit der Diskrepanz zwischen den %evt und %ttl der Kon- und Dissonanzen, da Einklänge dort durch das Raster fallen. Die größte Maximaldauer besitzt aber die Einzelnote der Finalis. Der häufigste Dur-Akkord ist der C-Dur-Dreiklang, der bei Lasso auf Platz eins stand. Dies ist der Dur-Klang über der authentischen Repercussa, und wir sehen wieder, dass die Häufigkeit dieses einen Klanges einer der Gründe ist, die es schwer machen, den 3. vom 4. Modus zu unterscheiden. Der E-Dur-Dreiklang liegt weit abgeschlagen auf Platz 21, ihm geht der e-Moll-Dreiklang voraus. Die Aufschlüsselung aller Klänge ist vielfältiger als bei Lasso, es treten im weiteren Verlauf auch Klangformen wie der übermäßige Dreiklang auf, jedoch macht dieser nur 0,05% im Werk aus. Die überaus lange Liste kann in der entsprechenden Datei nachgelesen werden.

Alle Klänge	evts	%evt	%ttl	blks	mindur	maxdur	avgdur
Prime, a-la, 7.Stufe	117,55	6,30	4,66	32,09	1,82	9,18	3,91
Einzelnote, a-la, 7.Stufe	82,64	4,25	3,13	25,64	2,36	9,36	4,03
Einzelnote, d-re, 3.Stufe	76,64	3,83	2,82	20,55	2,00	8,00	3,48
Prime, c-do, 2.Stufe	74,64	3,72	2,73	20,18	2,00	6,18	3,45
Einzelnote, e-mi, 4.Stufe	71,91	3,75	2,77	21,09	3,82	10,73	5,08
Moll, a-la, 7.Stufe	70,36	7,43	5,65	22,00	1,36	8,55	2,99
Einzelnote, c-do, 2.Stufe	69,36	3,32	2,45	21,73	0,55	5,36	1,74
Einzelnote, f-fa, 5.Stufe	64,18	3,08	2,29	17,55	0,55	6,18	1,96
Prime, d-re, 3.Stufe	61,18	3,07	2,26	19,73	1,64	6,00	3,03
Prime, e-mi, 4.Stufe	60,18	3,06	2,24	18,36	2,00	6,27	3,24
Prime, f-fa, 5.Stufe	59,27	2,97	2,18	17,09	1,64	5,09	2,97
Prime, g-so, 6.Stufe	53,36	2,87	2,11	14,18	3,09	7,45	4,73
Moll, d-re, 3.Stufe	47,36	4,82	3,72	14,00	1,36	7,09	3,29
Einzelnote, g-so, 6.Stufe	46,73	2,32	1,70	12,09	1,27	6,18	2,95
Einzelnote, h-ti, 1.Stufe	40,09	2,06	1,50	10,73	1,27	5,45	2,70
Dur, c-do, 2.Stufe	37,45	3,88	2,91	10,91	1,64	8,00	3,48
Prime, h-ti, 1.Stufe	37,09	1,91	1,41	9,64	1,45	5,36	3,26
Dur, g-so, 6.Stufe	30,36	3,32	2,52	6,82	1,73	8,18	4,34
Dur, f-fa, 5.Stufe	24,82	2,51	1,91	7,55	1,27	7,09	3,17
Moll, e-mi, 4.Stufe	24,36	2,33	1,76	6,55	2,18	6,82	3,87
Dur, e-mi, 4.Stufe	21,64	2,80	2,15	3,45	1,27	10,36	3,01
Dur, a-la, 7.Stufe	17,64	2,07	1,60	3,09	5,18	7,73	5,91
Dur-Sextakkord, e-mi,, 4.Stufe	16,45	1,68	1,28	5,00	2,09	4,55	3,38
Moll-Sextakkord, f-fa, 5.Stufe	16,18	1,79	1,37	5,55	1,27	3,73	2,42
Dur-Sextakkord, a-la, 7.Stufe	14,82	1,45	1,11	4,45	1,45	4,09	2,81
Moll-Sextakkord, g-so, 6.Stufe	12,91	1,16	0,88	3,91	1,91	4,91	3,19

Die Standardabweichungen sind wieder nahe am Mittelwert und übertreffen gelegentlich die Mittelwerte.

4. GIOVANNI PIERLUIGI DA PALESTRINA 431

Alle Klänge	evts-sd	%evt-sd	%ttl-sd	blks-sd	avgdur-sd
Prime, a-la, 7.Stufe	95,77	4,28	3,17	27,41	1,85
Einzelnote, a-la, 7.Stufe	78,35	3,14	2,27	23,57	3,35
Einzelnote, d-re, 3.Stufe	71,30	3,26	2,41	20,02	4,33
Prime, c-do, 2.Stufe	70,31	3,16	2,29	19,06	2,21
Einzelnote, e-mi, 4.Stufe	61,18	2,75	2,02	19,01	5,32
Moll, a-la, 7.Stufe	44,30	6,86	5,24	10,01	0,74
Einzelnote, c-do, 2.Stufe	68,44	3,11	2,32	20,95	1,63
Einzelnote, f-fa, 5.Stufe	65,88	3,06	2,31	17,06	1,83
Prime, d-re, 3.Stufe	56,22	2,42	1,80	19,40	1,68
Prime, e-mi, 4.Stufe	54,55	2,35	1,71	16,80	2,07
Prime, f-fa, 5.Stufe	54,57	2,48	1,81	15,88	2,24
Prime, g-so, 6.Stufe	45,54	2,02	1,42	12,81	3,81
Moll, d-re, 3.Stufe	37,40	4,92	3,91	8,88	1,14
Einzelnote, g-so, 6.Stufe	44,78	2,07	1,50	13,15	2,53
Einzelnote, h-ti, 1.Stufe	41,80	2,11	1,49	10,60	2,44
Dur, c-do, 2.Stufe	24,32	4,00	3,00	5,84	1,14
Prime, h-ti, 1.Stufe	34,15	1,46	1,06	8,28	1,39
Dur, g-so, 6.Stufe	25,71	3,75	2,85	5,13	1,67
Dur, f-fa, 5.Stufe	16,74	2,29	1,78	2,74	1,37
Moll, e-mi, 4.Stufe	12,29	1,82	1,40	3,85	0,97
Dur, e-mi, 4.Stufe	28,51	3,83	2,92	3,99	3,08
Dur, a-la, 7.Stufe	21,91	2,65	2,08	3,85	8,69
Dur-Sextakkord, e-mi, 4.Stufe	12,28	1,68	1,32	3,62	1,25
Moll-Sextakkord, f-fa, 5.Stufe	12,55	1,74	1,35	3,65	1,06
Dur-Sextakkord, a-la, 7.Stufe	11,25	1,41	1,07	3,50	1,61
Moll-Sextakkord, g-so, 6.Stufe	7,04	0,83	0,65	1,88	1,03

Sehen wir uns die Tonlisten an. Der wichtigste Ton im Tenor ist die Repercussa a-la, sodann die Finalis. Auf Platz drei steht die authentische Repercussa c-do. Die Reihenfolge weicht nur leicht von der des 3. Modus bei Palestrina ab.

Tenor, nur Tonhöhen	evts	%evt	%ttl	blks	mindur	maxdur	avgdur
a	183,36	18,24	10,56	34,82	1,45	16,55	5,67
e	181,27	18,87	12,42	31,18	1,18	24,91	5,68
c	159,45	15,87	8,64	30,18	1,27	12,73	5,35
d	137,00	13,93	8,65	28,82	1,09	14,36	4,78
g	108,45	10,70	6,16	18,91	1,36	13,64	5,64
f	105,27	10,47	6,34	19,82	1,36	12,36	5,17
h	94,36	9,58	5,17	19,82	1,36	15,09	4,75
gis	10,45	1,01	0,55	1,82	4,09	4,82	4,45
cis	6,27	0,62	0,36	1,36	2,55	3,55	3,09
fis	3,91	0,44	0,36	0,64	3,18	3,18	3,18
b	3,00	0,28	0,17	0,55	1,45	2,73	1,91

Große Streuungen weist die Finalis auf, jedoch werden die Mittelwerte nie übertroffen.

Tenor, nur Tonhöhen	evts-sd	%evt-sd	%ttl-sd	blks-sd	avgdur-sd
a	70,02	4,62	4,04	16,09	1,61
e	70,26	7,86	8,50	9,02	0,85
c	57,40	4,28	2,08	10,61	0,91
d	48,40	4,21	4,78	10,40	0,67
g	61,75	4,34	2,90	9,22	0,68
f	47,04	3,98	3,77	7,21	0,69
h	53,02	5,03	2,77	9,50	1,23
gis	8,39	0,73	0,42	1,47	3,00
cis	7,71	0,72	0,40	1,72	2,77
fis	5,12	0,57	0,48	0,77	4,76
b	3,00	0,28	0,17 0,27	0,89	2,78

Auch im Bassus ist das a-la der wichtigste Ton, auf Platz zwei steht aber dort das d-re, erst auf Platz drei finden wir die Finalis. Hinzu kommt, dass der Bassus auch das es-mib verwendet.

Bassus, nur Tonhöhen	evts	%evt	%ttl	blks	mindur	maxdur	avgdur
a	197,27	25,80	13,36	36,18	1,45	20,18	5,60
d	117,55	15,28	7,43	20,55	1,45	14,73	5,96
e	106,00	13,96	7,26	18,18	1,45	17,27	5,79
g	98,91	13,24	6,47	19,73	1,18	12,91	4,99
c	93,73	12,27	5,60	15,73	1,82	13,64	6,04
f	91,82	12,15	5,47	18,09	1,18	12,18	5,16
h	32,73	4,30	1,84	7,91	1,82	8,18	4,14
b	15,73	2,03	0,90	3,09	1,73	5,91	3,34
gis	4,45	0,53	0,31	0,82	2,36	2,91	2,61
cis	2,09	0,25	0,11	0,45	1,09	1,64	1,36
es	1,36	0,18	0,05	0,09	1,36	1,36	1,36

Ab dem b auf Platz acht übertreffen die Standardabweichungen die Mittelwerte.

Bassus, nur Tonhöhen	evts-sd	%evt-sd	%ttl-sd	blks-sd	avgdur-sd
a	55,03	6,32	8,33	9,81	1,65
d	41,13	4,13	4,71	7,55	1,49
e	59,10	7,46	5,67	9,77	1,92
g	22,45	3,29	3,88	1,71	0,91
c	37,00	3,70	3,10	6,44	1,11
f	24,62	2,83	2,24	5,23	0,84
h	15,74	1,86	0,70	2,43	1,44
b	15,88	2,06	0,90	3,26	2,74
gis	5,52	0,67	0,46	1,03	3,15
cis	3,42	0,40	0,21	0,78	2,35
es	4,31	0,57	0,16	0,29	4,31

4. GIOVANNI PIERLUIGI DA PALESTRINA 433

Klangfolgen

pal_gesamt_4.modus_nat_sequences.txt

Wieder einmal stehen Folgen von Einzelnoten und Intervallen vor den vollständigen Dreiklängen. Diese Folge bedeutet c-a/c'-a.

Häufigkeit	6mal

Modus-Stufe	Solmisationssilbe	Klang	Sonanzform
2	c-do	Einzelnote	–
7	a-la	3-	konsonant
7	a-la	Einzelnote	–

Diese Folge beinhaltet einen vollständigen Moll-Klang und bedeutet d-f/a-f.

Häufigkeit	6mal

Modus-Stufe	Solmisationssilbe	Klang	Sonanzform
3	d-re	Moll	–
5	f-fa	3+	konsonant
5	f-fa	Einzelnote	–

Diese Folge bedeutet a-a-a/c.

Häufigkeit	5mal

Modus-Stufe	Solmisationssilbe	Klang	Sonanzform
7	a-la	Einzelnote	–
Generalpause			
7	a-la	Einzelnote	–
7	a-la	3+	konsonant

Diese Folge bedeutet c-c/a'-a.

Häufigkeit	5mal

Modus-Stufe	Solmisationssilbe	Klang	Sonanzform
2	c-do	Einzelnote	–
2	c-do	6+	konsonant
7	a-la	Einzelnote	–

Grundtonfortschreitungen

pal_gesamt_4.modus_nat_keytonepro_.txt

Die bedeutendste Grundtonfortschreitung ist hier keine Fortschreitung, sondern die Wiederholung des Grundtones! Dies ereignet sich in den Motetten *Sperent in te* bei 560, *Beatus vir* bei 2496, *Congratulamini* bei 120, *Exaudi* bei 440 und 448 sowie *In diebus* bei 768 im MIDI-Raster.

Häufigkeit	6mal

Grundtonfortschreitung
–
–
–

Auch hier ist die Grundtonwiederholung von Bedeutung, und zwar in *Beatus vir* bei 1921 und 2200 sowie in *Congratulamini* bei 936 und 1488 sowie in *Hic es* bei 2072 im MIDI-Raster.

Häufigkeit	5mal

Grundtonfortschreitung
–
AT
–

Auch die nächste Folge zeichnet sich durch Grundtonwiederholung aus. Die Folge findet sich in den Motetten *Congratulamini* bei 640 und 1619, sowie in *In diebus* bei 432 und 3440 sowie in *Magnus* bei 1216 im MIDI-Raster.

Häufigkeit	5mal

Grundtonfortschreitung
–
–
PS

Blockdiagramme

Die Klangdichte-Entwicklung verläuft im großen und ganzen bei allen Werken ähnlich, wodurch wir viele Überzeichnungen sehen. Wir können vier Blöcke mit höheren Werten unterscheiden, der erste baut sich direkt nach Beginn sukzessive auf und erlebt seinen Höhepunkt zweiBalken nach 250,5, einen Balken weiter erleben wir einen bedeutenden Abschnitt, dessen Werte mindestens ca.15% betragen und der bereits Teil des Werte-Abbaus einen Balken nach 501, dem nächsten wesenhaften

4. GIOVANNI PIERLUIGI DA PALESTRINA

Abschnitt, ist. Einen Balken danach setzt der zweite Block, in einigen Werken durch Sprung erreicht, an und erreicht einen deutlichen Balken zwei Blöcke vor 1002. Hier trennen sich die Dichte-Entwicklungen in einigen Werken, denn manche treiben zu einem neuen Klimax über 50% zu, andere setzten den Werte-Abbau fort und treffen sich in einem neuen deutlichen Balken einen Balken nach 1002. In der ersten Hälfte waren die Höhepunkt-Entwicklungen der Klangdichte wieder gedrängter, in der zweiten Hälfte liegen diese mehr in der Zeit verteilt vor. Zwei Balken nach 1002 erleben wir einen Kulminationspunkt auf eher niedrigerem Niveau (in diesem Modus sinkt das Klangdichte-Niveau selten unter 15-20%), der Ausgangspunkt für den dritten Block ist. Unmittelbar danach beginnt nach einem Werte-Abbau von einem Balken Dauer der Werte-Anstieg, der zu drei ausgeprägten Balken führt: der erste ist der Balken nach 1252,5 und der erste Höhepunkt des Blocks, der zweite schließt sich unmittelbar an und steigt in den Werten leicht herab, der dritte bedeutet wieder einen Werte-Anstieg, in dem sich ein Niveau auf ca.30%im Schnitt etabliert. Nun beginnt die Entwicklung sich auseinanderzudividieren, da einige Werke zu einem Höhepunkt bei 1503 hinsteuern und andere den Werte-Abbau wellenförmig einleiten. Der Werte-Abbau ist einen Balken vor 1753,5 beendet, wir bekommen – auch in den Ausreißern – höchstens 45%. Bei 1753,5 beginnt der vierte Block, der rasch zwei Balken vor 2004 seinen Höhepunkt erlebt, einige Werke steigen auf fast bis zu 90% an, jedoch gabelt sich die Aufwärtsentwicklung bereits drei Balken vor 2005 in eine sich abbauende Entwicklung und eine sich steigernde, die bis zum Ende hin von großer Dichte ist.

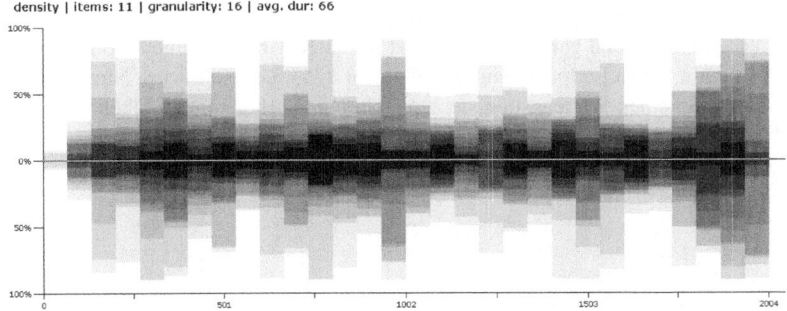

Die Pausendichte zeigt ein Bild, wie wir es bereits bei Palestrina beobachten konnten: einerseits sehen wir in den geschwärzten Bereichen das Bild, das wir von Lasso her kennen, mit dem hohen Pausenspiegel zu Beginn, dem sich anschließenden Abbau und der kolbenförmigen Entwicklung bis zum Ende hin. Andererseits sehen wir aber auch einen hohen Pausenspiegel auf Niveaus über 45% der bis Ende durchgehalten wird, nur einmal – einen Balken vor 1503, steigt die Satzdichte für alle in einem charakteristischen Balken an.

436　　　　　　　　　　　　　　　　　　　　　　　　　KAPITEL 4. ANALYSEN

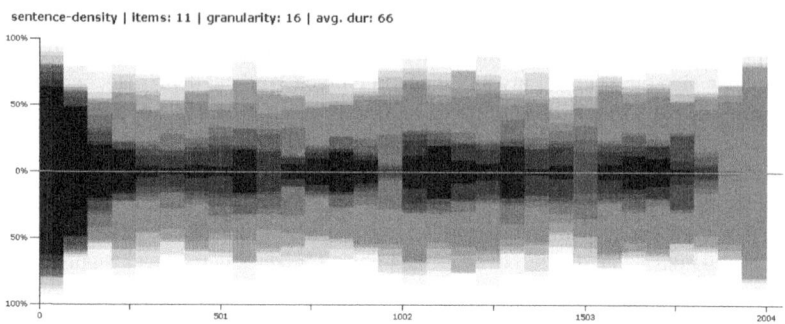

Die Dissonanzgrade erleben eine sehr vielfältige Entwicklung, die nicht nachgezeichnet werden muss; wir konzentrieren uns auf die wesentlichen Entwicklungspunkte. Der zwei Balken nach 250,5 im An- und Abstieg erreichte Höhepunkt ist für alle Werke typisch, wie auch der folgende Abstieg von fast allen Werken nachvollzogen wird. Im zweiten Viertel machen wir drei mehr oder weniger charakteristische Hochpunkte von ca. 20-35% aus, deren letzter Balken von einem deutlichen Tiefpunkt sowohl davor als auch danach begrenzt ist. Der Tiefpunkt danach, bei 1002 ist die gute Mitte der Werke und zeigt, dass die zeitliche Mitte die wenigsten Dissonanzen nach Beginn und Ende aufweist. Weitere besonders charakteristische Punkte sind der Tiefpunkt drei Balken vor 1503, dessen Werke in der Regel unter 40% bleiben, sowie der Bereich danach, der über vier Balken hinweg eine charakteristische Abwärtsbewegung der Dissonanzen-Werte, die in sich von mehreren Werken jedoch unterschiedlich und gar entgegengesetzt gestaltet wird, von einem höheren Niveau beschreibt, deren Endpunkt einen Balken vor 1753,5 erreicht wird. Nun beobachten wir wieder einen Werteanstieg, dessen Höhepunkt schon einen Balken nach 1753,5 bei mindestens 15% und höchstens 95% liegt. Diesem folgt sogleich ein ausgeprägter Dissonanzen-Abbau dem Ende entgegen.

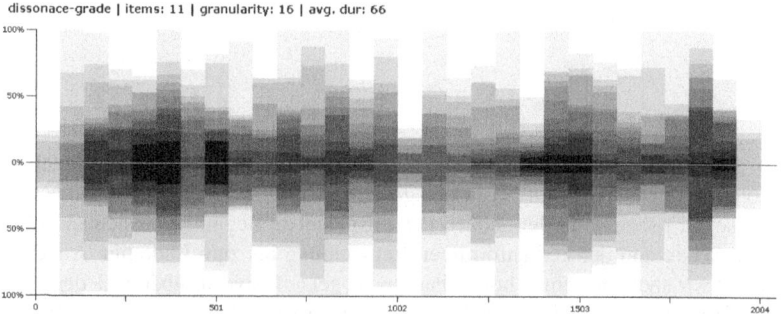

Da wieder das Einzelintervall, egal ob kon- oder dissonant, bei Palestrina eine besondere Rolle spielt, lohnt ein Blick auf die Einzelintervalle. Eine besondere Konzentration der Einzelintervalle sehen wir zu Beginn. Einen Balken nach Beginn erleben wir einen Höhepunkt, der auch von einem Ausreißer-Werk nicht mehr angesteuert wird. Einen besonders charakteristischen Tiefpunkt sehen wir bei 1002 in

4. GIOVANNI PIERLUIGI DA PALESTRINA

der Mitte sowie bei 1503, dem Beginn des letzten Viertels auf der Zeitachse. Die kommende Formation fällt von höchstens 50% auf ca. 20% bei 1753,5 ab und erlebt einen in den meisten Werken stattfindenden treppenförmigen Aufstieg auf höchstens 50%; zwei Balken vor 2004 folgt der bedeutsame Werte-Absturz. Das ist folgerichtig, weil eine Motette im 16. Jahrhundert auch vollstimmig schließen muss.

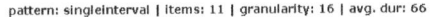

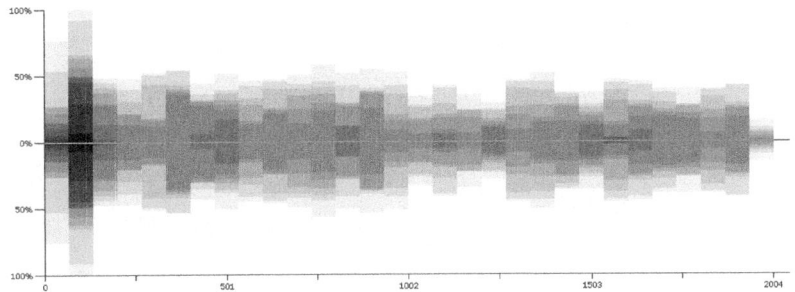

Die Verteilung des Dur-Akkordes ist im ersten Viertel recht niedrig und kommt selten über 25% hinaus, einen Balken nach 250,5 findet sich allerdings schon ein genuiner Höhepunkt, der aber höchstens 35-50% erreicht. Der Bereich von 501 bis 1002 zeichnet sich durch eine stärkere Durlastigkeit auf unterschiedlichen Niveaus aus und zwei Balken nach 1002 finden wir einen wesentlichen Punkt, der bei 30-40% liegt. Diesem schließt sich eine von nicht allen geteilten treppenförmige Steigerungsbewegung an, deren Höhepunkte einen Balken vor 1503 auf Niveaus von 10-85% liegen. Charakteristisch ist der Werte-Abfall, der sich diesem Balken anschließt, sowie der rasche Werteanstieg direkt danach und der unmittelbar anschließende erneute Werte-Abbau. Die Entwicklung zum Ende hin verläuft recht unterschiedlich, jedoch sind sowohl der Tiefpunkt zwei Balken vor 2004 bei höchstens 35-40% sowie der Sprung auf mindestens 60% einen Balken vor 2004 augenfällig.

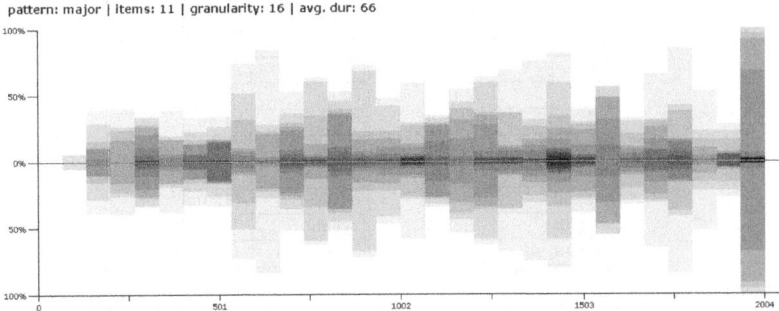

Hier beobachten wir auf den ersten Blick, dass in der zweiten Hälfte die Kreuzungstätigkeit ausgiebiger ist. Konzentrieren wir uns auf die Tiefpunkte, so sehen wir, dass einen Balken nach Beginn gar nicht gekreuzt wird; einen Tiefpunkt sehen wir bei 250,5, von höchstens 45%. Den nächsten charakteristischen Tiefpunkt können wir zwei Balken vor 1503 beobachten, dort erleben wir höchstens 50% Kreuzungen. Wenn wir uns auf zusammenhängende Blöcke konzentrieren, so erleben wir einen gewaltigen Kreuzungsblock von 501 bis zwei Balken vor 1503 sowie einen weiteren durchgehenden Bereich von einen Balken vor 1503 bis 2004. Besonders intensive Bereiche, die sich mehrmals überschreiben, finden wir im Balken nach 50, der mindestens 25% und höchstens 60% aufweist sowie drei Balken vor 2004, bei dem die Niveaus unterschiedlicher Ausfallen, aber die Niveaus bis 25% sich mehrmals überzeichnen.

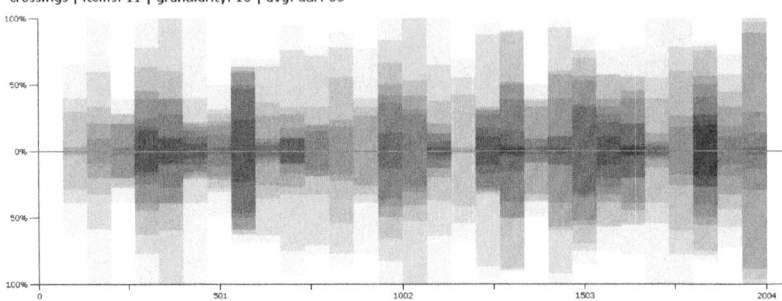

4.0.7 4.Modus transpositus

Mittelwerte

pal_gesamt_4.modus_tr_avg.txt

Konsonanzen	
evts	843,80
sd	165,71
%evt	76,41
sd	4,59
%ttl	66,08
sd	13,03
blks	124,60
sd	74,31
mindur	1,00
maxdur	43,00
avgdur	7,88
avgdur_sd	1,91

Dissonanzen	
evts	253,00
sd	36,14
%evt	23,59
sd	4,59
%ttl	21,58
sd	7,43
blks	81,40
sd	14,29
mindur	1,00
maxdur	11,80
avgdur	3,13
avgdur_sd	0,17

Bereits hier sehen wir die Unterschiede zum untransponierten Modus: der transponierte ist etwas konsonanter, die Standardabweichungen sind etwas niedriger, und die Maximaldauern von Kon- und Dissonanzen sind länger. Die Reihenfolgen der diss- wie konsonanten Klänge unterscheiden sich ebenfalls, so finden wir hier auf Platz drei und vier die Quartsextakkorde beider Geschlechter sowie auf Platz fünf den halbverminderten Terzquartakkord.

4. GIOVANNI PIERLUIGI DA PALESTRINA

Dissonante Klänge	evts	%evt	%ttl	blks	mindur	maxdur	avgdur
UNDETERMINED	206,60	78,76	18,79	71,20	1,00	10,40	2,88
Einzelintervall	24,80	12,51	0,92	7,80	1,00	2,20	1,45
DurQuartsextakkord	4,40	1,81	0,35	1,40	2,20	3,00	2,60
Moll-Quartsextakkord	4,00	1,51	0,40	1,00	2,40	2,40	2,40
Halbverm. Terzquartakkord	3,20	1,35	0,27	1,40	2,00	2,00	2,00

Die Standardabweichungen übertreffen bereits ab dem Einzelintervall die Mittelwerte.

Dissonante Klänge	evts-sd	%evt-sd	%ttl-sd	blks-sd	avgdur-sd
UNDETERMINED	78,70	24,51	8,46	26,78	0,16
Einzelintervall	47,61	24,20	1,65	14,61	1,27
DurQuartsextakkord	2,33	1,07	0,24	0,80	1,36
Moll-Quartsextakkord	3,58	1,41	0,37	0,89	1,96
Halbverm. Terzquartakkord	2,04	0,83	0,21	1,02	1,26

Die konsonanten Klänge unterscheiden sich in der Reihenfolge noch deutlicher als im untransponierten Modus, das Einzelintervall steht erst auf Platz drei, auf Platz eins steht der Moll-Akkord und auf Platz zwei der Dur-Akkord. Überraschender Weise beobachten wir auf Platz sieben unbestimmte Konsonanzen, also einstimmige Phänomene.

Konsonante Klänge	evts	%evt	%ttl	blks	mindur	maxdur	avgdur
Moll	218,40	27,65	19,51	49,40	1,60	15,40	4,36
Dur	214,80	27,66	19,85	42,80	1,20	27,00	4,64
Einzelintervall	178,80	16,79	7,82	47,40	3,40	18,40	9,58
Dur-Sextakkord	66,20	8,50	6,04	18,00	1,80	7,00	3,77
Moll-Sextakkord	52,80	6,67	4,78	15,80	1,40	7,80	3,13
12/3	23,60	2,66	1,67	7,60	1,80	5,40	2,94
UNDETERMINED	12,60	1,21	0,60	4,20	0,60	2,20	1,28

Einzig beim Einzelintervall übertreffen die Abweichungen die Mittelwerte, und das sehr erheblich.

Konsonante Klänge	evts-sd	%evt-sd	%ttl-sd	blks-sd	avgdur-sd
Moll	64,65	9,70	8,10	13,12	0,47
Dur	94,97	12,54	9,42	15,10	1,21
Einzelintervall	295,81	25,34	9,67	89,30	4,24
Dur-Sextakkord	29,12	4,34	3,35	7,56	0,48
Moll-Sextakkord	25,89	3,17	2,46	5,95	0,74
12/3	16,75	1,64	1,08	5,39	0,67
UNDETERMINED	18,99	1,68	0,75	6,58	1,58

Hier steht der d-Moll-Akkord an vorderster Front, das ist der Moll-Klang über der Repercussa, der gute 10% der Klänge ausmacht. Auf Platz zwei steht der Dur-Akkord über der Finalis und auf Platz drei der Moll-Akkord über der Finalis. Der Klang mit der größten Maximaldauer ist der A-Dur-Akkord. Die größte Durchschnittsdauer besitzt die Einzelnote *e*-ti.

Alle Klänge	evts	%evt	%ttl	blks	mindur	maxdur	avgdur
Moll, d-la, 7.Stufe	113,60	13,62	10,42	23,60	1,80	14,20	4,63
Dur, a-mi, 4.Stufe	57,80	7,14	5,47	9,00	2,00	19,00	6,63
Moll, a-mi, 4.Stufe	53,80	5,87	4,48	15,80	1,80	5,40	3,46
Dur, f-do, 2.Stufe	51,40	6,20	4,75	12,60	1,80	8,60	3,54
Moll, g-re, 3.Stufe	50,80	6,01	4,59	13,80	1,80	7,00	3,53
Dur, c-so, 6.Stufe	47,60	5,64	4,31	13,00	1,20	7,80	3,50
Dur, b-fa, 5.Stufe	39,60	4,71	3,60	10,60	1,60	6,60	3,56
Einzelnote, f-do, 2.Stufe	39,60	2,02	1,47	10,00	1,80	4,40	2,38
Prime, a-mi, 4.Stufe	37,00	2,25	1,65	10,20	5,00	6,20	5,45
Prime, d-la, 7.Stufe	36,20	2,01	1,47	11,40	2,60	4,20	3,22
Prime, b-fa, 5.Stufe	34,20	2,07	1,53	8,80	1,80	4,60	3,12
Einzelnote, e-ti, 1.Stufe	30,20	2,07	1,54	7,20	8,20	9,40	8,67
Dur-Sextakkord, a-mi, 4.Stufe	29,40	3,43	2,62	8,20	1,80	5,00	3,77
Einzelnote, d-la, 7.Stufe	29,00	1,52	1,11	8,60	1,80	3,60	2,25
Einzelnote, a-mi, 4.Stufe	28,60	1,76	1,30	9,20	5,00	7,00	5,34
Prime, g-re, 3.Stufe	28,40	1,58	1,16	8,20	1,40	2,60	1,89
Moll-Sextakkord, b-fa, 5.Stufe	28,00	3,35	2,57	7,80	1,60	4,20	3,07
Prime, c-so, 6.Stufe	25,60	1,30	0,94	6,40	1,00	3,60	1,60
Prime, f-do, 2.Stufe	25,20	1,61	1,19	7,60	1,40	3,80	2,61
Einzelnote, g-re, 3.Stufe	23,40	1,28	0,93	6,20	1,80	3,00	2,33
Moll-Sextakkord, f-do, 2.Stufe	17,60	2,08	1,60	6,00	1,60	5,40	3,00
Prime, e-ti, 1.Stufe	16,60	1,01	0,74	4,40	2,20	3,80	2,93
Einzelnote, c-so, 6.Stufe	15,00	0,73	0,53	4,80	0,20	2,00	0,63
Dur-Sextakkord, e-ti, 1.Stufe	12,60	1,47	1,12	3,80	3,00	4,60	3,87
Dur-Sextakkord, d-la, 7.Stufe	11,80	1,51	1,15	3,80	1,80	3,00	2,54
Einzelnote, b-fa, 5.Stufe	11,40	0,55	0,40	4,60	0,20	1,40	0,50

Ab der Einzelnote d-la übertreffen die Standardabweichungen die Mittelwerte.

4. GIOVANNI PIERLUIGI DA PALESTRINA

Alle Klänge	evts-sd	%evt-sd	%ttl-sd	blks-sd	avgdur-sd
Moll, d-la, 7.Stufe	46,74	6,41	4,92	8,87	0,81
Dur, a-mi, 4.Stufe	31,01	4,36	3,32	5,25	2,38
Moll, a-mi, 4.Stufe	6,58	1,89	1,51	2,71	0,49
Dur, f-do, 2.Stufe	31,59	3,52	2,69	6,89	1,57
Moll, g-re, 3.Stufe	21,71	2,92	2,23	4,66	0,51
Dur, c-so, 6.Stufe	24,34	3,08	2,35	5,97	0,51
Dur, b-fa, 5.Stufe	17,62	2,35	1,79	2,06	1,25
Einzelnote, f-do, 2.Stufe	75,26	3,62	2,61	19,50	3,19
Prime, a-mi, 4.Stufe	60,45	2,86	2,06	18,91	7,46
Prime, d-la, 7.Stufe	64,44	3,01	2,17	20,81	1,94
Prime, b-fa, 5.Stufe	55,12	2,66	1,93	15,64	2,98
Einzelnote, e-ti, 1.Stufe	40,83	1,81	1,31	12,91	6,50
Dur-Sextakkord, a-mi, 4.Stufe	10,35	1,71	1,30	3,25	0,65
Einzelnote, d-la, 7.Stufe	54,09	2,59	1,87	16,70	3,14
Einzelnote, a-mi, 4.Stufe	45,59	2,13	1,54	17,41	6,08
Prime, g-re, 3.Stufe	50,00	2,37	1,71	14,44	1,68
Moll-Sextakkord, b-fa, 5.Stufe	17,94	1,97	1,51	4,17	1,11
Prime, c-so, 6.Stufe	49,22	2,37	1,71	12,31	1,96
Prime, f-do, 2.Stufe	39,95	1,94	1,41	13,25	2,33
Einzelnote, g-re, 3.Stufe	42,91	2,05	1,48	11,91	3,17
Moll-Sextakkord, f-do, 2.Stufe	7,23	1,14	0,89	2,68	0,21
Prime, e-ti, 1.Stufe	26,39	1,23	0,89	7,34	2,95
Einzelnote, c-so, 6.Stufe	30,00	1,46	1,05	9,60	1,25
Dur-Sextakkord, e-ti, 1.Stufe	6,44	0,98	0,74	2,14	1,62
Dur-Sextakkord, d-la, 7.Stufe	9,93	1,33	1,01	2,64	0,92
Einzelnote, b-fa, 5.Stufe	22,80	1,11	0,80	9,20	0,99

Kommen wir zu den Tonlisten. Die wichtigsten Töne des Tenors sind Finalis und Repercussa. Die zweithöchste Maximaldauer besitzt allerdings die authentische Repercussa f-do.

Tenor, nur Tonhöhen	evts	%evt	%ttl	blks	mindur	maxdur	avgdur
a	170,20	18,74	13,82	23,20	1,40	26,20	7,57
d	159,60	17,88	13,70	30,40	1,40	12,60	5,40
f	146,80	15,62	10,76	25,80	1,60	15,00	5,80
e	123,00	13,40	9,73	24,60	1,40	13,40	4,92
c	111,60	12,42	9,51	18,40	1,80	15,00	6,15
g	106,00	11,04	7,47	18,60	1,40	12,60	5,95
b	78,20	8,57	6,33	15,20	1,40	13,40	5,13
cis	16,40	1,87	1,51	2,40	3,20	9,20	5,10
fis	2,40	0,27	0,22	0,40	2,40	2,40	2,40
h	1,60	0,19	0,15	0,20	1,60	1,60	1,60

Die Standardabweichungen betragen fast ein Drittel der Mittelwerte und überragen ab dem *fis* die Mittelwerte.

Tenor, nur Tonhöhen	evts-sd	%evt-sd	%ttl-sd	blks-sd	avgdur-sd
a	34,63	4,02	4,75	6,97	1,28
d	24,71	3,73	4,81	4,50	1,21
f	58,19	4,02	1,21	11,48	0,41
e	42,19	4,58	4,29	6,74	0,61
c	21,85	2,62	3,46	4,18	0,65
g	56,35	4,27	1,75	11,88	1,16
b	14,11	1,28	1,91	1,60	0,73
cis	12,67	1,47	1,16	1,62	3,07
fis	3,20	0,38	0,30	0,49	3,20
h	3,20	0,38	0,30	0,40	3,20

Das gleiche Bild in der Reihenfolge der Töne ergibt sich im Bassus für die ersten drei Plätze.

Bassus, nur Tonhöhen	evts	%evt	%ttl	blks	mindur	maxdur	avgdur
a	179,20	24,60	14,43	25,00	1,60	27,00	7,59
d	164,80	22,85	13,74	22,00	1,80	20,60	7,87
f	105,40	14,35	8,45	16,20	1,80	14,20	6,46
g	90,80	12,24	7,14	16,60	1,60	10,20	5,56
b	81,40	10,84	6,12	13,80	1,80	12,60	5,97
c	74,20	9,82	5,61	11,20	3,40	15,40	7,14
e	27,80	3,70	2,06	6,40	1,80	8,60	4,21
cis	8,60	1,24	0,79	2,40	2,20	3,20	2,90
fis	2,40	0,34	0,22	0,60	1,60	1,60	1,60
h	0,20	0,03	0,02	0,20	0,20	0,20	0,20

Die Abweichungen sind vergleichbar denen des Tenors und übertreffen bei den letzten beiden Tönen die Mittelwerte.

Bassus, nur Tonhöhen	evts-sd	%evt-sd	%ttl-sd	blks-sd	avgdur-sd
a	37,89	5,33	4,74	9,38	1,56
d	32,95	5,55	5,12	6,60	1,59
f	20,61	2,15	2,46	2,32	0,49
g	26,75	2,94	2,53	5,16	0,94
b	29,76	2,63	1,47	5,74	0,78
c	32,82	3,73	2,46	6,40	1,20
e	12,59	1,25	0,61	1,50	1,02
cis	5,99	0,83	0,51	1,62	1,50
fis	3,20	0,45	0,30	0,80	1,96
h	0,40	0,06	0,04	0,40	0,40

4. GIOVANNI PIERLUIGI DA PALESTRINA

Auffallen sollte, dass im untransponierten Modus der Ton *es* im Bassus verwendet wurde, im transponierten jedoch nicht.

Klangfolgen

pal_gesamt_4.modus_tr_sequences.txt

Wir bekommen höchstens dreimal gleiche Klangfolgen. Diese Folge besitzt wieder eine Einzelnote. Sie lautet *f/d'-d-d/d'* und kommt in der Motette *Beatus Laurentius* bei 497, 581 und 2484 im MIDI-Raster vor.

Häufigkeit	3mal

Modus-Stufe	Solmisationssilbe	Klang	Sonanzform
2	*c*-do	6+	konsonant
7	*d*-la	Einzelnote	–
7	*d*-la	8r	konsonant

Auch die nächste Folge ereignet sich nur dreimal. Sie bedeutet d-6B-C und ereignet sich in *Domine in auxilium* bei 92 und 810 sowie in *Oravi ad Dominum* bei 408 im MIDI-Raster.

Häufigkeit	3mal

Modus-Stufe	Solmisationssilbe	Klang	Sonanzform
7	*d*-la	Moll	konsonant
7	*d*-la	Dur-Sextakkord	konsonant
6	*c*-so	Dur	konsonant

Die Folge 6a-d-g ereignet sich in der Motette *Si ambulavero* bei 56, 172 und 536.

Häufigkeit	3mal

Modus-Stufe	Solmisationssilbe	Klang	Sonanzform
6	*c*-so	Moll-Sextakkord	konsonant
7	*d*-la	Moll	konsonant
3	*g*-re	Moll	konsonant

Dieser doppelte Quintfall ereignet sich in *Reges Tharsis* bei 536, in *Oravid ad Dominum* bei 704 sowie in *Si ambulavero* bei 764.

| Häufigkeit | 3mal |

Modus-Stufe	Solmisationssilbe	Klang	Sonanzform
7	*d*-la	Dur	konsonant
3	*g*-re	Dur	konsonant
6	*c*-so	Dur	konsonant

Die Folge e-6C-e kommt in *Domine in auxilium* bei 108 und 828 sowie in *Oravi ad Dominum* bei 192 im MIDI-Raster vor.

| Häufigkeit | 3mal |

Modus-Stufe	Solmisationssilbe	Klang	Sonanzform
4	*a*-mi	Moll	konsonant
4	*a*-mi	Dur-Sextakkord	konsonant
4	*a*-mi	Moll	konsonant

Nun erleben wir nur noch zweimalig vorkommende Folgen, weshalb diese nicht mehr aufgelistet werden.

Grundtonfortschreitungen

pal_gesamt_4.modus_tr_keytonepro_.txt

Diese Grundtonfortschreitung ereignet sich in *Domine in auxilium* bei 92 und 810 sowie in *Oravi ad Dominum* bei 220 im MIDI-Raster.

| Häufigkeit | 3mal |

Grundtonfortschreitung
AT
AS
PH

Nun erleben wir allerdings wieder eine Fortschreitung mit Grundtonwiederholung. Die kommende Fortschreitung ereignet sich in *Domine in auxilium* bei 368 sowie in *Si ambulavero* bei 264 und 312 im MIDI-Raster.

| Häufigkeit | 3mal |

Grundtonfortschreitung
–
AH
AT

4. GIOVANNI PIERLUIGI DA PALESTRINA 445

Diese Folge ereignet sich in *Si ambulavero* bei 776, 850 und 960.

| Häufigkeit | 3mal |

Grundtonfortschreitung
AT
–
PT

Diese Fortschreitung ereignet sich in *Oravi ad Dominum* bei 728 sowie in *Si ambulavero* bei 784 und 968.

| Häufigkeit | 3mal |

Grundtonfortschreitung
–
PT
–

Diese Folge ereignet sich in *Domine in auxilium* bei 104 und 824 und in *Oravi ad Dominum* bei 188.

| Häufigkeit | 3mal |

Grundtonfortschreitung
PH
AT
PT

Blockdiagramme

Den Aufbau der Klangdichte können wir sehr leicht nachvollziehen: wir sehen eine wolkenförmige Entwicklung, die sich zu einem Block zusammenschließt, der von einen Balken nach Beginn bis zwei Balken nach 531 sichtbar ist. Dieser Block erreicht einen ersten bedeutenden Höhepunkt der Klangdichte von fast 50% zwei Balken nach 177 sowie einen zweiten direkt bei 531, worauf der Abstieg beginnt. Der Abschnitt von zwei Balken nach 531 bis zwei Balken nach 708 bildet eine Brücke auf einem charakteristisch niedrigem Niveau für alle beteiligten Werke zwischen den beiden großen Blöcken. Der kommende Block, der die Dichte typisch wolkenförmig ansteigen lässt, ist selber in sich zweiteilig und wird von einem wesentlichen treppenförmigen Werteabstieg von einen Balken vor 1062 bis 1062 selbst unterteilt. Dieser Werteabstieg zieht sich noch bis zwei Balken nach 1062 weiter, worauf eine neue Zunahme der Klangdichte erfolgt, die ab 1208 als typisch zu bezeichnen ist. Der Höhepunkt bei 1416 ist deutlich und treibt auf 60%, allerdings gibt es auch Werke, die die Klangdichte extrem abbauen.

density | items: 5 | granularity: 16 | avg. dur: 47

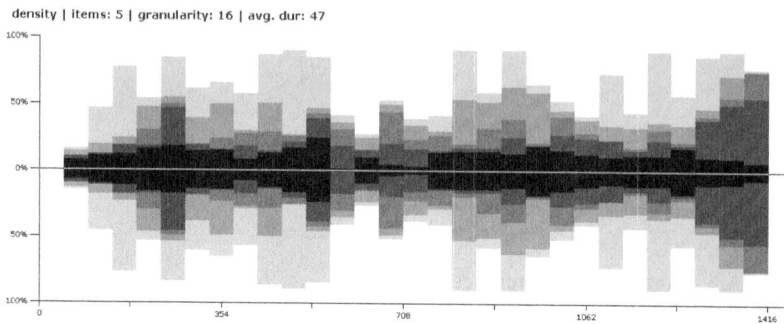

Das Bild der Satzdichte ist nun von Palestrina her bekannt, denn wir sehen wieder eine Kombination aus dem Lassoschen Bild sowie eine durchgehend hohe Pausendichte, die sich von Anfang bis Ende durchzieht und deren Ballung auf hohem Niveau von einen Balken nach 531 bis einen Balken vor 885 zu beobachten ist.

sentence-density | items: 5 | granularity: 16 | avg. dur: 47

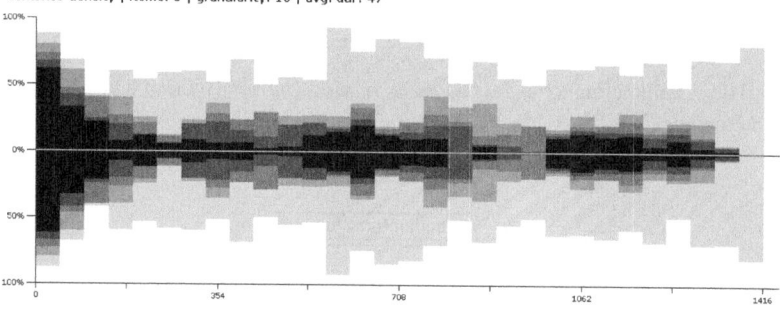

Bei den Dissonanzgraden fallen mehrere Dinge besonders auf: bereits drei Balken nach Beginn ist ein mehr oder weniger typischer Höhepunkt der Dissonanzen zu beobachten; ignorieren wir die dazwischenliegenden Tiefpunkte (die ebenfalls typisch sind), so ergeben sich vier absteigende Stufen, bzw. es ist fast eine Formation wie ein auf der Seite liegender Tannenbaum. Dabei ist die deutliche Schwärzung besonders einen Balken vor 354 sichtbar. Wir sehen aber auch mehrere Spitzen auf bis zu 100%, die nicht nur von einem Ausreißerwerk erreicht werden. Besonders hervorzuheben ist hier der Bereich von zwei Balken nach 354 bis einen Balken nach 708. Einen Balken vor 708 beobachten wir – ziemlich genau in der Mitte der Werke – einen bedeutenden Höhepunkt von mindestens 45% und höchstens 95%. Im weiteren Verlauf sehen wir Ballungen der Dissonanzen. Achten wir wieder auf von Tiefpunkten begrenzte Blöcke, so kann man auch den Balken drei vor 354, dessen Niveau bei höchstens 45% liegt, als Begrenzung des ersten Blockes betrachten und als Beginn des zweiten Blockes, der sich dann ab einen Balken vor 354 bis einen Balken vor 885 erstrecken würde. Der Balken direkt bei 885, welcher der genuinste Punkt ist, begrenzt den dritten Block, der nur vier Balken lang ist. 885 weist eine Dissonarität von mindestens ca. 25% und höchstens ca.45% auf. Neben dem erwähnten Höhepunkt einen Balken vor 708, ist dies der Kulminationspunkt. Der Tiefpunkt, der mindesten ca.5% und höchstens ca.40% aufweist und einen Balken

4. GIOVANNI PIERLUIGI DA PALESTRINA

nach 1062 beheimatet ist, begrenzt den vierten Block, der wieder höhere Niveaus anstrebt. Dieser reicht von drei Balken nach 1062 bis Ende und erlebt zwei wesenhafte Höhepunkte: einen direkt beim besagten Beginn und einen direkt bei 1239. Der sich anschließende Abbau wird von den meisten Werken geteilt und zieht sich bis 1416 durch, wobei sich die Entwicklung drei Balken vor 1416 in eine aufsteigende und besagte absteigende aufteilt.

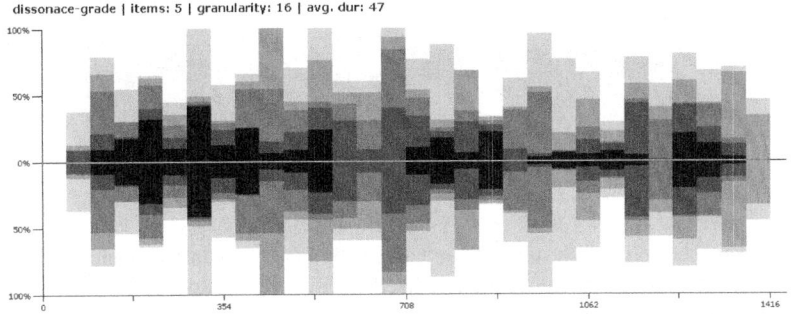

Die Dur-Verteilung ragt selten über 60% hinaus, was im Einklang mit der Liste aller Klänge steht. Eine Dur-Ballung bekommen wir erst in der zweiten Hälfte, dort ballen sich die Dur-Akkorde von 708 bis zwei Balken nach 1062. Besonders bedeutsame Punkte sind das Niedrigniveau bei 177, einen Balken nach 354 sowie einen Balken vor 708, die nicht über 40% hinauskommen. In der zweiten Hälfte sehen wir eine deutliche Zunahme der Prozentwerte des Dur-Akkordes. Charakteristische Höhepunkte finden wir einen Balken nach 885 sowie einen Balken vor 1416.

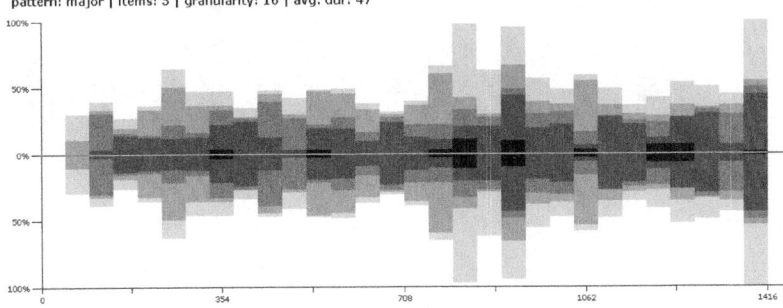

Bei der Verteilung des Moll-Akkordes fällt der Ausschlag einen Balken nach Beginn auf. Die Moll-Verteilungen sind recht unterschiedlich, einen charakteristischen Tiefpunkt beobachten wir einen Balken nach 354: dieser beträgt mindestens 25%, ebenso ausgeprägt ist der anschließend folgende Sprung und Werte-Abfall, der nächste treppenförmige Anstieg bis zwei Balken vor 708 ist ebenfalls sehr deutlich. Es ist aber nicht so, dass automatisch dort, wo ein Dur-Höhepunkt steht, Moll-Akkorde gänzlich abwesend sind. Der Tiefpunkt einen Balken nach 708 wird von fast allen Werken erreicht. Auch der nächste treppenförmige Anstieg sowie Absturz von 885 bis einen Balken danach wird von allen Werken mitvollzogen. Nun schließt sich ein Block an, der durch den deutlichen Tiefpunkt bei 1239 zweigeteilt wird. Einen Balken vor 1239 ist ein wesentlicher Hochpunkt erreicht, der in ähnlicher Form auch zwei Balken nach 1239 stattfindet.

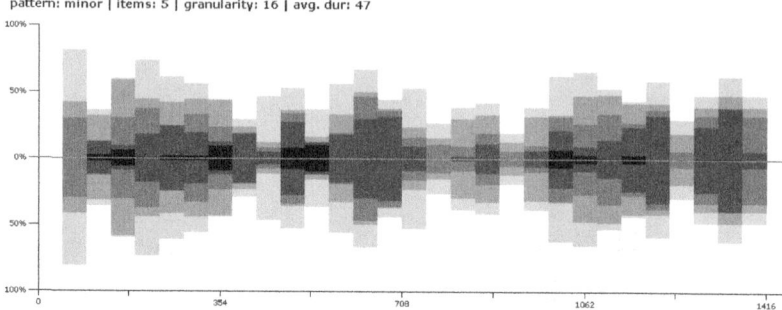

Wir sehen eine noch stärkere Kreuzungstätigkeit als im untransponierten Modus. Eine deutliche Markierung, die alle Werke teilen, befindet sich drei Balken nach 885. Hier liegt eine Kreuzungstätigkeit von mindestens 60% vor! Wir ignorieren die 100%-Spitzen und betrachten den Kreuzungstiefpunkt zwei Balken vor 708. Dieser Balken ist überaus ausgeprägt, denn alle Werke weisen gerade in der Zeit kurz vor der Mitte der Werke weniger Stimmkreuzungen auf. Einen vergleichbaren Punkt finden wir einen Balken nach 1062: lag der erste aber bei ca. 25% im Maximum, liegt dieser bei fast 50%.

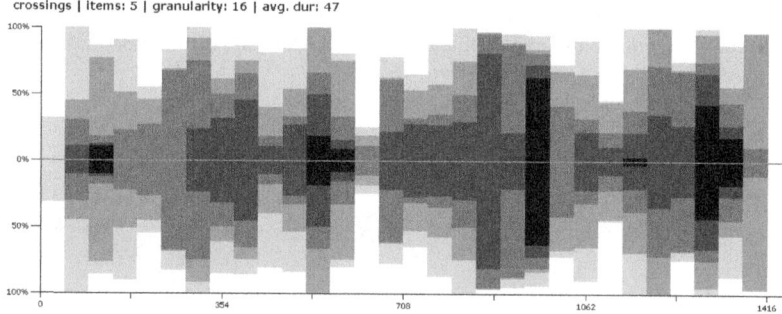

4.0.8 5.Modus naturalis

Mittelwerte

pal_gesamt_5.modus_nat_avg.txt

4. GIOVANNI PIERLUIGI DA PALESTRINA

Konsonanzen	
evts	862,76
sd	251,96
%evt	74,79
sd	5,94
%ttl	66,67
sd	9,96
blks	133,94
sd	80,21
mindur	1,12
maxdur	52,18
avgdur	7,30
avgdur_sd	1,89

Dissonanzen	
evts	275,18
sd	38,18
%evt	25,21
sd	5,94
%ttl	23,60
sd	7,95
blks	91,94
sd	15,47
mindur	1,00
maxdur	12,12
avgdur	3,01
avgdur_sd	0,20

Immerhin sind ein Viertel der evts Dissonanzen, der 5.Modus naturalis ist bei Palestrina leicht dissonanter als der 4.Modus transpositus. Auf Platz vier stand im vorangegangenen Modus der Moll-Quartsextakkord und auf Platz fünf der halbverminderte Terzquartakkord. Bei Lasso fanden wir auf Platz zwei den Dur-Quartsextakkord, auf Platz drei der Dominantseptakkord, auf Platz vier der Moll-Quartsextakkord sowie auf Platz fünf das Einzelintervall.

Dissonante Klänge	evts	%evt	%ttl	blks	mindur	maxdur	avgdur
UNDETERMINED	227,35	80,82	20,55	77,71	1,00	11,53	2,93
Einzelintervall	25,53	11,26	1,08	8,82	1,41	2,82	1,96
Dur-Quartsextakkord	4,82	1,66	0,45	1,41	2,12	2,47	2,32
Dominantseptakkord	4,35	1,55	0,39	2,18	1,65	1,76	1,74
12/5	2,24	0,81	0,18	1,06	1,12	1,29	1,22

Die Standardabweichungen übertreffen wieder ab dem Einzelintervall die Mittelwerte.

Dissonante Klänge	evts-sd	%evt-sd	%ttl-sd	blks-sd	avgdur-sd
UNDETERMINED	71,63	20,43	8,59	24,84	0,25
Einzelintervall	47,16	21,69	1,59	15,07	1,09
Dur-Quartsextakkord	4,72	1,58	0,46	1,29	1,69
Dominantseptakkord	3,10	1,10	0,29	1,65	0,94
12/5	2,18	0,79	0,20	1,11	1,25

Bei den Konsonanzen überwiegt der Dur-Akkord, an zweiter Stelle folgt das Einzelintervall. Der Dur-Akkord macht im Werk 30,10% aus. Zum Einzelintervall hin findet ein Absturz um 20% statt, der Moll-Akkord liegt mit dem Einzelintervall fast gleichauf, hat allerdings weitaus weniger Standardabweichungen.

Konsonante Klänge	evts	%evt	%ttl	blks	mindur	maxdur	avgdur
Dur	333,06	42,95	30,10	66,76	1,18	30,53	4,86
Einzelintervall	194,35	16,60	8,95	44,47	6,29	24,24	13,24
Moll	101,24	12,51	8,69	26,71	1,41	10,06	3,76
Dur-Sextakkord	71,82	9,01	6,30	20,94	1,59	6,41	3,50
Moll-Sextakkord	46,65	5,97	4,17	13,88	1,47	5,59	3,28
12/4	19,82	2,27	1,50	7,35	1,71	4,76	2,87
4/8	13,12	1,48	0,97	4,00	1,94	4,29	3,09

450 KAPITEL 4. ANALYSEN

Die Standardabweichungen des Einzelintervalls sind – wie geschildert – sehr hoch, aber auch die weiteren Abweichungen bis zum 12/4-Klang machen die gute Hälfte der Mittelwerte aus.

Konsonante Klänge	evts-sd	%evt-sd	%ttl-sd	blks-sd	avgdur-sd
Dur	109,36	16,91	12,65	16,88	0,87
Einzelintervall	322,74	22,41	9,90	88,39	9,11
Moll	36,16	5,11	4,05	8,40	0,47
Dur-Sextakkord	24,89	3,72	3,00	7,07	0,50
Moll-Sextakkord	17,83	2,71	2,06	4,09	0,46
12/4	9,37	0,72	0,49	4,36	0,42
4/8	9,71	1,01	0,70	2,54	0,89

Die Auflistung aller Klänge verführt wieder dazu, Ansätze einer zukünftigen I-IV-V-I-Harmonik zu erkennen, denn die Klangreihenfolge lautet nach der Stufentheorie I-V-IV-VI. Die größte Durchschnittsdauer besitzt die Prime der Repercussa und die zweitgrößte die der Finalis. Die kommende Liste ist sehr vielfältig, im „Promillebereich" finden sich alle möglichen Klangformen. Der Klang, der am wenigsten mit 0,01%ttl vorkommt, ist der e-Moll-Sextakkord.

Alle Klänge	evts	%evt	%ttl	blks	mindur	maxdur	avgdur
Dur, f-fa, 1. Stufe	139,18	16,70	12,61	29,82	1,76	19,82	4,56
Dur, c-do, 5. Stufe	100,29	12,06	9,08	25,71	1,35	10,41	3,88
Dur, b-ta, 4. Stufe	63,53	7,51	5,64	15,76	1,65	10,18	4,03
Moll, d-re, 6. Stufe	41,82	4,83	3,67	12,29	1,65	6,76	3,34
Prime, f-fa, 1. Stufe	41,76	2,66	2,02	10,59	4,76	10,12	6,48
Prime, c-do, 5. Stufe	41,00	2,51	1,89	10,47	3,35	7,53	5,21
Prime, a-la, 3. Stufe	36,29	2,25	1,70	8,41	2,76	6,29	4,15
Dur-Sextakkord, a-la, 3. Stufe	32,41	3,78	2,87	10,00	1,94	5,00	3,28
Prime, b-ta, 4. Stufe	31,47	2,01	1,52	8,24	2,59	6,18	3,91
Moll, g-so, 2. Stufe	30,12	3,40	2,56	8,06	1,82	7,00	3,68
Einzelnote, f-fa step: 1. Stufe	27,47	1,65	1,26	8,88	5,35	7,00	5,66
Moll, a-la, 3. Stufe	27,41	3,00	2,28	7,53	2,00	5,88	3,61
Einzelnote, c-do, 5. Stufe	27,35	1,86	1,40	7,41	7,94	9,88	8,27
Prime, g-so, 2. Stufe	25,94	1,57	1,19	7,59	2,88	5,24	3,80
Einzelnote, e-mi, 7. Stufe	24,88	1,17	0,89	5,88	0,65	2,12	1,21
Dur, g-so, 2. Stufe	21,47	2,63	1,98	5,94	2,24	5,29	3,44
Prime, d-re, 6. Stufe	20,18	1,10	0,83	5,59	1,82	3,71	2,43
Dur-Sextakkord, e-mi, 7. Stufe	19,29	2,20	1,67	5,65	2,71	4,88	3,73
Prime, e-mi, 7. Stufe	18,24	0,91	0,69	4,94	0,65	1,82	1,20
Moll-Sextakkord, f-fa, 1. Stufe	17,41	2,11	1,59	5,06	2,35	4,12	3,35
Dur-Sextakkord, d-re, 6. Stufe	17,24	1,97	1,50	5,06	2,71	4,88	3,84
Einzelnote, a-la, 3. Stufe	17,06	0,79	0,60	4,29	0,41	2,35	0,92
Einzelnote, d-re, 6. Stufe	16,59	0,84	0,64	4,88	1,35	3,06	1,75
Einzelnote, b-ta, 4. Stufe	16,59	0,88	0,67	4,41	1,82	2,88	2,28
Moll-Sextakkord, b-ta, 4. Stufe	16,29	1,87	1,41	5,29	1,88	4,53	3,17
Einzelnote, g-so, 2. Stufe	12,59	0,56	0,43	4,29	0,18	1,41	0,50
Moll-Sextakkord, c-do, 5. Stufe	11,24	1,33	1,01	3,47	2,12	3,24	2,75

Die Standardabweichungen zeigen keine Auffälligkeiten, übertreffen aber ab Platz 15, dem e-mi, gelegentlich die Mittelwerte.

4. GIOVANNI PIERLUIGI DA PALESTRINA 451

Alle Klänge	evts-sd	%evt-sd	%ttl-sd	blks-sd	avgdur-sd
Dur, f-fa, 1. Stufe	53,11	7,81	5,91	9,57	0,90
Dur, c-do, 5. Stufe	36,00	5,39	4,02	8,82	0,55
Dur, b-ta, 4. Stufe	24,50	3,83	2,82	5,62	0,54
Moll, d-re, 6. Stufe	20,94	2,69	2,10	5,73	0,63
Prime, f-fa, 1. Stufe	68,14	2,81	2,11	19,65	3,57
Prime, c-do, 5. Stufe	68,29	2,94	2,23	19,77	3,68
Prime, a-la, 3. Stufe	59,69	2,44	1,85	13,46	1,80
Dur-Sextakkord, a-la, 3. Stufe	12,64	1,79	1,40	3,99	0,31
Prime, b-ta, 4. Stufe	49,92	2,08	1,57	13,61	2,48
Moll, g-so, 2. Stufe	15,56	2,05	1,54	3,64	0,77
Einzelnote, f-fa, 1. Stufe	46,32	2,07	1,58	18,27	6,54
Moll, a-la, 3. Stufe	12,84	1,62	1,25	2,93	0,65
Einzelnote, c-do, 5. Stufe	40,00	1,86	1,40	14,82	8,99
Prime, g-so, 2. Stufe	43,42	1,83	1,39	13,68	3,16
Einzelnote, e-mi, 7. Stufe	53,59	2,46	1,87	12,74	2,32
Dur, g-so step: 2. Stufe	14,05	1,72	1,30	3,46	1,46
Prime, d-re, 6. Stufe	38,57	1,73	1,32	11,21	2,87
Dur-Sextakkord, e-mi, 7. Stufe	8,57	1,20	0,95	2,66	1,11
Prime, e-mi, 7. Stufe	38,24	1,77	1,35	10,06	1,67
Moll-Sextakkord, f-fa, 1. Stufe	8,44	1,17	0,87	2,34	0,86
Dur-Sextakkord, d-re, 6. Stufe	7,13	1,04	0,82	2,51	1,39
Einzelnote, a-la, 3. Stufe	38,62	1,75	1,33	9,37	1,67
Einzelnote, d-re, 6. Stufe	34,21	1,56	1,20	10,27	2,70
Einzelnote, b-ta, 4. Stufe	32,00	1,48	1,13	9,20	4,10
Moll-Sextakkord, b-ta, 4. Stufe	6,90	1,01	0,77	2,19	0,67
Einzelnote, g-so, 2. Stufe	30,72	1,36	1,03	10,13	1,10
Moll-Sextakkord, c-do, 5. Stufe	9,42	1,24	0,94	2,55	1,34

Die Töne des Tenors zeigen die Dominanz der Repercussa. Auf Platz zwei liegt die Finalis, auf Platz drei steht die sechste Leiterstufe. Der Tenor besitzt alle Töne bis auf *gis*. Die Reihenfolge der ersten drei Töne teilt auch Lasso, allerdings ist bei ihm das *g* auf Platz vier und das *b* auf Platz fünf. Auch Lasso verwendet im 5. natürlichen Modus im Tenor kein *gis*.

Tenor, nur Tonhöhen	evts	%evt	%ttl	blks	mindur	maxdur	avgdur
c	201,71	22,14	16,47	32,41	1,65	21,00	6,44
f	193,53	21,29	15,74	30,06	1,59	21,24	6,56
d	142,76	15,45	11,20	27,35	1,41	13,00	5,24
g	100,35	10,94	7,98	18,71	1,35	13,71	5,38
e	99,59	10,22	6,96	22,71	1,41	9,24	4,13
a	88,88	9,90	7,35	17,53	1,41	15,24	5,01
b	77,06	8,45	6,25	15,53	1,65	10,65	5,11
h	9,35	0,95	0,64	2,06	2,94	3,82	3,41
es	2,47	0,29	0,23	0,53	1,65	2,00	1,82
cis	1,88	0,23	0,18	0,47	0,94	0,94	0,94
fis	1,24	0,14	0,11	0,35	0,65	0,94	0,79

Ab dem *es* übertreffen die Standardabweichungen die Mittelwerte.

Tenor, nur Tonhöhen	evts-sd	%evt-sd	%ttl-sd	blks-sd	avgdur-sd
c	45,65	4,17	5,29	9,83	1,32
f	37,03	3,20	4,31	6,73	1,12
d	37,43	2,11	2,51	7,32	0,39
g	30,12	2,51	2,36	5,52	0,81
e	62,06	4,06	1,39	9,23	0,81
a	31,84	3,61	3,11	4,35	0,93
b	21,34	2,14	2,13	5,12	0,93
h	9,25	0,81	0,46	1,59	2,27
es	3,60	0,42	0,33	0,70	2,23
cis	3,91	0,50	0,37	0,98	1,70
fis	2,65	0,30	0,25	0,68	1,54

Der Bassus tendiert wieder mehr zu einer I-IV-VI-I-Harmonik. Wir beobachten auf Platz eins die Finalis, auf Platz zwei die Repercussa und auf Platz drei die vierte Leiterstufe. Auch der Bassus besitzt kein *gis*, Lasso verwendet es aber im Bassus durchaus.

Bassus, nur Tonhöhen	evts	%evt	%ttl	blks	mindur	maxdur	avgdur
f	188,88	25,89	15,88	23,00	2,35	26,41	8,45
c	148,76	20,36	12,29	22,00	1,82	17,24	7,17
b	100,29	13,45	7,86	17,12	1,65	15,12	5,88
g	96,53	12,98	7,87	17,24	2,12	15,35	5,90
a	96,35	12,64	7,07	18,59	2,00	11,35	5,15
d	68,18	9,39	5,67	11,29	2,06	12,76	6,13
e	30,71	4,09	2,23	7,29	1,94	6,18	4,02
es	4,00	0,55	0,36	0,41	1,88	3,29	2,55
h	3,88	0,52	0,31	1,00	1,82	2,47	2,17
cis	0,71	0,10	0,06	0,18	0,71	0,71	0,71
fis	0,24	0,03	0,02	0,06	0,24	0,24	0,24

Ab dem *es* übertreffen die Standardabweichungen die Mittelwerte.

Bassus, nur Tonhöhen	evts-sd	%evt-sd	%ttl-sd	blks-sd	avgdur-sd
f	41,38	5,65	5,50	6,15	1,92
c	25,88	3,46	3,82	7,42	1,50
b	33,29	3,47	2,57	5,06	1,23
g	29,31	2,72	2,67	6,80	1,54
a	46,89	4,34	1,74	8,32	0,99
d	19,06	2,64	2,19	2,72	1,28
e	17,61	2,03	0,81	2,54	1,12

4. GIOVANNI PIERLUIGI DA PALESTRINA

es	8,00	1,10	0,73	0,84	5,05
h	4,10	0,56	0,36	1,08	2,20
cis	1,52	0,21	0,13	0,38	1,52
fis	0,94	0,13	0,09	0,24	0,94

Klangfolgen

pal_gesamt_5.modus_nat_sequences.txt

Die häufigste Folge findet sich zehnmal und besteht aus den Akkorden C-F-6d.

| Häufigkeit | 10mal |

Modus-Stufe	Solmisationssilbe	Klang	Sonanzform
5	c-do	Dur	konsonant
1	f-fa	Dur	konsonant
1	f-fa	Moll-Sextakord	konsonant

Diese Folge ist der doppelte Quintfall G-C-F.

| Häufigkeit | 8mal |

Modus-Stufe	Solmisationssilbe	Klang	Sonanzform
2	g-so	Dur	konsonant
5	c-do	Dur	konsonant
1	f-fa	Dur	konsonant

Diese Folge ereignet sich immerhin noch siebenmal und besitzt Sextakkorde beiden Geschlechts, sie lautet 6d-F-6C.

| Häufigkeit | 7mal |

Modus-Stufe	Solmisationssilbe	Klang	Sonanzform
1	f-fa	Moll-Sextakkord	konsonant
1	f-fa	Dur	konsonant
7	e-mi	Dur-Sextakkord	konsonant

Die weiteren Folgen ereignen sich jeweils sechsmal. Sie besteht aus Quintfall und Terzfall und lautet C-F-d.

|Häufigkeit|6mal|

Modus-Stufe	Solmisationssilbe	Klang	Sonanzform
5	c-do	Dur	konsonant
1	f-fa	Dur	konsonant
6	d-re	Moll	konsonant

Diese Folge lautet C-B-6g und ereignet sich sechsmal.

|Häufigkeit|6mal|

Modus-Stufe	Solmisationssilbe	Klang	Sonanzform
1	f-fa	Dur	konsonant
4	b-ta	Dur	konsonant
4	b-ta	Moll-Sextakkord	konsonant

Diese Folge lautet F-6d-F und besteht aus einem authentisch-plagalen Terzpendel.

|Häufigkeit|6mal|

Modus-Stufe	Solmisationssilbe	Klang	Sonanzform
1	f-fa	Dur	konsonant
1	f-fa	Moll-Sextakkord	konsonant
1	f-fa	Dur	konsonant

Diese Folge lautet a-6F-g.

|Häufigkeit|6mal|

Modus-Stufe	Solmisationssilbe	Klang	Sonanzform
3	a-la	Moll	konsonant
3	a-la	Dur-Sextakkord	konsonant
2	g-so	Moll	konsonant

Diese Folge ist ein authentisch-plagales Quintpendel und lautet F-6C-F.

|Häufigkeit|6mal|

Modus-Stufe	Solmisationssilbe	Klang	Sonanzform
1	f-fa	Dur	konsonant
7	e-mi	Dur-Sextakkord	konsonant
1	f-fa	Dur	konsonant

4. GIOVANNI PIERLUIGI DA PALESTRINA

Diese Folge besteht aus dem doppelten Quintfall C-F-B.

| Häufigkeit | 6mal |

Modus-Stufe	Solmisationssilbe	Klang	Sonanzform
5	c-do	Dur	konsonant
1	f-fa	Dur	konsonant
4	b-ta	Dur	konsonant

Diese Folge lautet C-6a-d und besteht aus Terzfall und Quintfall.

| Häufigkeit | 6mal |

Modus-Stufe	Solmisationssilbe	Klang	Sonanzform
5	c-do	Dur	konsonant
5	c-do	Moll-Sextakkord	konsonant
6	d-re	Moll	konsonant

Grundtonfortschreitungen

pal_gesamt_5.modus_nat_keytonepro_.txt

Die drei authentischen Sekundschritte kommen elfmal vor.

| Häufigkeit | 11mal |

Grundtonfortschreitung
AS
AS
AS

Und diese werden durch drei plagale Sekundschritte kompensiert.

| Häufigkeit | 10mal |

Grundtonfortschreitung
PS
PS
PS

Diese Folge ereignet sich zehnmal. Der plagale Hauptschritt wird von einem authentischen kompensiert.

| Häufigkeit | 10mal |

Grundtonfortschreitung
AT
PH
AH

Blockdiagramme

Die Klangdichte baut sich wieder treppenförmig auf und erlebt zwei Balken nach 173,5 ihren 1. Höhepunkt, sofern man die Ausreißer-Werke ignoriert. Ein direkter Sprung auf 90% ist direkt bei 173,5 sichtbar, und andere Werke treiben die Klangdichte treppenförmig im weiteren Verlauf bis 347 auf diverse Spitzen-Werte. Allen Werken ist die relativ niedrige Klangdichte einen Balken vor 520,5 gemein, einerseits durch Werte-Absturz, andererseits durch leichten Werte-Anstieg erreicht. Nun teilen sich die meisten Werke einen erneuten Anstieg der Klangdichte, die zwei Balken nach 520,5 einen weiteren Höhepunkt unterschiedlichen Ausmaßes erreicht. Ein neuer deutlicher Tiefpunkt, wieder durch beide Bewegungsrichtungen erreicht, wird von allen Werken drei Balken nach 520,5 erreicht. Wir finden noch zwei weitere bedeutsame Tiefpunkte, und zwar zwei Balken vor 868,5, bei dem allerdings ein Ausreißer auf bis zu ca. 70% steigt, sowie einen Balken vor 1215,5, der Ausgangspunkt einer sehr starken und wesentlichen Aufwärtsbewegung ist, die die Klangdichte einen Balken vor 1390 auf bis zu ca. 85% treibt.

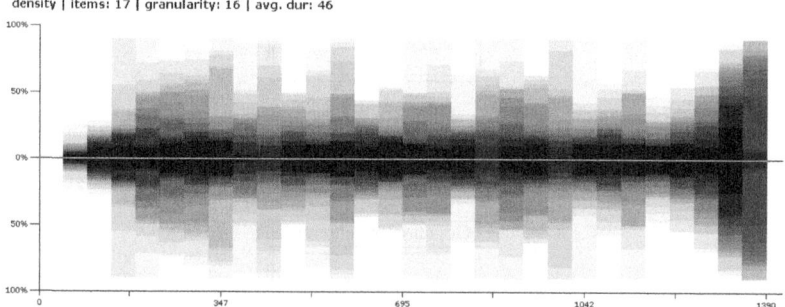

Demgegenüber wirkt die wesentliche Satzdichte fast wie das Spiegelbild der Klangdichte. Wir beobachten neben dem uns nun vertrauten Bild allerdings mehrere Ausreißer, die die Pausendichte durchweg auf hohem Niveau halten und einen Balken vor 1390 sogar auf ca. 85% steigern. Einen genuinen Punkt finden wir einen Balken nach 868,5, bei dem die Pausendichte mindestens ca. 5, höchstens aber ca. 50% beträgt.

4. GIOVANNI PIERLUIGI DA PALESTRINA 457

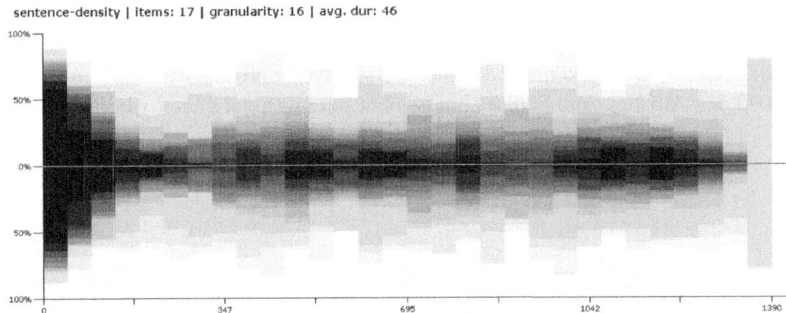

Dissonanzen bauen sich spontan auf und erleben bereits zwei Balken vor 173,5 einen ausgeprägten Punkt von mindestens ca. 25% und höchstens ca. 85%. Nun teilt sich die Dissonarität auf in einen Werte-Abstieg sowie in einen weiteren Werte-Anstieg auf bis zu 100%. Wir sehen ganz unterschiedliche Entwicklungen. Konzentrieren wir uns auf einen neuen bedeutsamen Hochpunkt, so fällt einem 520,5 auf, dort konzentrieren sich die Werte auf ca. 25% und erreichen in den Ausreißern sogar auf bis zu 100%. Einen wesentlichen Tiefpunkt finden wir einen Balken vor 695, bei dem mindestens ca. 20%, aber höchstens 55% erreicht werden. Dies ist der typischste Punkt in den Dissonanzgraden. Einen Balken weiter beginnt eine Abwärtsentwicklung von diversen Hochpunkten aus (gemischt mit Werte-Rückgängen von niedrigem Niveau aus), die einen genuinen Tiefpunkt drei Balken vor 1042 erreicht. Hier teilt sich die Entwicklung wieder auf in zusätzlichen Rückgang sowie erneuter Steigerung, einen Steigerungshöhepunkt, der mehr oder weniger ausgeprägt ist, beobachten wir bei 1215,5. Von hier aus beginnt in den meisten Werken ein treppenförmigen Rückgang, der einen bedeutsamen Punkt zwei Balken vor 1390 erreicht. Man findet hier mindestens ca. 20% und höchstens ca. 75%. In den meisten Werken wird der treppenförmige Rückgang um eine weitere Stufe fortgesetzt, der Schlussklang muss vollkommen konsonant sein, deshalb ist der plötzliche Absturz typisch.

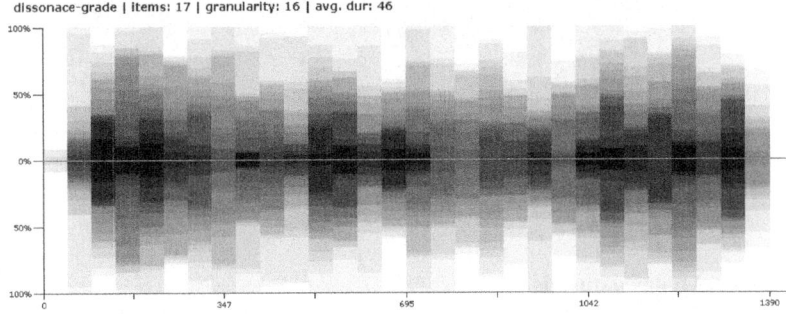

Die Dur-Akkord-Verteilung ist besonders deutlich. Alle Werke zeichnen diese zum größten Teil nach, besonders der treppenförmige Aufstieg zu Beginn als auch die weiteren Verläufe werden von nahezu allen Werken derart nachvollzogen, dass eine weitere Erläuterung nicht notwendig scheint. Achtet man auf die Werte, so sieht man, dass der Dur-Akkord-Anteil in der zweiten Hälfte deutlich überwiegt, so wie wir auch beobachten können, dass nahezu alle Werke ab dem wesenhaften Punkt bei 1042 den Aufstieg zum Schluss hin in mehr oder weniger gleicher Form aufbauen.

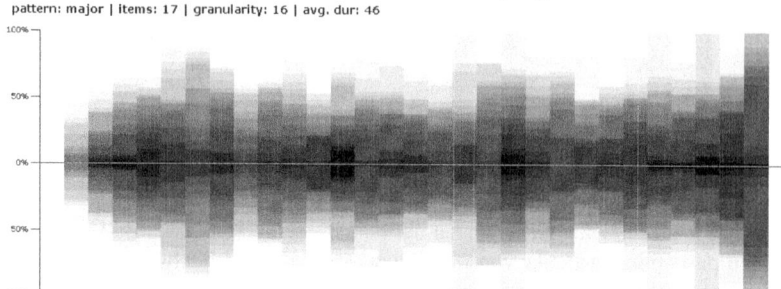

Die Stimmkreuzungen zeigen ein weniger klares Bild, jedoch zeichnen sich auch hier Strukturen aus; so ist der Beginn mit seinen rasch aufbauenden Kreuzungen, Höhepunkt bei einem Balken nach 173,5 und Absturz und nach sich ziehenden Abbau ein Charakteristikum für diesen bei Palestrina verwendeten Modus. Einen weiteren wesentlichen Kreuzungsverlauf beobachten wir von einen Balken vor 520,5, der auf einen neuen Kreuzungshöhepunkt einen Balken nach 520,5 hinsteuert. Der erste Balken nach 695 zeichnet sich durch seine weite Streuung aus, denn einerseits haben wir extreme Tiefpunkte, andererseits gehen die Kreuzungen aber auch bis auf 100%. Einen charakteristischen Hochpunkt sehen zwei Balken nach 695. 1042 ist der deutliche Tiefpunkt dieses Modus, von dem aus sich eine neue Kreuzungstätigkeit bis zum Maximum von 100% in vielen Werken einen Balken vor 1390 aufbaut.

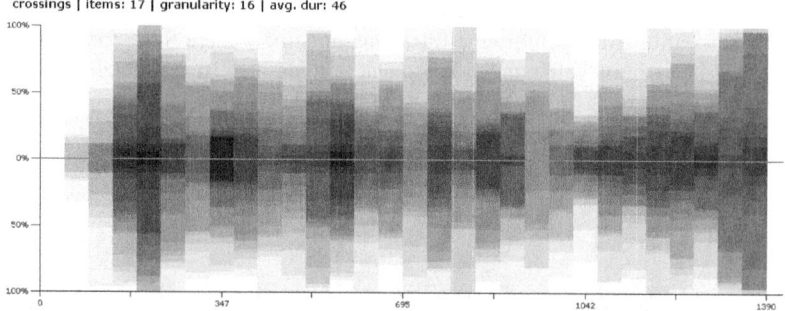

4.0.9 6.Modus naturalis

Mittelwerte

pal_gesamt_6.modus_nat_avg.txt

4. GIOVANNI PIERLUIGI DA PALESTRINA

Konsonanzen	
evts	905,50
sd	114,19
%evt	78,52
sd	4,61
%ttl	65,39
sd	16,78
blks	140,50
sd	80,52
mindur	1,00
maxdur	58,25
avgdur	7,87
avgdur_sd	2,81

Dissonanzen	
evts	244,00
sd	43,21
%evt	21,49
sd	4,61
%ttl	19,15
sd	7,76
blks	84,00
sd	18,71
mindur	1,00
maxdur	11,75
avgdur	2,94
avgdur_sd	0,21

Der 6. Modus naturalis ist etwas konsonanter als der fünfte. Allerdings sind die Standardabweichungen %ttl-sd und avgdur-sd höher. Bei den Dissonanzen stehen obligatorisch die UNDETERMINED an erster Stelle. Bis auf Platz vier sind die Reihenfolgen gleich.

Dissonante Klänge	evts	%evt	%ttl	blks	mindur	maxdur	avgdur
UNDETERMINED	196,00	75,84	16,61	70,00	1,00	10,25	2,77
Einzelintervall	33,00	18,03	1,31	10,00	1,75	3,75	2,50
Dur-Quartsextakkord	5,00	2,16	0,39	1,25	3,00	3,00	3,00
Dominantseptakkord	3,50	1,38	0,32	1,75	1,50	1,50	1,50
12/12	1,50	0,51	0,13	0,50	0,50	1,00	0,75
Verminderter Dreiklang	1,25	0,59	0,07	0,50	1,25	1,25	1,25

Die Standardabweichungen übertreffen bereits ab Platz zwei die Mittelwerte.

Dissonante Klänge	evts-sd	%evt-sd	%ttl-sd	blks-sd	avgdur-sd
UNDETERMINED	87,42	27,88	8,78	30,70	0,20
Einzelintervall	50,31	28,75	1,66	15,05	1,52
Dur-Quartsextakkord	3,32	1,30	0,33	0,83	1,73
Dominantseptakkord	3,84	1,59	0,37	1,92	0,87
12/12	2,60	0,87	0,23	0,87	1,30
Verminderter Dreiklang	1,30	0,69	0,08	0,50	1,30

Bei den Konsonanzen steht der Dur-Akkord an erster Stelle, der Moll-Akkord steht auf Platz drei. Bis zu Platz fünf hin sind die Reihenfolgen der Klänge die gleichen wie im vorangegangenen Modus.

Konsonante Klänge	evts	%evt	%ttl	blks	mindur	maxdur	avgdur
Dur	330,00	38,52	28,17	61,75	1,25	22,75	4,92
Einzelintervall	203,00	19,65	8,19	53,50	9,75	18,50	13,05
Moll	137,75	15,55	11,16	32,00	1,50	15,75	4,13
Dur-Sextakkord	67,75	7,74	5,64	18,50	1,50	7,75	3,55
Moll-Sextakkord	46,25	5,27	3,89	15,00	1,00	4,75	2,75
12/4	23,25	2,57	1,70	8,75	2,25	4,75	2,98
3/12	16,50	1,72	0,90	5,25	2,00	4,25	3,04

Die Standardabweichungen des Einzelintervalls übertreffen die Mittelwerte.

Konsonante Klänge	evts-sd	%evt-sd	%ttl-sd	blks-sd	avgdur-sd
Dur	156,31	19,31	15,17	15,01	1,86
Einzelintervall	300,82	28,06	9,70	88,05	11,24
Moll	59,12	6,36	5,90	5,10	1,23
Dur-Sextakkord	32,44	3,64	3,14	7,83	0,37
Moll-Sextakkord	27,85	2,99	2,40	5,61	1,04
12/4	4,21	0,42	0,56	3,56	0,80
3/12	15,11	1,41	0,56	4,02	0,84

Die Zusammenfassung aller Klänge unterscheidet sich deutlich von der des 5. Modus. Die Plätze eins und zwei sind zwar gleich, dann beginnen aber die Vertauschungen. Die ersten beiden Plätze werden von Finalis und authentischer Repercussa belegt. Die größte Durchschnittsdauer besitzt die authentische Repercussa c-do als Einzelnote. Die zweitgrößte Durchschnittsdauer besitzt die Prime d-re, die zweite Leiterstufe dieses plagalen Modus. Diese Stufe ist im 6. Modus bei Palestrina sehr wichtig, denn der Moll-Klang über ihr ist der drittwichtigste Klang in unserer Liste. Bei Lasso lag dieser Klang auf Platz vier.

Alle Klänge	evts	%evt	%ttl	blks	mindur	maxdur	avgdur
Dur, f-fa, 4. Stufe	141,75	15,51	12,02	29,25	1,75	17,75	4,54
Dur, c-do, 1. Stufe	104,50	11,52	9,01	23,25	1,25	10,75	4,16
Moll, d-re, 2. Stufe	65,75	6,76	5,29	15,75	1,75	13,25	3,89
Dur, b-ta, 7. Stufe	52,50	5,76	4,47	12,75	1,75	9,25	3,71
Prime, c-do, 1. Stufe	48,50	2,75	1,99	12,00	1,75	4,75	3,25
Einzelnote, b-ta, 7. Stufe	47,00	2,29	1,62	10,00	0,25	3,25	1,18
Prime, d-re, 2. Stufe	42,75	2,36	1,70	10,50	4,25	6,00	4,97
Einzelnote, c-do, 1. Stufe	38,50	2,44	1,79	8,50	8,25	10,00	8,95
Einzelnote, f-fa, 4. Stufe	38,50	1,98	1,42	10,75	2,25	3,75	2,87
Prime, b-ta, 7. Stufe	36,00	2,23	1,65	12,50	5,75	8,50	6,62
Moll, a-la, 6. Stufe	31,75	3,63	2,82	8,25	1,50	6,25	3,39
Einzelnote, a-la, 6. Stufe	30,75	1,63	1,17	10,25	2,25	3,75	2,72
Moll, g-so, 5. Stufe	30,50	3,11	2,44	8,75	1,50	6,25	3,46
Prime, a-la, 6. Stufe	27,75	1,58	1,16	7,50	2,25	4,75	3,38
Dur-Sextakkord, a-la, 6. Stufe	27,25	3,03	2,36	7,75	2,50	4,25	3,38
Prime, g-so, 5. Stufe	26,75	1,30	0,92	7,25	0,25	1,75	0,92
Prime, f-fa, 4. Stufe	26,50	1,53	1,12	9,25	4,25	5,75	4,64
Prime, e-mi, 3. Stufe	25,75	1,25	0,89	5,75	0,25	2,75	1,12
Dur-Sextakkord, d-re, 2. Stufe	25,50	2,67	2,11	7,50	1,75	4,25	2,94
Einzelnote, e-mi, 3. Stufe	25,00	1,22	0,86	5,25	0,25	1,75	1,19
Einzelnote, g-so, 5. Stufe	24,75	1,21	0,86	6,50	0,25	1,75	0,95
Einzelnote, d-re, 2. Stufe	22,25	1,08	0,77	7,75	0,25	2,50	0,72
Moll-Sextakkord, c-do, 1. Stufe	18,00	1,95	1,53	6,25	1,25	3,25	2,47
Moll-Sextakkord, b-ta, 7. Stufe	17,50	1,85	1,45	6,00	1,50	3,25	2,45
12/4, f-fa, 4. Stufe	14,00	1,46	1,14	5,50	2,25	3,25	2,74
Dur, g-so, 5. Stufe	13,50	1,58	1,22	3,75	2,00	3,50	2,78
Dur, a-la, 6. Stufe	11,00	1,11	0,89	0,75	1,00	6,00	3,67

Ab der Prime g-so auf der 5. Stufe übertreffen die Standardabweichungen die Mittelwerte.

Alle Klänge	evts-sd	%evt-sd	%ttl-sd	blks-sd	avgdur-sd
Dur, f-fa, 4. Stufe	72,82	9,30	7,09	8,20	1,71
Dur, c-do, 1. Stufe	53,45	6,81	5,41	9,98	0,89
Moll, d-re, 2. Stufe	43,52	4,64	3,76	6,30	1,21
Dur, b-ta, 7. Stufe	32,48	3,83	2,92	4,32	1,61
Prime, c-do, 1. Stufe	71,45	3,29	2,32	17,93	1,92
Einzelnote, b-ta, 7. Stufe	81,41	3,96	2,81	17,32	2,04
Prime, d-re, 2. Stufe	64,89	3,01	2,13	17,04	3,33
Einzelnote, c-do, 1. Stufe	48,65	2,17	1,52	13,57	7,18
Einzelnote, f-fa, 4. Stufe	62,15	2,98	2,11	18,05	3,28
Prime, b-ta, 7. Stufe	45,10	1,94	1,34	19,35	3,42
Moll, a-la, 6. Stufe	20,91	2,67	2,07	4,49	0,88
Einzelnote, a-la, 6. Stufe	48,75	2,32	1,64	17,18	3,27
Moll, g-so, 5. Stufe	13,16	1,76	1,43	2,86	1,01
Prime, a-la, 6. Stufe	39,07	1,81	1,27	11,28	2,16
Dur-Sextakkord, a-la, 6. Stufe	13,33	1,74	1,36	3,70	0,66
Prime, g-so, 5. Stufe	46,33	2,26	1,60	12,56	1,60
Prime, f-fa, 4. Stufe	36,81	1,68	1,18	14,87	3,48
Prime, e-mi, 3. Stufe	44,60	2,17	1,54	9,96	1,94
Dur-Sextakkord, d-re, 2. Stufe	26,65	2,68	2,16	6,65	1,12
Einzelnote, e-mi, 3. Stufe	43,30	2,11	1,49	9,09	2,06
Einzelnote, g-so, 5. Stufe	42,87	2,09	1,48	11,26	1,65
Einzelnote, d-re, 2. Stufe	38,54	1,87	1,33	13,42	1,24
Moll-Sextakkord, c-do, 1. Stufe	12,06	1,25	1,01	2,86	0,94
Moll-Sextakkord, b-ta, 7. Stufe	13,83	1,47	1,16	3,32	1,01
12/4, f-fa, 4. Stufe	5,83	0,73	0,58	1,80	1,10
Dur, g-so, 5. Stufe	9,94	1,21	0,94	2,86	1,61
Dur, a-la, 6. Stufe	19,05	1,93	1,55	1,30	6,35

Im Tenor sehen wir zum ersten Male eine größere Bedeutung der plagalen Repercussa, denn diese steht hier auf Platz zwei, die Finalis auf Platz drei! Der Tenor besitzt in diesem Modus bei Palestrina kein *fis* und kein *gis*.

Tenor, nur Tonhöhen	evts	%evt	%ttl	blks	mindur	maxdur	avgdur
c	218,50	24,22	16,54	31,50	1,50	24,75	7,16
a	156,25	16,52	10,98	31,00	1,25	11,75	5,22
f	148,50	15,85	11,30	24,75	1,75	20,75	6,23
g	138,50	14,99	9,94	26,00	1,75	13,75	5,65
d	109,25	11,84	8,12	17,50	1,50	13,75	6,34
b	97,25	9,97	5,79	22,75	1,25	10,75	4,11
e	40,75	4,42	3,12	9,25	2,50	7,75	4,47
cis	8,00	0,77	0,65	0,50	1,00	7,00	4,00
h	6,25	0,79	0,58	2,00	1,25	2,00	1,71
es	6,25	0,64	0,42	1,00	4,25	6,00	5,13

Die Standardabweichungen übertreffen ab dem *cis* die Mittelwerte.

Tenor, nur Tonhöhen	evts-sd	%evt-sd	%ttl-sd	blks-sd	avgdur-sd
c	26,65	6,04	6,32	6,18	1,37
a	40,35	2,19	3,17	10,61	1,05
f	55,14	5,41	5,77	7,82	1,89
g	19,31	1,64	2,47	8,75	1,07
d	10,43	0,95	2,52	2,18	0,99
b	62,68	5,44	1,18	11,84	1,00
e	10,43	1,01	1,33	2,17	0,75
cis	13,86	1,33	1,13	0,87	6,93
h	7,01	0,91	0,67	2,45	1,76
es	3,63	0,37	0,28	0,71	3,29

Im Bassus besetzt die Finalis Platz eins und die authentische Repercussa Platz zwei. Die plagale Repercussa belegt allerdings Platz fünf. Auch der Bassus verwendet weder *fis* noch *gis*. Das *fis* kommt allerdings in den anderen Stimmen durchaus vor, das *gis* jedoch nicht.

Bassus, nur Tonhöhen	evts	%evt	%ttl	blks	mindur	maxdur	avgdur
f	200,00	25,75	15,62	24,25	2,75	23,75	9,56
c	162,00	20,77	12,76	24,00	1,75	19,75	7,06
d	121,50	15,10	8,31	19,50	1,75	16,75	6,20
b	101,25	12,80	7,16	18,00	1,50	12,75	5,69
a	79,75	10,12	5,87	12,75	1,50	15,75	6,64
g	71,50	8,99	4,98	12,50	1,50	11,75	5,76
e	38,25	4,65	2,17	8,75	1,75	6,75	4,02
es	12,50	1,57	0,82	3,25	1,25	6,75	3,22
h	2,00	0,26	0,18	0,50	2,00	2,00	2,00

Erst beim Ton *h* liegen Abweichungen auf der Höhe der Mittelwerte.

Bassus, nur Tonhöhen	evts-sd	%evt-sd	%ttl-sd	blks-sd	avgdur-sd
f	36,58	6,19	6,45	9,78	3,38
c	47,87	6,85	6,61	6,04	2,07
d	53,11	5,99	3,92	8,08	1,21
b	34,56	4,41	3,10	6,28	1,34
a	6,18	0,47	1,75	3,27	1,61
g	32,42	3,95	2,69	5,89	0,87
e	30,66	3,38	0,69	5,36	0,87
es	8,29	1,05	0,63	2,59	2,05
h	2,00	0,26	0,18	0,50	2,00

4. GIOVANNI PIERLUIGI DA PALESTRINA

Klangfolgen

pal_gesamt_6.modus_nat_sequences.txt

Wir bekommen leider nur wenige in den beteiligten Werken vorkommende Klangfolgen. Die Folge d-6B-6a kommt in den Motetten *Laudate Dominum* bei 592, *Confitebor tibi* bei 592 sowie in *Improperium* bei 588 im MIDI-Raster vor.

Häufigkeit	3mal

Modus-Stufe	Solmisationssilbe	Klang	Sonanzform
2	*d*-re	Moll	konsonant
2	*d*-re	Dur-Sextakkord	konsonant
1	*c*-do	Moll-Sextakkord	konsonant

Die Folge B-6F-B ist ein plagal-authentisches Pendel und ereignet sich in *Laudate Dominum* bei 164, 516 und 664 im MIDI-Raster.

Häufigkeit	3mal

Modus-Stufe	Solmisationssilbe	Klang	Sonanzform
7	*b*-ta	Dur	konsonant
6	*a*-la	Dur-Sextakkord	konsonant
7	*b*-ta	Dur	konsonant

Die nächsten Folgen kommen nur noch zweimal vor, es nur noch diese hier dargestellt. Die Folge 6G-C-6F ist ein doppelter Quintfall und ereignet sich in *Confitebor tibi* bei 636 und in *Improperium* bei 820 im MIDI-Raster.

Häufigkeit	2mal

Modus-Stufe	Solmisationssilbe	Klang	Sonanzform
7	*h*-ti	Dur-Sextakkord	konsonant
1	*c*-do	Dur	konsonant
6	*a*-la	Dur-Sextakkord	konsonant

Grundtonfortschreitungen

pal_gesamt_6.modus_nat_keytonepro_.txt

Die Grundtonfortschreitung, die in diesem Modus am häufigsten vorkommt, ist das Verweilen auf dem Grundton, das sich in *Confitebor tibi* bei 496 und 676 sowie in *Gaudent* bei 1064, 2608 und 2609 im MIDI-Raster finden lässt.

| Häufigkeit | 5mal |

Grundtonfortschreitung
–
–
–

Nun finden wir einen AH, der von einem AT und einem PS abgelöst wird, und zwar in *Laudate Dominum* bei 628 und 764, in *Confitebor tibi* bei 584 sowie in *Improperium* bei 584 im MIDI-Raster.

| Häufigkeit | 4mal |

Grundtonfortschreitung
AH
AT
PS

Die kommende Folge ereignet sich in *Laudate Dominum* bei 592 und 640 sowie in *Confitebor tibi* bei 592 im MIDI-Raster.

| Häufigkeit | 3mal |

Grundtonfortschreitung
AT
PS
PS

Blockdiagramme

Bei der Klangdichte sehen wir trotz gelegentlicher Differenzen große Übereinstimmungen in der Entwicklung. In allen Werken findet sich eine Steigerung über fünf zusammenhängende Blöcke: Block eins und zwei sind durch einen absteigenden Bereich von zwei Balken Dauer begrenzt (394), Block zwei und drei sind von einem Bereich von der Dauer von drei Balken getrennt (788), Block drei und vier von einem Bereich von einem Balken (985) sowie Block vier und fünf ebenfalls von der Dauer eines Balkens. Diese Block-Trennungen sind sehr ausgeprägte Bereiche, die als wesentliche Tiefpunkte fungieren und deren Entwicklungen ebenfalls überaus deutlich ist. Dabei hat ein Ausreißer eine durchweg höhere Klangdichte als die anderen aufzuweisen. Besonders intensive Entwicklungspunkte bestehen aus der Entwicklung zum ersten Höhepunkt im ersten Block drei Balken vor 394 bei mindestens ca. 25% und höchstens ca. 60% sowie in der Steigerung ab einem Balken vor 1379 zum letzten Höhepunkt zwei Balken vor 1576 bei mindestens ca. 50% und höchstens ca. 80%.

4. GIOVANNI PIERLUIGI DA PALESTRINA 465

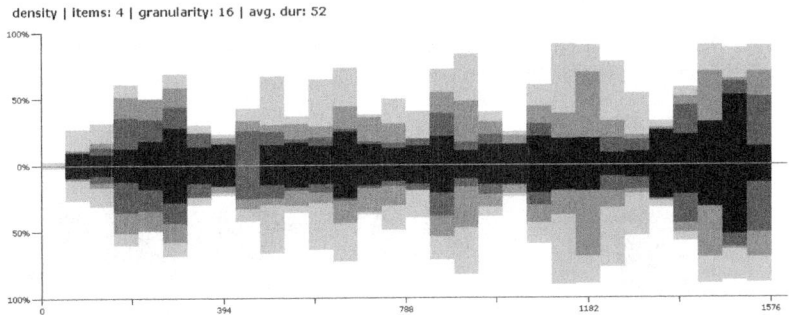

Die Formation der Satzdichte ist nun auch von Palestrina her bekannt und benötigt keine weitere Erläuterung.

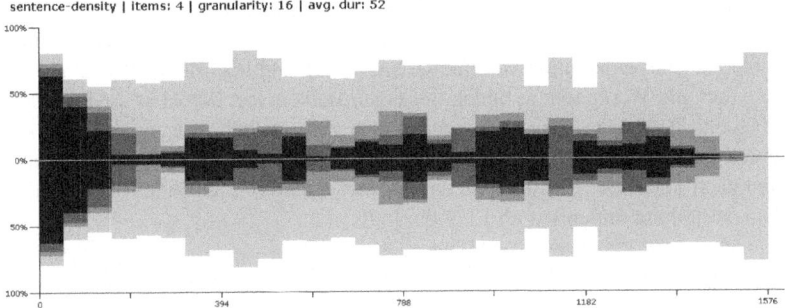

Besonders aufschlussreich sind die Dissonanzgrade. Diese bauen sich spontan nach einem sprunghaften Anstieg auf ca. 52% in einem Ausreißerwerk treppenförmig auf bis zu höchstens 90% bei 197. Der erste Höhepunkt divergiert bei den Werken, andere erleben ihn einen Balken zuvor. Allen gemein ist aber der Werte-Absturz von 197 zu einem Balken danach auf mindestens ca. 20% und höchstens ca. 35%. Nun beginnt ein neues Anwachsen, das durch einen Werte-Rückgang bei 394 kurz unterbrochen wird, um dann auf einen neuen Höchstwert, im Ausreißer bei 100%, sprunghaft anzusteigen. Nun zeigt sich wieder ein Sprung auf ein Niveau von mindestens ca. 20% und höchstens ca. 95%. Nach einem neuen Werte-Abfall und kurzem Anstieg fallen die Werte auf das bedeutsame Tief zwei Balken vor 788. Dieses wird von allen Werken nachvollzogen, das heißt, dass kurz vor der Mitte der Werke besonders wenig Dissonanzen, und wenn, dann sehr milde verwendet werden. Die zweite Hälfte zeigt dann insgesamt mehr Dissonanzen, die in der Zeit gedrängter in grösseren Ballungen vorkommen. Wir erleben zwei sich steigernde Blöcke: den ersten von einem Balken vor 788 bis 985. Der Balken bei 985 ist einerseits ein charakteristischer Hochpunkt, andererseits ein wesentlicher Tiefpunkt. Nun beginnt in unterschiedlicher Bewegungsrichtung die zweite Steigerung. Dieser Block reicht von einen Balken nach 985 bis 1576 und erlebt bei 1182 seinen ausgeprägten Höhepunkt. Einen weiteren charakteristischen Höhepunkt sehen wir zwei

Balken vor 1576, dem allerdings eine ca. 98%ige Spitze eines Ausreißers vorausging. Der Abbau der Dissonanzen zum Ende hin ist obligat.

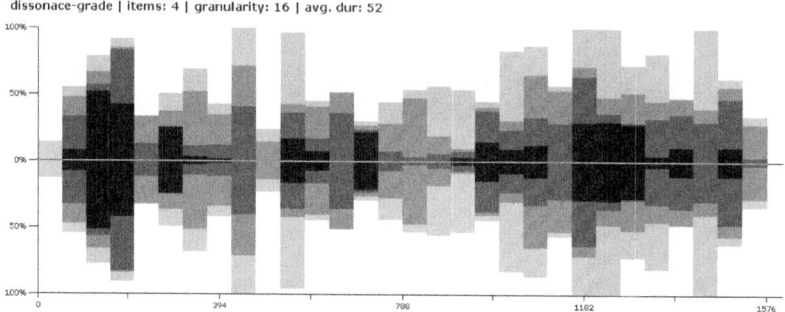

Auch die Dur-Verteilung verläuft in allen Werken mehr oder weniger gleich. Konzentrieren wir uns auf auffällige Punkte: einen Balken nach 197 ist ein charakteristischer Hochpunkt von mindestens ca. 45 und höchstens 50%, einen weiteren, den alle Werke teilen, finden wir einen Balken vor 788. Hier sind mindestens 50% und höchstens 55% vorhanden. Einen zusätzlichen ausgeprägten Punkt, der durch Abbau- und Steigerung erreicht wird, finden wir bei 985 sowie einen Balken nach 1182. Die deutliche Steigerungsbewegung mit absolutem Höhepunkt der Dur-Verteilung finden wir ab 1379 bis 1576.

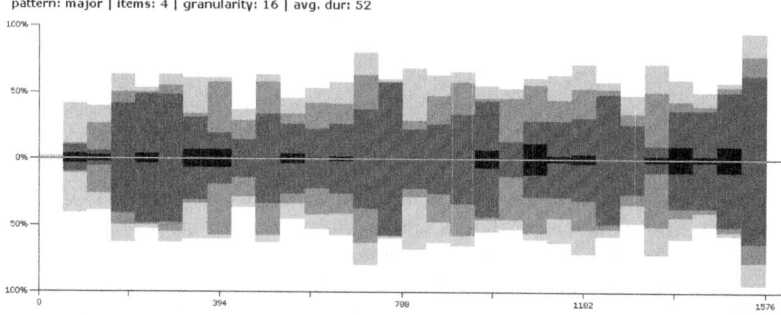

Bei den Stimmkreuzungen beobachten wir wieder eine gewohnt hohe Kreuzungstätigkeit, wie sie dem Wesen der Vokalpolyphonie nach typisch ist. Wir bekommen dabei ein fast *atmendes* Bild. In einem Ausreißer-Werk finden sich in der ersten Hälfte vier Spitzen, in der zweiten Hälfte dagegen fünf. Konzentrieren wir uns auf wesentliche Punkte: der Balken bei 197 mit wenigstens ca. 40% und höchstens ca. 52 % ist deutlich sowie derjenige zwei Balken später mit leicht gesteigerten Werten und der zweiten Ausreißer-Spitze. Den typischsten Punkt finden wir bei 1182 vor, hier sehen wir auch eine deutliche Schwärzung bei 50% und weitere Spitzen bis zu 100%.

4. GIOVANNI PIERLUIGI DA PALESTRINA

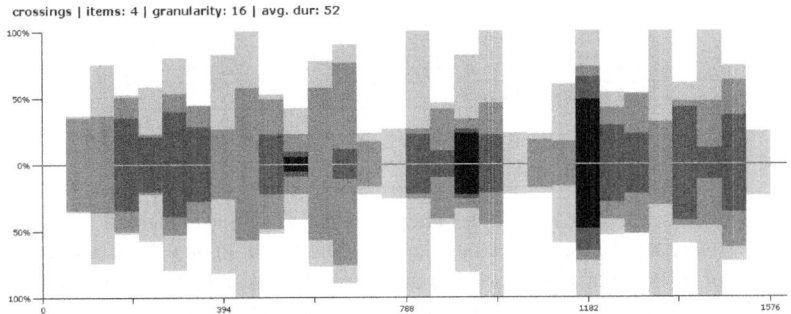

4.0.10 6. Modus transpositus quintus

Mittelwerte

pal_gesamt_6.modus_trq_avg.txt

Konsonanzen	
evts	972,60
sd	260,08
%evt	77,93
sd	6,43
%ttl	60,47
sd	13,90
blks	175,00
sd	102,46
mindur	1,00
maxdur	44,00
avgdur	7,01
avgdur_sd	3,02

Dissonanzen	
evts	258,20
sd	37,25
%evt	22,07
sd	6,43
%ttl	18,68
sd	9,34
blks	86,00
sd	16,43
mindur	1,00
maxdur	11,40
avgdur	3,03
avgdur_sd	0,20

Der quinttransponierte sechste Modus ist etwas konsonanter, vor allen Dingen aber sind die Maximaldauern der Konsonanzen weitaus geringer. Ab Platz drei unterscheiden sich die Klänge vom vorangegangenen Modus.

Dissonante Klänge	evts	%evt	%ttl	blks	mindur	maxdur	avgdur
UNDETERMINED	190,80	71,90	15,58	65,20	1,00	8,80	2,90
Einzelintervall	49,60	21,10	1,83	18,60	1,20	3,60	1,88
Dur-Quartsextakkord	5,20	2,06	0,37	0,80	4,40	4,40	4,40
5/7	3,40	1,42	0,21	1,20	3,00	3,00	3,00
12/5	1,80	0,67	0,15	1,00	1,00	1,00	1,00
Dominantseptakkord	1,60	0,57	0,15	0,80	1,20	1,20	1,20

Ab dem 12/5-Klang übertreffen die Standardabweichungen, abgesehen vom Dominantseptakkord, die Mittelwerte.

Dissonante Klänge	evts-sd	%evt-sd	%ttl-sd	blks-sd	avgdur-sd
UNDETERMINED	81,31	24,26	10,48	27,10	0,26
Einzelintervall	56,19	24,02	1,81	20,39	1,00
Dur-Quartsextakkord	4,31	1,75	0,34	0,75	4,08
5/7	1,96	0,96	0,10	0,40	2,00
12/5	2,23	0,77	0,21	1,10	0,89
Dominantseptakkord	1,50	0,51	0,14	0,75	0,98

Die Konsonanten Klänge indes überraschen, da das Einzelintervall den wichtigsten konsonanten Zusammenklang darstellt. Die macht in den %evt fast 30% aus! Der Dur-Akkord hat in den %evt fast die gleichen Werte, allerdings sind seine Werte in den %ttl um gute zehn Prozent höher. Der Moll-Akkord macht demgegenüber in den %evt nur noch ein Drittel aus, die anderen Klänge nehmen in der Häufigkeit sukzessive ab. Die größte Maximaldauer besitzt indes der Dur-Akkord auf Platz zwei.

Konsonante Klänge	evts	%evt	%ttl	blks	mindur	maxdur	avgdur
Einzelintervall	337,40	27,39	12,84	94,20	3,20	16,40	6,75
Dur	270,00	33,20	22,77	56,60	1,20	18,80	4,66
Moll	101,00	11,68	7,89	26,40	1,40	12,80	3,66
Dur-Sextakkord	68,60	7,92	5,23	18,40	1,60	6,80	3,78
Moll-Sextakkord	46,20	5,21	3,46	13,40	1,40	6,80	3,29
12/4	23,20	2,47	1,49	9,00	2,00	6,40	3,02
12/3	20,80	1,95	1,07	6,00	1,40	4,80	3,11
3/12	20,60	2,10	1,22	6,40	1,00	5,20	3,15
7/5	12,80	1,27	0,72	5,80	1,40	3,80	2,14

Die Standardabweichungen zeigen keine Auffälligkeiten, erst bei den Klängen, die kaum noch eine Rolle spielen, übertreffen die Standardabweichungen die Mittelwerte.

Konsonante Klänge	evts-sd	%evt-sd	%ttl-sd	blks-sd	avgdur-sd
Einzelintervall	369,52	27,86	11,71	110,10	3,19
Dur	134,32	20,47	15,65	19,99	2,02
Moll	46,90	6,50	5,49	8,19	0,76
Dur-Sextakkord	18,80	3,37	2,90	5,39	0,43
Moll-Sextakkord	21,23	3,08	2,51	3,98	0,71
12/4	8,03	1,00	0,74	4,77	0,87
12/3	15,89	1,19	0,57	3,46	0,96
3/12	9,81	0,84	0,52	2,80	0,24
7/5	10,34	0,75	0,34	3,82	0,53

Bei der Auflistung aller Klänge dominiert der Dur-Akkord über der 1. Stufe. Auf Platz zwei jedoch steht der Dur-Akkord über der Finalis. Die höchste Durchschnittsdauer besitzt die Einzelnote der Finalis. Der wichtigste Moll-Akkord ist der über der 2. Stufe. Bei Lasso lag der Dur-Akkord über der 4. Stufe vor dem der 1. Stufe. Palestrina und Lasso teilen sich Platz drei, dann erscheinen die Unterschiede: so kommen bei Palestrina unzählige Primen und Einzelnoten, wo Lasso nach vollständigen Akkorden strebte. Der wichtigste Sext-Akkord ist der C-Dur-Sextakkord, der noch vor dem G-Dur-Sextakkord kommt.

4. GIOVANNI PIERLUIGI DA PALESTRINA

Alle Klänge	evts	%evt	%ttl	blks	mindur	maxdur	avgdur
Dur, g-do, 1. Stufe	106,00	12,06	9,16	23,40	1,40	14,80	4,44
Dur, c-fa, 4. Stufe	105,00	11,53	8,70	25,40	1,60	14,00	4,01
Prime, f-ta, 7. Stufe	70,60	3,64	2,70	19,60	2,00	7,60	3,70
Einzelnote, c-fa, 4. Stufe	63,40	3,36	2,47	17,60	5,20	9,20	6,16
Prime, g-do, 1. Stufe	62,40	3,40	2,54	17,80	2,00	9,60	4,74
Prime, c-fa, 4. Stufe	61,60	3,14	2,33	18,60	4,00	6,40	4,89
Prime, e-la, 6. Stufe	60,80	3,10	2,31	16,00	2,00	6,80	3,43
Prime, a-re, 2. Stufe	53,80	2,67	1,97	17,00	2,80	6,40	3,63
Einzelnote, d-so, 5. Stufe	51,00	2,65	1,97	15,60	4,40	9,20	5,24
Moll, a-re, 2. Stufe	50,20	4,92	3,79	13,60	1,40	7,60	3,55
Prime, d-so, 5. Stufe	47,00	2,35	1,75	15,60	1,60	5,20	2,56
Einzelnote, e-la, 6. Stufe	42,20	2,11	1,57	11,40	2,80	6,80	3,84
Einzelnote, g-do, 1. Stufe	41,40	2,08	1,56	15,00	1,20	4,40	2,31
Einzelnote, f-ta, 7. Stufe	41,20	1,90	1,41	12,60	0,40	5,80	1,31
Einzelnote, a-re, 2. Stufe	40,00	1,94	1,44	14,60	2,00	5,80	2,65
Einzelnote, h-mi, 3. Stufe	34,40	1,71	1,26	8,20	2,00	6,20	3,19
Moll, d-so, 5. Stufe	32,80	3,27	2,53	8,60	1,60	7,60	3,61
Dur, d-so, 5. Stufe	29,60	3,62	2,74	7,80	1,40	5,80	3,07
Einzelintervall, h-mi, 3. Stufe	29,20	1,36	1,01	8,00	0,40	2,80	1,45
Dur, f-ta, 7. Stufe	23,40	2,25	1,71	7,80	1,40	6,80	2,98
Dur-Sextakkord, e-la, 6. Stufe	22,80	2,37	1,80	6,60	2,00	4,80	3,41
Dur-Sextakkord, h-mi, 3. Stufe	21,40	1,92	1,44	6,00	2,40	5,20	3,89
Moll-Sextakkord, f-ta, 7. Stufe	20,60	1,97	1,50	5,20	3,00	5,20	4,54
Dur-Sextakkord, a-re, 2. Stufe	19,20	1,98	1,51	5,00	2,80	6,00	4,22
Moll, e-la, 6. Stufe	17,00	2,00	1,50	5,40	1,60	5,00	2,83
Moll-Sextakkord, g-do, 1. Stufe	12,80	1,38	1,05	4,60	2,40	3,20	2,72
12/4, g-do, 1. Stufe	12,00	0,99	0,73	3,80	2,80	6,40	3,79

Ab der Prime g-so auf der 5. Stufe übertreffen die Standardabweichungen die Mittelwerte.

Alle Klänge	evts-sd	%evt-sd	%ttl-sd	blks-sd	avgdur-sd
Dur, g-do, 1. Stufe	63,57	9,02	6,90	13,91	1,57
Dur, c-fa, 4. Stufe	48,40	7,84	5,87	8,40	1,27
Prime, f-ta, 7. Stufe	77,61	3,24	2,38	21,22	0,69
Einzelnote, c-fa, 4. Stufe	68,83	2,98	2,21	20,74	5,54
Prime, g-do, 1. Stufe	62,82	2,57	1,89	19,36	2,15
Prime, c-fa, 4. Stufe	68,63	3,00	2,22	21,56	2,58
Prime, e-la, 6. Stufe	66,90	2,83	2,08	16,78	0,71
Prime, a-re, 2. Stufe	62,68	2,71	2,00	20,31	2,57
Einzelnote, d-so, 5. Stufe	54,63	2,36	1,74	18,34	5,55
Moll, a-re, 2. Stufe	29,65	3,69	2,93	7,68	0,56
Prime, d-so, 5. Stufe	59,89	2,78	2,06	18,87	1,37
Einzelnote, e-la, 6. Stufe	48,79	2,09	1,53	13,60	2,54
Einzelnote, g-do, 1. Stufe	46,69	2,12	1,57	18,57	2,24
Einzelnote, f-ta, 7. Stufe	50,60	2,33	1,72	15,51	1,60
Einzelnote, a-re, 2. Stufe	48,47	2,12	1,56	17,66	2,93
Einzelnote, h-mi, 3. Stufe	43,35	1,87	1,37	9,83	3,04
Moll, d-so, 5. Stufe	18,76	2,51	2,08	2,33	0,96
Dur, d-so, 5. Stufe	23,00	2,95	2,21	6,49	1,83
Einzelintervall, h-mi, 3. Stufe	36,84	1,74	1,29	9,88	1,78
Dur, f-ta, 7. Stufe	9,39	1,51	1,14	2,14	0,63
Dur-Sextakkord, e-la, 6. Stufe	9,20	1,44	1,12	2,42	0,85
Dur-Sextakkord, h-mi, 3. Stufe	6,97	0,97	0,69	2,68	0,96
Moll-Sextakkord, f-ta, 7. Stufe	12,04	1,55	1,19	3,54	1,27
Dur-Sextakkord, a-re, 2. Stufe	6,88	1,19	0,94	2,19	1,40
Moll, e-la, 6. Stufe	11,17	1,63	1,19	2,58	1,18
Moll-Sextakkord, g-do, 1. Stufe	10,85	1,44	1,09	3,26	0,88
12/4, g-do, 1. Stufe	5,80	0,61	0,42	2,40	1,19

Der Tenor besitzt kein *b*, kein *es* und auch kein *gis*, dies war bereits bei Lasso der Fall. In den anderen Stimmen kommen allerdings *b* und *gis* vor. Lasso hingegen verwendete in diesem Modus auch in den anderen Stimmen kein *gis*.

Tenor, nur Tonhöhen	evts	%evt	%ttl	blks	mindur	maxdur	avgdur
d	210,80	21,88	13,96	38,80	1,20	22,00	5,70
e	174,20	17,61	10,81	32,20	1,40	14,80	5,48
g	163,60	17,70	11,93	25,00	1,80	16,40	6,74
c	159,20	16,08	9,84	30,60	1,20	18,00	5,34
f	108,40	10,28	5,79	20,80	1,40	9,60	4,71
a	74,60	7,65	4,78	15,00	1,80	12,40	5,16
h	68,80	7,22	4,63	15,00	1,40	12,40	4,92
fis	7,20	0,84	0,60	1,60	3,20	4,60	3,87
cis	7,20	0,75	0,50	1,40	4,00	5,20	4,53

4. GIOVANNI PIERLUIGI DA PALESTRINA

Die Standardabweichungen zeigen keine Besonderheiten.

Tenor, nur Tonhöhen	evts-sd	%evt-sd	%ttl-sd	blks-sd	avgdur-sd
d	34,72	2,76	4,97	10,65	1,37
e	49,54	2,00	2,57	10,23	0,45
g	36,55	5,77	5,95	5,10	1,77
c	58,66	4,06	3,19	11,52	0,90
f	65,37	4,75	1,98	8,75	1,31
a	21,20	1,47	1,61	5,02	0,93
h	8,42	1,10	1,71	4,05	1,36
fis	5,34	0,72	0,55	1,20	2,35
cis	4,45	0,53	0,46	1,02	2,57

Im Gegensatz zum Tenor besitzt der Bass ein *b*. Seine wichtigsten Töne sind *g*, *c* und *a*. Bei Lasso waren dies die Töne *c*, *g* und *f*.

Bassus, nur Tonhöhen	evts	%evt	%ttl	blks	mindur	maxdur	avgdur
g	180,80	22,71	12,92	29,00	1,60	18,00	6,69
c	180,40	22,36	12,38	29,60	1,80	16,40	6,70
a	135,40	16,59	8,28	24,00	1,40	13,20	6,00
d	97,40	12,28	7,05	17,20	1,40	15,20	5,69
f	79,60	9,66	4,76	16,80	1,60	12,40	4,96
e	61,00	7,74	4,45	12,80	1,40	12,40	4,99
h	60,80	7,12	3,18	13,40	1,60	6,00	4,13
b	6,40	0,82	0,47	1,40	1,60	3,20	2,27
fis	4,60	0,62	0,44	1,00	2,60	3,60	3,10
cis	0,80	0,11	0,07	0,20	0,80	0,80	0,80

Die Standardabweichungen des *b* übertreffen die Mittelwerte.

Bassus, nur Tonhöhen	evts-sd	%evt-sd	%ttl-sd	blks-sd	avgdur-sd
g	19,82	3,71	6,05	7,80	1,72
c	36,55	3,90	5,58	10,54	2,08
a	49,92	5,23	2,44	11,31	1,42
d	28,30	3,96	3,66	3,12	1,60
f	28,32	2,60	0,94	7,00	0,95
e	7,92	1,70	2,19	3,25	1,06
h	40,11	4,11	1,35	6,34	1,12
b	8,50	1,14	0,78	1,36	2,76
fis	4,72	0,63	0,45	0,89	3,29
cis	1,60	0,22	0,15	0,40	1,60

Klangfolgen

pal_gesamt_6.modus_trq_sequences.txt

Wir finden dreimal vorkommende Folgen, zwei kommen nur zweimal vor. Die kommende Folge ereignet sich in der Motette *Quae* bei 307, 883 und 1971 im MIDI-Raster.

| Häufigkeit | 3mal |

Modus-Stufe	Solmisationssilbe	Klang	Sonanzform
7	f-ta	Einzelnote	–
GAP	–	–	–
7	f-ta	Einzelnote	–
7	f-ta	5r	konsonant

Diese Folge ereignet sich in der gleichen Motette bei 115, 1731 und 2003.

| Häufigkeit | 3mal |

Modus-Stufe	Solmisationssilbe	Klang	Sonanzform
2	a-re	Einzelnote	–
GAP	–	–	–
2	a-re	Einzelnote	–
2	a-re	3-	konsonant

Diese Folge ereignet sich in der Motette *Magnum* bei 327 und 1799 sowie in *Quae* bei 2247.

| Häufigkeit | 3mal |

Modus-Stufe	Solmisationssilbe	Klang	Sonanzform
1	g-do	Einzelnote	–
1	g-do	8r	konsonant
1	g-do	Einzelnote	–

Diese Folge ereignet sich in *Quae* bei 112, 1728 und 2001.

| Häufigkeit | 3mal |

Modus-Stufe	Solmisationssilbe	Klang	Sonanzform
2	a-re	5r	–
2	a-re	Einzelnote	konsonant
GAP	–	–	–
2	a-re	Einzelnote	konsonant

Diese Folge ereignet sich in *Quae* bei 272, 400 und 1720.

4. GIOVANNI PIERLUIGI DA PALESTRINA

|Häufigkeit|3mal|

Modus-Stufe	Solmisationssilbe	Klang	Sonanzform
1	g-do	6+	konsonant
6	e-la	Einzelnote	–
2	a-re	5r	konsonant

Nun beobachten wir zum ersten Male vollständige Akkorde, und zwar in *Sacerdotes* bei 732 und in *Vir erat in terra Hus* bei 156 und 596.

|Häufigkeit|3mal|

Modus-Stufe	Solmisationssilbe	Klang	Sonanzform
5	d-so	Dur	konsonant
1	g-do	Dur	konsonant
4	c-fa	Dur	konsonant

Diese Folge ereignet sich in *Magnum* bei 465 und 2129 sowie in *Quae* bei 2116.

|Häufigkeit|3mal|

Modus-Stufe	Solmisationssilbe	Klang	Sonanzform
6	e-la	6-	konsonant
4	c-fa	Einzelnote	–
7	f-ta	5r	konsonant

Wir sparen uns die Darstellung der weiteren zweimaligen Folgen, da wieder sehr viele Einzelnoten vorkommen, und gehen zu den Grundtonfortschreitungen über.

Grundtonfortschreitungen

pal_gesamt_6.modus_trq_keytonepro_.txt

Die Grundton-Fortschreitungen sind ausgiebiger als die Klangfolgen. Diese Folge hatten wir auf Platz zwei auch im natürlichen 6. Modus sehen können. Wir finden diese Fortschreitung in der Motette *Sacerdotes Domini* bei 236, 292 und 336 im MIDI-Raster.

|Häufigkeit|3mal|

Grundtonfortschreitung
AH
AT
PS

Diese Folge finden wir in *Magnum* bei 1043, 1832 und 2243.

| Häufigkeit | 3mal |

Grundtonfortschreitung
AT
AH
–

Diese plagalen Schritte finden wir in *Deus, Deus meus* bei 508, in *Sacerdotes Domini* bei 436 sowie in *Vir erat in terra Hus* bei 832.

| Häufigkeit | 3mal |

Grundtonfortschreitung
PH
PS
PT

Diese Folge findet sich in *Deus, Deus meus* bei 504 sowie in *Sacerdotes Domini* bei 70 und 52.

| Häufigkeit | 3mal |

Grundtonfortschreitung
AH
PH
PS

Diese Sequenz findet sich in *Sacerdotes Domini* bei 68 und 70 sowie in *Vir erat in terra Hus* bei 52.

| Häufigkeit | 3mal |

Grundtonfortschreitung
AS
AS
AS

Blockdiagramme

Die Klangdichte-Entwicklung ist so plastisch, dass sie keiner weiteren Erklärung bedarf. Alle Werke teilen sich mehr oder weniger die gleichen Entwicklungen, was wir besonders im Bereich zwei Balken vor 452 beobachten können. Denn sowohl die treppenförmige Steigerung als auch der Absturz und die erneute Steigerungen sind sehr ausgeprägt. Einen charakteristischen Tief-Punkt sehen wir einen Balken nach 1131. Die folgende Entwicklung steuert auf einen neuen Hochpunkt bei 1358 zu, der sich nach deutlichem Absturz und neuem treppenförmigen Anlauf auf einen

4. GIOVANNI PIERLUIGI DA PALESTRINA

neuen Hochpunkt bei 1584 auf bis zu 90% steigert. Der anschließende Absturz und die erneute Steigerung werden von den beteiligten Werken mehr oder weniger geteilt. Der Bereich von 678 bis 1131 setzt sich aus sehr unterschiedlichen Entwicklungen zusammen. Einerseits sehen wir hier Höchstwerte durch ein Ausreißer-Werk, andererseits sehen wir aber auch eine von einem niedrigen Hochpunkt abwärts führende und anschließend steigernde Bewegungsrichtung. In diesem „Klangdichte-Mittelteil" kommt es zu einem Kulminationpunkt auf niedrigem Niveau einen Balken vor 905.

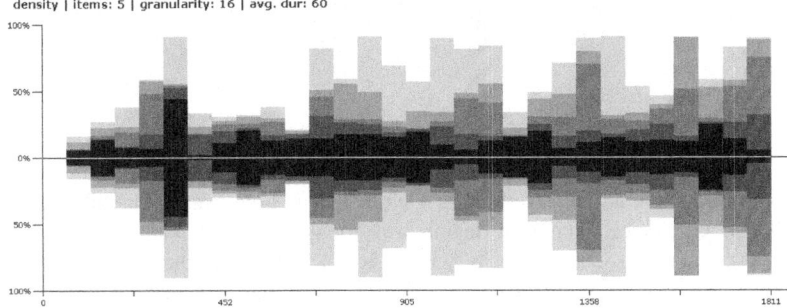

Das Satzdichte-Bild ist bekannt und bedarf keiner weiteren Erklärung.

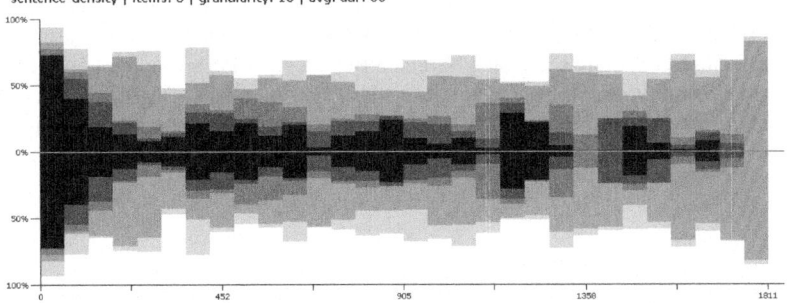

Auch bei den Dissonanzen ergeben sich verwandte Entwicklungs-Verläufe in den beteiligten Werken. Wir beobachten wieder ein Ausreißer-Werk, das fünf 100%-Spitzen aufweist und eine von ca. 95%. Bedeutsame Hochpunkte finden wir drei Balken nach 226. Den ausgeprägtesten Punkt sehen wir drei Balken nach 452. Das Niveau beträgt hier mindestens ca. 45% sowie höchstens 100%. Einen relativen Tiefpunkt beobachten wir zwei Balken vor 905 mit mindestens ca. 5% und höchstens 45%. Hier setzt eine neue Steigerung an, die sehr rasch einen Balken nach 905 die 100%-Marke erreicht. Dieser charakteristische Hochpunkt teilt sich in ca. 5%, ca. 25%, ca. 50%, ca. 70% und 100%. Nun setzt eine deutliche Abwärtsbewegung an, die sehr schnell einen wesentlichen Tiefpunkt bei 1131 erreicht. Hier setzt nun wieder eine bedeutsame Steigerungsbewegung ein, die einen Balken vor 1358 einen weiteren Hochpunkt erreicht. Der folgende Absturz und weiterer Werte-Abbau ist typisch, zwei Balken nach 1358 setzt eine neue Steigerungsform ein, die zumindest im Ausreißer-Werk zwei Balken nach 1584 bei ca. 80% einen letzten Höhepunkt erreicht. Der Dissonanzen-Rückgang, der sich unmittelbar anschließt, ist obligat.

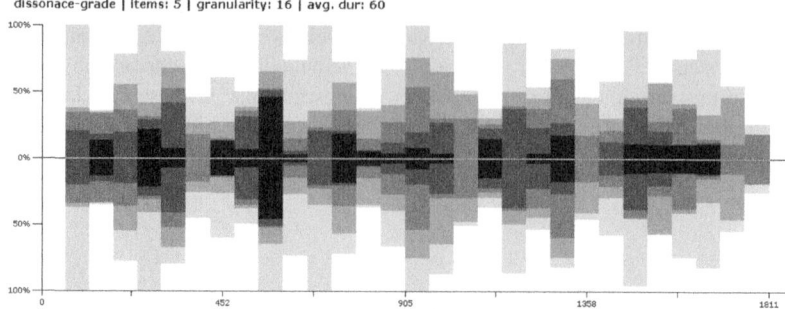

Da das Einzelintervall vor dem Dur-Akkord in unserer Topliste erschien, werfen wir einen Blick auf eine Verteilung. Den Höhepunkt der Einzelintervall-Verteilung finden wir einen Balken nach Beginn, was offensichtlich ist. Das Niveau reicht von ca. 20%, über ca. 80% bis ca. 98%. Der folgende Werte-Absturz und weitere Rückgang führt bei 226 zu einem charakteristischen Tiefpunkt, von dem aus eine immer wieder steigernde und abfallende Entwicklung ansetzt. Einen auffälligen Punkt in dieser Entwicklung finden wir bereits einen Balken nach 226 sowie drei Balken nach 452. Eine besondere Einzelintervall-Häufung finden wir bei 1358, die sich nicht nur durch den Ausreißer-Höhepunkt auszeichnet, sondern auch die dunkle Färbung bei ca. 20%. Der weitere Rückgang bis einen Balken vor 1358 sowie der dort folgende Sprung sind typisch für die Verbreitung des Einzelintervalls. Dass das Einzelintervall gegen Ende zugunsten einer vollstimmigen Behandlung zurückweichen muss, ist selbstverständlich.

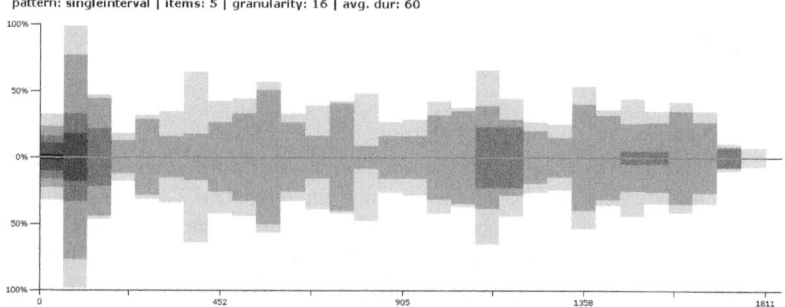

In den meisten Werken baut sich die Verteilung des Dur-Akkordes treppenförmig auf und erlebt drei Balken vor 452 ihren Höhepunkt, der anschließende Werte-Abfall ist deutlich. Nun verweilt der Dur-Akkord in den meisten Werken auf eher niedrigem Niveau, bis bei 678 sprunghaft ein Hochpunkt von mindestens ca. 50% und höchstens ca. 70% erreicht wird, der sich nach kurzem Absturz wiederholt. Nun beginnt ein bedeutender Rückgang bis einen Balken nach 905. Die Entwicklungen sind recht unterschiedlich. Ein Werte-Anstieg geleitet zu einem neuen typischen Hö-

4. GIOVANNI PIERLUIGI DA PALESTRINA

hepunkt bei 1131 von höchstens 65% mit deutlichem Abstieg bis einen Balken vor 1358. Jedoch erleben wir bei 1358 einen Maximal-Höhepunkt, der in den meisten Werken per Sprung erreicht wird, im Ausreißer-Werk beobachten eine Spitze von 100%. Sowohl der Werte-Abfall mit Tiefpunkt bei drei Balken nach 1358 als auch die sich anschließende Steigerungsbewegung zum obligaten Dur-Schluss hin sind genuin gestaltet.

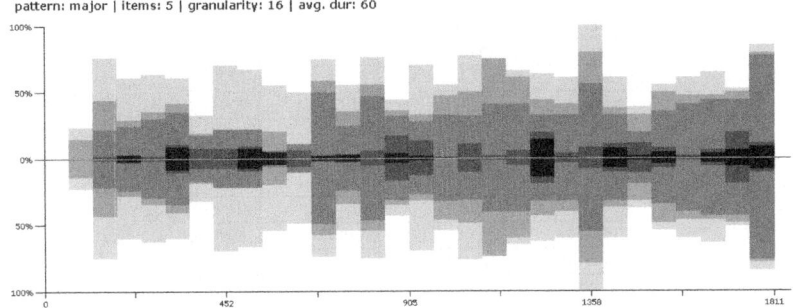

Die Kreuzungstätigkeit baut sich drei Balken nach Beginn sukzessive auf bis zu ca. 90% im Ausreißer-Werk auf. Dieses Werk zeigt fünf 100%-Spitzen, wenn man die zwei Balken bei 1358 einzeln nimmt. Über längere Distanz als ersten Block betrachtet, baut sich die Kreuzungstätigkeit bis zur 1. 100%-Spitze bei 452 auf. Von 678 bis 1131 beobachten wir einen zweiten Block, der sich im Ausreißer-Werk von ca. 80% über 90% auf 100% zwei Balken vor 1131 steigert. Der Tiefpunkt einen Balken nach 1131 ist wesentlich und neben Beginn und einen Balken vor 678 der kreuzungsfreieste Punkt. Der sprunghafte Anstieg der Kreuzungstätigkeit auf 1358 führt einen Balken nach 1358 zu einem neuen Höhepunkt von mindestens ca. 45%, der sich bis 100% weiter auffächert. Der folgende Werte-Rückgang bis 1584 und der folgende Werte-Anstieg sind bis zwei Balken vor 1811 deutlich; dann teilt sich die Bewegungsrichtung der Werte auf in eine ausgeprägte Abwärtsbewegung und einen 100%-Ausreißer.

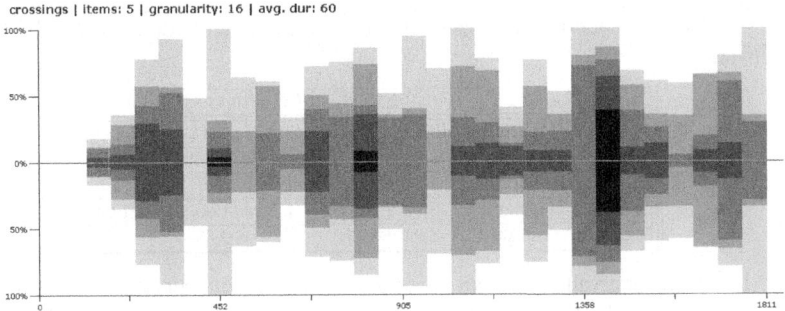

4.0.11 7.Modus naturalis

Mittelwerte

pal_gesamt_7.modus_nat_avg.txt

Konsonanzen	
evts	903,19
sd	251,27
%evt	79,18
sd	8,01
%ttl	52,81
sd	15,63
blks	184,19
sd	78,55
mindur	1,06
maxdur	27,00
avgdur	5,48
avgdur_sd	1,78

Dissonanzen	
evts	230,81
sd	83,20
%evt	20,82
sd	8,01
%ttl	16,30
sd	11,11
blks	78,00
sd	30,99
mindur	1,00
maxdur	9,50
avgdur	3,01
avgdur_sd	0,29

Auffällig ist hier die Diskrepanz zwischen %evt und den %ttl der Konsonanzen. Wir werden bei den Konsonanzen allerdings auch wieder die Einzelintervalle an erster Stelle sehen. An dritter Stelle steht der verminderte Dreiklang und auf Platz vier der Dominantseptakkord. Bei Lasso fanden wir den verminderten Dreiklang erst auf Platz sieben, dafür auf Platz fünf den Dominant-Sekundakkord, den wir bei Palestrina erst auf Platz dreizehn finden können, und zwar mit 0,05%ttl.

Dissonante Klänge	evts	%evt	%ttl	blks	mindur	maxdur	avgdur
UNDETERMINED	157,19	60,88	12,65	56,81	1,00	7,75	2,75
Einzelintervall	57,81	33,19	2,39	19,75	1,25	5,25	2,52
Verminderter Dreiklang	2,69	1,00	0,14	0,81	0,81	1,63	1,20
Dominantseptakkord	2,19	0,74	0,21	1,13	0,75	1,00	0,88
Dur-Quartsextakkord	2,19	0,77	0,19	0,81	1,31	1,44	1,40

Ab dem verminderten Dreiklang übertreffen die Standardabweichungen die Mittelwerte.

Dissonante Klänge	evts-sd	%evt-sd	%ttl-sd	blks-sd	avgdur-sd
UNDETERMINED	103,45	25,77	11,44	37,12	0,29
Einzelintervall	50,28	28,11	1,76	15,99	0,91
Verminderter Dreiklang	4,21	1,68	0,20	1,07	1,76
Dominantseptakkord	3,13	1,05	0,30	1,65	1,04
Dur-Quartsextakkord	2,94	1,12	0,29	0,88	1,48

Die Einzelintervalle liegen an erster Stelle, gefolgt von Dur- und Moll-Akkord. Bei Lasso stand das Einzelintervall an dritter Stelle. Der 12/4-Klang kam aber auch bei ihm in der Reihenfolge vor dem 12/3-Klang.

4. GIOVANNI PIERLUIGI DA PALESTRINA

Konsonante Klänge	evts	%evt	%ttl	blks	mindur	maxdur	avgdur
Einzelintervall	380,56	37,53	15,73	106,44	1,63	16,50	5,47
Dur	192,25	24,89	15,76	47,75	1,31	15,63	3,66
Moll	78,38	9,43	5,86	24,94	1,19	8,69	2,93
Dur-Sextakkord	60,50	7,15	4,20	16,06	1,31	7,69	3,99
Moll-Sextakkord	39,88	4,69	2,72	12,94	1,31	5,56	3,06
12/4	22,75	2,47	1,34	9,19	1,56	5,19	2,53
12/3	17,38	1,84	0,93	4,44	2,00	5,56	3,71
3/12	17,19	1,84	0,94	5,13	1,38	4,56	2,95

Die Standardabweichungen des Dur-Akkordes kommen dem Mittelwert sehr nahe, ansonsten finden sich keine Auffälligkeiten.

Konsonante Klänge	evts-sd	%evt-sd	%ttl-sd	blks-sd	avgdur-sd
Einzelintervall	317,29	28,15	10,83	94,07	3,23
Dur	131,78	19,65	14,54	24,92	1,09
Moll	47,46	6,75	5,47	9,72	0,77
Dur-Sextakkord	22,65	3,23	2,75	6,91	0,75
Moll-Sextakkord	19,16	2,53	1,88	5,63	0,87
12/4	14,27	1,26	0,93	4,52	0,73
12/3	12,10	1,12	0,56	2,55	0,77
3/12	13,37	1,33	0,61	3,16	1,38

Der wichtigste Klang ist der Dur-Akkord über der Finalis, es folgt die Prime über der plagalen Repercussa. Die größte Durchschnittsdauer besitzt die Einzelnote der Finalis. Es finden sich wieder viele Primen und Einzelnoten. Der zweithäufigste Dur-Klang ist der Dur-Klang über der plagalen Repercussa. Der wichtigste Sextakkord ist der G-Dur-Sextakkord, was bei aller Vorsicht schon ein Indiz für eine sich unter der Oberfläche anbahnende und grundtonorientierte Dur-Moll-Tonalität sein könnte. Auch bei Lasso beobachteten wir die Bedeutung der vierten Stufe, was durchaus als Indiz für eine Verschmelzung des 7. und 8. Modus gedeutet werden könnte, so dass Dahlhaus in diesem Aspekt wenigstens Recht gegeben werden könnte, einen authentisch-plagalen Gesamtmodus in der Klanglichkeit anzunehmen. Die Repercussa finden wir hier erst als Prime auf Platz sechs.

Alle Klänge	evts	%evt	%ttl	blks	mindur	maxdur	avgdur
Dur, g-so, 1. Stufe	78,69	8,62	6,31	19,75	1,19	12,19	3,85
Prime, c-do, 4. Stufe	76,25	4,42	3,15	22,25	2,69	8,63	4,42
Prime, g-so, 1. Stufe	75,13	4,43	3,22	22,31	2,06	8,13	3,77
Einzelnote, g-so, 1. Stufe	66,69	4,03	2,85	21,13	5,06	11,50	6,24
Einzelnote, c-do, 4. Stufe	66,38	3,68	2,61	20,63	1,31	7,19	2,62
Prime, d-re, 5. Stufe	64,31	3,73	2,65	18,63	1,56	6,56	3,35
Dur, c-do, 4. Stufe	64,19	7,25	5,34	19,63	1,44	8,06	2,94
Prime, e-mi, 6. Stufe	63,88	3,69	2,63	18,56	1,38	7,50	3,32
Einzelnote, d-re, 5. Stufe	58,88	3,60	2,53	17,00	4,31	9,75	5,65
Einzelnote, e-mi, 6. Stufe	55,69	3,13	2,16	17,19	0,56	4,94	1,86
Prime, a-la step: 2. Stufe	55,00	3,17	2,26	17,63	1,38	6,06	2,84
Prime, f-fa step: 7. Stufe	54,38	3,12	2,22	15,63	1,63	6,38	3,31
Einzelnote, a-la step: 2. Stufe	45,81	2,55	1,79	15,19	0,56	5,94	1,71
Prime, h-ti, 3. Stufe	43,88	2,48	1,78	11,13	1,25	5,94	3,05
Einzelnote, h-ti, 3. Stufe	42,13	2,29	1,64	11,25	1,06	4,50	2,61
Einzelnote, f-fa, 7. Stufe	39,50	2,22	1,54	11,88	0,56	4,50	1,92
Moll, a-la, 2. Stufe	32,63	3,21	2,39	11,31	1,38	6,06	2,81
Dur, f-fa, 7. Stufe	27,63	2,95	2,17	8,44	1,75	6,88	3,44
Moll, d-re, 5. Stufe	24,88	2,70	2,03	8,38	1,38	4,38	2,53
Dur-Sextakkord, h-ti, 3. Stufe	24,06	2,13	1,57	5,94	2,25	6,19	4,13
Einzelnote, fis-fi, 7. Stufe	21,81	1,25	0,84	3,69	1,19	4,75	3,23
Dur-Sextakkord, a-la, 2. Stufe	17,81	1,67	1,23	4,88	2,13	6,19	4,06
Moll, e-mi, 6. Stufe	17,56	1,54	1,14	5,56	2,00	5,63	3,29
Dur-Sextakkord, e-mi, 6. Stufe	17,25	1,78	1,30	5,50	2,31	5,00	3,50
Dur, d-re, 5. Stufe	15,75	1,90	1,41	4,00	1,25	4,06	2,40
Moll-Sextakkord, f-fa, 7. Stufe	15,75	1,50	1,11	5,19	1,63	4,50	2,90
Moll-Sextakkord, g-so, 1. Stufe	11,19	1,01	0,73	3,38	1,69	4,13	2,80
Moll-Sextakkord, c-do, 4. Stufe	10,81	0,99	0,73	3,75	1,31	4,13	2,55

Die Standardabweichungen befinden sich nahe am jeweiligen Mittelwert.

4. GIOVANNI PIERLUIGI DA PALESTRINA

Alle Klänge	evts-sd	%evt-sd	%ttl-sd	blks-sd	avgdur-sd
Dur, g-so, 1. Stufe	53,04	7,89	5,82	11,73	0,78
Prime, c-do, 4. Stufe	66,91	3,35	2,37	19,71	1,87
Prime, g-so, 1. Stufe	66,98	3,14	2,38	20,53	1,94
Einzelnote, g-so, 1. Stufe	54,71	2,74	1,92	20,12	5,15
Einzelnote, c-do, 4. Stufe	60,74	3,21	2,27	19,36	2,15
Prime, d-re, 5. Stufe	57,15	2,92	2,02	16,00	1,60
Dur, c-do, 4. Stufe	50,84	7,30	5,37	12,37	1,00
Prime, e-mi, 6. Stufe	57,62	2,62	1,92	17,30	1,86
Einzelnote, d-re, 5. Stufe	46,27	2,50	1,70	14,68	5,27
Einzelnote, e-mi, 6. Stufe	51,98	3,00	2,01	15,87	1,73
Prime, a-la, 2. Stufe	49,28	2,62	1,89	15,26	1,55
Prime, f-fa, 7. Stufe	47,94	2,36	1,68	14,40	1,77
Einzelnote, a-la, 2. Stufe	41,91	2,38	1,66	13,66	1,58
Prime, h-ti, 3. Stufe	42,62	2,11	1,53	10,70	1,63
Einzelnote, h-ti, 3. Stufe	40,49	2,04	1,48	11,04	2,28
Einzelnote, f-fa, 7. Stufe	36,95	2,14	1,44	11,04	1,79
Moll, a-la, 2. Stufe	16,97	2,68	2,06	4,21	0,65
Dur, f-fa, 7. Stufe	16,02	2,53	1,90	4,83	1,58
Moll, d-re, 5. Stufe	21,63	2,90	2,23	5,84	1,35
Dur-Sextakkord, h-ti, 3. Stufe	15,58	1,53	1,14	3,47	0,99
Einzelnote, fis-fi, 7. Stufe	26,47	1,69	1,03	4,12	2,95
Dur-Sextakkord, a-la, 2. Stufe	7,18	1,15	0,86	2,45	1,17
Moll, e-mi, 6. Stufe	12,31	1,36	1,07	3,48	1,30
Dur-Sextakkord, e-mi, 6. Stufe	10,99	1,62	1,19	3,57	2,21
Dur, d-re, 5. Stufe	16,01	2,09	1,55	4,00	2,03
Moll-Sextakkord, f-fa, 7. Stufe	8,58	1,16	0,86	2,74	1,29
Moll-Sextakkord, g-so, 1. Stufe	9,98	1,00	0,74	2,57	1,28
Moll-Sextakkord, c-do, 4. Stufe	7,11	0,87	0,67	2,33	1,21

Dass der 7.Modus eben nicht mit dem quintaufwärts transponierten sechsten Modus gleichzusetzen ist, sehen wir auch wieder an den Tonhöhen des Tenors, denn dort verwendete Palestrina im Tenor kein b, die Tonreihenfolge lag dort bei d, e, g, c.

Tenor, nur Tonhöhen	evts	%evt	%ttl	blks	mindur	maxdur	avgdur
d	179,94	18,87	11,13	33,94	1,31	17,44	5,22
c	167,56	17,75	9,55	33,81	1,31	14,50	4,92
e	148,13	15,43	8,82	29,13	1,19	12,44	4,94
g	145,81	16,12	10,03	25,56	1,31	17,19	5,67
h	94,63	10,01	4,87	20,19	1,31	10,19	4,45
a	93,38	10,62	6,15	19,25	1,25	12,94	4,96
f	89,19	9,37	5,33	17,88	1,31	12,19	5,14
fis	10,31	1,17	0,62	1,88	3,81	4,75	4,28
cis	4,50	0,47	0,24	0,81	2,69	2,69	2,69
b	1,56	0,19	0,07	0,31	1,50	1,50	1,50

Die Standardabweichungen zeigen keine Besonderheiten.

Tenor, nur Tonhöhen	evts-sd	%evt-sd	%ttl-sd	blks-sd	avgdur-sd
d	61,19	4,66	5,23	9,46	0,99
c	57,92	4,55	3,07	10,80	0,70
e	55,02	4,49	3,66	8,39	0,81
g	56,18	6,35	6,63	7,28	1,49
h	49,86	4,99	1,63	7,92	0,95
a	27,84	4,53	3,82	5,45	1,05
f	28,54	1,75	2,04	5,09	1,16
fis	7,62	0,98	0,45	1,32	2,78
cis	5,94	0,60	0,30	0,95	2,93
b	3,87	0,48	0,17	0,58	3,87

Die wichtigsten Töne des Bassus sind Finalis und die vierte Stufe, die im plagalen Modus die Repercussa bildet. Die ersten vier wie auch die letzten vier Töne sind mit denen des 6.Modus transpositus quintus im Bassus identisch.

Bassus, nur Tonhöhen	evts	%evt	%ttl	blks	mindur	maxdur	avgdur
g	161,63	23,33	10,80	29,38	1,56	22,44	5,81
c	139,56	19,99	9,16	23,19	1,69	15,31	6,09
a	99,69	14,51	6,20	20,69	1,50	12,44	4,85
d	77,75	11,23	5,54	15,94	1,50	12,94	4,84
f	77,63	11,08	4,61	16,56	1,44	13,19	4,75
e	70,44	10,46	3,97	14,00	1,44	10,44	5,04
h	54,13	7,81	3,02	12,25	1,94	6,19	4,27
b	6,25	0,86	0,47	1,19	3,19	4,25	3,78
fis	3,13	0,50	0,13	0,50	0,94	1,31	1,25
cis	1,19	0,22	0,10	0,25	0,94	0,94	0,94

Ab dem b-ta übertreffen die Standardabweichungen die Mittelwerte, dies war auch beim b-mi♭ im vorangegangenen Modus der Fall.

Bassus, nur Tonhöhen	evts-sd	%evt-sd	%ttl-sd	blks-sd	avgdur-sd
g	48,48	5,76	6,64	8,09	2,21
c	42,57	4,51	5,42	6,16	1,46
a	29,81	3,54	3,07	5,30	1,19
d	31,61	4,11	4,12	3,21	1,79
f	33,45	2,96	2,04	5,06	1,19
e	29,43	4,51	1,33	4,03	1,39
h	27,55	3,66	1,23	4,60	1,17
b	8,04	1,11	0,77	0,88	4,10
fis	8,80	1,51	0,35	1,46	2,61
cis	2,58	0,52	0,22	0,56	2,05

4. GIOVANNI PIERLUIGI DA PALESTRINA

Klangfolgen

pal_gesamt_7.modus_nat_sequences.txt

Die Folge *e-e*/*c'*-do-*c'*-do ereignet sich insgesamt achtmal.

| Häufigkeit | 8mal |

Modus-Stufe	Solmisationssilbe	Klang	Sonanzform
6	*e*-mi	Einzelnote	–
6	*e*-mi	6-	konsonant
4	*c*-do	Einzelnote	–

Auch die nächste Folge besteht wieder aus einer Einzelnoten-Intervall-Verbindung.

| Häufigkeit | 7mal |

Modus-Stufe	Solmisationssilbe	Klang	Sonanzform
1	*g*-so	Einzelnote	–
1	*g*-so	5r	konsonant
1	*g*-so	Einzelnote	–

Diese Wendung besteht aus einer Oktavierung der Repercussa.

| Häufigkeit | 7mal |

Modus-Stufe	Solmisationssilbe	Klang	Sonanzform
4	*c*-do	Einzelnote	–
4	*c*-do	8r	konsonant
4	*c*-do	Einzelnote	–

Selbst in der nächsten Folge spielen Einzelnoten eine Rolle. Sie lautet 6G-*g*-C.

| Häufigkeit | 7mal |

Modus-Stufe	Solmisationssilbe	Klang	Sonanzform
3	*h*-ti	Dur-Sextakkord	konsonant
1	*g*-so	Einzelnote	–
4	*c*-do	Dur	konsonant

Die nächste Folge ereignet sich nur fünfmal. Sie lautet *e/c'-c'-f/c'*.

| Häufigkeit | 5mal |

Modus-Stufe	Solmisationssilbe	Klang	Sonanzform
6	*e*-mi	6-	konsonant
4	*c*-do	Einzelnote	–
7	*f*-fa	5r	konsonant

Auch diese Folge besitzt eine Einzelnote. Sie lautet *g/e'-g-g/d'*.

| Häufigkeit | 5mal |

Modus-Stufe	Solmisationssilbe	Klang	Sonanzform
1	*g*-so	6+	konsonant
1	*g*-so	Einzelnote	–
1	*g*-so	5r	konsonant

Diese Folge lautet C-*g*-6G.

| Häufigkeit | 5mal |

Modus-Stufe	Solmisationssilbe	Klang	Sonanzform
4	*c*-do	Dur	konsonant
1	*g*-so	Einzelnote	–
3	*h*-ti	Dur-Sextakkord	konsonant

Diese Folge lautet 6F-6G-C.

| Häufigkeit | 5mal |

Modus-Stufe	Solmisationssilbe	Klang	Sonanzform
2	*a*-la	Dur-Sextakkord	konsonant
3	*h*-ti	Dur-Sextakkord	konsonant
4	*c*-do	Dur	konsonant

Diese Folge lautet *g-h-h-a*.

| Häufigkeit | 5mal |

Modus-Stufe	Solmisationssilbe	Klang	Sonanzform
1	*g*-so	3+	konsonant
3	*h*-ti	Einzelnote	–
2	*a*-la	Einzelnote	–

4. GIOVANNI PIERLUIGI DA PALESTRINA

Diese Folge lautet C-6G-C und ist ein plagal-authentisches Pendel.

|Häufigkeit|5mal|

Modus-Stufe	Solmisationssilbe	Klang	Sonanzform
4	c-do	Dur	konsonant
3	h-ti	Dur-Sextakkord	konsonant
4	c-do	Dur	konsonant

Grundtonfortschreitungen

pal_gesamt_7.modus_nat_keytonepro_.txt

Die wichtigste Grundton-Fortschreitung lautet AS-AT-PT und ereignet sich zehnmal.

|Häufigkeit|10mal|

Grundtonfortschreitung
AS
AT
PT

Wie wir sehen können, ist folgende Fortschreitung für Palestrina typisch.

|Häufigkeit|9mal|

Grundtonfortschreitung
PS
PS
PS

Hier werden zwei plagale Schritte von einem authentischen am Ende ausgeglichen.

|Häufigkeit|8mal|

Grundtonfortschreitung
PT
PH
AH

Ebenfalls achtmal ereignete sich die Folge PT-PS-PS.

| Häufigkeit | 8mal |

Grundtonfortschreitung
PT
PS
PS

Diese Folge beinhaltet eine Grundtonwiederholung.

| Häufigkeit | 7mal |

Grundtonfortschreitung
PT
–
PH

Blockdiagramme

Die Palestrinasche Klangdichte-Entwicklung unterscheidet sich auch in diesem Modus nicht sonderlich. Wir erleben wieder den ersten Höhepunkt kurz vor Abschluss des 1. Viertel-Abschnitts. Und wie in den anderen Modi findet nach diesem Höhepunkt eine Werte-Absturz statt. Diese Entwicklung wiederholt sich recht ähnlich von 715,5 bis 955. Einen charakteristischen Tiefpunkt beobachten wir zwei Balken vor 1193,5. Hier schließt sich wieder eine Steigerung der Klangdichte an, und es folgt bei 1432 wieder ein deutlicher Tiefpunkt. Nach einem kurzen Rückgang beginnt einen Balken nach 1432 ein wesentlicher Anstieg der Klangdichte, der sich zwei Balken vor 1910 in eine Steigerung und eine Rücknahme aufteilt.

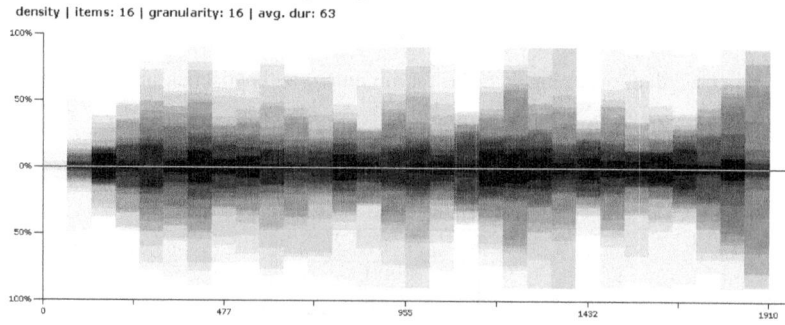

Zur Satzdichte braucht nichts gesagt zu werden.

4. GIOVANNI PIERLUIGI DA PALESTRINA

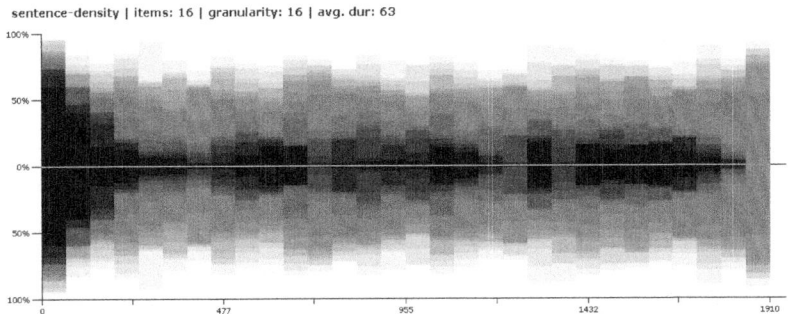

Dissonanzen sind im siebten Modus über das ganze Werk hinweg verteilt. Einen wesentlichen Hochpunkt finden wir einen Balken vor 955, dieser beträgt mindestens ca. 5% und höchstens ca. 75%. Der Balken vor 955 wird durch einen bedeutsamen Sprung erreicht und erlebt einen wesentlichen Abbau über drei Balken hinweg, worauf sich ein deutlicher Anstieg anschließt. Einen besonders wesentlichen Punkt finden wir einen Balken vor 1670,5, bei dem ein deutlicher Sprung in den meisten Werken zu 1670,5 hin erfolgt, dem sich ein Werte-Abbau über drei Balken hinweg anschließt.

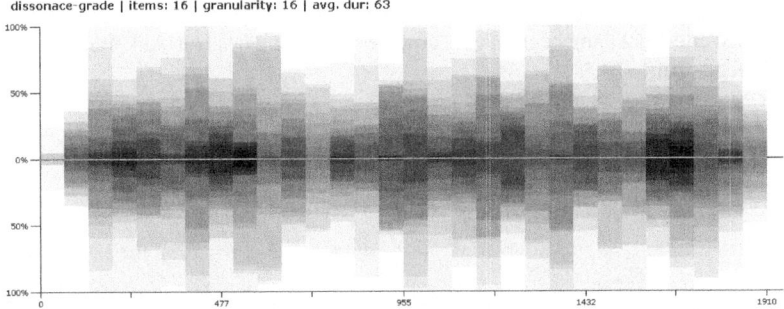

Das Einzelintervall erlebt seine größte Häufigkeit zu Beginn und baut sich über vier Balken hinweg bis auf ein Niveau von ca. 25% im Schnitt ab. Das Einzelintervall erlebt immer wieder einmal Anstiege, geht aber nie über ca. 55% hinaus. Den vollstimmigsten Punkt erleben wir neben dem Schluss einen Balken vor 715,5. Einen weiteren bedeutsamen Tiefpunkt finden wir einen Balken nach 1432.

488 KAPITEL 4. ANALYSEN

pattern: singleinterval | items: 16 | granularity: 16 | avg. dur: 63

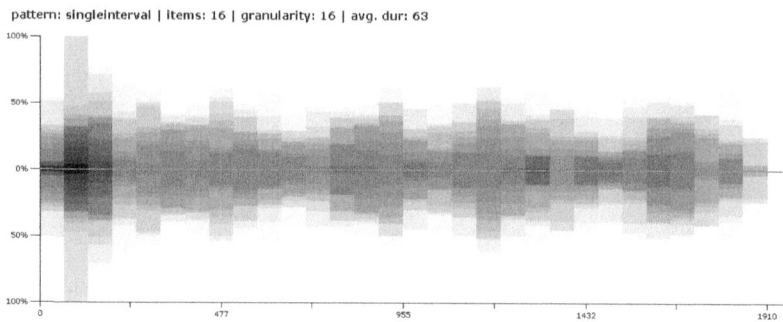

Beim Dur-Akkord beobachten wir einen raschen Aufbau, der seinen ersten Höhepunkt bei 238,5 findet und sich in Steigerung und Abbau aufteilt. Es ergibt sich eine Wolkenform, die ihren ausgeprägten Abbau auf höchstens ca. 50% einen Balken vor 715,5 beendet. Nun findet ein Sprung auf ca. 80% statt, andere Werke steigern sich langsamer; jedenfalls wird der Bereich zwei Balken nach 955 durch einen deutlichen Abbau erreicht, dem sich eine erneute Steigerung und ein erneuter Werte-Abbau bis zwei Balken vor 1432 anschließt. Der nächste Werte-Anstieg erlebt seinen ersten Höhepunkt einen Balken nach 1432 und teilt sich in einen Aufbau und einen Abstieg zum besonders wesentlichen Punkt zwei Balken nach 1432. Nach einem Werte-Rückgang beginnt eine erneute Steigerung des Dur-Akkordes dem Ende entgegen bei 1670,5.

pattern: major | items: 16 | granularity: 16 | avg. dur: 63

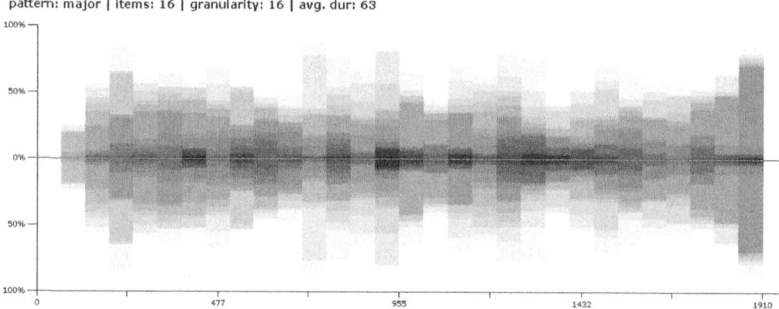

Die Kreuzungstätigkeit ist sehr rege. Den charakteristischsten Punkt finden wir einen Balken nach 955: einerseits wird er typisch durch Sprung erreicht, andererseits wird er auffällig durch Werte-Abfall verlassen. Betrachten wir die zeitliche Verteilung, so finden wir mehr Kreuzungen in der ersten Hälfte, die zudem in der Zeit gedrängter erscheinen. In der zweiten Hälfte liegen sie in der Zeit mehr auseinander. Wieder erleben wir allerdings einen plötzlichen Sprung zu einem erhöhten Kreuzungsniveau einen Balken vor 1670,5, dem sich ein Abbau und ein Werte-Anstieg anschließen. Zwei Balken vor 1910 findet sich ein besonders bedeutsamer Punkt mit mindestens ca. 5% und höchstens ca. 90%.

4. GIOVANNI PIERLUIGI DA PALESTRINA

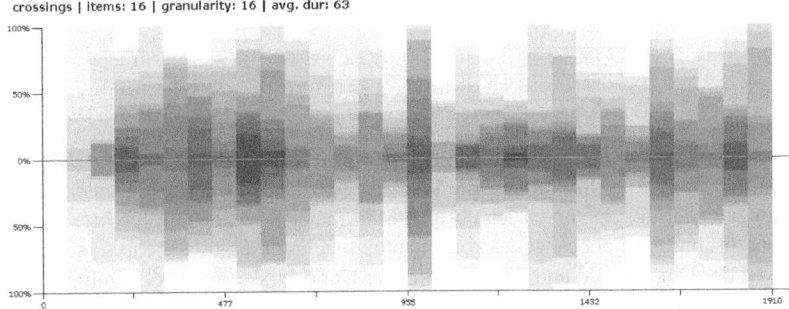

crossings | items: 16 | granularity: 16 | avg. dur: 63

4.0.12 8.Modus naturalis

Mittelwerte

pal_gesamt_8.modus_nat_avg.txt

Konsonanzen	
evts	828,67
sd	219,04
%evt	73,52
sd	5,88
%ttl	65,10
sd	11,58
blks	140,17
sd	81,64
mindur	1,00
maxdur	48,83
avgdur	6,67
avgdur_sd	1,78

Dissonanzen	
evts	283,67
sd	32,17
%evt	26,49
sd	5,88
%ttl	24,74
sd	8,30
blks	98,50
sd	12,04
mindur	1,00
maxdur	11,17
avgdur	2,88
avgdur_sd	0,12

Bemerkenswert ist die Tatsache, dass der achte Modus der zweitdissonanteste ist, wo er eigentlich als heiter gilt. Bei den Dissonanzen finden wir andere Reihenfolgen als bei Lasso. Dort waren auf Platz zwei der Dominantseptakkord, auf Platz drei das Einzelintervall, auf Platz vier der Moll-Quartsextakkord und auf Platz fünf der Dominantseptakkord. Der 5/7-Klang kam bei Lasso erst als letzter Klang der Dissonanzen auf Platz dreizehn.

Dissonante Klänge	evts	%evt	%ttl	blks	mindur	maxdur	avgdur
UNDETERMINED	240,83	83,31	21,96	85,67	1,00	10,83	2,81
Einzelintervall	21,50	9,23	0,90	8,50	1,67	3,17	2,19
Dominantseptakkord	6,00	2,05	0,59	3,00	1,67	1,67	1,67
Dur-Quartsextakkord	4,33	1,45	0,40	1,33	2,00	2,33	2,11
5/7	3,00	1,19	0,18	1,00	0,83	2,17	1,39

Ab dem 5/7-Klang übertreffen die Standardabweichungen leicht die Mittelwerte.

Dissonante Klänge	evts-sd	%evt-sd	%ttl-sd	blks-sd	avgdur-sd
UNDETERMINED	64,62	17,15	8,74	23,07	0,10
Einzelintervall	38,71	17,44	1,14	14,55	0,49
Dominantseptakkord	4,16	1,45	0,43	2,08	0,75
Dur-Quartsextakkord	3,73	1,26	0,34	1,11	1,65
5/7	3,79	1,63	0,21	1,15	1,44

Der Dur-Akkord dominiert die konsonanten Klänge und macht unter den %ttl ein gutes Drittel aus, unter den übrigen Merkmalen 45%. Die größte Maximal- und Durchschnittsdauer besitzt das konsonante Einzelintervall. Bei Lasso stand auf Platz zwei der Dur-Akkord und auf Platz drei der Dur-Sextakkord, das Einzelintervall lag bei Lasso auf Platz vier.

Konsonante Klänge	evts	%evt	%ttl	blks	mindur	maxdur	avgdur
Dur	340,83	44,51	30,67	68,00	1,17	29,17	4,96
Einzelintervall	186,33	17,38	9,02	47,00	2,67	34,67	12,54
Moll	98,33	12,74	8,83	24,17	1,67	11,67	3,88
Dur-Sextakkord	68,17	8,57	5,68	20,00	1,50	6,50	3,44
Moll-Sextakkord	33,00	4,31	2,91	10,83	1,33	7,50	3,02
12/4	17,50	2,14	1,34	7,00	1,83	4,83	2,64
3/9	11,00	1,25	0,74	3,67	2,17	3,50	2,74

Die Standardabweichungen des Einzelintervalls sind recht hoch, in den bkls-sd übertreffen sie die Mittelwerte um nahezu 100%.

Konsonante Klänge	evts-sd	%evt-sd	%ttl-sd	blks-sd	avgdur-sd
Dur	109,52	15,34	12,25	11,87	1,40
Einzelintervall	283,47	21,22	7,75	95,71	5,50
Moll	45,66	5,29	4,14	4,74	1,27
Dur-Sextakkord	7,38	1,55	1,53	2,45	0,43
Moll-Sextakkord	8,06	1,61	1,26	2,11	0,27
12/4	9,01	0,86	0,52	4,36	0,28
3/9	9,57	0,88	0,46	2,49	0,84

Die wichtigsten Klänge sind der Dur-Akkord über der Finalis und der über der Repercussa. Auch auf Platz drei finden wir die Repercussa, aber in Form der Prime. Die 1. Modusstufe belegt mit dem darüber aufgebauten Dur-Akkord Platz vier. Das Einzelintervall der Finalis besitzt die größte Durchschnittsdauer, der Dur-Akkord über der Finalis jedoch die größte Maximaldauer.

4. GIOVANNI PIERLUIGI DA PALESTRINA

Alle Klänge	evts	%evt	%ttl	blks	mindur	maxdur	avgdur
Dur, g-so, 4. Stufe	143,67	17,86	13,22	31,17	1,33	22,17	4,52
Dur, c-do, 7. Stufe	102,33	12,03	8,89	27,17	1,67	9,50	3,85
Prime, c-do, 7. Stufe	52,67	3,42	2,51	14,33	4,67	9,67	6,53
Dur, d-re, 1. Stufe	37,67	4,75	3,54	9,17	1,67	5,33	3,36
Dur, f-fa, 3. Stufe	37,67	4,44	3,28	10,50	1,83	7,83	3,58
Moll, a-la, 5. Stufe	36,83	4,25	3,19	9,33	1,67	7,67	3,62
Prime, g-so, 4. Stufe	35,67	2,69	1,98	10,50	3,83	9,83	6,94
Moll, d-re, 1. Stufe	34,83	4,32	3,19	9,17	1,67	6,33	3,61
Prime, g-so, 4. Stufe	30,50	1,68	1,22	9,00	3,83	7,50	4,19
Prime, c-do, 7. Stufe	30,33	1,49	1,08	10,83	2,17	4,50	2,45
Prime, e-mi, 2. Stufe	29,17	1,80	1,33	9,17	1,83	5,00	3,03
Prime, d-re, 1. Stufe	27,50	1,84	1,35	7,50	2,17	5,17	3,77
Prime, f-fa, 3. Stufe	27,00	1,69	1,26	7,83	2,17	5,50	3,31
Dur-Sextakkord, e-mi, 2. Stufe	25,67	2,93	2,17	7,83	2,17	4,83	3,34
Einzelnote, d-re, 1. Stufe	24,33	1,59	1,15	6,17	5,50	7,83	5,89
Dur-Sextakkord, h-ti, 6. Stufe	22,50	2,23	1,64	6,33	2,00	4,50	3,45
Moll, emi, 2. Stufe	20,67	2,63	1,93	7,00	1,83	4,83	2,91
Einzelnote, h-ti, 6. Stufe	18,50	0,88	0,64	4,00	0,83	1,83	1,44
Einzelnote, e-mi, 2. Stufe	17,67	0,84	0,61	5,67	0,83	2,33	1,18
Prime, h-ti, 6. Stufe	17,33	0,89	0,65	4,83	0,67	2,17	1,35
Einzelnote, a-la, 5. Stufe	17,17	0,79	0,57	5,50	0,50	1,67	0,86
Prime, a-la, 5. Stufe	16,33	1,04	0,77	6,33	2,17	4,17	2,83
Einzelnote, f-fa, 3. Stufe	16,33	0,79	0,57	4,67	0,83	1,83	1,25
Dur-Sextakkord, a-la, 5. Stufe	14,33	1,84	1,35	4,83	2,00	3,83	2,91
Moll-Sextakkord, c-do, 7. Stufe	12,00	1,36	1,00	4,17	2,00	4,17	2,88
Dur, a-la, 5. Stufe	11,17	1,32	1,00	2,00	1,17	6,00	3,10
Moll-Sextakkord, f-fa, 3. Stufe	10,33	1,31	0,96	4,00	1,50	3,33	2,41
Moll-Sextakkord, g-so, 4. Stufe	9,00	1,07	0,79	3,17	2,00	3,83	2,87
12/4, c-do, 7. Stufe	8,83	0,82	0,60	3,83	1,50	3,17	1,92

Die Standardabweichungen übertreffen ab der Einzelnote der Finalis die Mittelwerte.

Alle Klänge	evts-sd	%evt-sd	%ttl-sd	blks-sd	avgdur-sd
Dur, g-so, 4. Stufe	51,28	7,94	5,90	8,63	0,98
Dur, c-do, 7. Stufe	23,56	4,40	3,26	5,96	0,97
Prime, c-do, 7. Stufe	83,37	3,20	2,31	25,84	3,20
Dur, d-re, 1. Stufe	26,96	3,23	2,46	5,61	1,71
Dur, f-fa, 3. Stufe	16,55	2,27	1,67	3,59	0,98
Moll, a-la, 5. Stufe	24,81	2,61	2,07	2,43	1,32
Prime, g-so, 4. Stufe	45,01	1,57	1,13	18,57	3,14
Moll, d-re, 1. Stufe	15,92	2,14	1,56	3,18	0,74
Prime, g-so, 4. Stufe	58,46	2,46	1,78	18,79	3,38
Prime, c-do, 7. Stufe	62,53	2,71	1,96	23,33	2,92
Prime, e-mi, 2. Stufe	47,71	1,97	1,42	16,08	1,89
Prime, d-re, 1. Stufe	41,06	1,57	1,13	11,41	1,27
Prime, f-fa, 3. Stufe	42,31	1,96	1,45	14,03	2,08
Dur-Sextakkord, e-mi, 2. Stufe	2,69	0,84	0,63	1,07	0,55
Einzelnote, d-re, 1. Stufe	40,47	1,72	1,24	12,46	5,58
Dur-Sextakkord, h-ti, 6. Stufe	11,57	0,34	0,22	2,21	0,60
Moll, emi, 2. Stufe	8,38	1,51	1,07	2,71	0,44
Einzelnote, h-ti, 6. Stufe	39,61	1,72	1,25	8,50	2,05
Einzelnote, e-mi, 2. Stufe	37,74	1,64	1,19	12,23	1,69
Prime, h-ti, 6. Stufe	34,82	1,50	1,09	9,08	1,46
Einzelnote, a-la, 5. Stufe	37,50	1,64	1,19	11,86	1,26
Prime, a-la, 5. Stufe	26,16	1,13	0,82	11,51	1,59
Einzelnote, f-fa, 3. Stufe	34,76	1,51	1,10	9,99	1,77
Dur-Sextakkord, a-la, 5. Stufe	9,74	1,34	0,98	3,13	0,27
Moll-Sextakkord, c-do, 7. Stufe	5,66	0,89	0,65	1,86	0,61
Dur, a-la, 5. Stufe	14,00	1,68	1,28	2,31	3,82
Moll-Sextakkord, f-fa, 3. Stufe	5,31	0,82	0,59	1,29	0,78
Moll-Sextakkord, g-so, 4. Stufe	3,83	0,50	0,39	1,07	0,75
12/4, c-do, 7. Stufe	8,53	0,65	0,46	3,98	0,92

Die wichtigsten Töne sind Finalis und Repercussa; aber anders als im 7. Modus, besitzt der Tenor hier ein *gis*, Lasso verwendete allerdings zusätzlich noch ein *es*, bei ihm lag auf Platz zwei die authentische Repercussa *d*.

Tenor, nur Tonhöhen	evts	%evt	%ttl	blks	mindur	maxdur	avgdur
g	187,50	21,15	15,85	29,17	1,67	17,17	6,61
c	172,17	18,67	13,37	30,50	1,83	17,17	5,76
a	155,67	17,10	12,58	29,33	1,00	15,50	5,21
d	143,00	16,03	12,11	23,83	1,83	16,50	6,17
h	118,50	12,85	8,96	27,17	1,17	11,17	4,33
e	71,83	7,84	5,65	14,33	1,83	8,50	5,17
f	36,17	4,21	3,19	8,17	1,83	8,17	4,44
fis	10,17	1,18	0,90	2,50	2,67	3,83	3,20
cis	4,17	0,48	0,38	1,00	1,50	2,67	1,97
b	2,67	0,27	0,23	0,33	2,67	2,67	2,67
gis	2,00	0,22	0,18	0,50	1,33	1,33	1,33

4. GIOVANNI PIERLUIGI DA PALESTRINA

Die Standardabweichungen übertreffen ab dem *cis* die Mittelwerte.

Tenor, nur Tonhöhen	evts-sd	%evt-sd	%ttl-sd	blks-sd	avgdur-sd
g	20,73	3,32	4,85	5,81	1,11
c	53,26	2,71	2,63	11,35	0,84
a	46,70	3,89	4,29	6,47	0,61
d	27,99	3,22	4,21	4,91	1,47
h	47,28	3,25	1,58	8,73	0,44
e	24,09	2,01	1,85	5,79	0,73
f	21,64	2,77	2,43	5,11	0,78
fis	8,76	1,05	0,86	1,80	1,57
cis	5,67	0,67	0,53	0 1,15	2,13
b	4,42	0,43	0,36	0,47	4,42
gis	3,06	0,35	0,28	0,76	1,89

Der Bassus verwendet weder ein *cis* noch ein *gis* und auf Platz zwei liegt die Repercussa. Die drittgrößte Maximaldauer besitzt das *a*.

Bassus, nur Tonhöhen	evts	%evt	%ttl	blks	mindur	maxdur	avgdur
g	203,83	27,79	17,56	27,50	2,00	22,50	7,90
c	143,67	19,34	11,53	22,50	1,83	15,50	6,61
d	115,67	15,68	9,90	19,50	1,67	15,83	5,98
e	81,33	10,67	6,23	17,50	1,50	10,83	4,62
a	80,33	10,77	6,86	12,83	2,50	11,17	6,25
f	78,00	9,92	5,37	15,33	1,50	10,50	4,72
h	25,00	3,42	2,01	6,50	2,17	6,17	3,91
b	9,33	1,21	0,82	1,00	3,33	6,00	4,67
fis	9,33	1,21	0,72	2,17	2,17	3,83	3,03

Die Standardabweichungen übertreffen ab dem *b* die Mittelwerte.

Bassus, nur Tonhöhen	evts-sd	%evt-sd	%ttl-sd	blks-sd	avgdur-sd
g	38,77	5,92	6,14	7,59	2,24
c	39,35	4,69	3,48	8,77	0,78
d	38,54	5,28	4,60	3,59	1,83
e	30,68	2,64	1,40	6,13	0,61
a	32,65	4,20	3,48	3,02	1,96
f	53,84	5,25	1,63	7,45	1,33
h	12,69	1,79	1,17	3,40	0,67
b	10,99	1,36	0,93	1,00	5,50
fis	7,80	0,95	0,64	1,67	2,59

Klangfolgen

pal_gesamt_8.modus_nat_sequences.txt

Die am meisten vorkommende Folge ereignet sich viermal. Sie besteht aus dem doppelten Quintfall und ereignet sich in *Benedicte gentes* bei 416 und 668 sowie in *Benedictus sit Deus* bei 412 und 688 im MIDI-Raster.

|Häufigkeit|4mal|

Modus-Stufe	Solmisationssilbe	Klang	Sonanzform
5	*a*-la	Dur	konsonant
1	*d*-re	Dur	konsonant
4	*g*-so	Dur	konsonant

Nun geht es nur noch mit dreimaligen bis zweimaligen Folgen weiter, und es kommen wieder Einzelnoten ins Spiel. Die Folge H-*g*-C ereignet sich in *Doctor* bei 536, 1448 und 2628 im MIDI-Raster.

|Häufigkeit|3mal|

Modus-Stufe	Solmisationssilbe	Klang	Sonanzform
6	*h*-ti	Dur-Sextakkorde	konsonant
4	*g*-so	Einzelnote	–
7	*c*-do	Dur	konsonant

Diese Folge ereignet sich in der gleichen Motette bei 95, 1003 und 2323 im MIDI-Raster.

|Häufigkeit|3mal|

Modus-Stufe	Solmisationssilbe	Klang	Sonanzform
7	*c*-do	Einzelnote	–
7	*c*-do	5r	konsonant
7	*c*-do	Einzelnote	–

Die Folge *c*/a-*d*/a-*e*/g ereignet sich in *Benedictes gentes* bei 56, *Ascendit Deus* bei 64 sowie in *Confirma hoc Deus* bei 24 im MIDI-Raster.

|Häufigkeit|3mal|

Modus-Stufe	Solmisationssilbe	Klang	Sonanzform
7	*c*-do	6+	konsonant
1	*d*-re	5r	konsonant
2	*e*-mi	3-	konsonant

Die Folge G-C-6a ereignet sich in *Benedicte gentes* bei 680, in *Ascendit Deus* bei 292 sowie in *Confirma hoc Deus* bei 668 im MIDI-Raster.

4. GIOVANNI PIERLUIGI DA PALESTRINA

|Häufigkeit|3mal|

Modus-Stufe	Solmisationssilbe	Klang	Sonanzform
4	g-so	Dur	konsonant
7	c-do	Dur	konsonant
7	c-do	Moll-Sextakkord	konsonant

Die verwandte Folge mit grundständigem a-Moll kommt in *Benedicte gentes* bei 956 sowie in *Confirma hoc Deus* bei 468 und 588 im MIDI-Raster vor.

|Häufigkeit|3mal|

Modus-Stufe	Solmisationssilbe	Klang	Sonanzform
4	g-so	Dur	konsonant
7	c-do	Dur	konsonant
5	a-la	Moll	konsonant

Dieser doppelte Quintfall ereignet sich in *Benedicte gentes* bei 672, in *Confirma hoc Deus* bei 168 sowie in *Benedictus sit Deus* bei 752 im GRID.

|Häufigkeit|3mal|

Modus-Stufe	Solmisationssilbe	Klang	Sonanzform
1	d-re	Dur	konsonant
4	g-so	Dur	konsonant
7	c-do	Dur	konsonant

Grundtonfortschreitungen

pal_gesamt_8.modus_nat_keytonepro_.txt

Diese authentischen Sekundschritte ereignen sich zehnmal.

|Häufigkeit|10mal|

Grundtonfortschreitung
AS
AS
AS

Danach kommt ein großer Einbruch, alle anderen Grundtonfortschreitungen ereignen sich nur viermal. Diese Fortschreitung findet sich in *Ascendit Deus* bei 286 und 770, in *Assumpta est* bei 316 sowie in *Doctor* bei 400.

| Häufigkeit | 4mal |

Grundtonfortschreitung
PS
AH
AH

Diese Fortschreitung ereignet sich in *Benedicte gentes* bei 62 und 828, in *Confirma hoc Deus* bei 92 und in *Benedictus sit Deus* bei 66 im GRID.

| Häufigkeit | 4mal |

Grundtonfortschreitung
AS
AT
AS

Die kommende Folge ereignet ich in *Benedicte gentes* bei 432, 948, 1036 und in *Confirma hoc Deus* bei 732 im MIDI-Raster.

| Häufigkeit | 4mal |

Grundtonfortschreitung
PH
–
AH

Zum Abschluss folgende Fortschreitung. Sie ereignet sich in *Benedicte gentes* bei 60, in *Ascendit Deus* bei 72 und in *Benedictus sit Deus* bei 64 und 204 im GRID.

| Häufigkeit | 4mal |

Grundtonfortschreitung
AS
AS
AT

Blockdiagramme

Die Klangdichte unterscheidet sich in ihrer Wolkenform sehr von der des 7. Modus. Sie baut sich nach Beginn treppenförmig auf. Einen Balken nach 175 befindet sich ein typischer Hochpunkt. Im weiteren Verlauf sehen wir eine Klangdichte, die in

4. GIOVANNI PIERLUIGI DA PALESTRINA

den Ausreißern bis auf ca. 80% ansteigt, aber nie unter 20% fällt. Innerhalb dieses Blocks finden wir einen genuinen Tiefpunkt einen Balken nach 525, und nach einer erneuten Steigerung mit bedeutendem Hochpunkt einen Balken vor 700 finden wir einen neuen wesenhaften Tiefpunkt drei Balken nach 700. Im folgenden Verlauf ist eine Zickzack-Bewegung in Anstieg, Abfall und Anstieg typisch, um einen Balken vor 1050 in einen relativen charakteristischen Hochpunkt zu münden. Nun schließt sich ein Werte-Rückgang an, der einen Balken nach 1050 in einen wesentlichen Tiefpunkt führt, worauf sich eine deutliche treppenförmige Entwicklung anschließt, die allerdings nicht durchgehalten wird. Denn einen Balken nach 1225 finden wir einen kurzen Werte-Rückgang vor, worauf sich die Entwicklung aufteilt: einerseits erleben wir einen Sprung auf höhere Niveaus, andererseits einen Werte-Rückgang.

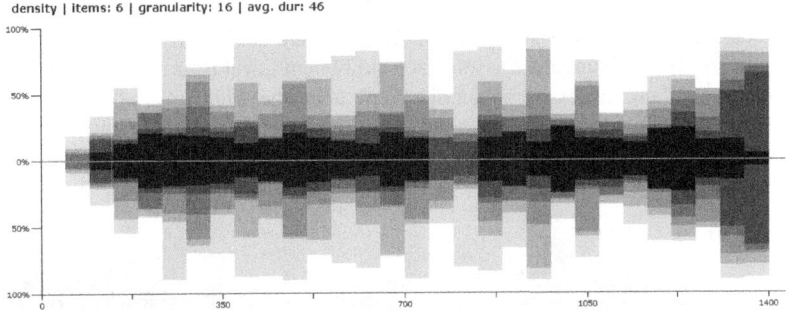

Diesen Satzdichte-Verlauf mit einer Kombination aus der bei Lasso beobachten Form und einer wellenförmig durchgehend hohen Pausendichte haben wir bei Palestrina bereits häufiger beobachten können.

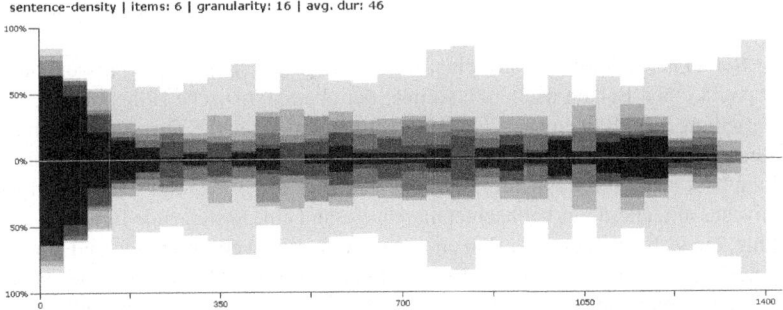

Bei den Dissonanzen zeigt sich eine andere Verteilung als im 7. Modus. Wir beobachten mehr Dissonanzen in der 1. Hälfte als in der zweiten, dort liegen die Werte allerdings auf hohem Niveau gedrängter beieinander. Es bilden sich zwei große Blöcke aus, die durch einen ausgeprägten Bereich von vier Balken getrennt werden. Der 1. Block beginnt auf hohem Niveau und steigert sich in unterschiedlicher Art und Weise, um einen Balken vor 350 in einen wesentlichen Hochpunkt von mindestens 50% und höchstens 60% zu geleiten; der folgende Rückgang ist typisch. Anschließend finden wir nach unterschiedlichen Bewegungen einen Werte-Abfall bei 525. Nun folgt ein Sprung auf ein höheres Niveau, der deutlich ist, genau wie der anschließende Werte-Rückgang, worauf sich ein Anstieg der Werte beobachten lässt, der einen Balken nach 700 in den charakteristischen Höhepunkt der Werke führt. Der dissonante Höhepunkt ist also kurz nach der Mitte der Werke und beträgt mindestens 20%, geht aber in einigen Werken auf bis zu 100% hinauf. Der folgende Werte-Abfall ist augenfällig. Wir befinden uns nun im Begrenzungsblock, der bei 875 einen genuinen Punkt aufweist, der mindestens 20%, aber höchstens 60% beträgt. Genauso bedeutsam ist der sich anschließende Rückgang, der mindestens ca. 5%, aber höchstens ca. 45% besitzt. Der folgende Sprung auf höhere Werte ist allen Werken mehr oder weniger gemein. Die Werte teilen sich nun in unterschiedliche Entwicklungen auf, die aber auch Charakteristika aufweisen, wie drei Balken nach 1050, wo der Bereich mindestens 25% und höchstens ca. 75% besitzt. Der folgende Rückgang wie auch der sich anschließende Sprung auf höhere Niveaus ist signifikant. Die Entwicklung der Dissonanzen auf hohem Level ist in sich für drei Balken unterschiedlich, insgesamt gehen die Werte aber über vier Balken hinweg zurück, und einen Balken vor 1400 fallen die Werte in einigen Werken stark ab.

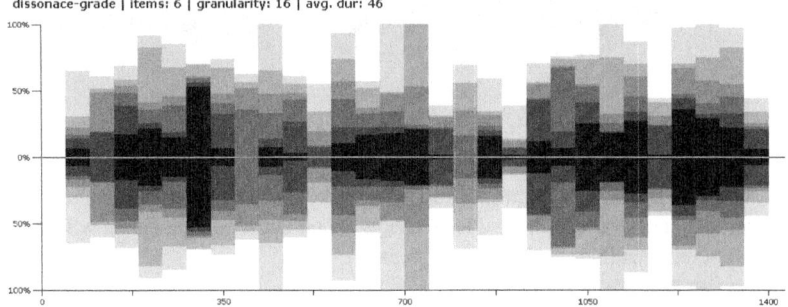

Beim Dur-Akkord lässt sich eine Bogenform beobachten. Lag der dissonante Höhepunkt einen Balken nach 700, so liegt der charakteristische Höhepunkt der Dur-Verteilung zwei Balken nach 700. Hier beträgt der Anteil des Dur-Akkordes mindestens 50%, höchstens aber bei ca. 70%. Die diesem Punkt vorangegangene Entwicklung baut sich grob treppenförmig bis einen Balken vor 525 auf unterschiedlichen Niveaus auf, allerdings beobachtet man insgesamt eine ansteigende Bewegungsrichtung, die sich aber ab einen Balken nach 350 in eine weiterführende und eine nach einem Abfall erneut steigernde Entwicklung aufgliedert. Nach einem neuen signifikanten Abfall baut sich eine neue steigernde Entwicklungsrichtung auf, die ihren Höhepunkt im besagten charakteristischen Hochpunkt findet, der aber per Sprung erreicht wird. Die ihm folgende Entwicklung teilt sich in eine noch weiter steigernde und eine absinkende auf. Die sich steigernde Entwicklung findet ihren genuinen Klimax bei mindestens ca. 45% und höchstens 80% bei einen Balken nach 875. Die absteigende Entwicklung besitzt zu diesem Punkt 25%. Bei 1050 finden wir einen sichtbaren Tiefpunkt, bei dem der Dur-Akkord mindestens ca. 5% besitzt, höchstens aber 50%. Die abbauende Entwicklung findet ihren Abschluss einen Balken vor 1225. Bei 1225 selbst beginnt die gewohnt Steigerung des Dur-Anteiles, da der Abschluss eines Werkes nur mit vollständigem Dur-Klang komponiert wird.

4. GIOVANNI PIERLUIGI DA PALESTRINA

pattern: major | items: 6 | granularity: 16 | avg. dur: 46

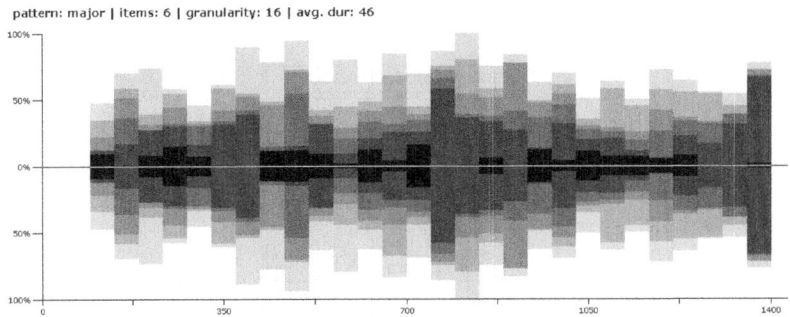

Bei den Stimmkreuzungen fällt auf, dass wir zwei Blöcke bekommen, die in der Mitte der Werke getrennt sind. Der erste Block wirkt wolkenförmig, der zweite Block jedoch hält die Kreuzungen durchweg auf hohem Niveau aufrecht. Den wesentlichen Tiefpunkt finden wir einen Balken nach 700. Den ersten charakteristischen Hochpunkt finden wir nach einer vielfältigen Aufwärtsbewegung zwei Balken nach 1775, dort betragen die Stimmkreuzungen mindestens ca. 40% und höchstens 100%. Zum nächsten Balken hin fallen die Entwicklungen schon unterschiedlich aus, wir sehen mindestens ca. 20% und höchstens ca. 85%. In der zweiten Hälfte sehen wir vier 100%-Spitzen, von denen eine typischer ist, und zwar findet sich einen Balken nach 1050 der Stimmkreuzungshöhepunkt des 8. Modus. Der Abfall drei Balken vor 1400 und der ihm folgende Anstieg zwei Balken vor 1400 ist vielen Werken gemein.

crossings | items: 6 | granularity: 16 | avg. dur: 46

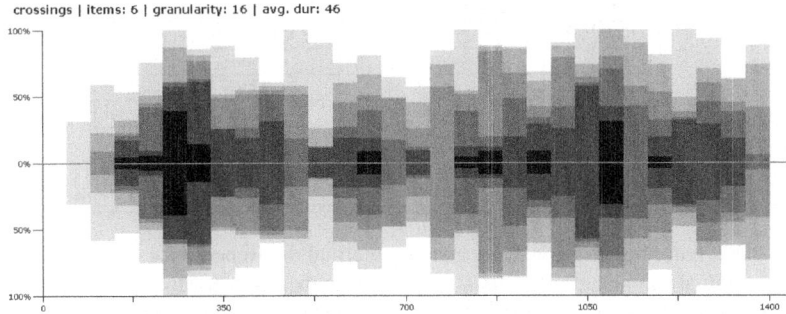

4.0.13 Zusammenfassung

a.) Bei Palestrina ist der konsonanteste Modus der 2.Modus transpositus.

b.) Der dissonanteste Modus ist bei Palestrina der 3.Modus naturalis.

c.) Listen wir die Modi nach ihrem Konsonanzgrad auf, ist der Modus mit den höchsten Standardabweichungen der 7.Modus naturalis.

|Konsonanzen|

Rang	Modus	%evt	sd
I	2. trp.	85,69	5,96
II	1. trp.	81,55	5,34
III	4. nat.	79,39	5,29
IV	7. nat.	79,18	8,01
V	6. nat.	78,52	4,61
VI	6. trpq.	77,93	6,43
VII	4. trp.	76,41	4,59
VIII	5. nat.	74,79	5,94
IX	8. nat.	73,52	5,88
X	2. nat.	71,79	5,38
XI	3. nat.	71,40	2,19

Kommen wir zum häufigsten Klang. Dieser unterscheidet sich von Lasso vor allen Dingen dadurch, dass dieser auch aus Primen und Einzelnoten gebildet werden kann. Von elf verwendeten Modi werden fünf Dur-Klänge über der Finalis gebildet.

|Häufigster Klang|

Modus	Stufe	Finalis oder Repercussa	Geschlecht/Intervall	Akkord
1. trp.	5.	Repercussa	Prime	d-la
2. nat.	1.	(auth. Reperc.)	Moll	a
2. trp.	1.	(auth. Reperc.)	Prime	d-la
3. nat.	4.	(plagale Reperc.)	Moll	a
4. nat.	7	Repercussa	Einzelnote	a-la
4. trp.	7.	Repercussa	Moll	d
5. nat.	1.	Finalis	Dur	F
6. nat.	4.	Finalis	Dur	F
6. trpq.	1.	auth. Rep.qtr.	Dur	G
7. nat.	1.	Finalis	Dur	G
8. nat.	4.	Finalis	Dur	G

Der Tenor besitzt als wichtigsten Ton viermal die Repercussa, dreimal die Finalis, einmal die plagale Repercussa in einem authentischen Modus, einmal die authentische Repercussa in einem plagalen Modus und zweimal einen Ton, der weder Finalis noch Repercussa ist.

Lasso verwendete bei dreizehn verwendeten Modi fünfmal die Repercussa und fünfmal die Finalis, die jeweiligen vertauschten Repercussae aber in gleicher Anzahl, aber nur einmal einen Ton, der weder Finalis noch Repercussa ist.

4. GIOVANNI PIERLUIGI DA PALESTRINA

Häufigster Ton des Tenors

Modus	Stufe	Finalis oder Repercussa	Name
1. trp.	5.	Repercussa	d-la
2. nat.	4.	Finalis	d-re
2. trp.	5.	–	a-mi
3. nat.	4.	(plagale Reperc.)	a-la
4. nat.	7.	Repercussa	a-la
4. trp.	4.	Finalis	a-mi
5. nat.	5.	Repercussa	c-do
6. nat.	1.	(authentische Reperc.)	c-do
6. trpq.	5.	–	d-so
7. nat.	5.	Repercussa	d-re
8. nat.	4.	Finalis	g-so

Im Bassus finden wir als häufigsten Ton siebenmal die Finalis, nur einmal die Repercussa, dreimal die authentische Repercussa in einem plagalen Modus, nur einmal eine plagale Repercussa in einem authentischen Modus, aber niemals einen Ton, der weder Finalis noch Repercussa ist. Bei Lasso fanden wir achtmal die Finalis in dreizehn Modi, zweimal die Repercussa, einmal die authentische Repercussa in einem plagalen Modus und zweimal die plagale Repercussa in einem authentischen Modus, auch niemals einen Ton, der weder Finalis noch Repercussa ist. Daraus lässt sich schlussfolgern, dass die Verwendung eines Tones, der weder Finalis noch Repercussa ist, als häufigster Ton in einem Modus der Stimme des Bassus fremd ist.

Häufigster Ton des Bassus

Modus	Stufe	Finalis oder Repercussa	Name
1. trp.	1.	Finalis	g-re
2. nat.	1.	(auth. Reperc.)	a-la
2. trp.	1.	(auth. Reperc.)	d-la
3. nat.	4.	(plagale Reperc.)	a-la
3. trp.	1.	Finalis	a-mi
4. nat.	7.	Repercussa	a-la
4. trp.	4.	Finalis	a-mi
5. nat.	1.	Finalis	f-fa
6. nat.	1.	Finalis	f-fa
6. trpq.	4.	(auth. Reperc.)	g-do
7. nat.	1.	Finalis	g-so
8. nat.	4.	Finalis	g-so

Bei den aggregierten Grundtonfortschreitungen, die sich in allen Modi wiederholen, bekommen wir ein nicht so deutliches Bild wie bei Lasso. Die häufigste Grundtonfortschreitung aus allen aggregierten Werken besteht aus fallender Terz, Quintanstieg und Quintfall.

Wir finden aber niemals wie den doppelten Quintfall in der gleichen Gewichtung wie bei Lasso!

|Häufigkeit|45mal||

Grundtonfortschreitung
AT
PH
AH

Der zweithäufigste Fall ist die Fortschreitung dreier steigender Sekundschritte.

|Häufigkeit|39mal||

Grundtonfortschreitung
AS
AS
AS

Die dritthäufigste Folge besteht aus drei fallenden Sekundschritten.

|Häufigkeit|34mal||

Grundtonfortschreitung
PS
PS
PS

Ebenfalls 34mal kommt die Folge dreier sich wiederholender Grundtöne.

|Häufigkeit|34mal||

Grundtonfortschreitung
–
–
–

31mal findet sich die Folge aus fallender Terz, fallender Sekunde und steigender Sekunde.

|Häufigkeit|31mal||

Grundtonfortschreitung
AT
PS
AS

4. GIOVANNI PIERLUIGI DA PALESTRINA

4.1 Vergleich Lasso und Palestrina

Kommen wir nun zu einem Vergleich zwischen Lasso und Palestrina auf Grundlage der Aggregierung der vorhandenen Werke.

Mittelwerte

las_gesamt_alle_modi_avg.txt

pal_gesamt_alle_modi_nat_avg.txt

Stellen wir nun die Mittelwerte von Kon- und Dissonanzen einander gegenüber. Wir sehen, dass Palestrina etwas dissonanter ist: in den %evt um 4,88% und in den %ttl sogar um 27,01%, was allerdings auch durch Einzeltöne und Primen bedingt ist. Die Standardabweichungen sind bei Palestrina deutlich höher, die Maximaldauern betragen bei Palestrina allerdings fast nur ein Sechstel von denen Lassos. In den zusammenhängenden Ereignissen, den blks, zeichnet sich ebenfalls eine große Diskrepanz ab: diese betragen bei Palestrina an Anzahl fast dreieinhalb mal soviel.

Lasso	
Konsonanzen gesamt	
evts	1322,44
sd	433,27
%evt	84,12
sd	6,29
%ttl	82,59
sd	6,34
blks	56,50
sd	29,31
mindur	2,75
maxdur	207,16
avgdur	33,90
avgdur_sd	35,09

Palestrina	
Konsonanzen gesamt	
evts	977,91
sd	279,92
%evt	79,24
sd	7,16
%ttl	55,58
sd	15,17
blks	189,70
sd	93,29
mindur	1,08
maxdur	35,69
avgdur	6,01
avgdur_sd	2,16

Kommen wir zu den Dissonanzen. In den evts unterscheiden sich die Werte kaum. In den %evt haben wir eine Differenz von 4,88% und in den %ttl von nur 0,93%. Die Standardabweichungen sind mehr als doppelt so hoch. Man kann daraus schlussfolgern, dass die Verwendung der Dissonanzen in den Werken Lassos homogener ist. Die Maximaldauern unterscheiden sich bei beiden Komponisten nicht so sehr, wie es bei den Konsonanzen der Fall gewesen ist.

Lasso	
Dissonanzen gesamt	
evts	258,62
sd	139,74
%evt	15,88
sd	6,29
%ttl	15,61
sd	6,25
blks	53,67
sd	28,22
mindur	2,12
maxdur	16,19
avgdur	4,87
avgdur_sd	0,98

Palestrina	
Dissonanzen gesamt	
evts	241,97
sd	62,39
%evt	20,76
sd	7,16
%ttl	16,54
sd	10,19
blks	79,93
sd	23,07
mindur	1,02
maxdur	10,09
avgdur	3,06
avgdur_sd	0,24

Sehen wir uns die Dissonanzen aufgeschlüsselt an. Wir können sehen, dass sich die Reihenfolgen ab Platz drei unterscheiden. Der Dur-Quartsextakkord spielt bei Lasso eine untergeordnetere Rolle als bei Palestrina, wenngleich er insgesamt selten vorkommt. Beide teilen sich den Dominantseptakkord auf Platz vier.

Lasso							
Dissonanzen	evts	%evt	%ttl	blks	mindur	maxdur	avgdur
UNDETERMINED	229,50	87,75	13,75	49,54	2,05	13,90	4,65
Einzelintervall	6,24	3,47	0,46	1,55	1,13	1,70	1,38
Moll-Quartsextakkord	5,85	2,14	0,37	0,89	3,13	3,48	3,34
Dominantseptakkord	5,21	2,13	0,31	1,47	2,15	2,53	2,37
Dur-Quartsextakkord	3,97	1,40	0,24	0,59	2,08	2,53	2,33

Palestrina							
Dissonanzen	evts	%evt	%ttl	blks	mindur	maxdur	avgdur
UNDETERMINED	163,58	63,05	12,99	57,94	1,02	8,71	2,80
Einzelintervall	61,14	30,17	2,29	20,19	1,24	4,71	2,41
Dur-Quartsextakkord	2,47	0,94	0,19	0,73	1,49	1,69	1,59
Dominantseptakkord	2,44	0,91	0,21	1,14	1,16	1,28	1,22
Moll-Quartsextakkord	2,04	0,78	0,16	0,82	1,15	1,35	1,25

Bei Lasso sind die Standardabweichungen zu Beginn bei den UNDETERMINED nicht sehr hoch. Allerdings übertreffen bei ihm bereits ab dem Einzelintervall die Abweichungen die Mittelwerte um ein Vielfaches.

Die Standardabweichungen sind bei Palestrina in den UNDETERMINED zunächst sehr nahe am Mittelwert. Ab dem Dur-Quartsextakkord übertreffen sie die Mittelwerte.

Damit sind die Dissonanzen bei Palestrina homogener über die Werke verteilt als bei Lasso.

4. GIOVANNI PIERLUIGI DA PALESTRINA

Lasso					
Dissonanzen	evts-sd	%evt-sd	%ttl-sd	blks-sd	avgdur-sd
UNDETERMINED	131,06	12,52	5,98	27,41	1,12
Einzelintervall	15,69	12,35	1,51	3,71	2,09
Moll-Quartsextakkord	7,78	3,08	0,53	1,16	3,62
Dominantseptakkord	6,14	2,96	0,34	1,73	1,92
Dur-Quartsextakkord	6,73	2,35	0,40	0,94	3,38

Palestrina					
Dissonanzen	evts-sd	%evt-sd	%ttl-sd	blks-sd	avgdur-sd
UNDETERMINED	94,14	26,40	11,02	32,95	0,26
Einzelintervall	57,94	27,85	1,97	18,47	1,07
Dur-Quartsextakkord	3,53	1,37	0,30	0,95	2,01
Dominantseptakkord	2,98	1,08	0,29	1,46	1,25
Moll-Quartsextakkord	2,86	1,06	0,28	0,99	1,47

Kommen wir zu den Konsonanzen. Steht bei Lasso zweifellos der Dur-Akkord an erster Stelle, so bei Palestrina das konsonante Einzelintervall. Auch andere Klangformen wie der 12/3- oder 12/4-Klang sind bei Palestrina in höherer Prozentzahl vorhanden als bei Lasso. Die Maximaldauern der Konsonanzen allerdings sind bei Lasso ungefähr fünfmal höher.

Lasso							
Konsonanzen	evts	%evt	%ttl	blks	mindur	maxdur	avgdur
Dur	768,67	57,96	48,37	49,17	2,38	96,84	18,42
Moll	316,99	23,88	19,54	34,48	2,84	32,77	9,52
Dur-Sextakkord	85,05	6,23	5,06	12,49	3,88	11,20	6,89
Einzelintervall	64,82	5,52	4,38	4,52	10,76	24,92	15,34
Moll-Sextakkord	40,64	3,06	2,50	6,65	3,51	8,36	5,63
12/4	11,78	0,84	0,71	1,63	3,47	5,54	4,36

Palestrina							
Konsonanzen	evts	%evt	%ttl	blks	mindur	maxdur	avgdur
Einzelintervall	411,94	35,89	15,77	110,11	3,81	18,99	8,41
Dur	185,04	22,69	15,08	41,91	1,17	18,71	3,99
Moll	125,29	14,76	9,47	34,84	1,23	11,12	3,40
Dur-Sextakkord	52,14	5,98	3,76	14,63	1,39	6,64	3,62
Moll-Sextakkord	47,59	5,32	3,27	14,26	1,26	6,53	3,27
12/3	22,08	2,13	1,11	7,19	1,58	5,53	3,08
12/4	18,49	1,91	1,06	6,80	1,69	5,24	2,89
3/9	14,63	1,39	0,74	4,51	1,63	4,54	2,84

Die Standardabweichungen sind bei Palestrina nahe am Mittelwert, so dass die Streuungen der Klänge nicht so homogen wie bei Lasso sind. In einigen Werken können damit bestimmte Klänge häufiger vorkommen als in anderen.

Lasso					
Konsonanzen	evts-sd	%evt-sd	%ttl-sd	blks-sd	avgdur-sd
Dur	305,83	15,57	15,22	22,85	13,19
Moll	165,41	9,18	7,15	17,64	2,84
Dur-Sextakkord	57,63	3,51	2,79	8,57	1,92
Einzelintervall	102,96	12,33	9,06	8,01	17,03
Moll-Sextakkord	34,03	2,50	2,06	5,51	2,48
12/4	17,20	1,16	1,01	2,11	4,01

Palestrina					
Konsonanzen	evts-sd	%evt-sd	%ttl-sd	blks-sd	avgdur-sd
Einzelintervall	366,14	28,88	11,54	104,47	8,19
Dur	132,22	18,77	14,22	20,73	1,41
Moll	77,63	11,33	8,67	15,60	0,92
Dur-Sextakkord	25,28	3,59	2,90	7,11	0,74
Moll-Sextakkord	23,19	3,04	2,41	5,62	0,84
12/3	15,87	1,29	0,69	5,49	1,02
12/4	10,94	1,00	0,67	4,43	1,08
3/9	13,29	1,05	0,55	3,29	1,32

Die Gesamtschau der Grundtonfortschreitungen ist bereits erfolgt, so dass wir direkt zu den Blockdiagrammen übergehen können.

Blockdiagramme

Hier sehen wir die Klangdichte, wie sie sich aus allen aggregierten Werken Lassos ergibt. Es manifestiert sich das Spiegelbild der uns bei Lasso vertrauten Pausendichte. Eine sich kolbenförmig aufbauende Klangdichte ist zu erkennen, deren erster Höhepunkt ungefähr am Ende des 1. Viertels bei ca. 25% liegt, danach baut sie sich leicht ab und verbleibt auf wesentlichem 20%igen Niveau. Ab dem Beginn des letzten Viertels steigt die Klangdichte stetig an und erreicht ihren signifikanten Höhepunkt einen Balken vor 1605, in anderen Werken geht sie bis zu 100%.

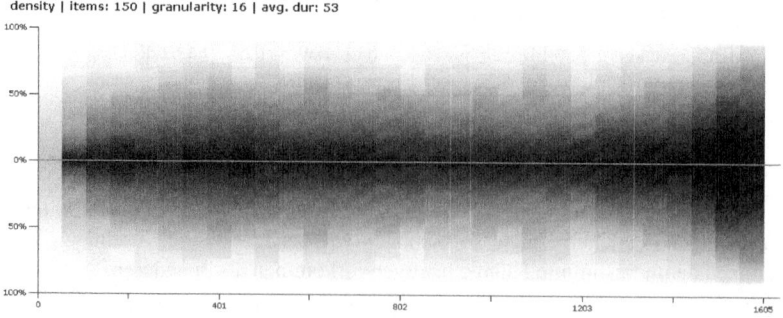

Bei Palestrina erreicht die Klangdichte ihren ersten Höhepunkt etwas früher, und zwar vor Ende des 1. Viertels und das, obwohl sie später zum Anstieg ansetzte. Die Kolbenform können wir hier nur verkürzt wahrnehmen. Man nimmt auch entgegen

4. GIOVANNI PIERLUIGI DA PALESTRINA

Lasso mehrere genuine Tiefs wahr, wie einen Balken nach 420, zwei Balken vor 841, einen Balken nach 841, einen Balken vor 1261 sowie einen Balken vor 1471. Dort wird wie bei Lasso ein treppenförmiger Anstieg angestrebt, das Maximum wird ebenfalls beim vorletzten Balken erreicht, aber nicht in der Intensität wie bei Lasso, dafür ist der sich anschließende Werteabfall stärker.

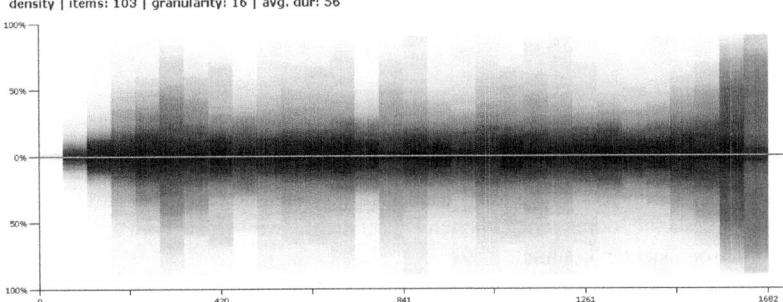

Durch die Kombination der beiden Diagramme erkennen wir aber, dass Palestrina durchweg höhere Klangdichten aufweist. So setzt bei Lasso die Dichteentwicklung zwar früher an, bei Palestrina jedoch geht die Dichte im Verlauf weit über die Lassos hinaus. Zwei Balken vor 841 finden wir einen charakteristischen Tiefpunkt Palestrinas, in dem die Werte Lassos die Palestrinas übertreffen. Im weiteren Verlauf stehen die Palestrinaschen Hochpunkte wieder vor denen Lassos, von einen Balken nach 1261 bis zwei Balken nach 1471 jedoch scheint es, als sei die Lassosche Dichte größer als die Palestrinas. Obwohl wir in der Einzelansicht den Eindruck hatten, dass die Dichte Lassos am Ende größer ist als die Palestrinas, lehrt uns die Kombinationsansicht etwas anderes: in den letzten beiden Balken dominiert Palestrina wieder mit einer höheren Klangdichte. Palestrina komponiert durchweg höhere Klangdichten.

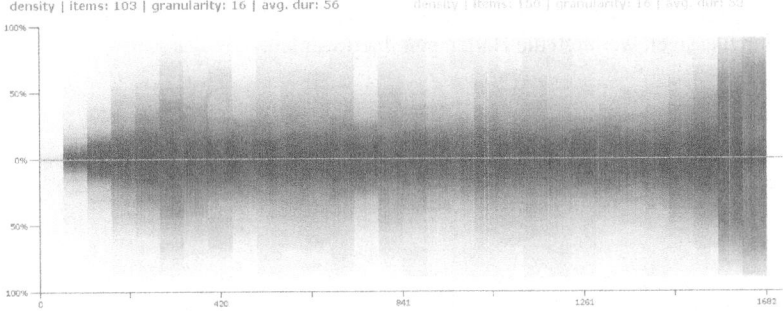

Die Lassosche Satzdichte ist bekannt. Sie beginnt mit der Pausendichte auf hohem Niveau und baut sich bis 401 auf ca. 20% ab, um dann eine leichte Bogenform aufzubauen. Insgesamt ergibt sich der Eindruck einer Schach-Läufer-Figur. Wir haben durchweg eine hohe Stimmen-Beteiligung, die dem Wesen der Vokalpolyphonie entspricht.

508   KAPITEL 4. ANALYSEN

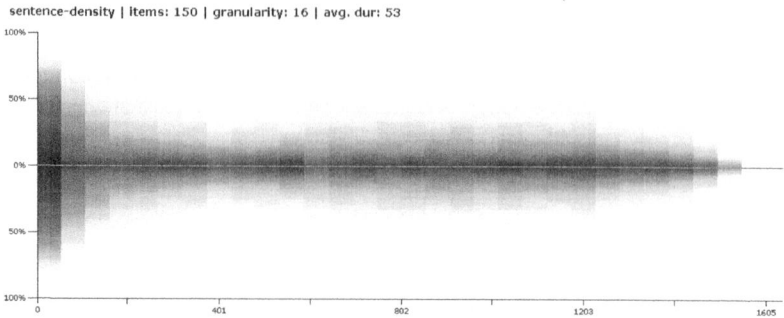

Bei Palestrina beobachten wir wieder die Kombination aus der Lassoschen Satzdichte und einer durchgehend hohen Pausendichte, wie wir sie bei Palestrina bereits vorher beobachten konnten.

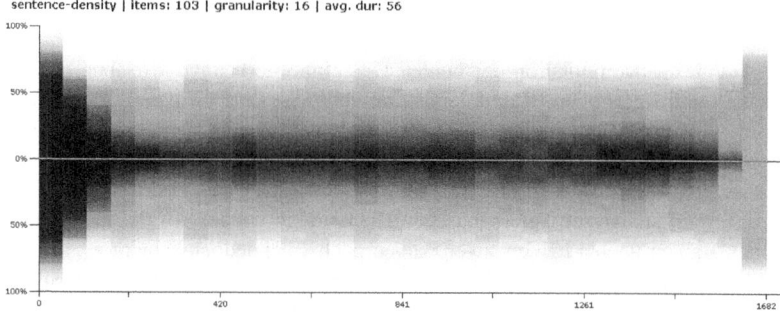

Dies ist es auch, was bei der Kombination sofort ins Auge fällt: eine durchgehend rote (Palestrinasche) Pausendichte und sich überzeichnende Dichten, die an das Lassosche Bild gemahnen. Palestrinas Satzgefüge ist vielseitiger und frisst Lassos Graphik geradezu auf. Doch ist die Musik obgleich häufig klangdichter im Satzaufbau durchlässiger, wodurch die Härten gemildert werden.

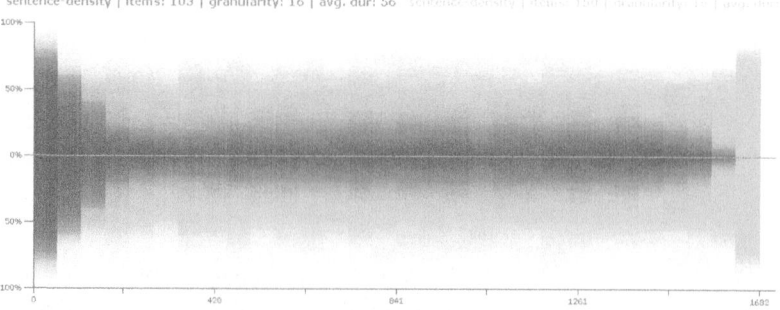

Die Dissonanzgrade wirken bei Lasso zunächst sehr diffus. Auf den ersten Blick lässt sich feststellen, dass sie nur in den wenigsten Fällen, die Ausreißer außen vor gelassen, über die 50%-Marke hinausgehen. Dies geschieht einen Balken nach 401,

4. GIOVANNI PIERLUIGI DA PALESTRINA

zwei Balken nach 802, einen Balken nach 1002,5 sowie bei 1203. Der signifikante Tiefpunkt liegt bei einem Balken vor 802 und teilt die Werke in zwei dissonierende Hälften, wobei in der zweiten Hälfte die Auswüchse gegenüber der ersten häufiger sind. Wir können nur einen geschwärzten Bereich, in dem es viele Überschreibungen gibt, ausmachen, und zwar bei zwei Balken vor 1605. Dort liegt das geschwärzte Niveau bei ca. 5%. Einen absoluten dissonanten Höhepunkt könnte man zwei Balken nach 1403,5 ansetzen.

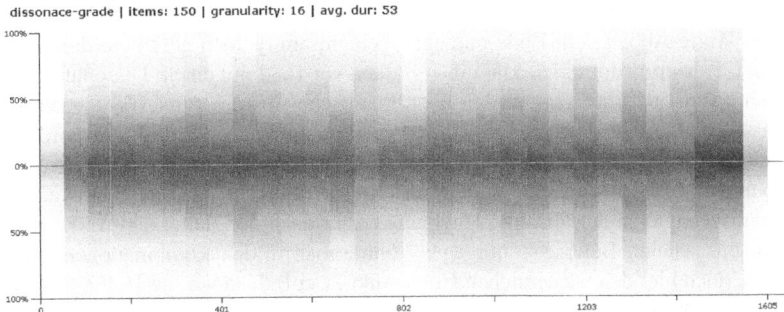

Bei Palestrina hingegen beobachten wir mehrere geschwärzte Bereiche, die aber nie über ca. 20% hinausgehen. Jedoch sehen wir dunklere Graubereiche als bei Lasso, die bereits drei Balken nach Beginn über 50% hinausgehen. Einen ersten dissonanten Höhepunkt können wir zwei Balken vor 420 ausmachen. Der Werte-Abfall, der folgt, ist typisch, wie auch der erneute Anstieg ab dem Beginn des 2. Viertels. Zwei Balken vor 841, also noch vor der 1. Hälfte, erleben wir bei Palestrina einen wesentlichen Tiefpunkt in den Dissonanzen, der von einem neuen Hochpunkt direkt vor der Hälfte der Werke sprunghaft abgelöst wird. In den meisten Werken findet nun ein Werte-Abfall statt. Einen neuen prägnanten Hochpunkt markiert der Beginn des letzten Viertels, von dem an die Werte abgebaut werden. Er setzt typisch bei ca. 50% an.

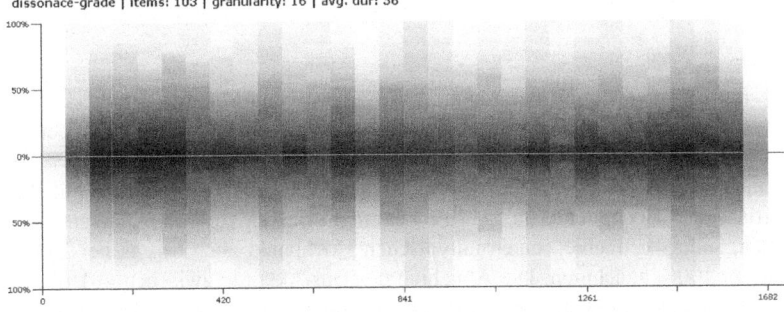

Große Überraschungen jedoch erleben wir dann, wenn wir wieder die beiden Komponisten miteinander kombinieren. Denn nun zeigen sich die Bereiche, in denen der jeweilige Komponist dominiert. Wir sehen deutlich höhere Rot-Anteile von 50-100%. Fünf eindeutige Rot-Spitzen von 100% sind sogar zu identifizieren: zwei

Balken nach 420, einen Balken nach 841, drei Balken vor 1261, einen Balken nach 1261 und direkt bei 1471. Auch beobachten wir schon drei Balken nach Beginn eine Dissonarität von bis zu 80% bei Palestrina. Es finden sich bei Palestrina zwar in der 2. Hälfte mehr 100%-Spitzen als in der 1., doch auch Lasso blitzt in der zweiten Hälfte mit mehreren 100%-Spitzen hervor. Dort, wo Palestrina vor Ende der 1. Hälfte sein charakteristisches Tief erlebt, lugt Lasso mit bis zu 100% deutlich hervor. Klar dominiert Lasso in den Dissonanzen den Bereich bis 50% von einen Balken vor 420 bis 630 sowie von drei Balken nach 841 bis 1261. Beide haben den Werte-Abbau dem Ende entgegen gemeinsam, jedoch geschieht dies zeitversetzt. Palestrina dominiert klar einen Balken vor 1682 mit einem Dissonanzenanteil von bis zu 50%, auch wenn sich noch Lassosche Ausreißer mit 100% nachweisen lassen. Insgesamt scheint Palestrina tatsächlich dissonanter zu sein. Er wird früher sehr dissonant als Lasso und bleibt dies dann auch im 1. Viertel seiner Werke. Seine extremen Spitzen sind in der zweiten Hälfte der Werke dann in der Zeit weiter verteilt, wenngleich der absolute Hochpunkt kurz nach der Hälfte der Werke erreicht zu sein scheint. Bei Lasso hingegen könnte man in den Kombinationen versucht sein, auch hier den wesentlichen Hochpunkt zwei Balken vor der Hälfte des letzten Viertel-Abschnitts anzusetzen, ganz so, wie wir es auch in der Einzelansicht vermutet haben. Es ist klar zu sehen, dass die Rot-Anteile in den Werten über 50% überwiegen. Von drei Balken nach 841 bis vier Balken vor 1261 dominiert Lasso den 100%-Bereich. Insgesamt besehen ist Palestrina deutlich dissonanter.

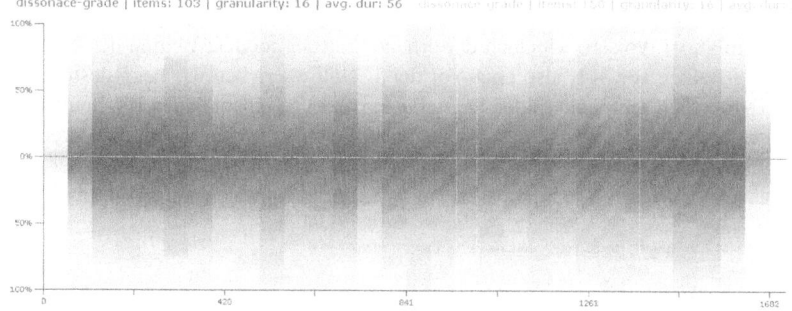

Bei Lasso spielt der Dur-Akkord, wie zuvor in den Mittelwert-Analysen dargestellt, eine sehr große Rolle. Bei Lasso dominieren die Dur-Akkorde in der ersten Hälfte der Werke. Die dunkleren Bereiche reichen jedoch nur bis ca. 45% heran. Einerseits kann man einen kontinuierlichen Anstieg der Dur-Verteilung mit charakteristischen Hochpunkt von ca. 40% bei einem Balken vor 401. Andererseits kann man, anders betrachtet, einen untypischen Hochpunkt auch bereits bei 200,5 von bis zu 100% annehmen. Die Abnahme der Dur-Akkorde zwischen 401 und einen Balken danach ist signifikant wie auch der Sprung auf einen neuen Hochpunkt drei Balken nach 401. Durch den folgenden Werte-Abbau wird bei 601,5 ein wesentlicher Tiefpunkt erreicht. Von dem aus erfolgt ein neuer Anstieg zu einem neuen Hochpunkt bei zwei Balken vor 802. Nun erfolgt bis 1203 ein diffuser Werte-Abbau, der in einen neuen bedeutenden Tiefpunkt mündet. Die extreme Dur-Verteilung am

4. GIOVANNI PIERLUIGI DA PALESTRINA

Schluss wird durch eine diffuse Entwicklung mit anschließendem Sprung erreicht und nicht durch einen kontinuierlichen Werte-Anstieg.

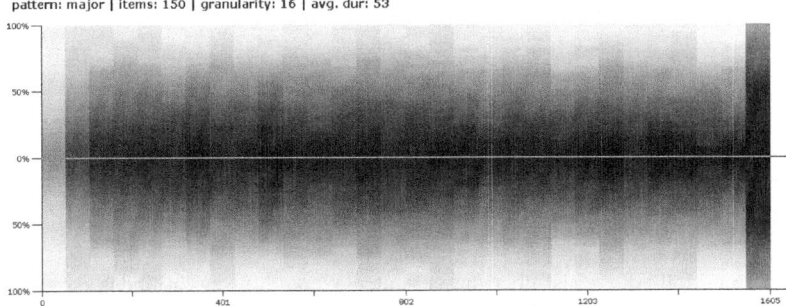
pattern: major | items: 150 | granularity: 16 | avg. dur: 53

Bei Palestrina fällt sofort die sich rasch aufbauende Wolkenform auf, wo bei Lasso gleich zu Beginn auch hohe Werte verzeichnet werden konnten, zudem ist die Verteilung der Dur-Akkorde unspezifischer. Zwar bekommen wir auch hier viele 100%-Spitzen zu sehen, allerdings nicht wie bei Lasso über die ganzen Werke hinweg. Der Dur-Akkord am Ende wird jedoch durch einen kontinuierlichen Werte-Anstieg mit anschließendem Sprung erreicht. Es lässt sich anhand des Diagrammes ablesen, dass Palestrina zu Beginn, in der Mitte und zu Beginn des letzten Viertel-Abschnittes am wenigsten Dur-Akkorde komponiert.

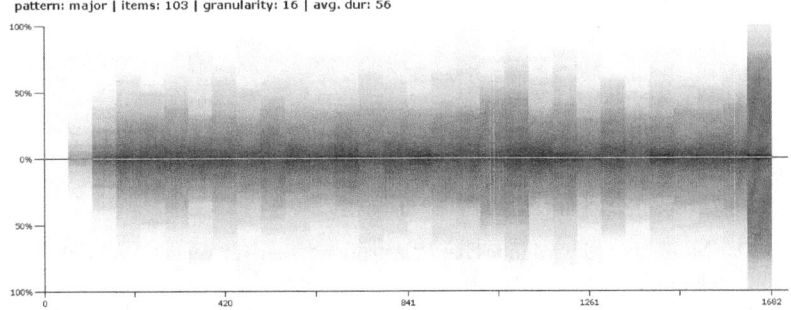
pattern: major | items: 103 | granularity: 16 | avg. dur: 56

Betrachten wir nun die Kombination, so ist die Dominanz Lassos so selbstredend, dass wir uns einen Kommentar sparen können. Allerdings ist deutlich, dass Palestrinas Dur-Profil durchschimmert und von Lasso nicht gänzlich geschluckt werden kann, da die Verteilung in der Zeit zu unterschiedlich ist.

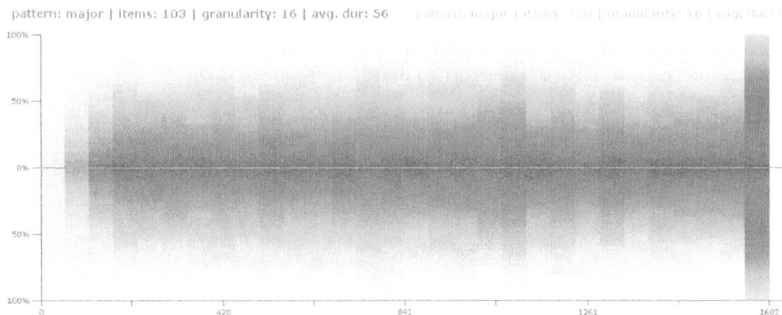

Der Moll-Akkord ist über die gesamten Werke hinweg zu finden, kommt dabei aber nur selten über 50% hinaus. Direkt nach Beginn sehen wir einen Sprung auf ein etwa 40%iges Niveau und einen Abbau. Einen besonders charakteristischen Tiefpunkt besitzt der Moll-Akkord neben Anfang und Ende, vor Ende des 1. Viertels sowie vor Ende des 2. Viertels, also zwei Balken vor 802. Einen Balken nach 802 finden wir wieder einen signifikanten Tiefpunkt. Besondere Hochpunkte finden wir bei 401 und einen Balken vor 1203, desweiteren zwei Balken vor 1605.

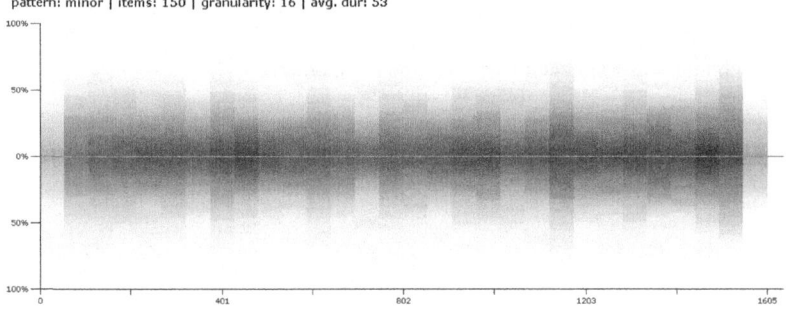

Der Moll-Akkord wird indes bei Palestrina seltener verwendet. Die Verteilungen sind zudem anders als bei Lasso. Jedoch sehen wir hier ebenfalls den Anfangsabbau, jedoch zeitversetzt bei zwei Balken vor 210. Auch von einen Balken nach 420 bis einen Balken vor 841 beobachten wir wieder eine Abnahme von einem höheren Niveau aus. Charakteristische Tiefpunkte sind schwer auszumachen, aber man kann durchaus einen Balken nach 1051 und einen Balken vor 1261 als konzentrierte Tiefpunkte bezeichnen. 1216 ist dann ein wesentlicher Hochpunkt, also der Beginn des letzten zeitlichen Viertels. Vom 7. Achtel aus lässt sich bis zwei Balken vor 1682 eine Zunahme der Moll-Akkorde beobachten, die dort in einen bedeutenden Hochpunkt führt, der von einem durchschnittlichen 40%igen Niveau rasch abstürzt.

4. GIOVANNI PIERLUIGI DA PALESTRINA

pattern: minor | items: 103 | granularity: 16 | avg. dur: 56

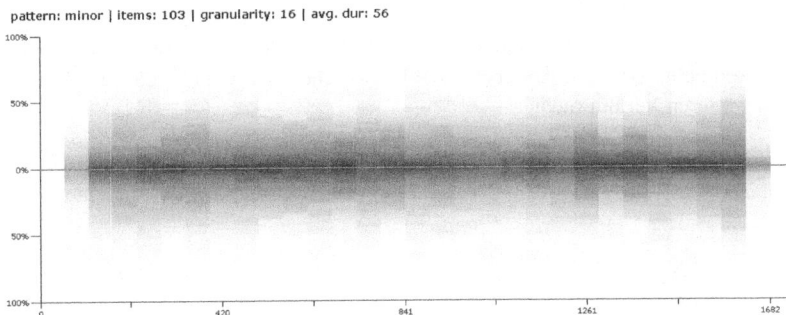

Kombinieren wir nun Orlando di Lasso und Palestrina, so sehen wir eine klare Dominanz Lassos. Allerdings gibt es auch Punkte, in denen Palestrina obsiegt: so z.B. bei drei und einen Balken vor 420 oder einen Balken vor 841. Der charakteristische Hochpunkt zwei Balken vor 1682 wird zwar von beiden Komponisten samt Absturz der Werte geteilt, jedoch dominiert auch hier Orlando di Lasso.

pattern: minor | items: 103 | granularity: 16 | avg. dur: 56

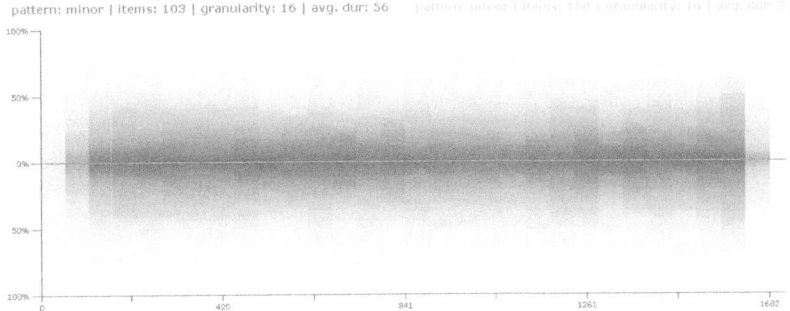

Bei der Verwendung der Einzelintervalle lässt sich kein derart klares Bild bei Lasso verzeichnen. Signifikant ist freilich der Beginn aus dem Einzelintervall heraus, der typisch für eine Musik ist, die auf Imitations-Formen basiert. Jedoch finden wir im weiteren Verlauf dann keine Charakteristika, es kommen zwar mitunter sehr hohe Einzelintervall-Anteile vor, ohne aber eine wesentliche Verteilung zu entwickeln.

pattern: singleinterval | items: 150 | granularity: 16 | avg. dur: 53

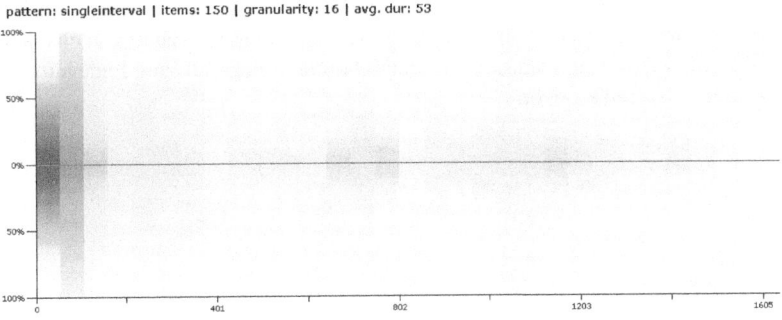

Das sieht bei Palestrina ganz anders aus. Das Einzelintervall wird durchgehend häufiger verwendet, und es bildet sich eine Kolbenform aus, die an die Lassosche Pausendichte erinnert. Anders als bei Lasso sehen wir jedoch keine 100%-Spitzen im weiteren Verlauf mehr.

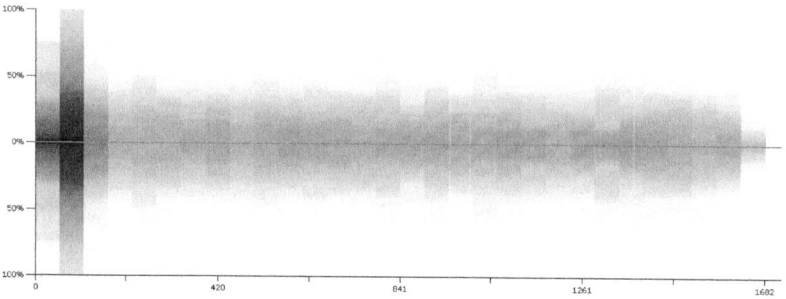

Und so dominiert Palestrina auch ganz klar bei der Verwendung der Einzelintervalle.

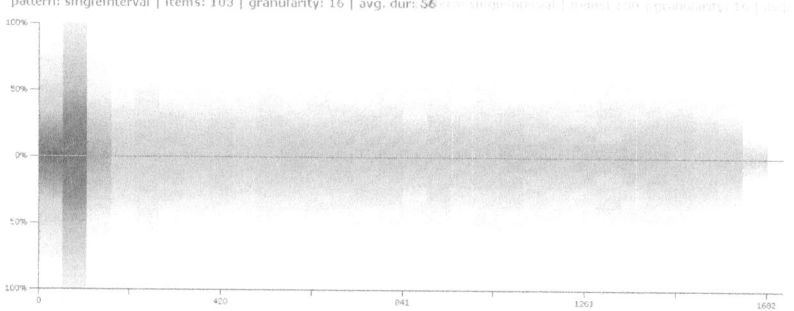

Bei den Stimmkreuzungen scheint es, als sei statistisch gesehen eine gegenläufige Entwicklung, die einerseits von einem kreuzungsfreien Bereich zu Beginn zu starken Kreuzungen aufsteigt, die andererseits von sofortigem hohem Niveau nach Beginn zu niedrigerem Niveau (das dann aber immer noch mindestens 35% beträgt), für beide Komponisten typisch, abfällt. Einen besonders intensiven Punkt finden wir bei Lasso zwei Balken nach 802, bei Palestrina ist dieser bereits einen Balken früher auszumachen. Beide teilen auch die sich steigernde Kreuzung von einem Tiefpunkt, der in der Zeit beim siebten Achtel-Abschnitt liegt, die zum Ende hin ein fast 100%iges Niveau erreicht.

4. GIOVANNI PIERLUIGI DA PALESTRINA

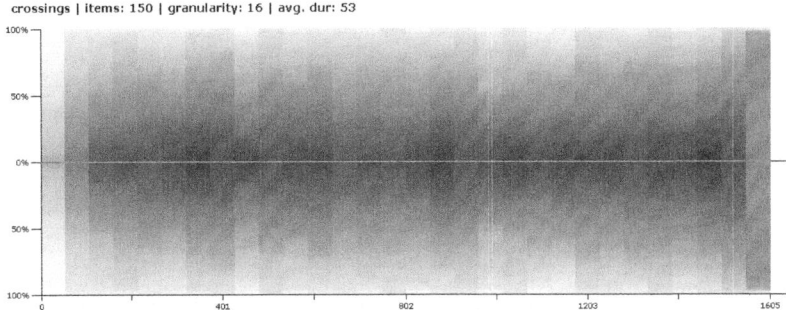

Bei Lasso scheinen insgesamt mehr Kreuzungen vorzuherrschen. Bei Palestrina beginnen die Kreuzungen auch in der Zeit versetzt.

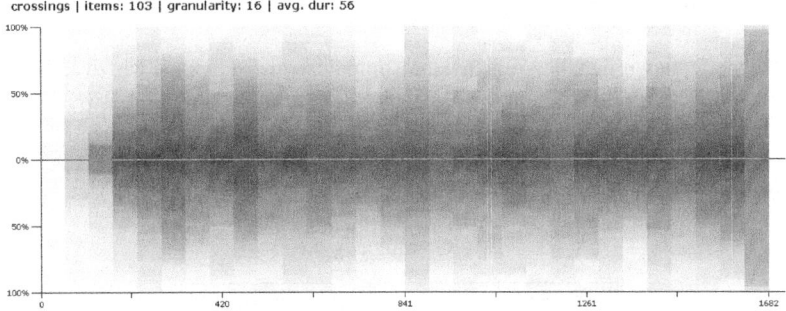

Erst dann, wenn wir wieder beide Diagramme übereinander kopieren, können wir die Unterschiede ermessen. Die Stimmkreuzungen herrschen bei Lasso fast durchweg vor. Palestrina setzt Akzente durch die zeitversetzte Steigerung, so dass wir zwei Balken nach 210 einen durch einen Abstieg von 100% aus erreichten Hochpunkt von ca. 80% ausmachen können, der für Palestrina typisch zu sein scheint, ebenso einen Balken nach 420. Die Stimmkreuzungen in der Mitte, einen Balken vor und nach 841 werden ebenfalls von Palestrina dominiert. Weitere Abweichungen beobachten wir noch bei 1051 und einen Balken vor 1261. Ist für Lasso die 100%-Spitze am Ende charakteristisch, scheint bei Palestrina ein ca. 20%iges Niveau typischer zu sein.

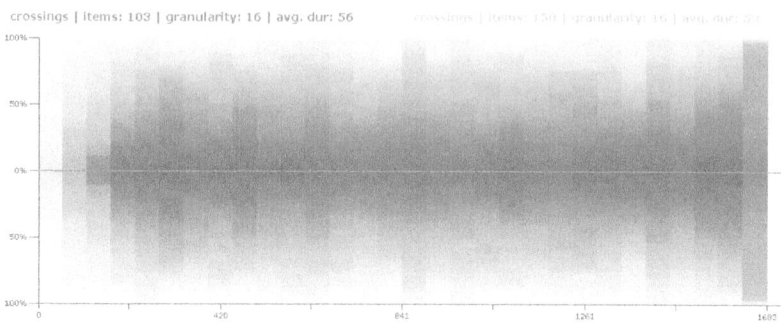

4.1.1 Mittelwert des 16. Jahrhunderts?

Aggregieren wir nun die Werte beider Komponisten, so kommen wir zu einem Mittelwert, der repräsentativ für die Musik der Renaissance sein dürfte.

Mittelwerte

Gesamt_avg.txt

Konsonanzen	
evts	1078,14
sd	496,82
%evt	82,91
sd	7,67
%ttl	72,25
sd	17,81
blks	106,82
sd	94,85
mindur	1,95
maxdur	120,25
avgdur	27,77
avgdur_sd	39,26

Dissonanzen	
evts	230,57
sd	124,63
%evt	17,09
sd	7,67
%ttl	15,21
sd	8,47
blks	60,10
sd	32,65
mindur	1,51
maxdur	12,36
avgdur	4,14
avgdur_sd	1,26

Die Summe aus Lasso plus Palestrina zeigt, dass 83% Kon- und 17% Dissonanzen typisch für die Motette der Zeit nach 1560 sind.

4. GIOVANNI PIERLUIGI DA PALESTRINA

Dissonante Klänge	evts	%evt	%ttl	blks	mindur	maxdur	avgdur
UNDETERMINED	182,78	77,49	12,70	48,82	1,48	10,66	3,92
Einzelintervall	28,64	14,48	1,21	9,17	1,14	2,92	1,81
Moll-Quartsextakkord	4,01	1,55	0,28	0,82	2,09	2,36	2,29
Dominantseptakkord	3,51	1,70	0,24	1,17	1,55	1,77	1,75
Dur-Quartsextakkord	3,20	1,17	0,21	0,63	1,71	2,04	1,94
Halbverm. Terzquartakkord	1,49	0,69	0,11	0,55	0,88	1,00	0,97
12/5	1,26	0,56	0,07	0,43	0,78	0,93	0,86
Verminderter Dreiklang	1,23	0,48	0,07	0,33	0,88	1,02	0,94
5/7	1,23	0,49	0,07	0,45	0,87	1,00	0,93
5/12	0,72	0,34	0,05	0,24	0,53	0,60	0,58
Dominant-Sekundakkord	0,62	0,31	0,04	0,18	0,51	0,51	0,58
Halbverm.-Quintsextakkord	0,44	0,16	0,03	0,14	0,35	0,36	0,36
Dominant-Terzquartakkord	0,33	0,11	0,02	0,12	0,28	0,28	0,28
Dominant-Quintsextakkord	0,33	0,13	0,02	0,11	0,28	0,29	0,28
Verm.-Quartsextakkord	0,28	0,13	0,02	0,11	0,25	0,27	0,29
Übermäßiger Dreiklang	0,16	0,06	0,01	0,05	0,15	0,15	0,15
Halbverm.-Septakkord	0,12	0,04	0,01	0,04	0,11	0,11	0,11
12/12	0,09	0,03	0,01	0,04	0,06	0,07	0,07
Halbverm.-Sekundakkord	0,07	0,02	0,00	0,02	0,07	0,07	0,07
Überm. Quartsextakkord	0,06	0,02	0,01	0,02	0,06	0,06	0,06
terzlos	0,00	0,05	0,00	0,00	0,00	0,00	0,03

Mannigfaltige Formen sind erkennbar, jedoch niemals der verminderte Septakkord, dafür aber Umkehrungen des verminderten Dreiklangs und des halbverminderten Septakkords. Der terzlose Klang am Schluss kann z.B. für eine Kombination aus Quarte zum Bass und Verdopplung eines Tones bestehen. Kommen wir zu den Konsonanzen:

der Dur-Akkord steht wieder an erster Stelle, ihm folgen der Moll-Akkord und das konsonante Einzelintervall.

KAPITEL 4. ANALYSEN

Konsonante Klänge	evts	%evt	%ttl	blks	mindur	maxdur	avgdur
Dur	461,60	44,43	36,08	42,27	1,77	56,23	14,21
Moll	213,69	19,09	14,64	32,10	1,98	21,30	7,09
Einzelintervall	205,64	17,94	9,04	47,90	6,67	20,99	11,60
Dur-Sextakkord	66,28	6,05	4,47	12,61	2,56	8,54	5,61
Moll-Sextakkord	41,25	3,97	2,81	9,42	2,26	7,04	4,70
12/4	14,23	1,34	0,91	3,72	2,52	5,22	3,85
12/3	13,38	1,20	0,72	3,63	2,10	4,30	3,06
3/9	7,68	0,69	0,40	2,16	1,44	2,86	2,07
7/5	7,67	0,71	0,42	3,01	1,64	3,17	2,17
3/12	7,12	0,65	0,38	2,15	1,30	2,80	2,02
4/8	6,06	0,56	0,37	1,72	1,79	2,85	2,31
4/12	5,70	0,54	0,31	1,77	1,30	2,54	1,91
UNDETERMINED	5,47	0,70	0,42	1,89	0,80	2,02	1,64
12/7	4,77	0,45	0,28	1,51	1,41	2,69	2,04
8/4	4,24	0,39	0,23	1,35	1,26	2,26	1,65
9/3	3,64	0,33	0,20	1,19	1,22	1,95	1,51
12/12	2,47	0,25	0,14	1,04	0,90	1,46	1,11
12/12	1,94	0,23	0,16	0,58	0,89	1,14	1,01
7/12	1,55	0,15	0,09	0,62	0,75	1,03	0,90
12/9	1,31	0,12	0,06	0,45	0,56	0,79	0,69
12/8	0,97	0,09	0,05	0,32	0,54	0,76	0,64
9/12	0,83	0,07	0,04	0,24	0,41	0,59	0,50
8/12	0,65	0,06	0,03	0,20	0,35	0,47	0,41
terzlos	0,00	0,01	0,01	0,00	0,00	0,00	0,09

Auch hier ist der terzlose Klang wieder an letzter Stelle. Schlüsseln wir alle Klänge auf: der F- und der C-Dur-Akkord sind die wichtigsten Akkorde.

Alle Klänge	evts	%evt	%ttl	blks	mindur	maxdur	avgdur
Dur, f-fa, 1. Stufe	27,12	2,36	1,92	3,27	0,26	3,36	1,11
Dur, c-do, 5. Stufe	20,15	1,81	1,47	2,91	0,21	2,65	0,92
Dur, c-do, 6. Stufe	18,90	1,71	1,46	2,02	0,36	2,60	1,15
Dur, g-so, 1. Stufe	17,86	1,71	1,41	2,37	0,23	3,04	1,21
Moll, g-re, 1. Stufe	17,25	1,43	1,20	2,57	0,57	2,85	1,40
Dur, c-do, 4. Stufe	16,51	1,57	1,30	2,34	0,32	2,08	1,09
Moll, a-la, 4. Stufe	16,48	1,37	1,15	2,12	0,27	2,29	0,95
Dur, b-fa, 3. Stufe	15,76	1,38	1,19	1,90	0,60	3,11	1,65
Dur, g-so, 4. Stufe	15,53	1,45	1,22	1,83	0,19	2,44	0,85
Dur, b-ta, 4. Stufe	15,52	1,35	1,12	1,91	0,56	2,85	1,50

4. GIOVANNI PIERLUIGI DA PALESTRINA

Betrachten wir noch einmal die häufigsten Töne des Tenors. Die häufigsten Töne sind das *c* und das *d*. Der am wenigsten vorkommende Ton ist das Akzidenz *gis*.

Tenor, nur Tonhöhen	evts	%evt	%ttl	blks	mindur	maxdur	avgdur
c	196,06	17,23	13,09	21,80	2,70	25,68	10,92
d	189,10	17,11	12,85	22,05	2,90	25,46	10,87
g	168,85	14,58	11,25	17,08	2,69	31,50	11,28
a	167,47	14,93	11,51	18,98	2,45	25,57	10,22
f	116,55	10,11	7,34	14,00	3,01	20,62	9,60
e	108,21	9,94	7,15	14,88	2,53	17,71	8,37
b	66,17	5,77	4,47	7,66	3,05	13,20	7,73
h	63,67	6,08	4,66	8,88	2,83	13,92	7,56
fis	9,26	1,06	0,90	1,10	3,05	5,35	5,54
es	8,96	0,81	0,66	0,83	2,66	4,46	4,51
cis	8,56	1,03	0,84	1,08	3,02	4,89	4,84
gis	4,93	0,48	0,41	0,44	2,23	3,30	3,42

4.2 Und wieder Stimmungsfragen

Im Stimmungskapitel wurde auf die Problematik reiner Intonation aufmerksam gemacht, die sich ergibt, wenn Klangfolgen verwendet werden, die durch Liegenlassen gemeinsamer Töne qua plagalem Terzschritt mittels dreier steigender Quintschritte den Ausgangsakkord erreichen wollen. Zur Erinnerung sei noch einmal zitiert:

> „Singt man zum Beispiel die einfache Wendung d-moll, F-Dur, C-Dur, g-moll, d-moll in reiner Stimmung, so wird der letzte Akkord um 21.5 cents, also das syntonische Komma [sic!] höher sein als der erste. Wird diese Stelle wiederholt, ist das resultierende d-moll um stolze 43 cents höher als der Ausgangsakkord. Folgt eine dritte Wiederholung,··· . Singt man die Akkordfolge im Krebs, so fällt die Stimmung entsprechend. Dieses Problem tritt immer dann auf, wenn eine reine große Terz von vier Quint- oder Quartschritten in die Gegenrichtung gefolgt wird. Der Grund dafür liegt darin, dass, wie es die Definition des syntonischen Kommas besagt, vier Quinten um 21.5c größer sind als eine reine Terz. "[730]

In der Diskussion dieser Problematik mit Wolfgang Auhagen schrieb dieser:

> „Das Beispiel von Lang ist insofern ‚besonders', als schon durch den ersten Wechsel von d-moll nach F-dur aufgrund zweier liegenbleibender Töne (f, a) der Ganztonschritt d-c sozusagen zwangsweise als kleiner Ganzton von 182 Cent nahegelegt wird und die weitere Quint-Progression die ‚fehlenden' 22 Cent nicht kompensiert. Würde nach g-moll noch ein A-dur-Akkord eingeschoben, könnte der Bass von g nach a wieder einen kleinen Ganztonschritt intonieren (die anderen Stimmen bleiben in diesem Fall nicht liegen) und dann würde die Akkordfolge nicht um 22 Cent höher enden."[731]

---

[730] Lang, Auf Wohlklangswellen, S.80.
[731] Wolfgang Auhagen, in einer Email an den Verfasser.

Nordmark und Ternström hatten in ihrer Untersuchung 16 Probanden Stimulusklänge präsentiert. Die technische Realisierung überspringen wir. Ganz vereinfacht dargestellt (in Wirklichkeit war es viel komplexer), musste der jeweilige Proband seine ihm passende große Terz per Kontrollregler anpassen und per Knopfdruck bestätigen. Die „Durchschnittsterz" lag bei 395.4 Cent, mit einer Standardabweichung von 7.3 Cent, was näher an der gleichstufigen als an der reinen Terz liegt. Nach Nordmark und Ternström zeige diese Untersuchung keine Präferenz reiner Intonation. Der Hauptkritikpunkt meinerseits liegt an der Auswahl der Probanden, denn diese waren keineswegs unvoreingenommen, denn elf von ihnen waren Chorpädagogik- und Chorleitungsstudenten und fünf waren Orchestermusiker. Wenn man jahrelang nichts anderes als die gleichstufig temperierte Stimmung eingetrichtert bekommt, kann von einer „natürlichen Intonation" keine Rede sein. Dies wäre aber wieder im Umkehrschluss der Beweis, dass ein Stimmungssystem Einfluss auf Hören und Intonation haben kann! Die Probanden zeigten eine Spannweite von 388-407 Cent auf, und eine Chorsängerin äußerte auch, sie nehme Terzen deshalb hoch, weil ihrer Meinung nach ihre Sektions-Kollegen zu tief intonierten.[732] Es gibt freilich noch andere psychoakustische Studien. Die Ergebnisse von Jobst Peter Fricke können uns zwar keinen Anhaltspunkt für die Intonation um 1560 liefern, aber wir sehen, dass Musiker nicht starr intonieren und als Praktiker immer der Situation gemäß (Dissonanzen, Vorhaltsgebilde) agieren. Demnach wäre die reine Intonation immerhin denkbar, auch wenn Frickes Untersuchung zunächst diese Annahme entkräften sollte. Fricke schreibt:

> „Die ausdrucksbedingten Bestrebungen zur Verengung und Überdehnung, zur Herausarbeitung charakteristischer Unterschiede sowie allgemein zur Variierung der Intonation der Tonstufen sind hinsichtlich des Ausmaßes ihrer Verwirklichung abhängig von der Struktur der bei der Realisierung verwendeten Klänge. Die Differenzierung und die Verwirklichung des Ausdrucksstrebens werden bei chorischer Ausführung am ehesten ermöglicht, während die besondere Art der Cembaloklänge diesen Tendenzen am wenigsten nachzugeben gestattet. Die physikalische Struktur des Klangmaterials wirkt sich insofern auf die Intonation aus, als die physikalisch schärfer definierten Klänge dem Gehör eine genauere Kontrolle der Größenverhältnisse erlauben."[733]

Intonation folgt laut Fricke eigenen Gesetzen.[734] Dies sind wie geschildert Gesetze der situativen Anpassung, der musikalischen Praxis. Und Komponisten sind sich in dieser Zeit der musikalischen Praxis ja durchaus noch bewusst, sie waren ja oft selbst Chormeister; Palestrina war auch Organist, so dass also Intonationsfragen ihren Niederschlag im Werk gefunden haben müssten. Denn die reine Stimmung Foglianos beispielsweise war zur Palestrinazeit um 1560 schon seit 31 Jahren bekannt, wie auch die Stimmungen Pietro Arons lange bekannt waren.

Wir gehen deshalb nun den Weg über das kompositorische Material und sehen uns die Aggregierung aller verwendeter Motetten an, um durch die Klang- und

---

[732] Vgl. Nordmark und Ternström, Intonation preferences, S.60.

[733] Vgl. Jobst Peter Fricke, Intonation und musikalisches Hören, 1. Auflage 1968, Osnabrück 2012, S.177.

[734] Vgl. Fricke, ebd.

4. GIOVANNI PIERLUIGI DA PALESTRINA

Grundtonanalyse herauszufiltern, wie diese eventuell intoniert worden sein könnten. Der Verdacht liegt nahe, da Langs Modell nicht gefunden werden kann, dass vielleicht doch die Musik Palestrinas und Lassos nicht mehr ausschließlich pythagoräisch, sondern vielleicht doch schon rein – wenigstens je nach Situation – intoniert worden sein könnte. Denn wir finden kompensatorische Wendungen. Es können zwar, wie beobachtet, auch Ketten von vier auf- oder absteigenden Sekundschritten vorkommen, doch werden vom Computer hierbei auch einstimmige Bassfortschreitungen erfasst. Und diese Fortschreitungen sind zudem intonatorisch kein Problem. Es wurden nun noch einmal alle zuvor analysierten Werke auf ihre gemeinsamen Klangfolgen und Grundtonfortschreitungen aggregiert. Es werden hierbei Folgen in allen Modi erfasst, die sich auch in anderen wiederholen. So wurde mit Dreierfolgen begonnen und die Analyse bis auf Fünferfolgen erweitert. Transponierte und untransponierte Modi wurden zusammengefasst. Orientierung bieten uns die Modus-Stufen und Solmisationssilben.

3er-Klangfolgen

gesamt_agg_nat_seq_3er.txt

Dieser doppelte Quintfall ereignet sich 125mal.

| Häufigkeit | 125mal |

Modus-Stufe	Solmisationssilbe	Klang	Sonanzform
1	re	Dur	konsonant
4	so	Dur	konsonant
7	do	Dur	konsonant

Dieser doppelte Quintfall kommt 89mal vor.

| Häufigkeit | 89 mal |

Modus-Stufe	Solmisationssilbe	Klang	Sonanzform
4	so	Dur	konsonant
7	do	Dur	konsonant
3	fa	Dur	konsonant

Dieser ereignet sich 81mal.

| Häufigkeit | 81mal |

Modus-Stufe	Solmisationssilbe	Klang	Sonanzform
5	la	Dur	konsonant
1	re	Dur	konsonant
4	so	Dur	konsonant

Dies ist die letzte gemeinsame 3er-Folge, sie ereignet sich 71mal und ist wieder ein doppelter Quintfall.

Häufigkeit	71mal

Modus-Stufe	Solmisationssilbe	Klang	Sonanzform
7	so	Dur	konsonant
3	do	Dur	konsonant
6	fa	Dur	konsonant

3er-Grundtonfortschreitungen

gesamt_agg_nat_keytonepro_3er_.txt

Diese Grundtonfortschreitung ereignet sich 235mal.

Häufigkeit	235mal

Grundtonfortschreitung
AT
AH
AT

Diese authentischen Hauptschritte kommen immerhin noch 234mal vor.

Häufigkeit	234mal

Grundtonfortschreitung
AH
AH
AH

Diese drei plagalen Sekundschritte ereignen sich immerhin 224mal.

Häufigkeit	224mal

Grundtonfortschreitung
PS
PS
PS

4er-Klangfolgen

gesamt_agg_nat_seq_4er.txt

4. GIOVANNI PIERLUIGI DA PALESTRINA

Bei den 4er-Folgen brechen die Zahlen naturgemäß ein. Dies ist ein dreifacher Quintfall.

Häufigkeit	42mal

Modus-Stufe	Solmisationssilbe	Klang	Sonanzform
1	re	Dur	konsonant
4	so	Dur	konsonant
7	do	Dur	konsonant
3	fa	Dur	konsonant

Auch dies ist ein dreifacher Quintfall.

Häufigkeit	36mal

Modus-Stufe	Solmisationssilbe	Klang	Sonanzform
5	la	Dur	konsonant
1	re	Dur	konsonant
4	so	Dur	konsonant
7	do	Dur	konsonant

Dieser dreifache Quintfall ereignet sich 36mal.

Häufigkeit	36mal

Modus-Stufe	Solmisationssilbe	Klang	Sonanzform
2	mi	Dur	konsonant
5	la	Dur	konsonant
1	re	Dur	konsonant
4	so	Dur	konsonant

Dieser ereignet sich 23mal, wir beobachten die gleichen Solmisationssilben bei veränderten Modusstufen.

Häufigkeit	23mal

Modus-Stufe	Solmisationssilbe	Klang	Sonanzform
1	mi	Dur	konsonant
4	la	Dur	konsonant
7	re	Dur	konsonant
3	so	Dur	konsonant

4er-Grundtonfortschreitungen

gesamt_agg_nat_keytonepro_4er.txt

Diese vier authentischen Sekundschritte kommen 89mal vor.

|Häufigkeit|89mal|

Grundtonfortschreitung
AS
AS
AS
AS

Nun kommen vier plagale Sekundschritte.

|Häufigkeit|75mal|

Grundtonfortschreitung
PS
PS
PS
PS

Nun beobachten wir eine interessante Sequenz aus authentischem Haupt- und Terzschritt.

|Häufigkeit|65mal|

Grundtonfortschreitung
AH
AT
AH
AT

Diese vier authentischen Hauptschritte sind in fallende Quinte, steigende Quarte, fallende Quinte und steigende Quarte unterteilt.

|Häufigkeit|65mal|

Grundtonfortschreitung
AH
AH
AH
AH

5er-Klangfolgen

gesamt_agg_nat_seq_5er.txt

4. GIOVANNI PIERLUIGI DA PALESTRINA

Man achte auf den vierfachen Quintfall.[735]

Häufigkeit	16mal

Modus-Stufe	Solmisationssilbe	Klang	Sonanzform
5	la	Dur	konsonant
1	re	Dur	konsonant
4	so	Dur	konsonant
7	do	Dur	konsonant
3	fa	Dur	konsonant

Nun kommen vierfache Akkordwiederholungen.

Häufigkeit	16mal

Modus-Stufe	Solmisationssilbe	Klang	Sonanzform
1	so	Dur	konsonant

---

[735] Einschränkend muss gesagt werden, dass in *Christe Dei Soboles, secunda pars* in T.14, Textstelle *nec nisi*, der Computer den Ton *h* im Cantus als Vorhalt zum *c* betrachtet und den Klang als C-Dur-Sextakkord auffasst, wodurch die genannten Quintfälle von D-Dur bis B-Dur entstehen.

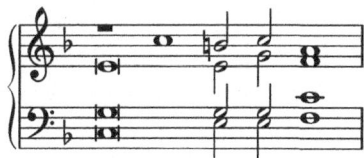

Dies ist natürlich problematisch, denn wir haben in der Tat in T.14 einen Wechsel von C-Dur nach e-Moll nach C-Dur. Hört man aber den Klang nach dem Rhythmus der Brevis und stellt die Intonation des *h* als Akzidenzton auf den Prüfstand, so nimmt man dieses e-Moll nur als Farbwechsel, aber kaum als wirklichen Harmoniewechsel wahr, so dass die Auffassung des Computers wieder an Wert gewinnt. Wäre dieses *h* als Quinte rein intoniert, so entstünde ein Halbtonschritt mit 111,5c zum *c* hin, der dann in der reinen Stimmung allerdings aufgrund der Größe keine für uns heute wahrnehmbare Vorhalts- oder Leittonwirkung hätte, wohl aber in der pythagoräischen diatonischen Intonation, denn hier beträge der Halbtonschritt dann nur als Limma 90,2c. Mit der Software PureData wurden beide Varianten einmal durchgespielt: die Leittonwirkung ist in der pythagoräischen Intonation sehr stark, und diese Intonation ist bei dem Akzidenzton *h* die wahrscheinlichere. Denn ein Chorsänger wird diesen Halbton in der Regel zu klein nehmen. In beiden Stimmungen hören wir keine deutliche Klangfortschreitung, die uns sofort an einen plagalen Terzschritt erinnern würde, obwohl er rein analytisch angenommen werden müsste. In der reinen Stimmung hören wir nur einen Farbwechsel, in der pythagoräischen jedoch eine Vorhalts-Wirkung bei gleichzeitig steigendem Bass. So spricht gegen die Auffassung der Maschine dieser Akkorde als einer globalen Quintenprogression und damit des e-Moll als nicht eigenständigen Akkord in der Tat *nur* die klassische Kontrapunktlehre und das Denken in einem Intervallsatz, nicht jedoch unbedingt das Gehör. Der Autor ist sich bewusst, dass damit jedoch die gesamte Klanganalyse komplett neu bewertet werden müsste. Man müsste technisch in der Lage sein, Klang dementsprechend zu analysieren. Letztlich ist der mit der Software PALESTRINIZER eingeschlagene Weg noch immer einer über den Notentext, und im historischen Denken wäre jede Akkord-Deutung per se ausgeschlossen. Anm.d.Verf.

Wie auch hier:

| Häufigkeit | 14mal |

Modus-Stufe	Solmisationssilbe	Klang	Sonanzform
4	ta	Dur	konsonant

Und zum ersten Mal der Mollakkord:

| Häufigkeit | 14mal |

Modus-Stufe	Solmisationssilbe	Klang	Sonanzform
4	la	Moll	konsonant

Dieser vierfache Quintfall ereignet sich 11mal.

| Häufigkeit | 11mal |

Modus-Stufe	Solmisationssilbe	Klang	Sonanzform
1	re	Dur	konsonant
4	so	Dur	konsonant
7	do	Dur	konsonant
3	fa	Dur	konsonant
6	ta	Dur	konsonant

5er-Grundtonfortschreitungen

gesamt_agg_nat_keytonepro_5er.txt

Hier werden vier plagale Sekundschritte von einem authentischen kompensiert.

| Häufigkeit | 34mal |

Grundtonfortschreitung
PS
PS
PS
PS
AS

Nun beobachten wir fünf steigende Sekundschritte. Einschränkend muss noch einmal erwähnt werden, dass der Computer hierbei auch ein- und zweistimmige Sekundschritte erfasst und diese als steigende oder fallende Sekundschritte wertet.

4. GIOVANNI PIERLUIGI DA PALESTRINA 527

|Häufigkeit|32mal|

Grundtonfortschreitung
AS
AS
AS
AS
AS

So zeigt er diese Fortschreitung z.B. für diese Folge in der Lasso-Motette *Adorna thalamum* ab der 4. halben Note in Takt 8 in Cantus und Altus an:

Hier eine Kombination aus drei authentischen und zwei plagalen Sekundschritten.

|Häufigkeit|31mal|

Grundtonfortschreitung
AS
AS
AS
PS
PS

Nun werden die authentischen Sekundschritte durch einen authentischen Terzschritt unterbrochen.

|Häufigkeit|31mal|

Grundtonfortschreitung
AS
AS
AT
AS
AS

Fazit

Die vorliegenden Analysen zeigen, dass sich die Langsche Harmoniewendung nicht nachweisen lässt. Es sind immer nur Wendungen zu finden, die weitestgehend kompensiert werden. Es lassen sich keine Wendungen bei beiden Komponisten mehrfach nachweisen, die intonationstechnisch in der reinen Stimmung Probleme bereiten könnten. Keine dieser Mehrfachfolgen kehrt zum Ausgangsakkord zurück. Alle diese Fakten werden vom Autor als vorsichtiger Hinweis dafür gedeutet, dass die Musik Orlando di Lassos und Giovanni Pierluigi da Palestrinas rein, vielleicht sogar mitteltönig, intoniert worden sein könnte. Es wird die These gewagt, dass sich das Bedürfnis nach reinen großen Terzen und reinen Quinten und damit nach schwebungsfreien Dreiklängen auch auf die Vokalmusik erstreckte und damit auch den Weg frei machte, die nachgewiesenen Quintenprogressionen zu komponieren, die pythagoräisch intoniert kaum erträglich sind. Die Musik der Vokalpolyphonie könnte also nach 1560 durchaus rein intoniert worden sein. Dies deckt sich zudem mit der Betrachtung Nordmarks und Ternströms, dass die Schlussklänge mit großer Terz mit der pythagoräischen Vorstellung von Kon- und Dissonanz nicht zu vereinbaren sind.[736] Hinzu kommt, dass der Ditonus ein derart komplexes Verhältnis darstellt, dass er gar von einer Gruppe von Sängern kaum zu realisieren ist, so dass man sich alleine von daher eher nach einem Klang im Verhältnis 4:5:6 orientiert haben dürfte. Die These wird gestützt durch einen heutigen Praktiker: Rogers Covey-Crump vom berühmten Hilliard-Ensemble. In seinem Aufsatz „Tuning Dufay" sagt er, dass aus seiner Erfahrung des a cappella-Singens ein professioneller Sänger zur reinen Intonation hin tendiere, insbesondere wenn die Größ des Ensembles sich einer Stimme zu einem Teil annähere.[737]

4.3 Schlussbetrachtung

Kommen wir zum Schluss der Untersuchung. Es ließ sich mit der Software folgendes nachweisen:

1. Die Individualität der Modi konnte im Hinblick auf Kon- und Dissonanzverhältnisse, verwendete Töne, Klangfolgen, Grundtonfortschreitungen, Klangdichten, Satzdichten, Stimmkreuzungen und zeitliche Klangverteilung durch statistische sowie durch Bildgebungsverfahren bestätigt werden.
2. Jedoch handhaben die Komponisten die Modi nachgewiesener Maßen auch unterschiedlich. So kann z.B. der dissonanteste Modus variieren.
3. Die semantische Bedeutung des Modus muss nicht notwendigerweise mit dem Kon- oder Dissonanzgrad übereinstimmen.

---

[736] Vgl. Nordmark und Ternström, Intonation preferences for major thirds, Stockholm 1996, S.57.
[737] Vgl. Rogers Covey-Crump, Tuning Dufay, in: Pitch, Musica Ficta and Tuning Systems, CD-Booklet zur Audio-CD Hilliard Live - The Collection Box-Set, Coro (Note 1 Musikvertrieb), B001F1l4IK, 2008, S.13.

4. GIOVANNI PIERLUIGI DA PALESTRINA 529

4. Auch die Individualität der kompositorischen Persönlichkeiten konnte mit der Software auf gemeinsame und unterscheidende Merkmale hin untersucht werden. Beide Komponisten unterscheiden sich in der zeitlichen Gestaltung klanglicher Phänomene deutlich.
5. Von einem authentisch-plagalen Gesamtmodus kann keine Rede sein. Hier irrte Carl Dahlhaus. Ebenso wurden Power's Ideen zu tonal types dadurch widerlegt, als dass wir die DNS der Modi darlegen konnten.
6. Der wichtigste Ton ist nach wie vor die Repercussa.
7. Der Tenor ist weiterhin die wichtigste Stimme. Tenor und Cantus bilden nach wie vor die herrschenden, Bassus und Altus die dienenden Stimmen.
8. Das „klassische Maß" im Verhältnis von Kon- und Dissonanz in den analysierten Werken liegt bei 83% Konsonanz zu 17% Dissonanz, auf das Werk bezogen bei 72% zu 15%.
9. Neben den unbestimmten Dissonanzen ist das dissonante Einzelintervall die wichtigste Dissonanz. Der Moll-Quartsextakkord und der Dominantseptakkord sind zwar wichtige dissonante Klänge, haben aber prozentual nur ein geringes Vorkommen. Unter der Oberfläche finden sich bereits sämtliche Klangformen, die uns in der Musik von 1600-1900 begegnen, wenngleich prozentual in äußerst geringem Umfang.
10. Trotz der vermeintlichen Moll-Lastigkeit der meisten Modi ist der Dur-Akkord[738] der wichtigste konsonante Klang. Ihm folgt der Moll-Akkord, gefolgt vom konsonanten Einzelintervall und dem Dur- und Moll-Sextakkord.
11. Klang konnte aus den MIDI-Dateien heraus als eigene Kategorie, nicht im Sinne des Schallpegels, sichtbar gemacht werden! Dies ist wahrscheinlich das bedeutendste Element der Analyse-Software und des Analyse-Verfahrens.
12. Zur Beschreibung der Klangwirkung reicht die Beschreibung der Klangdichte alleine nicht aus. Eine sinnvolle Beschreibung muss auch die Satz- und Pausendichte sowie die Stimmkreuzungstätigkeit miteinbeziehen. Nur so wird verständlich, warum die Musik Lassos härter wirkt als die Palestrinas, obwohl er durchweg höhere Klangdichten komponiert und zudem dissonanter ist. Bei Lassus ist aber die Satzdichte gepaart mit der Kreuzungstätigkeit größer, so dass der Satz weniger gelockert ist.
13. Dass die Harmonik sich von einem mehr oder weniger *gefundenen* Verbund zu einem am Basston orientierten fest definierten Ende des 16. Jahrhunderts wandelt, ist nach den Analysen der Klangfolgen nicht mehr verwunderlich. Wir konnten starke und klare, am Basston orientierte Fortschreitungen auch mit Umkehrungen nachweisen. Das Vokabular ist bereits vorhanden. Dennoch ist erstaunlich, wie wenige Folgen sich bei der Anzahl von über 200 Werken tatsächlich wiederholen. Die sich wiederholenden Klangfolgen bestanden ausschließlich aus konsonanten Klängen! Wären die zuletzt genannten Faktoren anders, würden wir wohl nicht mehr die Musik der Vokalpolyphonie vernehmen.
14. Ansätze einer in Grundtönen fortschreitenden Harmonik sind erkennbar, allerdings ist auch hier erstaunlich, wie wenige Fortschreitungen tatsächlich in allen

---

[738] Freilich nach unserem modernen Verständnis. Anm.d.Verf.

Modi bei allen Komponisten sich wiederholen. Die wichtigste Fortschreitung ist hier der mehrfache Quintfall. Von dort aus ist es nur noch ein kurzer Schritt zur die Barock-Musik dominierenden Quintfall-Sequenz oder Quinten-Progression, wenn die rhythmische Varietas aufgehoben wird.

15. Es soll jedoch nicht unerwähnt bleiben, dass die Motette eine konservative Gattung ist. Die avantgardistische Gattung war das Madrigal. Da die Modi bei Lassus und Palestrina semantisch, was z.B. den Konsonanzgrad betrifft, unterschiedlich verwendet werden, ist nicht auszuschließen, dass die Untersuchung beim Madrigal zu anderen Ergebnissen kommen könnte, auch wäre für die Zukunft wichtig, eine regionale Verwendung der Modi zu untersuchen. In dieser Studie konnte jedoch der Nachweis erbracht werden, dass die Modi um 1590 nach wie vor in der Gattung der Motette existent waren. Man muss aber wiederum einschränken, dass die Trennlinie zwischen Madrigal und Motette weniger scharf ist, als die Namen vermuten lassen, so könnte man zurecht auch die *Prophetiae* als Madrigale betrachten! Künftige Studien des Autors werden sich diesem Umstand widmen.

Kapitel 5
Quellen

Werkverzeichnis.
Dies ist ein Verzeichnis der Werke, aus denen die MIDI-Dateien erstellt wurden.
Lasso
Motetten
Magnum Opus Musicum, hrg. von Ferdinand de Lassus und Rudolph de Lassus, München, Nicola Henrici 1604.
4-stimmig:
Adorna thalamum, MOM 57
Ne reminiscaris Domine, MOM 64
Sperent in te omnes, MOM 87
Peccantem me quotidie, MOM 90
Exsultate justi in Domino, MOM 92
Iniquos odio habui, beide partes, MOM 93
Intende voci orationis, MOM 99
Leuabo oculos meos, MOM 105
Miserere mei Domine, MOM 106
Domine ad adjuvandum me, MOM 107
Exaudi Domine, MOM 108
Proba me Deus, MOM 109
Domine fac meum, MOM 118
Benedictus es Domine, MOM 119
Domine labia mea aperies, MOM 120
Populum humilem, MOM 121
Perfice gressus meos, MOM 133
Confortamini et jam nolite, MOM 135
Domine Deus salitatis meae, MOM 136
Domine in auxilium meum, MOM 137
Christe Dei soboles, prima pars, MOM 139
Christe Dei soboles, secunda pars, MOM 139

Orlando di Lasso, Sämtliche Werke (Neue Reihe) 1, Lateinische Motetten, französische Chansons und italienische Madrigale, 7 Kompositionen aus wiedergefundenen Drucken 1559-1588, hrg. von Wolfgang Boetticher, Kassel, Bärenreiter 1956, 2/1989. Daraus:

Moduli, 4, 8vv (Paris, 1572a) 3. *Beati pauperes spiritu (2. pars Beati pacifici)*, 4vv, H i, 11

5-stimmig:
Jerusalem plantabis, MOM 155, 1. pars
Gaude et laetare, MOM 155, 2. pars
Angelus ad pastores ait, MOM 156
Et apertis, MOM 166, 2. pars
Populus meus, MOM 169, beide partes
Surrexit pastor, MOM 175
O salutaris hostia, MOM 182
Non vos me elegistis, MOM 202
Clare sanctorum, MOM 203, 1. pars
Homa, Bartholomeae, MOM 203, 2. pars
Quem dicunt homines, MOM 213
Venite ad me omnes, MOM 224
Sicut mater consolatur filios, MOM 235
Taedet animam meam, MOM 237
Omnia quae fecisti nobis, MOM 241
Confitemini Domino, MOM 242
Veni Domine, MOM 249
Deus qui sedes, MOM 253
O Domine saluum me fac, MOM 257, 1. pars
Non moriar, MOM 257, 2. pars
Quam benignus, MOM 258, 1. pars
O beatum benignus es, MOM 258, 2. pars
Adversum me loquebantur, MOM 260
In me transierunt, MOM 263
Exaudi domine preces, MOM 265
Nisi dominus, 267, 1. pars
Cum dederit, MOM 267, 2. pars
Legem pone mihi Domine, 268, 1. pars
A mihi intellectum, MOM 268, 2. pars
Illustra faciem, MOM 269, 1. pars
Exsurgat Deus, MOM 273, 1., 2. und 3. pars
Beatus vir qui inventus est, MOM 275
Confundantur superbi, MOM 283, 1. pars
Fiat cor meum, MOM 283, 2. pars
Benedicam Dominum, MOM 286, 1. pars
In domine laudabitur, MOM 286, 2. pars

Benedixisti Domine, MOM 287
Caligaverunt oculi mei, MOM 288
Heu quantus dolor, MOM 303
Evehor invidia pressus, MOM 304, beide partes

6-stimmig
Dixit autem Maria ad Angelum, 216, 3. pars
Benedictio et claritas, MOM 325
Verbum caro factum est, MOM 329
Multifariam multisque modis , MOM 330
Genuit puerpera regem, MOM 331
In monte oliveti, MOM 335
Congratulamini mihi, MOM 338, 1. und 2. pars
Jesus nostra redemptio, MOM 339, 1., 2. und 3. pars
Jesus nostra redemptio, MOM 339, 4. pars
Jam non dicam vos servos, MOM 342, 1. und 2. pars.
Media vita in morte sumus, MOM 353, 1. pars
Media vita in motte sumus, MOM 353, 2. pars
Infelix ego omnium, MOM 354, 1., 2. und 3. pars
Ave regina, MOM 358
Vulnerasti cor meum, MOM 368
Lauda mater Ecclesia, MOM 375, 1. pars
Lauda mater Ecclesia, MOM 375, 2. und 3. pars
Qui time Deum, MOM 383
Luxoriosa res vinum, MOM 391
Timor Domini principium sapientiae, MOM 392
Fratres nes citis, MOM 395
Recordare jesu pie, MOM 400
In dedicatione templi, MOM 403
Unus Dominus una fides, MOM 404
Beatus vir qui non abiit , MOM 417
Prolongati sunt dies mei, MOM 419
Lauda anima mea dominum, MOM 428
Respicit Dominus vias, MOM 429
Ad Dominum cum tribulater, MOM 432, 1. pars
Heu mihi, MOM 432, 2. pars
Vidi calumnias quae sub sole geruntur, MOM 433, 1. und 2. pars
Diligam te Domine, MOM 436
Beatus homo cui donatum est, MOM 442
Conserva me domine , MOM 443, 1. und 2. pars
Cantabant canticum, MOM 450, 1. pars
Quis non timebit te, MOM 450, 2. pars
Exaltabo te Domine, MOM 451, 1. und 2. pars
Quam bonus Israel, MOM 457, 1. und 2. pars
Confitebor tibi Domine, MOM 462

Musica Dei donum optimi, MOM 471

Palestrina
Vierstimmige Motetten
Dateien für die neue kritische Gesamtausgabe von Peter Ackermann, freundlicher Weise diesem Projekt überlassen.

1. *Dies sanctificatus. In die Natalis Domini.*
2. *Lapidabant Stephanum. In [die] Sancti Stephani.*
3. *Valde honorandus est. In sancti Ioannis Evangelistae.*
4. *Magnum hereditatis mysterium. In die circuncisionis Domini.*
5. *Tribus miraculis. In Epiphania Domini.*
6. *Hodie beata Virgo.* In Purificatione Beatae Mariae.
7. *Ave Maria. In Annuntiatione Beatae Mariae.*
8. *Iesus iunxit se. In Resurrectione Domini.*
9. *O Rex gloriae. In Ascensione Domini.*
10. *Loquebantur variis linguis. In die Pentecostes.*
11. *Benedicta sit sancta Trinitas. In festo Sanctae Trinitatis.*
12. *Lauda Sion. In festo Corporis Christi.*
13. *Fuit homo. In Nativitate Ioannis Baptistae.*
14. *Tu es pasotr ovium. In [die] Sancti Petri Apostoli.*
15. *Magnus sanctus Paulus. In [die] Sancti Pauli Apostoli.*
16. *Surge propera amica mea. In Visitatione Beatae Mariae.*
17. *In diebus illis mulier. In [die] Sanctae Mariae Magdalenae.*
18. *Beatus Laurentis. In [die] Sancti Laurentii.*
19. *Quae est ista quae processit. In Assumptione Beatae Mariae.*
20. *Misso Herodes spiculatore. Decollatio Ioannis Baptistae.*
21. *Nativitas tua. Nativitas Beatae Mariae.*
    Urfassung: *Nativitas tua. Versione Venezia 1563 (?1563)*
22. *Nos autem gloriari. In festo Sanctae Crucis.*
23. *Salvator mundi. In festo Omnium Sanctorum.*
24. *O quantus luctus. In [festo] Sancti Episcopi.*
25. *Congratulamini mihi. Prasentatio Beatae Mariae.*
26. *Dum aurora finem daret. In [festo] Sanctae Caeciliae.*
27. *Doctor bonus. In [festo] Sancti Andreae.*
28. *Quam pulchri sunt gressus tui, filia. In festo Conceptionis [Beatae Mariae].*
29. *Tollite iugum meum. In festo Apostolorum.*
30. *Isti sunt viri sancti. In festo Evangelistarum.*
31. *Hic est vere Martyr. In festo Unius Martyris.*
32. *Gaudent in caelis. In festo Plurimorum Martyrum.*
33. *Iste est, qui ante Deum. In festo Confessorum Ponitificum.*
34. *Beatus vir, qui suffert. In festo Confessorum non Pontificum.*
35. *Veni sponsa Christi. In festo Virginium.*
36. *Exaudi Domine. In Dedicatione Templi.*

fünfstimmig

„*Offertoria totius anni, secundum Sanctae Romanae Ecclesiae consuetudinem, quinque vocibus concinenda··· pars prima.* Roma: Francesco Coattino 1593. – 5 Stimmbücher. Neuausgabe: GA 9, OC 17."[739]

1. *Ad te levavi animam meam. Offertorium. Dominica prima Adventus.*
2. *Deus tu convertens vivificabis nos. Offertorium. Dominica secunda Adventus.*
3. *Benedixisti Domine terram tuam. Dominica tertia Adventus.*
4. *Ave Maria, gratia plena. Dominica quarta Adventus, et in Annuntiat. B.M.V.*
5. *Tui sunt coeli, et tua est terra. In Nativitate Domini at tertiam Missam, et in Circumcisione.*
6. *Elegerunt Apostoli Stephanum levitam. In festo sancti Stephani protomartyris.*
7. *Justus ut palma florebit. In festo S. Joannis Apostoli.*
8. *Anima nostra sicut passer erepta est. In festo sanctorum Innocentium.*
9. *Posuisti, Domine, in capite ejus. In festo sancti Thomae Archiepiscopi et martyris.*
10. *Deus enim firmavit orbem terrae. Dominica infra oct. Nativitatis Domini.*
11. *Inveni David servum meum. In Festo sancti Silvestri, Papae et conf.*
12. *Reges Tarsis et insulae munera offerent. In Epiphania Domini.*
13. *Jubilate Deo omnis terra. Dominica infra octavam Epiphaniae.*
14. *Jubilate Deo universa terra. Dominica secunda post Epiphaniam.*
15. *Dextera Domini fecit virtutem. Dominica tertia, quarta et V. post Epipha.*
16. *Bonum est confiteri Domino. Dominica in Septuagesima.*
17. *Perfice gressus meos, in semitis tuis. Dominica in Sexagesima, Dominica sexta post Pentecosten.*
18. *Benedictus es, Domine, doce me justificationes tuas. Dominica in Quinquagesima.*
19. *Scapulis suis obumbrabit tibi Dominus. Dominica prima Quadragesimae.*
20. *Meditabor in mandatis tuis. Dominica secunda Quadragesimae.*
21. *Justitiae Domini rectae. Dominica tertia Quadragesimae.*

„*Offertoria totius anni, secundum Sanctae Romanae Ecclesiae consuetudinem, quinque vocibus concinenda* ··· *pars secunda.* Roma: Francesco Coattino 1593 – 5 Stimmbücher. Neuausgabe: GA 9, OC 17."[740]

22. *Laudate Dominum, quia benignus est. Dominica quarta Quadragesimae.*
23. *Confitebor tibi Domine in toto corde meo. Dominica de Passione.*
24. *Improperium expectavit cor meum. Dominica Palmarum.*
25. *Terra tremuit, et quievit. Dominica Resurrectionis Domini.*
26. *Angelus Domini descendit de coelo. Dominica in Albis in octava Paschae.*
27. *Deus Deus meus, ad te de luce vigilo. Dominica secunda post Pascha.*
28. *Lauda anima mea Dominum. Dominica tertia post Pascha.*

---

[739] Vgl. Peter Ackermann, Studien zur Gattungsgeschichte und Typologie der römischen Motette, S.290-291.

[740] Vgl. Peter Ackermann, ebd., S.291-292.

29. *Benedicite gentes Dominum nostrum. Dominica quinta post Pascha.*
30. *Ascendit Deus in jubilatione. In Die Ascensionis Domini.*
31. *Confirma hoc Deus, quod operatus es in nobis. In Dominica Pentecostes.*
32. *Benedictus sit Deus Pater. In Festo S.S. Trinitatis.*
33. *Sacerdotes Domini incensum et panes offerunt Deo. In Solemnitate Corporis Christi.*
34. *Domine, convertere, et eripe animam meam. Dominica secunda post Pentecosten.*
35. *Sperent in te omnes, qui noverunt nomen tuum. Dominica tertia post Pentecosten.*
36. *Illumina oculos meos. Dominica quarta post Pentecosten.*
37. *Benedicam Dominum, qui tribuit mihi intellectum. Dominica quinta post Pentecosten.*
38. *Sicut in holocaustis arietum, et taurorum. Dominica septima post Pentecosten.*
39. *Populum humilem salvum facies, Domine. Dominica octava post Pentecosten.*
40. *Justitiae Domini rectae. Dominica nona post Pentecosten.*
41. *Exaltabo te, Domine. Dominica XI post Pentecosten.*
42. *Precatus est Moyses. Dominica XII post Pentecosten.*
43. *In te speravi, Domine. Dominica XIII post Pentecosten.*
44. *Immittet Angelus Domini. Dominica XIV post Pentecosten.*
45. *Expectans expectavi Dominum. Dominica XV post Pentecosten.*
46. *Domine, in auxilium meum respice. Dominica XVI post Pentecosten.*
47. *Oravi ad Dominum Deum meum. Dominica XVII post Pentecosten.*
48. *Sanctificavit Moyses altare Domino. Dominica XVIII post Pentecosten.*
49. *Si ambulavero in medio tribulationis. Dominica XIX post Pentecosten.*
50. *Super flumina Babylonis. Dominica XX post Pentecosten.*
51. *Vir erat in terra Hus. Dominica XXI post Pentecosten.*
52. *Recordare mei, Domine. Dominica XXII post Pentecosten.*
53. *De profundis clamavi ad te, Domine. Dominica XXIII et XXIV post Pentecosten.*
54. *Justus ut palma florebit. In Nativitate S. Joan. Baptistae.*
55. *Mihi autem nimis. In die S. Jacobi Apostoli, et S. Bartholmaei.*
56. *Confessio et pulchritudo. In Festo S. Laurentii, Martyris.*
57. *Assumpta est Maria in coelum. In Assumptione Beatae Mariae Virginis.*
58. *Stetit Angelus juxta aram. In Festo Dedicationis S. Michaelis, Archang.*
59. *Constitues eos principes. In die Commemorationis omnium Sanctorum.*
60. *Confitebuntur coeli mirabilia tua. In Festo S.S. Apost. Philippi et Jacobi.*
61. *In omnem terram exivit. In Festo S.S. Apostol. Simonis et Judae.*
62. *Justorum animae in manu Dei sunt. In Die S. Matthiae Apostoli.*
63. *Veritas mea, et misericordia mea. Commune Sanctorum.*
64. *Laetamini in Domino, et exultate justi. Commune plurimum Martyrum.*
65. *Afferentur Regi virgines post eam. Commune Virginum.*
66. *Domine Deus, in simplicitate cordis mei. In Festo Dedicationis Ecclesiae.*
67. *Diffusa est gratia in labiis tuis. In Festo Purificationis B. Mariae Virginis.*

68. *Tu es Petrus, et super hanc petram. In Festo Cathedrae Sancti Petri.*

Literaturverzeichnis.

Ackermann, Peter: Studien zur Gattungsgeschichte und Typologie der römischen Motette im Zeitalter Palestrinas, Paderborn, Schöningh 2002.

Ackermann, Peter: Modus und Akkord – Klangliche Strukturen in der Spätzeit des modalen Systems, in: Musiktheorie, Heft 3, Laaber, Laaber-Verlag 1996.

Ackermann, Peter: Zeitstrukturen in der Motette des späten 16. Jahrhunderts, in: Musikwissenschaftliche Publikationen Hochschule für Musik und darstellende Kunst Frankfurt/M., hrsg. von Herbert Schneider, Hildesheim, Olms 1997.

Aretini, Guidonis: Micrologus, hrg. von Jos. Smits van Waesberghe, Corpus Scriptorum de Musica 4, American Institute of Musicology 1955.

Arezzo, Guido von: Micrologus, De Disciplina Artis Musicae, das ist Guido's kurze Abhandlung über die Regeln der musikalischen Kunst, übersetzt und erklärt von Mich. Hermesdorf, mit einer autographischen Beilage, Trier, Commissions-Verlag der J.B. Grach's Buchhandlung 1876.

Aron, Pietro: *Toscanello in Musica*, Venedig 1523.

Aron, Pietro: „Toscanello in music", *Toscanello in Musica*, Venedig 1523, translated by Peter Bergquist, Colorado Springs, Colorado Music Press 1970.

Aron, Pietro: *Trattato della natura et cognitione di tutti gli tuoni di canto figurato*, Venedig 1525.

Auhagen, Wolfgang: Stimmung und Temperatur, MGG, Zweite, neubearbeitete Ausgabe, hrg. von Ludwig Finscher, Sachteil 8, Kassel, Bärenreiter 1998.

Auhagen, Wolfgang: Studien zur Tonartencharakteristik in theoretischen Schriften und Kompositionen vom späten 17. bis zum Beginn des 20. Jahrhunderts, in Europäische Hochschulschriften, Band 6, Frankfurt am Main, Bern, New York, Peter Lang 1983.

Barker, Andrew: Greek Musical Writing: Volume I, The Musician and His Art, New York, Cambridge University Press. 1984, 1989, digital print 2004.

Bergquist, Peter: Orlando di Lasso studies, edited by Peter Bergquist, 1. Auflage 1999, West Nyack, NY, Cambridge University Press 2006.

Bergquist, Peter: Lasso's Compositions in „A minor", in: Orlando di Lasso in der Musikgeschichte, Bericht über das Symposion der Bayerischen Akademie der Künste, München, 4.-6. Juli 1994, hrg. von Bernhold Schmid in: Bayerische Akademie der Wissenschaften, philosophisch-historische Klasse, Abhandlungen, Neue Folge, Heft 111, München, u.a. Verlag der Bayerischen Akademie der Wissenschaften 1996.

Bielitz, Mathias: Zu Neumenschrift und Modalrhythmik, zur Choralüberlieferung und Wort und Ton im Choral, Heidelberg 2008 (Manuskript).

Blackburn, Bonnie: Composition, Printing and Performance: Studies in Renaissance Music, Aldershot, Burlington USA, Singapur, Sydney, u.a. Ashgate Variorum 2000.

Boetticher, Wolfgang: Das Problem einer chronologischen Bestimmung im Werkbestand Orlando di Lassos, in: Orlando di Lasso in der Musikgeschichte, Bericht über das Symposion der Bayerischen Akademie der Künste, München, 4.-6. Juli

1994, hrg. von Bernhold Schmid in: Bayerische Akademie der Wissenschaften, philosophisch-historische Klasse, Abhandlungen, Neue Folge, Heft 111, München, u.a. Verlag der Bayerischen Akademie der Wissenschaften 1996.

Brieger, Jochen: Untersuchungen zur Struktur der Erstsoggetti in den Motetten Giovanni Pierluigi da Palestrinas, in: Abhandlungen zur Musikgeschichte 21, Göttingen, V&R Unipress 2010.

Brieger, Jochen: Alternative Kriterien der Modusbestimmung, in: ZGMTH 3/1 (2006) Hildesheim u.a.: Olms 2006.

Budday, Wolfgang: Grundlagen musikalischer Formen der Wiener Klassik: an Hand der zeitgenössischen Theorie von Joseph Riepel und Heinrich Christoph Koch dargestellt an Menuetten und Sonatensätzen (1750 - 1790), Kassel, Bärenreiter 1983.

Budday, Wolfgang: Harmonielehre Wiener Klassik. Theorie-Satztechnik-Werkanalyse. Beiheft: Satztechnische Übungen – die Harmoniekurse von W.A. Mozart und E.A. Förster, Stuttgart, Berthold & Schwerdtner 2002.

Chafe, Eric Thomas: Monteverdis tonal Language, New York, Schirmer Books 1992.

Cordes, Manfred: Nicola Viccentinos Enharmonik, Music mit 31 Tönen, Graz, Akademische Druck- u. Verlagsanstalt 2007.

Dahlhaus, Carl: Zur Tonartenlehre des 16. Jahrhunderts, Eine Duplik, in: Die Musikforschung, Heft 29, Kassel, Bärenreiter-Verlag 1976.

Dahlhaus, Carl: Untersuchungen über die Entstehung der harmonischen Tonalität, Kassel, Basel, London, New York, 1. Aufl. 1968, 2. unveränderte Auflage, Bärenreiter-Verlag 1988.

Daniel, Thomas: Kontrapunkt. Eine Satzlehre zur Vokalpolyphonie des 16. Jahrhunderts, 1. Auflage, Köln, Edition Dohr 1997.

Debbeler, Judith: Harmonie und Perspektive. Die Entstehung des neuzeitlichen abendländischen Kunstmusiksystems, München, epodium 2007.

Eberlein, Roland: Die Entstehung der tonalen Klangsyntax, Frankfurt am Main, Berlin, Bern, New York, Paris, Wien, Peter Lang 1994.

Fricke, Jobst Peter: Intonation und musikalisches Hören, „Osnabrücker Beiträge zur systematischen Musikwissenschaft", Band 8, hrsg. v. Bernd Enders, Osnabrück, 1. Auflage 1968, epOs-Music 2012.

Fucks, Wilhelm und Lauter, Josef: Exaktwissenschaftliche Musikanalyse, Forschungsberichte des Landes Nordrhein-Westfalen, hrsg. im Auftrage des Ministerpräsidenten Dr. Franz Meyers von Staatsekretär Dr. h.c. Dr. E.h. Leo Brandt, Köln und Opladen, Westdeutscher Verlag 1965.

Förster, Emanuel Aloys: Anleitung zum General-Bass, Wien, Träg und Sohn, Leipzig, Breitkopf und Härtl 1805.

Gárdonyi, Zsolt und Nordhoff, Hubert: Harmonik. Ein Lehrwerk, überarbeitete und verbesserte Neuauflage, Wolfenbüttel, Möseler-Verlag 2002.

Gissel, Siegfried: Die Tonarten in der Vokalmusik des 16. und 17. Jahrhunderts, Band I und Band II, Wilhelmshaven, Florian Noetzel 2007 und 2009.

Gissel, Siegfried: Zur Modusbestimmung deutscher Autoren, in Die Musikforschung, Heft 39, Kassel, Bärenreiter-Verlag 1986.

Groß, Horst-Willi: Klangliche Struktur und Klangverhältnis in Messen und lateinischen Motetten Orlando di Lassos, Frankfurter Beiträge zur Musikwissenschaft, Band 7, Tutzing, Schneider 1977.

Güting, Ralf Hartmut, Dieker, Stefan: Datenstrukturen und Algorithmen, Stuttgart, Leipzig und Wiesbaden, Teubner 2004.

Hedderich Jürgen, Sachs, Lothar: Angewandte Statistik, Methodensammlung mit R, 15. Auflage, Berlin Heidelberg, Springer-Verlag 2016.

Hentschel, Frank: Sinnlichkeit und Vernunft in der mittelalterlichen Musiktheorie, Strategien der Konsonanzwertung und der Gegenstand der *musica sonora* um 1300; Beihefte zum Archiv für Musikwissenschaft; Bd.47, Stuttgart, Franz Steiner Verlag 1999.

Hermelink, Siegfried: Dispositiones Modorum, Die Tonarten in der Musik Palestrinas und seiner Zeitgenossen, Münchner Veröffentlichungen zur Musikgeschichte, herausgegeben von Thrasybulos G. Georgiades, Band 4, Tutzing, Hans Schneider 1960.

Hesselmann, Norbert: Digitale Signalverarbeitung: Rechnergestützte Erfassung, Analyse und Weiterbearbeitung analoger Signale – Eine Einführung, 2. Ausgabe, Würzburg, Vogel Business Media/VM 1987.

Hindemith, Paul: Unterweisung im Tonsatz, Band I, Theoretischer Teil, Mainz, B. Schott's Söhne 1937.

Japs, Johanna: Die Madrigale von Giovanni Pierluigi da Palestrina. Genese - Analyse - Rezeption. Collectanea Musicologica Bd. 12, Augsburg, Wißner 2007.

Jeppessen, Knud: Der Palestrinastil und die Dissonanz, Leipzig, Breitkopf & Härtel 1925.

Jeppessen, Knud: Kontrapunkt, Wiesbaden, Breitkopf & Härtel 1935/1963.

Krämer, Thomas: Kontrapunkt in Selbststudium und Unterricht, Wiesbaden, Breitkopf & Härtel 2012.

Kluge, Reiner: Faktorenanalytische Typenbestimmung an Volksliedmelodien, Beiträge zur musikwissenschaftlichen Forschung in der DDR, Band 6, hrsg. vom Zentralinstitut für Musikforschung im Verband der Komponisten und Musikwissenschaftler der DDR, Leipzig, VEB Deutscher Verlag für Musik Leipzig 1974.

Kratz, Leonore: „Orlandus Coryphäus in Arte Harmonicâ". Eine neue Quelle zur Lasso-Rezeption um 1600, in: Die Musikforschung, hrg. von Arnold Jacobshagen, Rebecca Grotjahn und Klaus Pietschmann, 67. Jahrgang, Heft 2, Kassel, Bärenreiter 2014.

Lang, Klaus: Auf Wohlklangswellen durch der Töne Meer, Temperaturen und Stimmungen zwischen dem 11. und 19. Jahrhundert, in Beiträge zur elektronischen Musik 10, hrg. von Robert Höldrich, Graz, Institut für Elektronische Musik (IEM) an der Universität für Musik und darstellende Kunst in Graz 1999.

Leuchtmann, Horst: Orlando di Lasso, Kassel, Sein Leben. Versuch einer Bestandsaufnahme der biographischen Einzelheiten, Wiesbaden, Breitkopf und Härtel 1976.

Lindley, Mark: Temperatur und Stimmung, in: Geschichte der Musiktheorie, Band 6, Darmstadt, Wissenschaftliche Buchgesellschaft 1987.

Mazzola, Guerino: Geometrie der Töne, Elemente der mathematischen Musiktheorie, Basel, Boston Berlin, Birkhäuser Verlag 1990.

Mazzola, Guerino: Elemente der Musikinformatik, ausgearbeitet von Roland Bärtschi unter Mitarbeit von Stefan Göller, Basel, Boston Berlin, Birkhäuser Verlag 2006.

Meier, Bernhard: Alte Tonarten, dargestellt an der Instrumentalmusik des 16. und 17. Jahrhunderts, Bärenreiter Studienbücher Musik, Band 3, hrg., von Silke Leopold und Jutta Schmoll-Barthel, 1. Auflage 1992, 4. Auflage 2005, Kassel, Bärenreiter 2005.

Meier, Bernhard: AUF DER GRENZE VON MODALEM UND DUR-MOLL-TONALEM SYSTEM, in: Basler Jahrbuch für historische Musikpraxis 16, Winterthur, AMADEUS-Verlag 1992.

Meier, Bernhard: Die Tonarten der klassischen Vokalpolyphonie. Nach den Quellen dargestellt., Utrecht, Oosthoek, Scheltema & Holkema 1974.

Neubecker, Annemarie J.: Altgriechische Musik: eine Einführung, 2. durchgesehene und um einen Nachtrag erweiterte Auflage, Darmstadt, Wissenschaftliche Buchgesellschaft 1994.

Nordmark, Jan und Ternström, Sten: Intonation preferences for major thirds with non-beating ensemble sounds, in: Quarterly Progress and Status Report des Department for Speech, Music and Hearing, TMH-QPSR, Band 37, Nr.1, Stockholm, KTH Computer Science and Communication 1996. Abgerufen am 12.0.14 unter http://www.spech.kth.se/qpsr.

Powers, Harold: Anomalous Modalities, in: Orlando di Lasso in der Musikgeschichte, Bericht über das Symposion der Bayerischen Akademie der Künste, München, 4.-6. Juli 1994, hrg. von Bernhold Schmid in: Bayerische Akademie der Wissenschaften, philosophisch-historische Klasse, Abhandlungen, Neue Folge, Heft 111, München, u.a. Verlag der Bayerischen Akademie der Wissenschaften 1996.

Powers, Harold: Is Mode Real? Pietro Aron, the Octenary System, and Polyphony, Basler Jahrbuch für historische Musikpraxis 16, Winterthur, AMADEUS-Verlag 1992.

Rahe, Heinrich: Thema und Melodiebildung der Motette Palestrinas, in Kirchenmusikalisches Jahrbuch 1950, Jahrgang: 34, hrsg. von Karl Gustav Fellerer, Regensburg 1950.

Ratte, Franz Josef: Die Temperatur der Clavierinstrumente: Quellenstudien zu den theoretischen Grundlagen und praktischen Anwendungen von der Antike bis ins 17. Jahrhundert, Kassel, Basel, London, New York, Bärenreiter 1991.

Riemann, Hugo: Geschichte der Musiktheorie im IX.-XIX. Jahrhundert, Leipzig, Max Hesse's Verlag 1898.

Roads, Curtis: The Computer Music Tutorial, Cambridge Massachusetts, London, England, u.a. The MIT Press 1996.

Schmid, Berthold: Orlando di Lasso in der Musikgeschichte, Bericht über das Symposion der Bayerischen Akademie der Künste, München, 4.-6. Juli 1994, in: Bayerische Akademie der Wissenschaften, philosophisch-historische Klasse, Abhandlungen, Neue Folge, Heft 111, München, u.a. Verlag der Bayerischen Akademie der Wissenschaften 1996.

Schöning, Kateryna: Modusanwendung in der Instrumentalmusik des 16. Jahrhunderts, in: Die Musikforschung, hrg. von Arnold Jacobshagen, Rebecca Grotjahn und Klaus Pietschmann, 67. Jahrgang, Heft 2, Kassel, Bärenreiter 2014.

Kathy Sierra, Bert Bates: Java von Kopf bis Fuß, Deutsche Übersetzung von Lars Schulten und Elke Buchholz, Köln, O'Reilly-Verlag 2008.

Steinbeck, Wolfram: Struktur und Ähnlichkeit, Methoden automatisierter Melodienanalyse, Kieler Schriften zur Musikwissenschaft XXV, Kassel, Bärenreiter 1982.

Tomlinson, Gary: Monteverdi and the End of the Renaissance, Berkely and Los Angeles, University of California Press 1990.

Vicentino, Nicola: *L'antica musica ridotta alla moderna prattica*, Rom, Antonio Barre 1555.

Vicentino, Nicola: *Antica musica ridotta alla moderna prattica*, Ancient music adapted to modern practice, translated with introduction and notes by Maria Rika Maniates; edited by Claude V. Palisca, New Haven and London, Yale University Press 1996.

Werbeck, Walter: Studien zur deutschen Tonartenlehre in der ersten Hälfte des 16. Jahrhunderts, Kassel, Basel, London, New York, Bärenreiter 1989.

Frans Wersing: The Language of the Modes: Studies in the History of Polyphonic Modality (Criticism and Analysis of Early Music), New York und London, Psychology Press 2001.

Whenham, John und Wistreich, Richard (Ed.): The Cambridge Companion to Monteverdi, Cambridge, Cambridge University Press 2008.

Zarlino, Gioseffo: ON THE MODES, Part Four of *Le Istitutioni Harmoniche*, 1558, translated by Vered Cohen, editet with an Introduction by Claude V. Palisca, New Haven and London, Yale University Press 1983.

Zarlino, Gioseffo: Theorie des Tonsystems, Das erste und zweite Buch der Istitutioni harmoniche (1573), aus dem Italienischen übersetzt, mit Anmerkungen, Kommentaren und einem Nachwort versehen von Michael Fend, Europäische Hochschulschriften, Reihe XXXVI Musikwissenschaft, Band 43, Frankfurt am Main, Bern, New York, Peter Lang 1989.

Zarlino, Gioseffo: *Dimostrationi harmoniche*, Venedig, *per Francesco de i Franceschi Senese.* 1571.

Zarlino, Gioseffo: *Istitutioni harmoniche*, Venedig, *per Francesco de i Franceschi Senese.* 1573.

Zarlino, Gioseffo: *Sopplimenti musicale*, Venedig, *Francesco de Franceschi, Sanese* 1583.

The manufacturer's authorised representative in the EU is Springer Nature Customer Service Centre GmbH, Europaplatz 3, 69115 Heidelberg, Germany. If you have any concerns regarding our products, please contact ProductSafety@springernature.com

Printed and bound by CPI Group (UK) Ltd, Croydon, CR0 4YY
25/03/2026
02078194-0009